Excel
经典教程

VBA与宏

[美] 比尔 · 耶伦（Bill Jelen） 特雷西 · 塞尔斯塔德（Tracy Syrstad）◎著
贾旭 冯伟◎译

人民邮电出版社
北京

图书在版编目（CIP）数据

Excel经典教程 : VBA与宏 / (美) 比尔·耶伦 (Bill Jelen) , (美) 特雷茜·塞尔斯塔德 (Tracy Syrstad) 著 ; 贾旭, 冯伟译. -- 北京 : 人民邮电出版社, 2021.4（2022.12重印）
ISBN 978-7-115-52600-7

Ⅰ. ①E… Ⅱ. ①比… ②特… ③贾… ④冯… Ⅲ. ①表处理软件－教材 Ⅳ. ①TP391.13

中国版本图书馆CIP数据核字(2019)第253822号

版 权 声 明

◆ 著　　　　[美] 比尔·耶伦（Bill Jelen）
　　　　　　[美] 特雷茜·塞尔斯塔德（Tracy Syrstad）
译　　　　贾 旭 冯 伟
责任编辑　贾鸿飞
责任印制　王 郁 彭志环
◆ 人民邮电出版社出版发行　　北京市丰台区成寿寺路 11 号
邮编 100164　电子邮件 315@ptpress.com.cn
网址 https://www.ptpress.com.cn
北京七彩京通数码快印有限公司印刷
◆ 开本：800×1000 1/16
印张：34.5　　　　2021 年 4 月第 1 版
字数：752 千字　　　　2022 年 12 月北京第 4 次印刷
著作权合同登记号 图字：01-2010-6560 号

定价：169.90 元

读者服务热线：(010)81055410　印装质量热线：(010)81055316
反盗版热线：(010)81055315
广告经营许可证：京东市监广登字 20170147 号

内容提要

本书全面、系统、细致地讲解了编写 Excel VBA 所需的各方面知识。全书共分 25 章，分别介绍了宏录制的优缺点、VBA 的基本语法与代码调试、单元格及单元格区域的引用、用户自定义函数的创建、循环和流程控制、R1C1 引用样式、名称的操作、事件编程的方法、用户窗体的使用、图表的创建、数据的高级筛选、VBA 中数据透视表的创建、优秀代码的思路、数据可视化和条件格式的设置、迷你图的绘制、Word 的自动控制、文本文件的处理、Access 数据库的接入、类的创建、高级用户窗体的控制、Windows API 的使用、运行错误的处理、自定义选项卡的创建、加载项的创建等内容。

本书内容非常丰富，几乎涵盖了用 VBA 控制 Excel 元素所需的全部知识点，讲解有一定深度又不乏生动，提及的案例贴近实际工作，非常适合需要用 VBA 提升 Excel 使用效率的各类职场人士阅读。

作者简介

Bill Jelen 是 Excel 最有价值专家和 MrExcel 网站的负责人，自 1985 年起就开始使用电子表格，并于 1998 年创建了 MrExcel 网站。Bill 是 Leo Laporte 的 Call for Help 节目的常客，Bill 的视频播客“Learn Excel from MrExcel”至今已推出了 1 200 多集。他编写了 30 本 Microsoft Excel 方面的书，每个月还会为 *Strategic Finance* 杂志撰写 Excel 专栏。我们经常会发现 Bill 为了他的节目四处奔走，在一个坐满会计师和 Excel 用户的屋内主持一个为期半天的 Power Excel 研讨会。在创立 MrExcel 网站前，Bill 在第一线奋战了 12 年——在一家上市公司担任财务分析师，服务于这家公司的财务、市场、会计、业务等部门。他同妻子 Marry Ellen 以及儿子 Josh 和 Zeke 居住在俄亥俄州阿克伦城附近。

Tracy Syrstad 是 MrExcel 咨询小组的项目经理，经同事介绍开始了解 Excel VBA，这位同事鼓励她通过录制操作步骤来学习 VBA，并且按需要修改代码。她制作的第一个宏只是一个简单的查找和部分索引，但以当时的条件来看并不简单。Tracy 被这种成功鼓舞，而本书写作顺利完成的那天则成为她永不忘记的日子。她希望这本书能够帮助读者把 VBA 变成神奇的 Excel“遥控器”，从而少一些操作上的烦恼。Tracy 和丈夫 John 居住在美国南达科他州的苏福尔斯附近。

鸣 谢

感谢 Tracy Syrstad，她既是本书的合著者，也为 MrExcel 网站管理所有咨询项目，她是最棒的。

Bob Umlas 是我所见过的最优秀的 Excel 专家，同时也是一名了不起的技术编辑。在培生集团，Loretta Yates 是一名出色的策划编辑。

一路走来，我从 MrExcel 网站的留言社区中学到了很多 VBA 编程方面的知识。VoG、Richard Schollar 和 Jon von der Heyden 都很出色，他们为本书写作思路的确定做出了重要贡献。感谢 Pam Gensenl 为 Excel 宏的第一课所做的努力。Mala Singh 教会我在 VBA 中创建表格。Oliver Holloway 让我在访问数据库时速度得到了提升。

我要感谢 MrExcel 网站的 Barb Jelen、Wei Jiang、Tracy Syrstad、Schar Oswald 和 Scott Pierson。还要感谢 Josh Jelen 和 Zeke Jelen，他们两人每天放学后都会花几小时来学习如何编辑和制作 MrExcel 播客。

Excel 方面书籍的创作真是一件非常有纪念意义的工作，在这期间，家人给予了我极大的支持，感谢我的儿子 Josh 和 Zeke，还有我的妻子 Marry Ellen。

——Bill

感谢 Bill Jelen 让我管理咨询方面的业务，他的信任是激发我自信的源泉。也感谢 LKH 的博客，从他的博客中我学到了如何创作、如何平衡工作和家庭以及如何享受个人生活。

Richard Schollar 和 Joe Miskey，你们都是讨论会上重要的成员，对你们仅仅说谢谢是远远不够的，可我还是要说“谢谢”！感谢 MrExcel 网站所有的版主，你们让版面如此清晰而富有条理。

MrExcel 网站的客户众多，他们的项目已经展示了 Excel 用途的广泛。如果我们给您提供的解决方案能让您感到惊喜并得到您的赏识，这足以让我自豪。

——Tracy

前言

使用 VBA 的效果

当公司的 IT 部门或经常用 Excel 处理工作的人发现有大量的、重复且使用频率高的需要用 Excel 处理的工作时，可以使用 Visual Basic for Applications（VBA）自动完成这些繁杂的事务。在日常使用 Excel 时，VBA 语言可以用来极大地提高工作效率。这既是一件好事也是一件坏事。一方面，VBA 帮助我们解决了如何在 Excel 中导入数据、生成报表以及可视化图表，无需排队等待 IT 部门的资源；而另一不好的方面，是你将沉迷于干这些事。

本书的内容是什么

阅读这本书，您已经迈出了正确的一步。本书可以帮助您少走学习上的弯路，帮助您掌握编写 VBA 所需的技能，随心所欲地控制 Excel 的各项要素，最大限度地把自己从机械的劳动中解放出来。

减少学习弯路

本书从内容上规划了一条科学的高效的学习路程。第 1 章介绍了一些工具，并强调一下读者可能已经熟悉的知识点：宏录制器不能工作。第 2 章将帮助读者理解 VBA 基本语法与代码调试。第 3 章讲解了如何利用区域和单元格提高工作效率。当进入第 4 章的学习之后，读者有能力开始根据需要自定义一些简单的函数。第 5 章概述了 VBA 循环和流程控制的强大功能，本章的示例中创建了一个生成部门报表的程序，然后将之嵌入循环语句中生成 46 个报表。第 6 章讲述了 R1C1 引用样式。第 7 章讲述了名称的创建与操作。第 8 章介绍了使用事件编程的一些非常实用的技巧。第 9 章介绍了如何自定义对话框。

Excel VBA 的力量

第 10 章至第 12 章深入讲解了图表的创建、高级筛选和数据透视表的创建，任何报表自动化工具都严重依赖于这几个概念。第 13 章给出了 20 多个来自全球各地的优秀的代码实例，显示了 Excel VBA 的强大功能。第 14 章至第 16 章介绍了数据可视化与条件格式的控制、迷你图和其他 Office 程序（如 Word）的自动化技术。

为管理者创建应用程序所需的技能

第 17 章介绍了怎样使用数组。第 18 章和第 19 章讲述了如何读写文本文件和 Access 数据库。通过使用 Access 数据库技术，能够使应用程序具备 Access 多用户的功能，同时保留 Excel 友好的前端界面。

第 20 章在介绍类和集合的同时，从 Visual Basic 程序员的角度概述了对象的控制。第 21 章讨论了用户窗体的高级应用。第 22 章给出了一些使用 Windows 应用程序编程接口完成任务的技巧。第 23 章至第 25 章介绍了错误处理、自定义选项卡和创建加载项等方面的知识。

本书讲述 Excel 知识吗

微软公司认为普通的 Office 用户只接触到 Office 中 10%的功能。据我所知，阅读本书的所有读者，水平都在平均线以上，因为在 MrExcel 网站上有一群相当出色的读者。即使这样，在 MrExcel 网站上一项针对 8 000 名读者所做的调查表明，在高出平均水平的用户中，只有 42%的人使用过 Excel 中十大功能中的一项。

我经常为一些会计人员主办 Excel 方面的讲座。他们是 Excel 的核心用户，每周使用 Excel 的时间在 30～40 小时。即便如此，每次讲座上都会出现两种情况。第一，当我使用自动分类汇总和数据透视表等特定功能快速完成某项工作时，有一半的听众感到非常吃惊；第二，听众中总有人会胜过我，例如，当我回答完听众提出的问题之后，第二排就有人举手给出了更好的答案。

这表明了什么？我们对 Excel 都非常了解。但是，在每一章里，笔者还是假设大约 58%的读者没有用过数据透视表，而用过数据透视表中“自动筛选前十名”的读者就更少了。出于此种假设，在我讲述怎样在 VBA 中执行自动化操作之前，都会简要介绍怎样在 Excel 中不使用 VBA 完成相同的操作。本书不讲述如何创建数据透视表，但将提醒读者通过其他资源学习这些技能。

案例分析：月度会计报表

这是一个真实的故事。Valerie 是一家中型公司会计部门的商业分析师。这家公司最近超出预算花费 1 600 万美元安装了 ERP 系统。此 ERP 项目结束之后，公司已没有 IT 预算用于生成汇总各部门数据的月度报表。

然而，Valerie 凭借自己对实施过程的了解想出了一个自己生成报表的方法。她知道可以将总分类账数据从 ERP 系统中导出为文本文件，此文件使用逗号分隔数据。Valerie 能够将 ERP 系统中的总分类账数据导入 Excel 中。

创建报表并不容易。和许多其他企业一样，数据中存在很多特殊情况。Valerie 知道，有些账目需要归入费用，而另一些账目却需要从报表中完全剔除。通过在 Excel 中仔细处理之后，Valerie 完成了这些调整工作。她创建了一个数据透视表来生成报表中第一个汇总部分，再将数据透视表中的结果粘贴到一个空白工作表中，然后为汇总的第二部分创建一个新的数据透视表。三小时之后，Valerie 导入了数据，创建了 5 个数据透视表，将结果排列到汇总报表中并色彩分明地设置出了整洁的报表格式。

成为英雄

Valerie 将报表交给了经理。经理刚刚从 IT 部门获悉，至少还需等待数月时间他们才能着手创建“如此复杂的报表”。Valerie 成功创建完这个 Excel 报表之后，立刻成为了当天的英雄，因为她花了 3 小时完成了一项不可能完成的工作。受到大家理所当然的称赞之后，Valerie 感到十分高兴。

更多的喝彩

第二天，Valerie 的经理参加了每月一次的部门会议。当其他的部门经理抱怨他们无法从 ERP 系统中获取报表时，Valerie 的经理抽出自己的报表放在桌子上。其他经理都感到十分吃惊。他是怎样生成这些报表的？当得知有人解决了这一难题之后，所有人都如释重负。当然，公司总裁询问了 Valerie 的经理是否可以为其他部门生成这一报表……

喝彩变成了恐惧

后果可想而知。这个公司有 46 个部门。这意味着每月需要生成 46 份汇总报表。每份报表都要从 ERP 系统中导出数据，删除特定的账目，创建 5 个数据透视表，并设置报表格式使其颜色分明。虽然 Valerie 花了 3 小时生成第一份报表，但在她熟练之后，可以在 40 小时之内生成 46 个报表。这是非常可怕的。毕竟，除每月花费 40 小时使用 Excel 生成这些报表之外，Valerie 还有其他工作要做。

使用 VBA 解围

Valerie 找到我的 MrExcel 咨询公司，并说明了她所面对的情况。在一个星期的时间里，我就使用 Visual Basic 编写了一系列宏来完成这些日常任务。例如，实现了导入数据，删除特定的账目，创建 5 个数据透视表并设置颜色格式。从开始到结束，40 小时的全部手动工作简化到只需简单地点击两个按钮，历时大约 4 分钟的时间。

现在，你或者你所在公司的其他人可能正在使用 Excel 手动完成一些任务，而这些任务完全可以利用 VBA 自动完成。我敢确信，我走进任何一个拥有 20 或 20 个以上 Excel 用户的公司，都可以发现和 Valerie 有着惊人相似的情况。

VBA 和 Windows 版本之 Excel 的未来

几年前，有许多小道消息称微软公司将停止使用 VBA。现在，有足够证据表明，在 2025 年之前，Windows 版本的 Excel 将一直支持 VBA。当初 Mac 版本的 Excel 2008 将 VBA 移除时，由于用户强烈不满，使得 VBA 在下一 Mac 版本的 Excel 中又被重新启用。

微软公司曾声称，在 Excel 15 中将不再支持 XML 宏。1993 年，这些宏被 VBA 所取代，而且，在这之后的 20 多年里，VBA 一直得到支持。

即使微软公司将来决定停止支持 VBA 转而开始支持其他语言，读者所掌握的编程技巧也能很容易就过渡到新的平台。

与 Mac 的不同

虽然 Excel for Windows 和 Excel for Mac 的用户界面相似，但在 VBA 环境方面有很大不同。显然，第 22 章中使用 Windows API 的代码不适用于 Mac 系统。总体而言，本书中所讨论的概念同样适用于 Mac 系统下的 VBA，但也会存在些许差别。有关这些差别的完整信息，可参考网上的相关资料。

特殊元素和版式约定

本书包含一些特殊元素。每章中至少有一个案例分析，它们给出了现实工作中常见问题的解决方案。同时案例分析还显示了每章所讨论主题的实际应用。

除案例分析外，还有“注意”“提示”和“警告”。

注意：“注意”中的内容超出了所在章节讨论内容的范围，但是对读者来说是十分有用的信息。

提示：提供快速解决问题和节省时间的技巧，从而进一步提高工作效率。

警告：对可能存在的陷阱给予提示，读者应该特别注意这些内容，它会及时提醒您，避免被不必要的问题困扰几小时。

代码文件

为了感谢读者购买此书，本书的作者将书中涉及的大部分Excel 工作簿整理在一起，帮助演示书中的概念。这些文件包含了书中的大部分代码、演示数据。要下载代码文件，请访问链接 box.ptpress.com.cn/y/52600。

目　录

第1章 使用VBA释放Excel的力量

1.1 Excel的力量

Visual Basic for Applications（VBA）几乎是 Microsoft Excel 用户能够使用的最强工具。Microsoft Office 用户的电脑中几乎都安装有 VBA，但绝大多数用户都不知道怎样在 Excel 中驾驭 VBA。使用 VBA 可以加快 Excel 中任何工作的执行速度。如果读者经常使用 Excel 制作一系列月度报表，那么同样的工作使用 VBA 只需几十秒甚至几秒就可以搞定。

1.2 入门难点

学好 VBA 程序设计有两个难点。第一，Excel 的宏录制器存在缺陷，不能生成用作模型的可执行代码。第二，对于学习过 BASIC 等编程语言的人员来说，VBA 复杂的语法令其望而却步。

1.2.1 宏录制器无法工作

20 世纪 90 年代中期，微软公司开始主导电子表格市场。虽然微软公司成功开发了功能强大的电子表格软件，使得任何 Lotus 1-2-3 软件用户能够轻松过渡到 Excel，但是 Excel 的宏编程语言与其截然不同。即使一个人能够熟练录制 Lotus 1-2-3 宏语句，在 Excel 中尝试录制宏语句时也往往会遭到失败。尽管 Microsoft VBA 编程语言和 Lotus 1-2-3 语言相比功能更加强大，但宏录制器无法工作是其最基本的缺陷。

如果今天使用 Lotus 1-2-3 录制了一个宏语句，明天再重新运行，同样可行。但在 Microsoft Excel 中尝试相同的操作时，今天使用过的宏到了明天也许就不可用了。1995 年，在笔者第一次录制 Excel 宏语句时就遇到了这样的问题，为此我非常苦恼。

1.2.2 Visual Basic 不同于 BASIC

宏录制器生成的代码和笔者所见过的任何代码都不相同。这种代码被称为“Visual Basic”（VB）。虽然有幸在不同的时期学习过 6 种编程语言，但这种看起来很奇怪的语言仍然让笔者觉得非常不直观，和我在中学学习过的 BASIC 语言大不相同。

在 1995 年，笔者还是办公室里的电子表格高手。公司规定每个成员都要改用 Excel 来取代之前的 Lotus 1-2-3，这意味着我要面对无法运行的宏录制器和一门完全不懂的语言——Visual Basic，这在当时真让人崩溃。

笔者在编写本书时假定本书的使用对象非常熟悉电子表格软件，还假定读者并非专业程序员，但可能了解过 BASIC 方面的知识。但是，学习过 BASIC 并不是必要条件——相反它会阻碍您精通 VBA。

1.2.3 好消息：非常容易入门

即使您曾对宏录制器感到失望，但对于在 Excel 中编写功能强大的程序而言，这只是一个很小的绊脚石。本书不仅解释了宏录制器为什么不能工作，而且还教会读者如何将录制的代码转化为有用的东西。笔者将 VBA 这种奇怪的语言，让您轻松理解录制的宏代码的工作原理。

1.2.4 非常棒的消息：Excel VBA 值得学习

虽然读者可能因 Excel 中的宏录制器不能工作而感到沮丧，但好消息是 Excel VBA 的功能十分强大。在 Excel 界面中完成的任何工作都可以使用 Excel VBA 快速完成。如果你发现自己每天或者每周都要例行手动创建相同的报表，那么 Excel VBA 可以使这些工作大大简化。

本书的作者是 MrExcel 公司的顾问，曾为数百家客户创建了自动化报表。这些工作都很相似：处理公司的管理信息系统（MIS）部门积压了几个月的开发需求；让会计或管理部门的某个人发现他可以将数据导入 Excel，生成完成业务的必需的报表。这是一个解放性之举——你再也不必花数月时间等待 IT 部门来处理。毕竟每月或每周都要制作同样的报表，是一项相当乏味的工作。

非常棒的消息是，花几个小时来学习 VBA 编程可以让您收获颇丰，以后您只需单击几次按钮就可以自动生成报表，那么，在了解了一些基础知识之后，请和我一起开始学习。

本章揭示了宏录制器无法工作的原因。通过一个录制的代码示例，阐述了为什么宏录制器今天能够工作明天却不能工作了。读者可能并不熟悉本章的代码，不过没有关系。本章的重点是演示宏录制器的基本缺陷，并介绍 Visual Basic 开发环境的基础知识。

1.3　了解你的工具:“开发工具”选项卡

下面我们综述一下 VBA 中需要用到的一些基本工具。在默认情况下，Microsoft 的 VBA 工具是隐藏的。要显示“开发工具”选项卡，必须修改“Excel 选项”中的一个设置。

1．单击“文件”选项卡打开菜单。

2．单击“选项”命令。

3．在弹出的“Excel 选项”对话框中，选择左侧导航栏中的“自定义功能区”选项。

4．在右侧的列表框最下方区域找到“开发工具”，选中此项目旁边的复选框。

5．单击“确定”按钮返回 Excel。

如图 1-1 所示，Excel 显示了“开发工具”选项卡。

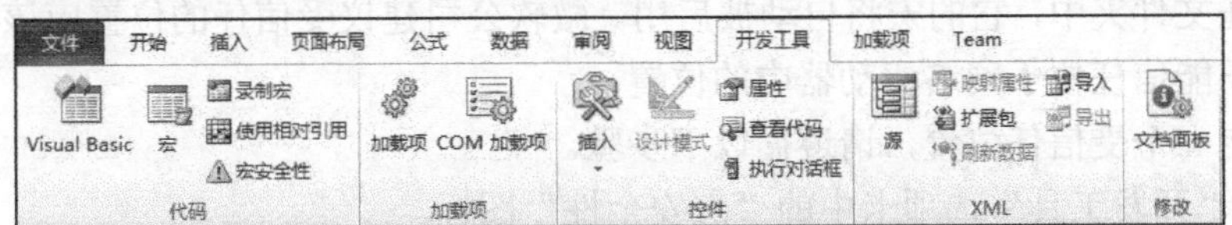

图 1-1　“开发工具”选项卡提供了运行和录制宏的按钮

在“开发工具”选项卡中，“代码”组包含了 5 个图标按钮，功能介绍如下。

■　**Visual Basic**——打开 Visual Basic 编辑器。

■　**宏**——打开“宏”对话框，在之中可以从宏列表中选择要运行或编辑的宏。

■　**录制宏**——开始录制宏。

■　**使用相对引用**——在相对录制和绝对录制之间进行切换。使用相对录制，Excel 将录制用户向下移动了三个单元格。使用绝对录制，Excel 使录制用户选择了 A4 单元格。

■　**宏安全性**——进入“信任中心”，可以设置禁止或允许在本机上运行宏。

“开发工具”选项卡下的“控件”组中包含一个“插入”下拉列表，通过它可以将各种编程控件添加到工作表中。通过此组中的其他图标，用户能够使用工作表中的控件。“执行对话框”按钮使用户能够显示自定义对话框或使用 VBA 设计的用户窗体。有关用户窗体的更多内容，请参考第 9 章“用户窗体简介”。

注意:“开发工具”选项卡中的“XML”组中包含导入和导出 XML 文件的工具。

1.4　宏安全性

自从 VBA 宏被用作传播一些高级病毒的载体之后，微软公司通过修改默认安全设置来禁止宏的运行。因此，在讲述如何录制宏之前，先来看一下如何调整默认设置。

在 Excel 中，用户既可以全局调整安全设置，也可以将特定的工作簿存放在安全位置以控制其宏设置。任何工作簿如果存放在标记为受信任位置的文件夹中，那么它的宏会自动被启用。

可以通过“开发工具”选项卡中的“宏安全性”图标对宏安全性进行设置。单击这一图标，将会弹出“信任中心”对话框，显示其中的“宏设置”内容。可以通过对话框中的左侧导航条打开“受信任位置”列表。

1.4.1 添加受信任位置

读者可以将自己的宏工作簿存放在标记有受信任位置中的文件夹内。任何工作簿如果被存放在受信任文件夹中，它的宏将自动被启用。微软公司建议受信任的位置应该是本机硬盘。默认情况下不能信任位于网络驱动器中的位置。

为了指定一个受信任位置，请遵循以下步骤。

1．单击“开发工具”选项卡中的“宏安全性”图标。

2．单击“信任中心”对话框中左侧导航面板中的“受信任位置”选项。

3．如果要信任网络驱动器中的某个位置，请选中“允许网络上的受信任位置”复选框。

4．单击“添加新位置”按钮，弹出“Microsoft Office 受信任位置”对话框（如图 1-2 所示）。

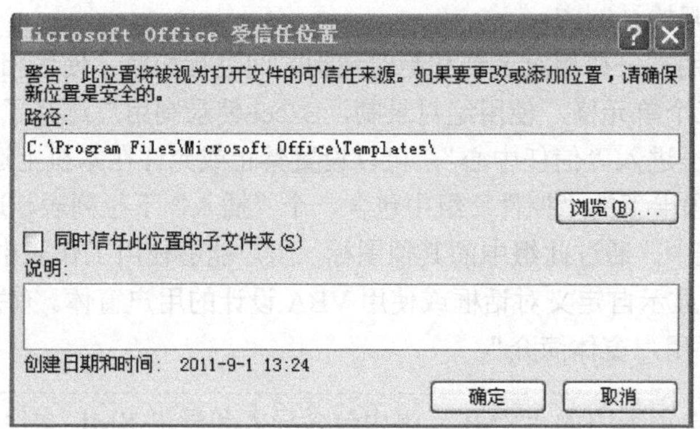

图 1-2 在“信任中心”对话框的“受信任位置”选项卡中管理受信任文件夹

5．单击“浏览”按钮，弹出“浏览”对话框。

6．切换到要将其设置为受信任位置文件夹的上一级文件夹，然后单击要指定为受信任位置的文件夹。虽然“文件夹名称”下拉列表中不会出现该文件夹的名称，但单击“确定”按钮后，在“Microsoft Office 受信任位置”对话框中将显示正确的文件夹名称。

7．如果要信任所选择文件夹的子文件夹，那么请选中“同时信任此位置的子文件夹”复选框。

8．单击“确定”按钮将文件夹添加到“受信任位置”列表。

警告： 选择受信任位置时要当心。用户双击电子邮件的 Excel 附件时，Outlook 将把该文件存储到 C 盘的一个临时文件夹中。不应将全部 C 盘及其子文件夹都加入到受信任位置列表中。

1.4.2　使用宏设置启用不在受信任位置的工作簿中的宏

若要进行宏设置，可以单击“开发工具”选项卡的“宏安全性”图标，这将会打开“信任中心”对话框中的“宏设置”类别，选择第二个选项——“禁用所有宏，并发出通知”。各个选项的含义如下。

■ **禁用所有宏，并且不通知：** 该项设置禁止所有宏运行。从不运行任何宏的用户可选择此选项。由于读者现在正在研读着一本介绍如何使用宏的书，所以笔者假定读者不属于这种用户。选择了此项设置，则只有存储于受信任文件夹中的宏才能够运行。

■ **禁用所有宏，并发出通知：** 这是笔者所推荐的设置。在 Excel 2003 中，如果选择了设置“中”，那么在打开包含有宏的文件夹时将会弹出一个对话框。这一对话框将强制用户选择启用还是禁用宏。许多 Excel 初学者在这里都会不假思索随便选择。在 Excel 2010 中，将在消息区域显示消息“宏已被禁用”，可通过选择启用内容选项来启用宏，如图 1-3 所示。

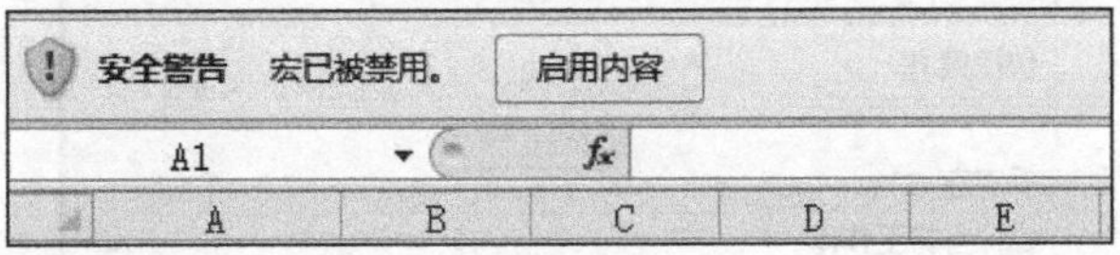

图 1-3　如果使用设置“禁用所有宏，并发出通知”，用户可以在打开包含有宏的工作簿时轻松启用宏

■ **禁用无数字签署的所用宏：** 此项设置要求用户从 VeriSign 或其他供应商那里获取数字签名工具。如果你向其他人销售加载项，选择这项设置也许是合适的，但如果只是编写供自己使用的宏，则显得有些多此一举。

■ **启用所有宏（不推荐，可能会运行有潜在危险的代码）：** 此项设置虽然能够为用户提供方便，但同时也为 Melissa 等病毒打开了入侵的大门。微软公司建议用户不要选择此项设置。

1.4.3　使用设置“禁用所有宏，并发出通知”

笔者推荐将您的宏设置为“禁用所有宏，并发出通知”。如果使用了该项设置，那么在打开包含宏的工作簿时，将在公式栏上方看到“安全警告”。假设用户希望该工作簿中包含宏，可单击“启用内容”选项。

如果不想启用当前工作簿中的宏，可单击消息栏最右边的关闭按钮，将“安全警告”关闭。

如果在运行宏之前忘记了启用宏，Excel 将提示不能运行任何宏，因为所有宏都已被禁用。如果出现这种情况，应先关闭工作簿，然后再打开，重新获得消息栏。

警告：如果您启用了存储在本地硬盘工作簿中的宏并对工作簿进行保存之后，Excel 默认之前在这个工作簿中启用了宏。当下一次打开此工作簿时，宏将自动被启用。

1.5 录制宏、存储宏和运行宏概述

如果没有编写宏代码的经验，录制宏是非常有帮助的。随着知识和经验的不断增加，录制宏代码的频率将会越来越低。

要录制宏，可单击“开发工具”选项卡中的“录制宏”图标。在录制开始之前，Excel 将打开“录制新宏”对话框，如图 1-4 所示。

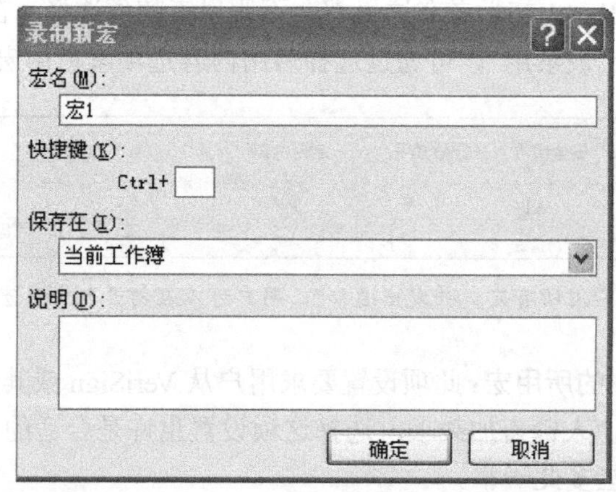

图 1-4 使用“录制新宏”对话框为要录制的宏指定名称和快捷键

填写“录制新宏”对话框

在“宏名”中为宏输入一个名称。请务必输入连续的字符。例如，可以输入字符间不带空格的 Macro1，而不能输入字符间带有空格的 Macro 1。如果要创建很多宏，最好使用有意义的名称。如 FormatReport 这样的名称就比 Macro1 更有助于理解。

对话框中的第二个输入栏是“快捷键”。如果在此输入栏中输入字母“J”，然后按 Ctrl+J

组合键，宏就会运行。需要注意的是，Ctrl+A 到 Ctrl+Z 之间的许多小写字母快捷键在 Excel 中都已被使用。在设置快捷键时，不限于未使用的 Ctrl+J，可以按下 Shift 键在“快捷键”输入栏中输入 Shift+A 至 Shift+Z 之间的某一个。这样，宏的快捷键将被指定为 Ctrl+Shift+A 至 Ctrl+Shift+Z 中的某一个。

警告：可以在宏中重复使用快捷键。如果将宏的快捷键设置为 Ctrl+C，Excel 将运行宏而不执行通常的复制操作。

在“录制新宏”对话框中，可以选择宏所要存放的位置：“个人工作簿”“新工作簿”和“当前工作簿”。建议将与特定工作簿相关的宏存储在当前工作簿中。

个人宏工作簿（Personal.xlsm）并不是打开的工作簿，如果选择将宏存储在“个人宏工作簿”中，该工作簿将会被创建。所创建的工作簿在 Excel 启动时自动打开，使得用户能够使用其中的宏。Excel 启动后，该工作簿将会被隐藏。如果要显示它，可以在“视图”选项卡中单击“取消隐藏”命令。

提示：不建议将每个宏都保存到个人宏工作簿中。只将对完成常规任务有帮助的宏存储到其中，而不将只有在特定工作表或工作簿中使用的宏存储到其中。

“录制新宏”对话框中的第 4 个文本框是“说明”。这里的“说明”将作为注释加入到宏的开头。在之前有些 Excel 版本中，能够自动添加日期和录制者的用户名。但在 Excel 2010 中，这些信息不会自动添加到“说明”文本框中。

选择完宏的存储位置之后，单击“确定”按钮开始录制宏。完成宏的录制之后，单击“开发工具”选项卡中的“停止录制”图标。

提示：还可以通过选择 Excel 窗口左下角的“停止录制”图标来停止宏的录制。也就是状态栏中“就绪”旁边的蓝色小方块。使用此按钮比返回到“开发工具”选项卡更加方便。当录制完第一个宏之后，这个区域通常会有一个“录制宏”图标。

1.6　运行宏

如果为宏设置了快捷键，就可以通过按快捷键来运行宏。可以将宏关联到工具栏按钮、窗体控件或绘图对象，此外，还可以通过 Visual Basic 工具栏运行它。

1.6.1 在功能区中创建宏按钮

可以向功能区的新组中添加运行宏的图标。这样做很适合于存储在个人工作簿中的宏。按照以下步骤将宏按钮添加到功能区。

1．单击“文件”菜单，并选择“Excel 选项”命令，打开“Excel 选项”对话框。

2．在“Excel 选项”对话框中，选择左侧导航栏中的“自定义功能区”命令。

提示：如果想快速完成上述两步操作，可以右键单击功能区，然后选择“自定义功能区”命令。

3．在右侧的列表框中，选择想要对其添加图标的选项卡名称。

4．单击右侧列表框下的“新建组”按钮。Excel 会在所选功能选项卡的最后面添加一项“新建组（自定义）”条目。

5．若要将组移动到功能选项卡的最左侧，可以多次单击对话框最右侧的上移箭头。

6．若要重命名组，可以单击“重命名”按钮。输入一个新名称（如 Report Macros），单击“确定”按钮。Excel 将在列表框中显示组名为“Report Macros（自定义）”。注意，在功能区将不会显示“自定义”字样。

7．打开左上角的“从下列位置选择命令”下拉菜单，选择列表中的“宏”。宏位于列表中的第四项。Excel 在左侧列表框中显示了所有可用的宏列表。

8．在左侧列表框中选择一个宏。单击列表框中间的“添加”按钮。Excel 将宏移动到右侧列表框所选择的组中。Excel 对所有宏都使用普通的 VBA 图标。可以通过步骤 9 和步骤 10 对图标进行修改。

9．单击右侧列表框中的宏。单击右侧列表框下部的“重命名”按钮。Excel 显示出 180 种可供选择的图标。可以从中选择一个图标，或者给图标输入一个得体的标签（如 Format Report）。

10．单击“确定”按钮关闭“Excel 选项”对话框。新按钮出现在了所选择的功能区选项卡上。

1.6.2 在快速访问工具栏上创建宏按钮

可以通过向“快速访问工具栏”中添加图标来运行宏。如果宏存储在个人工作簿中，添加的按钮可以永久保留在“快速访问工具栏”中;如果宏存储在当前工作簿中，则只有在工作簿打开时才出现。按照以下步骤向“快速访问工具栏”中添加宏按钮：

1．单击“文件”菜单，并选择“Excel 选项”命令，打开“Excel 选项”对话框。

2．在“Excel 选项”对话框中，选择左侧导航栏中的“快速访问工具栏”命令。

提示：如果想快速完成上述两步操作，可以右键单击功能区，然后选择“自定义快速访问工具栏”命令。

3．如果要设置为只有当前工作簿打开时宏才可用，可以打开右上角的下拉菜单，选择其中的“用于<文件名. xlsm>”，而不选择“用于所有文档（默认）”。任何与当前工作簿相关的图标都显示在“快速访问工具栏”的最下方。

4．打开左上角的下拉菜单，从列表中选择“宏”命令。“宏”命令位于列表中的第四项。Excel 在左侧列表框中显示了所有可用宏列表。

5．从左侧列表框中选择一个宏。单击对话框中间的“添加”按钮。Excel 将宏移动到右侧列表框中。Excel 对所有宏都使用普通的 VBA 图标。可以通过步骤 6 到步骤 8 对其进行修改。

6．单击右侧列表框中的宏。单击右侧列表框下部的“修改”按钮。Excel 显示出 180 种可用图标列表，如图 1-5 所示。

提示：Excel 2003 中提供了 4 096 种图标，并且还提供了图标编辑器，相比之下，Excel 2010 提供的 180 种图标逊色了许多。

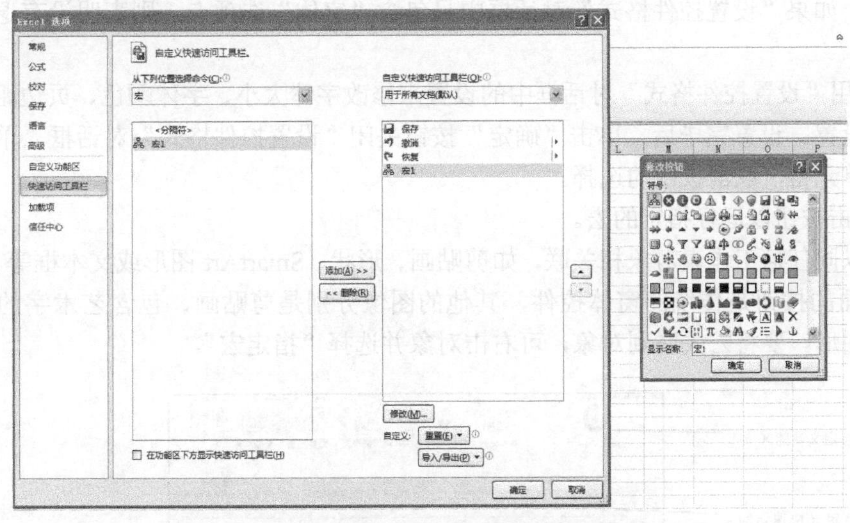

图 1-5　将宏同快速访问工具栏中的图标关联起来

7．从列表中选择一个图标。在“显示名称”文本框中输入一个简短的名称代替宏名，它将用作该图标的工具提示。

8．单击“确定”按钮关闭“修改按钮”对话框。

9．单击“确定”按钮关闭“Excel 选项”对话框。新按钮将会出现在快速访问工具栏中。

1.6.3　将宏关联到窗体控件、文本框或形状

如果想专门为某个工作簿创建一个宏，将宏存储在工作簿中，并将之与窗体控件或工作

表中任意其他对象相关联，那么，可按如下步骤将宏关联到工作表中的窗体控件。

1．在“开发工具”选项卡中，单击“插入”菜单打开其下拉列表。显示出 12 个表单控件和 12 个 ActiveX 控件。在下拉列表中，许多图标看起来很相似。单击下拉列表左上角的“按钮（控件窗体）”图标。

2．将鼠标指针移动到工作表中，鼠标指针变成了十字形状。

3．单击鼠标左键不放在工作表中画出一个按钮，画完之后松开鼠标左键。

4．在“指定宏”对话框中选择一个宏，然后单击“确定”按钮。按钮名称将显示为“按钮 1”等通用名称。若要自定义按钮名称和外观，参照步骤 5 至步骤 7。

5．为按钮输入一个新标签。在文本编辑模式下，不能修改按钮的颜色。注意，如果不小心单击到了按钮的外围，则可以按住 Ctrl 键并单击按钮来重新进行选择，然后将鼠标指针移至按钮的文本上方选择文本。

6．右键单击按钮并选择“设置控件格式”。弹出“设置控件格式”对话框，其中包含 7 个选项卡。如果“设置控件格式”对话框中只包含“字体”选项卡，则表明没有退出文本编辑模式。

7．使用“设置控件格式”对话框中的设置来修改字体大小、字体颜色、页边距和控件的一些其他设置。设置完毕后，单击“确定”按钮关闭“设置控件格式”对话框。单击按钮之外的任一单元格，取消按钮的选择。

8．单击按钮以运行指定的宏。

宏可以同任何工作表对象相关联，如剪贴画、形状、SmartArt 图形或文本框等。在图 1-6 中，最上面的按钮是传统的窗体控件，其他的图像分别是剪贴画、包含艺术字的形状以及 SmartArt 图形。要将宏关联到对象，可右击对象并选择“指定宏”。

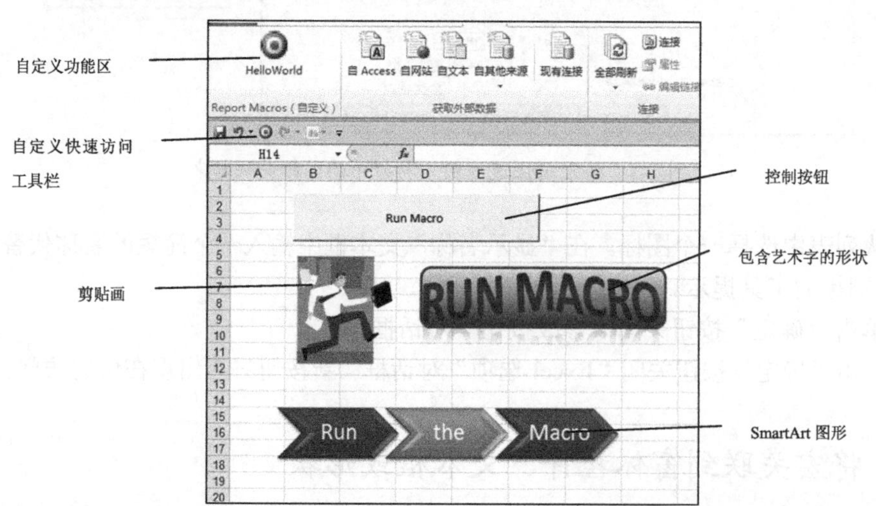

图 1-6　将宏关联到当前工作簿中的控件或对象是不错的选择，可将宏关联到图中所示的任何对象

1.7　了解 VB 编辑器

图 1-7 所示为一个典型的 VB 编辑器屏幕。其中包含 3 个窗口：“工程-VBAProject”窗口、“属性”窗口和“代码”窗口。如果您的窗口和图中的不一样，也不必担心。在介绍编辑器时，将指出如何显示所需的窗口。

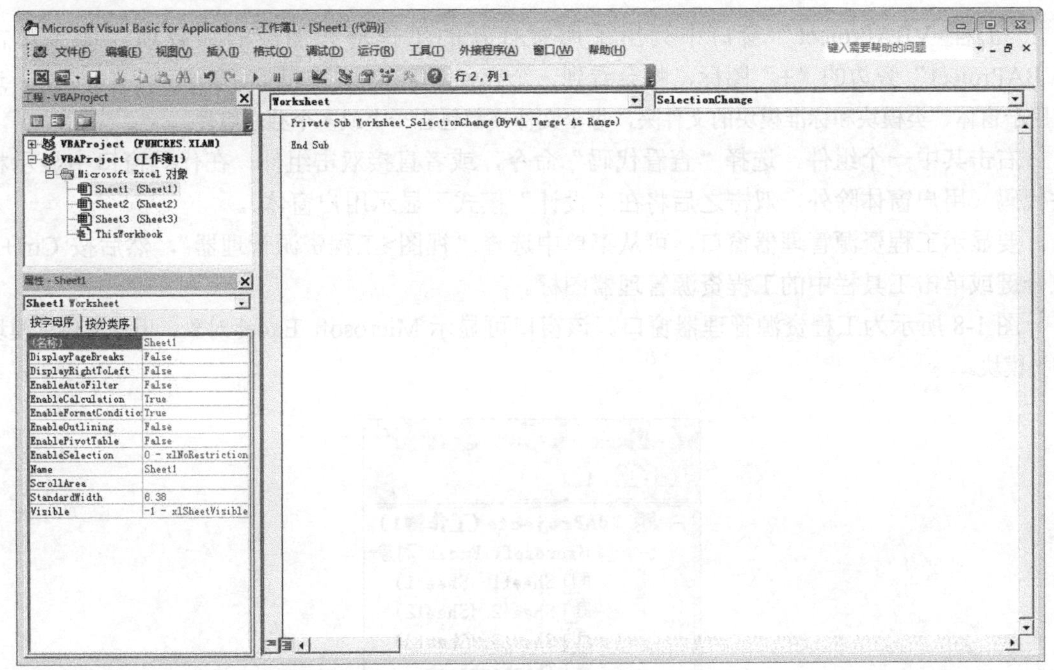

图 1-7　VB 编辑器窗口

1.7.1　VB 编辑器设置

有多种设置可用于自定义 VB 编辑器，下面只挑选其中几个对编程有帮助的设置进行讨论。

1.7.2　自定义 VB 编辑器选项设置

单击编辑器上方的“工具”菜单，选择“选项”命令，弹出的对话框的“编辑器”选项卡下有几项有用的设置。除了“要求变量声明”设置外，其他设置在默认情况下都被选中。

而“要求变量声明”这项设置应根据个人需要给予特殊考虑。默认情况下，Excel 不要求用户声明变量。笔者非常喜欢这项设置，因为在编程时会节省时间。而笔者的合著者却喜欢改变这项设置声明变量。这项设置会导致编译器在发现无法识别的变量时停止运行，这样可以减少拼写错误的变量。允许或禁止此项设置完全由用户的喜好决定。

1.7.3 工程资源管理器

“工程-VBAProject”窗口中列出了所有打开的工作簿和加载的加载项。如果单击“VBAProject”旁边的“+”图标，将会看到一个存储 Microsoft Excel 对象的文件夹。此外，还有用于窗体、类模块和标准模块的文件夹，每个文件夹都包含一个或多个独立组件。

右击其中一个组件，选择“查看代码”命令，或者直接双击组件，在代码窗口中显示相关代码（用户窗体除外，双击之后将在“设计”模式下显示用户窗体）。

要显示工程资源管理器窗口，可从菜单中选择“视图>工程资源管理器”，然后按 Ctrl+R 组合键或单击工具栏中的工程资源管理器图标。

图 1-8 所示为工程资源管理器窗口。该窗口可显示 Microsoft Excel 对象、用户窗体、模块和类模块。

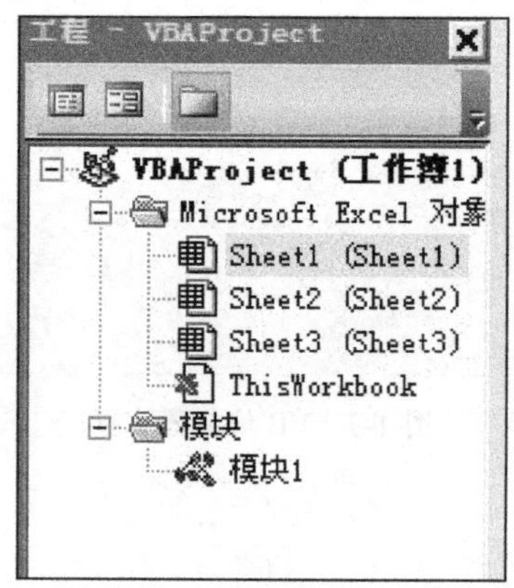

图 1-8 工程资源管理器显示各种模块类型

要插入模块，右键单击“VBAProject”，选择“插入”命令，然后选择要插入的模块类型。可插入的模块类型如下。

- **用户窗体：**Excel 允许设计自己的窗体和用户交互。有关窗体的内容详见第 10 章。
- **模块：**在录制宏时，Excel 自动创建用于放置代码的模块。多数编写的代码都会存储在这类模块中。
- **类模块：**在 Excel 中，用户可以使用类模块创建自己的对象。此外，类模块让程序员能够共享代码，而无需了解其工作原理。有关类模块的更多内容，详见第 22 章“创建类、记录和集合”。

1.7.4　属性窗口

通过属性窗口，用户可以编辑各种组件（如工作表、工作簿、模块和窗体控件）的属性。所选组件的不同，属性列表的内容也有相应的不同。要显示此窗口，可以在“视图”菜单中选择“属性窗口”，按 F4 键或单击工具栏中的“属性窗口”图标。

1.8　了解宏录制器的不足之处

假设您在一个会计部门工作。每天都会收到来自公司系统的文本文件，其中包含了前一天的所有发票。该文本文件中的每列使用英文逗号分隔。文件中的列名分别为发票日期、发票编号、销售代表编号、客户编号、产品税额、服务税额和产品价格，如图 1-9 所示。

```
invoice - 记事本
文件(F)  编辑(E)  格式(O)  查看(V)  帮助(H)
发票日期,发票编号,销售代表编号,客户编号,产品税额,服务税额,产品价格
06/07/2011,123829,S21,C8754,538400,0,299897
06/07/2011,123830,S45,C4056,588600,0,307563
06/07/2011,123831,S54,C8323,882200,0,521726
06/07/2011,123832,S21,C6026,830900,0,494831
06/07/2011,123833,S45,C3025,673600,0,374953
06/07/2011,123834,S54,C8663,966300,0,528575
06/07/2011,123835,S21,C1508,467100,0,257942
06/07/2011,123836,S45,C7366,658500,10000,308719
06/07/2011,123837,S54,C4533,191700,0,109534
```

图 1-9　invoice.txt 文件

每天早晨，您手动将该文件输入 Excel 中。然后添加汇总行，加粗标题并打印报表发给各个经理。

这一过程看起来非常简单，很适合使用宏录制器进行处理。然而，由于宏录制器存在着一些问题，最初的几项尝试都可能会以失败告终。下面的案例解释了如何克服这些问题。

■ 案例分析：准备录制宏

上部分内容所提到的任务非常适合录制成宏。然而，在录制宏之前，应先考虑录制宏所采取的步骤。就本例而言，应采取以下步骤。

1．单击“文件”菜单，选择“打开”命令。

2．浏览 invoice.txt 文件所在的文件夹。

3．从“文件类型”下拉列表中选择“所有文件”。

4．选择 invoice.txt。

5．单击“打开”按钮。

6．在“文本导入向导-第 1 步，共 3 步”中，从“原始数据类型”部分中选择“分隔符号”。

7．单击“下一步”按钮。

8．在“文本导入向导-第 2 步，共 3 步”中，从“分隔符号”部分中取消选中复选框“Tab 键”，并选中“逗号”复选框。

9．单击“下一步”按钮。

10．在“文本导入向导-第 3 步，共 3 步”中，选择第一列数据，然后在“列数据格式”部分中选择“日期”选项，并将其改成“MDY”。

11．单击“完成”按钮导入文件。

12．先按 End 键，再按下箭头，使被选中的单元格位于数据的最后一行。

13．再次按下箭头移到汇总行。

14．输入单词 Total。

15．按 4 次右箭头，移到汇总行的 E 列。

16．单击“自动求和”按钮，并按组合键 Ctrl+Enter，对“产品税额”列求和。

17．按住单元格右下键的“自动填充”手柄不放，将其从 E 列拖至 G 列，从而将求和公式复制到 F 列和 G 列。

18．选中第一行并单击“开始”选项卡中的“加粗”图标，将标题设置为粗体。

19．选中汇总行并单击“开始”选项卡中的“加粗”图标，将汇总值设置为粗体。

20．按 Ctrl+A 组合键选中所有单元格。

21．在“开始”选项卡下的“单元格”选项组中，选择“格式>自动调整列宽”。

牢记以上步骤之后，就可以开始准备录制第一个宏了。打开一个空白的工作簿，使用诸如 MacroToImportInvoices.xlsm 这样的文件名来保存它。单击“开发工具”选项卡中的“录制宏”按钮。

在“录制宏”对话框中，默认的宏名是 Macro1。将之修改为描述性的有意义的名称，如 ImportInvoice。确保宏是存储于当前工作簿中。用户可能希望稍后能够更加方便地运行该宏，因此在“快捷键”文本框中输入字母 i。在“说明”文本框中输入一些描述性的文字，说明这个宏的用途（如图 1-10 所示）。准备就绪之后单击“确定”按钮。

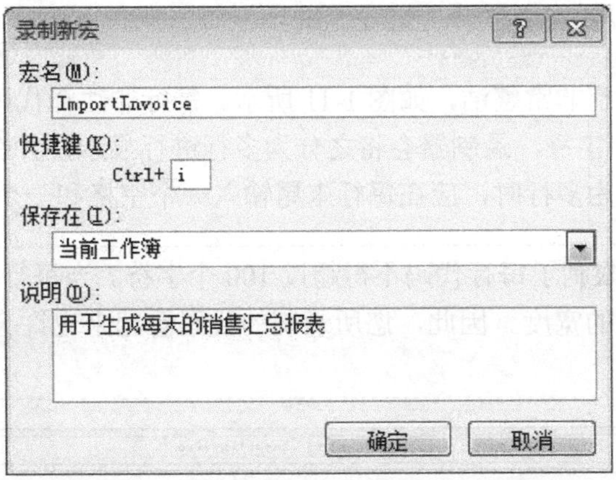

图 1-10　在录制宏前填写“录制新宏”对话框

■ 录制宏

宏录制器现在开始录制您的每一步操作，但不要过于紧张。必须确保以正确的顺序执行每一步操作，而且不应有额外的操作。如果在输入第一个汇总值时由于失误不小心移动到了 F 列，然后移回 E 列，录制器日后将盲目地重复这种错误操作。虽然录制的宏移动得很快，但也不能因此而让宏不断重复错误的操作。

在执行生成报表的每一步操作时都应格外小心。执行完最后一步时，单击 Excel 窗口左下角的“停止”按钮，或者单击“开发工具”选项卡中的“停止录制”按钮。

下面来看看录制的代码，可通过单击“开发工具”选项卡中的“Visual Basic”按钮或按 Alt+F11 组合键切换到 Visual Basic 编辑器来查看。

1.8.1　在编程窗口中查看代码

下面来看一下刚刚在案例分析中所录制的代码。如果不理解这些代码，也不必担心。

按 Alt+F11 组合键，打开 Visual Basic 编辑器。在你的 VBA 工程（MacroToImportInvoices.xlsm）中，找到模块组件，右击这一组件并选择“查看代码”命令。注意，有些代码行以撇号开头，这是被程序所忽视的（即不运行）注释部分。宏录制器所录制的宏开头都有几行注释，这是用户在“录制新宏”对话框中所输入的描述信息。关于快捷键的注释也存在其中，用于提醒您所设置的快捷键。

注意：注释部分不能实际设置快捷键，如果将注释部分的快捷键修改为 Ctrl+J，将不会实际改变快捷键。必须在“录制新宏”对话框中进行修改或执行以下代码：

```
Application.MacroOptions Macro:="ImportInvoice", _
Description:="", ShortcutKey:="j"
```

录制的宏代码通常都非常整洁，如图 1-11 所示。每行非注释代码都缩进 4 个字符。如果某行的代码超过 100 个字符，录制器会将之分为多行进行显示，并在原来的基础上再缩进 4 个字符。将一行代码分为多行时，应在每行末尾输入一个空格和一个下划线。

注意：实际上，本书中限制了每行代码不得超过 100 个字符。当每行代码超过 80 个字符时就会进行分行以适合页面的宽度。因此，您所录制的代码看起来也许会和本书中给出的代码有些区别。

```
(通用)                                    ImportInvoice
Sub ImportInvoice()
'
' ImportInvoice 宏
' 用于生成每天的销售汇总报表
'
'
' 快捷键: Ctrl+i
'
    ChDir "E:\MANUSCRIPT\QUE-Excel 2010\VBA AND MACROS\VBA2010Files"
    Workbooks.OpenText Filename:= _
        "E:\MANUSCRIPT\QUE-Excel 2010\VBA AND MACROS\VBA2010Files\invoice.txt", Origin _
        :=936, StartRow:=1, DataType:=xlDelimited, TextQualifier:=xlDoubleQuote _
        , ConsecutiveDelimiter:=False, Tab:=False, Semicolon:=False, Comma:= _
        True, Space:=False, Other:=False, FieldInfo:=Array(Array(1, 3), Array(2, 1), _
        Array(3, 1), Array(4, 1), Array(5, 1), Array(6, 1), Array(7, 1)), TrailingMinusNumbers _
        :=True
    Selection.End(xlDown).Select
    Range("A11").Select
    ActiveCell.FormulaR1C1 = "total"
    Range("E11").Select
    Selection.FormulaR1C1 = "=SUM(R[-9]C:R[-1]C)"
    Selection.AutoFill Destination:=Range("E11:G11"), Type:=xlFillDefault
    Range("E11:G11").Select
    Rows("1:1").Select
    Selection.Font.Bold = True
    Rows("11:11").Select
    Selection.Font.Bold = True
    Cells.Select
    Range("A11").Activate
    Selection.Columns.AutoFit
End Sub
```

图 1-11　所录制的宏看起来整洁、缩进整齐

下面这 7 行录制的代码实际上是由 1 行代码分行显示而成的，只是由于易读性而将之分成 7 行来显示。

```
Sub ImportInvoice()
'
' ImportInvoice 宏
' 用于生成每天的销售汇总报表
'
'
' 快捷键: Ctrl+i
'
    ChDir "E:\MANUSCRIPT\QUE-Excel 2010\VBA AND MACROS\VBA2010Files"
    Workbooks.OpenText Filename:= _
        "E:\MANUSCRIPT\QUE-Excel 2010\VBA AND MACROS\VBA2010Files\invoice.txt", Origin _
        :=936, StartRow:=1, DataType:=xlDelimited, TextQualifier:=xlDoubleQuote _
        , ConsecutiveDelimiter:=False, Tab:=False, Semicolon:=False, Comma:= _
        True, Space:=False, Other:=False, FieldInfo:=Array(Array(1, 3), Array(2, 1), _
```

```
        Array(3, 1), Array(4, 1), Array(5, 1), Array(6, 1), Array(7, 1)), TrailingMinusNumbers_
        :=True
    Selection.End(xlDown).Select
    Range("A11").Select
    ActiveCell.FormulaR1C1 = "total"
    Range("E11").Select
    Selection.FormulaR1C1 = "=SUM(R[-9]C:R[-1]C)"
    Selection.AutoFill Destination:=Range("E11:G11"), Type:=xlFillDefault
    Range("E11:G11").Select
    Rows("1:1").Select
    Selection.Font.Bold = True
    Rows("11:11").Select
    Selection.Font.Bold = True
    Cells.Select
    Range("A11").Activate
    Selection.Columns.AutoFit
End Sub
```

如果将以上 7 行代码算作 1 行，那么宏录制器只用 14 行代码就能录制完 21 步手工操作，可见其功能十分强大。

注意：用户在 Excel 用户界面中所进行的每一步操作都相当于一行或多行录制的代码，有些操作甚至会生成十几行代码。

测试每个宏

应该经常对每个宏进行测试。想要测试一个宏，首先，按 Alt+F11 组合键返回到常规 Excel 界面，然后关闭 invoice.txt，不保存所做的修改，使 MacroToImportInvoices.xls 工作簿仍然保持打开状态。

按 Ctrl+I 组合键运行录制的宏。如果每个步骤完成得都非常正确，那么宏将运行得很流畅。导入了数据、添加了汇总、应用了粗体格式、列也变宽了。这看起来是一个非常完美的解决方案（如图 1-12 所示）。

	A	B	C	D	E	F	G
1	发票日期	发票编号	销售代表编号	客户编号	产品税额	服务税额	产品价格
2	6/7/2008	123829	S21	C8754	538400	0	299897
3	6/7/2008	123830	S45	C4056	588600	0	307563
4	6/7/2008	123831	S54	C8323	882200	0	521726
5	6/7/2008	123832	S21	C6026	830900	0	494831
6	6/7/2008	123833	S45	C3025	673600	0	374953
7	6/7/2008	123834	S54	C8663	966300	0	528575
8	6/7/2008	123835	S21	C1508	467100	0	257942
9	6/7/2008	123836	S45	C7366	658500	10000	308719
10	6/7/2008	123837	S54	C4533	191700	0	109534
11	total				5797300	10000	3203740

图 1-12　宏完美地设置了工作表中数据的格式

1.8.2 日后运行该宏时得到意外的结果

在测试完宏之后，应确保保存好录制的宏文件，以备日后使用。日后，当从系统中导入新的 invoice.txt 文件之后，再次打开宏，试图按 Ctrl+I 组合键运行它时，问题出现了。6 月 7 日的数据显示有 9 张发票，6 月 8 日的数据显示有 17 张发票，但录制的宏仍然在第 11 行添加汇总，因为在录制宏时就将汇总添加在了第 11 行（如图 1-13 所示）。

	A	B	C	D	E	F	G
1	发票日期	发票编号	销售代表编号	客户编号	产品税额	服务税额	产品价格
2	6/8/2008	123813	S82	C8754	716100	12000	423986
3	6/8/2008	123814		C4894	224200	0	131243
4	6/8/2008	123815	S43	C7278	277000	0	139208
5	6/8/2008	123816	S54	C6425	746100	15000	350683
6	6/8/2008	123817	S43	C6291	928300	0	488988
7	6/8/2008	123818	S43	C1000	723200	0	383069
8	6/8/2008	123819	S82	C6025	982600	0	544025
9	6/8/2008	123820	S17	C8026	490100	45000	243808
10	6/8/2008	123821	S43	C4244	615800	0	300579
11	**total**	**123822**	**S45**	**C1007**	**5703400**	**72000**	**3005589**
12	6/8/2008	123823	S87	C1878	338100	0	165666
13	6/8/2008	123824	S43	C3068	567900	0	265775
14	6/8/2008	123825	S43	C7571	123456	0	55555
15	6/8/2008	123826	S55	C7181	37900	0	19811
16	6/8/2008	123827	S43	C7570	582700	0	292000
17	6/8/2008	123828	S87	C5302	495000	0	241504
18	6/8/2008	123828	S87	C5302	495000	0	241504

图 1-13　用户本意是在数据尾行添加汇总，但录制的宏却总是将汇总添加在第 11 行

出现以上问题的原因是，在默认情况下，宏录制器以绝对引用模式录制用户的所有操作。与使用录制器的绝对引用模式不同，在下一节，我们将讨论相对引用，以及为什么使用相对引用能够获得更为理想的解决方案。

1.8.3 一种可能的解决方案：在录制宏时使用相对引用

在默认情况下，宏录制器将所有操作录制为绝对操作。如果星期一您在录制宏的时候，将鼠标移动到了第 11 行，那么宏在运行时总会将鼠标移动到第 11 行。在处理大量的行和数据时，这样做是很不合理的。更好的解决方案是在录制宏时使用相对引用。

使用绝对引用录制宏时，将记录单元格的实际位置，如 A11。而使用相对引用录制宏时，将记录相对当前位置所移动的行数和列数。例如，如果当前活动单元格位于 A1，则代码 ActiveCell.Offset(16, 1).Select 将活动单元格移动到 B17，即向下移动 16 行，向右移动 1 列。

下面，让我们使用相对引用重新尝试一下前面的案例研究。这个解决方案获得的效果更加理想。

■ 案例分析：使用相对引用录制宏

让我们使用相对引用再次录制宏。关闭 invoice.txt，不保存所做的修改。开始录制宏之前，

导入 invoice.txt 文件。在工作簿 MacroToImportInvoices.xlsx 中，通过单击“开发工具”选项卡中的“录制宏”图标来录制一个新宏。将宏命名为 ImportInvoicesRelative，并指定一个快捷键，如 Ctrl+Shift+J（如图 1-14 所示）。

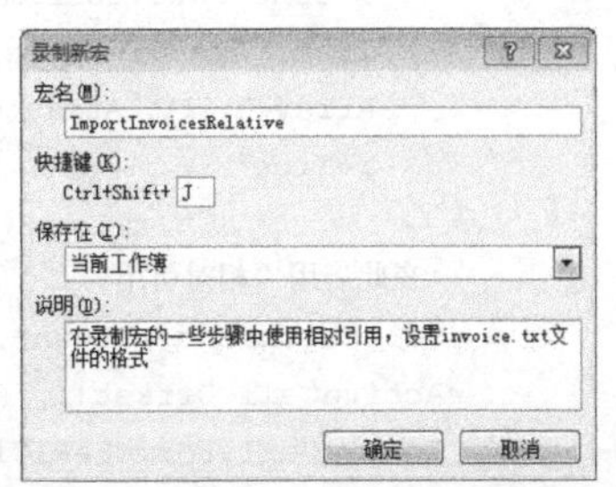

图 1-14　为重新录制宏做好准备

在移动到最后一行数据之前(先按 End 键，然后按下箭头)，应先单击“开发工具”选项卡中的“使用相对引用”按钮。

接着执行以下步骤。

1．先按 End 键，再按下箭头移动到数据的最后一行。

2．再次按下箭头移到汇总行。

3．输入单词 Total。

4．按 4 次右箭头移到汇总行的第 4 列。

5．单击“自动求和”按钮，然后按 Ctrl+Enter 组合键，为“产品税额”列求和。

6．单击“自动填充”手柄不放，将其从 E 列拖至 G 列，将求和公式复制到 F 列和 G 列。

7．按“Shift+空格”组合键选中整个行。按 Ctrl+B 组合键将字体设置为粗体。至此，需要移动到 A1 单元格将标题设置为粗体。我们不想让宏录制器把从第 11 行移动到第 1 行这一操作录制下来，因为它将录制为向上移动 10 行，这种操作日后可能导致错误的产生。在移动到 A1 之前，先将“使用相对引用”关闭，然后继续录制宏的其他部分。

8．选中第 1 行，并单击“加粗”图标，将标题设置为粗体。

9．按 Ctrl+A 组合键选中所有单元格。

10．在“开始”选项卡下的单元格选项组中选择“格式>自动调整列宽”。

11．选中 A1 单元格。

12．停止录制。

按 Alt+F11 快捷键打开 VB 编辑器查看录制的代码。新宏出现在“模块 1”中，位于前一个宏的下面。

在录制第 1 个宏和第 2 个宏之间如果将 Excel 关闭了，Excel 将为新录制的宏插入一个名称为“模块 2”的新模块。

在下面的代码中，笔者添加了两行注释，帮助读者理解在什么地方启用和禁止相对引用。

```
Sub ImportInvoicesRelative()
'
' ImportInvoicesRelative 宏
' 在录制宏的一些步骤中使用相对引用，设置 invoice.txt 文件的格式
'
' 快捷键: Ctrl+Shift+I
'
    Workbooks.OpenText Filename:= _
        "E:\MANUSCRIPT\QUE-Excel 2010\VBA AND MACROS\VBA2010Files\invoice.txt", Origin _
        :=936, StartRow:=1, DataType:=xlDelimited, TextQualifier:=xlDoubleQuote _
```

```
        , ConsecutiveDelimiter:=False, Tab:=False, Semicolon:=False, Comma:= _
        True, Space:=False, Other:=False, FieldInfo:=Array(Array(1, 3), Array(2, 1), _
        Array(3, 1), Array(4, 1), Array(5, 1), Array(6, 1), Array(7, 1)), TrailingMinusNumbers _
        :=True

    '在此启用“相对引用”
    Selection.End(xlDown).Select
    ActiveCell.Offset(1, 0).Range("A1").Select
    ActiveCell.FormulaR1C1 = "Total"
    ActiveCell.Offset(0, 4).Range("A1").Select
    Selection.FormulaR1C1 = "=SUM(R[-9]C:R[-1]C)"
    Selection.AutoFill Destination:=ActiveCell.Range("A1:C1"), Type:= _
        xlFillDefault

    '在此禁用“相对引用”
    ActiveCell.Range("A1:C1").Select
    ActiveCell.Rows("1:1").EntireRow.Select
    Selection.Font.Bold = True
    Rows("1:1").Select
    Selection.Font.Bold = True
    Cells.Select
    Selection.Columns.AutoFit
    Range("A1").Select
End Sub
```

为了测试宏，关闭 invoice.txt 并不做保存，然后按 Ctrl+Shift+J 组合键运行宏。一切看起来都很正常，得到的结果也相同。

下一步测试是，日后在有更多数据行的情况下，宏是否能正确运行。图 1-15 中所示为 6 月 8 日的数据。

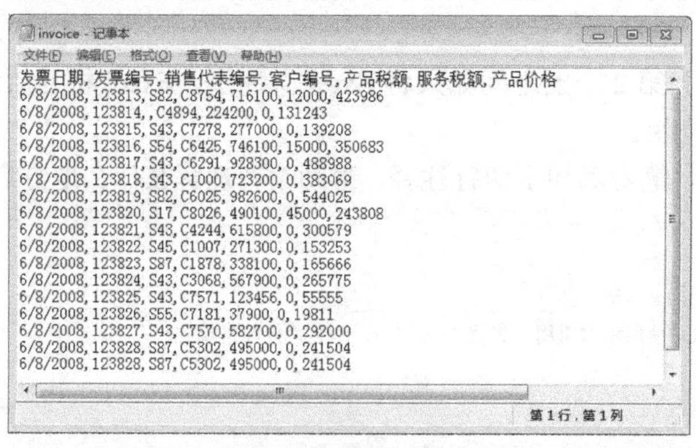

图 1-15　使用相对引用的宏是否能够正确处理这些数据

打开 MacroToImportInvoices.xlsx 工作簿并按 Ctrl+J 组合键运行新宏。这一次一切看起来都很正常，汇总行被置于正确的位置。如图 1-16 所示——有什么看起来不正常吗？

如果不够细心，您也许会将这份报表打印之后交给经理。如果这样做了，那就惹麻烦了。单元格 E19，Excel 在其中插入了一个绿色小三角提醒用户注意。如果您使用的是 2003 之前的版本，将不会看到这种提示错误的标记。

如果将活动单元格移至 E19，单元格旁边将会弹出一个警告，提示“此单元格中的公式引用了有相邻附加数字的范围”。如果查看公式栏，将发现宏只对第 10 行至第 18 行进行求和。看来，相对引用和非相对引用都未能正确理解“自动求和”按钮的逻辑。

	A	B	C	D	E	F	G
1	发票日期	发票编号	销售代表编号	客户编号	产品税额	服务税额	产品价格
2	6/8/2008	123813	S82	C8754	716100	12000	423986
3	6/8/2008	123814		C4894	224200	0	131243
4	6/8/2008	123815	S43	C7278	277000	0	139208
5	6/8/2008	123816	S54	C6425	746100	15000	350683
6	6/8/2008	123817	S43	C6291	928300	0	488988
7	6/8/2008	123818	S43	C1000	723200	0	383069
8	6/8/2008	123819	S82	C6025	982600	0	544025
9	6/8/2008	123820	S17	C8026	490100	45000	243808
10	6/8/2008	123821	S43	C4244	615800	0	300579
11	6/8/2008	123822	S45	C1007	271300	0	153253
12	6/8/2008	123823	S87	C1878	338100	0	165666
13	6/8/2008	123824	S43	C3068	567900	0	265775
14	6/8/2008	123825	S43	C7571	123456	0	55555
15	6/8/2008	123826	S55	C7181	37900	0	19811
16	6/8/2008	123827	S43	C7570	582700	0	292000
17	6/8/2008	123828	S87	C5302	495000	0	241504
18	6/8/2008	123828	S87	C5302	495000	0	241504
19	Total				3527156	0	1735647

图 1-16　运行相对宏得到的结果

至此，一些人就会选择放弃。而如果某天的发票数量比录制宏时少，Excel 将在 E7 单元格使用不合逻辑的公式=SUM(E6:E1048574)，这将导致循环引用，如图 1-17 所示。

	A	B	C	D	E	F	G
1	发票日期	发票编号	销售代表编号	客户编号	产品税额	服务税额	产品价格
2	6/10/2008	123850		C1654	161000	0	90761
3	6/10/2008	123851		C6460	275500	10000	146341
4	6/10/2008	123852		C5143	925400	0	473515
5	6/10/2008	123853		C7868	148200	0	75700
6	6/10/2008	123854		C3310	890200	0	468333
7	Total				0	0	0

图 1-17　发票更少时使用相对宏的结果

如果您尝试过使用宏录制器，那么很可能会遇到以上两个案例分析中所出现的问题。虽然这令人失望，但所幸的是，若要得到一个有用的宏，宏录制器实际上已经帮您完成了 95%的工作量。

用户所做的工作是，分辨出宏录制器可能在哪个地方出现了问题，然后钻研出现问题部分的代码，通过修改其中的一两行最终得到一个完美的宏。通过一些人工分析，就能够得到一个实用的宏，从而提高日常工作的效率。

1.8.4 录制宏时千万不要使用“自动求和”按钮

实际上，对于目前的问题存在一种宏和录制器之间的解决方案。务必认识到这一点：宏录制器永远无法正确录制“自动求和”按钮的逻辑。

如果当前活动单元格为 E99，单击“自动求和”按钮，Excel 将从 E98 单元格开始自下而上扫描，直到找到文本单元格、空单元格或公式为止。然后运用公式计算出当前单元格和所找到的单元格之间所有内容之和。

然而，宏录制器记录的只是宏录制当天所搜寻到的特定结果。宏的录制和“执行通常的自动求和逻辑”的路线不同，宏录制器只添加了一行代码将前面所有 98 个单元格的内容相加。

一个有些奇特的变通方案是，输入一个同时使用了相对行引用和绝对行引用的和函数。如果在录制宏时输入=SUM(E$2:E10)，Excel 将会添加正确的代码，实现将固定的第 2 行至当前单元格上方的相对参考行之间的内容相加。

1.8.5 使用宏录制器时的三点建议

很少能够 100%通过录制得到一个完全符合实际需求工作的宏。但是，通过采纳下面给出的 3 点建议，用户可以得到一个更接近理想效果的宏。

建议 1：“使用相对引用”这项设置通常都要打开

微软应该将此项设置为默认模式。除了特殊情况需要从数据集的最后一行移到第 1 行，通常情况下都应将“开发工具”选项卡中的“使用相对引用”图标打开。

建议 2：使用特殊的导航键移动到数据集的最底部

如果当前处于数据集的最顶部，需要移到数据集的最底部，可以按“Ctrl+下箭头”组合键或者先按 End 键再按“下箭头”键。

同样地，如果想将数据集的当前列移到最后一列，可以按“Ctrl+右箭头”组合键或者先按 End 键再按“右箭头”键。

通过使用这些导航键，无论中间有多少行多少列，都可以实现快速跳到数据集的最后。

建议 3：录制宏时千万不要单击“自动求和”图标

宏录制器无法记录“自动求和”按钮的“精髓”。它会对单击“自动求和”按钮得到的公式进行硬编码。当数据集中的数据量和录制时不同时，这个公式无法正常工作。

取而代之，输入一个带有美元符的公式，如“=SUM(E$2:E10)”。这样输入之后，宏录制器将公式中的第一项 E$2 单元格视为固定的参考，求和范围直接从第 1 行标题下面开始。假设活动单元格是 E11，宏录制器直接将当前单元格上方的 E10 单元格视为求和区域的结束位置。

第 2 章　听起来像 BASIC，但为什么它们并不相似

2.1　我不理解这种代码

正如前面所提到的，如果读者学习过 BASIC 或 COBOL 等面向过程的语言，第一次看到 VBA 代码时也许会感到困惑。VBA 是 Visual Basic for Applications 的缩写，但它是 BASIC 的面向对象版本。以下是一些 VBA 代码：

```
Selection.End(xlDown).Select
Range("A11").Select
ActiveCell.FormulaR1C1 = "Total"
Range("E11").Select
Selection.FormulaR1C1 = "=SUM(R[-9]C:R[-1] _
C)"
Selection.AutoFill
Destination:=Range("E11:G11"),
Type:=xlFillDefault
```

只学习过面向过程语言的读者也许完全看不懂这段代码。

以下是一段 BASIC 语言中的代码：

```
For x = 1 to 10
Print Rpt$(" ",x);
Print "*"
Next x
```

运行该代码，将在屏幕上显示一系列依次缩进的星号。

```
*
 *
  *
   *
    *
     *
      *
       *
        *
```

```
*
```

如果读者学习过面向过程的语言，完全可以理解以上代码，因为相对于面向对象语言，面向过程语言看起来更像英语。语句“Print "Hello World"”采用的是动宾格式，这正是我们平时说话时所采用的方式。下面，我们暂且不谈编程，先来看几个实例。

2.2 了解 VBA 语言的组成部分

如果读者使用 BASIC 编写踢足球命令的代码，则踢球这一命令类似下面这样：

```
Kick the Ball
```

嘿！这就是我们平时说话的方式，很容易理解。其中使用了一个动词（kick）和一个名词（ball）。在上一节的 BASIC 代码中也使用了一个动词（print）和一个名词（asterisk），非常容易理解。

问题是 VBA 并不是这样的。事实上，任何面向对象语言都不是这样的。在面向对象语言中，对象（名词）是最为重要的，因此才有“面向对象”这一概念。如果使用 VBA 为踢球命令编写代码，则基本的语言结构如下：

```
Ball.Kick
```

其中，名词（ball）放在最前面。在 VBA 中，这个名词被称为“对象（object）”。然后出现的才是动词（kick），在 VBA 中，这个动词被称为“方法（method）”。

在 VBA 中，最基本的结构形式为：

```
Object.Method（对象.方法）
```

不必说，这和英语不同。如果读者在高中时学过拉丁语，将会知道它们使用“名词、形容词”结构。但从没有人使用“名词、动词”结构与人交谈。

```
Water.Drink
Food.Eat
```

这就是那些只学习过面向过程语言的读者对 VBA 语言感到困惑的原因。

下面，我们进一步对之进行类比。假设足球队员在草地上走，面前有 5 个球，分别是一个足球、篮球、垒球、保龄球和网球。而您想让您的足球队员踢足球。

如果读者命令他们踢球（或者 ball.kick），将无法确定他们将会踢哪个球。也许他会踢离他最近的那个，但如果离他最近的是保龄球，那么就出现问题了。

几乎对于任何名词，或者 VBA 中的对象，都存在一系列这样的对象。比如在 Excel 中，如果有一行，就可以有多行。如果有一个单元格，就可以有多个单元格。如果有一个工作表，就可以有多个工作表。一个对象和一系列对象之间的唯一差别就是，一个对象是单数，而一系列对象是复数，即一系列对象在一个对象后面多加了一个“s”。

Row 变成了 Rows。

Cell 变成了 Cells。

Ball 变成了 Balls。

当在一系列对象中指定某个对象时，需要告诉编程语言所指定的是哪一个。可以通过多种方式实现这一功能。其中，使用编号其中的一种方式，例如，如果第 2 个球是足球，则代码可以这样写：

```
Balls(2).Kick
```

这种方法可行，但却是一种危险的编程方式。例如，该方法在星期二可能正确工作，但星期三再次进入草地时，如果球的顺序被重置了，使用 Balls(2).Kick 将造成麻烦。

一种更为安全的方法是为集合中的每个对象命名，将代码写成下面的形式：

```
Balls("Soccer").Kick
```

使用这种方法，就能够保证所踢的是足球。

至此，一切正常。现在您知道将要踢一个球，而且所踢的是足球。在 Excel VBA 中，多数动词（方法）都能通过许多参数（parameters）设置如何进行操作。这些参数的作用相当于副词。您可能想把足球大力踢向左侧，对于这种情况，可以通过方法中的许多参数设置来实现。

```
Balls("Soccer").Kick Direction:=Left, Force:=Hard
```

在 VBA 代码中，":=" 用于设置参数，而参数指定动词如何操作。

有时，一个方法中会包含 10 个参数，其中有些参数是可选的。例如，如果 Kick 方法中有一个参数 Elevation，则代码如下：

```
Balls("Soccer").Kick Direction:=Left, Force:=Hard, Elevation:=High
```

这里有一个令人困惑的问题。每个方法的参数顺序都是默认的。如果您是一位比较懒的程序员，而且了解参数的默认顺序，可能会忽略参数名。下面的代码与前面给出的代码行等效：

```
Balls("Soccer").Kick Left, Hard, High
```

这有碍于我们理解代码。省略了符号 ":="，参数看起来就不那么明显。除非读者知道参数的默认顺序，否则根本不理解代码的含义。对于 Left、Hard 和 High 这些参数还比较容易理解，但当含有以下形式的参数时：

```
Shapes.AddShape type:=1, Left:=10, Top:=20, Width:=100, Height:=200
```

将代码写成下面这样将令人十分困惑：

```
Shapes.AddShape 1, 10, 20, 100, 200
```

上面的代码是有效的。但除非您了解此方法中参数的默认顺序是 Type、Left、Top、Width 和 Height，否则将无法理解该行代码。对于每个特定的方法，其帮助主题中都给出了该方法中参数的默认顺序。

更加令人困惑的是，一开始可以按默认的顺序指定参数而无需为其命名，但当遇到一个和默认顺序不匹配的参数时，则需要为其命名。如果您想把球向左侧踢得很高，而不必考虑其力度大小（您想按默认顺序设定参数），则以下两行代码是等效的：

```
Balls("Soccer").Kick Direction:=Left, Elevation:=High
Balls("Soccer").Kick Left, Elevation:=High
```

然而，需要记住的是，一旦开始为参数命名，此行中后面的参数都要进行命名。

有些方法只影响当前对象。要模拟按 F9 键这一操作，可使用以下代码：

```
Application.Calculate
```

其他方法执行操作并创建新对象。例如，可以通过以下代码新建工作表：

```
Worksheets.Add Before:=Worksheets(1)
```

然而，由于 Worksheets.Add 创建了一个新对象，可以将此方法的结果赋给变量。在这种情况下，必须将参数放在括号内。

```
Set MyWorksheet = Worksheets.Add(Before:=Worksheets(1))
```

还有一点需要特别说明的就是形容词。形容词用来修饰名词，属性（properties）用来描述对象。因为读者都是 Excel 用户，下面将足球类比转换为 Excel 类比。在 Excel 中，有一个对象表示活动单元格，幸运的是，这一对象名很直观：

```
ActiveCell
```

假设读者想将活动单元格的颜色设置成黄色。单元格有一个名为 InteriorColor 的属性，此属性使用一系列复杂的代码。但是，可以使用以下代码将单元格设置成黄色：

```
ActiveCell.Interior.ColorIndex = 6
```

由此可见，这是多么容易让人迷惑。同样，这里采用的也是名词加句点结构，但这一次是（对象的属性）Object.Property，而不是（对象的方法）Object.Method。它们之间的差别很小——等号之前有没有冒号。属性总是被设置为某个值或其他属性的值。

为了将此单元格的颜色设置成和 A1 单元格相同，代码可以这样写：

```
ActiveCell.Interior.ColorIndex = Range("A1").Interior.ColorIndex
```

Interior.ColorIndex 是一个属性。通过修改属性的值，可以调整对象的外观。这有些奇怪——修改的是形容词，而实际处理的是单元格。人们通常说“将单元格设置成黄色”，而 VBA 这样说：

```
ActiveCell.Interior.ColorIndex = 6
```

表 2-1 总结了 VBA 的组成部分。

表 2-1　VBA 编程语言的组成部分

VBA 组成部分	类似成分	说明
对象	名词	
集合	名词复数	通常指定特定对象，如 Worksheets(1)
方法	动词	对象.方法
参数	副词	在方法后面列出参数，使用“:=”将参数名和参数值分开
属性	形容词	可以设置属性的值（ActiveCell.Height 10），或设置属性的值（x = ActiveCell.Height）

2.3　VBA 实际并不难

在编写代码时，知道当前所处理的是属性还是方法，能有助于您正确地运用语法。即使现在不理解也不要担心。当您从零开始学习 VBA 编程时，很难区分将单元格修改为黄色应该用到动词还是形容词，很难弄清它到底是一个方法还是一个属性。

现在轮到宏录制器发挥作用了。不清楚如何编写代码时，可以录制一个简短的宏，然后查看录制的宏代码，就能够理解其原理了。

2.3.1　VBA 帮助文件：使用 F1 键获取任何帮助

这是一个非常好的功能，但首先需要解决一些问题。如果要编写 VBA 宏，必须要安装帮助主题。问题是以默认方式安装 Office 时，并不会安装帮助主题。通过以下步骤可以查看所使用的 VBA 是否安装有帮助主题。

（1）打开 Excel，按 Alt+F11 快捷键切换到 VB 编辑器。在“插入”菜单中，选择“模块”选项（如图 2-1 所示）。

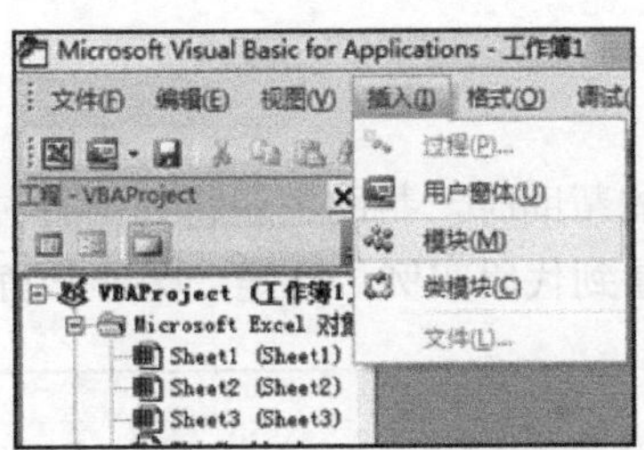

图 2-1　在空白工作簿中插入新模块

（2）输入图 2-2 所示的 3 行代码，然后单击 MsgBox 单词内部。

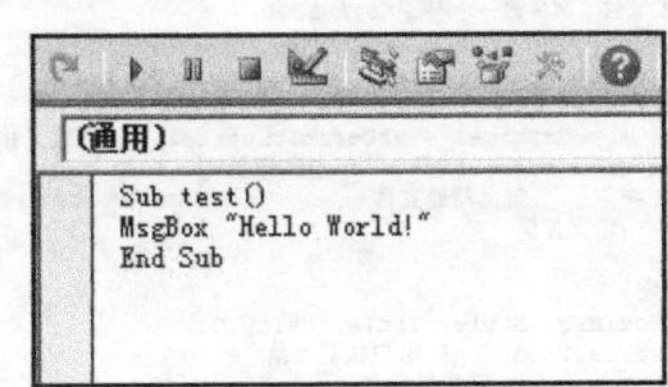

图 2-2　单击 MsgBox 单词内部并按 F1 键

（3）在鼠标指针位于 MsgBox 单词内部的情况下按 F1 键。如果安装了 VBA 帮助主题，将看到图 2-3 所示的帮助主题。

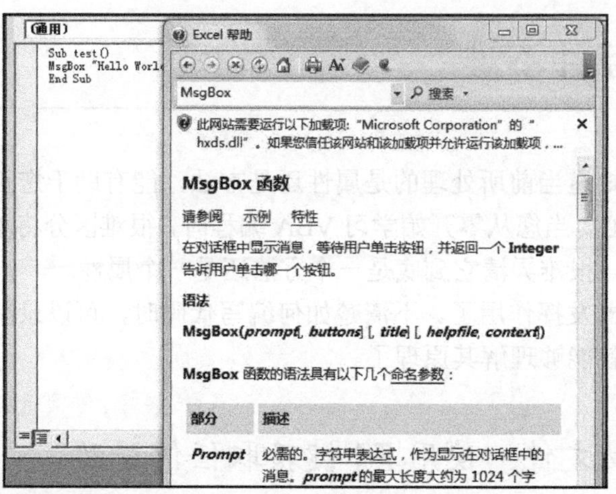

图 2-3　如果 VBA 安装了帮助主题，将显示该窗口

如果弹出一条消息，显示没有关于该主题的相关帮助，则需要找到安装盘（或者让网络管理员授权访问安装文件夹），以便安装 VBA 帮助主题。重新进行每一步安装。在重新安装时，选择自定义安装并确保选择了 VBA 帮助主题。

2.3.2　使用帮助主题

用户请求关于函数或方法的帮助时，帮助主题将列出各种可用参数。如果浏览到帮助主题的最底部，在示例标题下将看到代码实例，这是一个非常有用的资源（如图 2-4 所示）。

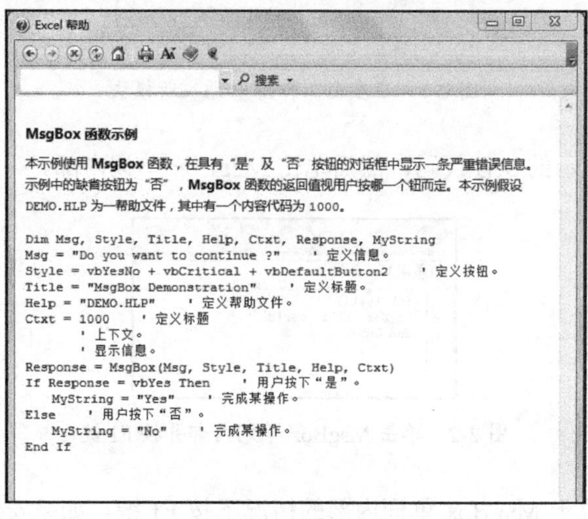

图 2-4　多数帮助主题都会提供代码示例

可以选择其中的代码，按 Ctrl+C 组合键（如图 2-5 所示）将其复制到剪贴板，然后按 Ctrl+V 组合键粘贴到自己的模块中。

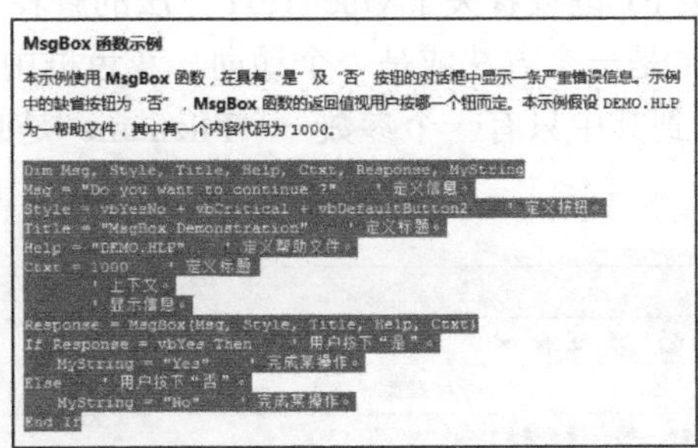

图 2-5　在帮助文件中选中代码并按 Ctrl+C 组合键进行复制

在录制宏之后，如果您不了解某些对象或方法，那么，可以通过将鼠标指针移到关键词上然后按 F1 键获取帮助。

2.4　查看录制的宏代码：使用 VB 编辑器和帮助

下面来看一下在第 1 章“使用 VBA 释放 Excel 的力量”中录制的代码，看看通过对象、属性和方法这些概念是否能够更容易对之进行理解。同时还可以看一看是否能够修改宏录制器引起的错误。

图 2-6 所示为第 1 章示例中录制的第一段代码。

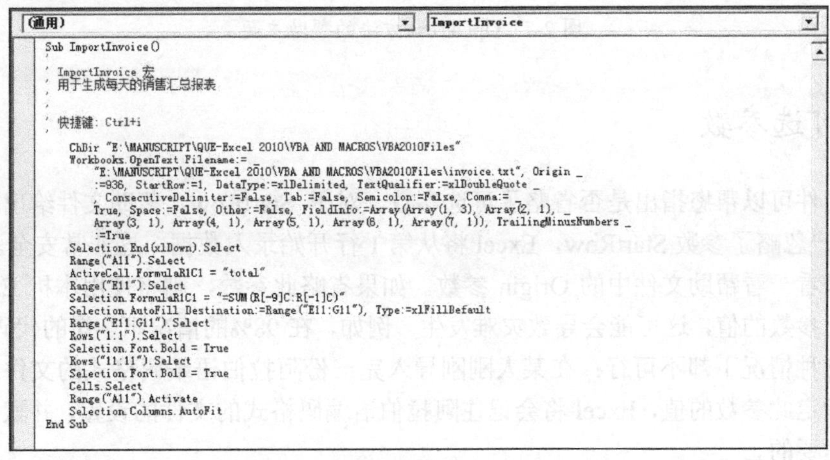

图 2-6　第 1 章示例中所录制的代码

现在读者已经了解 Noun.Verb（名词.动词）或 Object.Method 的概念，请看第二行代码 Workbooks.OpenText，在这行代码中，Workbooks 是对象，OpenText 是方法。将光标移动到单词 OpenText 内部，然后按 F1 键查看关于 OpenText 方法的解释（如图 2-7 所示）。

帮助文件指出 OpenText 是一个方法或是一个动词。灰色框中列出了 OpenText 方法所有可用参数的默认顺序。注意到其中只有一个参数——Filename 是必须的，其他所有参数都是可选的。

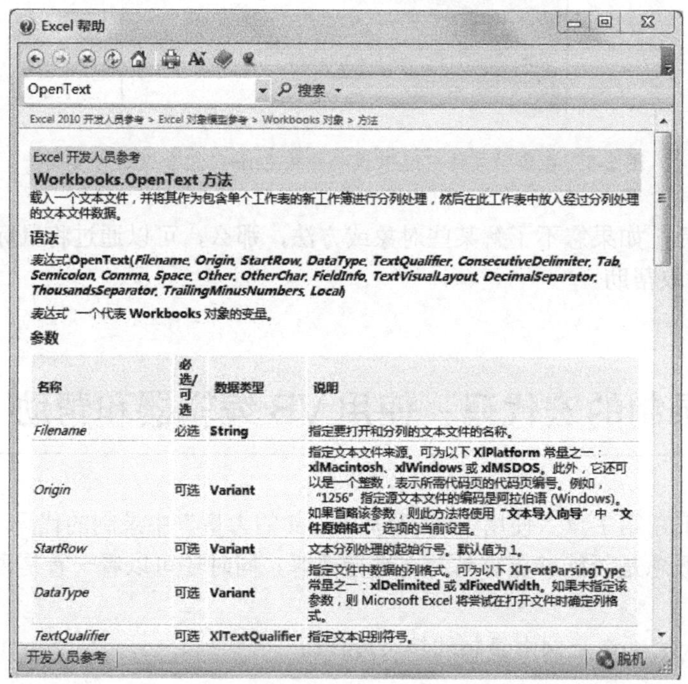

图 2-7　OpenText 方法的帮助主题

2.4.1　可选参数

帮助文件可以帮您指出是否省略了可选参数。对于 StartRow，帮助文件给出的默认值是 1。如果用户忽略了参数 StartRow，Excel 将从第 1 行开始录入数据，这非常安全。

下面来看一看帮助文件中的 Origin 参数。如果省略此参数，则将使用本机 Excel 中最后一次使用此参数的值，这可能会导致灾难发生。例如，在 98%的情况下，您的代码能够运行，但在下面这种情况下却不可行：在某人刚刚导入完一份阿拉伯语编码格式的文件之后，如果没有特殊指定此参数的值，Excel 将会记住阿拉伯语编码格式的文件的设置，并默认这些设置就是宏所需要的。

2.4.2 定义常量

请看图 2-7 中与 DataType 相关的帮助文件，帮助文件中指出它可以设置为常量 xlDelimited 或 xlFixedWidth。帮助文件还指出这些都是 Excel VBA 中预定义的有效 xlTextParsingType 常量。在 VB 编辑器中，按 Ctrl+G 打开“立即窗口”。在“立即窗口”中输入以下代码，然后按回车键。

```
Print xlFixedWidth
```

答案将显示在“立即窗口”中。xlFixedWidth 等于 2（如图 2-8 所示）。在“立即窗口”中输入 Print xlDelimited 的效果和输入 1 一样。微软公司认为，使用 xlDelimited 等看起来像英语单词的成分，比使用数字 1 更容易理解，这是十分正确的。

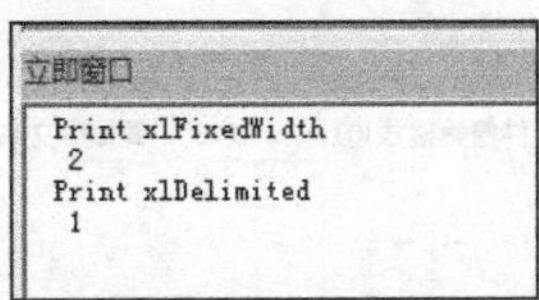

图 2-8　在 VB 编辑器的“立即窗口”中查看 xlFixedWidth 等常量的真实值

如果你是一个反其道而行的程序员，当然可以记住这些常量，然后在代码中使用数字来代替这些常量。但正常的程序员（或下一个查看你的代码的人）会因此而骂你。

在多数情况下，帮助文件要么列出常量的有效值，要么给出一个超链接来扩展帮助文件，并在其中列出常量的有效值（如图 2-9 所示）。

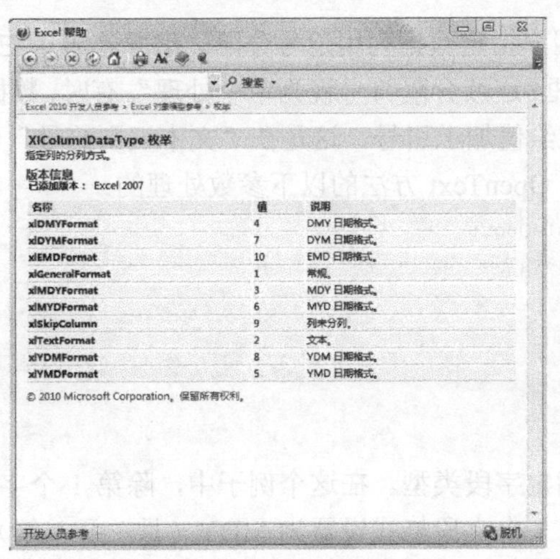
Excel 帮助

搜索

Excel 2010 开发人员参考 > Excel 对象模型参考 > 枚举

XlColumnDataType 枚举

指定列的分列方式。

版本信息

已添加版本： Excel 2007

名称	值	说明
xlDMYFormat	4	DMY 日期格式。
xlDYMFormat	7	DYM 日期格式。
xlEMDFormat	10	EMD 日期格式。
xlGeneralFormat	1	常规。
xlMDYFormat	3	MDY 日期格式。
xlMYDFormat	6	MYD 日期格式。
xlSkipColumn	9	列未分列。
xlTextFormat	2	文本。
xlYDMFormat	8	YDM 日期格式。
xlYMDFormat	5	YMD 日期格式。

© 2010 Microsoft Corporation。保留所有权利。

开发人员参考　脱机

图 2-9　单击蓝色的超链接可查看所有可能的常量值，这里在一个新的帮助主题中列出了 xlColumnDataType 的 10 个可能值

如果阅读有关 OpenText 的帮助主题，将发现它基本上同“文本导入向导”打开文件等同。在向导的第 1 步，通常会选择“分隔符号”（Delimited）或“固定列宽”（Fixed Width）。同时还要指定“文件原始格式”和“导入起始行”（如图 2-10 所示）。此向导的第 1 步是由 OpenText 方法的以下参数处理的：

```
Origin:=437
StartRow:=1
DataType:=xlDelimited
```

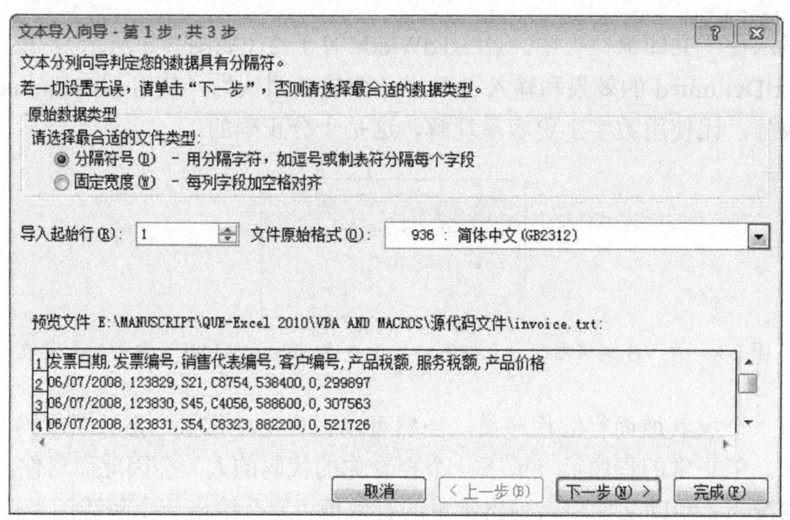

图 2-10　Excel“文本导入向导”的第 1 步由 OpenText 方法的 3 个参数处理

此向导的第 2 步让用户指定数据列用逗号分隔。您并不希望 Excel 将两个逗号看成一个逗号，因此不能选中复选框“连续分隔符号视为单个处理”。有时，数据项会包含逗号，如“XYZ, Inc.”，在这种情况下，应给值加上引号，这是在“文本识别符号”（如图 2-11 所示）中指定的。此向导的第 2 步是由 OpenText 方法的以下参数处理的：

```
TextQualifier:=xlDoubleQuote
ConsecutiveDelimiter:=False
Tab:=False
Semicolon:=False
Comma:=True
Space:=False
Other:=False
```

此向导的第 3 步是指定字段类型。在这个例子中，除第 1 个字段之外，其他字段都设置为“常规”选项，而将第 1 个字段格式设置为 MDY（月、日、年）（如图 2-12 所示）。这是通过 FieldInfo 参数指定的。

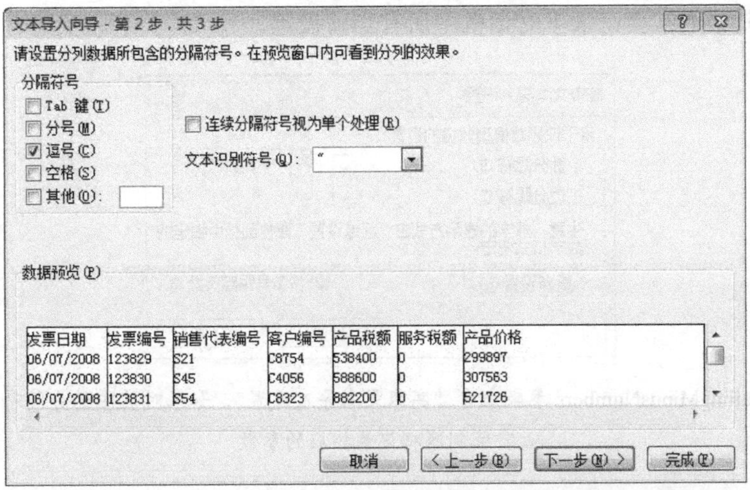

图 2-11　“文本导入向导”由 OpenText 方法的 7 个参数处理

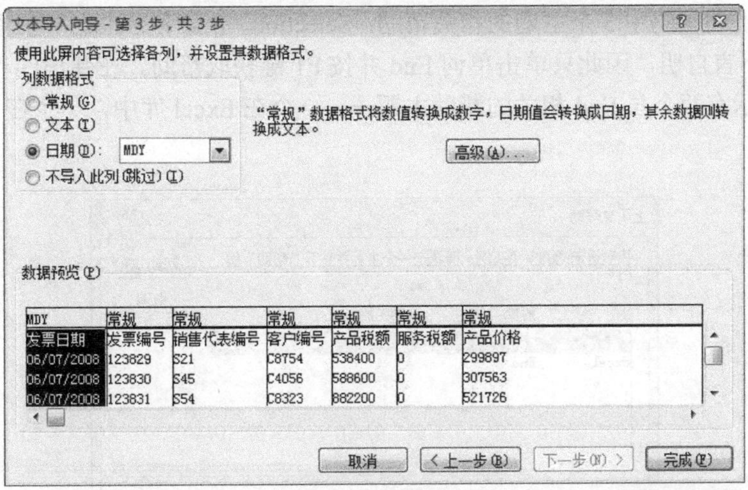

图 2-12　“文本导入向导”的第 3 步非常复杂，使用 OpenText 方法的 FieldInfo 参数指定这一设置

如果在该向导的第 3 步单击“高级”按钮，可以修改默认的小数分隔符和千位分隔符，还可以设置“按负号跟踪负数”，如图 2-13 所示。

提示：除非修改了默认设置，否则宏录制器将不会记录参数 DecimalSeparator 或 Thousands Separator 的值，但宏录制器总是记录参数 TrailingMinusNumbers 的值。

在录制宏的过程中，Excel 中执行的每一步操作都会转化成 VBA 代码。在有很多对话框的情况下，所做修改的设置和未做修改的设置都会同时被录制。单击“确定”按钮关闭对话框之后，宏录制器通常会记录下对话框中所有当前设置。

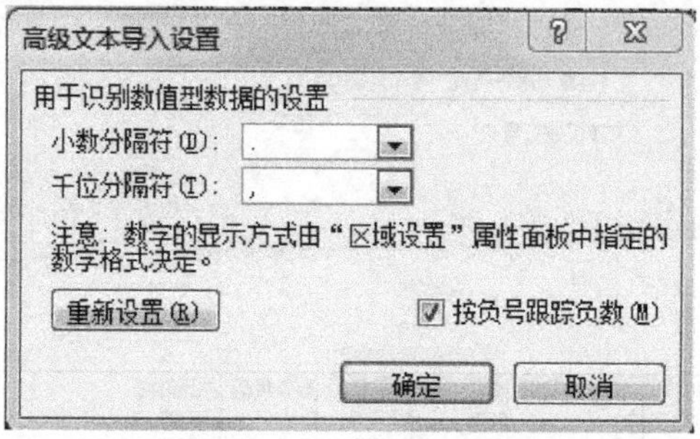

图 2-13　TrailingMinusNumbers 参数来自“高级文本导入设置”。如果对其中的分隔符做了修改，宏录制器将记录相应的参数

下面请看另一个例子。该宏的下一行代码如下：

```
Selection.End(xlDown).Select
```

可以获取上述代码中 3 个主题的相关帮助：Selection、End 和 Select。考虑到 Selection 和 Select 的含义不言自明，因此只单击单词 End 并按 F1 键获取帮助。在弹出的“上下文帮助”对话框中，显示有两个与 End 相关的帮助主题——一个在 Excel 库中，一个在 VBA 库中（如图 2-14 所示）。

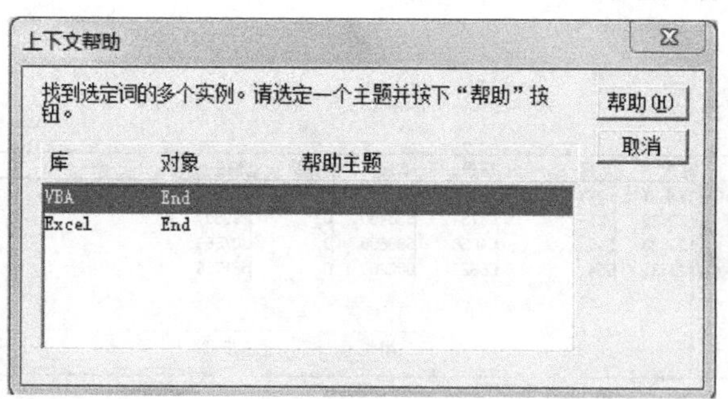

图 2-14　有时，必须对查阅哪个帮助文档进行选择

如果您是 VBA 新手，可能不知道选择哪个帮助库。随便选一个并单击“帮助”按钮，这里选择的是 VBA 库，其中的 End 帮助主题讨论的是 End 语句（如图 2-15 所示），并不是读者想要的。

关闭“帮助”对话框，再次按 F1 键，选择 Excel 库中的 End 对象。这个帮助主题中指出 End 是一个属性。它返回一个 Range（单元格）对象，相当于在 Excel 中按 End+上箭头键或 End+下箭头键（如图 2-16 所示）。如果单击蓝色链接 xlDirection，将会看到能够传递给 End 函数的有效参数。

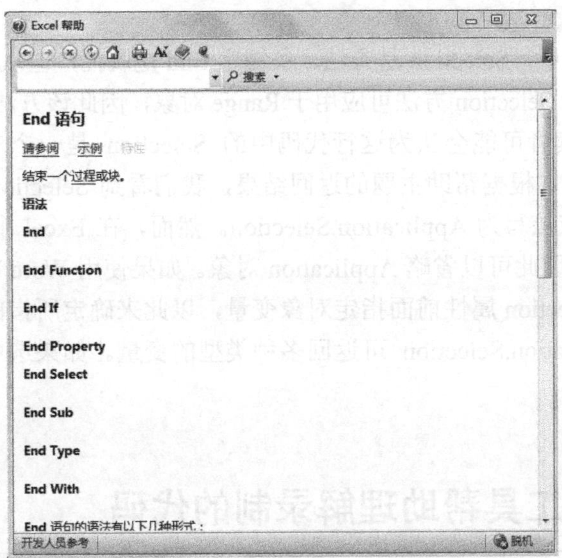

图 2-15　如果帮助主题不是自己想要的，重新选择一次非常容易

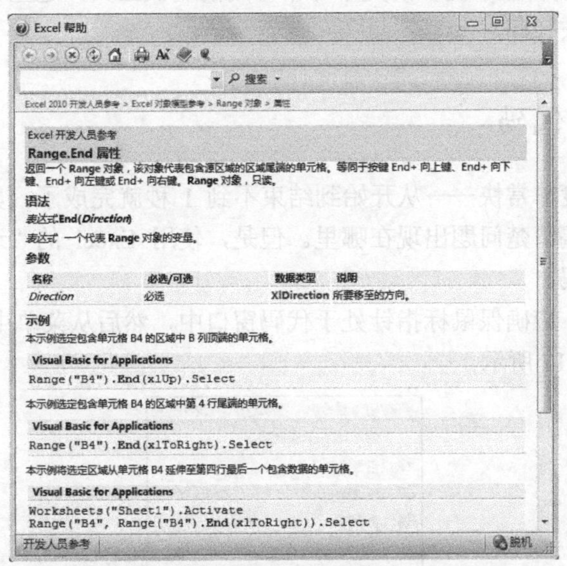

图 2-16　End 参数正确的帮助主题

2.4.3　可返回对象的属性

在本章最开始的讨论中，笔者指出 VBA 最基本的语法是 Object.Method。思考下面这行代码：

```
Selection.End(xlDown).Select
```

在这行特定的代码中，Selection 是方法，关键字 End 是属性，但从帮助文件得知，它返回一个 Range 对象。由于 Selection 方法可应用于 Range 对象，因此该方法实际应用于一个属性。

基于以上讨论，读者可能会认为这行代码中的 Selection 是一个对象。用鼠标单击单词 Selection 然后按 F1 键，根据帮助主题的返回结果，我们看到 Selection 并非对象而是属性。事实上，正确的代码应该写为 Application.Selection。然而，在 Excel 中运行时，VBA 默认指的是 Excel 对象模型，因此可以省略 Application 对象。如果使用 Word VBA 编写程序使 Excel 自动化，则需要在 Selection 属性前面指定对象变量，以此来确定所指的是哪个应用程序。

在本例中，Application.Selection 可返回多种类型的变量。如果选中单元格，则返回的是 Range 对象。

2.5 使用调试工具帮助理解录制的代码

本小节介绍 VB 编辑器中提供的几个非常好用的调试工具，这些调试工具能够很好地帮助读者理解所录制的宏代码。

2.5.1 单步执行代码

通常宏的运行速度非常快——从开始到结束不到 1 秒就完成了。如果运行后的结果出现了问题，将没有机会搞清楚问题出现在哪里。但是，使用 Excel 的“逐语句”功能，能够实现每次只运行一行代码。

为了使用此功能，应确保鼠标指针处于代码窗口中，然后从菜单中选择“调试>逐语句”（或按 F8 键），如图 2-17 所示。

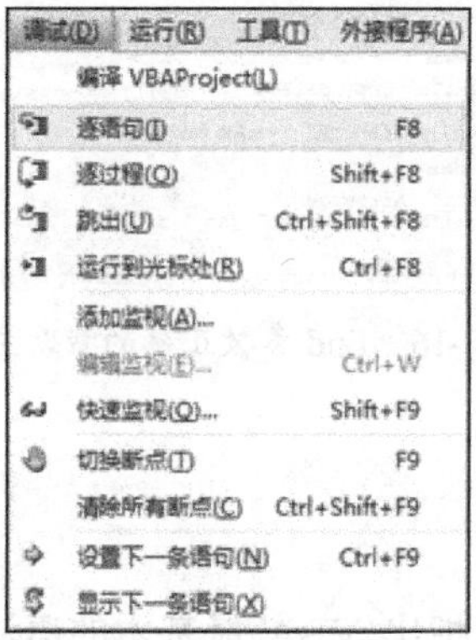

图 2-17　使用“逐语句”功能能够实现每次只运行一行代码

VB 编辑器当前处于“中断”模式。即将执行的代码以黄色底色高亮显示，并且左侧边缘有一个黄色箭头（如图 2-18 所示）。

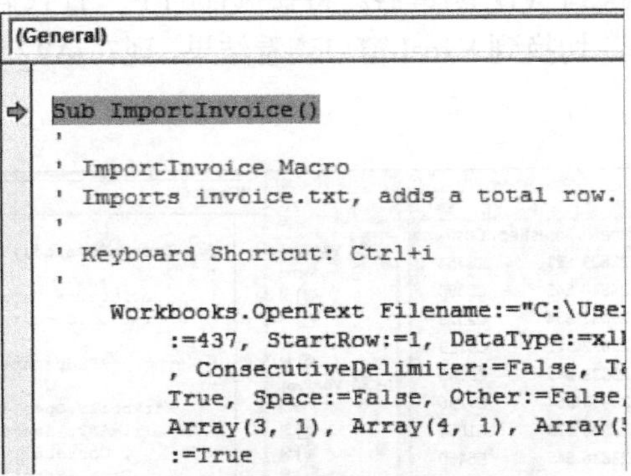

图 2-18　将要运行宏的第 1 行代码

在本例中，将要执行的下一行代码是 Sub ImportInvoice() 。这句话的基本含义是“接下来要运行 ImportInvoice 过程”。按 F8 键执行当前行，并移动到下一行。OpenText 所在的长代码行将高亮显示。按 F8 键执行此行代码。当看到 Selection.End(xlDown).Select 高亮显示时，说明 Visual Basic 运行完了 OpenText 命令。此时，可按 Alt+Tab 组合键切换到 Excel，查看文件 invoice.txt 是否被导入到 Excel 中。注意 A1 单元格被选中了（如图 2-19 所示）。

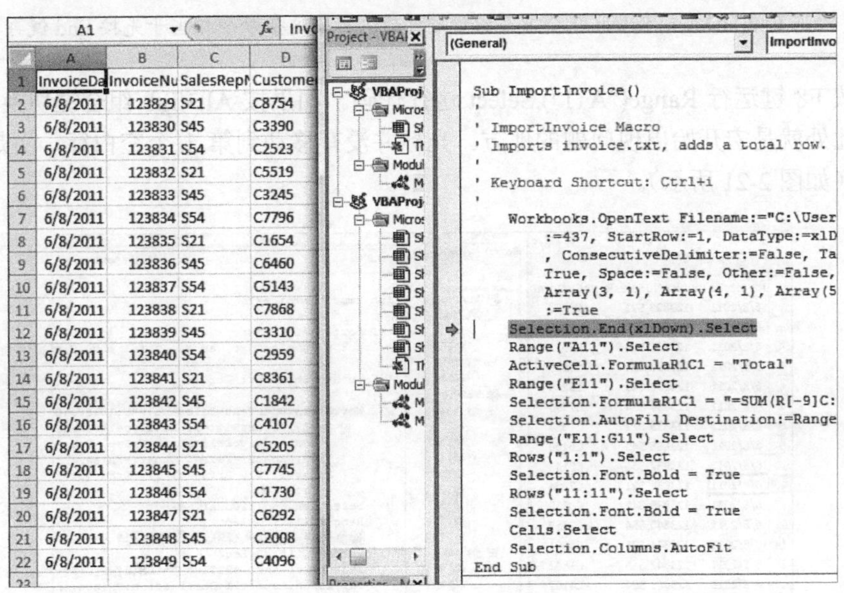

图 2-19　从 VB 编辑器切换到 Excel 窗口，发现 invoice.txt 文件确实被导入了

在录制代码时，通过并排窗口，在 Excel 中进行操作的同时可以查看出现的代码，这不失为一个很好的技巧。

按 Alt+Tab 组合键切换到 VB 编辑器。将要执行的下一行代码是 Selection.End(xlDown).Select。按 F8 键运行此代码。切换到 Excel 窗口查看结果，现在 A22 单元格被选中了（如图 2-20 所示）。

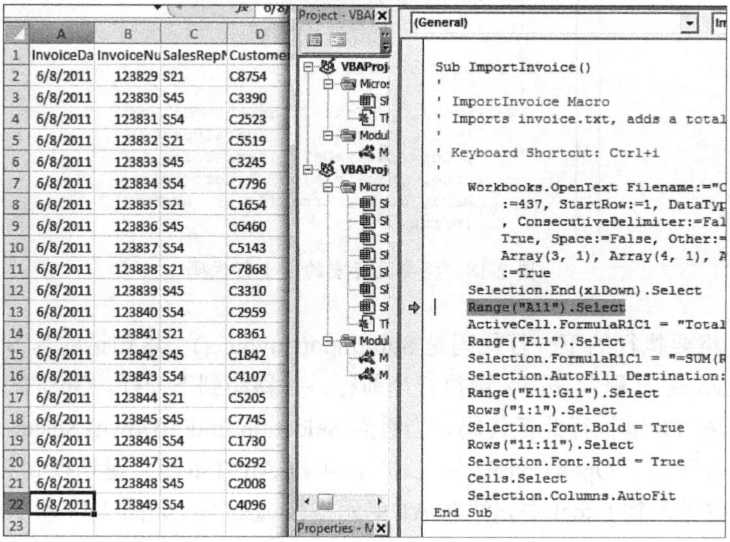

图 2-20　验证 End(xlDown).Select 命令是否按预期目的运行，这条命令相当于先按 End 键再按下箭头

再次按 F8 键运行 Range("A11").Select 这行代码。如果按 Alt+Tab 组合键切换到 Excel，将会发现此处就是宏开始出现问题的地方。光标并没有移动到第 1 个空白行，而是移动到了错误的行（如图 2-21 所示）。

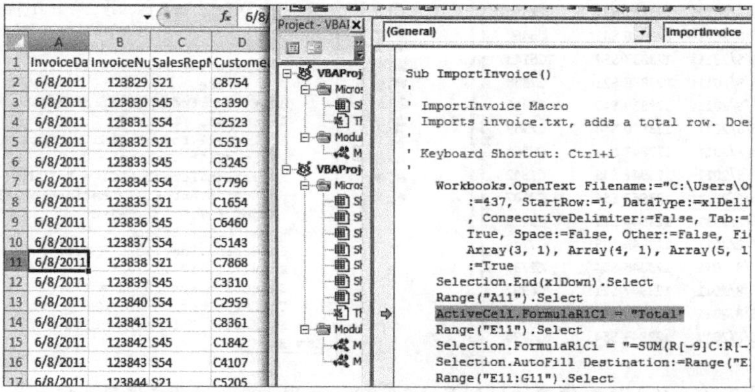

图 2-21　录制的宏代码盲目地将汇总行移至第 11 行

既然找到了错误出现的地方，那么可以通过“重新设置”命令停止执行代码。即可以从菜单中选择“运行>重新设置”命令，也可以单击工具栏中的“重新设置”按钮（如图 2-22 所示）。单击“重新设置”按钮后，应该返回 Excel 窗口撤销宏没有完成的工作。在本例中，应该关闭 invoice.txt 文件并不做保存。

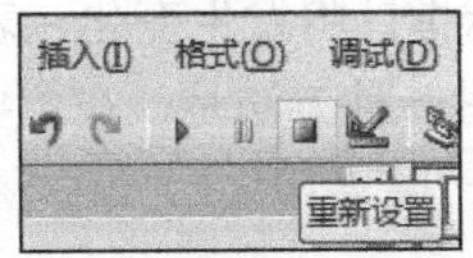

图 2-22　单击工具栏中“重新设置”按钮停止中断模式下的宏

2.5.2　另一个调试选项：断点

如果有几百行代码，您可能不希望每次只执行一步。如果您对问题出现在程序中的某个地方有个大概的了解，就可以设置一个断点。然后开始运行代码，当宏执行到断点时将停止。

要设置断点，单击断点所在代码行的左侧灰色边界区域。代码旁将出现一个很大的棕色圆点，同时代码行以棕色底色显示（如图 2-23 所示）。（如果没有边界区域，选择“工具>选项>编辑器格式”并选择“边界标识条”选项）

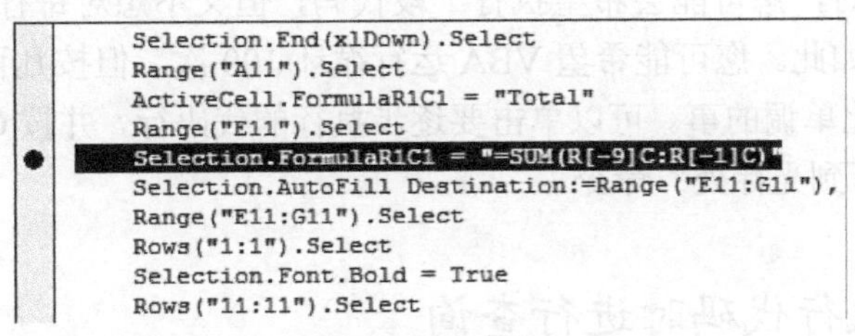

```
Selection.End(xlDown).Select
Range("A11").Select
ActiveCell.FormulaR1C1 = "Total"
Range("E11").Select
Selection.FormulaR1C1 = "=SUM(R[-9]C:R[-1]C)"
Selection.AutoFill Destination:=Range("E11:G11"),
Range("E11:G11").Select
Rows("1:1").Select
Selection.Font.Bold = True
Rows("11:11").Select
```

图 2-23　棕色大圆点代表一个断点

接下来，在菜单中选择“运行>运行子过程”或直接按 F5 键。程序开始运行，但会恰好在断点前面停下来。在 VB 编辑器中，将以黄色底色高亮显示断点代码行。现在，可以按 F8 键对代码进行单步调试（如图 2-24 所示）。

代码调试完之后，可以通过单击棕色圆点将断点移除，也可以从菜单中选择“调试>清除所有断点”命令或直接按 Ctrl+Shift+F9 组合键清除在工程中设置的所有断点。

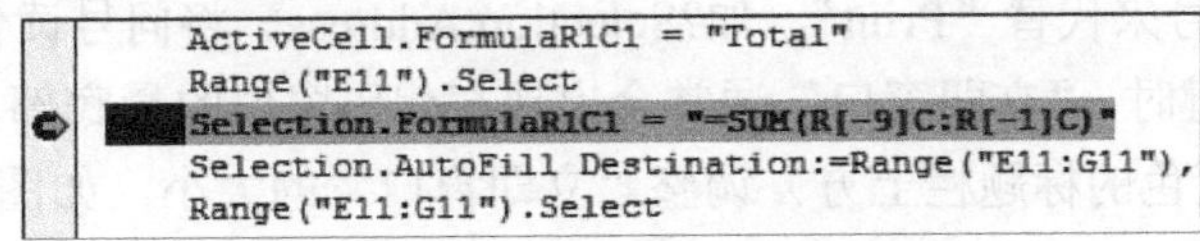

```
ActiveCell.FormulaR1C1 = "Total"
Range("E11").Select
Selection.FormulaR1C1 = "=SUM(R[-9]C:R[-1]C)"
Selection.AutoFill Destination:=Range("E11:G11"),
Range("E11:G11").Select
```

图 2-24　黄色行代表断点行将要执行

2.5.3 在代码中向前或向后移动

在逐步执行代码时，可能会想跳过几行代码，或者在对一些代码进行过修改之后，想要重新运行它们。在中断模式下，这是非常容易实现的。一种比较好的方法是，将鼠标指针移动到黄色箭头并按住鼠标左键，鼠标指针将发生变化，表示可以前后移动。将黄色箭头拖曳至想要执行的行，如图 2-25 所示。另一种方法是，在想要跳转到的行中单击鼠标右键，然后在弹出的菜单中选择“调试>设置下一条语句”。

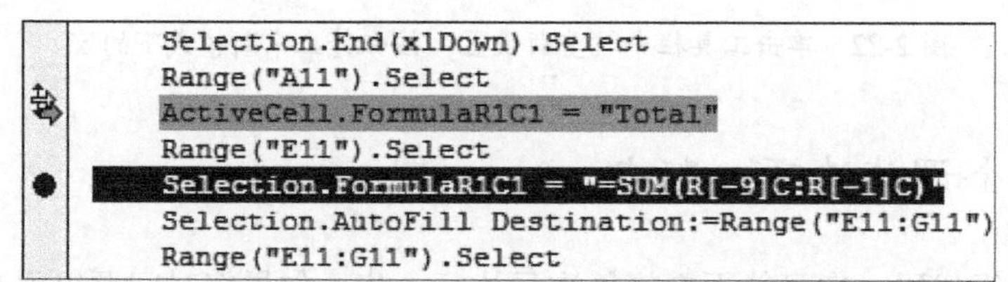

图 2-25 将黄色箭头拖至其他行时的鼠标形状

2.5.4 不逐步执行每行代码

在逐步执行代码时，您可能会希望执行一段代码，但又不想对每行都逐步执行，例如在处理循环的时候就是如此。您可能希望 VBA 运行循环 100 次，但按几百次 F8 键来逐句执行 100 次循环是一件无比单调的事。可以单击要逐步执行的代码行，并按 Ctrl+F8 组合键或从菜单中选择“调试>运行到光标处”命令。

2.5.5 在逐句执行代码时进行查询

尽管前面还没有讨论变量这一概念，但可以在中断模式下查询任何值。这里，需要记住一点：宏录制器无法记录变量。

1. 使用立即窗口

在 VB 编辑器中按 Ctrl+G 组合键弹出“立即窗口”。当宏处于中断模式时，可通过 VB 编辑器获得当前活动单元格、活动工作表的名称以及任何变量的值。图 2-26 所示为在“立即窗口”中输入的几个查询。

可以输入一个问号来代替“Print”，如?Selection.Address。将问号读作“什么是”。

按 Ctrl+G 组合键时，“立即窗口”通常会出现在代码窗口的最底部。可以使用调整手柄（位于“立即窗口”蓝色的标题栏上方）调整“立即窗口”的大小，如图 2-27 所示。

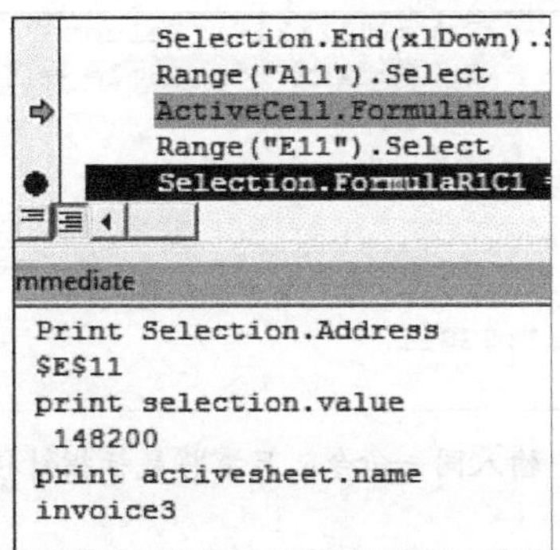

图 2-26　当宏处于中断模式时，可在“立即窗口”中输入查询内容并得到答案

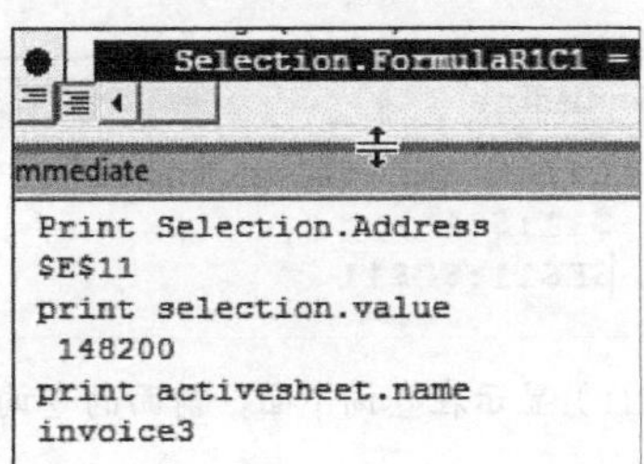

图 2-27　调整“立即窗口”的大小

“立即窗口”旁边有一个滚动条，可以使用它向上或向下滚动“立即窗口”中的内容。

刚刚运行完一行代码，就可以在“立即窗口”中输入 Selection.Address 来查看这行代码是否正常运行（如图 2-28 所示）。

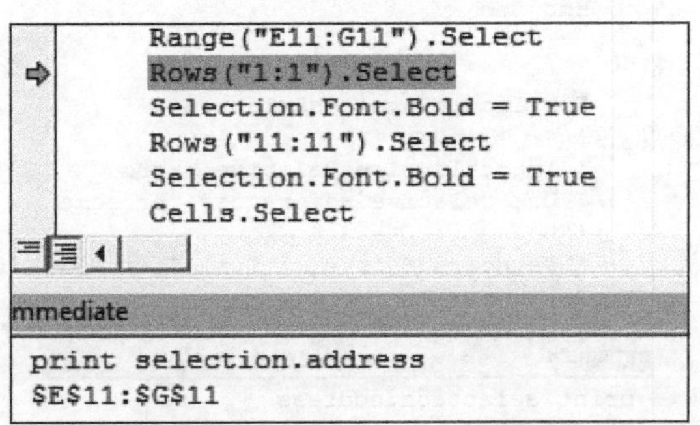

图 2-28　在当前行代码运行之前，“立即窗口”显示了结果

按 F8 键运行下一行代码。不要重新输入查询，而是在“立即窗口”中单击上次查询行的末尾（如图 2-29 所示）。

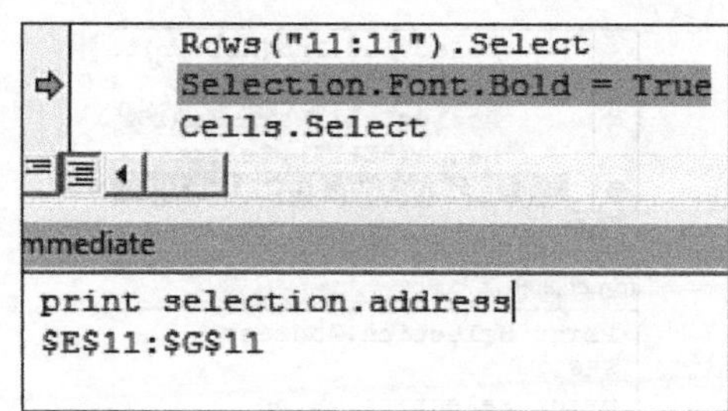

图 2-29　不必在“立即窗口”中输入同一命令，只需将鼠标指针移至前一命令的末尾并按回车键

按回车键，“立即窗口”重新执行了查询，在下一行显示运行结果并将原来的结果下移。这一次，选择的单元格是$11:$11，上一次的结果$E$11:$G$11 下移（如图 2-30 所示）。

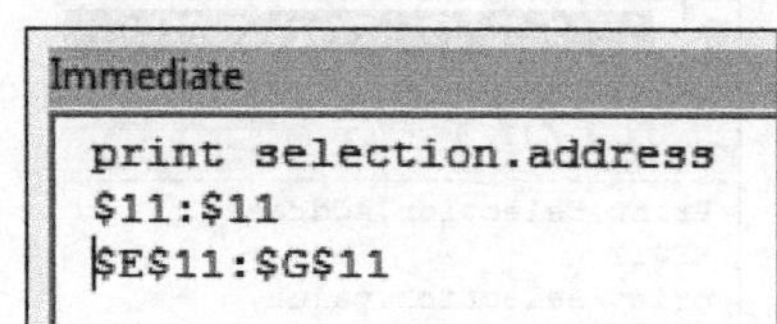

图 2-30　当前结果（$11:$11）显示在查询下面，前面的查询结果（$E$11:$G$11）下移

再按 4 次 F8 键，运行到 Cells.Select 所在行的后面。在“立即窗口”中再次将光标恰好移动到 print selection.address 的后面并按回车键。查询再次被执行，“立即窗口”中显示最新的查询结果，前面的查询结果下移（如图 2-31 所示）。

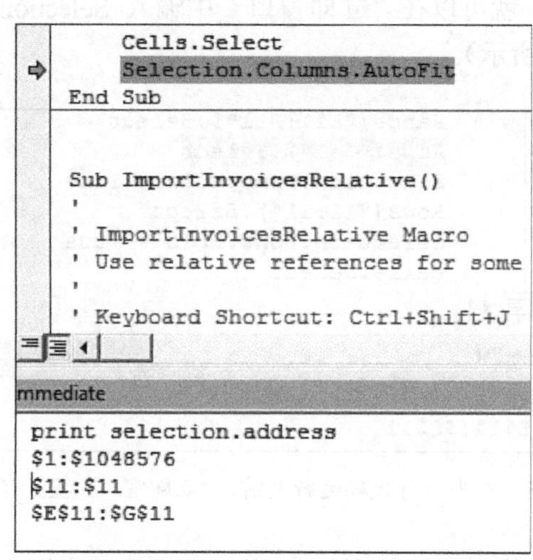

图 2-31　使用 Cells.Select 选中所有行之后，在“立即窗口”中将鼠标指针移到查询结果的后面并按回车键，新的查询结果为从第 1 行到 1,048,576 行的所有行

还可以使用下面的方法修改查询。在“立即窗口”中单击单词 Address 的右侧。按退格键删除单词 Address 并输入 Rows.Count。按回车键，“立即窗口”显示所选中的行数（如图 2-32 所示）。

```
Immediate
print selection.Rows.Count
 1048576
$1:$1048576
$11:$11
$E$11:$G$11
```

图 2-32　删除部分语句，输入新内容并按回车键。“立即窗口”显示当前结果，之前的查询结果下移

这种技巧非常适合于即时理解一些代码。例如，您可以查询当前活动表格的名称（Print Activesheet.Name）、选定单元格（Print Selection.Address）、活动单元格（Print ActiveCell.Address）、活动单元格中的公式（Print ActiveCell.Formula）以及活动单元格的值（Print ActiveCell.Value 或 Print ActiveCell，因为值是单元格的默认属性）等。

要关闭“立即窗口”，单击其右上角的“X”按钮。

注意： Ctrl+G 组合键不能用来关闭“立即窗口”，应该单击“立即窗口”右上角的“X”来关闭它。

2. 通过操作鼠标指定代码进行查询

在很多情况下，可以将鼠标指针放在代码中某个表达式上面，等待片刻就会弹出一个“工具提示”，显示出当前表达式的值。这在第 5 章“循环和流程控制”中，对于理解循环是一个十分有用的工具。此外，在录制宏时也十分有用。需要注意的是，鼠标指针所指定的表达式不必非要处在刚刚执行的代码行中。在图 2-33 所示的代码中，Visual Basic 刚刚选中第 1 行，使 A1 成为活动单元格。如果此时将鼠标指针移到 ActiveCell.Formula R1C1 上面，“工具提示”将指出 ActiveCell 中的公式是 InvoiceDate。

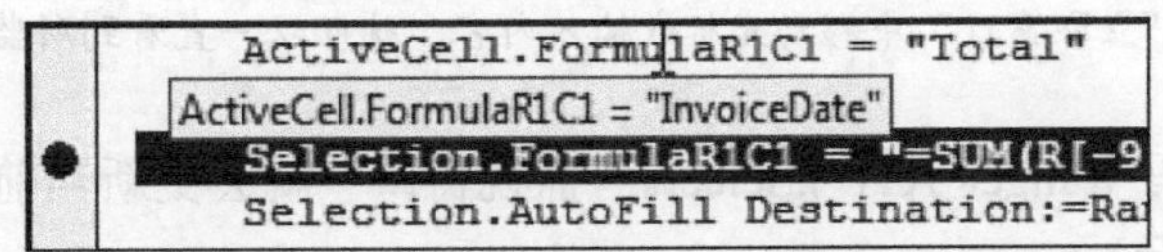

图 2-33　鼠标指针在任何表达式上面停留片刻，“工具提示”都会显示表达式的当前值

有时，VBA 窗口对鼠标指针停留操作不做任何反应。由于一些表达式不显示值，因此很难断定 VBA 是故意不显示值还是当前处于“不显示”模式。将鼠标指针移动到那些确定能够显示值的表达式上，如变量，如果不显示，可单击一下变量，然后再将光标移到上面。这样

做通常会唤醒 Excel 做出响应。

至此，读者对 Visual Basic 的印象是否十分深刻？本章一开始就指出它并不像 Basic 语言。但现在必须承认，Visual Basic 环境使用起来非常容易，调试工具也非常优秀。

3. 使用监视窗口进行查询

在 Visual Basic 中，监视窗口能让用户在单步执行代码时监视任何表达式。在本例中，想要在代码运行时监视选中的单元格，可以通过设置针对 Selection.Address 的监视来实现。

从 VB 编辑器的“调试”菜单中选择“添加监视”。在弹出的“添加监视”对话框中，在“表达式”文本框中输入 Selection.Address 并单击“确定”按钮（如图 2-34 所示）。

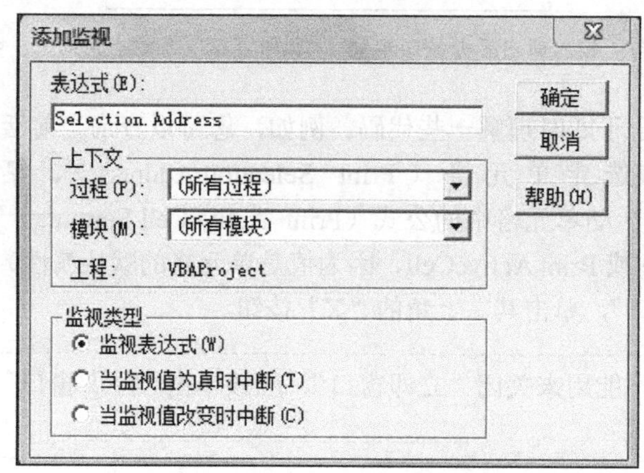

图 2-34 创建监视来查看当前选中单元格的地址

在紧凑的 Visual Basic 窗口中添加的“监视窗口”通常位于代码窗口的最底部。开始运行宏时，导入文件并按 End+下箭头组合键移动到数据的最后一行。xlDown 代码执行完之后，“监视窗口”将显示 Selection.Address 的值为$A$10（如图 2-35 所示）。

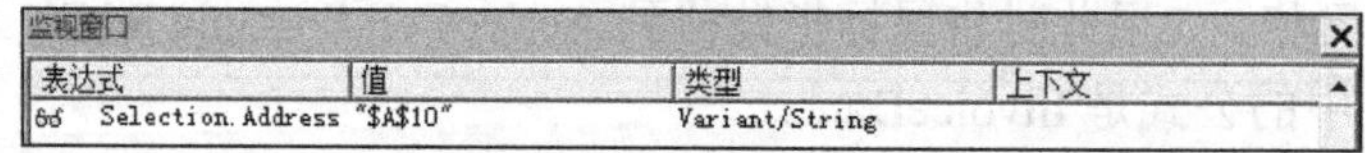

图 2-35 无需在“立即窗口”中移动光标或输入内容，就可以一直看到所监视的表达式的值

按 F8 键运行代码 Range("A11").Select。“监视窗口”就会更新当前选中单元格的地址为$A$11（如图 2-36 所示）。

注意：在“监视窗口”中，“值”那一列是可以修改的，可以将表达式的值改为一个新值，在工作表中可以看到发生的变化。

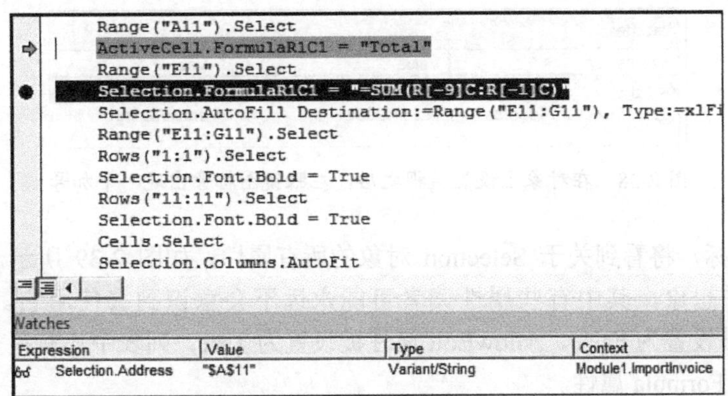

图 2-36　运行其他代码行之后，“监视窗口”中的值更新为当前选中单元格的地址

2.5.6　使用监视设置断点

在“监视窗口”内任意位置右键单击并选择“编辑监视”命令。在“监视类型”部分选择“当监视值改变时中断”选项（如图 2-37 所示），然后单击“确定”按钮。

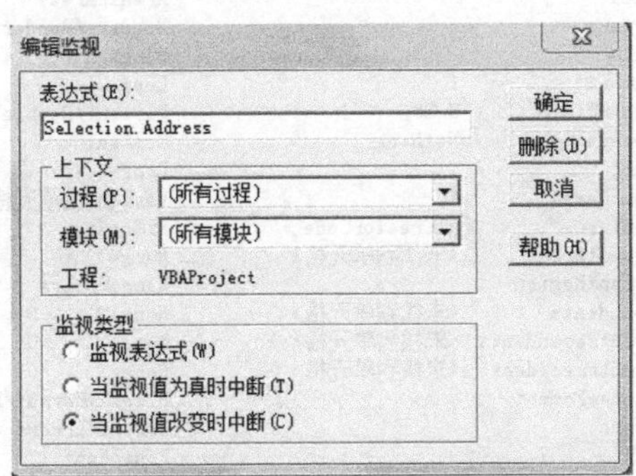

图 2-37　选择“编辑监视”窗口最下面的“当监视值改变时中断”选项

眼镜图标变成了带三角形的手形图标。现在按 F5 键运行代码，宏将运行到选择新单元格时停止。这是非常有用的，和单步执行时逐步执行每行代码不同，现在可以方便地让宏在发生重要事件时停止。还可以将监视设置为当特定变量的值发生改变时停止。

2.5.7　监视对象

前面的例子中监视了一个特殊的属性：Selection.Address。我们还可以监视一个对象，如 Selection。如图 2-38 所示，对 Selection 设置监视之后，图标变成了眼镜和加号。

Watches

Expression	Value	Type
⊞ Selection		Object/Range
Selection.Address	"$E$11:$G$11"	Variant/String

图 2-38　在对象上设置监视之后，在眼镜图标旁出现一个加号

单击加号图标，将看到关于 Selection 对象的所有属性。如图 2-39 所示，关于 Selection 的内容多得超乎想象，其中有些属性读者可能永远不会意识到去使用它。我们还可看到 AddIndent 属性被设置为 False，AllowEdit 属性被设置为 True。列表中还有很多有用的属性如 Selection 对象的 Formula 属性。

在“监视窗口”中，有些子项可以展开。例如，Borders 集合旁边有一个加号，表示可以通过单击加号获得更多详细内容。

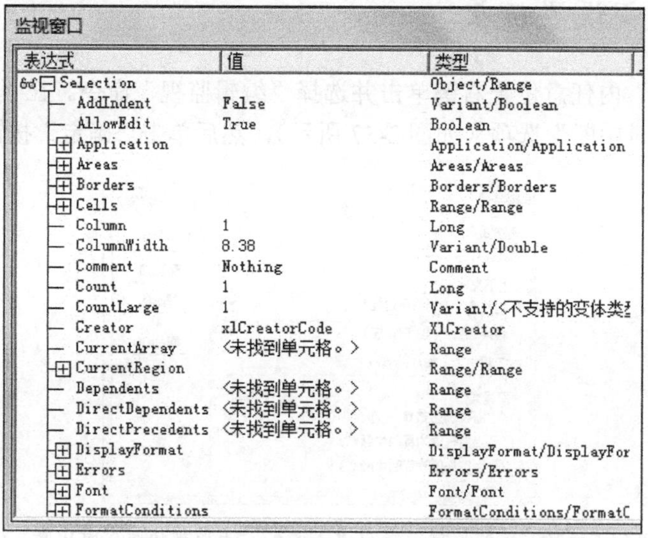

监视窗口

表达式	值	类型
⊟ Selection		Object/Range
AddIndent	False	Variant/Boolean
AllowEdit	True	Boolean
⊞ Application		Application/Application
⊞ Areas		Areas/Areas
⊞ Borders		Borders/Borders
⊞ Cells		Range/Range
Column	1	Long
ColumnWidth	8.38	Variant/Double
Comment	Nothing	Comment
Count	1	Long
CountLarge	1	Variant/<不支持的变体类
Creator	xlCreatorCode	XlCreator
CurrentArray	<未找到单元格。>	Range
⊞ CurrentRegion		Range/Range
Dependents	<未找到单元格。>	Range
DirectDependents	<未找到单元格。>	Range
DirectPrecedents	<未找到单元格。>	Range
⊞ DisplayFormat		DisplayFormat/DisplayFor
⊞ Errors		Errors/Errors
⊞ Font		Font/Font
⊞ FormatConditions		FormatConditions/FormatC

图 2-39　单击加号显示一系列属性和值

2.6　对象浏览器：终极参考信息

在 VB 编辑器中，按 F2 键打开“对象浏览器”，通过它可以浏览或搜索整个 Excel 对象库（如图 2-40 所示）。笔者有一本厚厚的书，总共 409 页，它是“对象浏览器”中整个对象模型的印刷版。但是，读者并不需要这样的书，因为 VB 编辑器中内嵌的“对象浏览器”功能更加强大，而且只需按 F2 键就能获得。以下几页内容将教读者如何使用“对象浏览器”。

按 F2 键，“对象浏览器”会从代码窗口的位置弹出。最上面的下拉列表显示的是当前“<所有库>”。该下拉列表中还包含以下选项：Excel、Office、stdole VBA、VBAProject。现在，从下拉列表中选择 Excel。

“对象浏览器”的左侧是 Excel 中所有可用类的列表。单击左侧窗口中的 Application 类，右侧窗口中相应地显示出所有应用于 Application 对象的属性和方法（如图 2-41 所示）。单击右侧窗口中的一些内容，如 ActiveCell。“对象浏览器”下面的窗口中将指出 ActiveCell 是一个返回范围的属性。同时还指出 ActiveCell 是只读的（提醒用户无法通过给 ActiveCell 分配地址来移动单元格指针）。

从“对象浏览器”中我们得知 ActiveCell 返回一个范围。单击窗口底部的绿色超链接 Range，将会看到所有应用于 Range 对象的属性和方法，当然，这些对象和方法也可应用于 ActiveCell 属性。单击选择任意属性或方法，再单击“对象浏览器”上方的黄色问号获得关于这个属性或方法的帮助主题。

在望远镜旁边的文本框中任意输入一个术语并单击望远镜，在 Excel 库中查找所有相匹配的“成员”。

图 2-40　按 F2 键显示“对象浏览器”窗口

“对象浏览器”的搜索和超链接功能比任何按字母顺序排列的印刷物更有用，所以学会在 VBA 窗口中按 F2 键使用“对象浏览器”。要关闭“对象浏览器”返回代码窗口，可单击右上角的“X”按钮（如图 2-41 所示）。

图 2-41　选择一个类，再选择其中的一个成员，底部的窗口中将给出此成员的基本信息

2.7　整理所录制代码的 7 点建议

至此，读者已经在第 1 章中得到两点建议。本章开始到现在已经讲述了如何理解录制的宏代码、怎样获得 VBA 帮助以及怎样使用优秀的 VBA 调试工具单步执行代码。本章接下来将讲述整理录制宏代码时的 7 点建议。

建议 1：不要选择任何单元格

对于录制宏代码来说，最糟糕的莫过于在处理单元格之前选中它。在 Excel 界面中，这样做是合理的，在将第 1 行设置为粗体之前，必须先选中该行。

然而，在 VBA 中却很少这样做。但有两种例外情况。例如，在为条件格式设置公式时，应选择一个单元格。而 VBA 可以在不选择第 1 行的情况下直接将该行设置为粗体。下面的两行代码可转换为一行。

合并为一行之前的宏录制器录制的代码：

```
Cells.Select
Selection.Columns.AutoFit
```

合并为一行之后的代码：

```
Cells.Columns.AutoFit
```

这种方法有两个好处。第一，转换后程序中的代码行是原来的一半。第二，程序的运行速度会更快。

宏代码录制完之后，选中从单词 Select 开头到下一行单词 Selection 后面的点号之间的所有内容，然后按 Delete 键（如图 2-42 和图 2-43 所示）。

```
    ActiveCell.Activate
    Selection.Font.Bold = True
    Cells.Select
    Selection.Columns.AutoFit
    Range("A1").Select
End Sub
```

图 2-42　选中这些内容

```
Cells(1, 1).EntireRow.F
Cells.Columns.AutoFit
Range("A1").Select
```

图 2-43　按 Delete 键删除所选内容，这是整理宏代码的首要原则

建议 2：使用 Cells 比 Range 更加方便

宏录制器经常使用 Range()这一属性。如果您按照宏录制器的方式做，将发现自己创建了许多复杂的代码。例如，当想把所有行的编号存储在一个变量中时，代码也许会这样编写：

```
Range("E" & TotalRow).Formula = "=SUM(E2:E" & TotalRow-1 & ")"
```

在上面的代码中，使用“&”将代表 E 列的字母 E 和变量 TotalRow 的当前值连接起来。这样做是可行的，但最后您还要在变量中指定一个存储列的范围。将 FinalCol 设为 10 就是指定了列 J。要在 Range 命令中指定这一列，代码需写成下面这样：

```
FinalColLetter = MID("ABCDEFGHIJKLMNOPQRSTUVWXYZ",FinalCol,1)
Range(FinalColLetter & "2").Select
```

或者，您可能会写成这样：

```
FinalColLetter = CHR(64 + FinalCol)
Range(FinalColLetter & "2").Select
```

这些方法在前 26 列中能正常工作，但对于占 99.85%的其余列却无法工作。

您可以用 10 行代码编写一个函数，计算出第 15 896 列的列字母是 WMJ，但是完全没有必要这样做。可以使用 Cells(Row,Column)来代替 Range("WMJ17")。

在第 3 章“引用区域”中，将会详细讨论这些内容。但是，现在读者需要清楚的是 Range("E10") 和 Cells(10, 5)都代表第 5 列与第 10 行交叉处的单元格。在第 3 章中还会介绍怎样使用“.Resize”指定一个矩形区域。Cells(11, 5).Resize(1, 3) 即为单元格区域 E11:G11。

建议 3：从区域底部开始查找

不要相信来自任何地方的数据。如果您在 Excel 中分析数据，要记住这些数据通常来自于不了解的系统。通常的情况是，一些职员通过某种方式进入到后台系统中，输入没有发票号的数据——不要指望每个单元格都填满了数据。

这给使用“End+下箭头”这一快捷键造成了麻烦。这个组合键不能将鼠标指针移动到工作表的最后一个数据行，而只能移动到当前数据区域的最后一个数据行。在图 2-44 所示的工作表中，按“End+下箭头”键之后，鼠标指针将移动到单元格 A5，而不是单元格 A10。

	A	B	C	D	E	F	G
1	发票日期	发票编号	销售代表编号	顾客编号	产品税额	服务税额	产品价格
2	6/8/2011	123829	S21	C8754	21000	0	9875
3	6/8/2011	123830	S45	C3390	188100	0	85083
4	6/8/2011	123831	S54	C2523	510600	0	281158
5	6/8/2011	123832	S21	C5519	86200	0	49967
6		123833	S45	C3245	800100	0	388277
7	6/8/2011	123834	S54	C7796	339000	0	195298
8	6/8/2011	123835	S21	C1654	161000	0	90761
9	6/8/2011	123836	S45	C6460	275500	10000	146341
10	6/8/2011	123837	S54	C5143	925400	0	473515

图 2-44 如果数据区域中有空白单元格，使用“End+下箭头”键将无法获得预期结果，Excel VBA 中的 End(xlDown)也如此

一个比较好的解决办法是，从 Excel 工作表数据区域的底部开始按“End+上箭头”键。在 Excel 界面中这样做似乎很愚蠢，因为很明显就能看出鼠标指针是否处在最后一行。然而，在 Excel VBA 中，从最后一行开始更容易，应养成良好的习惯，使用以下代码找到最后一行：

```
Cells(Rows.Count, 1).End(xlUp)
```

建议 4：使用变量避免硬编码行和公式

宏录制器无法记录变量。变量使用起来很方便，和 BASIC 一样，变量可存储值。关于变量的介绍详见第 5 章。

笔者建议将最后一个数据行设为变量。确保使用一个有实际意义的变量名，如 FinalRow：

```
FinalRow = Cells(Rows.Count, 1).End(xlUp).Row
```

知道最后一个数据的行号之后，将单词 Total 放在下一行的 A 列。

```
Cells(FinalRow + 1, 1).Value = "Total"
```

甚至在创建公式时也可以使用变量。下面这个公式实现将 E2 单元格和最后一行 E 列之间的所有内容相加：

```
Cells(FinalRow + 1, 5).Formula = "=SUM(E2:E" & FinalRow & ")"
```

建议 5：R1C1 公式使问题更简单

宏录制器经常将公式写成难懂的 R1C1 样式。许多用户通过修改代码将其变成通常的 A1 样式公式。在阅读完第 6 章“R1C1 引用样式”之后，读者将意识到曾遇到过很多次创建 R1C1 公式比 A1 公式更加简单的情况。使用 R1C1 公式，可以在汇总行的所有三个单元格中添加汇总，代码如下：

```
Cells(FinalRow+1, 5).Resize(1, 3).FormulaR1C1 = "=SUM(R2C:R[-1]C)"
```

建议 6：在一条语句中进行复制和粘贴

录制的代码在以下方面做得很不好，首先复制一个区域，然后选择另一个区域，再执行 ActiveSheet.Paste 命令。实际上，调用区域的 Copy 方法功能更加强大。可以在同一条语句中指定复制内容和粘贴区域。

录制的代码：

```
Range("E14").Select
Selection.Copy
```

```
Range("F14:G14").Select
ActiveSheet.Paste
```

更好的代码：

```
Range("E14").Copy Destination:=Range("F14:G14")
```

建议 7：使用 With...End With 对相同单元格或区域执行多项操作

如果现在想将所有行设置为粗体、双下划线、更大的字体以及特定的颜色，可能会得到如下录制的代码：

```
Range("A14:G14").Select
Selection.Font.Bold = True
Selection.Font.Size = 12
Selection.Font.ColorIndex = 5
Selection.Font.Underline = xlUnderlineStyleDoubleAccounting
```

对于后面的 4 行代码，VBA 必须对表达式 Selection.Font 进行解析。因为 4 行代码都引用同一个对象，因此可在 With 语句开头指定该对象。在 With...End With 语句块中，以句点打头的语句都引用该对象。

```
With Range("A14:G14").Font
.Bold = True
.Size = 12
.ColorIndex = 5
.Underline = xlUnderlineStyleDoubleAccounting
End With
```

2.8　案例分析：综合应用——修改录制的代码

使用上一节讨论的 7 点建议，可以使录制的代码更加高效，看起来更加专业。下面是在第 1 章末尾使用宏录制器录制的部分代码：

```
' 在此启用相对引用
Selection.End(xlDown).Select
ActiveCell.Offset(1, 0).Range("A1").Select
ActiveCell.FormulaR1C1 = "Total"
ActiveCell.Offset(0, 4).Range("A1").Select
' 不要使用 AutoSum. 输入下面的公式：
Selection.FormulaR1C1 = "=SUM(R2C:R[-1]C)"
Selection.AutoFill Destination:=ActiveCell.Range("A1:C1"), Type:= _
xlFillDefault
ActiveCell.Range("A1:C1").Select
' 在此禁止相对引用
ActiveCell.Rows("1:1").EntireRow.Select
ActiveCell.Activate
```

```
Selection.Font.Bold = True
Cells.Select
Selection.Columns.AutoFit
Range("A1").Select
End Sub
```

按以下步骤对宏进行整理。

1．下面的代码旨在找到最后一个数据行，让程序知道在哪里输入汇总行：

```
Selection.End(xlDown).Select
```

无需选择任何单元格就能找到最后一行。它还能够将最后一行和汇总行的行号赋给变量，以便在后面使用。为处理 A 列为空的记录，从工作表末尾开始向上查找最后一行：

```
' 查找末尾数据行，末尾数据行可能每天都不同
FinalRow = Cells(Rows.Count, 1).End(xlUp).Row
TotalRow = FinalRow + 1
```

2．下面的代码实现将单词 Total 输入汇总行的 A 列中：

```
Range("A14").Select
ActiveCell.FormulaR1C1 = "Total"
```

更好的代码将使用变量 TotalRow 定位在哪输入单词 Total。再次重申，在输入标签之前无需选择任何单元格。

```
' 创建一个 Total 行
Range("A" & TotalRow).Value = "Total"
```

3．下面的代码在 E 列中输入 Total 公式，并将其复制到下两列中：

```
Range("E14").Select
Selection.FormulaR1C1 = "=SUM(R[-12]C:R[-1]C)"
Selection.AutoFill Destination:=Range("E14:G14"), Type:=xlFillDefault
Range("E14:G14").Select
```

这里也无需选择任何单元格。下面的代码在 3 个单元格中输入公式：

```
Range("E" & TotalRow).Resize(1, 3).FormulaR1C1 = "=SUM(R2C:R[-1]C)"
```

4．宏录制器选择一个区域，然后设置其格式：

```
Rows("1:1").Select
Selection.Font.Bold = True
Rows("14:14").Select
Selection.Font.Bold = True
```

在设置格式之前，无需选择任何单元格。下面的两行代码能够实现相同的功能，但执行速度更快：

```
Rows("1:1").Font.Bold = True
Rows(TotalRow & ":" & TotalRow).Font.Bold = True
```

5．在执行 AutoFit 命令之前，宏录制器选中所有单元格：

```
Cells.Select
Selection.Columns.AutoFit
```

在执行下面的命令之前无需选中单元格：

```
AutoFit:Cells.Columns.AutoFit
```

下面是修改后的这部分代码：

```
' 查找最后一个数据行，这个数据行可能每天都不相同
FinalRow = Cells(Rows.Count, 1).End(xlUp).Row
TotalRow = FinalRow + 1
' 在下面创建一个 Total 行
Range("A" & TotalRow).Value = "Total"
Range("E" & TotalRow).Resize(1, 3).FormulaR1C1 = "=SUM(R2C:R[-1]C)"
Rows("1:1").Font.Bold = True
Rows(TotalRow & ":" & TotalRow).Font.Bold = True
Cells.Columns.AutoFit
End Sub
```

第3章 引用区域

区域（Range）可以是一个单元格、一行、一列，也可以是一组单元格、一组行或一组列。Range 对象也许是 Excel VBA 中使用最多的对象，毕竟，用户处理的是位于单元格中的数据。虽然区域可以引用工作表中的任意一组单元格，但它每次只能引用一个工作表。如果想在多个工作表中引用区域，则必须分别引用每个工作表。

本章将介绍引用区域的不同方式，如指定行或列。读者还将学会如何根据活动单元格处理单元格，以及怎样在重叠区域创建新区域。

3.1 Range 对象

Excel 对象层次结构如下：

应用程序>工作簿>工作表>对象

Range 对象是 Worksheet 对象的一个属性。这意味着工作表必须处于活动状态或者必须引用一个工作表。如果 Worksheets(1)是活动工作表，则下面的两行代码等效：

```
Range("A1")
Worksheets(1).Range("A1")
```

有几种方式可以引用 Range 对象。其中 Range("A1")最容易理解，因为宏录制器就使用这种方式引用 Range 对象。然而，在引用区域时，下面的几种方式都是等效的：

```
Range("D5")
[D5]
Range("B3").Range("C3")
Cells(5,4)
Range("A1").Offset(4,3)
Range("MyRange") '假设 D5 的名称是 MyRange
```

具体采用哪种方式取决于自己的需求。继续阅读下去，一切就会变得更加明了。

3.2 指定区域的语法

Range 属性支持两种语法。第一种是指定一个矩形区域，如在 Excel 公式中指定一个完整的区域引用：

```
Range("A1:B5").Select
```

第二种语法是指定目标矩形区域的左上角和右下角。在这种语法中，等效的语句如下：

```
Range("A1", "B5").Select
```

对于每个角，可以用命名区域、Cells 属性或者 ActiveCell 属性来指代。下面这行代码选择了 A1 至活动单元格之间的区域：

```
Range("A1", ActiveCell).Select
```

下面这条语句选择了活动单元格到活动单元格向下 5 行向右 2 列之间的区域：

```
Range(ActiveCell, ActiveCell.Offset(5, 2)).Select
```

3.3　命名区域

读者可能已经在工作表和公式中使用过命名区域。在 VBA 中同样可以使用它。

使用下面的代码在 Sheet1 中引用区域“MyRange”：

```
Worksheets("Sheet1").Range("MyRange")
```

注意，应使用引号将区域的名称括起来，这与在当前工作表的公式中使用命名区域不同。如果忘记给名称加引号，Excel 将认为您所指的是程序中的一个变量。除非您使用的是将在下节中讨论的快捷方式，在这种情况下，不必使用引号。

3.4　引用区域的快捷方式

引用区域时，可以使用快捷方式。快捷方式使用方括号，如表 3-1 所示。

表 3-1　引用区域的快捷方式

标准方法	快捷方式
Range("D5")	[D5]
Range("A1:D5")	[A1:D5]
Range ("A1:D5,""G6:I17")	[A1:D5, G6:I17]
Range("MyRange")	[MyRange]

3.5　在其他工作表中引用区域

通过激活所需工作表的方式在各工作表之间进行切换将严重影响代码的执行速度。为避免这种情况，可以使用以下代码首先引用一个 Worksheet 对象实现对一个未激活工作表的引用：

```
Worksheets("Sheet1").Range("A1")
```

即使 Sheet2 是当前工作簿中的活动工作表，上面的代码也将引用工作表 Sheet1。

如果想要引用其他工作簿中的一个区域，应指定 Workbook 对象、Worksheet 对象和 Range 对象：

```
Workbooks("InvoiceData.xlsx").Worksheets("Sheet1").Range("A1")
```

将一个 Range 属性作为另一个 Range 属性的参数时需要小心。每一次都必须明确指明引用的是哪个区域。例如，Sheet1 是当前活动工作表，而此时需要对 Sheet2 中的数据进行汇总：

```
WorksheetFunction.Sum(Worksheets("Sheet2").Range(Range("A1"), Range("A7")))
```

上面这行代码无法正常运行，为什么呢？因为 Range(Range("A1"), Range("A7"))在代码开头引用的是其他工作表。而在默认情况下，Excel 不会认为其他 Range 对象引用的是这一 Worksheet 中的对象。那么，应该怎么办呢？应该将代码写成如下形式：

```
WorksheetFunction.Sum(Worksheets("Sheet2").Range(Worksheets("Sheet2"). _
Range("A1"), Worksheets("Sheet2").Range("A7")))
```

但这行代码不仅很长，而且读起来非常困难！好在有一种更简便的方法，使用 With...End With：

```
With Worksheets("Sheet2")
WorksheetFunction.Sum(.Range(.Range("A1"), .Range("A7")))
End With
```

注意到上面的代码中同样有.Range，但却没有前面的对象引用。这是因为使用了 Worksheets("Sheet2")指定了引用的目标区域是工作表 Sheet2。

3.6 引用相对于其他区域的区域

通常情况下，Range 是工作表的一个属性。但有时也可能是其他区域的属性。在这种情况下，Range 属性是相对于原始区域的，这使得代码看起来很不直观。请看下面的例子：

```
Range("B5").Range("C3").Select
```

上面的代码实际上选择的是单元格 D7。单元格 C3 位于单元格 A1 向下两行、向右两列处。这行代码从单元格 B5 开始。假设 B5 位于单元格 A1 处，则 VBA 将以单元格 B5 为参照选择单元格 C3。也就是说，VBA 将选择相对于单元格 B5 向下两行、向右两列的单元格 D7。

这种代码形式的确很不直观。这行代码中包含有两个地址，而实际选择的单元格不是其中的任何一个。读者在阅读代码时，很容易被它误导。

可以使用以下语法相对活动单元格引用一个单元格。例如，下面这行代码能够实现将相对于当前活动单元格向下 3 行、向右 4 列的单元格激活。

```
Selection.Range("E4").Select
```

之所以提到这种语法，是因为宏录制器中使用的就是它。回想在第 1 章中录制宏代码时，如果开启“相对引用”，则得到如下代码：

```
ActiveCell.Offset(0, 4).Range("A2").Select
```

该代码选择当前活动单元格向右 4 列的单元格，然后再选择相对于该单元格位置为 A2 的单元格。这不是编写代码的最简单方法，但它是宏录制器所采用的方法。

虽然 Range 通常作为工作表对象的属性，但有时候，它可能是区域的属性，例如在录制宏时就是如此。

3.7　使用 Cells 属性选择区域

Cells 属性引用指定区域对象中的所有单元格，可以是一个工作表或一个单元格区域。例如，下面的代码选择活动工作表中的所有单元格：

```
Cells.Select
```

在 Cells 属性中使用 Range 对象显得有些多余：

```
Range("A1:D5").Cells
```

这行代码引用了原始的 Range 对象。但 Cells 属性有一个 Item 属性，它使得 Cells 属性变得很有用。通过 Item 属性可以对 Range 对象引用一个特定单元格。

Cells 属性中 Item 属性的语法如下：

```
Cells.Item(Row,Column)
```

其中，行必须是数值，而列可以是数值或字符串。以下两行代码都能实现引用单元格 C5：

```
Cells.Item(5,"C")
Cells.Item(5,3)
```

由于 Item 属性是 Range 对象的默认属性，可以将这两行代码简化为：

```
Cells(5,"C")
Cells(5,3)
```

在遍历行或列时，能够将参数设为数值将非常有用。宏录制器通常使用 Range("A1").Select 这样的代码来选择一个单元格，使用 Range("A1:C5").Select 这样的代码选择单元格区域。如果读者只从宏录制器中学习过代码，可能更倾向于将代码写成如下形式：

```
FinalRow = Cells(Rows.Count, 1).End(xlUp).Row
For i = 1 to FinalRow
Range("A" & i & ":E" & i).Font.Bold = True
Next i
```

这段代码遍历所有行，并将 A～E 列的单元格设置为粗体，但阅读和编写起来都非常麻烦。那么，还可以通过其他方法实现吗？

```
FinalRow = Cells(Rows.Count, 1).End(xlUp).Row
For i = 1 to FinalRow
```

```
Cells(i,"A").Resize(,5).Font.Bold = True
Next i
```

上述代码没有输入区域的地址，而是基于活动单元格使用 Cells 和 Resize 属性查找所需单元格。

在 Range 属性中使用 Cells 属性

Cells 属性可用作 Range 属性中的参数。以下代码引用区域 A1:E5：

```
Range(Cells(1,1),Cells(5,5))
```

和前面的循环例子一样，在需要使用参数指定变量时，这一点十分有用。

3.8 使用 Offset 属性引用区域

读者已经见识过 Offset 属性的用法，在使用相对引用录制宏时，宏录制器使用过它。Offset 属性使得用户能够基于活动单元格来处理其他单元格。使用这种方式，不需要知道单元格的地址。

Offset 属性的语法结构如下：

```
Range.Offset(RowOffset, ColumnOffset)
```

以单元格 A1 为初始，选择单元格 F5 的语法结构为：

```
Range("A1").Offset(RowOffset:=4, ColumnOffset:=5)
```

或者简写为：

```
Range("A1").Offset(4,5)
```

偏移的行数和列数从单元格 A1 开始，但不包括单元格 A1。

但如果只偏移一行或一列，而不是两行或两列时该怎么办呢？此时，不必同时输入行参数和列参数。如果想要引用一个只偏移一列的单元格，则可以使用以下某行代码：

```
Range("A1").Offset(ColumnOffset:=1)
Range("A1").Offset(,1)
```

以上两行代码等效，选择哪行因用户喜好而定。类似地，引用向上偏移一行的单元格可写成如下形式：

```
Range("B2").Offset(RowOffset:=-1)
Range("B2").Offset(-1)
```

同样，也可以根据自己喜好选择使用哪行代码。重要的是哪行代码可读性更好。

假设现有一个农产品清单，其中包含各种农产品及其数量。如果想找出其中数量为 0 的农产品，并在旁边的单元格中输入 LOW，则代码可写为：

```
Set Rng = Range("B1:B16").Find(What:="0", LookAt:=xlWhole, LookIn:=xlValues)
Rng.Offset(, 1).Value = "LOW"
Sub MyOffset()
With Range("B1:B16")
```

```
Set Rng = .Find(What:="0", LookAt:=xlWhole, LookIn:=xlValues)
If Not Rng Is Nothing Then
firstAddress = Rng.Address
Do
Rng.Offset(, 1).Value = "LOW"
Set Rng = .FindNext(Rng)
Loop While Not Rng Is Nothing And Rng.Address <> firstAddress
End If
End With
End Sub
```

程序很快就在数量为 0 的农产品后面标出了 LOW，如图 3-1 所示：

注意：有关 Set 语句的使用，详见第 5 章“对象变量”小节。

Offset 属性不只适用于单一单元格，对于区域同样适用。可以像调整活动单元格那样调整区域。下面的代码引用 B2:D4（如图 3-2 所示）：

```
Range("A1:C3").Offset(1,1)
```

	A	B	C
1	水果	数量	列
2	苹果	100	
3	橘子	12	
4	柚子	86	
5	柠檬	0	Low

图 3-1 查找数量为 0 的农产品

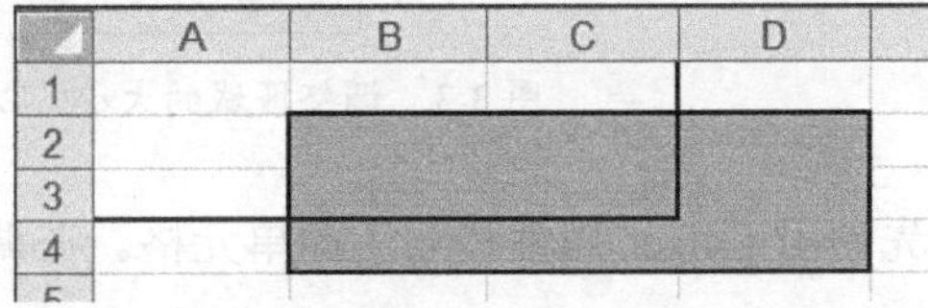

图 3-2 将偏移.Offset(1,1).Select.应用于区域：Range("A1:C3")

3.9 使用 Resize 属性改变区域的大小

通过 Resize 属性，可以基于活动单元格的位置改变区域的大小。读者可以根据需要创建一个新区域。Resize 属性的语法结构如下：

```
Range.Resize(RowSize, ColumnSize)
```

可使用以下代码创建区域 B3:D13：

```
Range("B3").Resize(RowSize:=11, ColumnSize:=3)
```

还可以使用更简单的方式创建该区域：

```
Range("B3").Resize(11, 3)
```

但如果只需调整一行或一列，而不是两行或两列时该怎么办呢？此时，不必同时输入行参数和列参数。

如果需要扩展两列，则可使用下面的代码：

```
Range("B3").Resize(ColumnSize:=2)
```

或

```
Range("B3").Resize(,2)
```

上面的两行代码等效。使用哪一行完全取决于读者自己的喜好。只调整行的情况也类似，可使用下面的代码：

```
Range("B3").Resize(RowSize:=2)
```

或

```
Range("B3").Resize(2)
```

使用哪行代码同样取决于读者的喜好。重要的是代码的易读性。

从农产品清单中，找出数量为 0 的农产品，并为其数量单元格和相应的名称单元格设置颜色（如图 3-3 所示）：

```
Set Rng = Range("B1:B16").Find(What:="0", LookAt:=xlWhole, LookIn:=xlValues)
Rng.Offset(, -1).Resize(, 2).Interior.ColorIndex = 15
```

	A	B	C
1	苹果	45	
2	橘子	12	
3	柚子	86	
4	柠檬	0	
5	番茄	58	

图 3-3　调整区域的大小，以增加所选单元格的数量

首先使用 Offset 属性移动活动单元格。在调整单元格大小时，单元格的左上角必须保持不变。

Resize 属性不只适用于单一单元格，对于区域的调整同样适用。例如，当前有一个命名区域，但需要将其扩展，把旁边的列也增加进来，可以这样写：

```
Range("Produce").Resize(,2)
```

需要记住的是，调整数值是所要包含的所有行/列数。

3.10　使用 Columns 和 Rows 属性指定区域

Columns 和 Rows 属性引用指定 Range 对象的行和列，Range 对象可以是工作表，也可以是单元格区域。它返回一个 Range 对象，并引用了指定对象中的行或列。

读者曾见过下面这行代码，但它的作用是什么？

```
FinalRow = Cells(Rows.Count, 1).End(xlUp).Row
```

这行代码在工作表中查找 A 列不为空的最后一行，并将行号赋值给 FinalRow。在需要对工作表进行逐行遍历时，这十分有用——可让您知道所需遍历的精确行数。

注意： 行和列的某些属性只有在行和列是连续的情况下才能得到正确结果。例如，如果运行下面的代码，得到的结果将是 9，因为只计算了第一个区域：

```
Range("A1:B9, C10:D19").Rows.Count
```

但是，如果使用下面的代码将区域分别组合起来，结果将为 19：

```
Range("A1:B9", "C10:D19").Rows.Count
```

3.11　使用 Union 方法合并多个区域

Union 方法能够将两个或多个不连续区域合并为一个区域。它将多个区域创建成一个临时对象，从而实现对多个非连续区域同时进行操作：

```
Application.Union(argument1, argument2, etc.)
```

下面的代码将工作表中的两个命名区域合并，在其中插入=RAND()公式，并将字体设置为粗体：

```
Set UnionRange = Union(Range("Range1"), Range("Range2"))
With UnionRange
.Formula = "=RAND()"
.Font.Bold = True
End With
```

3.12　使用 Intersect 方法在重叠区域创建新区域

Intersect 方法返回两个或多个重叠区域中的所有单元格：

```
Application.Intersect(argument1, argument2, etc.)
```

以下代码为两个区域重叠部分的单元格设置颜色：

```
Set IntersectRange = Intersect(Range("Range1"), Range("Range2"))
IntersectRange.Interior.ColorIndex = 6
```

3.13　使用 ISEMPTY 函数检查单元格是否为空

ISEMPTY 函数根据单个单元格是否为空返回一个布尔值。True 表示为空，False 表示非空。只有当单元格确实为空时，才返回 True。即使单元格中有看不见的空格，Excel 也不认为此单元格为空：

```
IsEmpty(Cell)
```

在图 3-4 所示的表中，数据通过空行分隔为几组。而读者想让分隔行更明显。

	A	B	C	D
1	苹果	橘子	柚子	柠檬
2	45	12	86	15
3	51%	66%	57%	87%
4				
5	番茄	卷心菜	生菜	胡椒
6	58	24	31	0
7	63%	32%	97%	0%
8				
9	马铃薯	蕃薯	洋葱	大蒜
10	10	61	26	29
11	94%	19%	17%	79%
12				
13	绿豆	花椰菜	豌豆	胡萝卜
14	46	64	79	95
15	52%	7%	51%	89%

图 3-4　使用空行分隔数据

下面的代码向下遍历 A 列中的数据。当发现空单元格时，它会对该行的前 4 个单元格设置颜色（如图 3-5 所示）：

```
LastRow = Cells(Rows.Count, 1).End(xlUp).Row
For i = 1 To LastRow
If IsEmpty(Cells(i, 1)) Then
Cells(i, 1).Resize(1, 4).Interior.ColorIndex = 1
End If
Next i
```

	A	B	C	D
1	苹果	橘子	柚子	柠檬
2	45	12	86	15
3	51%	66%	57%	87%
4				
5	番茄	卷心菜	生菜	胡椒
6	58	24	31	0
7	63%	32%	97%	0%
8				
9	马铃薯	蕃薯	洋葱	大蒜
10	10	61	26	29
11	94%	19%	17%	79%
12				
13	绿豆	花椰菜	豌豆	胡萝卜
14	46	64	79	95
15	52%	7%	51%	89%

图 3-5　使用带颜色的行分隔数据

3.14 使用 CurrentRegion 属性选择数据区域

CurrentRegion 属性返回一个 Range 对象，Range 对象代表一组连续的数据。只要数据的周围是一个空行和一个空列，就可以使用 CurrentRegion 进行选择：

```
RangeObject.CurrentRegion
```

下面的代码将引用区域 A1:D3，因为这个区域是单元格 A1 周围的连续区域（如图 3-6 所示）：

```
Range("A1").CurrentRegion.Select
```

如果表的大小经常变化，则该属性是十分有用的。

	A	B	C	D
1	Apples	Oranges	Grapefruit	Lemons
2	91	4	60	66
3	39%	41%	95%	49%
4				

图 3-6　使用 CurrentRegion 选择当前活动单元格周围的连续数据区域

■ 案例分析：使用 SpecialCells 方法选择特定单元格

即使是 Excel 高级用户也可能从未使用过“定位条件”对话框。如果在 Excel 工作表中按 F5 键，将打开通常的“定位”对话框（如图 3-7 所示）。在该对话框的左下角有一个“定位条件”按钮。单击此按钮将打开功能强大的“定位条件”对话框（如图 3-8 所示）。

	A	B	C	D
1	苹果	橘子	柚子	柠檬
2	45	12	86	15
3	51%	66%	57%	87%
4				
5	番茄	卷心菜	生菜	胡椒
6	58	24	31	0
7	63%	32%	97%	0%
8				
9	马铃薯	蕃薯	洋葱	大蒜
10	10	61	26	29
11	94%	19%	17%	79%
12				
13	绿豆	花椰菜	豌豆	胡萝卜
14	46	64	79	95
15	52%	7%	51%	89%

定位
定位：
引用位置(R)：
定位条件(S)...　确定　取消

图 3-7　尽管“定位”对话框看起来没什么用，单击左下角的“定位条件”按钮

在 Excel 界面中，通过“定位条件”对话框用户能够只选择包含公式的单元格、空单元格或可见单元格。只选择可见单元格在抓取自动筛选数据的可见结果时很有用。

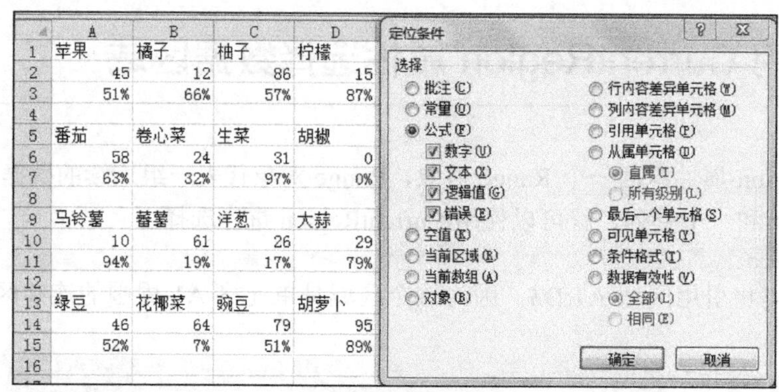

图 3-8 “定位条件”对话框中包含许多有用的选择工具

要在 VBA 中模仿“定位条件”对话框，可以使用 SpecialCells 方法。此方法实现让用户只对符合条件的单元格进行操作：

```
RangeObject.SpecialCells(Type, Value)
```

SpecialCells 方法有两个参数：Type 和 Value。Type 可以是下列 xlCellType 常量之一：

```
xlCellTypeAllFormatConditions
xlCellTypeAllValidation
xlCellTypeBlanks
xlCellTypeComments
xlCellTypeConstants
xlCellTypeFormulas
xlCellTypeLastCell
xlCellTypeSameFormatConditions
xlCellTypeSameValidation
xlCellTypeVisible
```

Value 是可选参数，可取值如下：

```
xlErrors
xlLogical
xlNumbers
xlTextValues
```

下面的代码返回所有设置了条件格式的区域。如果没有条件格式，将返回错误。对于找到的每个连续区域，将在其周围加上边框：

```
Set rngCond = ActiveSheet.Cells.SpecialCells(xlCellTypeAllFormatConditions)
If Not rngCond Is Nothing Then
rngCond.BorderAround xlContinuous
End If
```

你是否收到过没有输入任何标签的工作表？一些人认为图 3-9 中的数据看起来很整洁。对于每个地区，他们只输入一次区域标签。这在审美观点上也许是合理的，但却很难排序。Excel 的数据透视表也经常用这种恼人的格式返回数据。

	A	B	C
1	地区	产品	销售额
2	北部	ABC	766,496
3		DEF	776,996
4		XYZ	832,414
5	东部	ABC	703,225
6		DEF	891,799
7		XYZ	897,949
8	西部	ABC	631,646
9		DEF	494,919
10		XYZ	712,365

图 3-9　空值的区域使得数据难以排序

使用 SpecialCells 方法选择该区域中的所有空单元格能够将上面的地区快速填充到所有空白单元格中：

```
Sub FillIn()
On Error Resume Next '需要添加该行代码，因为当不存在空单元格时，
'代码将会出现错误
Range("A1").CurrentRegion.SpecialCells(xlCellTypeBlanks).FormulaR1C1 _
= "=R[-1]C"
Range("A1").CurrentRegion.Value = Range("A1").CurrentRegion.Value
End Sub
```

在上述代码中，Range("A1").CurrentRegion 引用报表中连续的数据区域。SpecialCells 方法返回该区域中的所有空单元格。在第 6 章“R1C1 引用样式”中，读者将了解到许多关于 R1C1 公式的知识，在这里只说明一点，这种特殊的公式在所有空单元格中都添加了一个公式，此公式指向空单元格上方的单元格。第 2 行代码能够实现快速复制并粘贴一个特定值。结果如图 3-10 所示。

	A	B	C
1	地区	产品	销售额
2	北部	ABC	766,496
3	北部	DEF	776,996
4	北部	XYZ	832,414
5	东部	ABC	703,225
6	东部	DEF	891,799
7	东部	XYZ	897,949
8	西部	ABC	631,646
9	西部	DEF	494,919
10	西部	XYZ	712,365

图 3-10　宏运行之后，“地区”列的所有空单元格都被填充了数据

3.15　使用 Areas 集合返回非连续区域

Areas 集合是所选区域中的非连续区域。它包含许多单个 Range 对象，Range 对象代表所

选区域中的连续单元格区域。如果只选定一个区域，Areas 集合则只包含对应于所选区域的一个 Range 对象。

您可能会遍历工作表，复制其中一行，将其粘贴到其他区域。但有一种更简便的方法能够完成这项任务（如图 3-11 所示）：

```
Range("A:D").SpecialCells(xlCellTypeConstants, 1).Copy Range("I1")
```

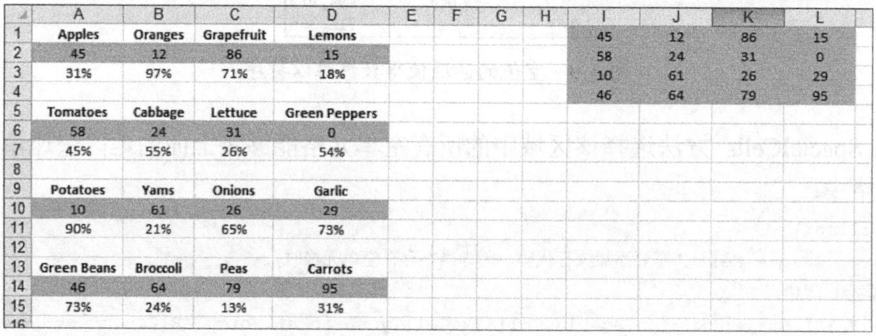

	A	B	C	D	E	F	G	H	I	J	K	L
1	Apples	Oranges	Grapefruit	Lemons					45	12	86	15
2	45	12	86	15					58	24	31	0
3	31%	97%	71%	18%					10	61	26	29
4									46	64	79	95
5	Tomatoes	Cabbage	Lettuce	Green Peppers								
6	58	24	31	0								
7	45%	55%	26%	54%								
8												
9	Potatoes	Yams	Onions	Garlic								
10	10	61	26	29								
11	90%	21%	65%	73%								
12												
13	Green Beans	Broccoli	Peas	Carrots								
14	46	64	79	95								
15	73%	24%	13%	31%								
16												

图 3-11　Areas 集合使针对非连续区域的操作更加容易

3.16　引用数据表

从 Excel 2007 开始，新增了一种与数据区域交互的方式——数据表。这些特殊的区域为引用命名区域提供了方便，但它们的创建方法与命名区域不同。有关创建命名数据表的更多内容，参见第 7 章“在 VBA 中创建和操作名称”。

引用数据表的方法和引用数据相同。要引用工作表 Sheet1 中的数据表 Table1，代码可以这样写：

```
Worksheets(1).Range("Table1")
```

上述代码引用数据表中的数据部分，但不包括标题和总行数。为了将标题和总行数包含进来，可以这样写：

```
Worksheets(1).Range("Table1[#All]")
```

对于此项功能，笔者最喜欢的是很容易在数据表中引用特定的列。不必知道距离起点之间有多少列，无需知道列的字母/编号，也不必使用 FIND 函数，而只需使用列名。例如，通过以下代码引用数据表中的列 Qty：

```
Worksheets(1).Range("Table1[Qty]")
```

第 4 章　用户自定义函数

4.1　创建用户自定义函数

Excel 提供了许多内置公式，但并没有提供更为复杂的自定义公式，如根据颜色对单元格区域进行求和的公式。

那么，该怎么办呢？您可以通过遍历列表将带有颜色的单元格复制到其他区域，或者在遍历列表时使用旁边的计算器进行计算，但要当心不要将同一个数据输入两次！这两种方法既费时又容易出错。那又该怎么办呢？

可以编写一个过程来解决此问题，这正是本书要介绍的内容。然而我们还有另一种选择：使用用户自定义函数（user-defined functions，UDF）。

用户可以使用 VBA 创建函数，这些函数的用法和 Excel 中的内置函数（如 SUM）相同。创建完用户自定义函数之后，用户只需知道函数名称和参数就可以使用它。

注意：UDF 只能在标准模块中创建。工作表模块和 ThisWorkbook 模块都是特殊类型的模块。如果在这两个模块中创建 UDF，Excel 将无法识别。

■　案例分析：用户自定义函数——示例和解析

下面我们来创建一个将两个值相加的自定义函数。创建完之后，将其应用于工作表中。

在 VB 编辑器中插入一个新模块。在模块中输入 ADD 函数，该函数的作用是将两个不同单元格中的数值相加。该函数有两个参数：

```
Add(Number1,Number2)
```

Number1 是相加的第一个数值，Number2 是相加的第二个数值：

```
Function Add(Number1 As Integer, Number2 As Integer) As Integer
Add = Number1 + Number2
End Function
```

该函数的组成部分如下。

- ■　函数名称：ADD。
- ■　函数名称后面的括号中的参数。该函数中有两个参数：Number1 和 Number2。

- As Integer 指定结果的变量类型是整数。
- ADD=Number1+Number2：返回的函数结果。

在工作表中使用函数的步骤如下。

1．在单元格 A1 和 A2 中输入数值。

2．选择单元格 A3。

3．按 Shift+F3 组合键（或者在“公式”选项卡中单击“插入函数”命令）打开“插入函数”对话框。

4．选择类别“用户定义”（如图 4-1 所示）。

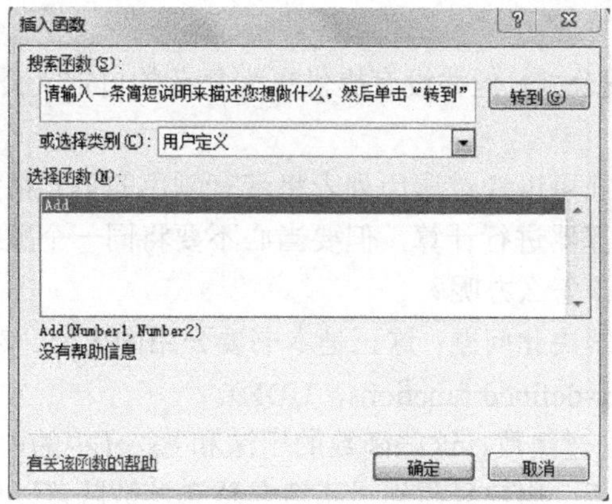

图 4-1　在“插入函数”对话框中，可以在“用户定义”类别中找到您的 UDF

5．选择 ADD 函数。

6．在第一个参数框中选择单元格 A1（如图 4-2 所示）。

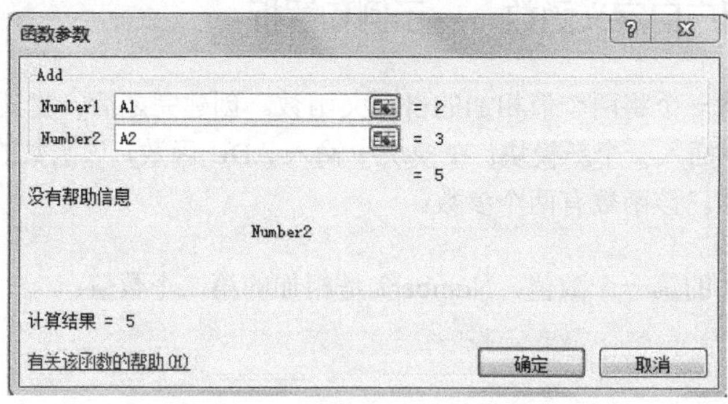

图 4-2　在“函数参数”对话框中输入参数

7．在第二个参数框中选择单元格 A2。

8．单击“确定”按钮。

恭喜！您已成功创建第一个用户自定义函数。

注意：很容易就能共享自定义函数，因为其他用户无需了解函数的内部原理。更多内容详见本章“共享 UDF”小节。

在工作表中使用的多数函数同样能够应用到 VBA 中，反之亦然。但在 VBA 中，需要在过程（Addition）中调用 UDF（ADD）：

```
Sub Addition ()
Dim Total as Integer
Total = Add (1,10) 'we use a user-defined function Add
MsgBox "The answer is: " & Total
End Sub
```

4.2　共享 UDF

UDF 的存储位置将影响其共享方式，具体如下。

■　Personal.xlsb：如果 UDF 只供自己使用，而不在其他计算机上打开的工作表中使用时，可将其存储在 Personal.xlsb 中。

■　工作簿：如果 UDF 需要发送给许多人，则将其存储在使用它的工作簿中。

■　加载项：如果工作簿只在特定的人群中共享，则可通过加载项分发。

■　模板：如果 UDF 用于多个工作簿中，并且工作簿需要发送给多个用户时，则将其存储于模板中。

4.3　有用的 Excel 自定义函数

下面介绍一些用户自定义函数，它们在日常使用 Excel 时非常有用。

注意：本章中的许多用户自定义函数是由几位 Excel 程序员提供的。他们深知这些函数很有用，并希望对您也有帮助。

不同程序员的编程风格不同。笔者没有对这些函数做任何修改。在查看代码时，读者会发现可以通过许多不同的方式完成同样的任务，如引用区域。

4.3.1 在单元格中获取当前工作簿的名称

下面的函数能够实现在单元格中获取活动工作簿的名称，如图 4-3 所示：

```
MyName()
```

	A	B
1	ProjectFilesChapter04.xlsm	=MyName()
2	\\Dzgnw41\e\Book 3\Chapter 4 - UDFs\ProjectFilesChapter04.xlsm	=MyFullname()

图 4-3 使用 UDF 显示文件名或包含路径的文件名

此函数中没有参数：

```
Function MyName() As String
MyName = ThisWorkbook.Name
End Function
```

4.3.2 在单元格中获取当前工作簿的名称和文件名

和前面的函数不同，下面的函数在单元格中获取工作簿的名称和文件名，如图 4-3 所示：

```
MyFullName()
```

此函数中没有参数：

```
Function MyFullName() As String
MyFullName = ThisWorkbook.FullName
End Function
```

4.3.3 检查工作簿是否打开

有时，用户需要检查工作簿是否处于打开状态。下面的函数在工作簿打开时返回 True，否则返回 False：

```
BookOpen(Bk)
```

其中，Bk 是参数，指所要检查的工作簿的名称。

```
Function BookOpen(Bk As String) As Boolean
Dim T As Excel.Workbook
Err.Clear '清除所有错误
On Error Resume Next '如果代码运行遇到错误，将跳过该错误并继续运行
Set T = Application.Workbooks(Bk)
BookOpen = Not T Is Nothing
'If the workbook is open, then T will hold the workbook object and therefore
'will NOT be Nothing
Err.Clear
```

```
On Error GoTo 0
End Function
```

以下是使用此函数的一个例子：

```
Sub OpenAWorkbook()
Dim IsOpen As Boolean
Dim BookName As String
BookName = "ProjectFilesChapter04.xlsm"
IsOpen = BookOpen(BookName) '调用我们的函数，不要漏掉参数
If IsOpen Then
MsgBox BookName & " is already open!"
Else
Workbooks.Open (BookName)
End If
End Sub
```

4.3.4 检查打开的工作簿中是否存在工作表

下面这个函数需要在工作簿打开的情况下使用。如果工作簿中存在工作表则返回 True，否则返回 False：

```
SheetExists(SName, WBName)
```

函数中的参数如下。

1. SName：所检查工作表的名称。
2. WBName：包含工作表的工作簿名称（可选项）。

```
Function SheetExists(SName As String, Optional WB As Workbook) As Boolean
Dim WS As Worksheet
' 使用默认的活动工作簿 If WB Is Nothing Then
Set WB = ActiveWorkbook
End If
On Error Resume Next
SheetExists = CBool(Not WB.Sheets(SName) Is Nothing)
On Error GoTo 0
End Function
```

注意：CBool 函数实现将括号内的表达式转化为布尔值。

以下是使用该函数的一个例子：

```
Sub CheckForSheet()
Dim ShtExists As Boolean
ShtExists = SheetExists("Sheet9")
'注意这里只输入了一个参数，工作簿是可选项
If ShtExists Then
MsgBox "The worksheet exists!"
```

```
Else
MsgBox "The worksheet does NOT exist!"
End If
End Sub
```

4.3.5 统计目录中的工作簿数量

下面的函数搜索当前目录（如果需要，还可以包含其子文件夹），统计其中所有 Excel 宏工作簿文件（XLSM）的数量或者以指定字符串打头的 Excel 宏工作簿的数量：

```
NumFilesInCurDir (LikeText, Subfolders)
```

此函数的参数如下。

1. LikeText：可选项，指要搜索的字符串，必须包含“*”，如 Mr*。
2. Subfolders：可选项，值为 True 时搜索子文件夹，值为 False（默认）时不搜索。

注意： FileSystemObject 要求启用 Microsoft Scripting Runtime 引用库。要启用此引用库，可在 VBE 窗口中选择菜单“工具>引用”，然后选中 Microsoft Scripting Runtime 并确定。

此函数是一个递归函数——在遇到特殊情况之前调用自身；在处理完所有文件夹之前都是如此。

```
Function NumFilesInCurDir(Optional strInclude As String = "", _
Optional blnSubDirs As Boolean = False)
Dim fso As FileSystemObject
Dim fld As Folder
Dim fil As File
Dim subfld As Folder
Dim intFileCount As Integer
Dim strExtension As String
strExtension = "XLSM"
Set fso = New FileSystemObject
Set fld = fso.GetFolder(ThisWorkbook.Path)
For Each fil In fld.Files
If UCase(fil.Name) Like "*" & UCase(strInclude) & "*." & _
UCase(strExtension) Then
intFileCount = intFileCount + 1
End If
Next fil
If blnSubDirs Then
For Each subfld In fld.Subfolders
intFileCount = intFileCount + NumFilesInCurDir(strInclude, True)
Next subfld
End If
```

```
NumFilesInCurDir = intFileCount
Set fso = Nothing
End Function
```

以下是使用此函数的例子：

```
Sub CountMyWkbks()
Dim MyFiles As Integer
MyFiles = NumFilesInCurDir("MrE*", True)
MsgBox MyFiles & " file(s) found"
End Sub
```

4.3.6　获取 USERID

您是否想要保存过一个记录，记录谁对修改过的工作簿进行了保存。使用函数 USERID 可以获得登录计算机的用户名称。将它与 4.3.8 小节中介绍的函数结合起来使用就可以获得一个非常不错的日志文件。您还可以使用 USERID 函数设置用户对工作簿的权限：

```
WinUserName ()
```

此函数中不包含参数。

注意：函数 USERID 是一个使用“应用程序编程接口”（Application Programming Interface，API）的高级函数。应用程序编程接口的相关内容将在第 24 章讨论。

模块开头必须加上声明语句（Private）：

```
Private Declare Function WNetGetUser Lib "mpr.dll" Alias "WNetGetUserA" _
(ByVal lpName As String, ByVal lpUserName As String, _
lpnLength As Long) As Long
Private Const NO_ERROR = 0
Private Const ERROR_NOT_CONNECTED = 2250&
Private Const ERROR_MORE_DATA = 234
Private Const ERROR_NO_NETWORK = 1222&
Private Const ERROR_EXTENDED_ERROR = 1208&
Private Const ERROR_NO_NET_OR_BAD_PATH = 1203&
```

以下代码可放置到模块的任何地方，只要位于上面代码下方即可：

```
Function WinUsername() As String
'变量
Dim strBuf As String, lngUser As Long, strUn As String
'从 api func 中为用户名清除 buffer
strBuf = Space$(255)
'使用 api func WNetGetUser 为 ngUser 分配用户值
'将包含许多空格
lngUser = WNetGetUser("", strBuf, 255)
'如果参数调用没有错误
If lngUser = NO_ERROR Then
```

```
'清除 strBuf 中的空格键并为函数分配 val
strUn = Left(strBuf, InStr(strBuf, vbNullChar) - 1)
WinUsername = strUn
Else
'error 出现错误，放弃
WinUsername = "Error :" & lngUser
End If
End Function
```

函数示例：

```
Sub CheckUserRights()
Dim UserName As String
UserName = WinUsername
Select Case UserName
Case "Administrator"
MsgBox "Full Rights"
Case "Guest"
MsgBox "You cannot make changes"
Case Else
MsgBox "Limited Rights"
End Select
End Sub
```

4.3.7 获取最后一次保存的日期和时间

下面的函数获取任意工作簿（包括当前工作簿）保存的日期和时间，如图 4-4 所示。

```
LastSaved(FullPath)
```

	A	B
1	10/1/09 11:36 AM	=LastSaved("\\Dzgnw41\e\Book 3\Chapter 4 - UDFs\ProjectFilesChapter04.xlsm")
2		

图 4-4　获取上次保存的日期和时间

注意：必须正确设置单元格的格式才能显示日期/时间。

参数 FullPath 是一个字符串，指出了要查询文件的完整路径和文件名：

```
Function LastSaved(FullPath As String) As Date
LastSaved = FileDateTime(FullPath)
End Function
```

4.3.8 获取固定的日期和时间

由于 Now()函数的结果在不断发生变化，因此在记录工作表的创建或编辑日期时用途不大。每次打开或重新计算工作簿时，Now()函数的结果都不相同。下面的自定义函数中尽管使用了 Now 函数，但由于需要重新选择单元格函数值才能更新，所以值的变化频率不是很高（如图 4-5 所示）：

```
DateTime()
```

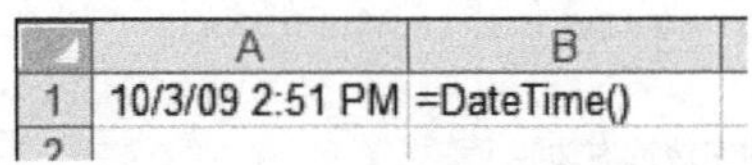

	A	B
1	10/3/09 2:51 PM	=DateTime()
2		

图 4-5　获取固定的日期和时间

此函数中没有参数：

```
DateTime()
```

> **注意：**必须正确设置单元格的格式才能显示日期/时间。

函数示例：

```
Function DateTime()
DateTime = Now
End Function
```

4.3.9　验证 E-mail 地址

如果您负责管理 E-mail 订阅列表，那么可能会收到无效的 E-mail 地址，例如，在“@”前面包含空格键。使用自定义函数 IsEmailValid 能够检查 E-mail 地址的格式是否正确（如图 4-6 所示）。

	A	B	C
1	Tracy@ [illegible] com	FALSE	<-a space after the @
2	Bill@[illegible] com	TRUE	
3	consult?@[illegible] com	FALSE	<-invalid characters
4			

图 4-6　检查 E-mail 地址

> **注意：**此函数无法检验一个 E-mail 地址是否真实存在，仅检查地址的格式是否正确。

```
IsEmailValid (StrEmail)
```

参数 strEmail 是将要验证的 E-mail 地址：

```
Function IsEmailValid(strEmail As String) As Boolean
Dim strArray As Variant
Dim strItem As Variant
Dim i As Long
Dim c As String
Dim blnIsItValid As Boolean
```

```
blnIsItValid = True
'计算字符串中@的数量
i = Len(strEmail) - Len(Application.Substitute(strEmail, "@", ""))
'如果@的数量大于1, E-mail 地址无效
If i <> 1 Then IsEmailValid = False: Exit Function
ReDim strArray(1 To 2)
'以下两行代码将文本置于变量中@的左边或右边
strArray(1) = Left(strEmail, InStr(1, strEmail, "@", 1) - 1)
strArray(2) = Application.Substitute(Right(strEmail, Len(strEmail) - _
Len(strArray(1))), "@", "")
For Each strItem In strArray
'验证变量中是否存在内容
'如果不存在，则表明漏掉了 E-mail 的部分内容
If Len(strItem) <= 0 Then
blnIsItValid = False
IsEmailValid = blnIsItValid
Exit Function
End If
'只验证 E-mail 中的有效字符
For i = 1 To Len(strItem)
'为便于检验，将所有字母变为小写
c = LCase(Mid(strItem, i, 1))
If InStr("abcdefghijklmnopqrstuvwxyz_-.", c) <= 0 _
And Not IsNumeric Then
blnIsItValid = False
IsEmailValid = blnIsItValid
Exit Function
End If
Next i
'检验其左边和右边的第一个字符不是句点
If Left(strItem, 1) = "." Or Right(strItem, 1) = "." Then
blnIsItValid = False
IsEmailValid = blnIsItValid
Exit Function
End If
Next strItem
'验证地址的有半部分存在句点
If InStr(strArray(2), ".") <= 0 Then
blnIsItValid = False
IsEmailValid = blnIsItValid
Exit Function
End If
i = Len(strArray(2)) - InStrRev(strArray(2), ".")
'验证字母数量对应于一个有效域名
```

```
If i <> 2 And i <> 3 And i <> 4 Then
blnIsItValid = False
IsEmailValid = blnIsItValid
Exit Function
End If
'验证 E-mail 中不存在两个连续的句点
If InStr(strEmail, "..") > 0 Then
blnIsItValid = False
IsEmailValid = blnIsItValid
Exit Function
End If
IsEmailValid = blnIsItValid
End Function
```

4.3.10　根据内部颜色对单元格求和

您有一个客户列表，其中列出了所有客户的欠款。在这个列表中，您已将过期超过 30 天的客户做了标记，并想对这些单元格求和。

注意：下面的函数对于使用条件格式设置颜色的单元格无效。

```
SumColor(CellColor, SumRange)
```

此函数中的参数如下。

1．CellColor：带有目标颜色的单元格地址。

2．SumRange：要搜索的单元格区域。

```
Function SumByColor(CellColor As Range, SumRange As Range)
Dim myCell As Range
Dim iCol As Integer
Dim myTotal
iCol = CellColor.Interior.ColorIndex '获取目标颜色
For Each myCell In SumRange '查看指定区域中的每个单元格
'如果单元格的颜色和目标颜色相同
If myCell.Interior.ColorIndex = iCol Then
'在汇总中加入该单元格的值
myTotal = WorksheetFunction.Sum(myCell) + myTotal
End If
Next myCell
SumByColor = myTotal
End Function
```

图 4-7 所示为使用此函数的一个工作表示例。

	A	B	C
1	3		
2	9		43
3	5		=SumByColor(A2,A1:A15)
4	6		
5	6		
6	7		
7	6		
8			
9	4		
10	4		
11	10		
12	6		
13			
14	7		
15	1		

图 4-7　根据内部颜色为单元格求和

4.3.11　统计唯一值的数量

不知读者是否经常遇到过这种情况，有一个很长的数值列表，需要对其中唯一值的数量进行统计。下面的函数能够遍历一个区域并给出统计结果，如图 4-8 所示。

```
NumUniqueValues(Rng)
```

	A	B	C
1	A	11	=NumUniqueValues(A1:A16)
2	R		
3	T		
4	A		
5	V		
6	F		
7	EE		
8	1		
9	19		
10	V		
11	Q		
12	V		
13	GE		
14	V		
15	123		
16	1		

图 4-8　统计区域中唯一值的数量

该函数中，参数 Rng 是统计唯一值的区域。

函数示例：

```
Function NumUniqueValues(Rng As Range) As Long
Dim myCell As Range
Dim UniqueVals As New Collection
Application.Volatile '当区域改变时，强制函数重新进行计算
```

```
On Error Resume Next
'以下代码将区域中的每一个值都放在集合中
'因为集合的一个键只能对应一个唯一的值，所以当集合出现重复的值时
'程序不会抛出错误
For Each myCell In Rng
UniqueVals.Add myCell.Value, CStr(myCell.Value)
Next myCell
On Error GoTo 0
'返回集合中的项数
NumUniqueValues = UniqueVals.Count
End Function
```

4.3.12　删除区域中的重复值

您很可能还有一个项目列表，需要列出其中的唯一值。下面的函数遍历一个区域，并只对其中的唯一值进行存储：

```
UniqueValues (OrigArray)
```

参数 OrigArray 是从中删除重复值的数组。

第一部分代码（Const 声明）必须放在模块开头：

```
Const ERR_BAD_PARAMETER = "Array parameter required"
Const ERR_BAD_TYPE = "Invalid Type"
Const ERR_BP_NUMBER = 20000
Const ERR_BT_NUMBER = 20001
```

下面的代码可以放在模块的任何地方，只要位于上面代码的下方即可：

```
Public Function UniqueValues(ByVal OrigArray As Variant) As Variant
Dim vAns() As Variant
Dim lStartPoint As Long
Dim lEndPoint As Long
Dim lCtr As Long, lCount As Long
Dim iCtr As Integer
Dim col As New Collection
Dim sIndex As String
Dim vTest As Variant, vItem As Variant
Dim iBadVarTypes(4) As Integer
'当数值元素为以下类型之一时，函数将无法正常工作
iBadVarTypes(0) = vbObject
iBadVarTypes(1) = vbError
iBadVarTypes(2) = vbDataObject
iBadVarTypes(3) = vbUserDefinedType
iBadVarTypes(4) = vbArray
'检验参数是否是一个数组
If Not IsArray(OrigArray) Then
```

```
Err.Raise ERR_BP_NUMBER, , ERR_BAD_PARAMETER
Exit Function
End If
lStartPoint = LBound(OrigArray)
lEndPoint = UBound(OrigArray)
For lCtr = lStartPoint To lEndPoint
vItem = OrigArray(lCtr)
'首先检验变量类型是否可用
For iCtr = 0 To UBound(iBadVarTypes)
If VarType(vItem) = iBadVarTypes(iCtr) Or _
VarType(vItem) = iBadVarTypes(iCtr) + vbVariant Then
Err.Raise ERR_BT_NUMBER, , ERR_BAD_TYPE
Exit Function
End If
Next iCtr
'为集合添加元素，作为其索引
'如果出现错误，表明元素已经存在
sIndex = CStr(vItem)
'自动添加第一个元素
If lCtr = lStartPoint Then
col.Add vItem, sIndex
ReDim vAns(lStartPoint To lStartPoint) As Variant
vAns(lStartPoint) = vItem
Else
On Error Resume Next
col.Add vItem, sIndex
If Err.Number = 0 Then
lCount = UBound(vAns) + 1
ReDim Preserve vAns(lStartPoint To lCount)
vAns(lCount) = vItem
End If
End If
Err.Clear
Next lCtr
UniqueValues = vAns
End Function
```

以下是使用此函数的一个例子。图 4-9 所示为在工作表中得到的结果：

```
Function nodupsArray(rng As Range) As Variant
Dim arr1() As Variant
If rng.Columns.Count > 1 Then Exit Function
arr1 = Application.Transpose(rng)
arr1 = UniqueValues(arr1)
nodupsArray = Application.Transpose(arr1)
End Function
```

	A	B	C	D
1	Original Range		Array Function	
2	A		A	
3	R		R	
4	T		T	
5	A		V	
6	V		F	
7	F		EE	
8	EE		1	
9	1		19	
10	19		Q	
11	V		GE	
12	Q		123	
13	V			
14	GE			
15	V			
16	123			
17	1			

图 4-9　在区域中列出唯一值

4.3.13　在区域中查找第一个非空单元格

假设您在工作表中导入了很长一列数据，其中包含许多空单元格。下面的函数对区域中的每个单元格进行检测，并返回第一个非空单元格的值：

```
FirstNonZeroLength(Rng)
```

参数 Rng 是所要对其进行查找的区域。

函数示例：

```
Function FirstNonZeroLength(Rng As Range)
Dim myCell As Range
FirstNonZeroLength = 0#
For Each myCell In Rng
If Not IsNull(myCell) And myCell <> "" Then
FirstNonZeroLength = myCell.Value
Exit Function
End If
Next myCell
FirstNonZeroLength = myCell.Value
End Function
```

图 4-10 中显示的是示例工作表中的函数。

	A	B	C	D
1		2		
2		=FirstNonZeroLength(A1:A17)		
3	2			
4				
5	7			
6	8			
7	9			
8				

图 4-10　在区域中查找第一个非空单元格的值

4.3.14 替换多个字符

Excel 提供了替换功能，但必须是在值与值之间进行替换。但当需要替换多个字符时该怎么办呢？在图 4-11 所示的工作表中通过几个示例演示了下面这个函数的工作原理：

```
MSUBSTITUTE(trStr, frStr, toStr)
```

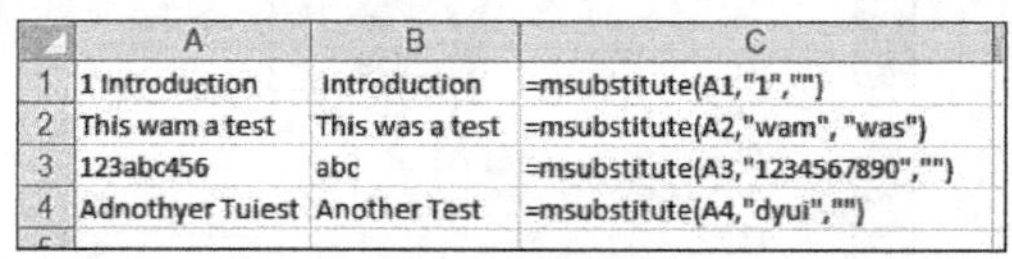

	A	B	C
1	1 Introduction	Introduction	=msubstitute(A1,"1","")
2	This wam a test	This was a test	=msubstitute(A2,"wam", "was")
3	123abc456	abc	=msubstitute(A3,"1234567890","")
4	Adnothyer Tuiest	Another Test	=msubstitute(A4,"dyui","")

图 4-11 替换单元格中的多个字符

此函数中的参数如下。

1．trStr：将要查找的字符串。

2．frStr：要替换的文本。

3．toStr：替换文本。

注意：此函数假定 toStr 的长度与 frStr 的长度相同。如果不同，多余的字符将被视为空字符。另外，函数是区分大小写的，例如，要替换 A 和 a 时，应对应使用字母 A 和 a。不能将一个字符替换为两个字符。

```
=MSUBSTITUTE("This is a test","i","$@")
```

得到的结果为：

```
"Th$s $s a test"
```

函数示例：

```
Function MSUBSTITUTE(ByVal trStr As Variant, frStr As String, _
toStr As String) As Variant
Dim iCol As Integer
Dim j As Integer
Dim Ar As Variant
Dim vfr() As String
Dim vto() As String
ReDim vfr(1 To Len(frStr))
ReDim vto(1 To Len(frStr))
'将字符串放在数组中
For j = 1 To Len(frStr)
vfr(j) = Mid(frStr, j, 1)
If Mid(toStr, j, 1) <> "" Then
vto(j) = Mid(toStr, j, 1)
Else
vto(j) = ""
```

```
End If
Next j
'逐个字母进行对照，如果需要，则进行替换
If IsArray(trStr) Then
Ar = trStr
For iRow = LBound(Ar, 1) To UBound(Ar, 1)
For iCol = LBound(Ar, 2) To UBound(Ar, 2)
For j = 1 To Len(frStr)
Ar(iRow, iCol) = Application.Substitute(Ar(iRow, iCol), _
vfr(j), vto(j))
Next j
Next iCol
Next iRow
Else
Ar = trStr
For j = 1 To Len(frStr)
Ar = Application.Substitute(Ar, vfr(j), vto(j))
Next j
End If
MSUBSTITUTE = Ar
End Function
```

4.3.15 从混合文本中获取数值

下面的函数实现从数值和字母的混合文本中提取并返回数值，如图 4-12 所示。

```
RetrieveNumbers (myString)
```

	A	B	C	D	E
1	123abc456	123456			
2	1b2k3j34ioj	12334			
3	123 abc	123			
4					

图 4-12　从混合文本中提取数值

参数 myString 是需要从中提取数值的文本。

函数示例：

```
Function RetrieveNumbers(myString As String)
Dim i As Integer, j As Integer
Dim OnlyNums As String
'从字符串的最后开始向上搜索（第一步）
For i = Len(myString) To 1 Step -1
'IsNumeric 是 VBA 中的一个函数，当变量为数值时返回 True
'找到一个数值时，将其添加到 OnlyNums 字符串中
If IsNumeric(Mid(myString, i, 1)) Then
```

```
j = j + 1
OnlyNums = Mid(myString, i, 1) & OnlyNums
End If
If j = 1 Then OnlyNums = CInt(Mid(OnlyNums, 1, 1))
Next i
RetrieveNumbers = CLng(OnlyNums)
End Function
```

4.3.16 将星期编号转换为日期

您曾收到过这样的电子表格吗？其中所有标题使用的都是星期编号。这是非常令人困惑的事，因为我们可能并不知道第 15 周具体是哪一天。此时不得不求助于日历，但如果是一年前的数据就更麻烦了。我们需要一个小巧的函数将星期编号（星期序号年）转换为给定星期中的某一天，如图 4-13 所示。

```
Weekday(Str)
```

	A	B
1	Week 15 2010	April 5, 2010
2		=convertWEEKDAY(A1)
3		

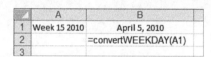

图 4-13　将星期编号转换为更容易引用的日期

参数 Str 是将要转换的星期，其格式为“Week ##, YYYY”。

注意：结果的格式必须设置成日期。

函数示例：

```
Function ConvertWeekDay(Str As String) As Date
Dim Week As Long
Dim FirstMon As Date
Dim TStr As String
FirstMon = DateSerial(Right(Str, 4), 1, 1)
FirstMon = FirstMon - FirstMon Mod 7 + 2
TStr = Right(Str, Len(Str) - 5)
Week = Left(TStr, InStr(1, TStr, " ", 1)) + 0
ConvertWeekDay = FirstMon + (Week - 1) * 7
End Function
```

4.3.17 从使用分隔符分离的字符串中提取元素

在本例中，需要粘贴一列使用分隔符分离的数据。可以使用 Excel 提供的“文本到列”

功能，但是现在您只需要每个单元格中的一两个元素。而"文本到列"是将单元格中所有元素都粘贴过去。此时，需要一个函数来指定字符串中所需元素的编号，如图 4-14 所示。

```
StringElement(str,chr,ind)
```

	A	B	C	D	E	F	G	H
1			ind					
2	str	chr	1	2	3	4	5	6
3	A|B|C|D|E|F	|	A	B	C	D	E	F
4			=StringElement($A$3,$B$3,C2)					
5								

图 4-14　从使用分隔符分离的文本中提取单个元素

此函数中的参数如下。

1．str：要粘贴的字符串。

2．chr：分隔符。

3．ind：要返回的元素位置。

代码示例：

```
Function StringElement(str As String, chr As String, ind As Integer)
Dim arr_str As Variant
arr_str = Split(str, chr) '不兼容“97-2003”格式
StringElement = arr_str(ind - 1)
End Function
```

4.3.18　排序并连接

使用下面的函数能够对一列数据进行排序，再用逗号作为分隔符将它们连接起来（如图 4-15 所示）。

```
SortConcat(Rng)
```

	A	B
1	Unsorted List	Sorted String
2	q	1,14,50,9,a,f,gg,q,r,rrrr
3	r	=sortConcat(A2:A11)
4	f	
5	a	
6	gg	
7	1	
8	9	
9	50	
10	14	
11	rrrrr	
12		

图 4-15　将区域中的数据排序并连接起来

参数 Rng 是将要对其进行排序并连接的数据区域。SortConcat 调用另一个过程，因此必须包含该过程。

代码示例：

```
Function SortConcat(Rng As Range) As Variant
Dim MySum As String, arr1() As String
Dim j As Integer, i As Integer
Dim cl As Range
Dim concat As Variant
On Error GoTo FuncFail:
'初始化输出
SortConcat = 0#
'避免用户问题
If Rng.Count = 0 Then Exit Function
'将区域存入保存有多种变量的数组
ReDim arr1(1 To Rng.Count)
'填充数组
i = 1
For Each cl In Rng
arr1(i) = cl.Value
i = i + 1
Next
'对数组中的元素进行排列
Call BubbleSort(arr1)
'使用数组元素创建字符串
For j = UBound(arr1) To 1 Step -1
If Not IsEmpty(arr1(j)) Then
MySum = arr1(j) & ", " & MySum
End If
Next j
'为函数分配数值
SortConcat = Left(MySum, Len(MySum) - 2)
'这是退出点
concat_exit:
Exit Function
'显示单元格中的错误
FuncFail:
SortConcat = Err.Number & " - " & Err.Description
Resume concat_exit
End Function
```

下面是广受欢迎的函数 BubbleSort，许多使用下面的程序对数据进行简单的排序：

```
Sub BubbleSort(List() As String)
' 对数组进行升序排列
Dim First As Integer, Last As Integer
Dim i As Integer, j As Integer
Dim Temp
First = LBound(List)
```

```
Last = UBound(List)
For i = First To Last - 1
For j = i + 1 To Last
If UCase(List(i)) > UCase(List(j)) Then
Temp = List(j)
List(j) = List(i)
List(i) = Temp
End If
Next j
Next i
End Sub
```

4.3.19　对数字和字符进行排序

下面的函数对包含有数字和字符的混合区域进行排序——首先按数字大小排序，然后按字母顺序排序，结果存储在数组中，可使用数组公式将其显示到工作表中，如图 4-16 所示。

```
sorter(Rng)
```

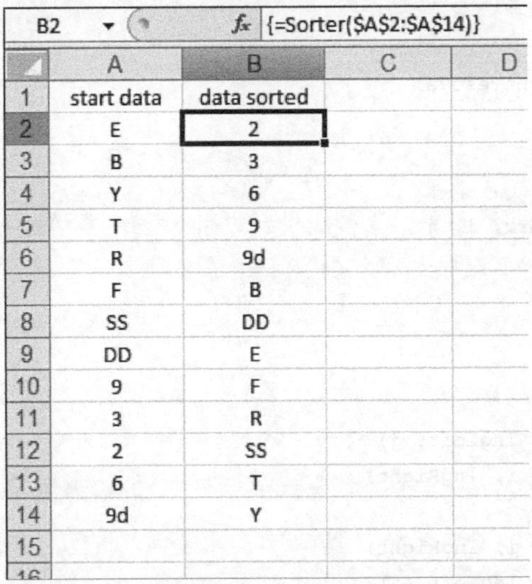

B2　{=Sorter($A$2:$A$14)}

	A	B	C	D
1	start data	data sorted		
2	E	2		
3	B	3		
4	Y	6		
5	T	9		
6	R	9d		
7	F	B		
8	SS	DD		
9	DD	E		
10	9	F		
11	3	R		
12	2	SS		
13	6	T		
14	9d	Y		
15				

图 4-16　对混合有字母和数字的列表进行排序

参数 Rng 是将要对其进行排序的区域。

代码示例：

```
Function sorter(Rng As Range) As Variant
'返回一个数组
Dim arr1() As Variant
If Rng.Columns.Count > 1 Then Exit Function
```

```
arr1 = Application.Transpose(Rng)
QuickSort arr1
sorter = Application.Transpose(arr1)
End Function
```

该函数使用以下两个过程对区域中的数据进行排序：

```
Public Sub QuickSort(ByRef vntArr As Variant,
Optional ByVal lngLeft As Long = -2, _
Optional ByVal lngRight As Long = -2)
Dim i, j, lngMid As Long
Dim vntTestVal As Variant
If lngLeft = -2 Then lngLeft = LBound(vntArr)
If lngRight = -2 Then lngRight = UBound(vntArr)
If lngLeft < lngRight Then
lngMid = (lngLeft + lngRight) \ 2
vntTestVal = vntArr(lngMid)
i = lngLeft
j = lngRight
Do
Do While vntArr(i) < vntTestVal
i = i + 1
Loop
Do While vntArr(j) > vntTestVal
j = j - 1
Loop
If i <= j Then
Call SwapElements(vntArr, i, j)
i = i + 1
j = j - 1
End If
Loop Until i > j
If j <= lngMid Then
Call QuickSort(vntArr, lngLeft, j)
Call QuickSort(vntArr, i, lngRight)
Else
Call QuickSort(vntArr, i, lngRight)
Call QuickSort(vntArr, lngLeft, j)
End If
End If
End Sub
Private Sub SwapElements(ByRef vntItems As Variant,
ByVal lngItem1 As Long, _
ByVal lngItem2 As Long)
Dim vntTemp As Variant
vntTemp = vntItems(lngItem2)
vntItems(lngItem2) = vntItems(lngItem1)
```

```
vntItems(lngItem1) = vntTemp
End Sub
```

4.3.20　在文本中查找字符串

您曾在工作表中查找过哪个单元格中包含特殊字符串吗？下面的函数能够在区域中搜索字符串，查找特殊文本，并在返回的结果中显示哪个单元格包含所查找的文本，如图 4-17 所示。

```
ContainsText(Rng,Text)
```

	A	B	C
1	This is an apple	A3	=ContainsText(A1:A3,"banana")
2	This is an orange	A1,A2	=ContainsText(A1:A3,"This is")
3	Here is a banana		

图 4-17　返回的结果中显示哪个单元格中包含特殊字符串

此函数中的参数如下。

1．Rng：将要搜索的区域。

2．Text：搜索的文本。

代码示例：

```
Function ContainsText(Rng As Range, Text As String) As String
Dim T As String
Dim myCell As Range
For Each myCell In Rng '查找每个单元格
If InStr(myCell.Text, Text) > 0 Then '查找符合输入文本的字符串
If Len(T) = 0 Then '如果找到了符合的文本，则将单元格地址添加到结果中
T = myCell.Address(False, False)
Else
T = T & "," & myCell.Address(False, False)
End If
End If
Next myCell
ContainsText = T
End Function
```

4.3.21　颠倒单元格中内容的顺序

下面这个函数非常有意思，但也很有用——它能够颠倒单元格中内容的顺序：

```
ReverseContents(myCell, IsText)
```

该函数中的参数如下。

1．myCell：指定的单元格。

2．IsText：可选项，指定应将单元格中的值视为文本（默认）还是数字。

代码示例：

```
Function ReverseContents(myCell As Range, Optional IsText As Boolean = True)
Dim i As Integer
Dim OrigString As String, NewString As String
OrigString = Trim(myCell) '删除头尾空格
For i = 1 To Len(OrigString)
NewString = Mid(OrigString, i, 1) & NewString
Next i
If IsText = False Then
ReverseContents = CLng(NewString)
Else
ReverseContents = NewString
End If
End Function
```

4.3.22 多个最大值

函数 MAX 能够查找并返回区域中的最大值，但它无法指出是否存在多个最大值。下面的函数能够返回区域中最大值的地址，如图 4-18 所示。

```
ReturnMaxs(Rng)
```

参数 Rng 是在其中查找最大值的区域。

代码示例：

```
Function ReturnMaxs(Rng As Range) As String
Dim Mx As Double
Dim myCell As Range
'如果区域中只有一个单元格，则返回
If Rng.Count = 1 Then ReturnMaxs = Rng.Address(False, False): Exit Function
Mx = Application.Max(Rng) 'uses Excel's Max to find the max in the range
'由于现在已经知道了最大值，
'只需在区域中查找和其匹配的数值，并返回其地址
For Each myCell In Rng
If myCell = Mx Then
If Len(ReturnMaxs) = 0 Then
ReturnMaxs = myCell.Address(False, False)
Else
ReturnMaxs = ReturnMaxs & ", " & myCell.Address(False, False)
End If
End If
Next myCell
End Function
```

	A	B
1	3	A9,A11
2	9	=ReturnMaxs(A1:A15)
3	5	
4	6	
5	6	
6	7	
7	6	
8	3	
9	10	
10	4	
11	10	
12	6	
13	9	
14	7	
15	1	
16		

图 4-18　返回区域中所有最大值的单元格地址

4.3.23　返回超链接地址

假设您收到一个包含许多超链接的电子表格。想知道链接的实际地址，而不是描述性的文本。可以在超链接上单击鼠标右键，选择“编辑超链接”命令，但是您想获得更多永久性的信息。下面的函数能够提取超链接地址，如图 4-19 所示。

```
GetAddress(Hyperlink)
```

	A	B	C
1	Tracy Syrstad	Tracy@[redacted].com	=GetAddress(A1)
2	The Best Site for Excel Answers	http://www.[redacted].com/	
3			

图 4-19　返回超链接地址

参数 HyperlinkCell 是要从中提取地址的超链接单元格。

代码示例：

```
Function GetAddress(HyperlinkCell As Range)
GetAddress = Replace(HyperlinkCell.Hyperlinks(1).Address, "mailto:", "")
End Function
```

4.3.24　返回单元格地址的列字母

可以使用函数 CELL("Col")返回列号。但如果需要返回列字母该怎么办？下面的函数能够从单元格地址中提取列字母，如图 4-20 所示。

```
ColName(Rng)
```

	A	B
1	A	=ColName(A1)
2	XFD	=ColName(XFD1048576)
3		

图 4-20 从单元格地址中返回列字母

参数 Rng 是要提取其列字母的单元格。

代码示例：

```
Function ColName(Rng As Range) As String
ColName = Left(Rng.Range("A1").Address(True, False), _
InStr(1, Rng.Range("A1").Address(True, False), "$", 1) - 1)
End Function
```

4.3.25 静态随机

函数 RAND()在创建随机数字时非常有用，但它总是重复计算。那么，如果需要随机数字，并且不希望它们经常变化，该怎么办呢？下面的函数能够生成一个随机数，但只有在强制单元格重新计算时，才会发生变化，如图 4-21 所示。

```
StaticRAND()
```

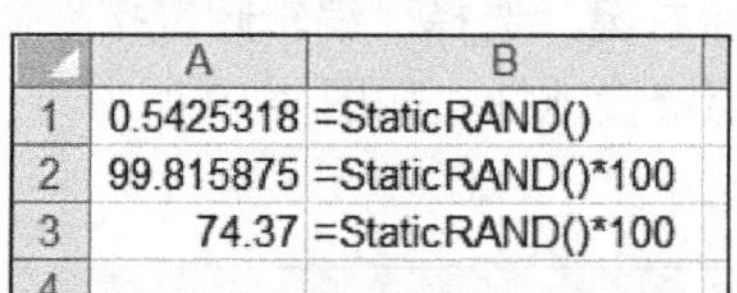

	A	B
1	0.5425318	=StaticRAND()
2	99.815875	=StaticRAND()*100
3	74.37	=StaticRAND()*100
4		

图 4-21 生成不经常发生变化的随机数

此函数中没有参数。

代码示例：

```
Function StaticRAND() As Double
Randomize
STATICRAND = Rnd
End Function
```

4.3.26 在工作表中使用 Select Case

有时，您也许会在工作表中嵌入一个 If...Then...Else 语句返回一个值。VBA 中的 Select...Case 语句使这项操作变得更加容易，但不能在工作表的公式中使用此语句，而应创建一个用户自定义函数，如图 4-22 所示。

	A	B	C	D
1	mth	yr		
2	5	2010		
3				
4	period:			
5	November 1, 2009 through November 30, 2009			
6	=State_Period(A2,B2)			

图 4-22　在 UDF 中使用 Select...Case 结构而不是嵌入 If...Then...Else 语句

以下函数演示了如何使用 Select 语句来实现嵌套 If...Then 语句的功能：

```
Function state_period(mth As Integer, yr As Integer)
Select Case mth
Case 1
state_period = "July 1, " & yr - 1 & " through July 31, " & yr - 1
Case 2
state_period = "August 1, " & yr - 1 & " through August 31, " & yr - 1
Case 3
state_period = "September 1, " & yr - 1 & " through September 30, " & yr - 1
Case 4
state_period = "October 1, " & yr - 1 & " through October 31, " & yr - 1
Case 5
state_period = "November 1, " & yr - 1 & " through November 30, " & yr - 1
Case 6
state_period = "December 1, " & yr - 1 & " through December 31, " & yr - 1
Case 7
state_period = "January 1, " & yr & " through January 31, " & yr
Case 8
state_period = "February 1, " & yr & " through February 28, " & yr
Case 9
state_period = "March 1, " & yr & " through March 31, " & yr
Case 10
state_period = "April 1, " & yr & " through April 30, " & yr
Case 11
state_period = "May 1, " & yr & " through May 31, " & yr
Case 12
state_period = "June 1, " & yr & " through June 30, " & yr
Case 13
state_period = "Pre-Final"
Case 14
state_period = "Closeout"
End Select
End Function
```

第 5 章　循环和流程控制

循环结构在任何编程语言中都是一个基本的组成部分。如果读者学习过任何一门编程语言（哪怕是 BASIC），肯定见过 For...Next 循环。幸运的是，VBA 支持所有常见的循环结构，此外，还包含一种非常好用的特殊循环结构。

本章将介绍以下常见的循环结构：

- For...Next
- Do...While
- Do...Until
- While...Loop
- Until...Loop

此外，还将介绍一种面向对象语言特有的循环结构：

- For Each...Next

5.1　For...Next 循环

For 和 Next 都是常见的循环结构。For 和 Next 之间的所有代码都将运行多次。每一次代码运行时，在 For 语句中声明的计数变量值都会发生改变。

请思考下面的代码：

```
For i = 1 to 10
Cells(i, i).Value = i
Next i
```

该程序开始运行时，需要将计数变量命名为 i。第一次运行代码时，将变量 i 的值设为 1。循环第一次执行时，i 的值等于 1，因此，Cells(i, i)=1，即第 1 行、第 1 列的单元格值被设置为 1（如图 5-1 所示）。

下面来看一下 VBA 执行到 Next i 语句时发生的情况。在运行到该行代码之前，变量 i 的值为 1。在执行到该代码行时，VBA 必须做出一个决定。首先将变量 i 的值加 1，然后与声明语句 For 中 To 子句的最大值相比较。如果 i 小于等于 To 子句中指定的最大值，则循环尚未结束。此时，i 将递增为 2。代码返回至 For 声明语句后面的第一行重新执行。图 5-2 显示了代码执行到 Next i 语句之前程序的状态。图 5-3 显示了执行完 Next i 语句之后的情况。

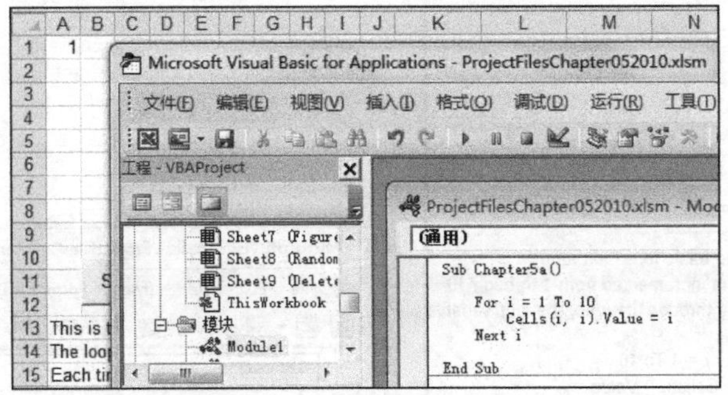

图 5-1　执行完第一次循环之后，第 1 行、第 1 列单元格的内容为 1

```
Sub Chapter5a()

    For i = 1 To 10
        Cells(i, i).Value = i
    Next i                              i=1

End Sub
```

图 5-2　程序运行到 Next i 行之前，i 的值为 1。当 i 的值小于等于声明语句 For 中 To 子句的最大值 10 时，VBA 将给 i 值加 1

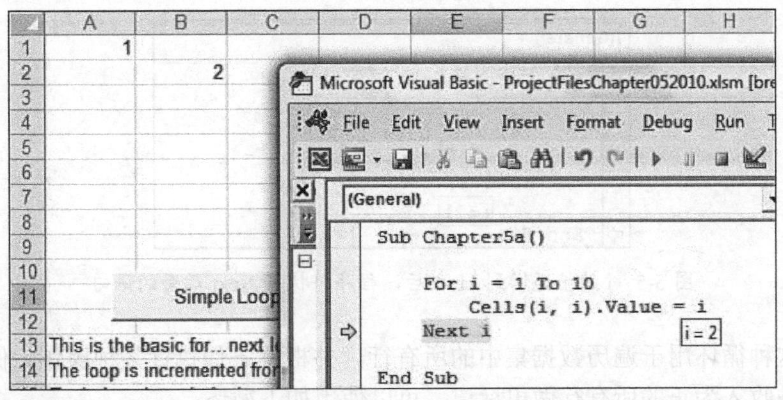

图 5-3　程序执行完 Next i 行之后，i 递增到 2，继续从 For 语句下面开始执行，结果将在单元格 B2 中显示 2

第二次执行循环时，i 的值为 2。第 2 行、第 2 列（即单元格 B2）的值被设置为 2。

随着程序的不断执行，Next i 将变量 i 的值逐步递增至 3、4 等。当循环执行到第 10 次时，第 10 行、第 10 列单元格的值被设置为 10。

在最后一次执行 Next i 语句时，变量 i 的变化情况很有趣。在图 5-4 中，读者可以看到，在第 10 次执行 Next i 之后，变量 i 的值变成了 10。

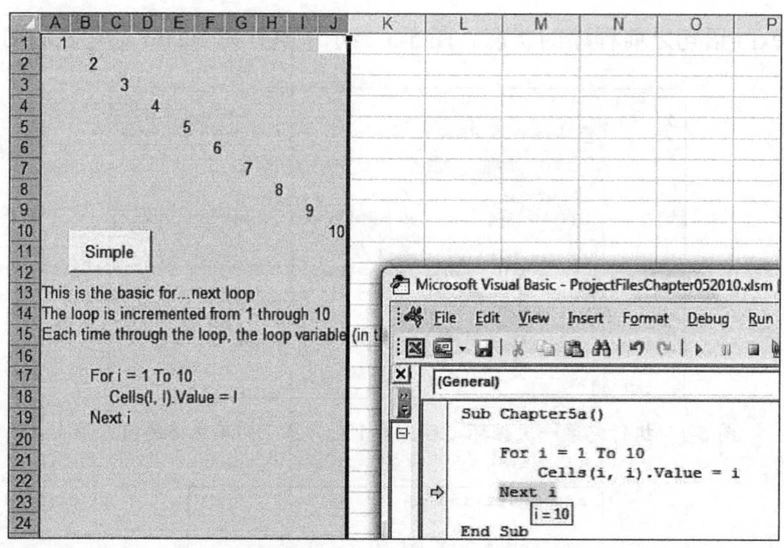

图 5-4　在第 10 次执行 Next i 语句前，变量 i 的值等于 10

VBA 当前处于一个决策点。它给变量 i 的值加 1，使 i 的值变成了 11，比 For...Next 循环中的极限值要大。VBA 接下来将执行 Next 语句后面的代码（如图 5-5 所示）。如果要在后面使用变量 i，必须注意 i 可能递增到大于声明语句 For 中 To 子句所指定的极限值。

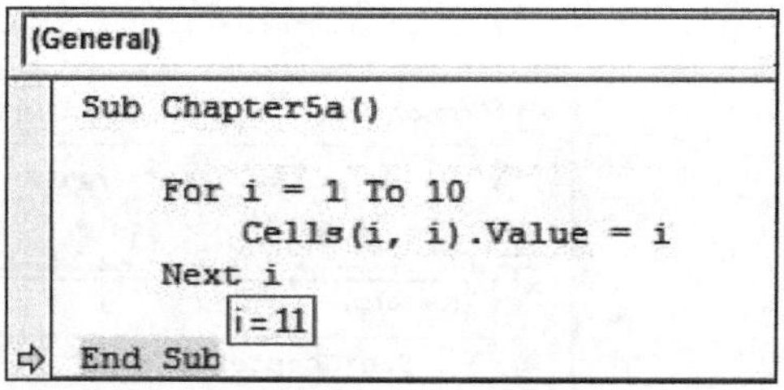

```
(General)
Sub Chapter5a()

    For i = 1 To 10
        Cells(i, i).Value = i
    Next i
        i = 11
End Sub
```

图 5-5　i 的值递增到 11 之后，程序将执行 Next 后面的语句

通常，这种循环用于遍历数据集中的所有行，并根据条件执行某种操作。例如，如果想将 F 列中服务收入为正的所有行做出标记，可以使用如下循环：

```
For i = 2 to 10
If Cells(i, 6).Value > 0 Then
Cells(i, 1).Resize(1, 8).Interior.ColorIndex = 4
End If
Next i
```

该循环对第 2 行至第 10 行中的所有数据项进行检查。如果发现 E 列存在正数，则将该行中 A～H 列的单元格底色都设置成绿色。该宏运行完之后，将得到图 5-6 所示的效果。

	A	B	C	D	E	F	G
1	发票日期	发票编号	销售代表编号	顾客编号	产品税额	服务税额	产品价格
2	2011/6/7	123829	S21	C8754	21000	0	9875
3	2011/6/7	123834	S54	C7796	339000	0	195298
4	2011/6/7	123835	S21	C1654	161000	0	90761
5	2011/6/7	123836	S45	C6460	275500	10000	146341
6	2011/6/7	123837	S54	C5143	925400	0	473515
7	2011/6/7	123841	S21	C8361	94400	0	53180
8	2011/6/7	123842	S45	C1842	36500	55000	20696
9	2011/6/7	123843	S54	C4107	599700	0	276718
10	2011/6/7	123844	S21	C5205	244900	0	143393

图 5-6　循环迭代 9 次之后，F 列中值为正的行底色都被设置成绿色

5.1.1　在声明语句 For 中使用变量

前面给出的例子用途不大，因为它只适用于精确包含 10 行数据的情况。可以使用一个变量来指定 For 声明语句中计数变量的范围。下面的代码示例首先找到数据的最后一行，然后从第 2 行循环至最后一行：

```
FinalRow = Cells(Rows.Count, 1).End(xlUp).Row
For i = 2 to FinalRow
If Cells(i, 6).Value > 0 Then
Cells(i, 1).Resize(1, 8).Interior.ColorIndex = 4
End If
Next i
```

注意：使用变量时要小心。如果今天导入的数据为空，只有一个标题行该怎么办？在这种情况下，变量 FinalRow 的值为 1。这等于将循环的第一个声明语句写成 For i = 2 to 1。由于变量的起始数值大于结束数值，循环根本不会执行，将直接跳到 Next 后面执行。

5.1.2　For...Next 循环的变体

在 For...Next 循环中，可以将循环步长设置成除 1 以外的其他值。例如，您可以使用该循环在数据集中每隔一行设置成绿色。在这种情况下，可以通过在 For 声明语句后面加 Step 语句来实现：

```
FinalRow = Cells(Rows.Count, 1).End(xlUp).Row
For i = 2 to FinalRow Step 2
Cells(i, 1).Resize(1, 8).Interior.ColorIndex = 35
Next i
```

此代码运行完之后，VBA 为第 2、4、6 等偶数行添加了浅绿色阴影（如图 5-7 所示）。

Step 语句中可以设置任何步长数值。您可能想在数据集中每隔 10 行提取一个随机样本。在这种情况下，可以使用 Step 10：

```
FinalRow = Cells(Rows.Count, 1).End(xlUp).Row
NextRow = FinalRow + 5
```

```
Cells(NextRow-1, 1).Value = "Random Sample of Above Data"
For i = 2 to FinalRow Step 10
Cells(i, 1).Resize(1, 8).Copy Destination:=Cells(NextRow, 1)
NextRow = NextRow + 1
Next i
```

	A	B	C	D	E	F	G
1	发票日期	发票编号	销售代表编号	顾客编号	产品税额	服务税额	产品价格
2	2011/6/7	123829	S21	C8754	21000	0	9875
3	2011/6/7	123830	S45	C3390	188100	0	85083
4	2011/6/7	123831	S54	C2523	510600	0	281158
5	2011/6/7	123832	S21	C5519	86200	0	49967
6	2011/6/7	123833	S45	C3245	800100	0	388277
7	2011/6/7	123834	S54	C7796	339000	0	195298
8	2011/6/7	123835	S21	C1654	161000	0	90761
9	2011/6/7	123836	S45	C6460	275500	10000	146341
10	2011/6/7	123837	S54	C5143	925400	0	473515
11	2011/6/7	123838	S21	C7868	148200	0	75700
12	2011/6/7	123839	S45	C3310	890200	0	468333
13	2011/6/7	123840	S54	C2959	986000	0	528980
14	2011/6/7	123841	S21	C8361	94400	0	53180
15	2011/6/7	123842	S45	C1842	36500	55000	20696
16	2011/6/7	123843	S54	C4107	599700	0	276718
17	2011/6/7	123844	S21	C5205	244900	0	143393
18	2011/6/7	123845	S45	C7745	63000	0	35102
19	2011/6/7	123846	S54	C1730	212600	0	117787
20	2011/6/7	123847	S21	C6292	974700	0	478731
21	2011/6/7	123848	S45	C2008	327700	0	170968
22	2011/6/7	123849	S54	C4096	30700	0	18056

图 5-7　在 For 声明语句中使用 Step 语句进行隔行处理

用户还可以使用 For...Next 循环从高到低反向执行。这在进行有选择性地删除行时非常有用。为此，可在 For 声明语句中将变量的顺序倒置，并将 Step 语句中的步长设置为特定的负数：

```
'删除所有 C 列为 S54 的行
FinalRow = Cells(Rows.Count, 1).End(xlUp).Row
For i = FinalRow to 2 Step -1
If Cells(i, 3).Value = "S54" Then
Rows(i).Delete
End If
Next i
```

注意：删除记录有一个更快的方法，将在第 11 章“使用高级筛选进行数据挖掘”中详细讨论。

5.1.3　在特定条件满足时提前跳出循环

有时您不需要执行全部循环，可能只需在找到满足特定条件的记录时就可以跳出循环。在这种情况下，用户想要找到第一个记录，然后终止循环。通过调用 Exit For 语句就可以实现这一点。

下面的宏在数据集中查找 F 列中服务收入为正、E 列中生产收入为 0 的行。如果找到这样的行，则弹出一条消息，提示该文件需要在今天进行手工处理，并将单元格指针移到该行：

```
' 数据中有特殊处理的情况吗?
FinalRow = Cells(Rows.Count, 1).End(xlUp).Row
ProblemFound = False
For i = 2 to FinalRow
If Cells(i, 6).Value > 0 Then
If cells(i, 5).Value = 0 Then
Cells(i, 6).Select
ProblemFound = True
Exit For
End If
End If
Next i
If ProblemFound Then
MsgBox "There is a problem at row " & i
Exit Sub
End If
```

5.1.4 循环嵌套

可以在一个循环中运行另一个循环。下面的代码中，第一个循环遍历记录集中的所有行，第二个循环遍历所有列：

```
' 遍历所有行和列
' 设置成纵横交错格式
FinalRow = Cells(Rows.Count, 1).End(xlUp).Row
FinalCol = Cells(1, Columns.Count).End(xlToLeft).Column
For i = 2 to FinalRow
' 对于偶数行，从第 1 列开始
' 对于奇数行，从第 2 列开始
If i Mod 2 = 1 Then ' 将变量 I 除以 2，并保留余数
StartCol = 1
Else
StartCol = 2
End If
For J = StartCol to FinalCol Step 2
Cells(i, J).Interior.ColorIndex = 35
Next J
Next i
```

在上述代码中，外层循环使用计数变量 i 遍历数据集中的所有行，内层循环使用计数变量 J 遍历该行中的所有列。因为图 5-8 所示的表中中有 7 个数据行，所以外部循环将运行 7 次。每次运行外部循环时，内部循环都将运行 6 或 7 次。也就是说，每次执行外部循环时，内部循环中的代码都要执行几次之后才能结束，结果如图 5-8 所示。

	A	B	C	D	E	F
1	项目	一月	二月	三月	四月	五月
2	硬件年收入	1,972,637	1,655,321	1,755,234	1,531,060	1,345,699
3	软件年收入	236,716	198,639	210,628	183,727	161,484
4	服务年收入	473,433	397,277	421,256	367,454	322,968
5	出售商品价格	1,084,951	910,427	965,379	842,083	740,135
6	售价	394,527	331,064	351,047	306,212	269,140
7	G&A Expense	150,000	150,000	150,000	150,000	150,000
8	R&D	125,000	125,000	125,000	125,000	125,000

图 5-8 循环嵌套的结果，VBA 能够先遍历每一行再遍历每一列

5.2 Do 循环

Do 循环有多种变体。最基本的 Do 循环非常适合于完成一些基本的任务。例如，假设您收到一份地址列表，其中的地址都存放在同一列中，如图 5-9 所示。

6	John Smith
7	123 Main Street
8	Akron OH 44308
9	
10	Jane Doe
11	245 State Street
12	Chicago IL 60011
13	
14	Ralph Emerson
15	345 2nd Ave
16	New York NY 10011
17	
18	George Washington
19	456 3rd St
20	Philadelphia PA 12345
21	

图 5-9 如果这些地址采用数据库格式将更有用，因为可将其用于邮件合并

在这种情况下，您可能需要将这些地址重新整理到数据库中，其中，B 列为姓名、C 列为街道、D 列为城市和州。通过设置“使用相对引用”（详见第 1 章“使用 VBA 释放 Excel 的力量”），就可以录制下面这段有用的代码。该代码将每条地址调整为数据库的格式，并使单元格指针指向列表中下一个地址的名称。每按一次快捷键 Ctrl+Shift+A，都会调整一条地址的格式。

```
Sub Macro32010()
'
' Macro32010 Macro
'
' 快捷键: Ctrl+Shift+A
'
```

```
ActiveCell.Offset(1, 0).Range("A1").Select
Selection.Cut
ActiveCell.Offset(-1, 1).Range("A1").Select
ActiveSheet.Paste
ActiveCell.Offset(2, -1).Range("A1").Select
Selection.Cut
ActiveCell.Offset(-2, 2).Range("A1").Select
ActiveSheet.Paste
ActiveCell.Offset(1, -2).Range("A1:A3").Select
Selection.EntireRow.Delete
ActiveCell.Select
End Sub
```

注意：不要认为上面的代码同样适用于专业应用程序。有时，宏代码只适用于自动操作一些一次性的常规任务。

如果不使用宏，则需要手工进行一些复制和粘贴操作。但如果使用上面所录制的代码，则只需将单元格指针移到列 A 的名称上，然后按快捷键 Ctrl+Shift+A。这样，一条地址就成功地被复制到其他三列中，同时单元格指针移到下一条地址的起始位置（如图 5-10 所示）。

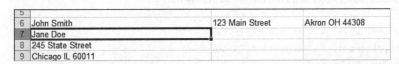

5			
6	John Smith	123 Main Street	Akron OH 44308
7	Jane Doe		
8	245 State Street		
9	Chicago IL 60011		

图 5-10　宏运行之后，地址被设置成正确的格式，同时单元格指针移动到可再次运行宏的位置

使用该宏，可以每秒钟使用快捷键处理一条地址。然而，如果需要处理 5 000 条地址，用户肯定不会希望一次又一次地重复运行该宏。

在这种情况下，可以使用 Do...Loop 语句将宏设置成连续运行。通过把录制的宏代码置于 Do 和 Loop 之间，VBA 就会连续运行该代码。现在，您可以坐在旁边看代码完成这些工作，这样，这项烦琐至极的工作只需几分钟就能够完成，而不是几小时。

注意，这个特殊的 Do...Loop 语句将持续执行下去，因为没有一个使其暂停的机制。而这项工作可以通过手工完成，因为用户可以在屏幕上观察代码的执行进度，当程序执行完最后一条数据时按组合键 Ctrl+Break 使其停止。

下面的代码使用 Do...Loop 语句设置地址格式：

```
Sub Macro3()
'
' Macro3 Macro
' 将一条地址调整为数据库格式
'再将单元格光标移到下一条地址的起始位置
'
' 快捷键：Ctrl+Shift+A
```

```
'
Do
ActiveCell.Offset(1, 0).Range("A1").Select
Selection.Cut
ActiveCell.Offset(-1, 1).Range("A1").Select
ActiveSheet.Paste
ActiveCell.Offset(2, -1).Range("A1").Select
Selection.Cut
ActiveCell.Offset(-2, 2).Range("A1").Select
ActiveSheet.Paste
ActiveCell.Offset(1, -2).Range("A1:A3").Select
Selection.EntireRow.Delete
ActiveCell.Select
Loop
End Sub
```

这些例子快捷而又简单，非常适用于快速完成一项任务的情况。Do...Loop 循环提供了大量选项，使用户能够设置在程序执行完后自动停止。

第一个选项是，在 Do...Loop 循环中设置一行代码来检测数据集中的最后一行，并跳出循环。在当前的例子中，可以通过在 If 语句中使用 Exit Do 命令来实现。如果当前单元格为空，用户可以认为已经到达数据集的末尾，并终止循环：

```
Do
If Not Selection.Value > "" Then Exit Do
ActiveCell.Offset(1, 0).Range("A1").Select
Selection.Cut
ActiveCell.Offset(-1, 1).Range("A1").Select
ActiveSheet.Paste
ActiveCell.Offset(2, -1).Range("A1").Select
Selection.Cut
ActiveCell.Offset(-2, 2).Range("A1").Select
ActiveSheet.Paste
ActiveCell.Offset(1, -2).Range("A1:A3").Select
Selection.EntireRow.Delete
ActiveCell.Select
Loop
End Sub
```

5.2.1 在 Do 循环中使用 While 或 Until 语句

While 或 Until 的使用方式有 4 种。它们可以添加到 Do 声明语句或 Loop 声明语句中。在每种情况中，While 或 Until 语句都包含结果为 True 或 False 的条件测试。

使用 Do While <测试表达式>...Loop 结构时，如果测试条件为 False，循环将不会执行。如果从文本文件中读取记录，则无法假定文件中包含一个或多个记录。因此，在进入循环之前，需要使用 EOF 函数来检测是否位于文件的尾部：

```
' 读取文本文件时，跳过所有行
Open "C:\Invoice.txt" For Input As #1
r = 1
Do While Not EOF(1)
Line Input #FileNumber, Data
If Not Left (Data, 5) = "TOTAL" Then
' 导入本行
r = r + 1
Cells(r, 1).Value = Data
End If
Loop
Close #1
```

本例中使用了关键字 Not，当文件 Invoice.txt 中没有更多记录可供读取时，EOF(1)的值为 True。许多编程人员认为包含很多 Not 关键字的程序读起来很吃力。为了避免使用关键字 Not，可以使用 Do While <测试表达式>...Loop 结构：

```
' 打开文本文件，跳过 TOTAL 行
Open "C:\Invoice.txt" For Input As #1
r = 1
Do Until EOF(1)
Line Input #1, Data
If Not (Data, 5) = "TOTAL" Then
r = r + 1
Cells(r, 1).Value = Data
End If
Loop
Close #1
```

在其他示例中，您可能总是希望首先执行循环。在这种情况下，可将 While 或 Until 语句置于循环的末尾。下面的代码示例要求用户输入当天的销售额，它不断要求用户输入销售额，直到输入的值为 0 为止：

```
TotalSales = 0
Do
x = InputBox(Prompt:="Enter Amount of Next Invoice. Enter 0 when done." _
Type:=1)
TotalSales = TotalSales + x
Loop Until x = 0
MsgBox "The total for today is $" & TotalSales
```

下面的循环首先要求用户输入支票金额，然后查找未付款的发票，并使用该支票支付未付款。然而，通常的情况是，一个支票能够支付几个发票的未付款。下面的程序使用支票按从旧到新的顺序支付发票款项，直到支票的金额全部用完：

```
' 要求输入支票的总金额
AmtToApply = InputBox("Enter Amount of Check") + 0
```

```
' 遍历未付款的发票列表
' 将支票用于最老的未付款发票并将 AmtToApply 的值减 1
NextRow = 2
Do While AmtToApply > 0
OpenAmt = Cells(NextRow, 3)
If OpenAmt > AmtToApply Then
' 将所有支票用于这些发票
Cells(NextRow, 4).Value = AmtToApply
AmtToApply = 0
Else
Cells(NextRow, 4).Value = OpenAmt
AmtToApply = AmtToApply - OpenAmt
End If
NextRow = NextRow + 1
Loop
```

由于 While 或 Until 语句既可以置于 Do...Loop 循环的首部，也可以置于其尾部，因此用户能在很大程度上对循环是否总能至少执行一次进行微妙的控制，即使在最开始条件为真的情况下也是如此。

5.2.2 While...Wend 循环

VBA 中之所以包含 While...Wend 是为了向后兼容。在 VBA 帮助文档中，微软建议用户使用 Do...Loop 循环，因为它更加灵活。但读者可能在其他人编写的代码中看到 While...Wend 循环，以下就是一个例子。在这个循环中，第一行是 While<条件>，最后一行是 Wend。注意这里没有 Exit While 声明语句。通常，这样的循环没有任何问题，但其健壮性和灵活性却不如 Do...Loops 循环。因为在 Do...Loop 循环中能够使用限定词 While 或 Until，而且这两个限定词即可用于循环的首部又可用于循环的尾部，此外，还能提早跳出循环：

```
' 读取一个文本文件，将总量相加
Open "C:\Invoice.txt" For Input As #1
TotalSales = 0
While Not EOF(1)
Line Input #1, Data
TotalSales = TotalSales + Data
Wend
MsgBox "Total Sales=" & TotalSales
Close #1
```

5.3 VBA 循环：For Each

虽然 VBA 循环非常优秀，但宏录制器从不录制这种类型的循环。VBA 是一种面向对象语言。在 Excel 中，对象集合十分常见，如工作簿中的工作表集合、区域中的单元格、工作表中的数据透视表以及图标中的数据系列。

这种特殊类型的循环对于遍历集合中的所有条目的情况十分有用。然而，在深入讲解这种循环之前，首先来介绍一种特殊的变量——对象变量（object variables）。

对象变量

在此之前，读者已经见过包含单一值的变量。当给定一个形如 TotalSales = 0 的变量时，其中 TotalSales 是一个普通变量，通常只包含一个值。还有一种功能更加强大的变量——对象变量，它可以包含很多值。也就是说，任何与对象相关联的属性同时也和对象变量相关联。

通常，开发人员不会花时间去定义变量。很多书籍建议读者在过程开头使用 DIM 声明所有变量。这样可以为特定的变量指定特定的类型，如整型或双精度。虽然这样可以节省一些内存，但用户必须预先知道将要使用哪些类型的变量。然而，开发者更倾向于在使用时才创建变量。尽管如此，声明对象变量还是十分有用的。例如，如果在过程顶部声明了对象变量，VBA 将启用“自动完成”功能。下面的代码中声明了 3 个对象变量：工作表、区域和数据透视表：

```
Sub Test()
Dim WSD as Worksheet
Dim MyCell as Range
Dim PT as PivotTable
Set WSD = ThisWorkbook.Worksheets("Data")
Set MyCell = WSD.Cells(Rows.Count, 1).End(xlUp).Offset(1, 0)
Set PT = WSD.PivotTables(1)
...
```

在上述代码中，可以看到为对象变量赋值时不仅使用等号，而且需要使用 Set 语句为对象变量赋予一个特殊变量。

使用对象变量的好处有很多，其中最主要的是它是一种非常简洁的表示方法。在代码中引用 WSD 明显比 ThisWorkbook.Worksheets("Data")更加简洁。此外，正如前面所提到的，对象变量继承了所引用对象的全部属性。

For Each...循环中使用对象变量，而不是 Counter 变量。下面的代码遍历 A 列中所有单元格。代码使用.CurrentRegion 属性定义当前区域，并使用.Resize 属性将所选区域限制在一列中。对象变量的名称为 Cell。对象变量可以使用任何名称，但相比 Fred 等任意选定的名称，Cell 似乎更加合理。

```
For Each cell in Range("A1").CurrentRegion.Resize(, 1)
If cell.Value = "Total" Then
cell.resize(1,8).Font.Bold = True
End If
```

```
Next cell
```

下面的代码示例对所有打开的工作簿进行搜索，查找第一个工作表名称为 Menu 的工作簿：

```
For Each wb in Workbooks
If wb.Worksheets(1).Name = "Menu" Then
WBFound = True
WBName = wb.Name
Exit For
End If
Next wb
```

下面的代码将删除当前工作表中的所有形状：

```
For Each Sh in ActiveSheet.Shapes
Sh.Delete
Next Sh
```

下面的代码将删除当前工作表中的所有数据透视表：

```
For Each pt in ActiveSheet.PivotTables
pt.TableRange2.Clear
Next pt
```

■ 案例分析：遍历文件夹中的所有文件

本案例分析包含一些有用的过程，其中使用了大量循环。

注意： 以前，在文件夹中创建所有文件的列表很容易，只需使用 FileSearch 对象即可。但不知什么原因，Excel 从 2007 版本开始不再支持 FileSearch 对象。

第 1 个过程使用 VBA 的 Scripting.FileSystem 对象在特定的文件夹中查找所有 JPG 图片文件，并将查到的文件显示到 Excel 的一列中。

```
Sub FindJPGFilesInAFolder()
Dim fso As Object
Dim strName As String
Dim strArr(1 To 1048576, 1 To 1) As String, i As Long
' 在此输入文件夹名称
Const strDir As String = "C:\Artwork\"
Let strName = Dir$(strDir & "*.jpg")
Do While strName <> vbNullString
Let i = i + 1
Let strArr(i, 1) = strDir & strName
Let strName = Dir$()
Loop
Set fso = CreateObject("Scripting.FileSystemObject")
Call recurseSubFolders(fso.GetFolder(strDir), strArr(), i)
Set fso = Nothing
If i > 0 Then
```

```
Range("A1").Resize(i).Value = strArr
End If
' 下一步，遍历所有查找到的文件
' 输入路径和文件名
FinalRow = Cells(Rows.Count, 1).End(xlUp).Row
For i = 1 To FinalRow
ThisEntry = Cells(i, 1)
For j = Len(ThisEntry) To 1 Step -1
If Mid(ThisEntry, j, 1) = Application.PathSeparator Then
Cells(i, 2) = Left(ThisEntry, j)
Cells(i, 3) = Mid(ThisEntry, j + 1)
Exit For
End If
Next j
Next i
End Sub
Private Sub recurseSubFolders(ByRef Folder As Object, _
ByRef strArr() As String, _
ByRef i As Long)
Dim SubFolder As Object
Dim strName As String
For Each SubFolder In Folder.SubFolders
Let strName = Dir$(SubFolder.Path & "*.jpg")
Do While strName <> vbNullString
Let i = i + 1
Let strArr(i, 1) = SubFolder.Path & strName
Let strName = Dir$()
Loop
Call recurseSubFolders(SubFolder, strArr(), i)
Next
End Sub
```

在这里，我们想把图片整理到一个新文件夹中。如果想把某张图片移动到一个新文件夹中，那么应在 D 列中输入新文件夹的路径。下面的 For…Each 循环实现图片的复制。每次执行循环时，对象变量 Cell 将引用 A 列的一个单元格。可以使用 Cell.Offset(0,3)返回这样一个单元格的值，它位于变量 Cell 所表示的区域向右 3 列的位置：

```
Sub CopyToNewFolder()
FinalRow = Cells(Rows.Count, 1).End(xlUp).Row
For Each Cell In Range("A2:A" & FinalRow)
OrigFile = Cell.Value
NewFile = Cell.Offset(0, 3) & Application.PathSeparator & _
Cell.Offset(0, 2)
FileCopy OrigFile, NewFile
Next Cell
End Sub
```

注意这里的 Application.PathSeparator 在 Windows 电脑中是反斜杠，但如果代码在 Macintosh 上运行可能就不同了。

5.4 流程控制：使用 If...Then...Else 和 Select Case

宏录制器无法录制的另一部分内容是流程控制。每次运行宏时，并不总是希望程序中的每行代码都被执行。VBA 提供了两种非常不错的流程控制方法：If...Then...Else 结构和 Select Case 结构。

5.4.1 基础的流程控制：If...Then...Else

最常见的流程控制工具是 If 语句。例如，现在有一个农产品列表（如图 5-11 所示）。您想遍历所有农产品列表，并将其复制到水果列表或蔬菜列表。编程初学者可能会对每行遍历两次——一次查找水果，一次查找蔬菜。然而，这样做是完全没有必要的，因为可以使用 If...Then...Else 结构在一个循环中将每行复制到正确的位置。

	A	B	C
1	类别	产品	质量
2	水果	苹果	1
3	水果	杏子	3
4	蔬菜	芦笋	62
5	水果	香蕉	55
6	水果	蓝莓	17
7	蔬菜	花椰菜	56
8	蔬菜	胡萝卜	35
9	水果	樱桃	59
10	草本	时罗	91
11	蔬菜	茄子	94
12	水果	猕猴桃	86
13	蔬菜	韭菜	87
14	蔬菜	生菜	12
15	蔬菜	大葱	14
16	水果	梨子	21
17	蔬菜	番茄	94
18	蔬菜	豆芽菜	79
19	水果	杨桃	45
20	水果	草莓	20
21	蔬菜	马铃薯	46
22	水果	西瓜	25

图 5-11　只需一个循环就能查找出蔬菜和水果

5.4.2 条件

任何 If 语句都需要一个检测条件。条件的值要么为真，要么为假。下面列出一些简单或复杂的条件：

- If Range("A1").Value = "类别" Then
- If Not Range("A1").Value = "类别" Then
- If Range("A1").Value = "类别" And Range("B1").Value = "水果" Then
- If Range("A1").Value = "类别" Or Range("B1").Value = "水果" Then

5.4.3 If...Then...End If

在 If 语句后面，应该加入一个或多个只有在条件满足时才执行的代码行。然后使用 End If 语句结束 If 模块。下面给出一个 If 语句的简单例子：

```
Sub ColorFruitRedBold()
FinalRow = Cells(Rows.Count, 1).End(xlUp).Row
For i = 2 To FinalRow
If Cells(i, 1).Value = "水果" Then
Cells(i, 1).Resize(1, 3).Font.Bold = True
Cells(i, 1).Resize(1, 3).Font.ColorIndex = 3
End If
Next i
MsgBox "水果类设置为粗体红字"
End Sub
```

5.4.4 Either/Or 决策: If...Then...Else...End If

有时，当条件满足时想执行一组语句，当条件不满足时想执行另一组语句。想要在 VBA 中实现这一点，应该将第 2 组条件置于 Else 语句后面。在此结构中，仍然只有一个 End If 语句。例如，可以使用以下代码将水果设置成红色，将蔬菜设置成绿色：

```
Sub FruitRedVegGreen()
FinalRow = Cells(Rows.Count, 1).End(xlUp).Row
For i = 2 To FinalRow
If Cells(i, 1).Value = "水果" Then
Cells(i, 1).Resize(1, 3).Font.ColorIndex = 3
Else
Cells(i, 1).Resize(1, 3).Font.ColorIndex = 50
End If
Next i
MsgBox "水果设置为红色，蔬菜设置为绿色"
End Sub
```

5.4.5 使用 If...Else If...End If 检测多项条件

注意到农产品列表中有一项被分类为草本。现在，列表中的每项产品都有 3 个测试条件。

在多条件时，可以使用 If...End If 结构。首先测试记录是否是水果，再使用 Else If 语句测试记录是否是蔬菜，接下来测试记录是否是草本，最后，如果记录不属于以上任何一类，则将其视为错误突出显示。

```
Sub MultipleIf()
FinalRow = Cells(Rows.Count, 1).End(xlUp).Row
For i = 2 To FinalRow
If Cells(i, 1).Value = "水果" Then
Cells(i, 1).Resize(1, 3).Font.ColorIndex = 3
ElseIf Cells(i, 1).Value = "蔬菜" Then
Cells(i, 1).Resize(1, 3).Font.ColorIndex = 50
ElseIf Cells(i, 1).Value = "草本" Then
Cells(i, 1).Resize(1, 3).Font.ColorIndex = 5
Else
' 这一定是错误记录
Cells(i, 1).Resize(1, 3).Interior.ColorIndex = 6
End If
Next i
MsgBox "水果为红色，蔬菜为绿色，草本为蓝色"
End Sub
```

5.4.6 使用 Select Case...End Select 检测多项条件

当条件非常多时，使用许多 Else If 语句显得有些笨拙。为此，VBA 提供了一种被称之为 Select Case 的结构。在前面的例子中，经常需要检查 A 列中“类别”的值，这个值叫做测试表达式（test expression）。这种结构的基本语法是：以 Select Case 开头，后跟测试表达式：

```
Select Case Cells(i, 1).Value
```

对于前面例子中的问题，您可能这样表达：“如果记录是水果，则将水果设置成红色。”VBA 使用了一种更为简洁的表达方式。在 Case 后面指定文字“水果”，当检测结果为“水果”时，将执行 Case“水果”后面的语句。这些语句之后是下一个 Case 语句：Case“蔬菜”。可以继续按这种方式编写 Case 语句，后跟条件满足时将要执行的语句。

当把所有能够想到的条件都列完之后，可在最后加上一条可选的 Case Else 语句。该语句指出了当没有满足测试表达式的记录时程序该如何运行。最后，使用 End Select 语句结束整个结构。

下面的程序实现的功能和前面的宏相同，但使用的是 Select Case 结构：

```
Sub SelectCase()
FinalRow = Cells(Rows.Count, 1).End(xlUp).Row
For i = 2 To FinalRow
Select Case Cells(i, 1).Value
Case "水果"
Cells(i, 1).Resize(1, 3).Font.ColorIndex = 3
```

```
Case "蔬菜"
Cells(i, 1).Resize(1, 3).Font.ColorIndex = 50
Case "草本"
Cells(i, 1).Resize(1, 3).Font.ColorIndex = 5
Case Else
End Select
Next i
MsgBox "水果为红色，蔬菜为绿色，草本为蓝色"
End Sub
```

5.4.7　在 Case 语句中使用复杂表达式

在 Case 语句中可以使用相对复杂的表达式。您想对所有浆果记录执行相同的操作：

```
Case "草莓", "蓝莓", "树莓"
AdCode = 1
```

如果需要，您可以在 Case 语句中设置一定范围的值：

```
Case 1 to 20
Discount = 0.05
Case 21 to 100
Discount = 0.1
```

还可以包含关键词 Is 和比较运算符（如>或<）：

```
Case Is < 10
Discount = 0
Case Is > 100
Discount = 0.2
Case Else
Discount = 0.10
```

5.4.8　嵌套 If 语句

我们不仅可以而且经常在一个 If 语句中嵌套另一个 If 语句。在这种情况下，使用适当的缩进非常重要。您经常会发现在结构的最后有几个 End If 语句。通过适当的缩进，很容易就能看出对应特定 If 语句的是哪个 End If 语句。

以下是本章最后一个宏，它包含复杂的逻辑，所销售农产品的折扣规则如下。

- 对于水果，数量少于 5 时没有折扣。
- 数量在 5 到 20 之间时，打 9 折。
- 数量在 20 以上时，打 8.5 折。
- 对于草本，数量在 10 以下时没有折扣。
- 数量在 10 到 15 之间打 7 折。

- 数量超过 15 打 6 折。
- 对于除芦笋之外的蔬菜，数量在 5 以上时打 8.8 折。
- 对于芦笋，数量在 20 以上时打 8.8 折。
- 以上折扣规则不适用于本周促销的产品，促销产品的价格为原价的 7.5 折。本周促销的产品有草莓、生菜和西红柿。

执行此逻辑的代码如下：

```
Sub ComplexIf()
FinalRow = Cells(Rows.Count, 1).End(xlUp).Row
For i = 2 To FinalRow
ThisClass = Cells(i, 1).Value
ThisProduct = Cells(i, 2).Value
ThisQty = Cells(i, 3).Value
' 首先确认是否在售
Select Case ThisProduct
Case "草莓", "生菜", "番茄"
Sale = True
Case Else
Sale = False
End Select
'确认折扣
If Sale Then
Discount = 0.25
Else
If ThisClass = "水果" Then
Select Case ThisQty
Case Is < 5
Discount = 0
Case 5 To 20
Discount = 0.1
Case Is > 20
Discount = 0.15
End Select
ElseIf ThisClass = "草本" Then
Select Case ThisQty
Case Is < 10
Discount = 0
Case 10 To 15
Discount = 0.03
Case Is > 15
Discount = 0.05
End Select
ElseIf ThisClass = "蔬菜" Then
' 对芦笋有特殊条件
```

```
If ThisProduct = "芦笋" Then
If ThisQty < 20 Then
Discount = 0
Else
Discount = 0.12
End If
Else
If ThisQty < 5 Then
Discount = 0
Else
Discount = 0.12
End If
End If ' 是不是芦笋
End If ' 是不是蔬菜
End If ' 是否在售
Cells(i, 4).Value = Discount
If Sale Then
Cells(i, 4).Font.Bold = True
End If
Next i
Range("D1").Value = "折扣"
MsgBox "折扣已经设置完成"
End Sub
```

第 6 章　R1C1 引用样式

6.1　引用单元格：A1 和 R1C1 引用样式的比较

A1 引用样式可以追溯到 VisiCalc. Dan Bricklin 和 Bob Frankston 使用 A1 引用电子表格左上角的单元格。Mitch Kapor 在 Lotus 1-2-3 中使用了相同的寻址方式。微软公司试图抵制这种趋势，采用名为 R1C1 引用样式的寻址方式。在 R1C1 引用样式的寻址方式中，单元格 A1 被称为 R1C1，因为它位于第 1 行、第一列（Row1、Column1）。

在 20 世纪的 80 年代和 90 年代前期，由于 Lotus 1-2-3 占据统治地位，A1 样式成为当时的标准。微软公司意识到他们正在打一场败仗，最终决定在 Excel 中同时提供 R1C1 寻址方式和 A1 寻址方式。当我们今天打开 Excel 时，A1 样式是其默认模式，但实际上，微软官方是同时支持两种寻址方式的。

读者可能认为本章并不重要。任何使用 Excel 界面的用户都认为 R1C1 引用样式是没有用的。但是，我们面对一个讨厌的问题：宏录制器采用 R1C1 引用样式录制公式。因此，读者可能会认为只需学习一下 R1C1 的寻址方式，这样就能够读懂宏代码，并将其转换成熟悉的 A1 样式。

我对微软表示赞同。当读者理解了 R1C1 引用样式之后，将会发现它们更加高效，特别是在使用 VBA 编写公式时。使用 R1C1 寻址方式能够编写出更高效的代码。此外，有些功能（如创建数组公式或基于公式设置条件格式时）必须采用 R1C1 引用样式输入公式。

笔者现在能够听到来自世界各地 Excel 用户的集体抱怨之声。如果这种样式只会令人生厌或只能提高效率，那么读者完全可以跳过这种过时的寻址方式不看。然而，由于只有理解了 R1C1 引用样式，才能更加高效地使用一些重要功能（如数组公式），因此，读者不得不潜下心来深入学习这种样式。

6.2　将 Excel 切换到 R1C1 引用样式

要切换至 R1C1 引用样式，可在“文件”菜单中选择“Excel 选项”命令，然后在“公式”

类别中选中复选框“R1C1 引用样式”（如图 6-1 所示）。

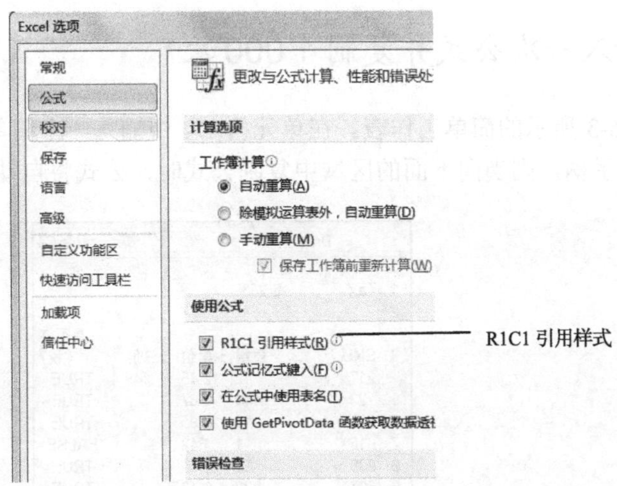

图 6-1　在“Excel 选项”对话框中，从“公式”类别中选择“R1C1 引用样式”，将 Excel 用户界面切换到 R1C1 引用样式

切换到 R1C1 引用样式之后，工作表顶部的列字母 A、B、C 变成了数字 1、2、3（如图 6-2 所示）。

R4C3　fx　=ROUND(RC[-1]*R1C2,2)

	1	2	3	4	5	6
1	Tax Rate	6.25%				
2						
3	SKU	Sales	Tax			
4	217	149.4	9.34			
5	123	269.28	16.83			

图 6-2　在 R1C1 引用样式中，列字母变成了数字

在这种格式中，原来的单元格 B5 名为 R5C2，因为它处于第 5 行、第 2 列。

每隔几个星期，都会有人意外启用该选项，笔者在 MrExcel 中就收到过这方面的紧急求助，99%的电子表格用户对这种形式都感到陌生。

6.3　Excel 公式创造的奇迹

电子表格的主要优点在于能够自动重新计算成千上万的单元格。然而，与之紧密相关的

第二个优点是，能够在单元格中输入公式，并能够将其复制到成千上万个单元格中。

6.3.1 输入一次公式并复制 1 000 次

请看图 6-3 所示的简单工作表。在单元格 D4 中输入一个简单的公式，如=C4*B4，双击“自动填充”手柄，则当向下面的区域中复制公式时，公式将自动被修改。

D4 | f_x =B4*C4

	A	B	C	D	E
1	Tax	6.25%			
2					
3	SKU	质量	单价	总价	是否征税?
4	217	12	12.45	149.4	TRUE
5	123	144	1.87		TRUE
6	329	18	19.95		TRUE
7	616	1	642		FALSE
8	909	64	17.5		TRUE
9	527	822	0.12		TRUE
10	Total				

图 6-3 双击“自动填充”手柄，Excel 自动将相对引用公式复制到下方的行中

单元格 F4 中的公式包含相对引用和绝对引用：=IF(E4,ROUND(D4*$B$1,2),0)。由于单元格 B1 中插入一个美元符$B$1，因此将该公式向下复制时，总是将该行中的总价与单元格 B1 中的税率相乘。

由图 6-5 中所示的公式可以得到图 6-4 中的数值结果。

提示：在 Excel 中，使用快捷键“Ctrl+～”可以在常规视图和公式视图之间切换。

用户只需在第 4 行和第 10 行中输入公式，这样 Excel 就能自动地将其复制到下面的行中，真是太神奇了。

Excel 用户会认为这些功能都是理所当然的，但对于许多 Excel 初学者来说，当看到单元格 G4 中的公式“=F4+D4”被复制到单元格 G5 中后自动变成“=F5+D5”时，都会感到惊奇。

	A	B	C	D	E	F	G
1	Tax	6.25%					
2							
3	SKU	质量	单价	总价	是否征税?	税额	总计
4	217	12	12.45	149.4	TRUE	9.34	158.74
5	123	144	1.87	269.28	TRUE	16.83	286.11
6	329	18	19.95	359.1	TRUE	22.44	381.54
7	616	1	642	642	FALSE	0	642.00
8	909	64	17.5	1120	TRUE	70	1190.00
9	527	822	0.12	98.64	TRUE	6.17	104.81
10	Total			2638.42		124.78	2763.20

图 6-4 由图 6-5 所示中的公式可得到上面 D、F、G 列中的结果

fx =IF(E4,ROUND(D4*$B$1,2),0)

D	E	F	G
Total Price	Taxable?	Tax	Total
=C4*B4	TRUE	=IF(E4,ROUND(D4*$B$1,2),0)	=F4+D4
=C5*B5	TRUE	=IF(E5,ROUND(D5*$B$1,2),0)	=F5+D5
=C6*B6	TRUE	=IF(E6,ROUND(D6*$B$1,2),0)	=F6+D6
=C7*B7	FALSE	=IF(E7,ROUND(D7*$B$1,2),0)	=F7+D7
=C8*B8	TRUE	=IF(E8,ROUND(D8*$B$1,2),0)	=F8+D8
=C9*B9	TRUE	=IF(E9,ROUND(D9*$B$1,2),0)	=F9+D9
=SUM(D4:D9)		=SUM(F4:F9)	=SUM(G4:G9)

图 6-5　按快捷键“Ctrl+～”显示公式，而不是显示公式的结果，将公式向下复制时，Excel 自动调整单元格中公式的引用，太神奇了

6.3.2　秘密：其实并不神奇

请读者牢记，Excel 使用 R1C1 引用样式的公式进行一切事务。Excel 中使用 A1 样式显示单元格地址和公式仅仅是为了遵循 VisiCalc 和 Lotus 所确立的标准。

如果将图 6-5 所示的工作表切换成 R1C1 引用样式，将发现单元格 D4:D9 中“不同”的公式实际上就是 R1C1 引用样式的公式。单元格 F4:F9 和 G4:G9 同样如此。

可以在“Excel 选项”对话框中将示例工作表切换成 R1C1 寻址方式。如果对图 6-6 中的每个公式进行核查，将发现在 R1C1 语言中，D 列中的每个公式都是相同的。Excel 以 R1C1 引用样式存储公式，复制之后，仅是将其转换为 A1 样式以便于用户理解，由此看来，Excel 能够轻松地处理 R1C1 引用样式并不神奇。

这是 R1C1 引用样式之所以在 VBA 中更加高效的原因之一。用户可以使用一条语句在整个区域中输入相同的公式。

fx =IF(RC[-1],ROUND(RC[-2]*R1C2,2),0)

4	5	6	7
Total Price	Taxable?	Tax	Total
=RC[-1]*RC[-2]	TRUE	=IF(RC[-1],ROUND(RC[-2]*R1C2,2),0)	=RC[-1]+RC[-3]
=RC[-1]*RC[-2]	TRUE	=IF(RC[-1],ROUND(RC[-2]*R1C2,2),0)	=RC[-1]+RC[-3]
=RC[-1]*RC[-2]	TRUE	=IF(RC[-1],ROUND(RC[-2]*R1C2,2),0)	=RC[-1]+RC[-3]
=RC[-1]*RC[-2]	FALSE	=IF(RC[-1],ROUND(RC[-2]*R1C2,2),0)	=RC[-1]+RC[-3]
=RC[-1]*RC[-2]	TRUE	=IF(RC[-1],ROUND(RC[-2]*R1C2,2),0)	=RC[-1]+RC[-3]
=RC[-1]*RC[-2]	TRUE	=IF(RC[-1],ROUND(RC[-2]*R1C2,2),0)	=RC[-1]+RC[-3]
=SUM(R[-6]C:R[-1]		=SUM(R[-6]C:R[-1]C)	=SUM(R[-6]C:R[-1]C)

图 6-6　R1C1 引用样式的公式，注意到在第 4 列和第 6 列中，所有公式都相同

■ 案例分析：在 VBA 中使用 A1 样式和 R1C1 引用样式的比较

请读者思考一下如何在 Excel 界面中创建上述电子表格呢？首先，在单元格 D4、F4、G4 中输入一个公式，然后复制这些单元格，并将其粘贴到下面的行中。代码可能类似于下面这样：

```
Sub A1Style()
' 定位 FinalRow
FinalRow = Cells(Rows.Count, 2).End(xlUp).Row
' 输入第一个公式
Range("D4").Formula = "=B4*C4"
Range("F4").Formula = "=IF(E4,ROUND(D4*$B$1,2),0)"
Range("G4").Formula = "=F4+D4"
' 从第 4 行向下开始复制公式
Range("D4").Copy Destination:=Range("D5:D" & FinalRow)
Range("F4:G4").Copy Destination:=Range("F5:G" & FinalRow)
' 输入汇总行"Total"
Cells(FinalRow + 1, 1).Value = "Total"
Cells(FinalRow + 1, 6).Formula = "=SUM(G4:G" & FinalRow & ")"
End Sub
```

在上面的代码中，使用 3 行代码在最顶行输入公式，然后使用 2 行代码将公式复制到下方的行中。

使用 R1C1 引用样式，等效的代码只需使用一条语句就能为所有行输入公式。请记住，R1C1 引用样式的主要优势在于 D 列、G 列和多数 F 列中的公式都是相同的。

```
Sub R1C1Style()
'定位 FinalRow
FinalRow = Cells(Rows.Count, 2).End(xlUp).Row
'输入第一个公式
Range("D4:D" & FinalRow).FormulaR1C1 = "=RC[-1]*RC[-2]"
Range("F4:F" & FinalRow).FormulaR1C1 = "=IF(RC[-1],ROUND(RC[-2]*R1C2,2),0)"
Range("G4:G" & FinalRow).FormulaR1C1 = "=RC[-1]+RC[-3]"
'输入汇总行 Total
Cells(FinalRow + 1, 1).Value = "Total"
Cells(FinalRow + 1, 6).FormulaR1C1 = "=SUM(R4C:R[-1]C)"
End Sub
```

事实上，您不必在最顶行输入 A1 样式公式，然后将其复制到下方的行中。这听起来好像有反常态，但当输入 A1 样式公式时，微软会在内部将其转换为 R1C1 引用样式，并将其输入到整个区域中。因此，实际上您可以使用 1 行代码将“相同的”A1 公式输入到整个区域中。

```
Sub A1StyleModified()
'定位 FinalRow
FinalRow = Cells(Rows.Count, 2).End(xlUp).Row
' 输入第一个公式
```

```
Range("D4:D" & FinalRow).Formula = "=B4*C4"
Range("F4:F" & FinalRow).Formula = "=IF(E4,ROUND(D4*$B$1,2),0)"
Range("G4:G" & FinalRow).Formula = "=F4+D4"
' 输入汇总行 Total
Cells(FinalRow + 1, 1).Value = "Total"
Cells(FinalRow + 1, 6).Formula = "=SUM(G4:G" & FinalRow & ")"
End Sub
```

注意：尽管您在 D4:D1000 中输入公式=B4*C4，Excel 还是将其输入到第 4 行，然后附加额外行对公式进行精确调整。

6.4　R1C1 引用样式简介

在 R1C1 引用样式中，字母 R 代表行，C 代表列。因为公式中最常见的引用是相对引用，所以下面首先来看一下 R1C1 引用样式中的相对引用。

6.4.1　使用 R1C1 相对引用

假设您需要向单元格中输入一个公式。可以使用字母 R 和 C 在公式中指定一个单元格，并在每个字母后面的方括号中输入行号和列号。

下面列出了使用 R1C1 相对引用时的"规则"。

- 对于列，正数代表右移指定的列数，负数代表左移指定的列数。例如，对于单元格 E5，使用 RC[1]来引用 F5，使用 RC[-1]引用 D5。
- 对于行，正数代表在工作表中下移指定的行数，负数代表在工作表中上移指定的行数。例如，对于单元格 E5，使用 RC[1]来引用 E6，使用 RC[-1]引用 E4。
- 如果字母 R 或 C 的后面省略了方括号，则表明所指定单元格的行号或列号与公式所在单元格的行号或列号相同。
- 如果在单元格 E5 中输入公式=R[-1]C[-1]，则所引用的是向上一行、向左一列的单元格，即单元格 D4。
- 如果在单元格 E5 中输入公式=RC[1]，则所引用的是同一行、右移一列的单元格，即单元格 F5。
- 如果在单元格 E5 中输入公式=RC，则所引用的是同一行同一列中的单元格，即 E5 单元格本身。通常不应这样做，因为这将导致循环引用。

图 6-7 演示了如何在单元格 E5 中输入一个引用，从而指向其周围的单元格。

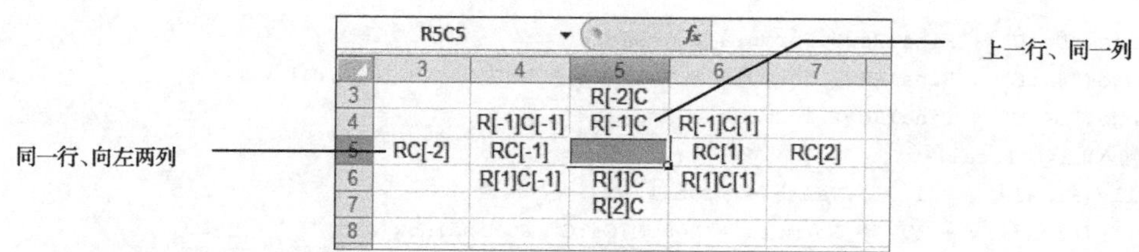

图 6-7 这里给出了许多相对引用，在单元格 E5 中输入它们，以指向其周围的单元格

可以使用 R1C1 引用样式引用一个单元格区域。如果想将当前单元格左面的 12 个单元格相加，可以使用这个公式：

```
=SUM(RC[-12]:RC[-1])
```

6.4.2 使用 R1C1 绝对引用

绝对引用就是当把公式复制到一个新位置之后，其行、列位置是固定的。在 A1 样式引用中，Excel 在每个行号或列字母之前使用一个“$”，以确保公式复制时，行和列保持不变。

如果经常引用一个行号或列号，只需将其后面的方括号去掉。下面的公式无论在任何位置输入时，引用的都是单元格$B$3：

```
=R3C2
```

6.4.3 使用 R1C1 混合引用

混合引用就是当行固定时，列可以使用相对引用，或者是当列固定时，行可以使用相对引用。在很多情况下，这种引用都非常有用。

设想现在读者需要编写一个宏，将文件 Invoice.txt 导入 Excel 中。使用函数.End(xlUp)能够找到汇总行的位置。输入汇总时，需要将公式所在行以上直至第 2 行的所有值相加。可以通过以下代码来实现：

```
Sub MixedReference()
TotalRow = Cells(Rows.Count, 1).End(xlUp).Row + 1
Cells(TotalRow, 1).Value = "Total"
Cells(TotalRow, 5).Resize(1, 3).FormulaR1C1 = "=SUM(R2C:R[-1]C)"
End Sub
```

在这段代码中，引用 R2C:R[1]C 表示需要将第 2 行至公式上面一行之间的所有同列内容相加。在本例中，读者理解 R1C1 引用样式的优点了吗？通过使用 R1C1 混合引用，可很容易使用公式处理行数不确定的数据（如图 6-8 所示）。

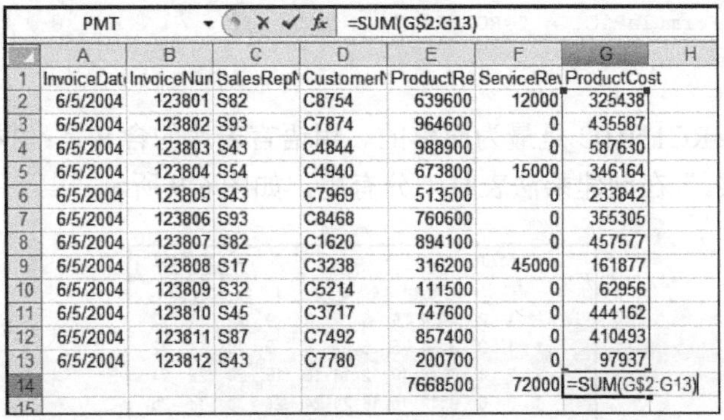

PMT　=SUM(G$2:G13)

	A	B	C	D	E	F	G	H
1	InvoiceDat	InvoiceNun	SalesRepN	CustomerN	ProductRe	ServiceRev	ProductCost	
2	6/5/2004	123801	S82	C8754	639600	12000	325438	
3	6/5/2004	123802	S93	C7874	964600	0	435587	
4	6/5/2004	123803	S43	C4844	988900	0	587630	
5	6/5/2004	123804	S54	C4940	673800	15000	346164	
6	6/5/2004	123805	S43	C7969	513500	0	233842	
7	6/5/2004	123806	S93	C8468	760600	0	355305	
8	6/5/2004	123807	S82	C1620	894100	0	457577	
9	6/5/2004	123808	S17	C3238	316200	45000	161877	
10	6/5/2004	123809	S32	C5214	111500	0	62956	
11	6/5/2004	123810	S45	C3717	747600	0	444162	
12	6/5/2004	123811	S87	C7492	857400	0	410493	
13	6/5/2004	123812	S43	C7780	200700	0	97937	
14					7668500	72000	=SUM(G$2:G13)	
15								

图 6-8　宏运行之后，汇总行的 E～G 列中的公式将引用一个区域，该区域从第 2 行开始，但其他方面的引用都是相对的

6.4.4　使用 R1C1 引用样式引用整行或整列

很多时候都需要编写一个引用整列的公式。例如，想要知道 G 列中的最大值。如果不知道 G 列中有多少行，则可以使用 A1 样式将公式写成=MAX($G:$G)，或者使用 R1C1 引用样式写成=MAX(C7)。想要查找第 1 行中的最小值，可以使用 A1 样式写成=MIN($1:$1)，或者使用 R1C1 引用样式写成=MIN(R1)。可以对每行或每列使用相对引用。为计算当前单元格上面一行的平均值，可使用公式=AVERAGE(R[-1])。

6.4.5　使用一个 R1C1 引用样式替换多个 A1 公式

事实上，当读者了解了 R1C1 引用样式之后，将发现它们创建起来更加直观。一个关于 R1C1 引用样式的经典例子是创建乘法表。在 Excel 中，使用混合引用公式创建一个乘法表非常容易。

1. 创建乘法表

在单元格 B1 至单元格 M1 中输入数字 1～12。通过复制并转置将相同的数字输入到单元格 A2 至 A13 中。现在面临的问题是需要创建一个适用于单元格 B2 至 M3 的公式，在这些单元格中显示第 1 行与第 1 列的乘积。如果使用 A1 样式公式，则需要按 F4 键 5 次将美元符移到合适的位置。下面是使用 R1C1 引用样式创建的更为简单的公式：

```
Sub MultiplicationTable()
' 使用一个公式创建乘法表
Range("B1:M1").Value = Array(1, 2, 3, 4, 5, 6, 7, 8, 9, 10, 11, 12)
Range("B1:M1").Font.Bold = True
Range("B1:M1").Copy
Range("A2:A13").PasteSpecial Transpose:=True
```

```
Range("B2:M13").FormulaR1C1 = "=RC1*R1C"
Cells.EntireColumn.AutoFit
End Sub
```

R1C1 引用样式=RC1*R1C 是最为简单的。用语言表达的含义是："将当前行的第 1 列与当前列的第 1 行相乘。"在创建乘法表时十分有用，如图 6-9 所示。

M13 =$A13*M$1

	A	B	C	D	E	F	G	H	I	J	K	L	M
1		1	2	3	4	5	6	7	8	9	10	11	12
2	1	1	2	3	4	5	6	7	8	9	10	11	12
3	2	2	4	6	8	10	12	14	16	18	20	22	24
4	3	3	6	9	12	15	18	21	24	27	30	33	36
5	4	4	8	12	16	20	24	28	32	36	40	44	48
6	5	5	10	15	20	25	30	35	40	45	50	55	60
7	6	6	12	18	24	30	36	42	48	54	60	66	72
8	7	7	14	21	28	35	42	49	56	63	70	77	84
9	8	8	16	24	32	40	48	56	64	72	80	88	96
10	9	9	18	27	36	45	54	63	72	81	90	99	108
11	10	10	20	30	40	50	60	70	80	90	100	110	120
12	11	11	22	33	44	55	66	77	88	99	110	121	132
13	12	12	24	36	48	60	72	84	96	108	120	132	144
14													

图 6-9 使用宏创建一个乘法表。单元格 B2 中的公式使用两个混合引用：=$A2*B$1

注意：运行宏并生成图 6-9 所示的乘法表之后，Excel 仍将该宏中从第 2 行开始复制的区域作为活动的剪贴板内容。如果此时选中一个单元格并按回车键，所有单元格的内容将被复制到新位置，但通常不会这样做。要使 Excel 退出剪切/复制模式，可在程序末尾添加以下代码：

```
Application.CutCopyMode = False
```

2. 一个有趣的绕行

尝试下面这个实验。将单元格指针指向 F6。单击"开发工具"选项卡中的"录制宏"图标开始录制宏。单击"开发工具"选项卡中的"使用相对引用"按钮。输入公式"=A1"，并按组合键"Ctrl+回车"，以使指针停留在 F6 单元格中。单击浮动工具栏中的"停止录制"按钮。

这将得到一个只包含一行代码的宏，它输入一个公式，引用相对当前单元格向上 5 行向左 5 列的单元格：

```
Sub Macro1()
ActiveCell.FormulaR1C1 = "=R[-5]C[-5]"
End Sub
```

现在，将单元格指针指向 A1 单元格，并运行刚刚录制的宏。您可能会认为指向 A1 单元格上方 5 行的单元格将导致一个运行时间错误 1004。但事实上并没有出现这种错误。运行这个宏时，单元格 A1 中的公式指向=XFA1048572，如图 6-10 所示，这意味着 R1C1 引用样式实际上是从表的左侧绕回到了右侧。笔者暂时还想不出在什么情况下这种

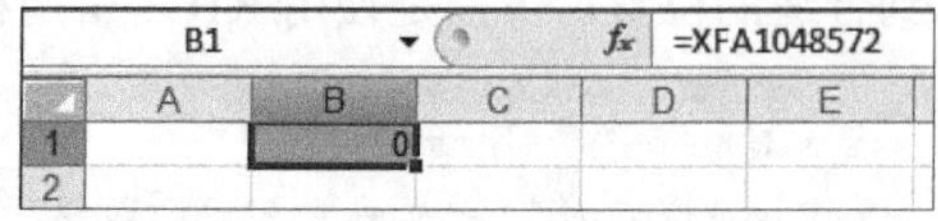

图 6-10 公式将从工作表底部绕行指向 B1

绕行能够派上用场，但用户不要寄希望于 Excel 会因此而报错，这个宏会照常提供一个结果，而这个结果却可能并不是用户想要的！

6.4.6　记住与列字母相关的列号

笔者喜欢这些公式，并经常在 VBA 中使用，但却不喜欢将 Excel 界面转换成 R1C1 引用样式编号。因此，必须知道单元格 U21 实际上就是 R21C21。

认识到 U 是字母表中的第 21 个字母并不十分直观。字母表中总共有 26 个字母，因此 A 对应于 1，Z 对应于 26。M 位于字母表的中间，对应于第 13 列。其他字母并不那么直观。如果每天都花几分钟时间练习这个小游戏，那么不久就能记住字母对应的列号：

```
Sub QuizColumnNumbers()
Do
i = Int(Rnd() * 26) + 1
Ans = InputBox("What column number is the letter " & _
Chr(64 + i) & "?")
If Ans = "" Then Exit Do
If Not (Ans + 0) = i Then
MsgBox "Letter " & Chr(64 + i) & " is column # " & i
End If
Loop
End Sub
```

如果感觉记忆列号很无聊或者某天需要确定 DGX 对应的列号，那么有一种通过 Excel 界面获取列号的简便方法。将单元格指针移到单元格 A1 中，按住 Shift 键并按右箭头，公式栏左侧的名称框中将显示第一屏的列号（如图 6-11 所示）。

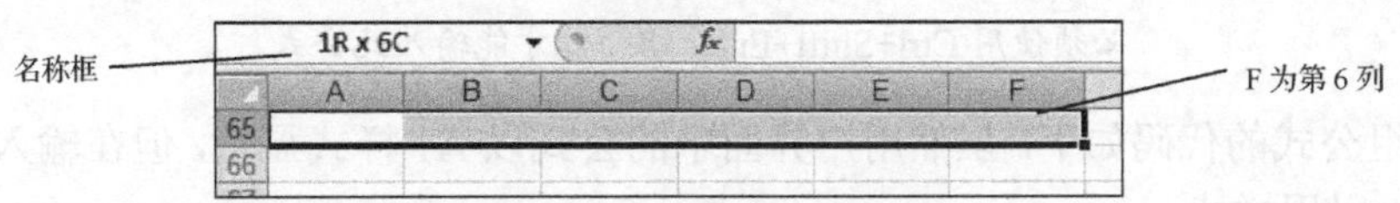

图 6-11　使用键盘选择单元格时，“名称”框中将显示在第一屏中选择的列数

继续按右箭头直到超出第一屏时，当前单元格右侧将出现“工具提示”框，指出已选择的列数。到达 CS 列时，工具提示将指出当前处于第 97 列（如图 6-12 所示）。

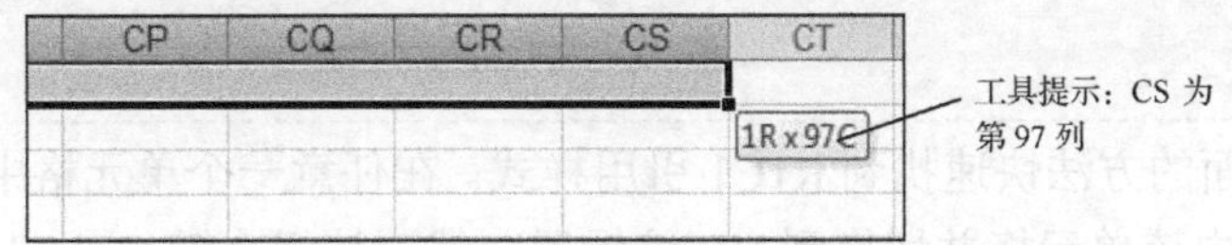

图 6-12　超出第一屏时，将出现工具提示框对当前的列号进行跟踪提示

用户还可以通过在单元格中输入“=COLUMN()”来获取列号。

6.5 在数组公式中需要使用 R1C1 引用样式

数组公式是功能强大的“超级公式”，但如果读者对数组公式不熟悉，那么它们看起来好像没有什么用。

如图 6-13 所示，单元格 E21 中的数组公式进行了 18 次乘法运算，并对其结果进行求和。这个公式看上去好像是非法的。实际上，如果输入时不使用 Ctrl+Shift+Enter 组合键，那么将得到意料之中的#VALUE!错误。而如果使用 Ctrl+Shift+Enter 组合键输入，公式将出乎意料地逐行进行相乘最后将结果相加。

注意：在输入公式时，不必输入花括号。

E21 {=SUM(D$2:D20*E$2:E20)

	A	B	C	D	E	F
1	地区	产品	日期	质量	单价	单位成本
2	东部	XYZ	2001/1/1	1000	22.81	10.22
3	中部	DEF	2001/1/2	100	22.57	9.84
4	东部	ABC	2001/1/2	500	20.49	8.47
5	中部	XYZ	2001/1/3	500	22.48	10.22
6	中部	XYZ	2001/1/4	400	23.01	10.22
7	东部	DEF	2001/1/4	800	23.19	9.84
8	东部	XYZ	2001/1/4	400	22.88	10.22
9	中部	ABC	2001/1/5	400	17.15	8.47
10	东部	ABC	2001/1/7	400	21.14	8.47
11	东部	DEF	2001/1/7	1000	21.73	9.84
12	西部	XYZ	2001/1/7	600	23.01	10.22
13	中部	ABC	2001/1/9	800	20.52	8.47
14	东部	XYZ	2001/1/9	900	23.35	10.22
15	中部	XYZ	2001/1/10	900	23.82	10.22
16	东部	XYZ	2001/1/10	900	23.85	10.22
17	中部	ABC	2001/1/12	300	20.89	8.47
18	西部	XYZ	2001/1/12	400	22.86	10.22
19	中部	ABC	2001/1/14	100	17.4	8.47
20	东部	XYZ	2001/1/14	100	24.01	10.22
21				Total Revenue	234198	

图 6-13 单元格 E21 中的数组公式进行了 18 次乘法运算，并对其结果进行求和。必须使用 Ctrl+Shift+Enter 组合键才能输入此公式

输入数组公式的代码如下。虽然用户界面中的公式以 A1 样式显示，但在输入此公式时必须使用 R1C1 引用样式：

```
Sub EnterArrayFormulas()
' 输入一个公式求单价与总数量的乘积
FinalRow = Cells(Rows.Count, 1).End(xlUp).Row
Cells(FinalRow + 1, 5).FormulaArray = "=SUM(R2C[-1]:R[-1]C[-1]*R2C:R[-1] _
C)"
End Sub
```

提示：可以使用下面的方法快速找到 R1C1 引用样式。在任意一个单元格中输入常规的 A1 公式或数组公式，选中该单元格并切换到 VB 编辑器。然后按组合键 Ctrl+G 打开立即窗口，在其中输入 Print ActiveCell.FormulaR1C1 并按回车键。Excel 将把公式栏中的公式转化成 R1C1 引用样式。也可以使用一个问号代替 Print。

第 7 章　在 VBA 中创建和操作名称

7.1 Excel 名称

用户可能这样给工作表中的区域命名，首先选择一个区域，然后在公式栏左侧的“名称”框中输入名称。有时还需要创建包含公式的更为复杂的名称。例如，在所创建的名称中包含查找某列最后一行的公式。可以为区域指定名称，从而使编写公式和设置数据表变得更加容易。

同样，也可以在 VBA 中创建和操作名称，而且有着与在工作表中为区域命名相同的好处。例如，您可以为一个新区域指定名称。

本章将介绍不同类型的名称及其多种使用方式。

7.2 全局名称和局部名称

名称可以是全局的，即可以在工作簿中的任何地方使用。名称也可以是局部的，即只能在特定的工作表中使用。在工作簿中，多个引用可使用同一个局部名称。但全局名称在工作簿中必须是唯一的。

在以前版本的 Excel 中，很难分辨出您所看到的是局部名称还是全局名称。用户必须切换到正确的工作表中，然后对照各个工作表中的名称列表进行比较。从 Excel 2007 开始，提供了“名称管理器”对话框，其中列出了工作簿中的所有名称，即使是同名的全局名称和局部名称都包含在内。范围列表中列出了名称的作用域，指出其作用域是工作簿还是特定的工作表，如 Sheet1。

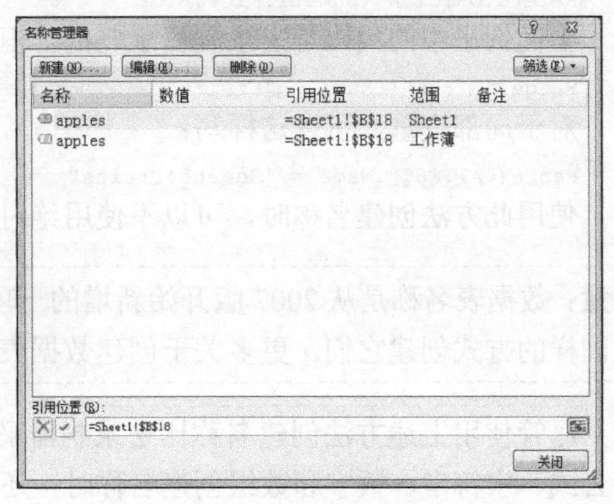

图 7-1 “名称管理器”中列出所有局部名称和全局名称

例如，在图 7-1 中，名称 apples 的作用域是 Sheet1，同时也是整个工作簿。

7.3 添加名称

如果对创建命名区域的过程进行录制，然后查看其代码，将看到类似下面的代码：

```
ActiveWorkbook.Names.Add Name:="Fruits", RefersToR1C1:="=Sheet2!R1C1:R6C6"
```

它创建了一个全局名称 Fruits，该名称包含范围 A1:F6 (R1C1:R6C6)。公式被放到引号中，而且公式前面必须带等号。此外，区域引用必须使用绝对引用（包含美元符$）或者 R1C1 表示法。如果在活动工作表上创建名称，则可以不指定工作表。但指定工作表可以使代码更容易理解。

注意：如果不使用绝对引用，也许能够创建名称，但却不能指向正确的区域。例如，使用以下代码能够在工作簿中创建名称，但并没有指向正确的区域，如图 7-2 所示。

```
ActiveWorkbook.Names.Add Name:="Citrus", _
RefersToR1C1:="=Sheet1!R1C1"
```

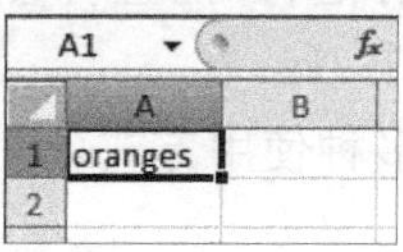

图 7-2　由于名称公式中没有使用绝对引用，Excel 无法正确识别，导致单元格 A1 中没有显示指定的名称 Citrus

要创建局部名称，应指定工作表名称：

```
ActiveWorkbook.Names.Add Name:="Sheet2!Fruits", _
RefersToR1C1:="=Sheet2!R1C1:R6C6"
```

也可指定名称集合所属的工作表：

```
Worksheets("Sheet1").Names.Add Name:="Fruits", _
RefersToR1C1:="=Sheet1!R1C1:R6C6"
```

上面例子中的代码是宏录制器录制的，但还有更简单的方式：

```
Range("A1:F6").Name = "Fruits"
```

对于局部变量，可以这样写：

```
Range("A1:F6").Name = "Sheet1!Fruits"
```

使用此方法创建名称时，可以不使用绝对引用。

注意：数据表名称是从 2007 版开始新增的一项功能。可以像定义名称那样使用它们，但不能以同样的方式创建它们。更多关于创建数据表名称的内容，详见后面的“数据表”小节。

尽管使用上述方法创建名称比宏录制器采用的方法更容易、更快捷，但只适用于区域。为公式、字符串、数字和数组创建名称时，还是必须使用 Add 方法。

名称 ObjectName 的 Name 属性是一个对象，下面的代码能够实现为现有的名称重命名：

```
Names("Fruits").Name = "Produce"
```

名称 Fruits 不复存在，区域的名称变为 Produce。

如果局部引用和相对引用具有相同的名称，则在重命名此名称时，将首先重命名局部名称。

7.4　删除名称

可以使用 Delete 方法删除名称：

```
Names("ProduceNum").Delete
```

如果所删除的名称不存在，则将导致错误。

警告：如果存在相同的局部名称和全局名称，则应特殊指明删除哪个名称。

7.5　添加备注

从 Excel 2007 开始，用户可以为名称添加备注。可以为名称添加任何附加信息，如名称创建的原因或者其使用范围。如果想为局部名称 LocalOffice 添加备注，则可以这样写：

```
ActiveWorkbook.Worksheets("Sheet7").Names("LocalOffice").Comment = _
"Holds the name of the current office"
```

备注将会出现在“名称管理器”的某一列中，如图 7-3 所示。

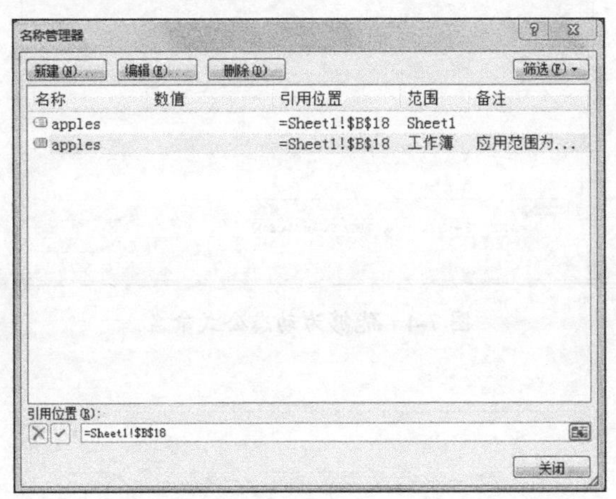

图 7-3　可以为名称添加备注，帮助记忆其用途

警告：在添加备注之前，名称必须存在。

7.6 名称类型

名称最常见的用途是存储区域，但还可以存储其他东西，毕竟，名称是用来存储信息的。名称能够使复杂信息或大量信息的记忆和使用变得简单。此外，与变量不同，名称能够抛开程序记住所存储的信息。

前面已介绍了如何创建区域名称，但还可以指定名称为公式、字符串、数字和数组命名。

7.6.1 公式

在名称中存储公式的语法和存储区域的语法相同，因为区域本质上也是公式：

```
Names.Add Name:="ProductList", _
RefersTo:="=OFFSET(Sheet2!$A$2,0,0,COUNTA(Sheet2!$A:$A))"
```

上述代码支持动态命名列，这在创建动态数据表或引用任何要进行计算的动态列表时很有用，如图 7-4 所示。

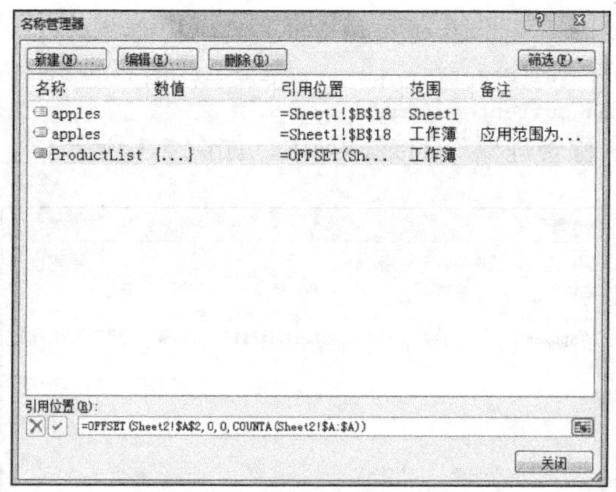

图 7-4 能够为动态公式命名

7.6.2 字符串

使用名称存储字符串（如当前水果供应商的名称）时，应在字符串两端加上引号。由于不涉及公式，因此不必加等号。如果加了等号，Excel 将把值视为公式。让 Excel 自动为其加上等号，显示在“名称管理器”中。

```
Names.Add Name: = "Company", RefersTo:="CompanyA"
```

图 7-5 给出了字符串名称在“名称管理器”窗口中的显示方式。

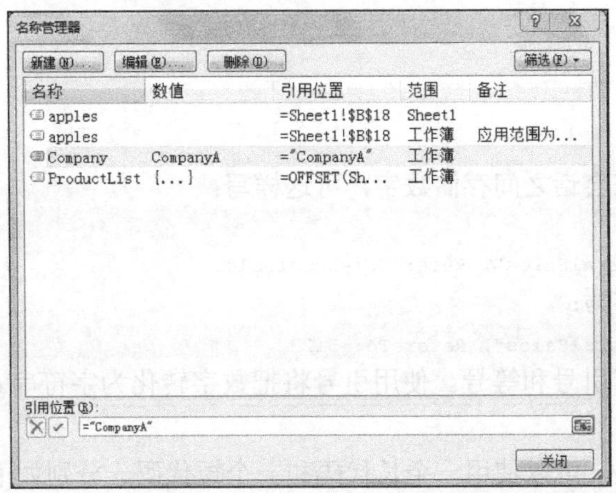

图 7-5　可以为字符串值命名

使用名称存储值

由于在两次会话之间名称不会丢失它的引用，因此将值存储在名称中要比将值存储在单元格（以便从中检索信息）中好得多。例如，要跟踪不同季节处于领先地位的生产商，可以创建一个名称 Leader。如果在新季节领先的生产商和该名称的引用相同，则创建一个对这些季节进行比较的特定报表。另一种方法是创建一个特定的工作表来跟踪会话之间的值，并在需要时对这些值进行检索。使用名称，这些值将很容易获得。

下面的过程演示了如何使用工作表 Variable 中的单元格在会话之间存储信息：

```
Sub NoNames(ByRef CurrentTop As String)
TopSeller = Worksheets("Variables").Range("A1").Value
If CurrentTop = TopSeller Then
MsgBox ("Top Producer is " & TopSeller & " again.")
Else
MsgBox ("New Top Producer is " & CurrentTop)
End If
End Sub
```

下面的过程演示了如何使用名称在会话之间存储信息：

```
Sub WithNames()
If Evaluate("Current") = Evaluate("Previous") Then
MsgBox ("Top Producer is " & Evaluate("Previous") & " again.")
Else
MsgBox ("New Top Producer is " & Evaluate("Current"))
End If
```

```
End Sub
```

如果已经在前面声明了名称 Current 和 Previous，那么可以直接使用它们，无需通过创建变量来传递。使用 Evaluate 方法可从名称中提取值。存储在名称中的字符串不能超过 255 个字符。

7.6.3 数字

还可以使用名称在会话之间存储数字，可这样写：

```
NumofSales = 5123
Names.Add Name:="TotalSales", RefersTo:=NumofSales
```

或者，也可以这样写：

```
Names.Add Name:="TotalSales", RefersTo:=5123
```

注意数字两端没有引号和等号。使用引号将把数字转化为字符串。使用等号，数字将变成公式。

要检索名称中的值，可以使用一个长代码和一个短代码，分别如下：

```
NumofSales = Names("TotalSales").Value
```

或

```
NumofSales = [TotalSales]
```

提示：注意，阅读您所编写的代码的人也许并不熟悉 Evaluate 方法（方括号）的用法。如果知道有人将会阅读您的代码，则应尽量避免使用 Evaluate 方法，或者加注释予以解释。

7.6.4 数据表

Excel 数据表与名称共享一些属性，但它也有自己特有的方法。和我们所惯于处理的名称不同，数据表不能手工创建。也就是说，用户不能通过在工作表中选择一个区域并在“名称”框中输入名称来创建数据表，但可以通过 VBA 手工创建它。

创建数据表所使用的方法与创建名称时使用的方法不同。它不使用方法 Range(xx).Add 或 Names.Add，而使用方法 ListObjects.Add。

要在单元格 A1～F6 创建一个数据表，假设数据表中包含列标题，如图 7-6 所示，则可这样写：

```
ActiveSheet.ListObjects.Add(xlSrcRange, Range("$A$1:$F$6"), , xlYes).Name = _
"Table1"
```

xlSrcRange（SourceType 的值）告知 Excel 数据源是一个 Excel 区域。然后需要为数据表指定一个区域（源）。如果数据表中有标题，则在指定区域时应将标题行也包含进来。下一个参数 LinkSource 在前面的例子中没有使用过，它是一个布尔值，用于指出是否存在外部数据源，如果 SourceType 的值是 xlSrcRange，则该参数没有用。xlYes 告知 Excel 数据表已经含有列标题，否则，Excel 将自动生成它。最后一个参数 destination 在前面的例子中没有见过，当 SourceType 的值为 xlSrcExternal 时，该参数指定左上角的单元格为数据表的起始位置。

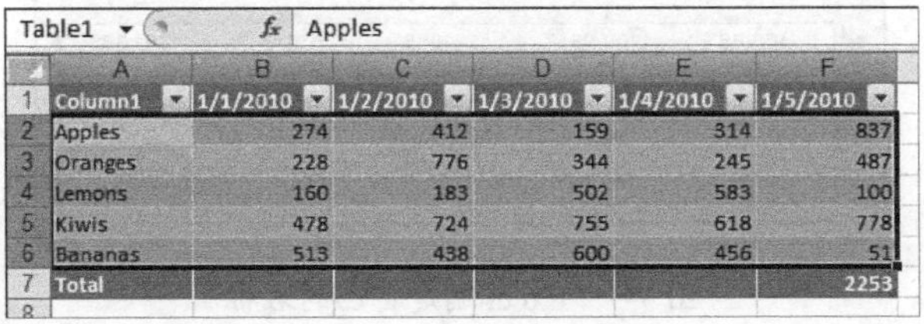

Table1　fx　Apples

	A	B	C	D	E	F
1	Column1	1/1/2010	1/2/2010	1/3/2010	1/4/2010	1/5/2010
2	Apples	274	412	159	314	837
3	Oranges	228	776	344	245	487
4	Lemons	160	183	502	583	100
5	Kiwis	478	724	755	618	778
6	Bananas	513	438	600	456	51
7	Total					2253
8						

图 7-6　可以为数据表命名

7.6.5　在名称中使用数组

名称还可以存储存放于数组中的数据。数组的大小受可用内存的限制。更多关于数组的内容，详见第 17 章“数组”。

将数组引用存放在名称中的方式与将数字引用存放在名称中的方式相同：

```
Sub NamedArray()
Dim myArray(10, 5)
Dim i As Integer, j As Integer
'下面的 For 循环填充数组 myArray
For i = 1 To 10
For j = 1 To 5
myArray(i, j) = i + j
Next j
Next i
'下面一行代码选定我们的数组，并为其命名
Names.Add Name:="FirstArray", RefersTo:=myArray
End Sub
```

由于名称引用一个变量，因此不需要使用引号和等号。

7.6.6　保留名称

Excel 使用自己的局部名称存储信息。这些名称被认为是 Excel 自己保留的，如果用户在自己的引用中使用这些名称，可能会出现问题。

在工作表中选定一个区域，然后在“页面布局”选项卡中选择“打印区域>设置打印区域”。

如图 7-7 所示，Print_Area 框中出现一个“打印区域”列表。撤销选定的区域，再观察 Print_Area 框，名称仍然存在。选择该名称，之前设定的打印区域将再次被选中。如果保存、

关闭并重新打开工作簿，Print_Area 仍然指向相同的区域。Print_Area 是 Excel 所保留的供自己使用的命名。

Print_Area | fx Apples

	A	B	C	D	E
1	Apples	Oranges	Lemons	Kiwis	Bananas
2	274	228	160	478	513
3	412	776	183	724	438
4	159	344	502	755	600
5	314	245	583	618	456
6	837	487	100	778	51
7					

图 7-7　Excel 创建自己的名称

警告：每个工作表都有自己的打印区域。此外，在已有打印区域的工作表中设置新的打印区域将覆盖原打印区域。

幸好，Excel 保留的名称并不多：

```
Criteria
Database
Extract
Print_Area
Print_Titles
```

当“高级筛选”（在“数据”选项卡中选择“高级筛选”）被配置为将筛选结果提取至新位置时，使用名称 Criteria 和 Extract。

Excel 已不再使用名称 Database，但数据窗体等一些功能仍然能够识别它。在之前版本的 Excel 中，该名称用来识别在特定函数中操作的数据。

在设置打印区域（在“页面布局”选项卡中选择“打印区域>设置打印区域”命令）或修改指定打印区域（在“页面布局”选项卡中选择“缩放”）的“页面设置”选项时，使用名称 Print_Area。

在设置打印标题（在“页面布局”选项卡中单击“打印标题”）时使用名称 Print_Titles。

应尽量避免以上这些名称，在使用它们的变体时也应该小心。例如，如果创建了一个名称 PrintTitles，很可能不小心将代码写成这样：

```
Worksheets("Sheet4").Names("Print_Titles").Delete
```

这样将删除 Excel 的名称，而不是用户自定义的名称。

7.7　隐藏名称

名称非常有用，但您并不想看到所有创建的名称。和许多其他对象一样，名称也有一个

Visible 属性。要将名称隐藏，可将 Visible 属性设置成 False。要显示名称，则将其设置为 True：

```
Names.Add Name:="ProduceNum", RefersTo:="=$A$1", Visible:=False
```

警告：如果用户所创建的 Name 对象和隐藏的名称相同，则隐藏的名称将被覆盖，而且没有任何警告信息。为避免这种情况，可对工作簿进行保护。

7.8　检验名称是否存在

可以使用下面这个函数检验用户自定义名称（包括隐藏的名称）是否存在。但要注意，该函数不能检验 Excel 保留的名称是否存在。可以将这段代码添加到您的代码库中：

```
Function NameExists(FindName As String) As Boolean
Dim Rng As Range
Dim myName As String
On Error Resume Next
myName = ActiveWorkbook.Names(FindName).Name
If Err.Number = 0 Then
NameExists = True
Else
NameExists = False
End If
End Function
```

上面的代码还演示了如何利用错误的消息。如果您所查询的名称不存在，将会弹出一个错误消息。通过在代码开头添加代码行 On Error Resume Next，能够强制程序继续运行。然后使用 Err.Number 确定是否发生了错误。如果没有发生错误，则 Err.Number 的值为 0，表明您所查询的名称存在。否则，说明发生了错误，查询的名称不存在。

■　案例分析：将命名区域用作函数 VLOOKUP 的参数

假设您每天都需要导入一个文件，其中包含一家零售连锁店的销售数据。但该文件中包含的是各店铺的编号，而不是各店铺的名称。显然，您不希望每天都输入店铺的名称，但又希望在所有打开的报表中显示它们。

通常，将在后台工作表中输入一个包含店铺编号和名称的表格。但事实上，可以使用 VBA 帮助维护店铺列表，并使用函数 VLOOKUP 将列表中的店铺名称添加到数据集中。

基本步骤如下。

1. 导入数据文件。
2. 在当天的文件中找出所有非重复店铺编号。

3．确定在这些编号中是否有当前存储名称的表格所不存在的编号。

4．对于任意新店铺，将它们添加到表格中，并要求用户输入店铺名称。

5．表格将会增大，因此需要重新指定用于描述店铺表格的命名区域。

6．使用源数据集中的 VLOOKUP 函数将店铺名称添加到所有数据集中，VLOOKUP 引用店铺名称表格中新增部分的命名区域。

处理以上 6 个步骤的代码如下：

```
Sub ImportData()
' 这个例行语句将 sales.csv 导入数据集
' 检验 A 列中是否有新出现的店铺
' 如果有新店铺，则将它们添加到 StoreList 表格中。
Dim WSD As Worksheet
Dim WSM As Worksheet
Dim WB As Workbook
Set WB = ThisWorkbook
' 数据存放在工作表 Data 中
Set WSD = WB.Worksheets("Data")
' StoreList 存放在工作表 menu 中
Set WSM = WB.Worksheets("Menu")
' 打开文件，激活 csv 文件
Workbooks.Open Filename:="C:\Sales.csv"
' 将数据复制到 WSD 并关闭
ActiveWorkbook.Range("A1").CurrentRegion.Copy Destination:=WSD.Range("A1")
ActiveWorkbook.Close SaveChanges:=False
' 从 A 列中找出非重复店铺列表
FinalRow = WSD.Cells(WSD.Rows.Count, 1).End(xlUp).Row
WSD.Range("A1").Resize(FinalRow, 1).AdvancedFilter Action:=xlFilterCopy, _
CopyToRange:=WSD.Range("Z1"), Unique:=True
' 对照所有非重复店铺，确定它们是否都存在于当前店铺列表中
FinalStore = WSD.Range("Z" & WSD.Rows.Count).End(xlUp).Row
WSD.Range("AA1").Value = "There?"
WSD.Range("AA2:AA" & FinalStore).FormulaR1C1 = _
"=ISNA(VLOOKUP(RC[-1],StoreList,1,False))"
' 为新店铺找出下一行， 由于 StoreList 始 Menu 工作表的 A1 列找出下个可用行。
NextRow = WSM.Range("A" & WSM.Rows.Count).End(xlUp).Row + 1
' 遍历当前店铺列表。如果现实为丢失，则将它们添加到 StoreList 的底部。
For i = 2 To FinalStore
If WSD.Cells(i, 27).Value = True Then
ThisStore = Cells(i, 26).Value
WSM.Cells(NextRow, 1).Value = ThisStore
WSM.Cells(NextRow, 2).Value = _
InputBox(Prompt:="What is name of store " _
& ThisStore, Title:="New Store Found")
NextRow = NextRow + 1
```

```
End If
Next i
' 删除 Z &AA 中的临时店铺列表
WSD.Range("Z1:AA" & FinalStore).Clear
' In case any stores were added, re-define StoreList name
FinalStore = WSM.Range("A" & WSM.Rows.Count).End(xlUp).Row
WSM.Range("A1:B" & FinalStore).Name = "StoreList"
'使用 VLOOKUP 函数将 StoreName 添加到数据集的 B 列中。
WSD.Range("B1").EntireColumn.Insert
WSD.Range("B1").Value = "StoreName"
WSD.Range("B2:B" & FinalRow).FormulaR1C1 = "=VLOOKUP(RC1,StoreList,2,False)"
' 将公式转化为值
WSD.Range("B2:B" & FinalRow).Value = Range("B2:B" & FinalRow).Value
'释放定义的变量，释放内存
Set WB = Nothing
Set WSD = Nothing
Set WSM = Nothing
End Sub
```

第 8 章　事件编程

8.1　事件级别

本书前面提到过工作簿事件，并给出了一些工作簿事件实例。Excel 通过事件根据用户在工作簿中执行的操作自动执行代码。

事件可以分为以下几个等级。

- **应用程序级：** 基于应用程序中的操作进行控制，如 Application_NewWorkbook。
- **工作簿级：** 基于工作簿中的操作进行控制，如 Workbook_Open。
- **工作表级：** 基于工作表中的操作进行控制，如 Worksheet_SelectionChange。
- **图表级：** 基于图表中的操作进行控制，如 Chart_Activate。

下面列出的是不同级别事件的存放位置。

- 工作簿事件位于 ThisWorkbook 模块中。
- 工作表事件位于受其影响的工作表（如 sheet1）对应的事件中。
- 图表事件位于受其影响的图表（如 Chart1）对应的事件中。
- 嵌入式图表和应用程序事件位于类模块中。

事件还可以在自己的模块之外调用过程和函数。因此，如果想在两个工作表中执行相同的操作，不必通过复制代码来实现。可以将代码放在一个模块中，然后在各工作表事件中调用该过程。

在本章，读者将会学习到各种等级的事件，在哪找到它们以及如何使用它们。

注意： 用户窗体事件和控件事件将在第 9 章“用户窗体简介”和第 21 章“高级用户窗体技术”中介绍。

8.2　使用事件

每个级别都包含多种类型的事件，记住这些类型的语法非常困难。通过 VB 编辑器在适当的模块中查看和插入可用事件很容易。

当 ThisWorkbook、工作表、图表或类模块处于活动状态时，可通过“对象”和“过程”下拉列表执行相应的事件，如图 8-1 所示。

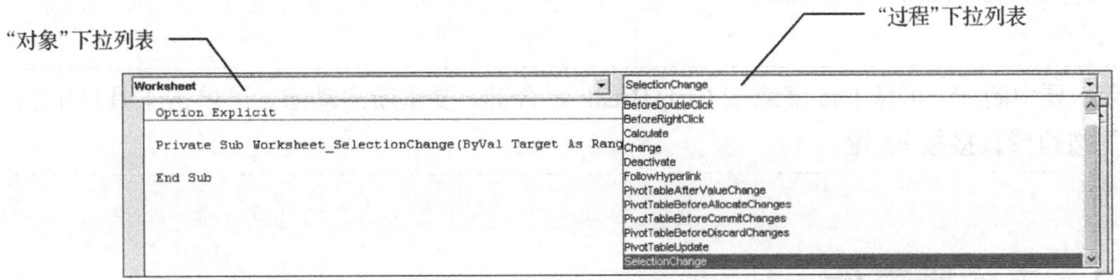

图 8-1　在 VB 编辑器中，很容易通过“对象”和“过程”下拉列表执行不同的事件

选择一个对象之后，“过程”下拉列表中将列出该对象可用的事件。选择一个过程将自动将过程头（Private Sub）和过程尾（End Sub）添加到编辑器中，如图 8-2 所示。

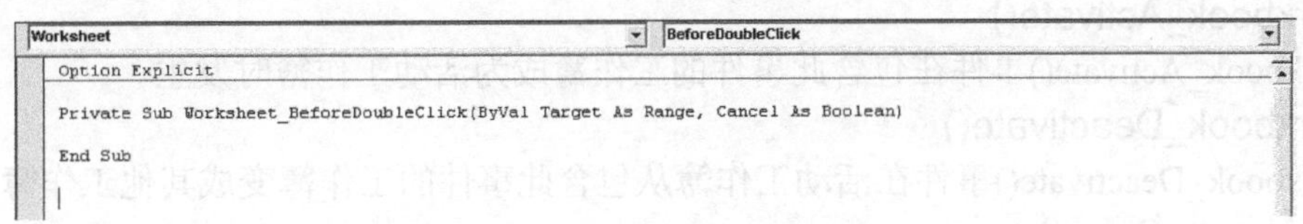

图 8-2　自动添加过程头和过程尾

8.2.1　事件参数

有些事件包含参数，如 Target 或 Cancel，通过这些参数可以将值传入过程。例如，一些过程在实际事件发生之前被触发，如 BeforeRightClick。通过将参数 Cancel 设置为 True 能够阻止默认动作发生。在这种情况下，不会显示快捷菜单：

```
Private Sub Worksheet_BeforeRightClick(ByVal Target As Range, Cancel As _
Boolean)
Cancel = True
End Sub
```

8.2.2　启用事件

有些事件能够触发包括其自身的其他事件。例如，当单元格发生改变时将触发 Worksheet_Change 事件。如果事件被触发，而过程中又修改了单元格，事件将再次被触发，再次触发的事件中又修改了单元格，又将触发另一个事件，依次类推。这个程序将进入死循环。

为避免这种情况发生，可禁用事件，然后在过程末尾重新启用它：

```
Private Sub Worksheet_Change(ByVal Target As Range)
Application.EnableEvents = False
Range("A1").Value = Target.Value
Application.EnableEvents = True
End Sub
```

提示：要中断宏，可按 Esc 键或按 Ctrl+Break 组合键。要重新启动宏，可单击工具栏中的“运行”按钮或直接按 F5 键。

8.3 工作簿事件

下面的事件过程可应用于工作簿等级。有些工作表事件（如 Workbook_SheetActivate）能够应用于工作簿等级。这意味着您不必将代码复制并粘贴到所要运行的每个工作表中。

Workbook_Activate()

Workbook_Activate()事件在包含此事件的工作簿成为活动工作簿时发生。

Workbook_Deactivate()

Workbook_Deactivate()事件在活动工作簿从包含此事件的工作簿变成其他工作簿时发生。

Workbook_Open()

Workbook_Open()是默认的工作簿事件。该事件在打开工作簿时（无需用户界面）被激活。该过程用途广泛，如检查用户名和在工作簿中设置用户权限。

下面的代码用于检查用户名。如果用户不是管理员，则该代码阻止其修改每个表格。

提示：UserInterfaceOnly 允许宏修改工作表，但不允许用户修改工作表。

```
Private Sub Workbook_Open()
Dim sht As Worksheet
If Application.UserName <> "Admin" Then
For Each sht In Worksheets
sht.Protect UserInterfaceOnly:=True
Next sht
End If
End Sub
```

还可以使用 Workbook_Open 创建用户菜单和工具栏。使用下面的代码能够将菜单 MrExcel Programs 添加到“加载项”选项卡中，该菜单下面包含两个菜单项（如图 8-3 所示）。

➔*关于用户菜单的更多内容，详见第 24 章“创建自定义选项卡以方便运行宏”。*

```
Sub Workbook_Open()
```

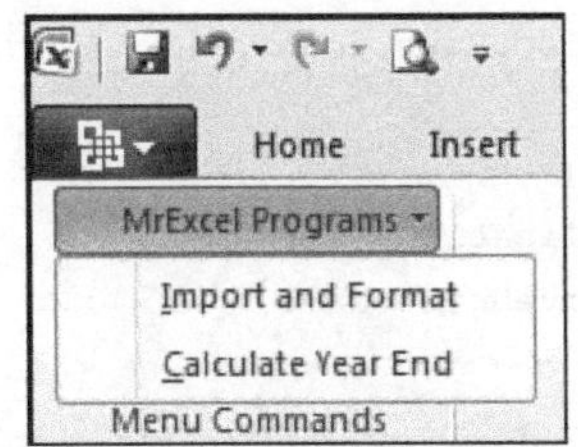

图 8-3　可以使用 Open 事件在加载项选项卡中创建自定义菜单

```
Dim cbWSMenuBar As CommandBar
Dim Ctrl As CommandBarControl, muCustom As CommandBarControl
Set cbWSMenuBar = Application.CommandBars("Worksheet menu bar")
Set muCustom = cbWSMenuBar.Controls.Add(Type:=msoControlPopup, _
Temporary:=True)
For Each Ctrl In cbWSMenuBar.Controls
If Ctrl.Caption = "&MrExcel Programs" Then
cbWSMenuBar.Controls("MrExcel Programs").Delete
End If
Next Ctrl
With muCustom
.Caption = "&MrExcel Programs"
With .Controls.Add(Type:=msoControlButton)
.Caption = "&Import and Format"
.OnAction = "ImportFormat"
End With
With .Controls.Add(Type:=msoControlButton)
.Caption = "&Calculate Year End"
.OnAction = "CalcYearEnd"
End With
End With
End Sub
```

Workbook_BeforeSave(ByVal SaveAsUI As Boolean, Cancel As Boolean)

Workbook_BeforeSave 事件在保存工作簿前发生。当“另存为”对话框出现时，SaveAsUI 被设置为 True。如果将 Cancel 设置为 True，将阻止工作簿保存。

Workbook_BeforePrint(Cancel As Boolean)

Workbook_BeforePrint 事件在执行任何打印命令（可通过功能区、键盘或宏）前发生。如果 Cancel 被设置为 True，将阻止工作簿打印。

下面的代码跟踪每次工作表打印。它在一个隐藏的打印日志中记录日期、时间、用户名和打印的工作表（如图 8-4 所示）。

```
Private Sub Workbook_BeforePrint(Cancel As Boolean)
Dim LastRow As Long
Dim PrintLog As Worksheet
Set PrintLog = Worksheets("PrintLog")
```

```
LastRow = PrintLog.Cells(PrintLog.Rows.Count, 1).End(xlUp).Row + 1
With PrintLog
.Cells(LastRow, 1).Value = Now()
.Cells(LastRow, 2).Value = Application.UserName
.Cells(LastRow, 3).Value = ActiveSheet.Name
End With
End Sub
```

	A	B	C
1	Date/Time	Username	Sheet Printed
2	10/12/2009 21:03	Tracy	PrintLog
3			

图 8-4　使用 BeforePrint 事件在工作簿中存储隐藏的打印日志

在打印之前，还可以使用 BeforePrint 事件在工作表的页眉和页脚中添加信息。虽然现在可以通过“页面设置”选项卡向页眉或页脚中输入文件路径，但在 Office XP 版本之前，只能通过代码添加文件路径。在以前版本的 Office 中，经常使用下面的代码：

```
Private Sub Workbook_BeforePrint(Cancel As Boolean)
ActiveSheet.PageSetup.RightFooter = ActiveWorkbook.FullName
End Sub
```

Workbook_BeforeClose(Cancel As Boolean)

Workbook_BeforeClose 事件在关闭工作簿前发生。当 Cancel 被设置为 True 时，将阻止工作簿关闭。

如果使用 Open 事件创建自定义菜单，则能够使用 BeforeClose 事件将之删除：

```
Private Sub Workbook_BeforeClose(Cancel As Boolean)
Dim cbWSMenuBar As CommandBar
On Error Resume Next
Set cbWSMenuBar = Application.CommandBars("Worksheet menu bar")
cbWSMenuBar.Controls("MrExcel Programs").Delete
End Sub
```

这是一个小巧的过程，但存在一个问题：如果修改完工作簿之后没有保存，Excel 将弹出一个对话框，询问是否保存对工作簿所做的更改，该对话框在 BeforeClose 事件运行之后弹出。这意味着如果用户选择“不保存”，自定义菜单将消失。

解决方法是在事件中创建自己的“保存”对话框：

```
Private Sub Workbook_BeforeClose(Cancel As Boolean)
Dim Msg As String
Dim Response
Dim cbWSMenuBar As CommandBar
If Not ThisWorkbook.Saved Then
Msg = "Do you want to save the changes you made to " & Me.Name & "?"
Response = MsgBox(Msg, vbQuestion + vbYesNoCancel)
Select Case Response
```

```
    Case vbYes
    ThisWorkbook.Save
    Case vbNo
    ThisWorkbook.Saved = True
    Case vbCancel
    Cancel = True
    Exit Sub
    End Select
    End If
    On Error Resume Next
    Set cbWSMenuBar = Application.CommandBars("Worksheet menu bar")
    cbWSMenuBar.Controls("MrExcel Programs").Delete
    End Sub
```

Workbook_NewSheet(ByVal Sh As Object)

Workbook_NewSheet 事件在工作簿中创建新工作表时发生。参数 Sh 是新的工作表或图表对象。

Workbook_WindowResize(ByVal Wn As Window)

Workbook_WindowResize 事件在调整任意工作簿窗口的大小时发生。参数 Wn 是窗口。

注意：只有在调整活动工作簿窗口大小时才会启用此事件。调整应用程序窗口是应用程序级事件，不影响工作簿等级事件。

使用以下代码能够禁止调整工作簿大小：

```
Private Sub Workbook_WindowResize(ByVal Wn As Window)
Wn.EnableResize = False
End Sub
```

警告：如果禁用调整工作簿大小功能，最小化和最大化按钮都将消失，不能调整工作簿的大小。要取消此项设置，可在立即窗口中输入 ActiveWindow.EnableResize = True。

Workbook_WindowActivate(ByVal Wn As Window)

Workbook_WindowActivate 事件在激活任意工作簿窗口时发生。参数 Wn 是窗口。只有在激活工作簿窗口时才启用此事件。

Workbook_WindowDeactivate(ByVal Wn As Window)

Workbook_WindowDeactivate 事件在停用任何工作簿窗口时发生。参数 Wn 是窗口。只有在停用工作簿的窗口时才会启用此事件。

Workbook_AddInInstall()

Workbook_AddInInstall 事件在工作簿作为外接程序（在 Microsoft Office 中选择“Excel 选项>加载项”）安装时发生。通过双击打开一个 XLAM 文件（一个加载项）不能激活此事件。

Workbook_AddInUninstall

Workbook_AddInUninstall 事件在工作簿（加载项）作为外接程序卸载时发生。加载项不能自动关闭。

Workbook_Sync(ByVal SyncEventType As Office.MsoSyncEventType)

Workbook_Sync 事件在属于文档工作区的工作表的本地副本与服务器上的副本进行同步时发生。参数 SyncEventType 是同步的状态。

Workbook_PivotTableCloseConnection(ByVal Target As PivotTable)

Workbook_PivotTableCloseConnection 事件在数据透视表关闭到其数据源的连接后发生。参数 Target 是关闭连接的数据透视表。

Workbook_PivotTableOpenConnection(ByVal Target As PivotTable)

Workbook_PivotTableOpenConnection 事件在数据透视表打开到其数据源的连接后发生。参数 Target 是打开连接的数据透视表。

Workbook_RowsetComplete(ByVal Description As String, ByVal Sheet As String, ByVal Success As Boolean)

Workbook_RowsetComplete 事件在用户向下挖掘记录集或对 OLAP 数据透视表执行行集操作时发生。参数 Description 是对事件的描述，Sheet 是要在其中创建记录集的工作表，Success 指出操作成功还是失败。

Workbook_BeforeXmlExport(ByVal Map As XmlMap, ByVal Url As String, Cancel As Boolean)

Workbook_BeforeXmlExport 事件在 Microsoft Office Excel 保存工作簿的数据或将数据从工作簿导出到 XML 数据文件前发生。参数 Url 是 XML 文件的存放位置，Cancel 值为 True 将取消导出操作。

Workbook_AfterXmlExport(ByVal Map As XmlMap, ByVal Url As String, ByVal Result As XlXmlExportResult)

Workbook_AfterXmlExport 事件在 Microsoft Office Excel 保存工作簿的数据或将数据从工作簿导出到 XML 数据文件后发生。参数 Url 是 XML 文件的存放位置，参数 Result 指出操作成功还是失败。

Workbook_BeforeXmlImport(ByVal Map As XmlMap, ByVal Url As String, ByVal IsRefresh As Boolean, Cancel As Boolean)

Workbook_BeforeXmlImport 在刷新现有 XML 数据连接前或将新 XML 数据导入工作簿前发生。参数 Url 是 XML 文件的存放位置，如果事件被刷新现有 XML 数据连接触发，则参数 IsRefresh 返回 True，如果被导入新 XML 数据触发，则返回 False。当 Cancel 被设置为 True 时，将取消导入或刷新操作。

Workbook_AfterXmlImport(ByVal Map As XmlMap, ByVal IsRefresh As Boolean, ByVal Result As XlXmlImportResult)

Workbook_AfterXmlImport 事件在刷新现有 XML 数据连接后或将新 XML 数据导入工作簿后发生。参数 Map 是用于导入或保存数据的地图。如果事件被刷新现有的连接触发，则参数 IsRefresh 返回 true，如果被导入新 XML 数据触发，则返回 False。Result 指出操作成功还是失败。

处于工作簿等级的工作表和图表事件

以下给出的是应用于工作簿等级的工作表事件和图表事件。这些事件能够影响工作簿中的所有工作表。除非另有说明，要指定一个特定的工作表，应将 Workbook_Sheet 替换为 Worksheet_或 Chart_来介入工作表或图表等级事件。例如，对于事件 Workbook_Sheet SelectionChange，其工作表等级事件为 Worksheet_SelectChange。但这不能应用于数据透视表事件。

Workbook_SheetActivate(ByVal Sh As Object)

Workbook_SheetActivate 事件在工作簿中的任意图表或工作表激活时发生。参数 Sh 是激活的图表或工作表。

Workbook_SheetBeforeDoubleClick (ByVal Sh As Object, ByVal Target As Range, Cancel As Boolean)

Workbook_SheetBeforeDoubleClick 在用户双击活动工作簿中的任意图表或工作表时发生。参数 Sh 是活动工作表，Target 是双击的对象，Cancel 设置为 True 时将阻止默认操作发生。

Workbook_SheetBeforeRightClick(ByVal Sh As Object, ByVal Target As Range, Cancel As Boolean)

Workbook_SheetBeforeRightClick 事件在用户双击工作簿中的任意工作表时发生。参数 Sh 是活动工作表，Target 是双击的对象，Cancel 设置为 True 时将阻止默认操作发生。

Workbook_SheetCalculate(ByVal Sh As Object)

Workbook_SheetCalculate 事件在重新计算任何工作表后或将任何更改的数据绘制在图表上后发生。参数 Sh 是活动工作表。

Workbook_SheetChange (ByVal Sh As Object, ByVal Target As Range)

Workbook_SheetChange 事件在更改工作表中的任何区域时发生。参数 Sh 是工作表，Target 是修改的区域。

图表等级中没有此事件。

Workbook_SheetDeactivate (ByVal Sh As Object)

Workbook_SheetDeactivate 事件在停用工作簿中的任何图表或工作表时发生。参数 Sh 是将要切换的工作表。

Workbook_SheetFollowHyperlink (ByVal Sh As Object, ByVal Target As Hyperlink)

Workbook_SheetFollowHyperlink 事件在 Excel 中单击任何超链接时发生。参数 Sh 是活动工作表，Target 是超链接。

图表等级中没有此事件。

Workbook_SheetSelectionChange(ByVal Sh As Object, ByVal Target As Range)

Workbook_SheetSelectionChange 事件在任何表上选择新区域时发生。参数 Sh 是活动表，Target 是选择的区域。

图表等级中没有此事件。

Workbook_SheetPivotTableUpdate(ByVal Sh As Object, ByVal Target As PivotTable)

Workbook_SheetPivotTableUpdate 事件在更新数据透视表时发生。参数 Sh 是活动表，Target 是更新的数据透视表。

8.4 工作表事件

下面的事件过程可用于工作表等级。

Worksheet_Activate()

Worksheet_Activate 事件在包含此事件的工作表成为活动工作表时发生。

Worksheet_Deactivate()

Worksheet_Deactivate 事件在活动工作表从包含此事件的工作表变成其他工作表时发生。

注意： 在切换工作表时，原来的工作表将发生 Deactivate 事件，然后新的工作表中发生 Activate 事件。

Worksheet_BeforeDoubleClick(ByVal Target As Range, Cancel As Boolean)

Worksheet_BeforeDoubleClick 事件用于控制用户双击工作表时所发生的情况。参数 Target 是在工作表中选择的区域，参数 Cancel 在默认情况下被设置为 False，但如果设置为 True，将阻止默认的操作发生，如进入单元格。

下面的代码能够阻止用户通过双击进入单元格。此外，如果公式栏处于隐藏状态，这些代码使得用户无法以通常的方式输入信息：

```
Private Sub Worksheet_BeforeDoubleClick(ByVal Target As Range, _
Cancel As Boolean)
Cancel = True
End Sub
```

注意： 上述代码不会阻止用户通过双击修改行、列的大小。

禁止通过双击进入单元格后，可让双击操作导致其他结果，如选中单元格。下面的代码在用户双击单元格时，将其内部颜色设置为红色：

```
Private Sub Worksheet_BeforeDoubleClick(ByVal Target As Range, _
Cancel As Boolean)
Dim myColor As Integer
Target.Interior.ColorIndex = 3
End Sub
```

Worksheet_BeforeRightClick(ByVal Target As Range, Cancel As Boolean)

Worksheet_BeforeRightClick 事件在用户右击一个区域时发生。参数 Target 是右击的对象，参数 Cancel 设置为 True 时将阻止默认操作发生。

Worksheet_Calculate()

Worksheet_Calculate 事件在重新计算工作表时发生。

下面的代码对去年和今年某个月的利润进行比较。如果利润下降了，将在该月份下面标出一个向下的红箭头，如果利润上涨了，标出一个向上的绿箭头（如图 8-5 所示）。

```
Private Sub Worksheet_Calculate()
Select Case Range("C3").Value
Case Is < Range("C4").Value
SetArrow 10, msoShapeDownArrow
Case Is > Range("C4").Value
SetArrow 3, msoShapeUpArrow
End Select
End Sub
Private Sub SetArrow(ByVal ArrowColor As Integer, ByVal ArrowDegree)
' The following code is added to remove the prior shapes
For Each sh In ActiveSheet.Shapes
If sh.Name Like "*Arrow*" Then
sh.Delete
End If
Next sh
ActiveSheet.Shapes.AddShape(ArrowDegree, 22, 40, 5, 10).Select
With Selection.ShapeRange
With .Fill
.Visible = msoTrue
.Solid
.ForeColor.SchemeColor = ArrowColor
.Transparency = 0#
End With
With .Line
.Weight = 0.75
.DashStyle = msoLineSolid
.Style = msoLineSingle
.Transparency = 0#
.Visible = msoTrue
.ForeColor.SchemeColor = 64
.BackColor.RGB = RGB(255, 255, 255)
End With
End With
Range("A3").Select 'Place the selection back on the dropdown
End Sub
```

	A	B	C
1	2008 vs 2009 Profit		
2			
3	June	Current	3307
4	⬆	Previous	1383
5			
6			
7	Month	2008	2009
8	January	4000	7258
9	February	9704	3459
10	March	3950	3874
11	April	7518	3907
12	May	4542	9774
13	June	1383	3307
14	July	2888	4741
15	August	8493	8232
16	September	642	9775
17	October	5308	2090
18	November	6040	7490
19	December	6845	6845
20			

图 8-5　使用 Calculate 事件添加图形，以凸显利润变化

Worksheet_Change(ByVal Target As Range)

Worksheet_Change 事件在单元格的值发生改变（如在单元格中输入、编辑或删除文本）时发生。参数 Target 是改变的单元格。

注意：粘贴值也会触发该事件。重新计算值时不会触发该事件，因此，重新计算值时应该使用 Calculation 事件。

Worksheet_SelectionChange(ByVal Target As Range)

Worksheet_SelectionChange 事件在选定新区域时发生。参数 Target 是新选定的区域。

下面的例子通过突出显示相应的行和列，帮助用户识别选中的单元格：

警告：本例中使用了条件格式，并覆盖工作表中现有的任何条件格式。代码也许还会清除剪贴板，导致复制和粘贴操作变得更加困难。

```
Private Sub Worksheet_SelectionChange(ByVal Target As Range)
Dim iColor As Integer
On Error Resume Next
iColor = Target.Interior.ColorIndex
If iColor < 0 Then
iColor = 36
Else
iColor = iColor + 1
End If
If iColor = Target.Font.ColorIndex Then iColor = iColor + 1
```

```
Cells.FormatConditions.Delete
With Range("A" & Target.Row, Target.Address)
.FormatConditions.Add Type:=2, Formula1:="TRUE"
.FormatConditions(1).Interior.ColorIndex = iColor
End With
With Range(Target.Offset(1 - Target.Row, 0).Address & ":" & _
Target.Offset(-1, 0).Address)
.FormatConditions.Add Type:=2, Formula1:="TRUE"
.FormatConditions(1).Interior.ColorIndex = iColor
End With
End Sub
```

Worksheet_FollowHyperlink(ByVal Target As Hyperlink)

Worksheet_FollowHyperlink 事件在单击超链接时发生。参数 Target 是超链接。

■ 案例分析：在单元格中快速输入 24 小时制时间

假设要输入出发和到达时间，并希望以 24 小时制显示。您设置了单元格格式，但无论如何输入，时间都以 0:00 格式显示。

要在单元格中显示 24 小时制时间（如 23:45），唯一的方式就是以要显示的格式输入。然而，输入冒号十分费时，更高效的方式是，通过输入数字并让 Excel 自动设置格式。

该问题的解决办法是，使用 Change 事件获取单元格中的内容并在其中插入冒号：

```
Private Sub Worksheet_Change(ByVal Target As Range)
Dim ThisColumn As Integer
Dim UserInput As String, NewInput As String
ThisColumn = Target.Column
If ThisColumn < 3 Then
If Target.Count > 1 Then Exit Sub
UserInput = Target.Value
If UserInput > 1 Then
NewInput = Left(UserInput, Len(UserInput) - 2) & ":" & _
Right(UserInput, 2)
Application.EnableEvents = False
Target = NewInput
Application.EnableEvents = True
End If
End If
End Sub
```

在单元格中输入 2345，将会显示 23:45。注意代码中只将 A 列和 B 列设置成这种格式（若 ThisColumn < 3）。如果没有这一限制，那么在工作表中的任何位置（如汇总行）输入数字时都会强制转化成这种格式。

提示：为防止目标单元格的值更新时导致过程调用其自身，可使用 Application.EnableEvents = False。

Worksheet_PivotTableUpdate(ByVal Target As PivotTable)

Worksheet_PivotTableUpdate 事件在更新数据透视表时发生。参数 Target 是更新的数据透视表。

8.5 图表事件

图表事件在修改或激活图表时发生。对于嵌入图表，需要使用类模块来访问事件。关于类模块的更多内容，详见第 20 章“创建类、记录和集合”。

嵌入图表

由于嵌入图表不能创建工作表，因此图表事件不是现成的。但可以通过添加类模块来提供它们，方法如下。

1. 插入一个类模块。
2. 将类模块重命名为 cl_ChartEvents。
3. 在类模块中输入以下代码：

```
Public WithEvents myChartClass As Chart
```

现在，图表中的图表事件可用了，如图 8-6 所示。它们通过类模块访问，而不是通过图表工作表访问。

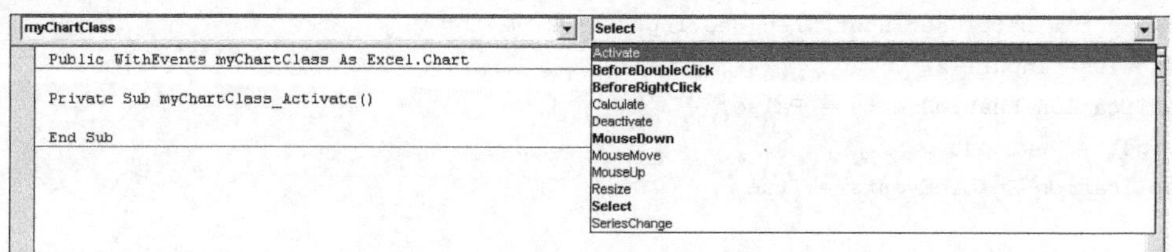

图 8-6 嵌入图表事件包含在类模块中

4. 插入一个标准模块。
5. 在标准模块中输入以下代码：

```
Dim myClassModule As New cl_ChartEvents
Sub InitializeChart()
```

```
Set myClassModule.myChartClass = _
Worksheets(1).ChartObjects(1).Chart
End Sub
```

这段代码初始化嵌入图表，使其被视作图表对象。每次打开工作簿时都应运行一次该过程。

提示：Workbook_Open 事件可使这一过程自动运行。

Chart_Activate()

Chart_Activate 事件在修改或激活图表工作表时发生。

Chart_BeforeDoubleClick(ByVal ElementID As Long, ByVal Arg1 As Long, ByVal Arg2 As Long, Cancel As Boolean)

Chart_BeforeDoubleClick 事件在双击图表中的任意部分时发生。参数 ElementID 是双击的图表中的部分。参数 Arg1 和 Arg2 取决于 ElementID，参数 Cancel 设置为 true 将阻止默认的双击操作发生。

在下面的例子中，双击图例将使其隐藏，而双击任意坐标轴时使其显示：

```
Private Sub MyChartClass_BeforeDoubleClick(ByVal ElementID As Long, _
ByVal Arg1 As Long, ByVal Arg2 As Long, Cancel As Boolean)
Select Case ElementID
Case xlLegend
Me.HasLegend = False
Cancel = True
Case xlAxis
Me.HasLegend = True
Cancel = True
End Select
End Sub
```

Chart_BeforeRightClick(Cancel As Boolean)

Chart_BeforeRightClick 事件在右击图表时发生。将 Cancel 设置为 True 能够阻止默认的右击操作。

Chart_Calculate()

Chart_Calculate 事件在更改图表数据时发生。

Chart_Deactivate()

Chart_Deactivate 事件在另一个工作表成为活动工作表时发生。

Chart_MouseDown(ByVal Button As Long, ByVal Shift As Long, ByVal x As Long, ByVal y As Long)

Chart_MouseDown 事件在光标处于图表上方，并按下任意鼠标键时发生。参数 Button 是按下的鼠标键，Shift 指用户是否按了 Shift 键、Ctrl 键或 Alt 键，x 是用户按下鼠标键时光标的 x 轴坐标，y 是用户按下鼠标键时光标的 y 轴坐标。

以下代码在左击鼠标时放大图表，右击鼠标时缩小图表。使用 BeforeRightClick 事件的 Cancel 参数处理右击图表时弹出的菜单：

```
Private Sub MyChartClass_MouseDown(ByVal Button As Long, ByVal Shift _
As Long, ByVal x As Long, ByVal y As Long)
If Button = 1 Then
ActiveChart.Axes(xlValue).MaximumScale = _
ActiveChart.Axes(xlValue).MaximumScale - 50
End If
If Button = 2 Then
ActiveChart.Axes(xlValue).MaximumScale = _
ActiveChart.Axes(xlValue).MaximumScale + 50
End If
End Sub
```

Chart_MouseMove(ByVal Button As Long, ByVal Shift As Long, ByVal x As Long, ByVal y As Long)

Chart_MouseMove 事件在光标移动到图表上方时发生。Button 是被按下的鼠标键（如果有的话），Shift 指用户是否按了 Shift 键、Ctrl 键或 Alt 键，x 是图表中光标的 x 轴坐标，y 是图表中光标的 y 轴坐标。

Chart_MouseUp(ByVal Button As Long, ByVal Shift As Long, ByVal x As Long, ByVal y As Long)

Chart_MouseUp 事件在光标处在图表上并且用户松开任意鼠标键时发生。Button 是被单击的鼠标键，Shift 指用户是否按了 Shift 键、Ctrl 键或 Alt 键，x 是松开鼠标键时光标的 x 轴坐标，y 是松开鼠标键时光标的 y 轴坐标。

Chart_Resize()

Chart_Resize 事件在使用大小调整手柄调整图表大小时发生。但在使用图表工具的“格式”选项卡中的大小调整控件调整图表大小时，不会触发该事件。

Chart_Select(ByVal ElementID As Long, ByVal Arg1 As Long, ByVal Arg2 As Long)

Chart_Select 事件在选中一个图表元素时发生。参数 ElementID 是选中的图表部分，如图例。参数 Arg1 和 Arg2 取决于 ElementID。

下面的代码在图表中的数据点被选中时突出显示数据集（假设数据序列从 A1 开始，每行被绘制为一个点），如图 8-7 所示。

```
Private Sub MyChartClass_Select(ByVal ElementID As Long, ByVal Arg1 _
As Long, ByVal Arg2 As Long)
If Arg1 = 0 Then Exit Sub
Sheets("Sheet1").Cells.Interior.ColorIndex = xlNone
If ElementID = 3 Then
If Arg2 = -1 Then
' Selected the entire series in Arg1
Sheets("Sheet1").Range("A2:A22").Offset(0, Arg1).Interior.ColorIndex _
= 19
Else
' Selected a single point in range Arg1, Point Arg2
Sheets("Sheet1").Range("A1").Offset(Arg2, Arg1).Interior.ColorIndex _
```

```
= 19
End If
End If
End Sub
```

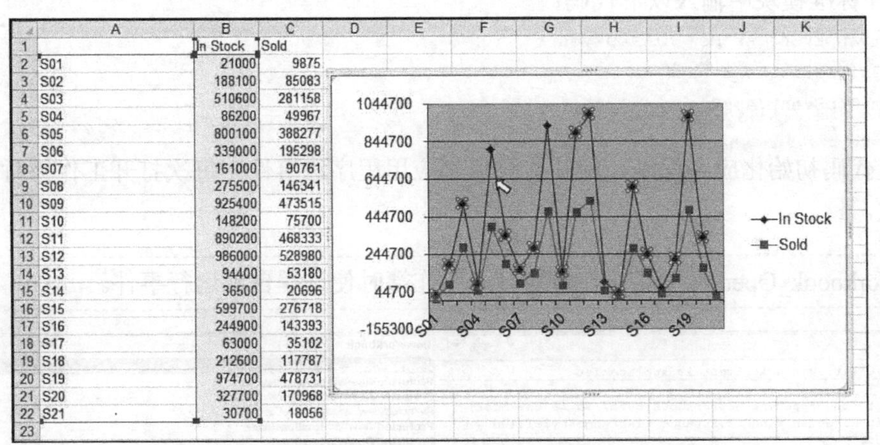

	A	B	C
1		In Stock	Sold
2	S01	21000	9875
3	S02	188100	85083
4	S03	510600	281158
5	S04	86200	49967
6	S05	800100	388277
7	S06	339000	195298
8	S07	161000	90761
9	S08	275500	146341
10	S09	925400	473515
11	S10	148200	75700
12	S11	890200	468333
13	S12	986000	528980
14	S13	94400	53180
15	S14	36500	20696
16	S15	599700	276718
17	S16	244900	143393
18	S17	63000	35102
19	S18	212600	117787
20	S19	974700	478731
21	S20	327700	170968
22	S21	30700	18056
23			

图 8-7　使用 Chart_Select 事件突出用于绘制图表点的数据

Chart_SeriesChange(ByVal SeriesIndex As Long, ByVal PointIndex As Long)

Chart_SeriesChange 事件在图表数据点更新时发生。SeriesIndex 是被更新的数据系列在 Series 集合中的偏移量。PointIndex 是更新的数据点在 Point 集合中的偏移量。

Chart_DragOver()

Chart_DragOver 事件在用户将一个区域拖曳到图表上时发生。该事件在 Excel 2007 和 Excel 2010 中已被停用，但使用该事件的程序能够在之前的 Excel 版本中编译使用。

Chart_DragPlot()

Chart_DragPlot 事件在用户将一个区域拖放到图表中时发生。该事件在 Excel 2007 和 Excel 2010 中已被停用，但使用该事件的程序能够在之前的 Excel 版本中编译使用。

8.6　应用程序级事件

应用程序级事件影响当前 Excel 中所有打开的工作簿。它们需要通过一个类模块来访问，这与用于访问嵌入图表事件的类模块相似。以下是创建类模块的步骤。

1．插入一个模块。

2．将模块重命名为 cl_AppEvents。

3．在类模块中输入下面这行代码：

```
Public WithEvents AppEvent As Application
```

现在工作簿中的应用程序级事件可用了，如图 8-8 所示。它们通过类模块访问，而非标准模块。

4．插入一个标准模块。

5．在标准模块中输入以下代码：

```
Dim myAppEvent As New cl_AppEvents
Sub InitializeAppEvent()
Set myAppEvent.AppEvent = Application
End Sub
```

这段代码初始化应用程序，使其能够识别应用程序级事件。每次打开工作簿时过程都需运行一次。

提示：Workbook_Open 事件能够使每次打开工作簿时使过程自动运行事件。

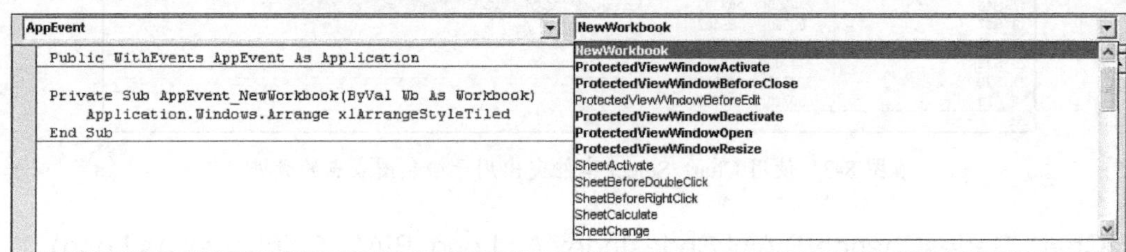

图 8-8　应用程序级事件包含在类模块中

注意：可选择的对象（如 AppEvent）取决于在类模块中指定的名称。

AppEvent_AfterCalculate()

AppEvent_AfterCalculate 事件在所有计算都已完成，并且没有未完成的查询或未完成的计算时发生。

注意：该事件在事件 Calculation、AfterRefresh 和 SheetChange 发生后，且 Application.CalculationState 被设置为 xlDone 之后发生。

AppEvent_NewWorkbook(ByVal Wb As Workbook)

AppEvent_NewWorkbook 事件在创建新工作簿时发生。参数 Wb 是新工作簿。下面的例子将以平铺方式排列打开的工作簿：

```
Private Sub AppEvent_NewWorkbook(ByVal Wb As Workbook)
Application.Windows.Arrange xlArrangeStyleTiled
End Sub
```

AppEvent_ProtectedViewWindowActivate(ByVal Pvw As ProtectedViewWindow

ProtectedViewWindowActivate 事件在处于安全阅读模式的工作簿被激活时发生。参数 Pvw 是被激活的工作簿。

AppEvent_ProtectedViewWindowBeforeClose(ByVal Pvw As ProtectedViewWindow, ByVal Reason As XlProtectedViewCloseReason, Cancel As Boolean)

ProtectedViewWindowBeforeClose 事件在处于安全阅读模式的工作簿被关闭时发生。参数 Pvw 是被停用的工作簿。Reason 是工作簿被关闭的原因。Cancel 的值为 True 时将阻止工作簿关闭。

AppEvent_ProtectedViewWindowDeactivate(ByVal Pvw As ProtectedViewWindow)

ProtectedViewWindowDeactivate 事件在处于安全阅读模式的工作簿被停用时发生。参数 Pvw 是被停用的工作簿。

AppEvent_ProtectedViewWindowOpen(ByVal Pvw As ProtectedViewWindow)

ProtectedViewWindowOpen 事件在以安全阅读模式打开工作簿时发生。参数 Pvw 是将要打开的工作簿。

AppEvent_ProtectedViewWindowResize(ByVal Pvw As ProtectedViewWindow)

ProtectedViewWindowResize 事件在调整安全工作簿窗口的大小时发生。但此事件不能在应用程序自身中发生。参数 Pvw 是要调整的工作簿。

AppEvent_SheetActivate (ByVal Sh As Object)

AppEvent_SheetActivate 事件在激活工作表时发生。参数 Sh 是工作表或图表。

AppEvent_SheetBeforeDoubleClick(ByVal Sh As Object, ByVal Target As Range, Cancel As Boolean)

AppEvent_SheetBeforeDoubleClick 事件在用户双击工作表时发生。参数 Target 是在工作表中选择的区域。参数 Cancel 默认情况下为 False，但当其为 True 时，将阻止一些默认的操作（如进入单元格）发生。

AppEvent_SheetBeforeRightClick(ByVal Sh As Object, ByVal Target As Range, Cancel As Boolean)

AppEvent_SheetBeforeRightClick 事件在用户右击任意工作表时发生。参数 Sh 是活动工作表。Target 是右击的对象。Cancel 的值为 True 时将阻止一些默认的操作发生。

AppEvent_SheetCalculate(ByVal Sh As Object)

AppEvent_SheetCalculate 事件在任何工作表被重新计算或使用更新的数据绘制任意图表时发生。参数 Sh 是活动工作表。

AppEvent_SheetChange(ByVal Sh As Object, ByVal Target As Range)

AppEvent_SheetChange 事件在任意单元格的值发生改变时发生。参数 Sh 是工作表。Target 是改变的区域。

AppEvent_SheetDeactivate(ByVal Sh As Object)

AppEvent_SheetDeactivate 事件在工作簿中的任意图表或工作表被停用时发生。参数 Sh 是将要停用的工作表。

AppEvent_SheetFollowHyperlink(ByVal Sh As Object, ByVal Target As Hyperlink)

AppEvent_SheetFollowHyperlink 事件在单击 Excel 中的任意超链接时发生。参数 Sh 是活动工作表。Target 是超链接。

AppEvent_SheetSelectionChange(ByVal Sh As Object, ByVal Target As Range)

AppEvent_SheetSelectionChange 事件在选择任意工作表中的新区域时发生。参数 Sh 是活动工作表。Target 是选择的区域。

AppEvent_SheetPivotTableUpdate(ByVal Sh As Object, ByVal Target As PivotTable)

AppEvent_SheetPivotTableUpdate 事件在数据透视表更新时发生。参数 Sh 是活动工作表。Target 是更新的数据透视表。

AppEvent_WindowActivate(ByVal Wb As Workbook, ByVal Wn As Window)

AppEvent_WindowActivate 事件在任意工作簿窗口被激活时发生。参数 Wb 是将要停用的工作簿，Wn 是窗口。只有存在多个窗口时才起作用。

AppEvent_WindowDeactivate(ByVal Wb As Workbook, ByVal Wn As Window)

AppEvent_WindowDeactivate 事件在任意工作簿的窗口被停用时发生。Wb 是活动的工作簿，Wn 是窗口。只有存在多个窗口时才起作用。

AppEvent_WindowResize(ByVal Wb As Workbook, ByVal Wn As Window)

AppEvent_WindowResize 在调整工作簿大小时发生。参数 Wb 是活动工作簿，Wn 是窗口。只有存在多个窗口时才起作用。

警告：如果禁用了大小调整（EnableResize = False），则最小化和最大化按钮将消失，因此用户无法调整工作簿大小。要撤销此项设置，可在立即窗口中输入：ActiveWindow.EnableResize = True

AppEvent_WorkbookActivate(ByVal Wb As Workbook)

AppEvent_WorkbookActivate 事件在任意工作簿被激活时发生。参数 Wb 是窗口。下面的代码能够最大化任意激活的工作簿：

```
Private Sub AppEvent_WorkbookActivate(ByVal Wb as Workbook)
Wb.WindowState = xlMaximized
End Sub
```

AppEvent_WorkbookAddinInstall(ByVal Wb As Workbook)

AppEvent_WorkbookAddinInstall 事件在工作簿作为加载项（选择“文件>选项>加载项”）安装时发生。通过双击一个 XLAM 文件打开它不能激活事件。Wb 是安装的工作簿。

AppEvent_WorkbookAddinUninstall(ByVal Wb As Workbook)

AppEvent_WorkbookAddinUninstall 事件在卸载工作簿（加载项）时发生。加载项不能自动关闭。Wb 是将要卸载的工作簿。

AppEvent_WorkbookBeforeClose(ByVal Wb As Workbook, Cancel As Boolean)

AppEvent_WorkbookBeforeClose 事件在关闭工作簿时发生。参数 Wb 是工作簿。将 Cancel 设置为 True 将阻止工作簿关闭。

AppEvent_WorkbookBeforePrint(ByVal Wb As Workbook, Cancel As Boolean)

AppEvent_WorkbookBeforePrint 事件在使用任何打印命令（通过功能区、快捷键或宏）时发生。参数 Wb 是工作簿。将 Cancel 设置为 True 将阻止工作簿被打印。

下面的代码能够将用户名添加到要打印的工作表的页脚里：

```
Private Sub AppEvent_WorkbookBeforePrint(ByVal Wb As Workbook, _
Cancel As Boolean)
Wb.ActiveSheet.PageSetup.LeftFooter = Application.UserName
End Sub
```

AppEvent_WorkbookBeforeSave(ByVal Wb As Workbook, ByVal SaveAsUI As Boolean, Cancel As Boolean)

AppEvent_Workbook_BeforeSave 事件在保存工作簿时发生。参数 Wb 是工作簿。如果要显示“另存为”对话框，则将 SaveAsUI 设置为 True。Cancel 设置为 True 将阻止工作簿保存。

AppEvent_WorkbookNewSheet(ByVal Wb As Workbook, ByVal Sh As Object)

AppEvent_WorkbookNewSheet 事件在向活动工作簿中添加新工作表时发生。Wb 是工作簿。Sh 是新的工作表或图表对象。

AppEvent_WorkbookOpen(ByVal Wb As Workbook)

AppEvent_WorkbookOpen 事件在打开工作簿时发生。Wb 是刚刚打开的工作簿。

AppEvent_WorkbookPivotTableCloseConnection(ByVal Wb As Workbook, ByVal Target As PivotTable)

AppEvent_PivotTableCloseConnection 事件在数据透视表关闭与数据源的连接时发生。Wb 是包含触发事件的数据透视表的工作簿。Target 是关闭连接的数据透视表。

AppEvent_WorkbookPivotTableOpenConnection(ByVal Wb As Workbook, ByVal Target As PivotTable)

AppEvent_PivotTableOpenConnection 事件在数据透视表打开其与数据源的连接时发生。Wb 是包含触发事件的数据透视表的工作簿。Target 是打开连接的数据透视表。

AppEvent_WorkbookRowsetComplete(ByVal Wb As Workbook, ByVal Description As String, ByVal Sheet As String, ByVal Success As Boolean)

AppEvent_RowsetComplete 事件在用户向下挖掘记录集或对 OLAP 数据透视表执行行集操作时发生。Wb 是触发事件的工作簿。Description 是对事件的描述。Sheet 是在其中创建记录集的工作表。Success 指出操作成功还是失败。

AppEvent_WorkbookSync(ByVal Wb As Workbook, ByVal SyncEventType As Office.MsoSyncEventType)

AppEvent_Workbook_Sync 事件在属于文档工作空间的工作簿中的工作表的本地副本与服务器上的副本进行同步时发生。Wb 是触发事件的工作簿。SyncEventType 是同步的状态。

AppEvent_WorkbookBeforeXmlExport(ByVal Wb As Workbook, ByVal Map As XmlMap, ByVal Url As String, Cancel As Boolean)

AppEvent_WorkbookBeforeXmlExport 事件在导出或保存 XML 文件时发生。Wb 是触发事件的工作簿。Map 是用于导出或保存数据的地图。Url 是 XML 文件的存放位置。Cancel 设置为 True 时将阻止导出操作。

AppEvent_WorkbookAfterXmlExport(ByVal Wb As Workbook, ByVal Map As XmlMap, ByVal Url As String, ByVal Result As XlXmlExportResult)

AppEvent_WorkbookAfterXmlExport 事件在 XML 文件导出或保存之后发生。Wb 是触发事件的工作簿。Map 是用于导出或保存数据的地图。Url 是 XML 文件的存放位置。Result 指出操作成功还是失败。

AppEvent_WorkbookBeforeXmlImport(ByVal Wb As Workbook, ByVal Map As XmlMap, ByVal Url As String, ByVal IsRefresh As Boolean, Cancel As Boolean)

AppEvent_WorkbookBeforeXmlImport 事件在 XML 文件导入或刷新时发生。Wb 是触发事件的工作簿。Map 是用于导入数据的地图。Url 是 XML 文件的存放位置。如果事件由刷新现有的连接触发，则 IsRefresh 的值为 True，如果被从新数据源中导入数据触发，则为 False。Cancel 设置为 True 将阻止导入或刷新操作。

AppEvent_WorkbookAfterXmlImport(ByVal Wb As Workbook, ByVal Map As XmlMap, ByVal IsRefresh As Boolean, ByVal Result As XlXmlImportResult)

AppEvent_WorkbookAfterXmlImport 事件在导出或保存 XML 文件时发生。Wb 是触发事件的工作簿。Map 是用于导出或保存数据的地图。如果事件由刷新现有的连接触发，则 IsRefresh 的值为 True，如果被从新数据源中导入数据触发，则为 False。Result 指出操作成功还是失败。

第 9 章　用户窗体简介

9.1　用户交互方式

用户窗体用于显示信息和输入信息。通过 InputBox 控件和 MsgBox 控件这两种简单的方式能够实现这一功能。而对于更为复杂的窗体，可以使用 VB 编辑器中的用户窗体控件创建。

本章将介绍包含输入框和消息框的简单用户界面，以及在 VB 编辑器中创建用户窗体的基础知识。

➔*更多关于高级窗体编程的内容，参见第 21 章“高级用户窗体技术”。*

9.1.1　输入框

InputBox 函数用于创建一个基本的界面元素，需要用户输入信息之后程序才能继续运行。可以对提示信息、窗体标题、默认值、窗体位置和用户帮助文档进行配置。界面中只有“确认”和“取消”两个按钮。返回的值是一个字符串。

下面的代码要求用户输入要对其求平均值的月份，图 9-1 给出了生成的输入框：

```
AveMos = InputBox(Prompt:="Enter the number " & _
" of months to average", Title:="Enter Months", _
Default:="3")
```

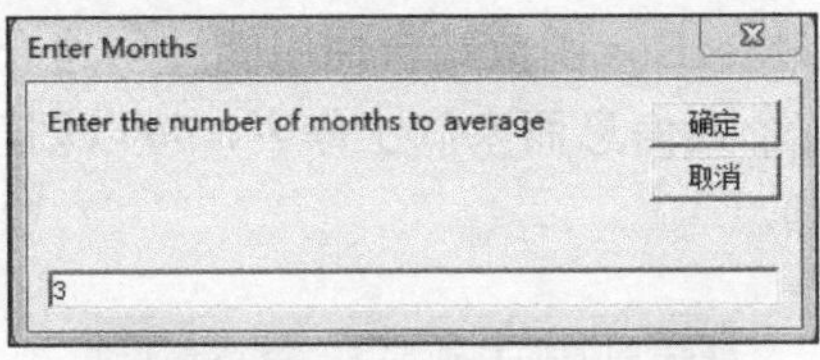

图 9-1　一个简单而有效的输入框

9.1.2　消息框

MsgBox 函数创建一个显示信息的消息框，并等待用户单击按钮以继续运行。输入框只包含“确定”和“取消”按钮，而 MsgBox 函数提供几项按钮配置供用户选择，包括“是”“否”

“确定”和“取消”。还可以对提示信息、窗口标题和帮助文档进行配置。下面的代码生成一条提示信息，用于确定用户是否想要继续。接下来使用一条 Select Case 语句采取正确的操作继续运行程序。图 9-2 所示为生成的自定义消息框。

```
myTitle = "Sample Message"
MyMsg = "Do you want to color C9red?Press Yes for Red,No for Blue,Cancel to
Leave unchanged"
Response = MsgBox(myMsg, vbExclamation + vbYesNoCancel, myTitle)
Select Case Response
Case Is = vbYes
ActiveWorkbook.Close SaveChanges:=False
```

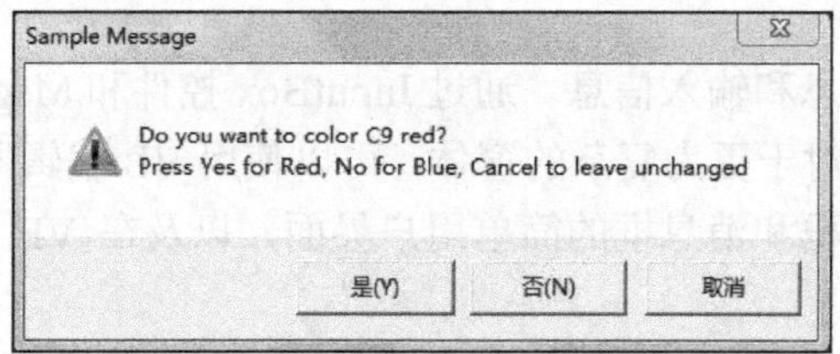

图 9-2 MsgBox 函数用于显示信息并获取用户的基本响应

```
Case Is = vbNo
ActiveWorkbook.Close SaveChanges:=True
Case Is = vbCancel
Exit Sub
End Select
```

9.2 创建用户窗体

将用户窗体与 InputBox 和 MsgBox 函数结合使用能够创建一个更高效的方式与用户交互。例如，为避免用户因填写所有个人信息而塞满工作表，可以创建一个用户窗体提示用户只输入所需的信息（如图 9-3 所示）。

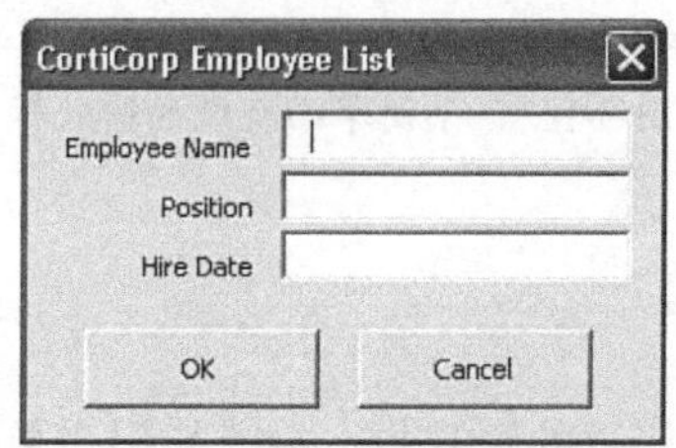

图 9-3 创建一个用户窗体获得更多用户信息

要在 VB 编辑器中插入一个用户窗体，可在主菜单中选择“插入>用户窗体”。当用户窗体模块被添加到工程资源管理器中后，在窗口中通常显示代码的位置将出现一个空白窗体，并出现一个控件工具箱。

通过抓取并拖曳窗体的右侧、底边或右下角来调整窗体的大小。要在窗体中添加控件，可在控件工具箱中选择所需的控件，并将其拖放到窗体中。任何时候都可以移动窗体或调整窗体大小。

注意：默认情况下，控件工具箱只显示最常用的控件。要访问更多控件，可右击工具箱，并选择“附加控件”。但请注意，其他用户可能没有添加这些附加控件。如果将窗体发送给其他用户，而他们没有安装这些附加控件，程序将出现错误。

控件被添加到窗体中后，可以通过“属性”窗口来修改它们的属性。这些属性可以手动设置，也可以稍后在程序中设置。如果属性窗口不可见，可以选择“视图>属性窗口”打开它。图 9-4 所示为文本框的属性窗口。

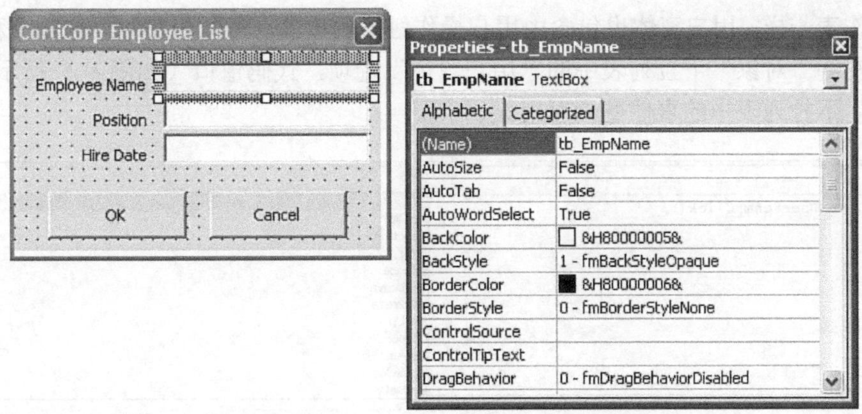

图 9-4　通过“属性”窗口改变控件的属性

9.3　调用和隐藏用户窗体

用户窗体可以从任何模块中调用。FormName.Show 向用户显示一个窗体：

```
frm_AddEmp.Show
```

还可以使用 Load 方法调用用户窗体。这样可以加载一个窗体，但窗体仍处于隐藏状态：

```
Load frm_AddEmp
```

可以使用 Hide 方法隐藏用户窗体。窗体仍然处于活动状态，但用户却看不见。仍然可以通过编程方式访问窗体中的控件：

```
Frm_AddEmp.Hide
```

Unload 方法可以将窗体从内存中卸载，并从用户界面中移除，这意味着用户将无法访问窗体，而且通过编程方式也无法访问：

```
Unload Me
```

提示：Me 是能够引用用户窗体自身的关键字，可用于引用任何控件自身的代码中。

9.4 用户窗体编程

控件的代码位于窗体模块中。与其他模块不同，双击窗体模块将在设计视图中打开窗体。要查看代码，可右键单击任意模块或设计模式下的窗体，并选择“查看代码”命令。

用户窗体事件

和工作表一样，用户窗体也包含由用户操作触发的事件。将用户窗体添加到工程中之后，通过选择左侧“对象”下拉列表中的“用户窗体”选项，代码窗口（如图 9-5 所示）右上方的“属性”下拉列表中的事件变为可用。

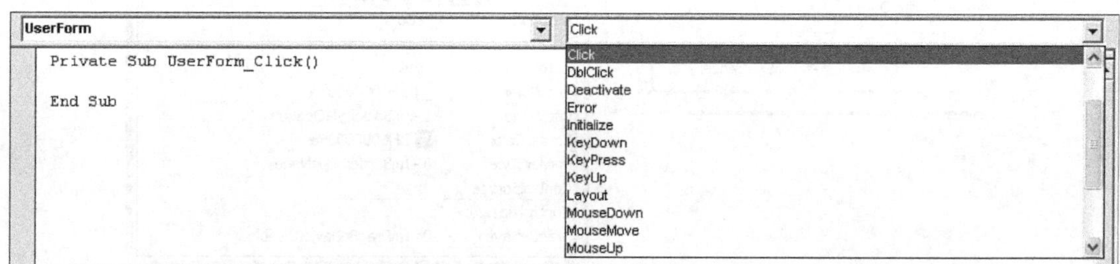

图 9-5　从代码窗口顶部的下拉列表中可以选择多种用户窗体事件

表 9-1 中列出了用户窗体中的可用事件。

表 9-1　用户窗体中的事件

事件	描述
Activate	通过加载或撤销隐藏显示用户窗体时发生，该事件在 Initialize 事件发生后触发
AddControl	在运行时向用户窗体中添加控件时触发，在设计阶段或初始化用户窗体时不触发
BeforeDragOver	当用户在用户窗体上进行拖放操作时发生
BeforeDroporPaste	在用户要将数据拖放或粘贴到用户窗体之前发生

续表

事件	描述
Click	在用户使用鼠标单击用户窗体时发生
DblClick	在用户使用鼠标双击用户窗体时发生。如果同时发生单击事件，则双击事件不会发生
Deactivate	在用户窗体停用时发生
Error	在用户窗体运行出现错误且无法返回错误信息时发生
Initialize	当用户窗体第一次加载，在 Activate 事件之前发生。如果先隐藏窗体再显示，则该事件不会触发
KeyDown	当用户在键盘上按下一个键时发生
KeyPress	用户按下 ANSI 键时发生。ANSI 是可输入字符，如字母 A。一个不可输入的字符时 Tab 键
KeyUp	当用户松开键盘上的一个按键时发生
Layout	在改变控件大小时发生
MouseDown	当用户在用户窗体边框内按下鼠标键时发生
MouseMove	当用户在用户窗体边框内移动鼠标时发生
MouseUp	当用户在用户窗体边框内松开鼠标键时发生
QueryClose	在用户窗体关闭之前发生。这能让您确定关闭窗体的方法，并让代码采取相应的措施
RemoveControl	在用户窗体内删除控件时发生
Resize	在调整用户窗体大小时发生
Scroll	在调整可见滚动框的位置时发生
Terminate	在卸载用户窗体之后发生。此事件在 QueryClose 事件之后被触发
Zoom	在缩放比例被修改时发生

9.5　控件编程

要对控件进行编程，可首先选中控件，然后选择“视图>查看代码”。页脚、标题和控件的默认操作自动输入编程区域。要查看控件的其他可用操作，可从“对象”下拉列表中选择控件，在“属性”下拉列表中查看操作，如图 9-6 所示。

和 ActiveWorkbook 一样，控件也是对象。其对象和方法取决于控件的类型。大多数控件编程都是在窗体中完成的。但是，如果其他模块需要引用控件，必须在对象中同时包含控件的父控件，即窗体。方法如下：

```
Private Sub btn_EmpCancel_Click()
Unload Me
End Sub
```

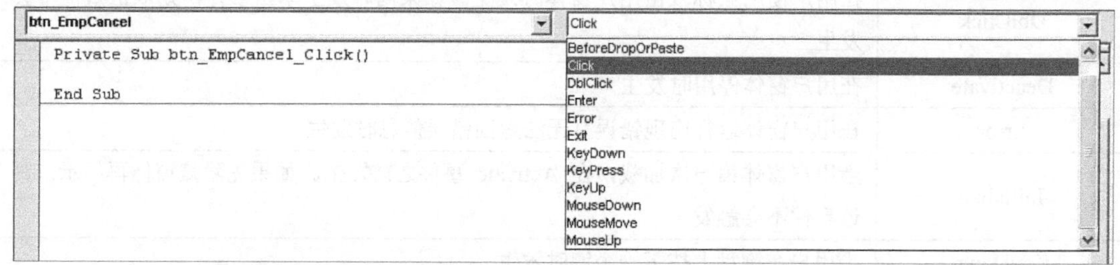

图 9-6　可以从 VB 编辑器的下拉列表中选择控件的多种操作

上述代码可以分解成 3 个部分。

- btn_EmpCancel：控件的名称。
- Click：控件的操作。
- Unload Me：处理控件事件的代码（这里为卸载窗体）。

提示：在控件的“属性”窗口中修改属性（名称）重命名编辑器默认分配的控件名称。

■ 案例分析：向现有窗体中添加控件时进行错误修正

如果某个用户窗体已经使用了一段时间，现在想向其中添加一些新控件，您将发现 Excel 似乎对这些控件感到困惑。窗体中明明已显示添加了控件，但当右击控件并选择“查看代码”命令时，代码模块似乎并不知道控件的存在。在代码模块顶部的左侧下拉列表中，控件名称不可用。

为了解决这一问题，可采取如下步骤。

1．将所有所需的控件添加到现有窗体中。

2．在“工程资源管理器”中，右击窗体，并选择“导出文件”命令。选择“另存为”命令将文件存储于默认位置。

3．在“工程资源管理器”中，右击窗体，并选择“删除”命令。由于刚已导出用户窗体，因此当询问是否导出用户窗体的问题出现时选择“否”。

4．右击“工程资源管理器”中任意位置，选择“导入文件”命令。选择在步骤 2 中保存的文件名。

现在，用户窗体代码面板中新添加的控件变为可用。

9.6 使用基本的窗体控件

每个控件都有与之相关的不同事件，使用这些事件可以基于用户的操作进行编程。在接下来每个小节的末尾，都将给出一个回顾控件事件的图表。

9.6.1 使用标签、文本框和命令按钮

图 9-7 所示为一个基本窗体，其中包含标签、文本框和命令按钮。在请求用户信息时，它是一种简单而高效的方式。在文本框中输入信息之后，单击“确定”按钮，信息就被添加到工作表中（如图 9-8 所示）。

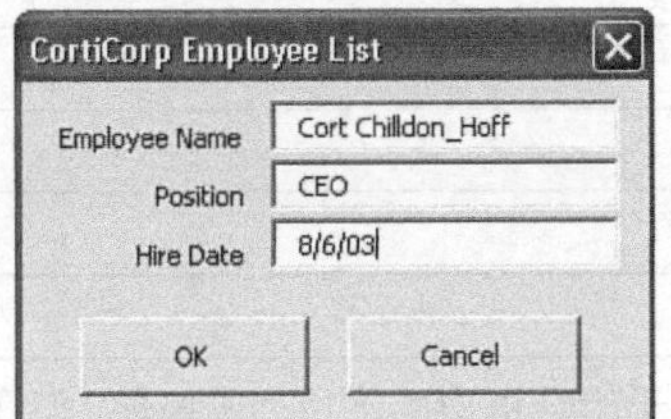

图 9-7　用于收集用户信息的简单窗体

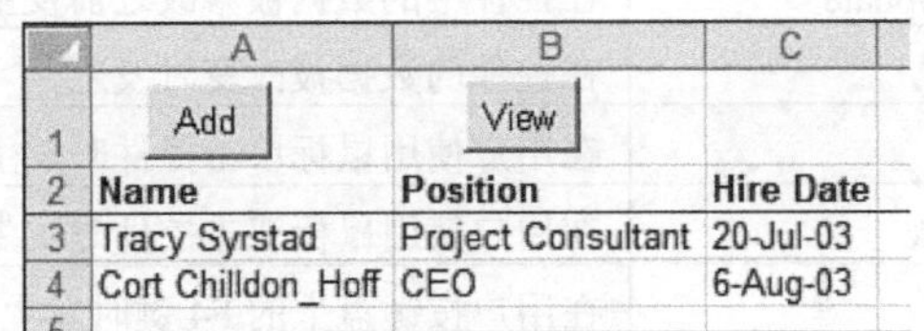

	A	B	C
1	Add	View	
2	Name	Position	Hire Date
3	Tracy Syrstad	Project Consultant	20-Jul-03
4	Cort Chilldon_Hoff	CEO	6-Aug-03

图 9-8　信息被添加到工作表中

```
Private Sub btn_EmpOK_Click()
Dim LastRow As Long
LastRow = Worksheets("Employee").Cells(Worksheets("Employee").Rows.Count, 1) _
.End(xlUp).Row + 1
Cells(LastRow, 1).Value = tb_EmpName.Value
Cells(LastRow, 2).Value = tb_EmpPosition.Value
Cells(LastRow, 3).Value = tb_EmpHireDate.Value
End Sub
```

通过修改下面例子中的代码，能够将同样的用户窗体用于检索信息。下面的代码在输入员工名字之后，能够检索出其职位和聘用日期：

```
Private Sub btn_EmpOK_Click()
Dim EmpFound As Range
With Range("EmpList") 'a named range on a sheet listing the employee names
Set EmpFound = .Find(tb_EmpName.Value)
If EmpFound Is Nothing Then
MsgBox "Employee not found!"
tb_EmpName.Value = ""
Else
With Range(EmpFound.Address)
```

```
tb_EmpPosition = .Offset(0, 1)
tb_HireDate = .Offset(0, 2)
End With
End If
End With
Set EmpFound = Nothing
End Sub
```

表 9-2 中列出了标签、文本框和命令按钮等控件中的可用事件。

表 9-2 标签、文本框和命令按钮等控件中的可用事件

事件	描述
AfterUpdate[2]	在用户修改控件的数据之后发生
BeforeDragOver	在用户将数据拖放到控件中时发生
BeforeDropOrPaste	在用户刚要拖放或粘贴数据到控件之前发生
BeforeUpdate[2]	在控件中的数据被修改之前发生
Change[2]	在控件的数据被改变时发生
Click[1,3]	在用户使用鼠标单击控件时发生
DblClick	在用户使用鼠标双击控件时发生
DropButtonClick[2]	在用户按键盘上的 F4 键时发生。这类似于组合框中的下拉列表控件，但在文本框中没有下拉列表
Enter[2,3]	在焦点从同一个用户窗体的其它控件移到当前控件时发生
Error	在控件运行出现错误，并且无法返回错误信息时发生
Exit[2,3]	在焦点从当前控件移到同一窗体中的其它控件时发生
KeyDown[2,3]	在用户按下键盘上的按键时发生
KeyPress[2,3]	在用户按 ANSI 键时发生。ANSI 键时可输入的字符，一个不可输入的字符是 Tab
KeyUp[2,3]	在用户释放键盘上的按键时发生
MouseDown	当用户在控件边框内按鼠标按钮时发生
MouseMove	当用户在控件边框内移动鼠标时发生
MouseUp	当用户在控件边框内释放鼠标按钮时发生

注 1：只适用于标签控件。

注 2：只适用于文本框控件。

注 3：只适用于命令按钮控件。

9.6.2 选择在窗体中使用列表框还是文本框

可以让用户输入雇员名字以供检索，但如果他们输错了名字该怎么办？您需要找到一种方式来确保输入名字是正确的，那么应该使用列表框还是组合框呢？

- 列表框显示一列值供用户选择。
- 组合框显示一列值供用户选择，同时还可以让用户输入新值。

在本例中，如果想限制用户的可选项，应该使用列表框列出雇员的名字，如图 9-9 所示。

图 9-9　使用列表框限制的用户输入选项

在列表框的 RowSource 属性中，输入控件从中获取数据的区域。使用动态命名区域以确保列表在输入雇员名字之后能够及时更新，代码如下：

```
Private Sub btn_EmpOK_Click()
Dim EmpFound As Range
With Range("EmpList")
Set EmpFound = .Find(lb_EmpName.Value)
If EmpFound Is Nothing Then
MsgBox ("Employee not found!")
lb_EmpName.Value = ""
Exit Sub
Else
With Range(EmpFound.Address)
tb_EmpPosition = .Offset(0, 1)
tb_HireDate = .Offset(0, 2)
End With
End If
End With
End Sub
```

使用列表框的 MultiSelect 属性

列表框有一个 MultiSelect 属性，使得用户能够从列表框中选择多个选项，如图 9-10 所示。

- fmMultiSelectSingle：默认设置，每次只允许选择一个选项。
- fmMultiSelectMulti：使用户能够通过再次单击取消选项，还可以同时选择多个选项。
- fmMultiSelectExtended：允许用户通过 Ctrl 键和 Shift 键选择多个选项。

如果选择了多个选项，则不能使用 Value 属性检索这些选项。相反，需要检查列表项是否被选中，然后使用以下代码根据需要做相应处理：

```
Private Sub btn_EmpOK_Click()
Dim LastRow As Long, i As Integer
LastRow = Worksheets("Sheet2").Cells(Worksheets("Sheet2").Rows.Count, 1) _
.End(xlUp).Row + 1
Cells(LastRow, 1).Value = tb_EmpName.Value
'检测列表框中的选项的状态
For i = 0 To lb_EmpPosition.ListCount - 1
'如果选项被选中，则加入到表中
If lb_EmpPosition.Selected(i) = True Then
Cells(LastRow, 2).Value = Cells(LastRow, 2).Value & _
lb_EmpPosition.List(i) & ","
End If
Next i
Cells(LastRow, 2).Value = Left(Cells(LastRow, 2).Value, _
Len(Cells(LastRow, 2).Value) - 1)
Cells(LastRow, 3).Value = tb_HireDate.Value
End Sub
```

列表框中的选项从 0 开始计数。因此，在使用 ListCount 属性时，必须将结果减 1：

```
For i = 0 To lb_EmpPosition.ListCount - 1
```

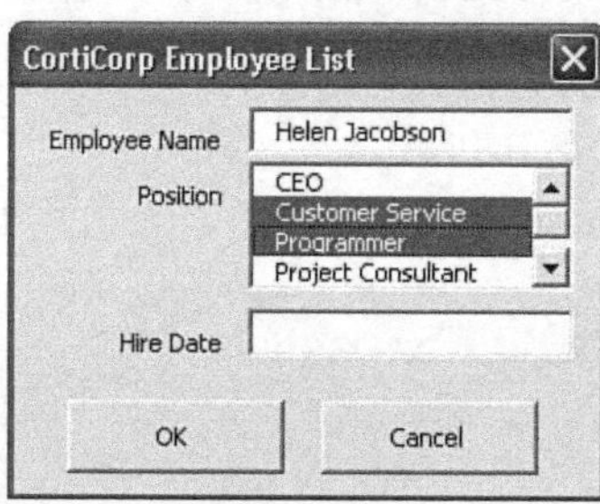

图 9-10　MultiSelect 属性使得用户能够在列表中选择多个列表项

表 9-3 中给出了列表框和组合框控件中的可用事件。

表 9-3　列表框和组合框控件中的可用事件

事件	描述
AfterUpdate	在用户改变控件的数据之后发生
BeforeDragOver	在用户将数据拖放到控件上时发生
BeforeDropOrPaste	在用户刚要将数据拖放或粘贴到控件之前发生
BeforeUpdate	在控件中的数据改变之前发生
Change	在控件中的值被改变时发生
Click	当用户在列表框或文本框中选择值时发生

续表

事件	描述
DblClick	在用户使用鼠标双击控件时发生
DropButtonClick[1]	在用户单击组合框中的下拉箭头或按 F4 键打开下拉列表后发生
Enter	焦点从同一个用户窗体中的其他控件移到当前控件之前发生
Error	在控件运行出现错误，并且无法返回错误信息时发生
Exit	焦点从当前控件移到同一窗体下其他控件中时发生
KeyDown	当用户按下键盘上的按键时发生
KeyPress	在用户按 ANSI 键时发生。ANSI 键时可输入的字符，如字母 A。一个不可输入的字符是 Tab
KeyUp	在用户松开键盘上的按键时发生
MouseDown	当用户在控件边框内按下鼠标按钮时发生
MouseMove	当用户在控件边框内移动鼠标时发生
MouseUp	当用户在控件边框内松开鼠标按钮时发生

注 1：只使用于组合框控件。

9.6.3　在用户窗体中添加单选钮

单选钮与复选框相似，都可以用于选择选项。然而，与复选框不同的是，单选钮可以配置成在一组中只能选择一个选项。

使用“框架”控件绘制一个框架，将用户窗体中的下一组控件与其他控件分开。框架还可以将单选钮分为一组，如图 9-11 所示。

图 9-11　使用框架将选项按钮分为一组

单选钮有一个 GroupName 属性。如果为一组单选钮分配了同一个名字：Building，则它们将被视为一个整体，每次只能从中选择一个按钮。选择了一个按钮的同时，同一组或同一框架内的其他按钮将自动被取消选中。为避免这种情况，可将 GroupName 属性设为空或输入其他名称。

提示：对于喜欢选择单选钮标签，而不喜欢单选钮本身的用户，可创建一个分离标签，并在标签中添加下面的代码来触发选项按钮。

```
Private Sub Lbl_Bldg1_Click()
Obtn_Bldg1.Value = True
End Sub
```

表 9-4 中列出了单选钮和框架控件中的可用事件。

表 9-4 单选钮和框架控件中的可用事件

事件	描述
AfterUpdate[1]	在控件中的数据被修改之后发生
AddControl[2]	在窗体运行时，向框架中添加控件时发生。在设计阶段或初始化窗体时不会发生
BeforeDragOver	在用户将数据拖放到控件上时发生
BeforeDropOrPaste	在用户即要将数据拖放或粘贴到控件中之前发生
BeforeUpdate[1]	在控件中的数据被修改之后发生
Change[1]	在控件中的值被修改时发生
Click	在用户使用鼠标单击控件时发生
DblClick	在用户使用鼠标双击控件时发生
Enter	焦点从同一个用户窗体中的其他控件移到当前控件之前发生
Error	在控件运行出现错误，并且无法返回错误信息时发生
Exit	在焦点从当前控件移到同一窗体中的其他控件时发生
KeyDown	在用户按下键盘上的按键时发生
KeyPress	在用户按 ANSI 键时发生。ANSI 键时可输入的字符，如字母 A。一个不可输入的字符是 Tab
KeyUp	在用户松开键盘上的按键时发生
Layout[2]	在调整框架大小时发生
MouseDown	当用户在控件边框内按下鼠标按钮时发生
MouseMove	当用户在控件边框内移动鼠标时发生
MouseUp	当用户在控件边框内松开鼠标按钮时发生
RemoveControl[2]	当一个控件从框架控件中删除时发生
Scroll[2]	当调整可见滚动框位置时发生
Zoom[2]	当改变缩放比例值时发生

注 1：只适用于单选钮控件。

注 2：只适用于框架控件。

9.6.4 在用户窗体中添加图片

如果能在窗体中添加相应的图片，则窗体中的列表将更加有用。在列表框中选择雇员时，下面的代码能够显示相应雇员的照片：

```
Private Sub lb_EmpName_Change()
Dim EmpFound As Range
With Range("EmpList")
Set EmpFound = .Find(lb_EmpName.Value)
If EmpFound Is Nothing Then
MsgBox "Employee not found!"
lb_EmpName.Value = ""
Else
With Range(EmpFound.Address)
tb_EmpPosition = .Offset(0, 1)
tb_HireDate = .Offset(0, 2)
On Error Resume Next
Img_Employee.Picture = LoadPicture _
("C:\Excel VBA 2007 by Jelen & Syrstad\" & EmpFound & ".bmp")
On Error GoTo 0
End With
End If
End With
Set EmpFound = Nothing
Exit Sub
```

表 9-5 给出了图像控件中的可用事件。

表 9-5　图像控件中的可用事件

事件	描述
BeforeDragOver	在用户向控件中拖放数据时发生
BeforeDropOrPaste	在用户即将要拖放或粘贴数据到控件之前发生
Click	在用户使用鼠标单击图片时发生
DblClick	在用户使用鼠标双击图片时发生
Error	在控件运行出现错误，并且无法返回错误信息时发生
MouseDown	当用户在图片边框内按下鼠标按钮时发生
MouseMove	当用户在图片边框内移动鼠标时发生
MouseUp	当用户在控件边框内松开鼠标按钮时发生

9.6.5 在用户窗体中使用微调按钮

事实上，Hire Date 文本框允许用户以任何格式输入日期，如 1/1/1 或 January 1, 2001。在日后需要使用或查询日期时，这种可能存在的不一致会引起问题。解决方法是，强制用户输入统一格式的日期。

使用微调按钮，用户能够在指定范围内递增/递减数字。这样，用户输入的只能是数字，而无法输入文本。

在窗体上绘制一个用于输入月份的微调按钮。在属性窗口中，将属性 Min 设置为 1，代表 1 月；将属性 Max 设置为 12，代表 12 月。将 Value 属性设置成 1，即 1 月。接下来，在微调按钮旁边绘制一个文本框，用于显示旋转按钮的值。此外，还可以使用标签。

```
Private Sub SpBtn_Month_Change()
tb_Month.Value = SpBtn_Month.Value
End Sub
```

接下来，分别创建一个用于指定日和年份的微调按钮，并将前一个按钮的 Min 属性设置成 1，Max 属性设置成 31，而将后者的 Min 属性设置成 1900，Max 属性设置成 2100：

```
Private Sub btn_EmpOK_Click()
Dim LastRow As Long, i As Integer
LastRow = Worksheets("Sheet2").Cells(Worksheets("Sheet2").Rows.Count, 1) _
.End(xlUp).Row + 1
Cells(LastRow, 1).Value = tb_EmpName.Value
For i = 0 To lb_EmpPosition.ListCount - 1
If lb_EmpPosition.Selected(i) = True Then
Cells(LastRow, 2).Value = Cells(LastRow, 2).Value & _
lb_EmpPosition.List(i) & ","
End If
Next i
'Concatenate the values from the textboxes to create the date
Cells(LastRow, 3).Value = tb_Month.Value & "/" & tb_Day.Value & _
"/" & tb_Year.Value
End Sub
```

表 9-6 中给出了微调按钮控件中的可用事件。

表 9-6 微调按钮控件中的可用事件

事件	描述
AfterUpdate	在用户修改控件的数据之后发生
BeforeDragOver	在用户将数据拖放到控件中时发生
BeforeDropOrPaste	在用户即将要拖放或粘贴数据到控件之前发生
BeforeUpdate	在控件的值被修改之前发生
Change	在控件的值被修改时发生
DblClick	在用户双击控件时发生
Enter	焦点从同一个用户窗体中的其他控件移到当前控件之前发生

续表

事件	描述
Error	在控件运行出现错误，并且无法返回错误信息时发生
Exit	在焦点从当前控件移到同一窗体中的其他控件时发生
KeyDown	在用户按下键盘上的按键时发生
KeyPress	在用户按 ANSI 键时发生。ANSI 键时可输入的字符，如字母 A。一个不可输入的字符是 Tab
KeyUp	在用户松开键盘上的按键时发生
SpinDown	当用户单击向下或向左微调按钮，递减值时发生
SpinUp	当用户单击向上或向右微调按钮，递增值时发生

9.6.6 使用多页控件组合窗体

多页控件提供了一种整洁的方式来组织多个窗体。可以将雇员个人信息和工作信息组合到一个窗体中，而不必分别为其创建一个窗体，如图 9-12 和图 9-13 所示。

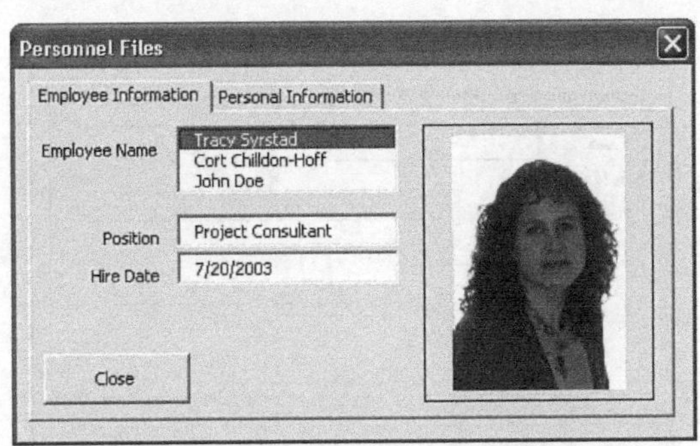

图 9-12 使用多页控件将多个窗体组合到一个窗体中，图为窗体的第一页

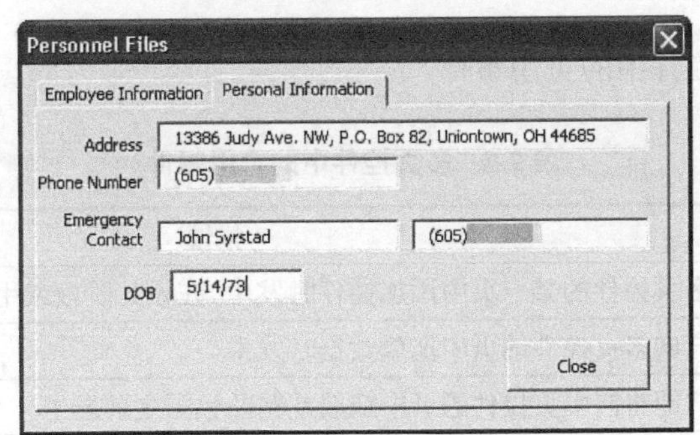

图 9-13 图为窗体的第二页

提示：在其他窗体创建完之后再添加多页窗体不太方便，因此，应该在一开始就规划好多页窗体。如果在其他窗体创建完之后才决定要创建一个多页窗体，应这样做：首先插入一个新的窗体，然后添加一个多页控件，最后将其他窗体中的控件复制并粘贴到新的窗体中。

注意：不能通过右键单击多页控件的选项卡区域查看其代码，而应右键单击多页控件的主区域，并选择“查看代码”命令。

要修改其中的页，可以右键单击其选项卡，弹出以下菜单选项：“新建页”“删除页”“重命名页”和“移动”。

许多控件的 Value 属性中存储了用户输入或选择的值，和这些控件不同，多页控件的 Value 属性中存储的是当前活动页的编号，编号从 0 开始。例如，如果现有一个包含 5 个页的窗体，要激活其中的第 4 页，可以这样做：

```
MultiPage1.Value = 3
```

如果想让所有页都共享一个控件，如“保存”或“取消”按钮，可以将该控件置于主窗体中，而不是各个页中，如图 9-14 所示。

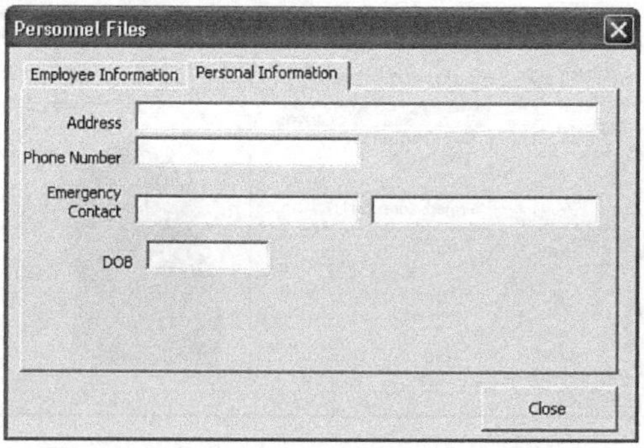

图 9-14　将公用控件（如“关闭”按钮）置于用户主窗体中

表 9-7 给出了多页控件中的可用事件。

表 9-7　多页控件中的可用事件

事件	描述
AddControl	在向多页控件的某一页中添加控件时发生。在设计阶段或用户窗体初始化时不会运行
BeforeDragOver	在用户向多页控件的页中拖放数据时发生
BeforeDropOrPaste	在用户即将向多页控件的页中拖放或粘贴数据之前发生
Change	在用户修改多页控件的页面时发生

续表

事件	描述
Click	在用户单击多页控件的页面时发生
DblClick	在用户使用鼠标双击多页控件中的页面时发生
Enter	焦点从同一个用户窗体中的其他控件移到多页控件之前发生
Error	多页控件运行出现错误，并且无法返回错误信息时发生
Exit	焦点从多页控件移到同一窗体中的其他控件之后发生
KeyDown	在用户按下键盘上的按键时发生
KeyPress	在用户按 ANSI 键时发生。ANSI 键时可输入的字符，如字母 A。一个不可输入的字符是 Tab
KeyUp	当用户松开键盘上的按键时发生
MouseDown	当用户在控件边框内按下鼠标按钮时发生
MouseMove	当用户在控件边框内移动鼠标时发生
MouseUp	当用户在控件边框内释放鼠标按钮时发生
RemoveControl	当控件从多页控件中的某页中删除时发生
Scroll	在调整可见滚动框位置时发生
Zoom	在改变缩放比例值时发生

9.7　验证用户输入

即使要求用户必须填写所有字段，也没有办法强制他们这样做——除非使用电子表单。作为程序员，可以通过设置限制条件，只有在所需条件都满足之后用户才能继续，从而保证用户填写所有必须的字段。代码如下：

```
If tb_EmpName.Value = "" Then
frm_AddEmp.Hide
MsgBox ("Please enter an Employee Name")
frm_AddEmp.Show
Exit Sub
End If
```

9.8　非法关闭窗口

在 VB 编辑器中创建的用户窗体与通常的窗口并不是完全不同：它们的右上角也有一个

“X”关闭按钮。虽然使用该按钮并非错误，但却可能导致问题，这取决于用户窗体的目标。如果要控制用户单击该按钮时发生的情况，可以使用用户窗体的 QueryClose 事件确定用户关闭窗体的方式，并通过代码采取相应的措施：

```
Private Sub UserForm_QueryClose(Cancel As Integer, CloseMode As Integer)
If CloseMode = vbFormControlMenu Then
MsgBox "Please use the OK or Cancel buttons to close the form", vbCritical
Cancel = True
End If
End Sub
```

当了解了用户关闭窗体所采取的惯用方式之后，可创建一个类似于图 9-15 中的消息框，警告用户所采取的方式是非法的。

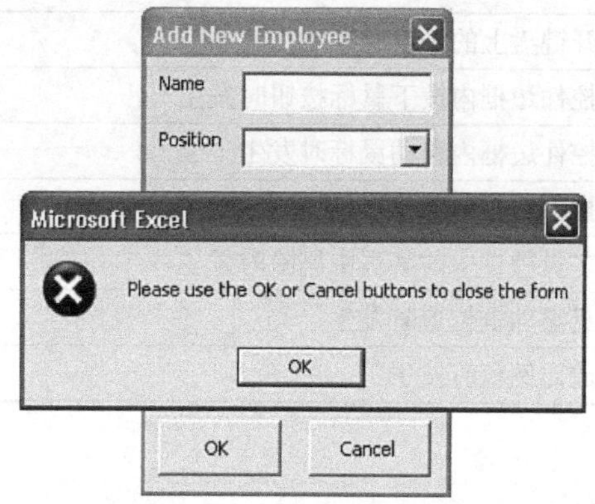

图 9-15　当用户单击“X”按钮后，控制所发生的情况

QueryClose 事件可以采用以下 4 种方式触发。

- vbFormControlMenu：用户或者右击窗体中的标题栏，并选择“关闭”命令，或者单击窗体右上角的“X”按钮。
- vbFormCode：使用 Unload 语句。
- vbAppWindows：关闭 Windows。
- vbAppTaskManager：通过任务管理器关闭应用程序。

9.9　获取文件名

最常见的用户交互是您需要用户指定一个路径和文件名。Excel VBA 有一个内置函数用于显示“打开文件”对话框，如图 9-16 所示。用户浏览并从中选择一个文件。当用户单击“打开”按钮之后，Excel VBA 并不打开文件，而是返回其全称路径和文件名。

```
Sub SelectFile()
'选择将要复制的文件
x = Application.GetOpenFilename( _
FileFilter:="Excel Files (*.xls*), *.xls*", _
Title:="Choose File to Copy", MultiSelect:=False)
' 检验以防没有选择任何文件
If x = "False" Then Exit Sub
MsgBox "You selected " & x
End Sub
```

图 9-16　使用“打开文件”对话框允许用户选择一个文件

前面的代码只允许用户选择一个文件。如果想让用户选择多个文件，可以使用以下代码：

```
Sub ManyFiles()
Dim x As Variant
x = Application.GetOpenFilename( _
FileFilter:="Excel Files (*.xls*), *.xls*", _
Title:="Choose Files", MultiSelect:=True)
On Error Resume Next
If Ubound(x) > 0 Then
For i = 1 To UBound(x)
MsgBox "You selected " & x(i)
Next i
ElseIf x = "False" Then Exit Sub
End If
On Error GoTo 0
End Sub
```

类似地，可使用 Application.GetSaveAsFileName 来查找用于保存文件的路径和文件名。

第 10 章　创建图表

10.1　Excel 中的图表

微软在 Excel 2007 中重新编写了图表引擎。而 Excel 2003 中的大多数代码在目前用得最多的 Excel 版本中同样适用。

以下是 Excel 中一些可用的功能和方法。

- ApplyLayout：该方法将“设计”选项卡中的图表布局应用于图表。
- SetElement：该方法用于从“布局”选项卡中选择任意内置元素选项。
- ChartFormat：使用该对象可以修改大多数个体图表元素的填充、发光、线条、映像、阴影、柔化边缘或 3D 格式。
- AddChart：使用该方法可向现有工作表中添加一个图表。

10.2　在 VBA 代码中引用图表和图表对象

如果追溯 Excel 的历史，将发现所有图表都是在图表工作表中创建的独立工作表。在 20 世纪 90 年代中期，Excel 添加了在现有工作表中嵌入图表的强大功能。这实现了将报表中的数据表和图表全部置于同一页，而在今天看来，这些功能都是理所当然的。

鉴于这两种处理图表的不同方式，您必须处理两种不同的图表对象模型。如果图表位于独立的工作表中，则所处理的是一个 Chart 对象。如果图表被嵌入到工作表中，则所处理的是一个 ChartObject 对象。

Excel 2010 引进了第 3 个进化分支，因为工作表中的对象也是集合 Shapes 中的成员。

在之前的 Excel 版本中，要引用嵌入式图表中图表区的颜色，必须使用以下方式引用图表：

```
Worksheets("Jan").ChartObjects("Chart 1").Chart.ChartArea.Interior.ColorIndex _ = 4
```

在 Excel 2010 中，可以使用 Shapes 集合来引用图表：

```
Worksheets("Jan").Shapes("Chart 1").Chart.ChartArea.Interior.ColorIndex = 4
```

在任意 Excel 版本中，如果图表位于独立的图表工作表中，则无需指定容器，只需简单地引用 Chart 对象即可：

```
Sheets("Chart1").ChartArea.Interior.ColorIndex = 4
```

10.3　创建图表

在之前的 Excel 版本中，使用 Charts.Add 命令添加一个新图表，然后指定数据源、图表类型以及图表是位于一个新图上还是嵌入现有工作表中。在下面的代码中，前 3 行在一个新的工作表中创建一个簇状柱形图。第 4 行代码将该图表嵌入到工作表 Sheet1 中：

```
Charts.Add
ActiveChart.SetSourceData Source:=Worksheets("Sheet1").Range("A1:E4")
ActiveChart.ChartType = xlColumnClustered
ActiveChart.Location Where:=xlLocationAsObject, Name:="Sheet1"
```

如果想要和 Excel 2003 的用户共享您的宏，那么，应该使用 Charts.Add 方法。但如果应用程序只运行在 Excel 2007 或 Excel 2010 及更高版本中，则可以使用 AddChart 方法。AddChart 方法的代码非常简单，如下所示：

```
'在当前工作表中创建图表
ActiveSheet.Shapes.AddChart.Select
ActiveChart.SetSourceData Source:=Range("A1:E4")
ActiveChart.ChartType = xlColumnClustered
```

或者，您也可以在 AddChart 方法中指定图表类型、大小和位置，这将在下一节详细介绍。

10.3.1　指定图表的大小和位置

AddChart 方法新增一些参数，用于指定图表的类型、图表在工作表中的位置以及图表的大小。

指定图表的位置和大小时，以点（72 点=1 英寸）为单位。例如，参数 Top 指的是图表上边缘和工作表上边缘之间的点数。

下面的代码创建一个大概覆盖区域 C11:J30 的图表：

```
Sub SpecifyLocation()
Dim WS As Worksheet
Set WS = Worksheets("Sheet1")
WS.Shapes.AddChart(xlColumnClustered, _
Left:=100, Top:=150, _
Width:=400, Height:=300).Select
ActiveChart.SetSourceData Source:=WS.Range("A1:E4")
End Sub
```

需要通过反复试错才能准确地以点为单位指定距离，使图表与特定的单元格对齐。幸运的是，可以使用 VBA 获得距某个单元格以点为单位的距离。对于任意单元格，Left 属性是其左上角与工作表左边缘的距离。还可以查询区域的宽度和高度。例如，以下代码精确地在区域 C11:J30 中创建一个图表：

```
Sub SpecifyExactLocation()
Dim WS As Worksheet
Set WS = Worksheets("Sheet1")
WS.Shapes.AddChart(xlColumnClustered, _
Left:=WS.Range("C11").Left, _
Top:=WS.Range("C11").Top, _
Width:=WS.Range("C11:J11").Width, _
Height:=WS.Range("C11:C30").Height).Select
ActiveChart.SetSourceData Source:=WS.Range("A1:E4")
End Sub
```

在这个例子中，没有移动图表对象的位置。而是移动了包含图表对象的容器的位置。在 Excel 中，包含图表的容器是 ChartObject 或 Shape 对象。如果想改变图表的实际位置，则应在容器内移动它。因为在容器中可以实际地将图表区向任意方向移动几点距离，所以代码能够运行，但结果并非是您所期望的。

要移动已创建图表的位置，可以引用 ChartObject 或 Shape 对象，并修改其 Top、Left、Width 和 Height 属性，如下所示：

```
Sub MoveAfterTheFact()
Dim WS As Worksheet
Set WS = Worksheets("Sheet1")
With WS.ChartObjects("Chart 9")
.Left = WS.Range("C21").Left
.Top = WS.Range("C21").Top
.Width = WS.Range("C1:H1").Width
.Height = WS.Range("C21:C25").Height
End With
End Sub
```

10.3.2 日后引用特定图表

创建完一个新图表，需要为其指定一个序列名，如 Chart 1。选择一个图表并查看其名称框，将看到图表的名称。在图 10-1 中，图表的名称是 Chart 14，但这并不意味着工作表中有 14 个图表。就本例而言，创建并删除了许多工作表。

这意味着在其他时间运行宏时，图表对象可能会有不同的名称。如果日后需要在宏中引用图表，也许在选择其他单元格之后，该图表不再处于活动状态，可能需要通过 VBA 获取该图表的名称，并将其存储在一个变量中供日后使用，如下所示：

```
Sub RememberTheName()
```

```
Dim WS As Worksheet
Set WS = Worksheets("Sheet1")
WS.Shapes.AddChart(xlColumnClustered, _
Left:=WS.Range("C11").Left, _
Top:=WS.Range("C11").Top, _
Width:=WS.Range("C11:J11").Width, _
Height:=WS.Range("C11:C30").Height _
).Select
ActiveChart.SetSourceData Source:=WS.Range("A1:E4")
' 记住这个变量的名称
ThisChartObjectName = ActiveChart.Parent.Name
' 更多代码
' 后续你需要重新分配表
With WS.Shapes(ThisChartObjectName)
.Chart.SetSourceData Source:=WS.Range("A20:E24"), PlotBy:=xlColumns
.Top = WS.Range("C26").Top
End With
End Sub
```

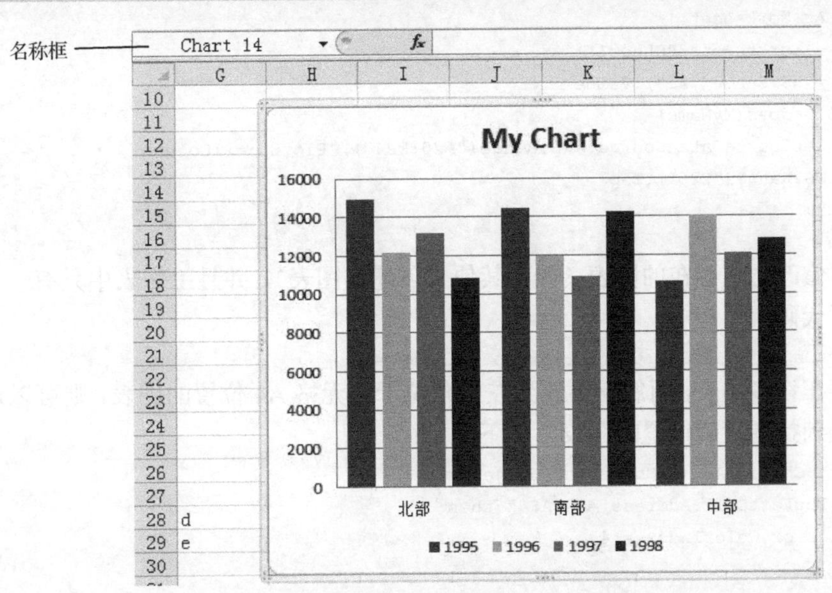

图 10-1　选择一个图表并查看其名称框，获悉图表的名称

在上面的宏中，变量 ThisChartObjectName 中存储了图表对象的名称。这种方法对于名称变化发生在同一个宏中的情况非常有效，但当宏运行完之后，由于变量被释放，因此将无法访问该名称。

如果想永久性地存储图表的名称，可以将名称存储于工作表的空闲单元格中。在下面的代码中，第一个宏的名称存储于单元格 Z1 中，第二个宏稍后使用存储于单元格 Z1 中的名称修改相应的图表：

```
Sub StoreTheName()
Dim WS As Worksheet
Set WS = Worksheets("Sheet1")
WS.Shapes.AddChart(xlColumnClustered, _
Left:=WS.Range("C11").Left, _
Top:=WS.Range("C11").Top, _
Width:=WS.Range("C11:J11").Width, _
Height:=WS.Range("C11:C30").Height _
).Select
ActiveChart.SetSourceData Source:=WS.Range("A1:E4")
Range("Z1").Value = ActiveChart.Parent.Name
End Sub
```

在前面的宏将名称存储于单元格 Z1 中之后，下面的宏将使用单元格 Z1 中的值确定应该修改哪个图表：

```
Sub ChangeTheChartLater()
Dim WS As Worksheet
Set WS = Worksheets("Sheet1")
MyName = WS.Range("Z1").Value
With WS.Shapes(MyName)
.Chart.SetSourceData Source:=WS.Range("A20:E24"), PlotBy:=xlColumns
.Top = WS.Range("C26").Top
End With
End Sub
```

如果要修改之前存在的图表（如由其他人创建的图表），并且工作表中只有一个图表，可以使用以下代码：

```
WS.ChartObjects(1).Chart.Interior.ColorIndex = 4
```

如果存在许多图表，而您需要找到左上角位于单元格 A4 位置的图表，则可以遍历所有图表对象，直到找到正确位置的图表，如下所示：

```
For each Cht in ActiveSheet.ChartObjects
If Cht.TopLeftCell.Address = "$A$4" then
Cht.Interior.ColorIndex = 4
End If
Next Cht
```

10.4 录制“布局”或“设计”选项卡中的命令

在 Excel 中，存在 3 个级别的图表设置。指定图表类型和样式的全局图表设置位于“设计”选项卡中；内置元素设置的选项位于“布局”选项卡中；微调选项在“格式”选项卡中。

宏录制器的功能在 Excel 2007 中并没有完全实现，但从 Excel 2010 起就已能够使用。如果需要做一些特定修改，可以使用宏录制器快速录制一个宏，然后复制其代码。

10.4.1 指定一个内置图表类型

Excel 2010 含有 73 种内置图表类型。要将图表设置成这 73 种类型之一，可以使用 ChartType 属性。该属性可应用于图表或图表中的系列。下面的代码修改整个图表的类型：

```
ActiveChart.ChartType = xlBubble
```

要将图表中的第 2 个系列修改为折线图，可使用以下代码：

```
ActiveChart.Series(2).ChartType = xlLine
```

表 10-1 中列出了 73 个图表类型常量，用户可以使用它们创建不同类型的图表。表中图表类型的排列顺序与“图表类型”对话框中图表的排列顺序相同。

表 10-1　VBA 中使用的图表类型

图表类型	常量
簇状柱形图	xlColumnClustered
堆积柱形图	xlColumnStacked
百分比堆积柱形图	xlColumnStacked100
三维簇状柱形图	xl3DColumnClustered
三维堆积柱形图	xl3DColumnStacked
三维百分比堆积柱形图	xl3DColumnStacked100
三维柱形图	xl3DColumn
簇状柱形圆柱图	xlCylinderColClustered
堆积柱形圆柱图	xlCylinderColStacked
百分比堆积柱形圆柱图	xlCylinderColStacked100
三维柱形圆柱图	xlCylinderCol
簇状柱形圆锥图	xlConeColClustered
堆积柱形圆锥图	xlConeColStacked
百分比堆积柱形圆锥图	xlConeColStacked100
三维柱形圆锥图	xlConeCol
簇状柱形棱锥图	xlPyramidColClustered
堆积柱形棱锥图	xlPyramidColStacked
百分比堆积柱形棱锥图	xlPyramidColStacked100

续表

图表类型	常量
三维柱形棱锥图	xlPyramidCol
折线图	xlLine
堆积折线图	xlLineStacked
百分比堆积折线图	xlLineStacked100
数据点折现图	xlLineMarkers
堆积数据点折线图	xlLineMarkersStacked
百分比堆积数据点折线图	xlLineMarkersStacked100
三维折线图	xl3DLine
饼图	xlPie
三维饼图	xl3DPie
复合饼图	xlPieOfPie
分离型饼图	xlPieExploded
三维分离型饼图	xl3DPieExploded
复合条饼图	xlBarOfPie
簇状条饼图	xlBarClustered
堆积条饼图	xlBarStacked
百分比堆积条饼图	xlBarStacked100
三维簇状条形图	xl3DBarClustered
三维堆积条形图	xl3DBarStacked
三维百分比堆积条形图	xl3DBarStacked100
簇状条形圆柱图	xlCylinderBarClustered
堆积条形圆柱图	xlCylinderBarStacked
百分比堆积条形圆柱图	xlCylinderBarStacked100
簇状条形圆锥图	xlConeBarClustered
堆积条形圆锥图	xlConeBarStacked
百分比堆积条形圆锥图	xlConeBarStacked100
簇状条形棱锥图	xlPyramidBarClustered
堆积条形棱锥图	xlPyramidBarStacked
百分比堆积条形棱锥图	xlPyramidBarStacked100
面积图	xlArea
堆积面积图	xlAreaStacked

续表

图表类型	常量
百分比堆积面积图	xlAreaStacked100
三维面积图	xl3DArea
三维堆积面积图	xl3DAreaStacked
三维百分比堆积面积图	xl3DAreaStacked100
散点图	xlXYScatter
平滑线散点图	xlXYScatterSmooth
无数据点平滑线散点图	xlXYScatterSmoothNoMarkers
折线散点图	xlXYScatterLines
无数据点折线散点图	xlXYScatterLinesNoMarkers
盘高-盘低-收盘图	xlStockHLC
开盘-盘高-盘低-收盘图	xlStockOHLC
成交量-盘高-盘低-收盘图	xlStockVHLC
成交量-开盘-盘高-盘低-收盘图	xlStockVOHLC
三维曲面图	xlSurface
曲面图（框架图）	xlSurfaceWireframe
曲面图（俯视图）	xlSurfaceTopView
曲面图（俯视框架图）	xlSurfaceTopViewWireframe
圆环图	xlDoughnut
分离型圆环图	xlDoughnutExploded
气泡图	xlBubble
三维气泡图	xlBubble3DEffect
雷达图	xlRadar
数据点雷达图	xlRadarMarkers
填充雷达图	xlRadarFilled

10.4.2　指定模板图表类型

在 Excel 中，用户可以使用自己喜欢的所有设置（如颜色和字体）来创建自定义图表模板。当所创建的图表中包含许多用户自定义的格式时，使用此功能能够节省大量时间。

VBA 宏可以使用用户自定义图表模板，但前提是必须将该自定义图表模板发送给每个将要运行这个宏的用户。

在 Excel 中，可将用户自定义图表类型保存为.crtx 文件，并将其存储于文件夹% appdata %\

Microsoft\ Templates\ Charts\中。

要使用自定义图表类型，可以使用如下代码：

```
ActiveChart.ApplyChartTemplate "MyChart.crtx"
```

如果想要应用的图表模板不存在，则 VBA 将返回错误。如果希望 Excel 继续运行而不显示调试错误，可以在代码开头关闭错误处理程序，并在最后重新启用它。当应用完图表模板之后，将错误处理器重新置于默认状态，这样就能确保看不到错误，如下所示：

```
On Error Resume Next
ActiveChart.ApplyChartTemplate ("MyChart.crtx")
On Error GoTo 0 ' that final character is a zero
```

10.4.3 修改图表的布局或样式

“设计”选项卡主要由两个部分组成，即“图表布局”和“图表样式”。

“图表布局”提供了 4 至 12 种图表元素组合。对于不同的图表类型，这些组合是不相同的。图 10-2 所示的页面布局中，布局的工具提示表明，布局被命名为“布局 1”到“布局 12”。

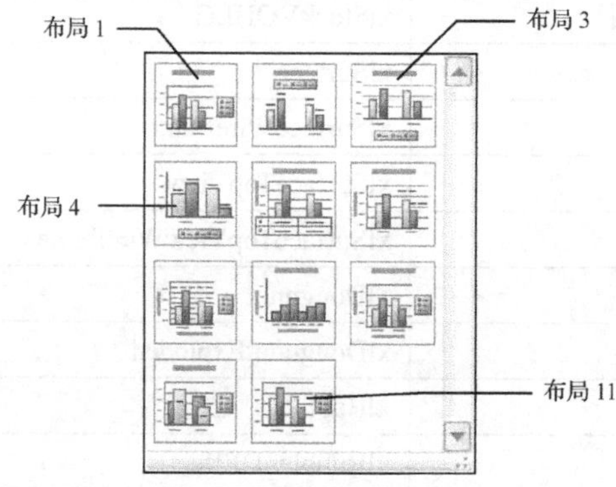

图 10-2 内置布局的编号为 1 至 11，对于其他图表类型，可以有 4 至 12 种页面布局

要在宏中应用某个内置布局，必须使用方法 ApplyLayout，并指定一个 1 至 12 的编号，该编号对应于要使用的内置布局。下面的代码在活动工作表中应用“布局 1”：

```
ActiveChart.ApplyLayout 1
```

警告：鉴于折线图提供 12 种内置布局，而其他一些图表提供的布局较少，如雷达图只提供 4 种内置布局。如果所指定的图表编号大于当前图表类型能够提供的可用布局数量，则 Excel 将返回一个运行时间错误 5。除非活动工作表是在当前宏中创建的，否则运行宏的用户很可能将折线图改为雷达图，因此在使用 ApplyLayout 命令之前应采取一些错误处理措施。

因此，为了更加高效地使用内置布局，必须手工实际创建一个图表，并找出自己喜欢的布局。

如图 10-3 所示，“图表样式”中包含 48 种样式。这些样式也是按数字顺序排列的，其中，第 1 行为“样式 1”到“样式 8”，第 2 行为“样式 9”到“样式 16”，依此类推。这些样式的排列存在一定规律。

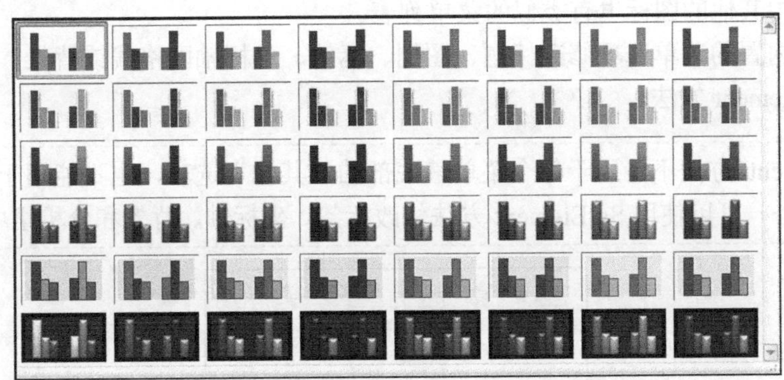

图 10-3　内置样式的编号为 1 至 48

■ 样式 1、9、17、25、33 和 41（即第 1 列的样式编号）为单色。

■ 样式 2、10、18、26、34 和 42（即第 2 列的样式编号）使用不同的颜色表示每个数据点。

■ 其他所有样式都使用特定主题颜色的不同色调表示每个数据点。

■ 样式 1 至 8 为简单样式。

■ 样式 17 至 24 使用柔和效果。

■ 样式 33 至 40 使用强烈效果。

■ 样式 41 至 48 使用暗色背景。

提示：如果要在同一个工作簿中混合使用不同的样式，只能使用布局中位于同一行或同一列的样式。

要在图表中应用一个样式，可以使用 ChartStyle 属性，为其指定一个范围在 1 至 48 之间的值：

```
ActiveChart.ChartStyle = 1
```

使用 ChartStyle 属性能够修改图表的颜色。然而，修改该属性时，通过“格式”选项卡设置的许多格式并不会被覆盖。例如，假设您在图表中应用了发光或清洁玻璃棱台效果，运行上述代码之后并不会清除该格式。

要清除之前的所有格式，应该使用 ClearToMatchStyle 方法：

```
ActiveChart.ChartStyle = 1
ActiveChart.ClearToMatchStyle
```

10.5 使用 SetElement 模仿在“布局”选项卡中所做的修改

“布局”选项卡中包含了一系列内置设置。图 10-4 所示为“图例”选项卡中的一些内置菜单选项。图中其他的图标也有类似的菜单列表。

如果使用内置的菜单选项修改标题、图例、标签、坐标轴网格线或背景，则代码中很可能会用到 SetElement 方法。

提示： SetElement 方法不能用于每个菜单最底部的“其他”选项，也不能用于“三维旋转”按钮。除此之外，可以使用 SetElement 方法修改标签、坐标轴、背景和分析组中的一切内容。

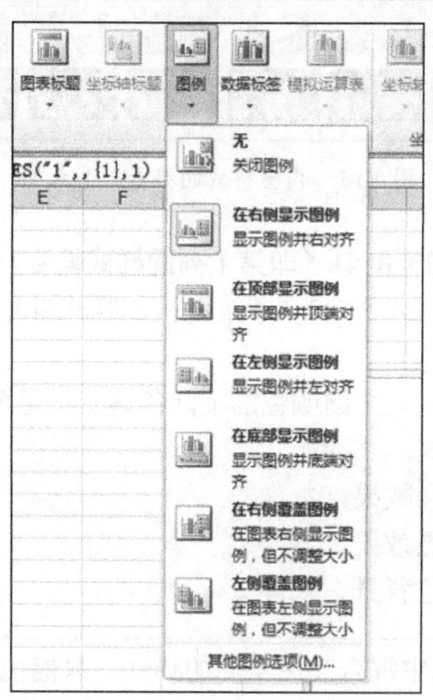

图 10-4　每个图标的内置菜单都和图中的类似，如果用户通过菜单进行选择，VBA 代码中将使用 SetElement 方法

宏录制器通常会录制“布局”选项卡中的内置设置。如果读者不喜欢在本书中查找合适的常量，则可通过快速录制一个宏来获悉合适的常量。

SetElement 方法后面存在一个常量，用于指定所选择的菜单选项。例如，如果想选择“在左侧显示图例”，可以使用以下代码：

```
ActiveChart.SetElement msoElementLegendLeft
```

表 10-2 中列出了 SetElement 方法中所有可用的常量。这些常量的排列顺序大致与“布局”选项卡中的排列顺序相同。

表 10-2　可用作 SetElement 方法的参数的常量

"布局"选项卡	图表元素常量图标
图表标题	msoElementChartTitleNone
	msoElementChartTitleCenteredOverlay
	msoElementChartTitleAboveChart
坐标轴标题	msoElementPrimaryCategoryAxisTitleNone
	msoElementPrimaryCategoryAxisTitleBelowAxis
	msoElementPrimaryCategoryAxisTitleAdjacentToAxis
	msoElementPrimaryCategoryAxisTitleHorizontal
	msoElementPrimaryCategoryAxisTitleVertical
	msoElementPrimaryCategoryAxisTitleRotated
	msoElementSecondaryCategoryAxisTitleAdjacentToAxis
	msoElementSecondaryCategoryAxisTitleBelowAxis
	msoElementSecondaryCategoryAxisTitleHorizontal
	msoElementSecondaryCategoryAxisTitleNone
	msoElementSecondaryCategoryAxisTitleRotated
	msoElementSecondaryCategoryAxisTitleVertical
	msoElementPrimaryValueAxisTitleAdjacentToAxis
	msoElementPrimaryValueAxisTitleBelowAxis
	msoElementPrimaryValueAxisTitleHorizontal
	msoElementPrimaryValueAxisTitleNone
	msoElementPrimaryValueAxisTitleRotated
	msoElementPrimaryValueAxisTitleVertical
	msoElementSecondaryValueAxisTitleBelowAxis
	msoElementSecondaryValueAxisTitleHorizontal
	msoElementSecondaryValueAxisTitleNone
	msoElementSecondaryValueAxisTitleRotated
	msoElementSecondaryValueAxisTitleVertical
	msoElementSeriesAxisTitleHorizontal
	msoElementSeriesAxisTitleNone
	msoElementSeriesAxisTitleRotated
	msoElementSeriesAxisTitleVertical
	msoElementSecondaryValueAxisTitleAdjacentToAxis

续表

"布局"选项卡	图表元素常量图标
图例	msoElementLegendNone
	msoElementLegendRight
	msoElementLegendTop
	msoElementLegendLeft
	msoElementLegendBottom
	msoElementLegendRightOverlay
	msoElementLegendLeftOverlay
数据标签	msoElementDataLabelCenter
	msoElementDataLabelInsideEnd
	msoElementDataLabelNone
	msoElementDataLabelInsideBase
	msoElementDataLabelOutSideEnd
	msoElementDataLabelTop
	msoElementDataLabelBottom
	msoElementDataLabelRight
	msoElementDataLabelLeft
	msoElementDataLabelShow
	msoElementDataLabelBestFit
	msoElementDataTableNone
	msoElementDataTableShow
	msoElementDataTableWithLegendKeys
坐标轴	msoElementPrimaryCategoryAxisNone
	msoElementPrimaryCategoryAxisShow
	msoElementPrimaryCategoryAxisWithoutLabels
	msoElementPrimaryCategoryAxisReverse
	msoElementPrimaryCategoryAxisThousands
	msoElementPrimaryCategoryAxisMillions
	msoElementPrimaryCategoryAxisBillions
	msoElementPrimaryCategoryAxisLogScale
	msoElementSecondaryCategoryAxisNone
	msoElementSecondaryCategoryAxisShow

续表

“布局”选项卡	图表元素常量图标
坐标轴	msoElementSecondaryCategoryAxisWithoutLabels
	msoElementSecondaryCategoryAxisReverse
	msoElementSecondaryCategoryAxisThousands
	msoElementSecondaryCategoryAxisMillions
	msoElementSecondaryCategoryAxisBillions
	msoElementSecondaryCategoryAxisLogScaIe
	msoElementPrimaryValueAxisNone
	msoElementPrimaryValueAxisShow
	msoElementPrimaryValueAxisThousands
	msoElementPrimaryValueAxisMillions
	msoElementPrimaryValueAxisBillions
	msoElementPrimaryValueAxisLogScale
	msoElementSecondaryValueAxisNone
	msoElementSecondaryValueAxisShow
	msoElementSecondarWalueAxisThousands
	msoElementSecondaryValueAxisMillions
	msoElementSecondaryValueAxisBillions
	msoElementSecondaryValueAxisLogScale
	msoElementSeriesAxisNone
	msoElementSeriesAxisShow
	msoElementSeriesAxisReverse
	msoElementSeriesAxisWithoutLabeling
网格线	msoElementPrimaryCategoryGridLinesNone
	msoElementPrimaryCategoryGridLinesMajor
	msoElementPrimaryCategoryGridLinesMinor
	msoElementPrimaryCategoryGridLinesMinorMajor
	msoElementSecondaryCategoryGridLinesNone
	msoElementSecondaryCategoryGridLinesMajor
	msoElementSecondaryCategoryGridLinesMinor
	msoElementSecondaryCategoryGridLinesMinorMajor
	msoElementPrimaryValueGridLinesNone

续表

"布局"选项卡	图表元素常量图标
网格线	msoElementPrimaryValueGridLinesMajor
	msoElementPrimaryValueGridLinesMinor
	msoElementPrimaryValueGridLinesMinorMajor
	msoElementSecondaryValueGridLinesNone
	msoElementSecondaryValueGridLinesMajor
	msoElementSecondaryValueGridLinesMinor
	msoElementSecondaryValueGridLinesMinorMajor
	msoElementSeriesAxisGridLinesNone
	msoElementSeriesAxisGridLinesMajor
	msoElementSeriesAxisGridLinesMinor
	msoElementSeriesAxisGridLinesMinorMajor
绘图区	msoElementPlotAreaNone
	msoElementPlotAreaShow
图表背景墙	msoElementChartWallNone
	msoElementChartWallShow
图表基底	msoElementChartFloorNone
	msoElementChartFloorShow
趋势线	msoElementTrendlineNone
	msoElementTrendlineAddLinear
	msoElementTrendlineAddExponential
	msoElementTrendlineAddLinearForecast
	msoElementTrendlineAddTwoPeriodMovingAverage
折线	msoElementLineNone
	msoElementLineDropLine
	msoElementLineHiLoLine
	msoElementLineDropHiLoLine
	msoElementLineSeriesLine
涨/跌柱线	msoElementUpDownBarsNone
	msoElementUpDownBarsShow
误差线	msoElementErrorBarNone
	msoElementErrorBarStandardError
	msoElementErrorBarPercentage
	msoElementErrorBarStandardDeviation

警告：如果对其设置格式的元素不存在，则将返回一个方法失败错误“-2147467259”。

10.6　使用 VBA 修改图表标题

通过“布局”选项卡的内置菜单能够为图表添加一个标题，但却无法修改图表标题或坐标轴标题中的字符。

在 Excel 用户界面中，可以通过双击图表标题文本框，并输入一个新标题来修改图表的标题。

要使用 VBA 指定一个图表标题，可这样写：

```
ActiveChart.ChartTitle.Caption = "My Chart"
```

同样，还可以使用 Caption 属性修改坐标轴标题。下面的代码修改分类坐标轴的标题：

```
ActiveChart.Axes(xlCategory, xlPrimary).AxisTitle.Caption = "Months"
```

10.7　模拟在“格式”选项卡中所做的修改

“格式”选项卡中提供了许多图标，用于修改各个图表元素的颜色和效果。许多人称阴影、发光、旋转和材质等设置为“图表垃圾”，使用 VBA 也可以对这些格式进行设置。

使用 Format 方法访问格式选项

Excel 中包含一个名为 ChartFormat 的对象，该对象中包含填充、发光、直线、图片格式、阴影、柔化边缘、文本框 2D 和 3D 等属性设置。可以使用图表元素中的 Format 方法访问 ChartFormat 对象。表 10-3 列出了一些可以使用 Format 方法设置格式的图表元素。

表 10-3　可使用 Format 方法设置格式的图表元素

图表元素	引用该图表元素的 VBA 代码
图表标题	ChartTitle
分类坐标轴的标题	Axes(xlCategory, xlPrimary).AxisTitle
值坐标轴的标题	Axes(xlValue, xlPrimary).AxisTitle
图例	Legend

续表

图表元素	引用该图表元素的 VBA 代码
系列 1 的数据标签	SeriesCollection(1).DataLabels
数据点 2 的数据标签	SeriesCollection(1).DataLabels(2) or SeriesCollection(1).Points(2).DataLabel
数据表	DataTable
横坐标轴	Axes(xlCategory, xlPrimary)
总坐标轴	Axes(xlValue, xlPrimary)
系列坐标轴（只适用于曲面图）	Axes(xlSeries, xlPrimary)
主要网格线	Axes(xlValue, xlPrimary).MajorGridlines
次要网格线	Axes(xlValue, xlPrimary).MinorGridlines
绘图区	PlotArea
图标区	ChartArea
图表墙	Walls
图表背景墙	BackWall
图表侧面墙	SideWall
图表基底	Floor
系列 1 的趋势线	SeriesCollection(1).TrendLines(1)
垂直线	ChartGroups(1).DropLines
涨/跌柱线	ChartGroups(1).UpBars
误差线	SeriesCollection(1).ErrorBars
系列 1	SeriesCollection(1)
系列 1 的数据点 3	SeriesCollection(1).Points(3)

Format 方法是设置填充和发光等格式的入口。这些对象都有不同的选项。下一节将给出几个设置格式类型的例子。

1. 修改对象的填充

如图 10-5 所示，在“格式”选项卡中的“形状填充”下拉列表中可以选择颜色、渐变、图片或纹理进行填充。

要应用特定的颜色，可以使用 RGB（红、绿、蓝）设置。要创建一种颜色，可以分别为红、绿、蓝指定一个从 0 至 255 之间的色阶值。下面的代码应用了简单的蓝色填充：

```
Dim cht As Chart
Dim upb As UpBars
Set cht = ActiveChart
Set upb = cht.ChartGroups(1).UpBars
```

```
    upb.Format.Fill.ForeColor.RGB = RGB(0, 0, 255)
```

如果要使用特定的主题强调色填充对象，则可以使用 ObjectThemeColor 属性。下面的代码将第一个系列的条形颜色修改为强调文字颜色 6，该颜色在 Office 主题中为橙色。但如果工作簿使用的是其他主题，则该颜色可能不再是橙色。

```
Sub ApplyThemeColor()
Dim cht As Chart
Dim ser As Series
Set cht = ActiveChart
Set ser = cht.SeriesCollection(1)
ser.Format.Fill.ForeColor.ObjectThemeColor = msoThemeColorAccent6
End Sub
```

要应用内置的纹理填充，可使用 PresetTextured 方法。下面的代码在第二个系列中应用了“绿色大理石”纹理填充。有 20 种不同的纹理填充可供用户使用：

```
Sub ApplyTexture()
Dim cht As Chart
Dim ser As Series
Set cht = ActiveChart
Set ser = cht.SeriesCollection(2)
ser.Format.Fill.PresetTextured msoTextureGreenMarble
End Sub
```

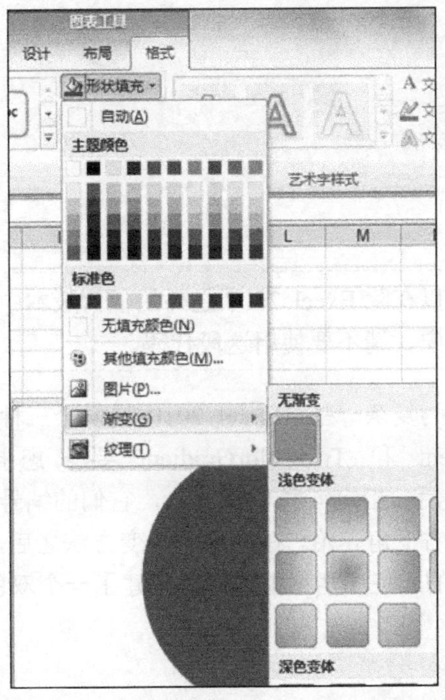

图 10-5　填充选项包括纯色、渐变、纹理和图片

提示：如果输入 PresetTextured 和一个空格，VB 编辑器将列出一个完整的纹理值列表。

要使用图片填充数据系列的图形，可以使用 UserPicture 方法，并指定图片在计算机中存放的路径和文件名，如下所示：

```
Sub FormatWithPicture()
Dim cht As Chart
Dim ser As Series
Set cht = ActiveChart
Set ser = cht.SeriesCollection(1)
MyPic = "C:\PodCastTitle1.jpg"
ser.Format.Fill.UserPicture MyPic
End Sub
```

微软在 Excel 2007 中将样式填充移除了。但该方法在 Excel 2010 中又被重新启用，因为一些使用黑白打印机的用户需要使用样式方法来区分表中的各列。

在 Excel 2010 中，可以使用.Patterned 方法应用样式。样式拥有类型（如 msoPatternPlain）、前景颜色和背景颜色。下面的代码在白色背景上创建深红色的矢线：

```
Sub FormatWithPicture()
Dim cht As Chart
Dim ser As Series
Set cht = ActiveChart
Set ser = cht.SeriesCollection(1)
With ser.Format.Fill
.Patterned msoPatternDarkVertical
.BackColor.RGB = RGB(255,255,255)
.ForeColor.RGB = RGB(255,0,0)
End With
End Sub
```

警告：使用了样式的代码可以在除 Excel 2007 之外的任何版本中运行。因此，如果您需要和使用 Excel 2007 的同事共享宏，请不要使用这段代码。

使用渐变比使用填充更为复杂一些。Excel 2010 提供了三种方法帮助用户创建常见的渐变。方法 OneColorGradient 和 TwoColorGradient 要求您指定一个渐变方向，如 msoGradientFromCorner。然后，指定 4 种样式之一，它们的编号为 1 至 4，分别表示渐变从左上角、右上角、左下角和右下角开始。在使用了渐变方法之后，需要为对象指定 ForeColor 和 BackColor 等设置。下面的宏使用两种主题颜色创建了一个双色渐变：

```
Sub TwoColorGradient()
Dim cht As Chart
Dim ser As Series
Set cht = ActiveChart
```

```
Set ser = cht.SeriesCollection(1)
ser.Format.Fill.TwoColorGradient msoGradientFromCorner, 3
ser.Format.Fill.ForeColor.ObjectThemeColor = msoThemeColorAccent6
ser.Format.Fill.BackColor.ObjectThemeColor = msoThemeColorAccent2
End Sub
```

在使用 OneColorGradient 方法时，需要指定方向、样式（1 至 4）和介于 0 和 1 之间的亮度值（0 代表较暗的渐变，1 代表较亮的渐变）。

在使用 PresetGradient 方法时，需要指定方向、样式（1 至 4）和渐变的类型，如 msoGradientBrass、msoGradientLateSunset 或 msoGradientRainbow。同样，当您在 VB 编辑器中输入这段代码时，"自动填写"工具将列出一个当前可用渐变类型的完整列表。

2. 设置线条格式

LineFormat 对象设置线条或对象边框的格式。可以对线条的许多属性进行修改，如颜色、箭头和点划线样式等。

下面的宏对图表中第一个系列的趋势线进行格式设置：

```
Sub FormatLineOrBorders()
Dim cht As Chart
Set cht = ActiveChart
With cht.SeriesCollection(1).Trendlines(1).Format.Line
.DashStyle = msoLineLongDashDotDot
.ForeColor.RGB = RGB(50, 0, 128)
.BeginArrowheadLength = msoArrowheadShort
.BeginArrowheadStyle = msoArrowheadOval
.BeginArrowheadWidth = msoArrowheadNarrow
.EndArrowheadLength = msoArrowheadLong
.EndArrowheadStyle = msoArrowheadTriangle
.EndArrowheadWidth = msoArrowheadWide
End With
End Sub
```

设置边框的格式时，无需设置箭头，因此代码的长度要比设置线条时的代码长度短得多。下面的宏为图表中的边框设置格式：

```
Sub FormatBorder()
Dim cht As Chart
Set cht = ActiveChart
With cht.ChartArea.Format.Line
.DashStyle = msoLineLongDashDotDot
.ForeColor.RGB = RGB(50, 0, 128)
End With
End Sub
```

3. 设置发光格式

要创建发光效果，应首先指定颜色和半径。半径的取值范围为 1 至 20。半径设置为 1 时，发光效果勉强可见，而半径设置为 20 时，发光效果通常又太强烈。

注意：发光效果实际是被添加到带有轮廓的形状中。如果向没有轮廓的对象中添加发光效果，将无法得到发光效果。

下面的宏在标题周围添加边框，并在边框周围添加发光效果：

```
Sub AddGlowToTitle()
Dim cht As Chart
Set cht = ActiveChart
cht.ChartTitle.Format.Line.ForeColor.RGB = RGB(255, 255, 255)
cht.ChartTitle.Format.Line.DashStyle = msoLineSolid
cht.ChartTitle.Format.Glow.Color.ObjectThemeColor = msoThemeColorAccent6
cht.ChartTitle.Format.Glow.Radius = 8
End Sub
```

4. 设置阴影格式

阴影效果是通过指定颜色、透明度以及阴影偏移对象的点数来设置的。如果增加偏移的点数，则对象距离图表表面看起来好像更远些。属性 OffsetX 表示水平偏移量，OffsetY 表示垂直偏移量。

下面的宏为图表周围的文本框添加浅蓝色阴影：

```
Sub FormatShadow()
Dim cht As Chart
Set cht = ActiveChart
With cht.Legend.Format.Shadow
.ForeColor.RGB = RGB(0, 0, 128)
.OffsetX = 5
.OffsetY = -3
.Transparency = 0.5
.Visible = True
End With
End Sub
```

5. 设置映像格式

不能将映像效果应用于任何图表元素。当选定图表后，“格式”选项卡中的“映像”设置将一直呈现为灰色。同样，ChartFormat 对象也不包含映像对象。

6. 设置柔化边缘

有 6 个等级的柔化边缘设置，分别将边缘羽化 1、2.5、5、10、25 或 50 点。第一个设置效果勉强可见，而最大点设置通常比所要设置的任何图表元素都要大。

微软指出，柔化边缘的正确语法如下：

```
Chart.Seriess(1).Points(i).Format.SoftEdge.Type = msoSoftEdgeType1
```

然而，msoSoftEdgeType1 和类似的字符串实际上都是 Excel 定义的变量。为了验证这一点，进入 VB 编辑器并按组合键 Ctrl+G 打开立即窗口。在立即窗口中，输入“Print msoSoftEdgeType2”然后按回车键。立即窗口将告知用户使用此字符串等同于输入数字 2。因此，您既可以选择使用 msoSoftEdgeType2，也可以直接输入数字 2。

如果使用 msoSoftEdgeType2，则编写的代码相对于使用数字 2 时更容易理解。但如果要为数据系列中的每个点设置不同的格式时，可能要用到类似于下面的循环，在这种情况下，使用数字 1 到 6 要远比使用 msoSoftEdgeType1 到 msoSoftEdgeType6 容易，如下所示：

```
Sub FormatSoftEdgesWithLoop()
Dim cht As Chart
Dim ser As Series
Set cht = ActiveChart
Set ser = cht.SeriesCollection(1)
For i = 1 To 6
ser.Points(i).Format.SoftEdge.Type = i
Next i
End Sub
```

警告：奇怪的是，柔化边缘效果的强度竟然是使用固定的点数指定的。当图表的大小和整个工作表页面的大小相适应时，10 点柔化边缘的效果可能不错。但是，如果调整图表的大小，使得在同一个工作表页面中能容纳 6 个图表时，在所有柱形侧面都应用 10 点柔化边缘效果可能导致整个柱形全部消失。

7. 设置三维旋转

三维设置涉及“格式”选项卡中的 3 个菜单。在“形状效果”下拉列表中，“预设”、“棱台”和“三维旋转”中的设置实际上都是由 ChartFormat 对象中的 ThreeD 对象处理的。本节将讨论关于三维旋转的设置。下一节将讨论有关棱台和三维格式的设置。

ThreeD 对象中包含有大量的方法和属性。事实上，VBA 中的三维设置包含了大量的预设选项，远远多于“格式”选项卡的菜单所给出的选项。

图 10-6 中给出了三维旋转菜单中的可用预设选项。

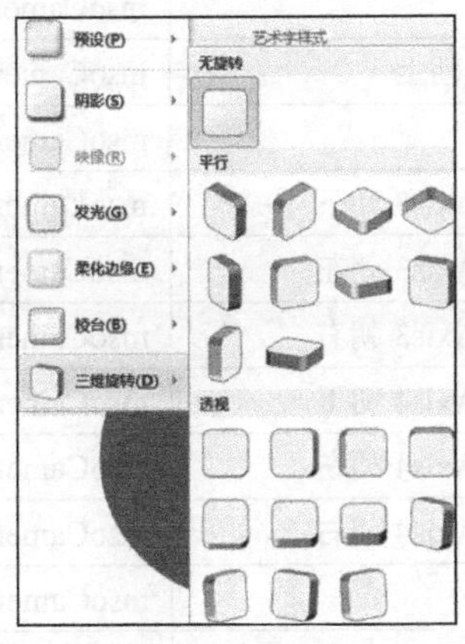

图 10-6　三维旋转菜单中提供了 25 种预设选项，而 VBA 中提供了 62 种

为了在图表元素中应用某个三维旋转预设选项，可使用 SetPresetCamera 方法，如下所示：

```
Sub Assign3DPreset()
Dim cht As Chart
Dim shp As Shape
Set cht = ActiveChart
Set shp = cht.Shapes(1)
shp.ThreeD.SetPresetCamera msoCameraIsometricLeftDown
End Sub
```

表 10-4 中列出了 SetPresetCamera 的所有可能取值。

提示：如果第 1 列包含“奖金选项”或“Excel 2003 样式”，表明该预设值在 VBA 中可用。但是，该预设值并不是从三维旋转菜单中旋转的，微软在菜单中并没有包含它。在 Excel 2010 中可以创建这样一些图表，其他用户通过 Excel 界面无法对其进行复制。

表 10-4　三维预设格式及其 VBA 常量值

在菜单中的位置	描述	VBA 常量
平行组，第 1 行、第 1 列	等轴左下	msoCameraIsometricLeftDown
平行组，第 1 行。第 2 列	等轴右上	msoCameraIsometricRightUp
平行组，第 1 行、第 3 列	等长顶部朝上	msoCameraIsometricTopUp
平行组，第 1 行、第 4 列	等长底部朝下	msoCameraIsometricBottomDown
平行组，第 2 行、第 1 列	离轴 1 左	msoCameraIsometricOffAxis1Left
平行组，第 2 行、第 2 列	离轴 1 右	msoCameraIsometricOffAxis1Right
平行组，第 2 行、第 3 列	离轴 1 上	msoCameraIsometricOffAxis1Top
平行组，第 2 行、第 4 列	离轴 2 左	msoCameraIsometricOffAxis2Left
平行组，第 3 行、第 1 列	离轴 2 右	msoCameraIsometricOffAxis2Right
平行组，第 3 行、第 2 列	离轴 2 上	msoCameraIsometricOffAxis2Top
平行组，奖金选项	等长底部朝上	msoCameraIsometricBottomUp
平行组，奖金选项	等轴左上	msoCameraIsometricLeftUp
平行组，奖金选项	等长 OffAxis3 朝下	msoCameraIsometricOffAxis3Bottom
平行组，奖金选项	等长 OffAxis3 朝左	msoCameraIsometricOffAxis3Left
平行组，奖金选项	等长 OffAxis3 朝右	msoCameraIsometricOffAxis3Right
平行组，奖金选项	等长 OffAxis4 朝下	msoCameraIsometricOffAxis4Bottom
平行组，奖金选项	等长 OffAxis4 朝左	msoCameraIsometricOffAxis4Left
平行组，奖金选项	等长 OffAxis4 朝右	msoCameraIsometricOffAxis4Right
平行组，奖金选项	等轴右下	msoCameraIsometricRightDown
平行组，奖金选项	等长顶部朝下	msoCameraIsometricTopDown

续表

在菜单中的位置	描述	VBA 常量
透视组，第 1 行、第 1 列	前透视	msoCameraPerspectiveFront
透视组，第 1 行、第 2 列	左透视	msoCameraPerspectiveLeft
透视组，第 1 行、第 3 列	右透视	msoCameraPerspectiveRight
透视组，第 1 行、第 4 列	下透视	msoCameraPerspectiveBelow
透视组，第 2 行、第 1 列	上透视	msoCameraPerspectiveAbove
透视组，第 2 行、第 2 列	适度宽松透视	msoCameraPerspectiveRelaxedModerately
透视组，第 2 行、第 3 列	宽松透视	msoCameraPerspectiveRelaxed
透视组，第 2 行、第 4 列	左向对比透视	msoCameraPerspectiveContrastingLeft-Facing
透视组，第 3 行、第 1 列	右向对比透视	msoCameraPerspectiveContrastingRight-Facing
透视组，第 3 行、第 2 列	极左极大透视	msoCameraPerspectiveHeroicExtremeLeftFacing
透视组，第 3 行、第 3 列	极右极大透视	msoCameraPerspectiveHeroicExtremeRightFacing
透视组，奖金选项	左上透视	msoCameraPerspectiveAboveLeftFacing
透视组，奖金选项	右上透视	msoCameraPerspectiveAboveRightFacing
透视组，奖金选项	左向极大透视	msoCameraPerspectiveHeroicLeftFacing
透视组，奖金选项	右向极大透视	msoCameraPerspectiveHeroicRightFacing
透视组，Excel 2003 样式	旧式下透视	msoCameraLegacyPerspectiveBottom
透视组，Excel 2003 样式	旧式左下透视	msoCameraLegacyPerspectiveBottomLeft
透视组，Excel 2003 样式	旧式右下透视	msoCameraLegacyPerspectiveBottomRight
透视组，Excel 2003 样式	旧式前透视	msoCameraLegacyPerspectiveFront
透视组，Excel 2003 样式	旧式左透视	msoCameraLegacyPerspectiveLeft
透视组，Excel 2003 样式	旧式右透视	msoCameraLegacyPerspectiveRight
透视组，Excel 2003 样式	旧式上透视	msoCameraLegacyPerspectiveTop
透视组，Excel 2003 样式	旧式左上透视	msoCameraLegacyPerspectiveTopLeft
透视组，Excel 2003 样式	旧式右上透视	msoCameraLegacyPerspectiveTopRight
倾斜组，第 1 行、第 1 列	倾斜左上	msoCameraObliqueTopLeft
倾斜组，第 1 行、第 2 列	倾斜右上	msoCameraObliqueTopRight
倾斜组，第 1 行、第 3 列	倾斜左下	msoCameraObliqueBottomLeft
倾斜组，第 1 行、第 4 列	倾斜右下	msoCameraObliqueBottomRight
倾斜组，奖金选项	倾斜朝下	msoCameraObliqueBottom
倾斜组，奖金选项	倾斜朝左	msoCameraObliqueLeft
倾斜组，奖金选项	倾斜朝右	msoCameraObliqueRight

续表

在菜单中的位置	描述	VBA 常量
倾斜组，奖金选项	倾斜朝上	msoCameraObliqueTop
倾斜组，奖金选项	正投影朝前	msoCameraOrthographicFront
倾斜组，Excel 2003 样式	旧式倾斜朝下	msoCameraLegacyObliqueBottom
倾斜组，Excel 2003 样式	旧式倾斜左下	msoCameraLegacyObliqueBottomLeft
倾斜组，Excel 2003 样式	旧式倾斜右下	msoCameraLegacyObliqueBottomRight
倾斜组，Excel 2003 样式	旧式倾斜朝前	msoCameraLegacyObliqueFront
倾斜组，Excel 2003 样式	旧式倾斜朝左	msoCameraLegacyObliqueLeft
倾斜组，Excel 2003 样式	旧式倾斜朝右	msoCameraLegacyObliqueRight
倾斜组，Excel 2003 样式	旧式倾斜朝上	msoCameraLegacyObliqueTop
倾斜组，Excel 2003 样式	旧式倾斜左上	msoCameraLegacyObliqueTopLeft
倾斜组，Excel 2003 样式	旧式倾斜右上	msoCameraLegacyObliqueTopRight

如果不喜欢使用预设选项，可以直接控制对象绕 x 轴、y 轴或 z 轴旋转。可以使用以下属性和方法修改对象的旋转方向。

■ RotationX：返回或设置形状绕 x 轴的旋转度数。其取值范围在-90° 到 90° 之间。正数代表向上旋转，负数代表向下旋转。

■ RotationY：返回或设置形状绕 y 轴的旋转度数。其取值范围在-90° 到 90° 之间。正数代表向左旋转，负数代表向右旋转。

■ RotationZ：返回或设置形状绕 z 轴的旋转度数。其取值范围在-90° 到 90° 之间。正数代表向上旋转，负数代表向下旋转。

■ IncrementRotationX：将特定的形状绕 x 轴旋转指定的度数。指定的增量范围在-90° 到 90° 之间。负数时将对象向下旋转，正数时将对象向上旋转。

提示：可以使用 RotationX 属性设置形状绕 x 轴旋转的绝对角度。

■ IncrementRotationY：将特定的形状绕 y 轴旋转指定的度数。值为负时将对象向左倾斜，值为正时将对象向右倾斜。

提示：可以使用 RotationY 属性设置形状绕 y 轴旋转的绝对角度。

■ IncrementRotationZ：将特定的形状绕 z 轴旋转指定的度数。值为负时将对象向左倾斜，值为正时将对象向右倾斜。

提示：可以使用 RotationZ 属性设置形状绕 z 轴旋转的绝对角度。

■ IncrementRotationHorizontal：将指定的形状沿水平方向旋转指定的角度。指定增量的取值范围为-90°到 90°，用于指定形状沿水平方向旋转的角度。负数表示将形状向左移，正数表示将形状向右移。

■ IncrementRotationVertical：将指定的形状沿垂直方向旋转指定的角度。指定增量的取值范围为-90°到 90°，用于指定形状沿水平方向旋转的角度。负数表示将形状向左移，正数表示将形状向右移。

■ ResetRotation：将绕 x 轴和 y 轴延伸旋转的角度重复位为 0°，使延伸面朝前。该方法不能复位绕 z 轴旋转的角度。

8. 设置棱台及三维格式

在“棱台”菜单中有 12 种预设。这些预设影响对象顶端棱台的效果。对于图表，用户经常看到的是其顶端。但对三维图表进行一些奇异的旋转之后，将看到图表元素的底端。

“设置形状格式”对话框中同样也包含“棱台”菜单中的 12 种预设，但这些预设既能应用于图表的顶端，也能应用于图表的底端。还能够对棱台的宽度和高度进行控制。VBA 中的属性和方法与“设置形状格式”对话框中的“三维格式”类别相对应（如图 10-7 所示）。

可以使用 BevelTopType 和 BevelBottomType 属性设置棱台的类型。还可以对棱台的类型做进一步的调整：设置 BevelTopInset 的值来设定棱台的宽度，设置 BevelTopDepth 的值设定棱台的高度。下面的宏为系列 1 的柱形添加棱台：

```
Sub AssignBevel()
Dim cht As Chart
Dim ser As Series
Set cht = ActiveChart
Set ser = cht.SeriesCollection(1)
ser.Format.ThreeD.Visible = True
ser.Format.ThreeD.BevelTopType = msoBevelCircle
ser.Format.ThreeD.BevelTopInset = 16
ser.Format.ThreeD.BevelTopDepth = 6
End Sub
```

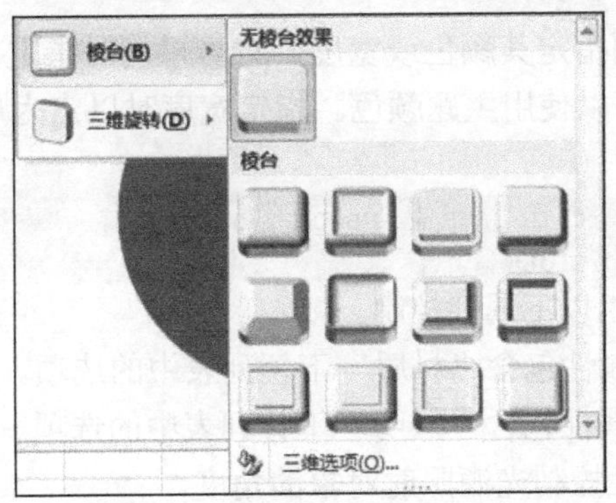

图 10-7　可以控制三维格式设置，如棱台、表面效果和光照

表 10-5 中列出了棱台类型中 12 种可用的设置。这些设置与菜单中的缩略图相对应。要取消棱台效果，可以使用 msoBevelNone。

表 10-5　棱台类型

在图 10-7 中的位置	常量	值
第 1 行、第 1 列	msoBevelCircle	3
第 1 行、第 2 列	msoBevelRelaxedInset	2
第 1 行、第 3 列	msoBevelCross	5
第 1 行、第 4 列	msoBevelCoolSlant	9
第 2 行、第 1 列	msoBevelAngle	6
第 2 行、第 2 列	msoBevelSoftRound	7
第 2 行、第 3 列	msoBevelConvex	8
第 2 行、第 4 列	msoBevelSlope	4
第 3 行、第 1 列	msoBevelDivot	10
第 3 行、第 2 列	msoBevelRiblet	11
第 3 行、第 3 列	msoBevelHardEdge	12
第 3 行、第 4 列	msoBevelArtDeco	13

通常，根据对象的填充颜色来选择棱台中使用的强调文字颜色。如果要控制延伸颜色，可首先将延伸颜色设置为自定义，然后指定一种文字强调颜色或 RGB 颜色，如下例所示：

```
ser.Format.ThreeD.ExtrusionColorType = msoExtrusionColorCustom
' 使用这段代码：
ser.Format.ThreeD.ExtrusionColor.ObjectThemeColor = msoThemeColorAccent1
' 或这段代码：
ser.Format.ThreeD.ExtrusionColor.RGB = RGB(255, 0, 0)
```

可以使用 Depth 属性控制棱台的延伸深度，该深度以点数来衡量。下面给出一个例子：

```
ser.Format.ThreeD.Depth = 5
```

对于轮廓线，可以分别指定其颜色或宽度，也可以同时指定其颜色和宽度。指定颜色时可以使用 RGB 颜色，也可以使用主题颜色。指定宽度时以点为单位，并使用 ContourWidth 属性。下面给出一个例子：

```
ser.Format.ThreeD.ContourColor.RGB = RGB(0, 255, 0)
ser.Format.ThreeD.ContourWidth = 10
```

“表面效果”下拉列表由以下属性控制。

- PresetMaterial：该属性包含“材质”下拉列表中的选项。
- PresetLighting：该属性包含“照明”下拉列表中的选项。
- LightAngle：该属性控制光源照射对象的角度。

注意：虽然微软在对象模型中设计了 12 项设置，但是，在“形状格式”对话框中，“三维格式”类别中的“材质”下拉列表中只提供了 11 项设置。至于微软为何没有将“柔化金属效果”添加到对话框中的原因我们不得而知，但用户可以在 VBA 中使用它。

此外，在对象模型中，还有三种旧样式在“形状格式”对话框中没有提供。在理论上，新增的“塑料效果 2”材质优于旧式“塑料效果”材质。表 10-6 中给出了每个缩略图对应的设置。

表 10-6 材质类型对应的 VBA 常量

类型	VBA 常量	值
粗糙材质	msoMaterialMatte2	5
暖色粗糙	msoMaterialWarmMatte	8
塑料材质	msoMaterialPlastic2	6
金属材质	msoMaterialMetal2	7
硬边缘	msoMaterialDarkEdge	11
柔边缘	msoMaterialSoftEdge	12
平面	msoMaterialFlat	14
线框	msoMaterialWireFrame	4
粉	msoMaterialPowder	10
半透明粉	msoMaterialTranslucentPowder	9
最浅	msoMaterialClear	13
Bonus	msoMaterialMatte	1
Bonus	msoMaterialPlastic	2
Bonus	msoMaterialMetal	3
Bonus	msoMaterialSoftMetal	15

在之前的 Excel 版本中，材质的属性只限于粗糙、金属、塑料和线框几种类型。显然，微软对旧式的金属、塑料和线框等设置并不满意。它保留这些材质旨在支持旧式图表，同时创建了新的亚光效果、金属效果和塑料效果。这些设置可以在对话框中使用，而在 VBA 中所有新、旧设置都可用。

图 10-8 中的柱形图对新、旧设置进行了对比。其中，最后一个柱形图是微软从“形状格式”对话框中剔除的“柔化金属效果”设置。这也许是一种审美决策，而非技术上的决策。可以使用 msoMaterialSoftMetal 创建出外观与“形状格式”对话框中的设置稍有不同的图表。

在“形状格式”对话框中，“三维格式”类别中的“照明”下拉列表菜单提供了 15 项设置。对象模型中也提供了这 15 项设置，同时还从 Excel 2003 中的“照明”工具栏中继承了 13 项设置。表 10-7 中给出了这些缩略图对应的设置。

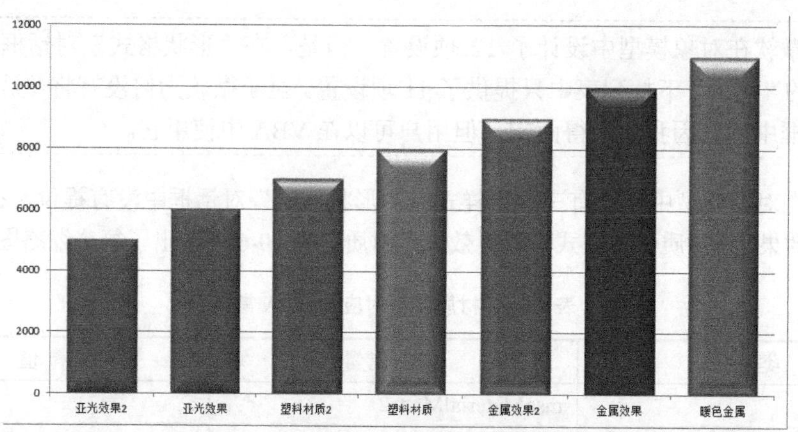

图 10-8　一些新、旧材质的对比

表 10-7　照明类型对应的 VBA 常量

类型	VBA 常量	值
	“中性”类别	
三点	msoLightRigThreePoint	13
平衡	msoLightRigBalanced	14
柔和	msoLightRigSoft	15
粗糙	msoLightRigHarsh	16
强烈	msoLightRigFlood	17
对比	msoLightRigContrasting	18
	“暖调”类别	
早晨	msoLightRigMorning	19
日出	msoLightRigSunrise	20
日落	msoLightRigSunset	21
	“冷调”类别	
寒冷	msoLightRigChilly	22
冰冻	msoLightRigFreezing	23
	“特殊格式”类别	
平面	msoLightRigFlat	24
两点	msoLightRigTwoPoint	25
发光	msoLightRigGlow	26
明亮的房间	msoLightRigBrightRoom	27

续表

类型	VBA 常量	值
旧式类型		
Flat 1	msoLightRigLegacyFlat1	1
Flat 2	msoLightRigLegacyFlat2	2
Flat 3	msoLightRigLegacyFlat3	3
Flat 4	msoLightRigLegacyFlat4	4
Harsh 1	msoLightRigLegacyHarsh1	9
Harsh 2	msoLightRigLegacyHarsh2	10
Harsh 3	msoLightRigLegacyHarsh3	11
Harsh 4	msoLightRigLegacyHarsh4	12
Normal 1	msoLightRigLegacyNormal1	5
Normal 2	msoLightRigLegacyNormal2	6
Normal 3	msoLightRigLegacyNormal3	7
Normal 4	msoLightRigLegacyNormal4	8
Mixed	msoLightRigMixed	- 2

10.8　创建高级图表

在《Excel 2010 经典教程图表制作》一书中，作者给出了一些令人惊奇的图表，这些图表看起来甚至无法使用 Excel 创建。要创建这些图表，通常需要添加一个多余的数据系统，它在图表中显示为 XY 系列，用于添加一些效果。

由于手工创建这些图表的过程非常烦琐，因此大多数人肯定不会创建这样的图表。但如果创建过程能够实现自动化，那么创建这些图表将变为可能。

下一节将介绍如何使用 VBA 自动创建这些极为复杂的图表。

10.8.1　创建真正的“开盘-盘高-盘低-收盘”股价图

如果读者经常关注《华尔街日报》或雅虎财经上的股价图，肯定知道这种图表类型为“开盘-盘高-盘低-收盘”（OHLC）图表。Excel 中并不提供该图表类型，其“盘高-盘低-收盘”（HLC）图表中没有朝左的短线（它表示开盘价）。读者可能认为 HLC 图表与 OHLC 图表已足够接近。

图 10-9 所示为一个真正的 OHLC 图表。

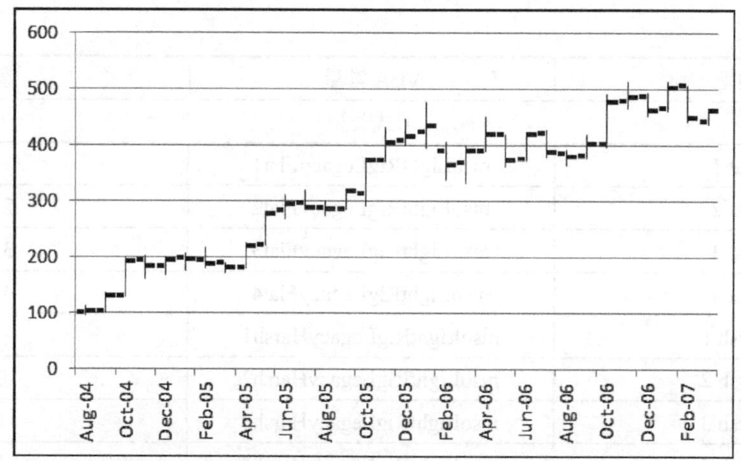

图 10-9 Excel 内置的 HLC 图表中没有表示开盘价的数据标记

注意：在 Excel 中，可以使用自定义图片作为图表中的数据标记。考虑到 Excel 提供的是朝右的短划线，而没有提供朝左的短划线，所以必须使用 Photoshop 创建一个朝左的短划线，并将其存储为 GIF 文件。这个小图形能够弥补 Excel 图表数据标记的基本缺陷。

在 Excel 用户界面中，可以将 Open 系列的数据标记指定为自定义图片，然后选择图片 LeftDash.gif。在 VBA 代码中，可以使用 UserPicture 方法，如下所示：

```
ActiveChart Cht.SeriesCollection(1).Fill.UserPicture "C:\leftdash.gif"
```

要创建真正的 OHLC 图表，可遵循以下步骤。

1．使用 4 个数据系列创建一个折线图：Open、High、Low、Close。

2．将这 4 个系列的线条样式全部设置成“无”。

3．删除数据系列 High 和 Low 的数据标记。

4．在图表中添加一个涨/跌柱线。

5．将 Close 系列的数据标记设置为朝右的短划线（在 VBA 中是一个圆点），并将其宽度设置为 9 点。

6．将 Open 系列的数据标记设置为自定义图片，并使用图片 LeftDash.gif 来填充。

下面给出的是创建图 10-9 所示图表的代码：

```
Sub CreateOHCLChart()
' 将其保存在与本工作簿相同的文件夹中。
Dim Cht As Chart
Dim Ser As Series
ActiveSheet.Shapes.AddChart(xlLineMarkers).Select
Set Cht = ActiveChart
Cht.SetSourceData Source:=Range("Sheet1!$A$1:$E$33")
' 为 Open 系列设置格式
```

```
With Cht.SeriesCollection(1)
.MarkerStyle = xlMarkerStylePicture
.Fill.UserPicture ("C:\leftdash.gif")
.Border.LineStyle = xlNone
.MarkerForegroundColorIndex = xlColorIndexNone
End With
'为High & Low 系列设置格式
With Cht.SeriesCollection(2)
.MarkerStyle = xlMarkerStyleNone
.Border.LineStyle = xlNone
End With
With Cht.SeriesCollection(3)
.MarkerStyle = xlMarkerStyleNone
.Border.LineStyle = xlNone
End With
' 为Close 系列设置格式
Set Ser = Cht.SeriesCollection(4)
With Ser
.MarkerBackgroundColorIndex = 1
.MarkerForegroundColorIndex = 1
.MarkerStyle = xlDot
.MarkerSize = 9
.Border.LineStyle = xlNone
End With
'添加涨/跌线
Cht.SetElement (msoElementLineHiLoLine)
Cht.SetElement (msoElementLegendNone)
End Sub
```

10.8.2 为频数图创建区间

假设现有经过 3 000 次实验得出的实验结果。一定有很好的方式能够为这些实验结果创建一个图表。但如果只是简单地选择这些实验结果来创建图表，结果肯定是一片混乱（如图 10-10 所示）。

创建一个有效的频数分布图表的技巧是定义一系列的类别或区间。数组函数 FREQUENCY 能够计算出这 3 000 个实验结果落在每个区间的结果数量。

手工创建区间的过程不仅十分烦琐，而且还需要熟悉数组公式。最好的方式是使用宏来执行这些烦琐的计算。

本节介绍的宏要求用户指定其区间长度和区间的起始点。如果预期结果范围为 0～100，则可以指定每个区间的长度为 10，起始点为 0。这将创建区间 0～10、11～20、21～30 等。如果指定每个区间的长度为 15，起始点为 5，则将创建区间 5～20、21～35、36～50 等。

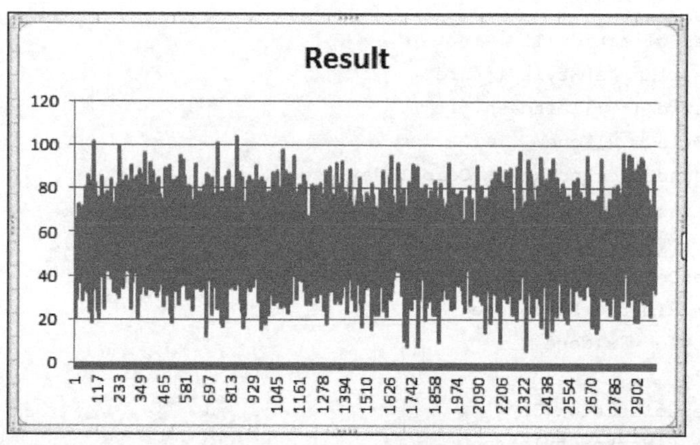

图 10-10　试图为 3 000 个实验结果创建图表，结果非常混乱

为使用下面的宏，实验结果应从第 2 行开始，且位于数据集的最后一列。宏开头的 3 个变量分别定义了区间的起点、终点和长度：

```
' 定义区间
BinSize = 10
FirstBin = 0
LastBin = 100
```

接下来，宏跳过一列，并创建一系列区间的起点。如图 10-11 所示，其单元格 D4 中的数字 10 用于告知 Excel 您所查找的实验结果数量为：大于 D3 单元格中的 0，小于等于 D4 单元格中的 10。

虽然区间的边界值存储在区域 D3:D13 中，但在 E 列中输入 FREQUENCY 函数时，需要多占用一个单元格，以防存在大于最后一个区间的结果。这个公式返回多个结果，返回结果数量大于 1 的公式称为数组公式（array formulas）。在 Excel 用户界面中，可以通过按下组合键 Ctrl+Shift 指定数组公式并按回车键结束。在 Excel VBA 中，需要使用 FormulaArray 属性。下面的宏代码在 E 列中创建数组公式：

```
' 输入 FREQUENCY 函数
Form = "=FREQUENCY(R2C" & FinalCol & ":R" & FinalRow & "C" & FinalCol & _
",R3C" & NextCol & ":R" & _
LastRow & "C" & NextCol & ")"
Range(Cells(FirstRow, NextCol + 1), Cells(LastRow, NextCol + 1)). _
FormulaArray = Form
```

对于查看图表的人来说，D 列的区间边界是上限还是下限并不明显。该宏在 G 列中创建了可读性强的标签，并将频数结果复制到 H 列。

使用宏创建完简单的柱形图表之后，使用下面的代码能够消除柱形之间的间隙，从而为数据创建出传统的柱状图：

```
Cht.ChartGroups(1).GapWidth = 0
```

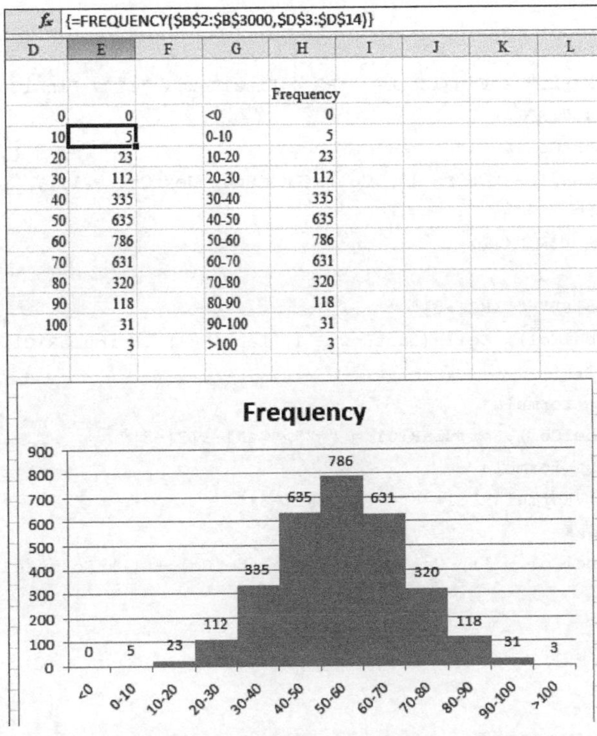

{=FREQUENCY($B$2:$B$3000,$D$3:$D$14)}

D	E	F	G	H	I	J	K	L
				Frequency				
0	0		<0	0				
10	5		0-10	5				
20	23		10-20	23				
30	112		20-30	112				
40	335		30-40	335				
50	635		40-50	635				
60	786		50-60	786				
70	631		60-70	631				
80	320		70-80	320				
90	118		80-90	118				
100	31		90-100	31				
	3		>100	3				

图 10-11　该宏计算落在每个区间中的实验结果数量，并绘制出有意义的图表

创建图 10-11 所示图表所使用的代码如下：

```
Sub CreateFrequencyChart()
' 查找最后一列"FinalCol"
FinalCol = Cells(1, Columns.Count).End(xlToLeft).Column
' 查找最后一行"FinalRow"
FinalRow = Cells(Rows.Count, FinalCol).End(xlUp).Row
' 定义区间
BinSize = 10
FirstBin = 0
LastBin = 100
'区间将从第 3 行，FinalCol 之后的两列开始
NextCol = FinalCol + 2
FirstRow = 3
NextRow = FirstRow - 1
' 为频数函数设置区间
For i = FirstBin To LastBin Step BinSize
NextRow = NextRow + 1
Cells(NextRow, NextCol).Value = i
Next i
' 频数函数应该比区间多一行
```

```
LastRow = NextRow + 1
'输入 Frequency Formula
Form = "=FREQUENCY(R2C" & FinalCol & ":R" & FinalRow & "C" & FinalCol & _
",R3C" & NextCol & ":R" & _
LastRow & "C" & NextCol & ")"
Range(Cells(FirstRow, NextCol + 1), Cells(LastRow, NextCol + 1)). _
FormulaArray = Form
' 创建一个与图表数据源相称的区域
LabelCol = NextCol + 3
Form = "=R[-1]C[-3]&""-""&RC[-3]"
Range(Cells(4, LabelCol), Cells(LastRow - 1, LabelCol)).FormulaR1C1 = _
Form
' Enter the > Last formula
Cells(LastRow, LabelCol).FormulaR1C1 = "="">""&R[-1]C[-3]"
' Enter the < first formula
Cells(3, LabelCol).FormulaR1C1 = "=""<""&RC[-3]"
' 输入公式来复制频数结果
Range(Cells(3, LabelCol + 1), Cells(LastRow, LabelCol + 1)).FormulaR1C1 = _
"=RC[-3]"
' 添加一个标题
Cells(2, LabelCol + 1).Value = "Frequency"
' 创建一个列图表
Dim Cht As Chart
ActiveSheet.Shapes.AddChart(xlColumnClustered).Select
Set Cht = ActiveChart
Cht.SetSourceData Source:=Range(Cells(2, LabelCol), _
Cells(LastRow, LabelCol + 1))
Cht.SetElement (msoElementLegendNone)
Cht.ChartGroups(1).GapWidth = 0
Cht.SetElement (msoElementDataLabelOutSideEnd)
End Sub
```

10.8.3 创建堆积面积图

在 Excel 用户界面中创建图 10-12 所示的堆积面积图十分困难。尽管该图表看起来只包含 4 个独立的图表，但实际上包含了 9 个数据系列。

- 第一个数据系列包含了东部（East）地区的值。
- 第二个数据系列包含了 1 000 与东部地区数值的差值，该系统被设置为透明填充。
- 第 3、5、7 数据系列分别包含了中部(Central)、东南部(Southwest)和西南部(Southwest)的值。
- 第 4、6、8 数据系列包含了 1 000 与上述各个系列值的差值。
- 最后一个数据系列是 XY 数据系列，用于为左坐标轴添加标签。每个网格线对应一个数据点，数据标记的 X 坐标为 0。对于不可见数据标记，其旁边添加了自定义数据标签，使得对于每个地区，坐标轴的标签从 0 开始。

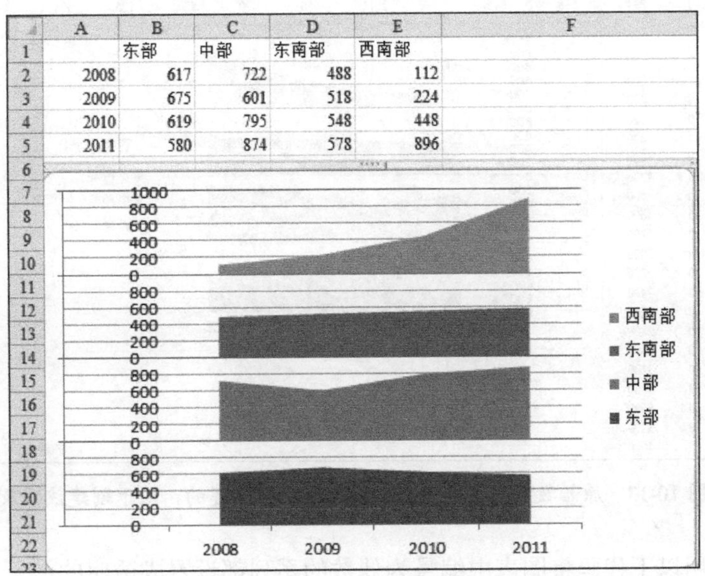

	A	B	C	D	E	F
1		东部	中部	东南部	西南部	
2	2008	617	722	488	112	
3	2009	675	601	518	224	
4	2010	619	795	548	448	
5	2011	580	874	578	896	

图 10-12　该图表看起来好像包含 4 个图表

要使用这里提供的宏，数据必须从第 1 行、第 1 列开始。该宏在数据的最右边添加新列，在最下方添加新行，因此工作表的其他部分必须为空。

宏的开头有两个变量，分别定义了两个图表的高度。在本例中，将图表的高度设置为 1 000 能够确保显示每个地区的销量。变量 LabSize 指定了左坐标轴上标签之间的间距，图表高度必须是该间距值的整数倍。就本例而言，该值可以取 500、250、200、125 或 100。

```
' 定义每个面积图表的高度
ChtHeight = 1000
' 定义标签的大小
' ChtHeight 的值必须是 LabSize 的值的整数倍
LabSize = 200
```

这个宏将原始数据复制之后粘贴到右边。在每个区域的右边，添加了一个仿制品（dummy）列，用于计算 1 000 与每个数据点的差值。在图 10-13 中，该数据系列位于区域 G1:O5 中。

接下来，宏为前 8 个数据系列创建一个堆积面积图表。该图表的图例指出了东部（East）、仿制品（dummy）、中部（Central）等数据系列的值。为删除其他图例，可使用如下代码：

```
' 将仿制品（dummy）数据系列的填充设置为"无"
For i = FinalSeriesCount To 2 Step -2
Cht.SeriesCollection(i).Interior.ColorIndex = xlNone
Next i
```

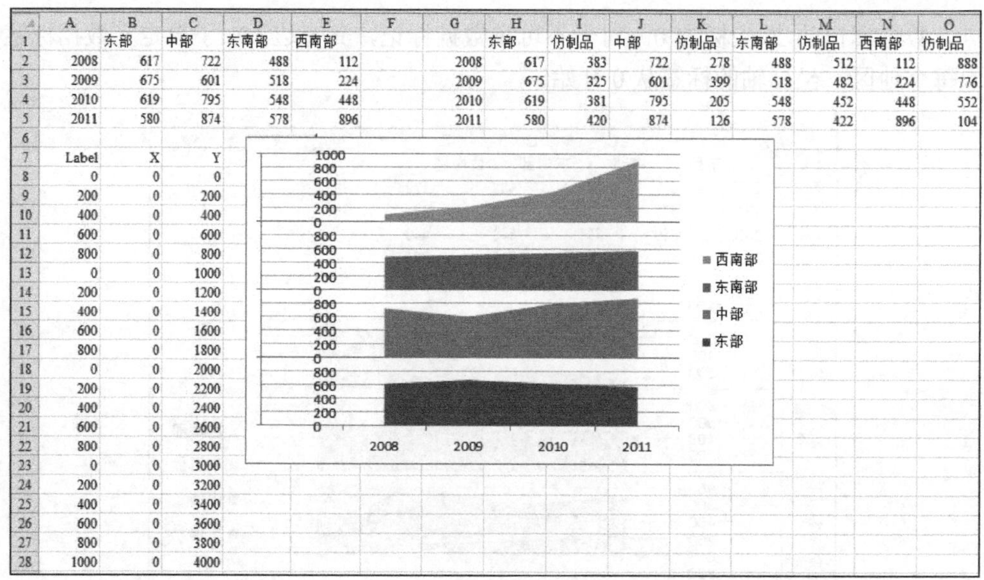

	A	B	C	D	E	F	G	H	I	J	K	L	M	N	O
1		东部	中部	东南部	西南部			东部	仿制品	中部	仿制品	东南部	仿制品	西南部	仿制品
2	2008	617	722	488	112		2008	617	383	722	278	488	512	112	888
3	2009	675	601	518	224		2009	675	325	601	399	518	482	224	776
4	2010	619	795	548	448		2010	619	381	795	205	548	452	448	552
5	2011	580	874	578	896		2011	580	420	874	126	578	422	896	104
6															
7	Label	X	Y												
8	0	0	0												
9	200	0	200												
10	400	0	400												
11	600	0	600												
12	800	0	800												
13	0	0	1000												
14	200	0	1200												
15	400	0	1400												
16	600	0	1600												
17	800	0	1800												
18	0	0	2000												
19	200	0	2200												
20	400	0	2400												
21	600	0	2600												
22	800	0	2800												
23	0	0	3000												
24	200	0	3200												
25	400	0	3400												
26	600	0	3600												
27	800	0	3800												
28	1000	0	4000												

图 10-13　原始数据右边和下面的数据是由宏创建的，用于创建该图表

同样，可使用以下代码将图表中编号为偶数的系列都设置成透明的：

```
' 将仿制品（dummy）数据系列的填充设置成"无"
For i = FinalSeriesCount To 2 Step -2
Cht.SeriesCollection(i).Interior.ColorIndex = xlNone
Next i
```

在创建该图表的过程中，最棘手的部分是为图表添加最后一个系列。该系列所包含的数据点远比其他系列多。区域 B8:C28 包含新系列的 X 值和 Y 值。其中每个系列的 X 值都为 0，这样能够确保沿着图表区域的左侧进行显示。而 Y 值按变量 LabSize 的值递增。数据点对应的标签位于相应行的 A 列，它们将绘制在每个网格线的旁边，这些标签能够确保图表中的每个地区都从 0 开始。

事实上，使用 VBA 添加新数据系列远比在 Excel 用户界面中添加容易。下面的代码指定了该系列中的每个数据点，并指定将其绘制为 XY 图表：

```
' 在图表中添加新的数据系列
Set Ser = Cht.SeriesCollection.NewSeries
With Ser
.Name = "Y"
.Values = Range(Cells(AxisRow + 1, 3), Cells(NewFinal, 3))
.XValues = Range(Cells(AxisRow + 1, 2), Cells(NewFinal, 2))
.ChartType = xlXYScatter
.MarkerStyle = xlMarkerStyleNone
End With
```

最后，编写代码将 A 列的数据标签应用于最后一个数据系列中的每个数据点：

```
' 为系列中的每个数据点添加标签
' 这段代码实际上沿着左轴添加假标签
For i = 1 To TickMarkCount
Ser.Points(i).HasDataLabel = True
Ser.Points(i).DataLabel.Text = Cells(AxisRow + i, 1).Value
Next i
```

创建图 10-13 所示的堆积图表的完整代码如下：

```
Sub CreatedStackedChart()
Dim Cht As Chart
Dim Ser As Series
FinalRow = Cells(Rows.Count, 1).End(xlUp).Row
FinalCol = Cells(1, Columns.Count).End(xlToLeft).Column
OrigSeriesCount = FinalCol - 1
FinalSeriesCount = OrigSeriesCount * 2
' 定义每个面积图表的高度
ChtHeight = 1000
' 定义标签的大小
' ChtHeight 的值必须设置成 LabSize 值得整数倍
LabSize = 200
' 复制数据
NextCol = FinalCol + 2
Cells(1, 1).Resize(FinalRow, FinalCol).Copy _
Destination:=Cells(1, NextCol)
FinalCol = Cells(1, Columns.Count).End(xlToLeft).Column
' 添加一个新列作为 dummy 数据系列
MyFormula = "=" & ChtHeight & "-RC[-1]"
For i = FinalCol + 1 To NextCol + 2 Step -1
Cells(1, i).EntireColumn.Insert
Cells(1, i).Value = "dummy"
Cells(2, i).Resize(FinalRow - 1, 1).FormulaR1C1 = MyFormula
Next i
' 计算出新的最后一列
FinalCol = Cells(1, Columns.Count).End(xlToLeft).Column
' 创建图表
ActiveSheet.Shapes.AddChart(xlAreaStacked).Select
Set Cht = ActiveChart
Cht.SetSourceData Source:=Range(Cells(1, NextCol), Cells(FinalRow, _
FinalCol))
Cht.PlotBy = xlColumns
' 将编号为偶数的数据系列从图例中清除
For i = FinalSeriesCount - 1 To 1 Step -2
Cht.Legend.LegendEntries(i).Delete
Next i
' Set the axis Maximum Scale & Gridlines
TopScale = OrigSeriesCount * ChtHeight
```

```
With Cht.Axes(xlValue)
.MaximumScale = TopScale
.MinorUnit = LabSize
.MajorUnit = ChtHeight
End With
Cht.SetElement (msoElementPrimaryValueGridLinesMinorMajor)
'将仿制品（dummy）数据系列的填充设置为"无"
For i = FinalSeriesCount To 2 Step -2
Cht.SeriesCollection(i).Interior.ColorIndex = xlNone
Next i
' 隐藏原始轴标签
Cht.Axes(xlValue).TickLabelPosition = xlNone
' 创建一个新区域，用于存储 XY 数据系列，XY 数据系列用于创建左轴标签
AxisRow = FinalRow + 2
Cells(AxisRow, 1).Resize(1, 3).Value = Array("Label", "X", "Y")
TickMarkCount = OrigSeriesCount * (ChtHeight / LabSize) + 1
' 列 B 包含 X 值，它们都为 0
Cells(AxisRow + 1, 2).Resize(TickMarkCount, 1).Value = 0
' C 列中包含 Y 值
Cells(AxisRow + 1, 3).Resize(TickMarkCount, 1).FormulaR1C1 = _
"=R[-1]C+" & LabSize
Cells(AxisRow + 1, 3).Value = 0
'A 列中包含了每个数据点将使用的标签
Cells(AxisRow + 1, 1).Value = 0
Cells(AxisRow + 2, 1).Resize(TickMarkCount - 1, 1).FormulaR1C1 = _
"=IF(R[-1]C+" & LabSize & ">=" & ChtHeight & ",0,R[-1]C+" & LabSize _
& ")"
NewFinal = Cells(Rows.Count, 1).End(xlUp).Row
Cells(NewFinal, 1).Value = ChtHeight
' 在图表中添加新的数据系列
Set Ser = Cht.SeriesCollection.NewSeries
With Ser
.Name = "Y"
.Values = Range(Cells(AxisRow + 1, 3), Cells(NewFinal, 3))
.XValues = Range(Cells(AxisRow + 1, 2), Cells(NewFinal, 2))
.ChartType = xlXYScatter
.MarkerStyle = xlMarkerStyleNone
End With
' 为数据系列中的每个数据点添加标签
' 这段代码实际上沿着左轴添加假标签
For i = 1 To TickMarkCount
Ser.Points(i).HasDataLabel = True
Ser.Points(i).DataLabel.Text = Cells(AxisRow + i, 1).Value
Next i
' 在图例中隐藏 Y 标签
```

```
Cht.Legend.LegendEntries(Cht.Legend.LegendEntries.Count).Delete
End Sub
```

注意: Andy Pope 和 Jon Peltier 的网站中包含了大量需要经过艰苦努力才能创建出的非凡图表。如果您经常需要创建股价图或类似该网站中的图表,那么花些时间来编写 VBA 代码能够减少在 Excel 用户界面中创建图表的苦恼。

10.9　将图表导出为图形

可以将任何图表导出为图片文件存储在硬盘中。使用 ExportChart 方法时，需要指定文件名和图片类型。所支持的图片类型取决于计算机的注册表中安装的图形文件筛选器。大多数计算机都支持 JPG、BMP、PNG 和 GIF 格式的文件。

例如，下面的代码能够将活动图表导出为 GIF 格式的文件：

```
Sub ExportChart()
Dim cht As Chart
Set cht = ActiveChart
cht.Export Filename:="C:\Chart.gif", Filtername:="GIF"
End Sub
```

警告: 从 Excel 2003 起，微软开始在 Export 方法中支持 Interactive 参数。Excel 的帮助文档中指出，如果将 Interactive 参数设置为 True，Excel 将根据文件类型要求用户提供其他设置。但并不会出现询问其他设置的对话框，至少对于 JPG、GIF、BMP 和 PNG 四种标准类型来说是这样的。要想在宏运行过程中阻止任何问题弹出，可设置 Interactive:=False。

在用户窗体中创建动态图表

除能够将图表导出为图形之外，还可以将图形文件加载到用户窗体中的“图像”控件中。这意味着您可以创建一个对话框，用户可以通过该对话框动态地控制绘制图表的值。

要创建图 10-14 所示的对话框，可采取以下步骤。

1．在 VBA 窗口中，选择“插入>用户窗体”，在“属性”窗口中，将该用户窗体重命名为 frmChart。

2．调整用户窗体的大小。

3．在用户窗体中添加一个大型的“图像”控件。

4．添加两个微调按钮，并将其分别命名为 sbX 和 sbY。将它们的最小值和最大值分别设置为 1 和 5。

5．添加一个名为 Label3 的标签，用于显示公式。

6．添加一个标记为“Close”的命令按钮。

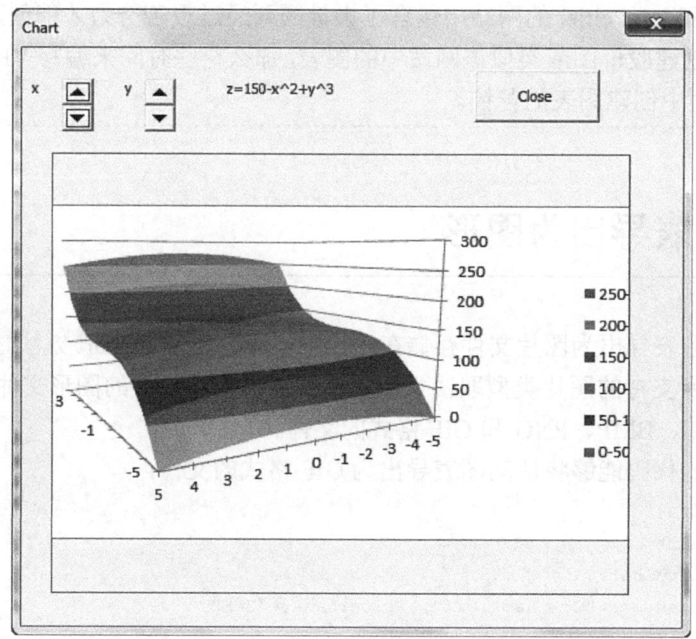

图 10-14　该对话框是一个 VBA 用户窗体，其中显示一个图表，将根据用户在对话框中的设置重新绘制图表

7．在用户窗体的代码窗口中输入以下代码：

```
Private Sub CommandButton1_Click()
Unload Me
End Sub
Private Sub sbX_Change()
MyPath = ThisWorkbook.Path & Application.PathSeparator & "Chart.gif"
Worksheets("Surface").Range("O2").Value = Me.sbX.Value
Worksheets("Surface").Shapes("Chart 1").Chart.Export MyPath
Me.Label3.Caption = Worksheets("Surface").Range("O4").Value
Me.Image1.Picture = LoadPicture(MyPath)
End Sub
Private Sub sbY_Change()
MyPath = ThisWorkbook.Path & Application.PathSeparator & "Chart.gif"
Worksheets("Surface").Range("O3").Value = Me.sbY.Value
Worksheets("Surface").Shapes("Chart 1").Chart.Export MyPath
Me.Label3.Caption = Worksheets("Surface").Range("O4").Value
Me.Image1.Picture = LoadPicture(MyPath)
End Sub
Private Sub UserForm_Initialize()
```

```
MyPath = ThisWorkbook.Path & Application.PathSeparator & "Chart.gif"
Me.sbX = Worksheets("Surface").Range("O2").Value
Me.sbY = Worksheets("Surface").Range("O3").Value
Me.Label3.Caption = Worksheets("Surface").Range("O4").Value
Worksheets("Surface").Shapes("Chart 1").Chart.Export MyPath
Me.Image1.Picture = LoadPicture(MyPath)
End Sub
```

8. 选择菜单“插入>模块”，插入一个名为“模块 1”的模块，代码如下：

```
Sub ShowForm()
frmChart.Show
End Sub
```

当用户在用户窗体中改变微调按钮时，Excel 将新值写入工作表，这会导致图表更新。用户窗体代码将图表导出，并显示在用户窗体上，如图 10-14 所示。

10.10　创建数据透视图

数据透视图（pivot chart）是使用数据透视表作为其数据源的图表。不幸的是，数据透视图没有常规数据透视表中的“显示页”功能。但可以通过使用快捷的 VBA 宏创建一个数据透视表，并基于此数据透视表创建一个数据透视图来克服这一问题。宏将在数据透视表的报表筛选区域添加一个“客户”字段，然后遍历每个客户，并为每个客户导出图表。

在 Excel 中，可首先使用 PivotCache.Create 方法创建一个数据透视表缓存。然后基于此数据透视表缓存创建数据透视表。通常的做法是，在向数据透视表中添加字段时，关闭数据透视表更新。并在希望 Excel 执行计算操作时更新数据透视表。

为了确定数据透视表的最终区域，需要运用一些技巧。如果禁用了行汇总和列汇总，数据透视表的可绘区域将从区域 PivotTableRange1 下方第一行开始。此时，必须对区域的大小进行调整，使其少包含一行，以确保图表显示在正确的位置。

数据透视表创建好之后，可以使用本章前面讨论过的 Charts.Add 代码。可以使用任何格式代码根据需要为图表设置格式。

下面的代码创建了一个数据透视表和一个按地区和产品汇总收入的数据透视图：

```
Sub CreateSummaryReportUsingPivot()
Dim WSD As Worksheet
Dim PTCache As PivotCache
Dim PT As PivotTable
Dim PRange As Range
Dim FinalRow As Long
Dim ChartDataRange As Range
Dim Cht As Chart
```

```
Set WSD = Worksheets("Data")
' 删除所有之前存在的数据透视表
For Each PT In WSD.PivotTables
PT.TableRange2.Clear
Next PT
WSD.Range("I1:Z1").EntireColumn.Clear
' 定义输入区域并创建数据透视表缓存
FinalRow = WSD.Cells(Application.Rows.Count, 1).End(xlUp).Row
FinalCol = WSD.Cells(1, Application.Columns.Count). _
End(xlToLeft).Column
Set PRange = WSD.Cells(1, 1).Resize(FinalRow, FinalCol)
Set PTCache = ActiveWorkbook.PivotCaches.Create(SourceType:= _
xlDatabase, SourceData:=PRange.Address)
' 在数据透视表缓存的基础上创建数据透视表
Set PT = PTCache.CreatePivotTable(TableDestination:=WSD. _
Cells(2, FinalCol + 2), TableName:="PivotTable1")
' 在创建数据透视表时关闭数据透视表更新
PT.ManualUpdate = True
' 设置行字段
PT.AddFields RowFields:="Region", ColumnFields:="Product", _
PageFields:="Customer"
' 设置数据区域
With PT.PivotFields("Revenue")
.Orientation = xlDataField
.Function = xlSum
.Position = 1
End With
With PT
.ColumnGrand = False
.RowGrand = False
.NullString = "0"
End With
' 计算数据透视表
PT.ManualUpdate = False
PT.ManualUpdate = True
' 定义图表数据区域
Set ChartDataRange = _
PT.TableRange1.Offset(1, 0).Resize(PT.TableRange1.Rows.Count - 1)
' 添加图表
WSD.Shapes.AddChart.Select
Set Cht = ActiveChart
Cht.SetSourceData Source:=ChartDataRange
' 设置图表的格式
Cht.ChartType = xlColumnClustered
Cht.SetElement (msoElementChartTitleAboveChart)
```

```
    Cht.ChartTitle.Caption = "All Customers"
    Cht.SetElement msoElementPrimaryValueAxisThousands
    ' 下面这行代码只能用于 Excel 2010，在 Excel 2007 中不可用
    Cht.ShowAllFieldButtons = False
End Sub
```

图 10-15 所示为最终得到的图表和数据透视表。

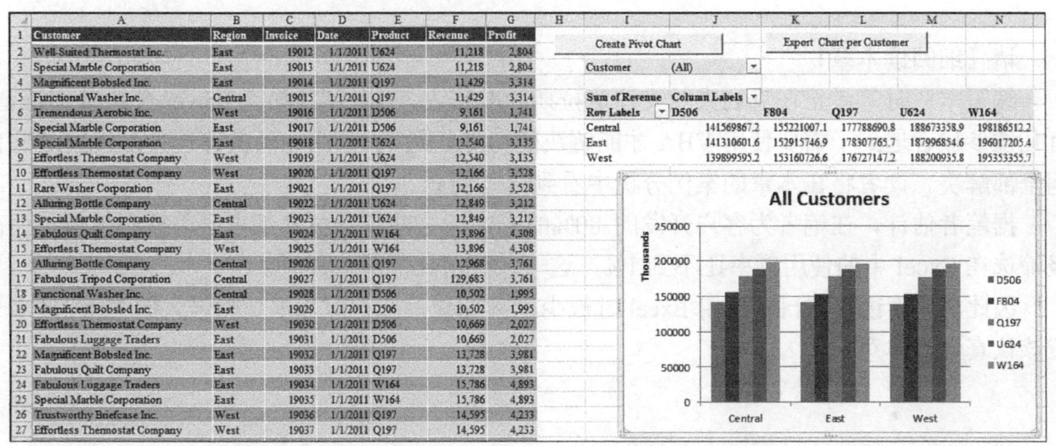

图 10-15　首先使用 VBA 创建一个数据透视表，再基于此数据透视表创建一个数据透视图。Excel 将自动显示“数据透视图筛选窗格”

第 11 章　使用高级筛选进行数据挖掘

请仔细阅读本章！

编写本章时笔者正在克利夫兰飞往达拉斯的航班上，当时刚参加完 Power 分析师训练营，有几位参加者遇到了需要使用 VBA 才能解决的特殊问题，而使用全新的筛选方法能将这些问题全部解决。读者将在本章的案例分析中看到这些问题。

据笔者估计，在笔者为客户开发的 80%的宏中，这些筛选技术都占据着核心地位。而高级筛选在 Excel 中的使用频率还不到 1%，这一统计对比颇具戏剧性。

因此，尽管读者在日常使用 Excel 时很少用到高级筛选，但为了功能强大的 VBA 技术也应该认真学习本章。

11.1　使用自动筛选代替循环

在第 6 章“R1C1 引用样式”中，读者已了解几种遍历数据集，并为满足特定条件的记录设置格式的方法。而使用自动筛选，能够以更快的速度实现相同的效果。

假设现有图 11-1 所示的数据集，想对其中所有满足特定条件的记录执行一些操作。

1	地区	产品	日期	顾客	质量	年收入	COGS	利润
5	Central	R537	21-Jul-11	Mouthwatering Notebook Inc.	500	11240	5621	5619
6	East	R537	22-Jul-11	Cool Saddle Traders	400	9152	4497	4655
7	East	W435	22-Jul-11	Tasty Shovel Company	800	18552	8659	9893
8	Central	R537	22-Jul-11	Mouthwatering Notebook Inc.	400	9204	4497	4707
9	Central	M556	23-Jul-11	Ford	400	6860	3727	3133
10	East	M556	25-Jul-11	Guarded Aerobic Corporation	400	8456	3727	4729
11	West	R537	25-Jul-11	Cool Saddle Traders	600	13806	6745	7061
12	Central	M556	27-Jul-11	Guarded Aerobic Corporation	800	16416	7454	8962
13	East	R537	27-Jul-11	Agile Aquarium Inc.	900	21015	10118	10897

图 11-1　找出所有 Ford 记录，并做标记

在第 6 章中，读者已经学习过如何编写这样的代码将所有 Ford 记录的颜色设置成绿色：

```
Sub OldLoop()
FinalRow = Cells(Rows.Count, 1).End(xlUp).Row
For i = 2 To FinalRow
If Cells(i, 4) = "Ford" Then
Cells(i, 1).Resize(1, 8).Interior.ColorIndex = 4
End If
```

```
Next i
End Sub
```

如果想删除记录，则必须仔细地自数据集的底部至顶部执行循环，代码如下：

```
Sub OldLoopToDelete()
FinalRow = Cells(Rows.Count, 1).End(xlUp).Row
For i = FinalRow To 2 Step -1
If Cells(i, 4) = "Ford" Then
Rows(i).Delete
End If
Next i
End Sub
```

通过 AutoFilter 方法可以仅使用一行代码就能将所有 Ford 记录集中起来：

```
Range("A1").AutoFilter Field:=4, Criteria1:="Ford"
```

将匹配的记录集中显示之后，无需使用 VisibleCellsOnly 方法为匹配记录设置格式，而只需使用以下代码就能将所有匹配记录设置成绿色：

```
Range("A1").CurrentRegion.Interior.ColorIndex = 4
```

注意：.CurrentRegion 属性将引用区域 A1 扩充至整个数据集。

以上两行代码中存在两个问题：第一，程序将“自动筛选”下拉列表留在了数据集中；第二，标题行仍然被设置为绿色。

如果想关闭“自动筛选”下拉列表并清除筛选，可以使用下面这行代码：

```
Range("A1").AutoFilter
```

如果想使“自动筛选”下拉列表保持打开状态，只关闭 D 列的下拉列表以不再显示 Ford 记录，可使用以下代码：

```
ActiveSheet.ShowAllData
```

第 2 个问题有些复杂。应用筛选之后，选择 Range("A1").CurrentRegion 时会自动选择标题，因此设置的任何格式同样会应用到标题行。

如果您不使用数据下方的第一个空行，可通过简单地添加一条 OFFSET(1)语句将当前区域的起始点下移至第 2 行。如果目标只是删除所有 Ford 记录，那么，这种方法效果不错：

```
Sub DeleteFord()
' 跳过了标题行，但同时却删除了数据集下面的第一个空行
Range("A1:A1").AutoFilter Field:=4, Criteria1:="Ford"
Range("A1").CurrentRegion.Offset(1).EntireRow.Delete
Range("A1").AutoFilter
End Sub
```

注意：使用 OFFSET 属性时通常需要指定行数和列数。例如，.OFFSET(-2, 5)代表向上移 2 行、向右移 5 列。如果不希望对列进行调整，则可将列参数省略。.OFFSET(1)代表向下移 1 行、列不动。

上述代码能够应用是因为，您不在乎数据下面的第一个空行被删除。然而，如果是将这些行的颜色设置为绿色，程序将把数据下面的第一个空行设置成绿色，而这看起来是不正确的。

在设置格式之前，可以先确定数据集的高度，在使用 OFFSET 属性时可利用.Resize 来减小当前区域的高度：

```
Sub ColorFord()
DataHt = Range("A1").CurrentRegion.Rows.Count
Range("A1").AutoFilter Field:=4, Criteria1:="Ford"
With Range("A1").CurrentRegion.Offset(1).Resize(DataHt - 1)
' 不必使用 VisibleCellsOnly 来设置格式
.Interior.ColorIndex = 4
.Font.Bold = True
End With
' 清除 AutoFilter 并删除下拉列表
Range("A1").AutoFilter
End Sub
```

11.1.1 使用新增的自动筛选技术

Excel 从 2007 版开始引进了从筛选器中选择多个值、根据颜色进行筛选、根据图标进行筛选、筛选前 10 项以及按虚拟日期筛选。从 2010 版开始，Excel 在筛选器下拉列表中引入了新的搜索框。所有这些筛选器使用 VBA 同样能够实现，尽管其中一些在 VBA 中执行时使用旧版本中的方法。

1. 选择多个值

之前的 Excel 版本允许用户选择两个值，中间使用“and”或“or”连接。在本例中，需要指定 xlAND 或 xlOR 作为运算符：

```
Range("A1").AutoFilter Field:=4, _
Criteria1:="Ford", _
Operator:=xlOr, _
Criteria2:="General Motors"
```

随着 AutoFilter 命令变得越来越灵活，微软仍然使用原来的三个参数，虽然它们已没什么意义。例如，在 Excel 中，可针对一个字段进行筛选，选出前 5 条记录或最后 8%的记录。要使用这种筛选，可指定 5 或 8 作为 Criteria1 参数，并指定 xlTop10Items、xlTop10Percent、xlBottom10Items 和 xlBottom10Percent 作为运算符。下面的代码筛选收入排名前 12 的记录：

```
Sub Top10Filter()
' 前 12 名收入记录
Range("A1").AutoFilter Field:=6, _
Criteria1:="12", _
Operator:=xlTop10Items
End Sub
```

由于 AutoFilter 命令的存在，使得代码中包含了许多数字（5、10、12）。数字 5 表明在第

5 列进行查找。xlTop10Items 是筛选器的名称，但筛选的记录不限于 10 项。条件 12 表明希望筛选器返回的项数。

Excel 中提供了几个筛选选项。但 Excel 依然强制它们采用旧式对象模型，其过滤器命令必须采用一个运算符和至多两个条件。

如果要选择三个或更多值，可将运算符修改为新引入的 Operator:=xlFilterValues，并在参数 Criteria1 中将值列表指定为数组：

```
Range("A1").AutoFilter Field:=4, _
Criteria1:=Array("General Motors", "Ford", "Fiat"), _
Operator:=xlFilterValues
```

2. 使用搜索框进行选择

Excel 在“自动筛选”下拉列表中引入了“搜索”框。在“搜索”框中输入一些内容之后，可以使用“筛选器”下拉列表中的“选择所有搜索结果”选项，如图 11-2 所示。

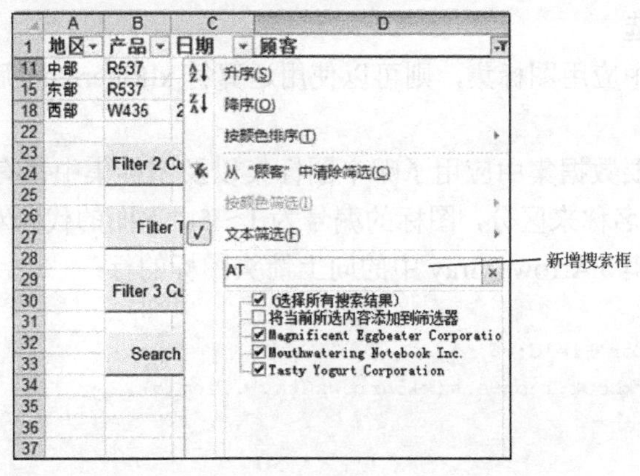

图 11-2　查找所有包含“AT”的记录

宏录制器在录制“搜索”框方面做得不是很好。在运行宏时，宏录制器对满足搜索条件的客户列表进行硬编码。

考虑“搜索”框，它实际是选择“文本筛选>包含”命令的一种快捷的方式。另外，“包含筛选”实际上是指定搜索字符串（被星号包围）的一种快捷方式。因此，要筛选所有包含“AT”的记录，可使用以下代码：

```
Range("A1").AutoFilter, Field:=4, Criteria1:="*at*"
```

3. 按颜色进行筛选

要查找带有特定字体颜色的记录，可以使用运算符 xlFilterFontColor，并指定一个特定的 RGB 值作为标准。下面的代码查找 F 列为红色字体的所有单元格：

```
Sub FilterByFontColor()
Range("A1").AutoFilter Field:=6, _
Criteria1:=RGB(255, 0, 0), Operator:=xlFilterFontColor
```

```
End Sub
```

要查找没有特定字体颜色的记录，可以使用运算符 xlFilterAutomatic-FillColor，并且不指定任何条件。

```
Sub FilterNoFontColor()
Range("A1").AutoFilter Field:=6, _
Operator:=xlFilterAutomaticFontColor
End Sub
```

要查找具有特定填充颜色的记录，可以使用运算符 xlFilterCellColor，并指定特定的 RGB 值作为标准。下面的代码查找 F 列中所有红色单元格：

```
Sub FilterByFillColor()
Range("A1").AutoFilter Field:=6, _
Criteria1:=RGB(255, 0, 0), Operator:=xlFilterCellColor
End Sub
```

要查找没有填充颜色的记录，可以使用运算符 xlFilterNoFill，并且不指定任何条件。

4. 按图标进行筛选

如果希望在数据集中应用图标集，则可以使用运算符 xlFilterIcon 筛选出带有特定图标的记录。

对于筛选条件，需要数据集中应用了哪个图标集以及图标集中都有哪些图标。图标集使用图 11-3 所示 F 列中的名称来区分，图标的编号为 1～5。下面的代码对“年收入”列进行筛选，查找其中包含图标集 5 Arrows Gray 中的向上箭头图标的行：

```
Sub FilterByIcon()
Range("A1").AutoFilter Field:=6, _
Criteria1:=ActiveWorkbook.IconSets(xl5ArrowsGray).Item(5), _
Operator:=xlFilterIcon
End Sub
```

图 11-3　要搜索特定的图表，需要知道 F 列中的图标集和第 1 行的图标编号

要查找没有任何条件格式图标的记录，可以使用运算符 xlFilterNoIcon，并且不指定任何条件。

5. 使用自动筛选选择动态日期范围

在 Excel 中，最强大的筛选功能也许非动态筛选莫属。通过这些筛选可以选择大于平均值的记录或者日期介于虚拟时间段（如下一周或上一年）之间的记录。

要使用动态筛选，可以指定 xlFilterDynamic 作为运算符，然后将 Criteria1 设置为 34 个值之一。下面的代码查找下一年的所有日期：

```
Sub DynamicAutoFilter()
Range("A1").AutoFilter Field:=3, _
Criteria1:=xlFilterNextYear, _
Operator:=xlFilterDynamic
End Sub
```

下面列出了所有动态筛选标准，在 AutoFilter 方法中，可指定这些值作为 Criteria1：

■ **将值作为条件**：分别使用 xlFilterAboveAverage 或 xlFilterBelowAverage 查找高于或低于平均值的所有行。注意对于 Lake Wobegon，使用 xlFilterBelowAverage 将不会返回任何记录。

■ **将未来时间段作为条件**：使用 xlFilterTomorrow、xlFilterNextWeek、xlFilterNextMonth、xlFilterNextQuarter 或 xlFilterNextYear 能够查找出位于特定未来时间段内的所有行。注意下一周以星期日开始、星期六结束。

■ **将当前时间段作为条件**：使用 xlFilterToday、xlFilterThisWeek、xlFilterThis-Month、xlFilterThisQuarter 或 xlFilterThisYear 能够查找出位于当前时间段内的所有行。Excel 将使用系统时间查找当前时间。

■ **将过去时间段作为条件**：使用 xlFilterYesterday、xlFilterLastWeek、xlFilterLast-Month、xlFilterLastQuarter、xlFilterLastYear 或 xlFilterYearToDate 能够查找出位于过去时间段内的所有行。

■ **将指定季度作为条件**：xlFilterDatesInPeriodQuarter1、xlFilterDatesInPeriodQuarter2、xlFilterDatesInPeriodQuarter3、xlFilterDatesInPeriod-Quarter4 能够查找出位于指定季度内的所有行。注意，这些筛选不考虑年份，如果指定第 1 季度，则返回的可能是当前的 1 月，去年的 2 月和明年的 3 月。

■ 将指定月份作为条件：使用 xlFilterDatesInPeriodJanuary 到 xlFilter-DatesInPeriod December 筛选在指定月份之间的所有记录。和季度一样，这些月份筛选也不考虑年份。

不幸的是，不能将这些条件组合起来使用。读者可能想指定 xlFilterDatesInPeriodJanuary 作为 Criteria1，xlFilterDatesNextYear 作为 Criteria2。虽然这是一个非常聪明的设想，但微软并不支持这种语法。

11.1.2 只筛选可见单元格

一旦应用了筛选，大多数命令往往只想针对选中的可见行执行。如果需要对记录进行删除、设置格式以及应用条件格式等，只需针对第一个标题单元格引用.CurrentRegion，并执行命令。

然而，如果数据集中某些行使用“隐藏行”命令被隐藏，则对.CurrentRegion 设置的任何格式同样也都将应用于隐藏行。在这种情况下，应该启用“定位条件”对话框中的“可见单元格”命令，如图 11-4 所示。

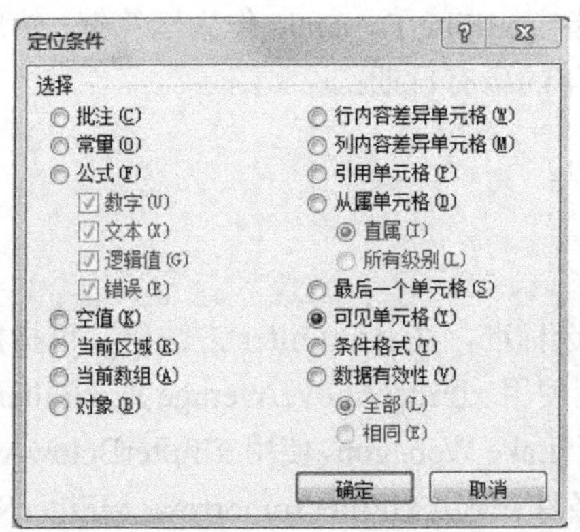

图 11-4　如果一些行被手工隐藏，则可启用“定位条件”对话框中的“可见单元格”命令

要在代码中使用“可见单元格”，可使用 SpecialCells 属性：

```
Range("A1").CurrentRegion.SpecialCells(xlCellTypeVisible)
```

11.2　案例分析：使用定位条件代替循环

在下面的案例分析中，“定位条件”对话框发挥着重要作用。

在有一年的数据分析师训练营期间，一位与会者曾编写过一个需要运行很长时间的宏。他的工作簿中包含了许多选择控件。在区域 H10:H750 的每个单元格中包含一个非常复杂的 IF 函数，用于选择添加到报表中的记录。而在 IF 语句中又嵌入了很多条件，每个单元格的公式中又插入了 KEEP 或 HIDE：

```
=IF(True,"KEEP","HIDE")
```

下面这段代码隐藏个别行：

```
For Each cell In Range("H10:H750")
If cell.Value = "HIDE" Then
cell.EntireRow.Hidden = True
End If
Next cell
```

该宏运行需要花费几分钟时间。每次循环结束，用于排除隐藏行的函数 SUBTOTAL 都要重新进行计算。提高宏运行速度采取的第一项措施是关闭屏幕更新和计算：

```
Application.ScreenUpdating = False
Application.Calculation = xlCalculationManual
For Each cell In Range("H10:H750")
If cell.Value = "HIDE" Then
cell.EntireRow.Hidden = True
End If
Next cell
Application.Calculation = xlCalculationAutomatic
Application.ScreenUpdating = True
```

由于种种原因，遍历所有记录花费的时间还是很长。我们尝试使用自动筛选来隔离 HIDE 记录，然后将这些行隐藏，但是这样在关闭自动筛选之后却丢失了手工隐藏行。

解决方法是使用“定位条件”对话框中的限制条件：只返回公式的文本结果。首先，将 H 列中的公式修改为只返回 HIDE 或数字：

```
=IF(True,"KEEP",1)
```

然后，下面这行代码能够将 H 列中为文本值的行隐藏：

```
Range("H10:H750") _
.SpecialCells(xlCellTypeFormulas, xlTextValues) _
.EntireRow.Hidden = True
```

由于在一个命令中就实现了将所有行隐藏，因此该部分宏的运行时间只需几秒而不是几分钟。

11.3　在 VBA 中使用高级筛选比在 Excel 用户界面中更容易

在 Excel 用户界面中使用晦涩难懂的“高级筛选”命令非常困难，很少有人经常使用它。

然而，在 VBA 中使用高级筛选却非常容易。仅使用一行代码，就能够从数据库中快速提取出部分记录或快速获取任意列中的非重复值。当需要为特定的区域或客户制作报表时，这非常重要。在同一个过程中，有两种高级筛选经常被使用：一个是获取非重复客户列表，另一个是对每个客户进行筛选，如图 11-5 所示。本章接下来将沿着该主线展开讲解。

通过 Excel 用户界面创建一个高级筛选

由于很少有人使用“高级筛选”这一功能，本节将给出几个通过用户界面创建高级筛选的例子，并查看模拟这些操作的代码。读者将惊奇地发现，通过用户界面使用高级筛选非常复杂，而通过编程使用高级筛选来提取记录却非常简单。

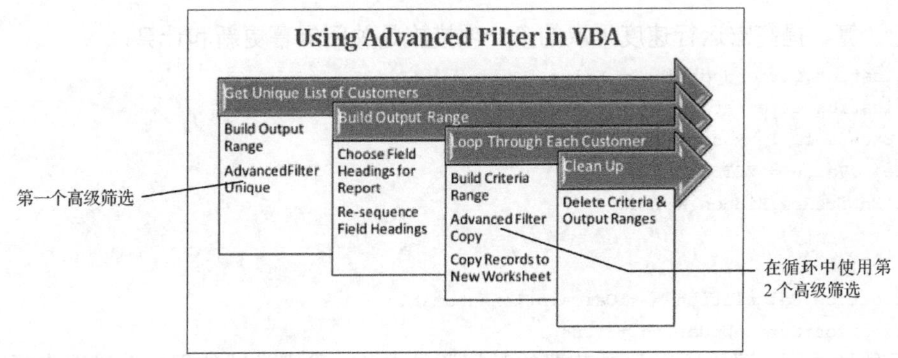

图 11-5　一个典型的宏使用了两种高级筛选

"高级筛选"之所以难用，是因为可以通过另外几种方式进行筛选。用户在"高级筛选"对话框中必须做出三种基本选择，每个选择都涉及两个选项，因此总共有 8 种可能的组合选项。这三种选择如图 11-6 所示，其描述如下。

■ **方式**：用户可以选择"在原有区域显示筛选结果"或"将筛选结果复制到其他位置"。如果选择在原有区域显示筛选结果，则不符合条件的行将被隐藏；如果选择将筛选结果复制到其他位置，则满足条件的记录被复制到新区域。

■ **条件**：在筛选时既可以使用条件，也可以不使用条件。使用条件筛选适合于获取部分行；不使用条件的筛选在需要部分列或使用"选择不重复的记录"时很有用。

■ **不重复**：在筛选时，可以选择获取不重复的记录或所有符合条件的记录。"选择不重复的记录"使得高级筛选命令成为查找区域中不重复值的最快捷方式之一。通过将标题"客户"置于输出区域中，可以获得该列中的非重复值列表。

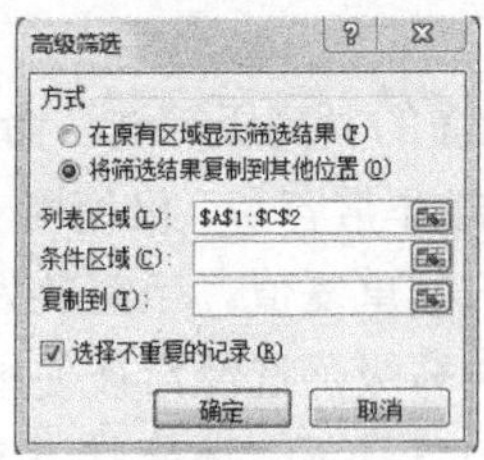

图 11-6　"高级筛选"对话框在 Excel 用户界面中使用起来非常复杂，幸好在 VBA 中非常简单

11.4　使用高级筛选提取非重复值列表

"高级筛选"的一种最简单应用是提取数据集中某个字段的非重复值列表。在下面的例子

中，想从销售报表中提取非重复的客户列表。已知客户位于数据集中的 D 列，但从单元格 A2（第 1 行是标题行）开始总共有多少条记录未知。数据集的右边是空的。

11.4.1 通过用户界面提取非重复值列表

要提取非重复值列表，可采取以下步骤。

1．在光标位于数据区域内的情况下，在“数据”选项卡的“选择和排序”组中选择“高级”命令。在工作表中首次使用“高级筛选”命令时，Excel 将自动使用整个数据集区域填充“列表区域”。以后再使用“高级筛选”命令时，该对话框将记住第一次的设置。

2．选择对话框底部的“选择不重复的记录”复选框。

3．在“方式”部分，选择“将筛选结果复制到其他位置”。

4．在“复制到”文本框中输入“J1”。

在默认情况下，Excel 将复制数据集中的所有列。可以只对“顾客”列进行筛选，为此，可在“列表区域”中只包含 D 列，或在“复制到”区域中指定一个或多个标题，但两种方法各有其缺点。

在筛选之前复制客户标题

只要在执行“高级筛选”命令之前多进行一些考虑，就可以让 Excel 保留默认的列表区域$A$1:$H$1127。在单元格 A1 中输入标题“顾客”。在图 11-6 所示的对话框中，由于在“复制到”中指定的区域 J1 包含列表区域中的一个有效标题，因此 Excel 只复制“顾客”列中的数据。这是一个非常不错的方法，尤其在需要执行多次高级筛选时。由于 Excel 能够记忆上次使用“高级筛选”时所做的设置，因此使其筛选整个区域，并在“复制到”指定的区域中输入标题来指定复制的列更加方便。

当使用这两种方法中的任意一种执行高级筛选之后，在 J 列中将显示出简洁的非重复顾客列表（如图 11-7 所示）。

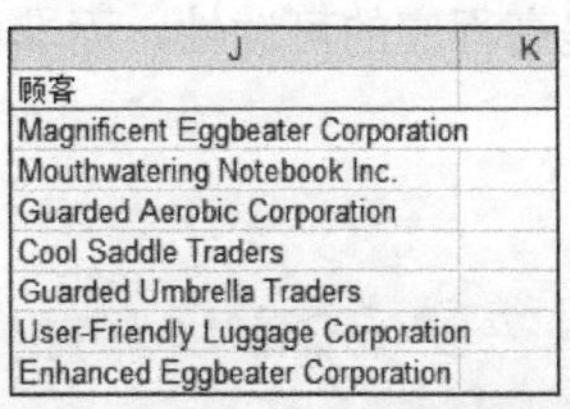

J	K
顾客	
Magnificent Eggbeater Corporation	
Mouthwatering Notebook Inc.	
Guarded Aerobic Corporation	
Cool Saddle Traders	
Guarded Umbrella Traders	
User-Friendly Luggage Corporation	
Enhanced Eggbeater Corporation	

图 11-7　使用“高级筛选”从数据集中提取出非重复顾客列表，并将其复制到 J 列中

11.4.2 使用 VBA 代码提取非重复值列表

在 VBA 中，可以使用 AdvancedFilter 方法来执行“高级筛选”命令。同样，必须做出三

个选择。

- **方式**：可以使用参数 Action:=xlFilterInPlace 在原有区域显示筛选结果，也可以使用参数 Action:=xlFilterCopy 将结果复制到其他位置。如果需要复制，则还需指定参数 CopyToRange:=Range("J1")。
- **条件**：要使用条件进行筛选，应包含参数 CriteriaRange:=Range("L1:L2")。如果不使用条件，则将该参数省略。
- **不重复**：要只返回不重复记录，可以指定参数 Unique:=True。

下面的代码在数据区域中上次使用列向右第二列的位置创建一个单列输出区域：

```
Sub GetUniqueCustomers()
Dim IRange As Range
Dim ORange As Range
'确定当前数据集的大小
FinalRow = Cells(Rows.Count, 1).End(xlUp).Row
NextCol = Cells(1, Columns.Count).End(xlToLeft).Column + 2
' 创建输出区域，从 D1 复制标题
Range("D1").Copy Destination:=Cells(1, NextCol)
Set ORange = Cells(1, NextCol)
' 定义输入区域
Set IRange = Range("A1").Resize(FinalRow, NextCol - 2)
' 执行"高级筛选"来获得非重复客户列表
IRange.AdvancedFilter Action:=xlFilterCopy, CopyToRange:=ORange, _
Unique:=True
End Sub
```

在默认情况下，高级筛选将复制所有列。如果只希望获得某个特定列，可以将该列的标题作为输出区域的标题。

第一小段代码查找数据集的最后一行和最后一列。可以分别为输出区域（ORange）和输入区域（IRange）定义一个对象变量，但不必非要这样做。

这段程序有一定的通用性，以后向数据集中添加新列时，无需重写就能使用。为输入区域和输出区域创建对象变量旨在提高程序的可读性，而非必须的。上面的代码可以简写成以下这样：

```
Sub UniqueCustomerRedux()
' 复制一个标题创建一个输出区域
Range("J1").Value = Range("D1").Value
' 执行高级筛选
Range("A1").CurrentRegion.AdvancedFilter xlFilterCopy, _
CopyToRange:=Range("J1"), Unique:=True
End Sub
```

如果在示例数据集上运行上面任意一段代码，将在数据右边得到一个非重复顾客列表。在图 11-7 所示的表中，列 A～H 是原始数据集，列 J 是非重复顾客。获取该非重复顾客列表的关键是，将“顾客”字段的标题复制到一个空单元格中，并指定该单元格为输出区域。

得到非重复顾客列表后，就可以对列表进行排序并添加一个 SUMIF 公式获取按用户划分的总收入。下面的代码获取非重复顾客列表，对其进行排序，并创建一个公式按用户汇总收入，图 11-8 给出了代码运行的结果：

```
Sub RevenueByCustomers()
Dim IRange As Range
Dim ORange As Range
' 确定当前数据集的大小
FinalRow = Cells(Rows.Count, 1).End(xlUp).Row
NextCol = Cells(1, Columns.Count).End(xlToLeft).Column + 2
' 创建输出区域，复制单元格 D1 中的标题
Range("D1").Copy Destination:=Cells(1, NextCol)
Set ORange = Cells(1, NextCol)
' 定义输入区域
Set IRange = Range("A1").Resize(FinalRow, NextCol - 2)
' 执行“高级筛选”来获得非重复顾客列表
IRange.AdvancedFilter Action:=xlFilterCopy, _
CopyToRange:=ORange, Unique:=True
' 确定有非重复顾客的数量
LastRow = Cells(Rows.Count, NextCol).End(xlUp).Row
'对数据进行排序
Cells(1, NextCol).Resize(LastRow, 1).Sort Key1:=Cells(1, NextCol), _
Order1:=xlAscending, Header:=xlYes
' 添加一个 SUMIF 公式等到汇总
Cells(1, NextCol + 1).Value = "Revenue"
Cells(2, NextCol + 1).Resize(LastRow - 1).FormulaR1C1 = _
"=SUMIF(R2C4:R" & FinalRow & _
"C4,RC[-1],R2C6:R" & FinalRow & "C6)")
End Sub
```

fx {=SUM(($D$2:$D$1127=J2)*$F$2:$F$1127)}

J	K	L
顾客	收入	
Magnificent Eggbeater Corporation	97107	
Mouthwatering Notebook Inc.	832145	
Guarded Aerobic Corporation	543221	
Cool Saddle Traders	76554	
Guarded Umbrella Traders	76895	
User-Friendly Luggage Corporation	24567	
Enhanced Eggbeater Corporation	76896	

图 11-8　该宏根据一个庞大数据集按顾客创建一个汇总报表，高级筛选方法的使用是创建此类功能强大的宏的关键

非重复值列表的另一个重要应用是快速填充用户窗体中的列表框或组合框。例如，假设

有一个宏，它可以生成针对任何顾客的报表。要想让用户选择针对哪个顾客生成报表，可创建一个简单的用户窗体。向用户窗体中添加一个列表框，并将列表框的 MultiSelect 属性设置为 1-fmMultiSelectMulti。在本例中，窗体的名称为 frmReport，除列表框外，该窗体中还包含 4 个按钮，分别为“确定”“取消”“标记全部”和“清除全部”。该窗体的代码如下。注意 Userform_Initialize 过程使用了高级筛选从数据集中获取非重复顾客列表：

```
Private Sub CancelButton_Click()
Unload Me
End Sub
Private Sub cbSubAll_Click()
For i = 0 To lbCust.ListCount - 1
Me.lbCust.Selected(i) = True
Next i
End Sub
Private Sub cbSubClear_Click()
For i = 0 To lbCust.ListCount - 1
Me.lbCust.Selected(i) = False
Next i
End Sub
Private Sub OKButton_Click()
For i = 0 To lbCust.ListCount - 1
If Me.lbCust.Selected(i) = True Then
'调用一个例行程序来生成此报表
RunCustReport WhichCust:=Me.lbCust.List(i)
End If
Next i
Unload Me
End Sub
Private Sub UserForm_Initialize()
Dim IRange As Range
Dim ORange As Range
' 确定当前数据集的大小
FinalRow = Cells(Rows.Count, 1).End(xlUp).Row
NextCol = Cells(1, Columns.Count).End(xlToLeft).Column + 2
' 创建输出区域，复制单元格 D1 中的标题
Range("D1").Copy Destination:=Cells(1, NextCol)
Set ORange = Cells(1, NextCol)
' 定义输入区域
Set IRange = Range("A1").Resize(FinalRow, NextCol - 2)
' 执行“高级筛选”来获取非重复顾客列表
IRange.AdvancedFilter Action:=xlFilterCopy, _
CopyToRange:=ORange, Unique:=True
' 确定非重复顾客的数量
LastRow = Cells(Rows.Count, NextCol).End(xlUp).Row
' 对数据进行排序
```

```
Cells(1, NextCol).Resize(LastRow, 1).Sort Key1:=Cells(1, NextCol), _
Order1:=xlAscending, Header:=xlYes
With Me.lbCust
.RowSource = ""
.List = Cells(2, NextCol).Resize(LastRow - 1, 1).Value
End With
' 清除临时顾客列表
Cells(1, NextCol).Resize(LastRow, 1).Clear
End Sub
```

使用类似下面的简单模块启用此窗体：

```
Sub ShowCustForm()
frmReport.Show
End Sub
```

现在，用户面前呈现一个来自数据集中的可用顾客列表。由于列表框的 MultiSelect 属性被设置为允许多选，因此可以选择任意数量的顾客，如图 11-9 所示。

11.4.3 获取多个字段的不重复组合

要获取多个字段的非重复组合，需要在输出区域中包含一些额外字段。下面的代码示例创建两个字段（Customer 和 Product）的非重复组合列表：

```
Sub UniqueCustomerProduct()
Dim IRange As Range
Dim ORange As Range
'确定当前数据集的大小
FinalRow = Cells(Rows.Count, 1).End(xlUp).Row
NextCol = Cells(1, Columns.Count).End(xlToLeft).Column + 2
' 创建输出区域，复制单元格 D1 和 B1 中的标题
Range("D1").Copy Destination:=Cells(1, NextCol)
Range("B1").Copy Destination:=Cells(1, NextCol + 1)
Set ORange = Cells(1, NextCol).Resize(1, 2)
' 定义输入区域
Set IRange = Range("A1").Resize(FinalRow, NextCol - 2)
' 执行“高级筛选”获取 customers 和 product 的非重复列表
IRange.AdvancedFilter Action:=xlFilterCopy, _
CopyToRange:=ORange, Unique:=True
' 确定非重复行的数量
LastRow = Cells(Rows.Count, NextCol).End(xlUp).Row
' 对数据进行排序
Cells(1, NextCol).Resize(LastRow, 2).Sort Key1:=Cells(1, NextCol), _
Order1:=xlAscending, Key2:=Cells(1, NextCol + 1), _
Order2:=xlAscending, Header:=xlYes
End Sub
```

由图 11-10 所示的运行结果可知，顾客 Enhanced Eggbeater 只购买了一件产品，而顾客 Agile Aquarium 购买了 3 件产品。这对于创建关于产品的顾客报表或关于顾客的产品报表很有用。

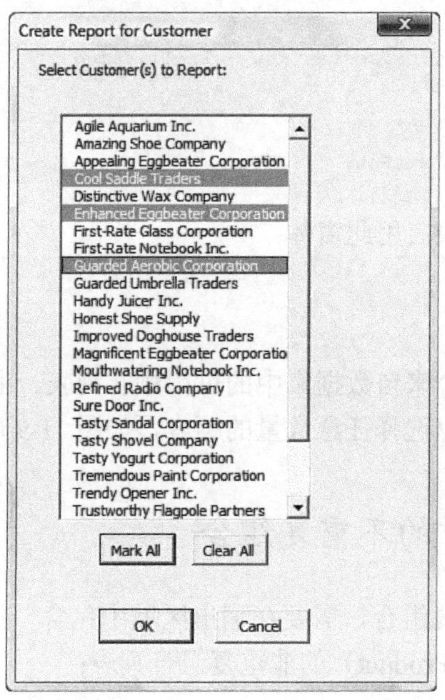

图 11-9　用户将面对一个可供选择的客户列表，即使数据集包含 1 000 000 行数据，使用高级筛选也比创建类来填充列表框快得多

J	K
顾客	产品
Agile Aquarium Inc.	M556
Agile Aquarium Inc.	R375
Agile Aquarium Inc.	W435
Amazing Shoe Company	R346
Amazing Shoe Company	W876
Amazing Shoe Company	M563
Amazing Shoe Company	D986
Cool Saddle Traders	R365
Cool Saddle Traders	U864
Enhanced Eggbeater Corporation	R537

图 11-10　通过在输出区域包含两列，能够获得顾客和产品的所有组合

11.5　使用包含条件区域的高级筛选

顾名思义，“高级筛选”通常用于筛选记录，也就是获取数据的子集。可通过设置条件区

域设置子集。尽管读者对“条件”已经非常熟悉，但也要进行核实以确保在条件区域中使用功能强大的布尔公式。关于布尔公式，将在本章后面的“最复杂的条件：使用公式结果作为条件代替值列表”小节中详细介绍。

在工作表的空白区域创建一个条件区域。条件区域通常包含两个或多个行，第一行包含一个或多个字段标题，用于指定对数据区域中的哪些字段进行筛选；第二行包含用于指定提取哪些记录的值。在图 11-11 所示的对话框中，区域 J1:J2 是条件区域，区域 L1 是输出区域。

在 Excel 用户界面中，要提取特定顾客购买的非重复产品列表，可选择“高级筛选”命令弹出“高级筛选”对话框，如图 11-11 所示。图 11-12 中给出运行结果。

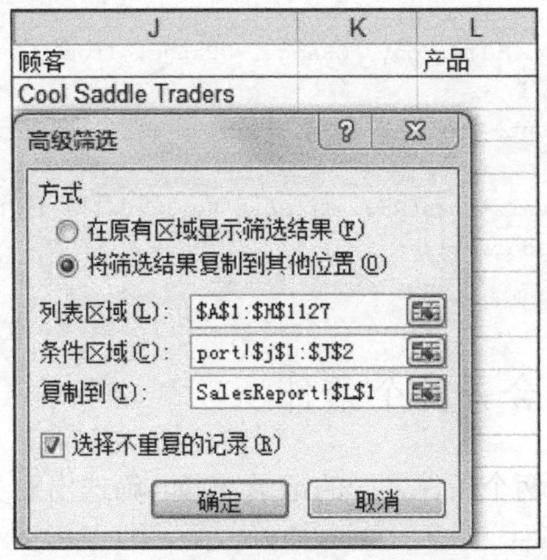

图 11-11　为获取顾客 Cool Saddle Traders 购买的非重复产品列表，设置区域 J1:J2 所示的条件区域

J	K	L
顾客		产品
Cool Saddle Traders		R537
		M556
		W435

图 11-12　高级筛选的结果，它使用条件区域获取不重复产品列表，当然，还可以指定更复杂、更有趣的条件

在 VBA 中，可使用以下代码执行一个等效的高级筛选：

```
Sub UniqueProductsOneCustomer()
Dim IRange As Range
Dim ORange As Range
Dim CRange As Range
' 确定当前数据集的大小
FinalRow = Cells(Rows.Count, 1).End(xlUp).Row
NextCol = Cells(1, Columns.Count).End(xlToLeft).Column + 2
' 使用一个顾客创建输出区域
Cells(1, NextCol).Value = Range("D1").Value
```

```
'事实上，这个值应该从用户界面中输入
Cells(2, NextCol).Value = Range("D2").Value
Set CRange = Cells(1, NextCol).Resize(2, 1)
'创建输出区域，从单元格 B1 中复制标题
Range("B1").Copy Destination:=Cells(1, NextCol + 2)
Set ORange = Cells(1, NextCol + 2)
' 定义输入区域
Set IRange = Range("A1").Resize(FinalRow, NextCol - 2)
' 执行“高级筛选”来获取 customers 和 product 的非重复值列表
IRange.AdvancedFilter Action:=xlFilterCopy, _
CriteriaRange:=CRange, CopyToRange:=ORange, Unique:=True
'以上代码还可以写为:
'IRange.AdvancedFilter xlFilterCopy, CRange, ORange, True
' 确定非重复行的数量
LastRow = Cells(Rows.Count, NextCol + 2).End(xlUp).Row
' 对数据进行排序
Cells(1, NextCol + 2).Resize(LastRow, 1).Sort Key1:=Cells(1, NextCol + 2), _
Order1:=xlAscending, Header:=xlYes
End Sub
```

11.5.1 使用逻辑 or 合并多个条件

有时可能想要筛选满足两个条件之一的记录。例如，筛选出购买了产品 M556 或产品 R537 的客户。这被称为逻辑 or 条件。

当条件需要使用逻辑 or 进行合并时，应将条件置于条件区域的相邻行中。例如，图 11-13 中所示的条件区域 J1:J3 指出了哪些客户预订了产品 M556 或 R357。

J	K
产品	
M556	
R357	

图 11-13 使用逻辑 or 合并条件时，将条件置于相邻的行中。该条件区域指出了预订产品 M556 或 R357 的顾客

11.5.2 使用逻辑 and 合并两个条件

有时还可能需要筛选同时满足两个条件的记录。例如，您可能想提取这样的记录，出售的产品为 W435，其销售的地区是西部地区。这被称为逻辑 and 条件。

为使用 and 连接两个条件，应将两个条件置于条件区域中的同一行。例如，图 11-14 中的条件区域 J1:K2 获取西部地区订购了产品 W435 的客户。

J	K
产品	地区
W435	西部

图 11-14　将两个条件用 and 连接并置于同一行，条件区域 J1:K2 获取西部地区订购了产品 W435 的客户

11.5.3　其他稍微复杂的条件区域

如图 11-15 所示的条件区域基于两个使用逻辑 or 连接的不同字段。该条件区域查询所有西部地区的或产品为 W435 的记录。

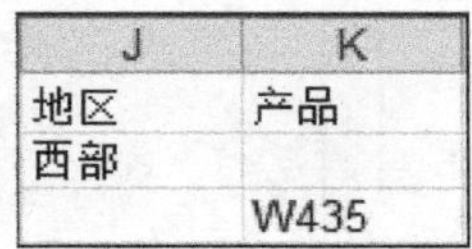

J	K
地区	产品
西部	
	W435

图 11-15　条件区域 J1:K3 返回所有西部地区的或产品为 W435 的记录

11.5.4　最复杂的条件：使用公式结果作为条件代替值列表

可能存在使用多个 or 逻辑和多个 and 逻辑连接的条件区域。尽管这在某些情况下这样做管用，但在其他情况下将很快变得束手无策。幸运的是，Excel 允许使用公式的结果作为条件来处理这类问题。

11.6　案例分析：使用非常复杂的条件

您的客户非常喜欢“顾客”报表，因此聘请您编写一个新报表。在本例中，可以选择任何顾客、任何产品、任何区域或者它们的任意组合。您很快就会适应包含 3 个列表框的用户窗体 frmReport，如图 11-16 所示。

在第一次测试中，设想您选择了两个顾客和两件产品。因此程序中将创建一个包含 5 行的条件区域，如图 11-17 所示，这并不是很糟。

但如果有人选择了 10 件产品、除 House 之外的所有区域以及除国内顾客之外的所有顾客，情况就变得非常糟了。条件区域中需要包含选定字段的不同组合。经常会出现 10 件产品乘以 9 个地区乘以 499 位顾客的情况，条件区域将超过 44 000 行。很容易就能得到一个超过数千行、3 列的条件区域。笔者曾愚蠢地使用这种条件区域实际运行一个高级筛选，如果不是关

闭了计算机，计算可能到现在还未完成。

对于该报表，解决办法是使用基于公式的条件代替值列表。

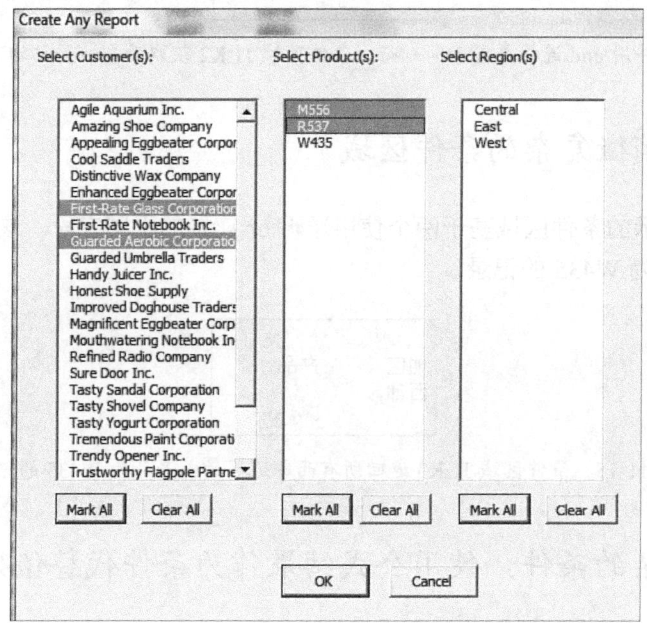

图 11-16　这一超级灵活的窗体使得客户能够运行任意类型的报表。除非知道解决方案，否则会创建非常可怕的条件区域

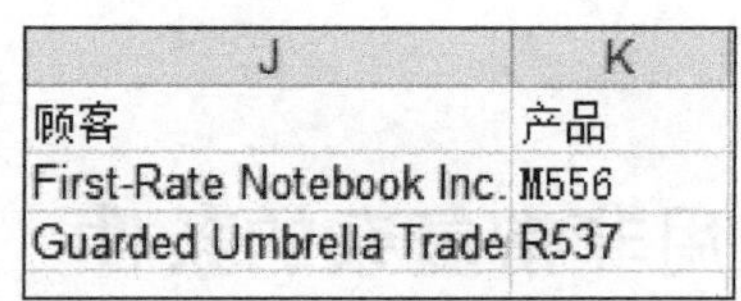

J	K
顾客	产品
First-Rate Notebook Inc.	M556
Guarded Umbrella Trade	R537

图 11-17　该条件区域返回如下记录：两个选定顾客之一购买了两种选定产品之一

将条件作为公式的结果

对于上述案例分析中的 44 000 行条件区域，可以使用一个不那么明显的高级筛选条件来代替。在这种条件区域中，第一行被留空，即条件上方不需要标题。第 2 行中输入的是返回 True 或 False 的公式。如果区域中包含任何引用到数据区域中第 2 行的相对引用，Excel 将对该公式与数据区域中的每一行进行逐行比较。

例如，如果想查找毛利率（Gross Profit Percentage）低于 53%的所有记录，则在单元格 J2 中创建的公式将引用 H2 中的利润（Profit）和 F2 中的收入（Revenue）。为此，可将 J1 留空以告知 Excel 使用的是基于公式的条件。在单元格 J2 中输入公式“=(H2/F2)<0.53”，并将高级筛选的条件区域指定为 J1:J2。

在 Excel 执行高级筛选时，逻辑上它复制公式并将其应用于数据库中的所有行。当公式在任意位置的返回结果为 True 时，该位置的记录将被包含在输出区域中。

这种方法功能非常强大，运行速度极快。和指定常规条件一样，可以在相邻的列或行中输入多个公式，将这些公式条件使用 and 或 or 连接。

注意： 条件区域的第 1 行不必非要为空，但不能包含数据区域中的任何标题。或许您可以使用该行告诉读者查找本书的本页以获得有关公式条件的解释。

11.7　案例分析：在 Excel 用户界面中使用基于公式的条件

可以使用基于公式的条件创建上述案例分析中的报表。图 11-18 给出了创建基于公式的条件的流程。

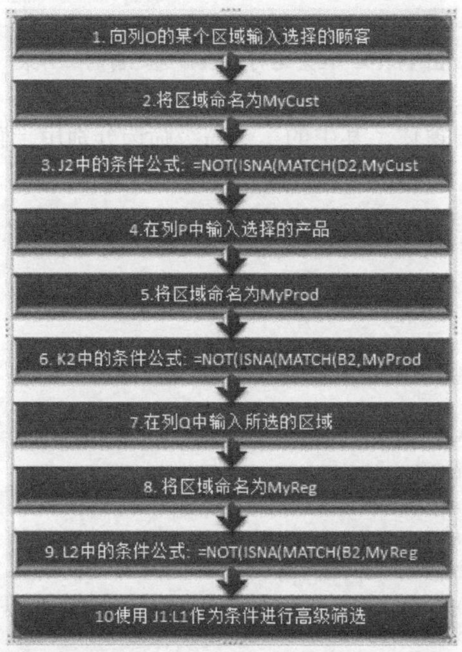

图 11-18　区域 O:Q 中的数据使用了 J2:L2 中的公式

为了对其进行说明，在条件区域右侧的列中输入选定的顾客，为该区域指定一个名称，如 MyCust。在条件区域的单元格 J2 中输入一个公式，如“=Not(ISNA(Match(D2,MyCust,0)))”。

在区域 MyCust 的右侧，使用选定的产品创建一个区域，并将其命名为 MyProd。在区域中的单元格 K2 中，输入一个检验产品的公式"=NOT(ISNA(Match(B2,MyProd,0)))"。

在区域 MyProd 的右侧，使用认定的地区创建一个区域，并将其命名为 MyRegion。在条件区域的单元格 L2 中，输入一个检验选定区域的公式"=NOT(ISNA(Match(A2,MyRegion,0)))"。

现在，使用条件区域 J1:L2，可以高效地从用户窗体中检索出满足任何组合条件的记录。

在 VBA 中使用基于公式的条件

下面是这个用户窗体的代码。请注意 OKButton_Click 中创建公式的逻辑。图 11-19 所示为高级筛选运行之前的 Excel 工作表。

=NOT(ISNA(MATCH($D2,$O$2:$O$11,FALSE)))

H	I	J	K	L	M	N	O	P	Q
Profit									
11568		TRUE	FALSE	TRUE			Amazing Shoe Company	M556	Central
5586							Cool Saddle Traders	W435	East
1175							Enhanced Eggbeater Corporation		
5619							First-Rate Glass Corporation		
4655							Guarded Umbrella Traders		
9893							Mouthwatering Notebook Inc.		
4707							Tasty Sandal Corporation		
3133							Tasty Shovel Company		
4729							Tremendous Paint Corporation		
7061							Trustworthy Flagpole Partners		
10906									

图 11-19　在宏运行高级筛选之前的工作表

下面的代码初始化用户窗体。其中的三个高级筛选分别用于查找顾客、产品和区域的非重复值列表：

```
Private Sub UserForm_Initialize()
Dim IRange As Range
Dim ORange As Range
' 确定当前数据集的大小
FinalRow = Cells(Rows.Count, 1).End(xlUp).Row
NextCol = Cells(1, Columns.Count).End(xlToLeft).Column + 2
' 定义输入区域
Set IRange = Range("A1").Resize(FinalRow, NextCol - 2)
' 为顾客创建输出区域。复制单元格 D1 中的标题
Range("D1").Copy Destination:=Cells(1, NextCol)
Set ORange = Cells(1, NextCol)
' 执行“高级筛选”来获取顾客的非重复值列表
IRange.AdvancedFilter Action:=xlFilterCopy, CriteriaRange:="", _
CopyToRange:=ORange, Unique:=True
' 确定非重复顾客的数量
LastRow = Cells(Rows.Count, NextCol).End(xlUp).Row
'对数据进行排序
Cells(1, NextCol).Resize(LastRow, 1).Sort Key1:=Cells(1, NextCol), _
Order1:=xlAscending, Header:=xlYes
With Me.lbCust
```

```
.RowSource = ""
.List = Application.Transpose(Cells(2,NextCol).Resize(LastRow-1,1))
End With
' 删除顾客的临时列表
Cells(1, NextCol).Resize(LastRow, 1).Clear
' 为产品创建输出区域。复制 D1 单元格中的标题
Range("B1").Copy Destination:=Cells(1, NextCol)
Set ORange = Cells(1, NextCol)
'执行“高级筛选”来获取非重复顾客列表
IRange.AdvancedFilter Action:=xlFilterCopy, _
CopyToRange:=ORange, Unique:=True
' 确定非重复顾客的数量
LastRow = Cells(Rows.Count, NextCol).End(xlUp).Row
' 对数据进行排序
Cells(1, NextCol).Resize(LastRow, 1).Sort Key1:=Cells(1, NextCol), _
Order1:=xlAscending, Header:=xlYes
With Me.lbProduct
.RowSource = ""
.List = Application.Transpose(Cells(2,NextCol).Resize(LastRow-1,1))
End With
' 删除顾客的临时列表
Cells(1, NextCol).Resize(LastRow, 1).Clear
' 创建地区的输出区域，复制单元格 A1 中的标题
Range("A1").Copy Destination:=Cells(1, NextCol)
Set ORange = Cells(1, NextCol)
' 执行“高级筛选”来获取非重复顾客列表
IRange.AdvancedFilter Action:=xlFilterCopy, CopyToRange:=ORange, _
Unique:=True
' 确定非重复顾客的数量
LastRow = Cells(Rows.Count, NextCol).End(xlUp).Row
' 地数据进行排序
Cells(1, NextCol).Resize(LastRow, 1).Sort Key1:=Cells(1, NextCol), _
Order1:=xlAscending, Header:=xlYes
With Me.lbRegion
.RowSource = ""
.List = Application.Transpose(Cells(2,NextCol).Resize(LastRow-1,1))
End With
' 删除顾客的临时列表
Cells(1, NextCol).Resize(LastRow, 1).Clear
End Sub
```

当用户单击“标记全部”或“清除全部”命令时，将运行以下这些小过程：

```
Private Sub CancelButton_Click()
Unload Me
End Sub
Private Sub cbSubAll_Click()
```

```
For i = 0 To lbCust.ListCount - 1
Me.lbCust.Selected(i) = True
Next i
End Sub
Private Sub cbSubClear_Click()
For i = 0 To lbCust.ListCount - 1
Me.lbCust.Selected(i) = False
Next i
End Sub
Private Sub CommandButton1_Click()
' 清除所有产品
For i = 0 To lbProduct.ListCount - 1
Me.lbProduct.Selected(i) = False
Next i
End Sub
Private Sub CommandButton2_Click()
' 标记所有产品
For i = 0 To lbProduct.ListCount - 1
Me.lbProduct.Selected(i) = True
Next i
End Sub
Private Sub CommandButton3_Click()
' 清除所有区域
For i = 0 To lbRegion.ListCount - 1
Me.lbRegion.Selected(i) = False
Next i
End Sub
Private Sub CommandButton4_Click()
' 标记所有区域
For i = 0 To lbRegion.ListCount - 1
Me.lbRegion.Selected(i) = True
Next i
End Sub
```

下面的代码附属于“确定”按钮。创建了三个区域 O、P、Q，用于列出所选择的顾客、产品和区域。真正的条件区域包括区域 J1:L1 中的三个空单元格和区域 J2:L2 中的三个公式。

```
Private Sub OKButton_Click()
Dim CRange As Range, IRange As Range, ORange As Range
' 创建一个非常复制的条件，使用多个 and 将条件连接起来
NextCCol = 10
NextTCol = 15
For j = 1 To 3
Select Case j
Case 1
MyControl = "lbCust"
```

```
MyColumn = 4
Case 2
MyControl = "lbProduct"
MyColumn = 2
Case 3
MyControl = "lbRegion"
MyColumn = 1
End Select
NextRow = 2
'确定所选择的内容
For i = 0 To Me.Controls(MyControl).ListCount - 1
If Me.Controls(MyControl).Selected(i) = True Then
Cells(NextRow, NextTCol).Value = _
Me.Controls(MyControl).List(i)
NextRow = NextRow + 1
End If
Next i
' 如果选定了内容，则创建一个新的条件公式
If NextRow > 2 Then
' 必须使用相对引用来引用第 2 行，以确保能正确工作
MyFormula = "=NOT(ISNA(MATCH(RC" & MyColumn & ",R2C" & NextTCol & _
":R" & NextRow - 1 & "C" & NextTCol & ",0)))"
Cells(2, NextCCol).FormulaR1C1 = MyFormula
NextTCol = NextTCol + 1
NextCCol = NextCCol + 1
End If
Next j
Unload Me
' 图 11-19 中给出了目前状态的工作表
'如果想创建任何条件，先定义条件区域
If NextCCol > 10 Then
Set CRange = Range(Cells(1, 10), Cells(2, NextCCol - 1))
Set IRange = Range("A1").CurrentRegion
Set ORange = Cells(1, 20)
IRange.AdvancedFilter xlFilterCopy, CRange, ORange
' 清除所有条件
Cells(1, 10).Resize(1, 10).EntireColumn.Clear
End If
' 至此，符合条件的记录显示在 T1 中
End Sub
```

图 11-19 所示为 AdvancedFilter 方法调用之前的工作表。用户选择了顾客、产品和地区。宏在 O、P、Q 列中创建了一个临时表显示用户所选择的值。条件区域为 J1:L2。J2 中的条件公式将检查$D2 中的值是否包含在 O 列的选定顾客列表中，K2 和 L2 中的公式分别将$B2 与 P 列进行比较以及将$A2 与 Q 列进行比较。

警告：Excel VBA 文档中指出，如果不指定条件区域，将不使用任何条件。但在 Excel 2010 中并不如此。当使用 Excel 2010 时，如果不指定条件区域，则本次高级筛选将继承上一次执行高级筛选时的条件区域。因此应使用“CriteriaRange:=""”清除之前的值。

使用基于公式的条件返回大于平均值的记录

基于公式的条件虽然很高级，但却很少使用。这项技术有一些有趣的商业应用，例如，使用这种条件公式查找数据集中所有高于平均值的记录：

```
=$A2>Average($A$2:$A$60000)
```

11.8 在原有区域显示高级筛选结果

对于大型数据集，可以在原有区域显示筛选结果。在这种情况下，无需指定一个输出范围，通常只需指定一个条件范围——否则将会得到全部记录而没有必要使用高级筛选。

在 Excel 用户界面中，在原有区域显示筛选结果是合理的：可以很容易地读取筛选列表寻找特殊的数据。

在 VBA 中，在原有区域显示筛选结果不太方便。编程方式查看筛选记录的唯一一种不错的办法是使用 SpecialCells 方法中的 xlCellTypeVisible 选项。在 Excel 用户界面中，完成相同的操作只需选择“查找和选择”菜单，再选择下拉页中的“定位条件”命令，在“定位条件”对话框中，选择“可见单元格”选项，如图 11-20 所示。

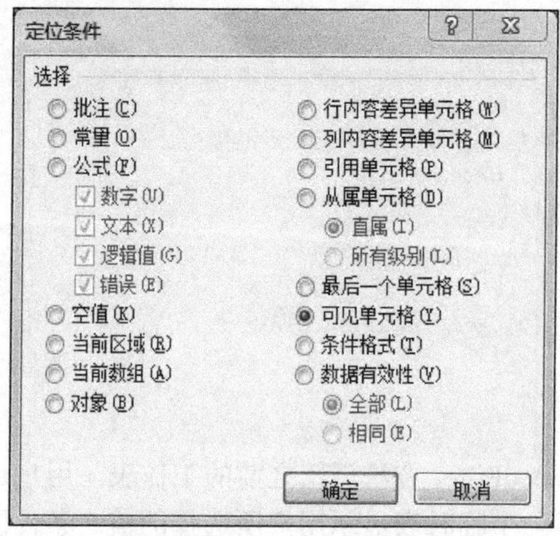

图 11-20 “在原有区域显示筛选结果”选项隐藏不符合条件的行，但要通过编辑方式查看符合条件的记录，唯一的方法是在“定位条件”对话框中选择“可见单元格”

为了在原有区域显示筛选结果，可使用 XLFilterInPlace 常量作为 AdvancedFilter 命令中的方式（Action）参数，并且不指定参数 CopyToRange：

```
IRange.AdvancedFilter Action:=xlFilterInPlace, CriteriaRange:=CRange, _
Unique:=False
```

那么，只显示可见单元格的程序和以下代码等同：

```
For Each cell In Range("A2:A" & FinalRow).SpecialCells(xlCellTypeVisible)
Ctr = Ctr + 1
Next cell
MsgBox Ctr & " cells match the criteria"
```

如果读者知道可见单元格中的内容不包含空格，那么可以使用以下代码终止循环：

```
Ctr = Application.Counta(Range("A2:A" & FinalRow).SpecialCells(xlCellTypeVisi
ble))
```

11.8.1 在原有区域使用筛选却没有筛选出任何记录

同使用复制一样，我们需要注意可能会出现没有满足筛选条件的记录的情况。然而，在这种情况下，很难意识到返回的结果为空。通常根据 SpecialCells 方法返回的一个运行时间错误 1004（没有查到任何单元格）来获悉这一点。

为了捕获这种情况，需要使用 SpecialCells 方法建立错误捕获机制来捕获 1004 错误。

➔*关于捕获错误的更多内容，详见第 23 章“错误处理”。*

```
On Error GoTo NoRecs
For Each cell In Range("A2:A" & FinalRow).SpecialCells(xlCellTypeVisible)
Ctr = Ctr + 1
Next cell
On Error GoTo 0
MsgBox Ctr & " cells match the criteria"
Exit Sub
NoRecs:
MsgBox "No records match the criteria"
End Sub
```

这种错误捕获机制之所以能够生效是因为，它把标题行特意从要使用 SpecialCells 检查的范围（SpecialCells range）中移除了。通过高级筛选之后，标题行通常是可见的。这样，再把标题行包含在范围（range）之中就可以防止 1004 错误的出现。

11.8.2 在原有区域筛选之后显示所有记录

在原有区域筛选之后，可以使用 ShowAllData 方法重新显示所有记录：

```
ActiveSheet.ShowAllData
```

11.9 最常用的功能：使用 xlFilterCopy 复制所有记录而不只是非重复记录

本章开头的例子中介绍了使用 xlFilterCopy 来获取指定列中的非重复值列表。在特定报表用户窗体中，使用顾客、区域和产品的非重复值列表来填充列表框。

然而，更常见的情形是使用高级筛选返回所有满足条件的记录。在用户指定针对哪个顾客创建报表之后，高级筛选将提取出该顾客的所有记录。

在本节的所有例子中，都不选择“选择不重复的记录”复选框。在 VBA 中，可以通过指定 Unique:=False 作为 AdvancedFilter 方法的参数来实现。

这很容易能够实现，此外还有一些功能强大的选项。如果只想在报表中包含部分字段，只需将这些字段的标题复制到输出区域中。如果想对字段重新进行排序以便按照所需的方式在报表中显示，可以通过在输出区域中对字段的标题进行排序来实现。

下一节将通过三个简单的例子来演示这些可用选项。

11.9.1 复制所有列

要复制所有列，可指定一个空单元格作为输出区域。这将得到满足条件记录的所有列，如图 11-21 所示。

```
Sub AllColumnsOneCustomer()
Dim IRange As Range
Dim ORange As Range
Dim CRange As Range
' 确定当前数据集的大小
FinalRow = Cells(Rows.Count, 1).End(xlUp).Row
NextCol = Cells(1, Columns.Count).End(xlToLeft).Column + 2
' 针对某个顾客创建条件区域
Cells(1, NextCol).Value = Range("D1").Value
' 事实上，这个值应该从用户窗体中输入
Cells(2, NextCol).Value = Range("D2").Value
Set CRange = Cells(1, NextCol).Resize(2, 1)
' 创建输出区域，它是一个空白单元格
Set ORange = Cells(1, NextCol + 2)
' 定义输入区域
Set IRange = Range("A1").Resize(FinalRow, NextCol - 2)
' 执行“高级筛选“来获取顾客和产品的非重复值列表
IRange.AdvancedFilter Action:=xlFilterCopy, _
CriteriaRange:=CRange, CopyToRange:=ORange
End Sub
```

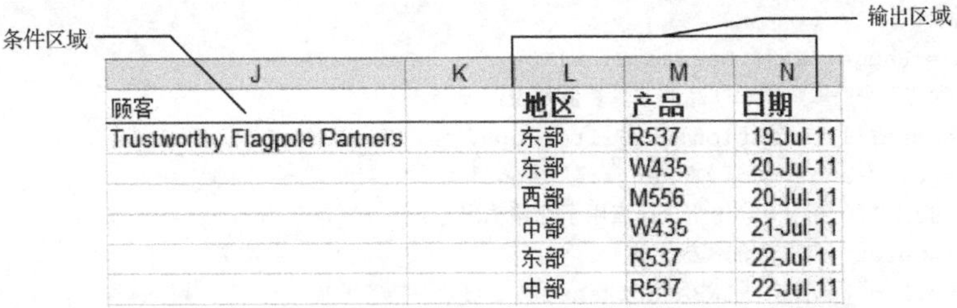

条件区域　　输出区域

J	K	L	M	N
顾客		地区	产品	日期
Trustworthy Flagpole Partners		东部	R537	19-Jul-11
		东部	W435	20-Jul-11
		西部	M556	20-Jul-11
		中部	W435	21-Jul-11
		东部	R537	22-Jul-11
		中部	R537	22-Jul-11

图 11-21　当使用 xlFilterCopy 和一个空输出区域时，将得到排列顺序和原始列表区域相同的所有列

11.9.2　复制部分列并重新排序

如果通过执行高级筛选向报表发送记录，很可能只需要部分列并对它们重新进行排序。

下面的例子将结束本章前面的 frmReport 示例。读者可能还记得，frmReport 允许用户选择一个顾客。“确定”按钮将调用 RunCustReport 过程，并传递一个参数指定针对哪个顾客创建报表。

如果这个报表将发送给一位顾客，顾客事实上并不关心所在的地区，而我们也不想透露产品的成本和利润。假如报表的标题中包含顾客的名字，则报表中需要包含字段日期（Date）、数量（Quantity）、产品（Product）和收入（Revenue）。

下面的代码将标题复制到输出区域中。高级筛选生成图 11-22 所示的数据，然后程序将符合条件的记录复制到新的工作簿中，并添加报表标题和汇总行，再使用顾客的名称保存报表，最后得到图 11-23 所示的报表。

```
Sub RunCustReport(WhichCust As Variant)
Dim IRange As Range
Dim ORange As Range
Dim CRange As Range
Dim WBN As Workbook
Dim WSN As Worksheet
Dim WSO As Worksheet
Set WSO = ActiveSheet
' 确定当前数据集的大小
FinalRow = Cells(Rows.Count, 1).End(xlUp).Row
NextCol = Cells(1, Columns.Count).End(xlToLeft).Column + 2
'针对某个顾客创建条件区域
Cells(1, NextCol).Value = Range("D1").Value
Cells(2, NextCol).Value = WhichCust
Set CRange = Cells(1, NextCol).Resize(2, 1)
' 创建输出区域。需要包含日期（Date）、数量（Quantity）、产品（Product）和收
'入（Revenue）。这些列分别为 C、E、B 和 F
Cells(1, NextCol + 2).Resize(1, 4).Value = _
Array(Cells(1, 3), Cells(1, 5), Cells(1, 2), Cells(1, 6))
Set ORange = Cells(1, NextCol + 2).Resize(1, 4)
```

```
' 定义输入区域
Set IRange = Range("A1").Resize(FinalRow, NextCol - 2)
' 执行“高级筛选”来获取顾客和产品的非重复值列表
IRange.AdvancedFilter Action:=xlFilterCopy, _
CriteriaRange:=CRange, CopyToRange:=ORange
' 创建一个新的工作簿，其中有一个空工作表用于存储输出
' xlWBATWorksheet 是工作表的模板名称
Set WBN = Workbooks.Add(xlWBATWorksheet)
Set WSN = WBN.Worksheets(1)
' 为 WSN 创建一个标题
WSN.Cells(1, 1).Value = "Report of Sales to " & WhichCust
' 将数据从 WSO 复制到 WSN
WSO.Cells(1, NextCol + 2).CurrentRegion.Copy Destination:=WSN.Cells(3, 1)
TotalRow = WSN.Cells(Rows.Count, 1).End(xlUp).Row + 1
WSN.Cells(TotalRow, 1).Value = "Total"
WSN.Cells(TotalRow, 2).FormulaR1C1 = "=SUM(R2C:R[-1]C)"
WSN.Cells(TotalRow, 4).FormulaR1C1 = "=SUM(R2C:R[-1]C)"
' 使用粗体为新工作表设置格式
WSN.Cells(3, 1).Resize(1, 4).Font.Bold = True
WSN.Cells(TotalRow, 1).Resize(1, 4).Font.Bold = True
WSN.Cells(1, 1).Font.Size = 18
WBN.SaveAs "C:\" & WhichCust & ".xls"
WBN.Close SaveChanges:=False
WSO.Select
'清除输出区域等
Range("J:Z").Clear
End Sub
```

J	K	L	M	N	O
顾客		日期	产品	质量	收入
Trustworthy Flagpole Partners		19-Jul-11	R537	1000	22810
		20-Jul-11	W435	200	4742
		20-Jul-11	M556	300	5700

图 11-22　执行完高级筛选之后，获得创建报表所需的列和记录

	A	B	C	D	E	F
1	Report of Sales to Cool Saddle Traders					
2						
3	日期	质量	产品	收入		
4	11-Jan-00	400	R537	9152		
5	25-Jul-11	600	R537	13806		
6	16-Aug-11	400	M556	7136		
7	23-Sep-11	100	R537	2358		
8	29-Sep-11	100	R537	1819		
9	21-Oct-11	100	R537	2484		
10	2-Mar-12	200	W435	4270		
11	17-Aug-12	700	W435	12145		
12	总计	2600		53170		
13						

图 11-23　将筛选结果复制到一个新工作表中并设置格式后，可得到发送给每个顾客的整洁报表

11.10　案例分析：使用两种高级筛选为每个顾客创建报表

本章最后一个高级筛选示例使用了几种高级筛选技术。假设在导入发票记录之后，需要将采购清单发送给每位顾客。过程如下。

1．执行高级筛选将不重复的顾客列表复制到 J 列。该 AdvancedFilter 方法指定参数 Unique:=True，并将参数 CopyToRange 设置为一个包含标题顾客（Customer）的单元格：

```
'创建输出区域，复制单元格 D1 中的标题
Range("D1").Copy Destination:=Cells(1, NextCol)
Set ORange = Cells(1, NextCol)
' 定义输入区域
Set IRange = Range("A1").Resize(FinalRow, NextCol - 2)
' 执行高级筛选来获得非重复顾客列表
IRange.AdvancedFilter Action:=xlFilterCopy, CriteriaRange:="", _
CopyToRange:=ORange, Unique:=True
```

2．对于 J 列非重复顾客列表中的每位顾客，执行步骤 3～7。由第 1 步确定输出区域中每位顾客的编号，然后使用 For Each Cell 循环遍历每个客户：

```
' 遍历每个客户
FinalCust = Cells(Rows.Count, NextCol).End(xlUp).Row
For Each cell In Cells(2, NextCol).Resize(FinalCust - 1, 1)
ThisCust = cell.Value
' ... 在此执行步骤 3~7
Next Cell
```

3．在区域 L1:L2 创建一个新的条件区域，用于新的高级筛选。在该条件区域中，L1 包含标题顾客（Customer），L2 包含当前遍历的顾客名称：

```
' 针对顾客创建条件区域
Cells(1, NextCol + 2).Value = Range("D1").Value
Cells(2, NextCol + 2).Value = ThisCust
Set CRange = Cells(1, NextCol + 2).Resize(2, 1)
```

4．执行高级筛选将符合条件的顾客记录复制到 N 列中，该 Advanced Filter 语句中指定参数 Unique:=False。由于只需要日期（Date）、数量（Quantity）、产品（Product）和收入（Revenue）列，因此 CopyToRange 只需指定一个包含 4 列的区域，并按正确的顺序将这些列的标题复制到区域中：

```
' 创建输出区域，只需要日期（Date）、数量（Quantity）、产品（Product）
'和收入（Revenue）列，这些列分别为 C、E、B 和 F
Cells(1, NextCol + 4).Resize(1, 4).Value = _
Array(Cells(1, 3), Cells(1, 5), Cells(1, 2), Cells(1, 6))
Set ORange = Cells(1, NextCol + 4).Resize(1, 4)
' 执行高级筛选来获取顾客和产品的非重复值类别
IRange.AdvancedFilter Action:=xlFilterCopy, CriteriaRange:=CRange, _
```

```
CopyToRange:=Orange
```

5．将顾客记录复制到一个新工作簿的报表中。VBA 代码使用 Workbooks.Add 方法创建一个新的空白工作簿。步骤 4 中提取的记录被复制到新工作簿的单元格 A3 中：

```
' 创建一个新工作簿，其中一个空工作表用于存储输出
Set WBN = Workbooks.Add(xlWBATWorksheet)
Set WSN = WBN.Worksheets(1)
' 将数据从 WSO 复制到 WSN
WSO.Cells(1, NextCol + 4).CurrentRegion.Copy _
Destination:=WSN.Cells(3, 1)
```

6．为报表添加标题和汇总。在 VBA 中，在单元格 A1 中添加包含顾客名称的报表标题，并将标题设置为粗体，并在最后一行的后面添加汇总：

```
' 为 WSN 创建一个标题
WSN.Cells(1, 1).Value = "Report of Sales to " & ThisCust
TotalRow = WSN.Cells(Rows.Count, 1).End(xlUp).Row + 1
WSN.Cells(TotalRow, 1).Value = "Total"
WSN.Cells(TotalRow, 2).FormulaR1C1 = "=SUM(R2C:R[-1]C)"
WSN.Cells(TotalRow, 4).FormulaR1C1 = "=SUM(R2C:R[-1]C)"
' 将新报表的格式设置为粗体
WSN.Cells(3, 1).Resize(1, 4).Font.Bold = True
WSN.Cells(TotalRow, 1).Resize(1, 4).Font.Bold = True
WSN.Cells(1, 1).Font.Size = 18
```

7．使用“另存为”保存工作簿，并将顾客的名字设为文件名。工作簿保存完之后，将其关闭，返回到原来的工作簿并清空输出区域，为进入下一次循环做好准备：

```
WBN.SaveAs "C:\Reports\" & ThisCust & ".xls"
WBN.Close SaveChanges:=False
WSO.Select
' 清空对象变量以释放内存
Set WSN = Nothing
Set WBN = Nothing
' 清空输出区域等
Cells(1, NextCol + 2).Resize(1, 10).EntireColumn.Clear
```

完整代码如下所示：

```
Sub RunReportForEachCustomer()
Dim IRange As Range
Dim ORange As Range
Dim CRange As Range
Dim WBN As Workbook
Dim WSN As Worksheet
Dim WSO As Worksheet
Set WSO = ActiveSheet
' 确定当前数据集的大小
FinalRow = Cells(Rows.Count, 1).End(xlUp).Row
NextCol = Cells(1, Columns.Count).End(xlToLeft).Column + 2
```

```
' 首先，在 J 列中获取一个非重复顾客列表
' 创建输出区域，复制 D1 中的标题
Range("D1").Copy Destination:=Cells(1, NextCol)
Set ORange = Cells(1, NextCol)
' 定义输入区域
Set IRange = Range("A1").Resize(FinalRow, NextCol - 2)
' 执行“高级筛选”来获取顾客的非重复值列表
IRange.AdvancedFilter Action:=xlFilterCopy, CriteriaRange:="", _
CopyToRange:=ORange, Unique:=True
' 遍历每一位顾客
FinalCust = Cells(Rows.Count, NextCol).End(xlUp).Row
For Each cell In Cells(2, NextCol).Resize(FinalCust - 1, 1)
ThisCust = cell.Value
' 针对某个顾客创建条件区域
Cells(1, NextCol + 2).Value = Range("D1").Value
Cells(2, NextCol + 2).Value = ThisCust
Set CRange = Cells(1, NextCol + 2).Resize(2, 1)
' 创建输出区域。只需要日期（Date）、数量（Quantity）、产品（Product）
'和收入（Revenue）。这些列分别为 C、E、B 和 F
Cells(1, NextCol + 4).Resize(1, 4).Value = _
Array(Cells(1, 3), Cells(1, 5), Cells(1, 2), Cells(1, 6))
Set ORange = Cells(1, NextCol + 4).Resize(1, 4)
' 执行“高级筛选”来获取顾客和产品的非重复值列表
IRange.AdvancedFilter Action:=xlFilterCopy, CriteriaRange:=CRange, _
CopyToRange:=ORange
' 创建一个新工作簿，其中有一个空白工作表用于存储输出
Set WBN = Workbooks.Add(xlWBATWorksheet)
Set WSN = WBN.Worksheets(1)
' 将数据从 WSO 复制到 WSN
WSO.Cells(1, NextCol + 4).CurrentRegion.Copy _
Destination:=WSN.Cells(3, 1)
' 为 WSN 创建一个标题
WSN.Cells(1, 1).Value = "Report of Sales to " & ThisCust
TotalRow = WSN.Cells(Rows.Count, 1).End(xlUp).Row + 1
WSN.Cells(TotalRow, 1).Value = "Total"
WSN.Cells(TotalRow, 2).FormulaR1C1 = "=SUM(R2C:R[-1]C)"
WSN.Cells(TotalRow, 4).FormulaR1C1 = "=SUM(R2C:R[-1]C)"
' 使用粗体设置新报表的格式
WSN.Cells(3, 1).Resize(1, 4).Font.Bold = True
WSN.Cells(TotalRow, 1).Resize(1, 4).Font.Bold = True
WSN.Cells(1, 1).Font.Size = 18
WBN.SaveAs "C:\Reports\" & ThisCust & ".xlsx"
WBN.Close SaveChanges:=False
WSO.Select
Set WSN = Nothing
```

```
Set WBN = Nothing
' 清除输出区域等
Cells(1, NextCol + 2).Resize(1, 10).EntireColumn.Clear
Next cell
Cells(1, NextCol).EntireColumn.Clear
MsgBox FinalCust - 1 & " Reports have been created!"
End Sub
```

这是不寻常的 45 行代码。它只使用了两种高级筛选，就生成了一个能在一分钟之内创建 27 个报表的强大工具。如果手工创建这些报表，即便是高手也得需要 2、3 分钟时间。创建这些报表只需 60 秒，每次需要创建这些报表时，这段代码能够为用户节省几个小时的时间。而在现实生活中，涉及的顾客可能数以千计。不幸的是，每个城市都有许多人在手工创建这些报表，因为他们没有意识到 Excel VBA 的强大力量。

11.11 在原区域筛选非重复记录

可以在原区域筛选非重复记录。只有被确定为非重复值组合的列才能被指定为输入区域。

图 11-24 所示的数据集有一个通病：每个账号都有许多重复的顾客名字。您需要一个不重复的顾客编号列表。对于每个不重复的顾客编号，希望它能包含所有重复的顾客名字。

C	D
顾客编号	顾客
C826	CitiGroup
C826	CitiGroup
C826	CitiGroup
C826	CitiGroup
C826	CitiGroup
C826	CitiGroup
C826	CitiGroup
D267	Duke Energy
D267	Duke Energy
D267	Duke Energy

图 11-24 每个账号都包含许多重复的顾客名字

为了解决这一问题，可以指定列 C 作为输入区域在原地进行筛选，并使用以下代码获取非重复记录：

```
FinalRow = Cells(Rows.Count, 4).End(xlUp).Row
Range("C1").Resize(FinalRow, 1).AdvancedFilter _
Action:=xlFilterInPlace, _
Unique:=True
```

图 11-25 所示为得到的结果：每个账号只出现一次。

	A	B	C	D	E
	地区	日期	顾客编号	顾客	收入
2	Central	6/24/2009	A158	AIG	4060
6	Central	1/13/2009	A180	AT&T	1740
46	East	5/13/2008	B151	Boeing	9635
50	West	5/15/2008	B689	Bank of Americ	6156
78	East	8/6/2009	C586	Compaq	4380
82	West	10/12/2008	C725	Chevron	7032
86	Central	2/8/2008	C826	CitiGroup	1817
134	East	8/28/2009	D267	Duke Energy	5532
138	West	12/9/2008	E847	Exxon	1878
204	East	8/19/2008	F293	Ford Motor	1836
260	West	9/16/2009	G225	G.E.	1741
312	West	3/12/2009	G351	General Motors	1704

图 11-25　由于列 C 为输入区域，每个顾客编号只有一行记录

D 列中包含了第一个例子中每个顾客的名字，为将这些结果复制到其他位置，可使用以下代码：

```
Range("C1").Resize(FinalRow, 2).Copy _
Destination:=Worksheets("Customers").Range("A1")
ActiveSheet.ShowAllData
```

图 11-26 所示为非重复顾客编号列表，其中还包含每个顾客编号中查找到的第一个顾客的名字。这明显与移除重复的顾客编号和顾客名字方法不同，后者将重复的顾客名字作为新行显示。

	A	B
1	顾客编号	顾客
2	A158	AIG
3	A180	AT&T
4	B151	Boeing
5	B689	Bank of America
6	C586	Compaq
7	C725	Chevron
8	C826	CitiGroup
9	D267	Duke Energy
10	E847	Exxon
11	F293	Ford Motor
12	G225	G.E.
13	G351	General Motors
14	H268	HP
15	H636	Home Depot
16	I714	IBM
17	K772	Kroger
18	L922	Lucent
19	M254	Motorola
20	M719	Merck
21	P618	Phillip Morris
22	P665	P&G
23	S160	SBC Communications
24	S497	State Farm
25	S842	Sears
26	T610	Texaco
27	V742	Verizon
28	W285	Wal-Mart

图 11-26　一个非重复客户编号列表，后面还包含一个顾客名字

Excel 实践：在自动筛选时关闭部分下拉列表

有一种出色的功能只有在 VBA 中才能使用。在 Excel 用户界面中自动筛选一个列表时，数据集中的每一列在标题行都会出现一个字段下拉列表。有时出现的字段对于自动筛选来说是没有意义的。例如，在当前数据集中，您也许想为地区（Region）、产品（Product）和顾客（Customer）字段提供自动筛选下拉列表，而非日期字段。在创建好自动筛选之后，需要使用一行代码来关闭不希望显示的下拉列表。下面的代码能够关闭列 C、E、F、G 和 H 的下拉列表：

```
Sub AutoFilterCustom()
Range("A1").AutoFilter Field:=3, VisibleDropDown:=False
Range("A1").AutoFilter Field:=5, VisibleDropDown:=False
Range("A1").AutoFilter Field:=6, VisibleDropDown:=False
Range("A1").AutoFilter Field:=7, VisibleDropDown:=False
Range("A1").AutoFilter Field:=8, VisibleDropDown:=False
End Sub
```

相对来说，使用这种功能的情况很少见。多数情况下，在 Excel VBA 中进行的都是 Excel 用户界面中能够实现的操作，虽然使用 VBA 完成的速度更快。事实上，使用参数 VisibleDropDown 在 VBA 中所进行的操作在 Excel 用户界面中并不能实现。那些聪明的用户将会伤透脑筋想象您是如何创建出如此出色的自动筛选的，居然只有几个列包含自动筛选下拉列表（如图 11-27 所示）。

	A	B	C	D	E	F
1	地区	产品	日期	顾客	质量	年收入
2	East	R537	19-Jul-11	Trustworthy Flagpole Partners	1000	22810
3	East	M556	20-Jul-11	Amazing Shoe Company	500	10245
4	Central	W435	20-Jul-11	Amazing Shoe Company	100	2257
5	Central	R537	21-Jul-11	Mouthwatering Notebook Inc.	500	11240
6	East	R537	22-Jul-11	Cool Saddle Traders	400	9152
7	East	W435	22-Jul-11	Tasty Shovel Company	800	18552
8	Central	R537	22-Jul-11	Mouthwatering Notebook Inc.	400	9204

图 11-27　使用 VBA，可以创建一个自动筛选，其中只有特定的列中包含自动筛选下拉列表

为清除顾客（customer）列的筛选，可使用以下代码：

```
Sub SimpleFilter()
Worksheets("SalesReport").Select
Range("A1").AutoFilter
Range("A1").AutoFilter Field:=4
End Sub
```

第 12 章　使用 VBA 创建数据透视表

12.1　数据透视表简介

数据透视表是 Excel 提供的最强大的工具。这个概念最早是在 Lotus 的产品 Improv 中引入的。

笔者喜欢数据透视表，因为使用它能快速地对大量数据进行汇总。数据透视表（pivot table）因能够拖曳区域中的字段并对其进行重新计算而得名。可以使用最基本的数据透视表在几秒钟之内生成一个整洁的汇总表。然而，数据透视表的形式多种多样，能够供许多不同的用户使用。可以创建一个数据透视表，将其作为计算引擎，根据商店、样式生成报表，或者快速查找前 5 项或后 10 项数据。

笔者不建议使用 VBA 创建数据透视表提供给用户，而应将数据透视表作为一种实现目标的方式：使用数据透视表提取数据的汇总，然后将汇总应用到其他地方。

12.2　版本介绍

由于微软将 Excel 作为商业智能方面投资的首选，数据透视表获得了不断的发展。数据透视表在 Excel 5 中引入，在 Excel 97 中臻于完善。在 Excel 2000 中，使用 VBA 创建的数据透视表发生了很大变化。在 Excel 2002 中又增添了一些新参数。在 Excel 2007 中添加了 PivotFilters 和 TableStyle2 等属性。在 Excel 2010 中又新增了“切片器（Slicers）”和“值显示方式（Show Values As）”功能。因此，当您在 Excel 2010 中编写的代码有可能在之前的版本中运行时，应格外小心。

本章编写的多数代码都向后兼容直到 Excel 2000。在 Excel 97 中创建的数据透视表需要使用 PivotTableWizard 方法。虽然本书中不包含 Excel 97 版本的代码，但在本章的示例文件中包含一个相关例子。

12.2.1 自 Excel 2010 新增的功能

从 2010 版起，Excel 的数据透视表新增了许多功能。如果在 VBA 中使用了这些功能，则代码能够在 Excel 2010 中运行，但在任何之前的 Excel 版本中都无法运行。

表 12-1 给出了 Excel 2010 数据透视表中一些可用的功能。

注意：表 12-1 中给出的功能在 Excel 2007 中运行时将导致不兼容。

表 12-1 Excel 2010 中新增的属性和方法

功能	属性和方法
切片器	任何带有关键字“切片器（Slicer）”的代码都无法在 Excel 2007 中运行，包括 SlicerCaches、Slicers 和 SlicerItems
回写	可以将值回写到 OLAP 数据集中。其属性包括 AllocateChanges、Allocation、AllocationMethod、AllocationValue、AllocationWeightExpression、ChangeList 和 EnableWriteback。方法包括 AllocateChanges、CommitChanges、DiscardChanges、RefreshDataSourceValues。对象包括 PivotTableChangeList、PivotCell.AllocateChange、PivotCell.CellChanged、PivotCell.DataSourceValue、PivotCell.DiscardChange 和 PivotCell.MDX
重复图标	方法为 RepeatAllLabels，属性为 RepeatLabels
集合	AlternativeText、CalculatedMembersInFilters、DisplayContextTooltips、ShowValuesRow、Summary、VisualTotalsForSets
值显示方式	Excel 2010 在 xlPivotFieldCalculation 中新增了以下值：xlPercentOfParentColumn、xlPercentOfParentRow、xlPercentRunningTotal、xlRankAscending、xlRankDescending

12.2.2 自 Excel 2007 新增的功能

如果您编写的代码有可能在 Excel 2003 中运行，则不兼容的可能性将大大提高。“设计”选项卡中的许多概念，如顶部的部分和、报表布局选项、空行以及全新的数据透视表样式都是在 Excel 2007 中引入的。和之前版本相比，Excel 2007 提供了更加强大的筛选功能。每一种新增功能都在 VBA 中添加了一种或多种属性和方法。

警告：如果想和使用以前版本 Excel 的用户共享数据透视表宏，应该避免使用这些方法。最好的方法是以兼容方式打开一个 Excel 2003 工作簿，当工作簿处于兼容模式时录制宏。

表 12-2 列出了 Excel 2007 中新增的方法。如果录制宏时使用了这些方法，则无法与使用

之前版本 Excel 的用户共享该宏。

表 12-2　Excel 2007 中新增的方法

方法	描述
ClearAllFilters	清除数据透视表中的所有筛选
ClearTable	清除数据透视表中的所有字段，但数据透视表不变
ConvertToFormulas	将数据透视表转化为多维数据集公式。该方法只适用于基于 OLAP 数据源的数据透视表
DisplayAllMember	相当于在“数据透视表选项”对话框的“显示”选项卡中选择复选框“在工具提示中显示属性”
RowAxisLayout	修改行区域中所有字段的布局。有效参数的值为 xlCompactRow、xlTabularRow 或 xlOutlineRow
SubtotalLocation	指定分类汇总出现在每组的开头还是结尾，有效参数的值为 xlAtTop 或 xlAtBottom

表 12-3 中列出了 Excel 2007 中新增的属性。如果所录制的宏引用了这些属性，则不能与使用之前版本 Excel 的用户共享该宏。

表 12-3　Excel 2007 中新增的属性

属性	描述
ActiveFilters	指定数据透视表中的活动筛选器，该属性为只读属性
AllowMultipleFilters	指出是否可以对同一数据透视区域同时应用多个筛选器
CompactLayoutColumnHeader	指定在压缩行布局模式下，在数据透视表列标题中显示的标题
CompactLayoutRowHeader	指定在压缩行布局模式下，在数据透视表行标题中显示的标题
CompactRowIndent	指定在压缩行模式下，数据透视项的缩进增量
DisplayContextTooltips	指定是否在数据透视表单元格中显示工具提示
DisplayFieldCaptions	指定是否在网格中显示筛选按钮和数据透视字段标题
DisplayMemberPropertyTooltips	指定是否在工具提示中显示成员属性
FieldListSortAscending	指定数据透视表字段列表中字段的排列顺序。当属性的值为 True 时，字段按字母顺序排列。当属性的值为 False 时，字段的排列顺序与数据源中的列相同
InGridDropZones	指出是否能够将字段拖放到网格中。在修改数据透视表的布局时也修改该属性。修改该属性将强制布局变为图表布局

续表

属性	描述
LayoutRowDefault	指定数据透视字段被加入到数据透视表中时的默认布局设置，有效取值为 xlCompactRow、xlTabularRow 或 xlOutlineRow
PivotColumnAxis	返回一个表示整个列坐标轴的对象 PivotAxis
PivotRowAxis	返回一个表示整个行坐标轴的对象 PivotAxis
PrintDrillIndicators	指定是否随数据透视表一起打印深化指示符
ShowDrillIndicators	指定是否在数据透视表中显示深化指示符
ShowTableStyleColumnHeaders	指定表格样式 2 是否影响列标题
ShowTableStyleColumnStripes	指定表格样式 2 是否影响镶边列
ShowTableStyleLastColumn	指定表格样式 2 是否设置最后一列的格式
ShowTableStyleRowHeaders	指定表格样式 2 是否影响行标题
ShowTableStyleRowStripes	指定表格样式 2 是否影响镶边行
SortUsingCustomLists	指定初始化字段以及用于对字段进行排序时，是否使用自定义列表对字段中的内容进行排序。对于包含很多内容的字段，如果将该属性设置为 False，可优化性能，同时无需使用基于自定义列表的排序
TableStyle2	指定当前应用于数据透视表的样式。注意，在之前的 Excel 版本中，提供了“自动设置格式功能”，其设置存储在 TableStyle 属性中，因此微软必须使用新属性 TableStyle2 来存储新的数据透视表样式。该属性的取值可以为 PivotStyleLight17 等

12.3 在 Excel 用户界面中创建数据透视表

尽管数据透视表是 Excel 中最强大的功能，但据微软公司估计，使用数据透视表的用户只占全体 Excel 用户的 7%。据一项调查显示，大约 42%的 Excel 高级用户使用数据透视表。由于大部分用户都没使用过数据透视表，因此本章首先介绍一下在 Excel 用户界面中创建数据透视表的方法。

注意：如果您已经熟悉数据透视表的使用，可跳过本节直接阅读下一节。

假设现有 5 000 或 500 000 行数据，如图 12-1 所示。您需要一个根据地区和产品分类的收入汇总。其中，地区位于一侧自上而下排列，产品位于数据透视表的顶部。

	A	B	C	D	E	F	G	H
1	地区	产品	日期	顾客	质量	收入	成本	利润
2	西部	D625	2011/1/4	Guarded Kettle Corporatic	430	10937	6248	4689
3	中部	A292	2011/1/4	Mouthwatering Jewelry Co	400	8517	4564	3953
4	西部	B722	2011/1/4	Agile Glass Supply	940	23188	11703	11485
5	中部	E438	2011/1/4	Persuasive Kettle Inc.	190	5520	2958	2562
6	东部	E438	2011/1/4	Safe Saddle Corporation	130	3933	2024	1909
7	西部	C409	2011/1/4	Agile Glass Supply	440	11304	5936	5368
8	西部	C409	2011/1/4	Guarded Kettle Corporatic	770	20382	10387	9995
9	中部	E438	2011/1/4	Matchless Yardstick Inc.	570	17584	8875	8709
10	东部	D625	2011/1/4	Unique Marble Company	380	10196	5521	4675

图 12-1　如果想快速汇总 500 000 行交易数据，那么使用数据透视表可在几秒内实现。本例中生成一个根据地区和产品分类的汇总

为了在数据右侧创建一个数据透视表，可以按照以下步骤进行。

1．选中交易数据中任意一个单元格。单击“插入”选项卡中的“数据透视表”图标，Excel 将弹出“创建数据透视表”对话框。

2．核实 Excel 是否正确地填写了“表/区域”地址，如果数据中不包含空行或空列，则该地址一般都是正确的。

3．选择在现有工作表中创建数据透视表。单击“位置”文本框，并选择单元格 J1，如图 12-2 所示。

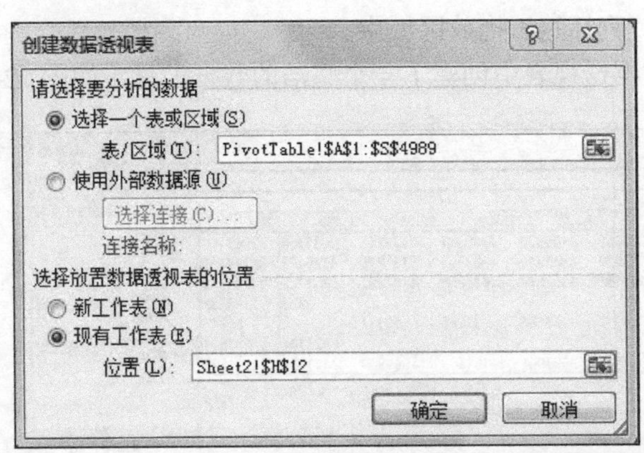

图 12-2　核实 Excel 选择了正确的数据，并为数据透视表指定位置

4．单击“确定”按钮创建一个空白的数据透视表。空白数据透视表中的说明将提示您从“数据透视表字段列表”中选择字段。“数据透视表字段列表”位于屏幕的右侧，任务窗格的顶部列出了所有可用字段，底部显示以下 4 个拖放区域：“报表筛选”、“列标签”、“行标签”和“Σ数值”（如图 12-3 所示）。

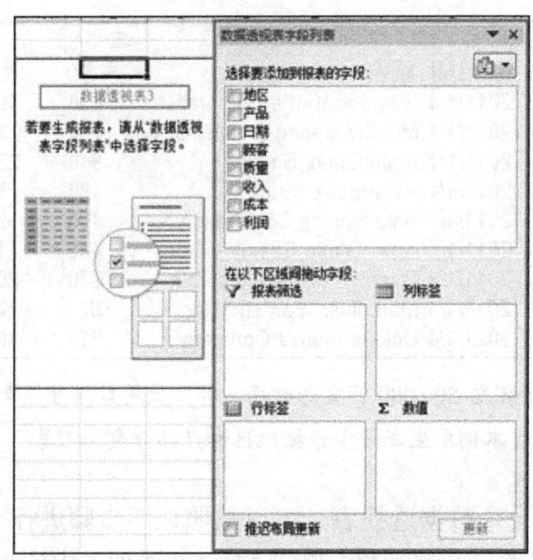

图 12-3　Excel 在“数据透视表字段列表”中提供了可用字段列表和 4 个拖放区域

5．单击“数据透视表字段列表”顶部的“地区”和“收入”字段。由于“地区“字段中包含文本数据，因此将自动移到“行标签”拖放区域中。由于“收入”字段中包含数值数据，因此将自动移到“数值”拖放区域中。

6．单击“数据透视表字段列表”中的“产品”字段，并将其拖放到位于“数据透视表字段列表”下半部分的“列标签”拖放区域中。

至此，Excel 在数据透视表中创建了一个整洁的数据汇总，如图 12-4 所示。

求和项:收入	产品					
地区	A292	B722	C409	D625	E438	总计
Central	4034669	4165988	4309384	4619765	5831354	22961160
East	4153030	4301310	4983303	5167376	5722473	24327492
West	4141562	4192575	4777390	4771882	5831102	23714511
东部					3933	3933
西部		23188	31686	10937		65811
中部	8517				23104	31621
总计	12337778	12683061	14101763	14569960	17411966	71104528

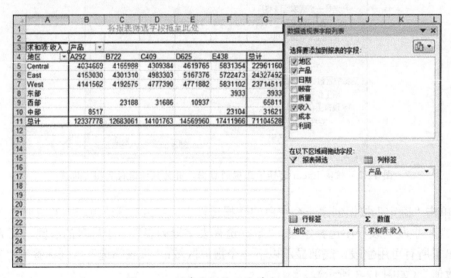

图 12-4　创建此汇总只需单击 6 次鼠标

在工作表中创建了数据透视表之后，可以很容易地通过拖放“数据透视表字段列表”的拖放区域中的字段来改变数据汇总。在图 12-5 所示的数据透视表中，“顾客”（Customs）字段被添加到现有数据透视表的“行标签”部分。

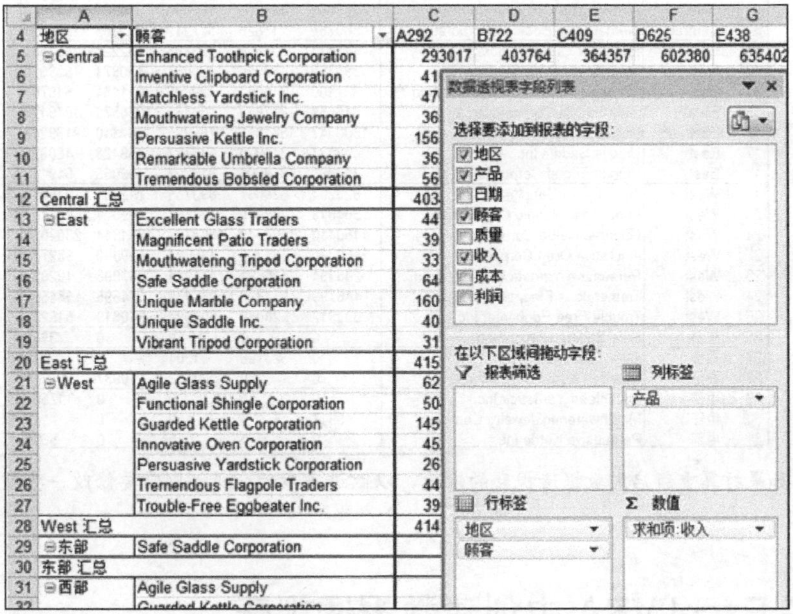

图 12-5　只需单击几次鼠标，就可以将“地区”（Region）移到顶部，“产品”（Product）字段移到底部，并为“顾客”（Customs）添加汇总

压缩布局简介

从 Excel 2007 开始，在 Excel 用户界面中创建的所有数据透视表都采用一种被称为“压缩形式”的布局。在这种布局下，多个行字段位于数据透视表左侧的同一列中。并且，Excel 将分类汇总置于明细行的下方。

虽然这些修改有助于获得更好的实时数据表，但本章中的大多数数据透视表都将转化为用于创建静态数据汇总表的值。在这种情况下，可在 Excel 用户界面中执行以下步骤。

1．在“设计”选项卡中，选择“报表布局>以表格形式显示”，然后选择“重复所有项目标签”选项。

2．在“设计”选项卡中，选择“分类汇总>不显示分类汇总”。

3．在“选项”选项卡中，选择功能区左侧的“选项”图标。在“数据透视表选项”对话框的“布局和格式”选项卡中，在“对于空单元格，显示”复选框旁边的文本框中输入 0。

4．在“设计”选项卡中，选择“总计>对行和列禁用”，最终效果如图 12-6 所示。

4	地区	顾客	A292	B722	C409	D625	E438
5	⊟Central	Enhanced Toothpick Corporation	293017	403764	364357	602380	635402
6	Central	Inventive Clipboard Corporation	410968	440937	422647	292109	346605
7	Central	Matchless Yardstick Inc.	476223	352550	260833	392890	561386
8	Central	Mouthwatering Jewelry Company	365483	446290	471812	291793	522434
9	Central	Persuasive Kettle Inc.	1565368	1385296	1443434	1584759	2025058
10	Central	Remarkable Umbrella Company	362851	425325	469054	653531	645140
11	Central	Tremendous Bobsled Corporation	560759	711826	877247	802303	1095329
12	⊟East	Excellent Glass Traders	447771	386804	723888	522227	454540
13	East	Magnificent Patio Traders	395186	483856	484067	430971	539616
14	East	Mouthwatering Tripod Corporation	337100	310841	422036	511184	519701
15	East	Safe Saddle Corporation	646559	857573	730463	1038371	1049436
16	East	Unique Marble Company	1600347	1581665	1765305	1707140	2179242
17	East	Unique Saddle Inc.	408114	311970	543737	458428	460826
18	East	Vibrant Tripod Corporation	317953	368601	313807	499055	519112
19	⊟West	Agile Glass Supply	628204	629657	893755	712285	978745
20	West	Functional Shingle Corporation	504818	289670	408567	505071	484777
21	West	Guarded Kettle Corporation	1450110	1404742	1868767	1831814	2302023
22	West	Innovative Oven Corporation	452320	364200	420624	539300	582773
23	West	Persuasive Yardstick Corporation	268394	426882	441914	257998	402987
24	West	Tremendous Flagpole Traders	446799	557376	237439	554595	564562
25	West	Trouble-Free Eggbeater Inc.	390917	520048	506324	370819	515235
26	⊟东部	Safe Saddle Corporation	0	0	0	0	3933
27	⊟西部	Agile Glass Supply	0	23188	11304	0	0
28	西部	Guarded Kettle Corporation	0	0	20382	10937	0
29	⊟中部	Matchless Yardstick Inc.	0	0	0	0	17584
30	中部	Mouthwatering Jewelry Company	8517	0	0	0	0
31	中部	Persuasive Kettle Inc.	0	0	0	0	5520

图 12-6　如果打算重新启用数据透视表的输出，以做进一步的分析，则需要修改一些默认的设置

12.4　在 Excel VBA 中创建数据透视表

本章并不是示意读者非要使用 VBA 创建数据透视表发送给客户。相反，本章旨在提醒读者数据透视表可以作为实现目的的一种手段。可以使用数据透视表提取数据汇总，并将该汇总应用于其他地方。

警告： 虽然在 Excel 用户界面中，数据透视表的各部分名称发生了改变，但在 VBA 代码中引用的还是旧名称。微软不得不这样做，否则大量引用页字段而不是筛选字段的代码将无法在 Excel 2007 中运行。尽管在 Excel 用户界面中，数据透视表的 4 部分拖放区域为："报表筛选""列标签""行标签"和"Σ数值"，但 VBA 使用的仍然是原来的名称："页字段""列字段""行字段"和"数据字段"。

12.4.1　定义数据透视表缓存

从 Excel 2000 开始，需要首先创建一个数据透视表缓存对象来描述数据的输入区域：

```
Dim WSD As Worksheet
```

```
Dim PTCache As PivotCache
Dim PT As PivotTable
Dim PRange As Range
Dim FinalRow As Long
Dim FinalCol As Long
Set WSD = Worksheets("PivotTable")
' 删除所有之前存在的数据表
For Each PT In WSD.PivotTables
PT.TableRange2.Clear
Next PT
' 定义输入区域，并创建一个数据透视表缓存
FinalRow = WSD.Cells(Rows.Count, 1).End(xlUp).Row
FinalCol = WSD.Cells(1, Columns.Count).End(xlToLeft).Column
Set PRange = WSD.Cells(1, 1).Resize(FinalRow, FinalCol)
Set PTCache = ActiveWorkbook.PivotCaches.Add(SourceType:=xlDatabase, _
SourceData:=PRange)
```

12.4.2　创建并配置数据透视表

创建完数据透视表缓存之后，使用 CreatePivotTable 方法基于该数据透视表缓存创建一个空白数据透视表：

```
Set PT = PTCache.CreatePivotTable(TableDestination:=WSD.Cells(2, _
FinalCol + 2), TableName:= "PivotTable1")
```

在 CreatePivotTable 方法中，必须指定输出的位置，并为数据透视表命名（可选）。运行完上面这行代码之后，将得到一个看起来非常古怪的空白数据透视表，类似于图 12-7 所示的数据透视表。现在需要使用代码向数据透视表中拖放字段。

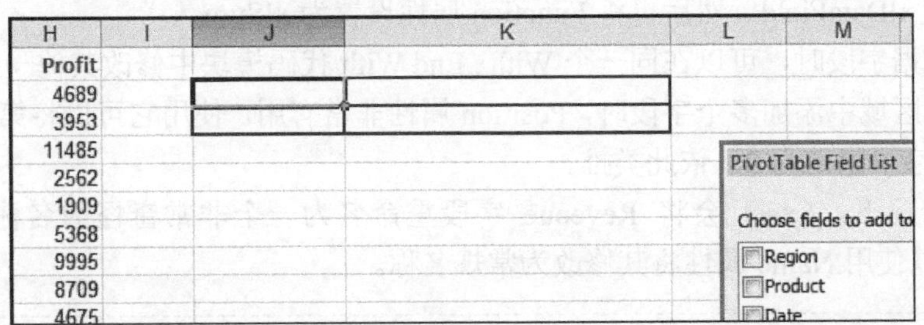

图 12-7　使用 CreatePivotTable 方法之后，Excel 提供一个由 4 个单元格组成的空白数据透视表，这非常有用

在用户界面中创建数据透视表时，如果选择了“推迟布局更新”选项，则将字段拖放到数据透视表中时，Excel 将不会重新计算数据透视表。在默认情况下，使用 VBA 执行每一步创建数据透视表的操作时，Excel 都将对数据透视表进行计算。这样，在得到最终的结果之前，数据透视表将被执行很多次。为加快代码的执行速度，可使用 ManualUpdate 属性暂时关闭数

据透视表计算：

```
PT.ManualUpdate = True
```

现在，可以执行所需的步骤来设置数据透视表的布局。在.AddFields 方法中，可以为数据透视表的行区域、列区域和筛选区域指定一个或多个字段。

通过参数 RowFields 可以指定在“数据透视表字段列表”的“行标签”拖放区域中显示的字段。参数 ColumnFields 可以指定在拖放区域“列标签”中显示的字段。参数 PageFields 可以指定在拖放区域“报表筛选”中显示的字段。

下面的代码在数据透视表的行区域中添加两个字段，在列区域中添加一个字段：

```
'创建行区域和列区域
PT.AddFields RowFields:=Array("Region", "Customer"), _
ColumnFields:= "Product"
```

为了将“收入”（Revenue）等字段添加到数据透视表的数值区域中，可以将字段的 Orientation 属性修改为 xlDataField。

12.4.3 向数据区域添加字段

向数据透视表的数据区域添加字段时，需要手工进行一些配置，而不能完全由 Excel 自行决定。

例如，假设您所创建的报表中存在一个收入字段，现在想对其进行求和。如果没有明确地指定计算方法，Excel 将在后台对数据进行粗略地扫描。如果所有收入列中的内容都是数值类型，Excel 将对这些列进行求和。但如果任意一个单元格为空或包含文本，Excel 也将之作为那一天的收入进行求和，从而得到一个混乱的结果。

由于这种易变性的存在，千万不要在 AddFields 方法中使用参数 DataFields。而应将字段的属性修改为 xlDataField。然后再将 Function 属性设置为 xlSum。

在设置数据字段时，可以在同一个 With...End With 代码模块中修改其他一些属性。

当向数据区域中添加多个字段时，Position 属性非常有用。使用它可以将第一个字段指定为 1，第二个字段指定为 2，依此类推。

在默认情况下，Excel 会将 Revenue 字段重命名为一个非常奇怪的名称，如 Sum of Revenue。可以使用.Name 属性将其修改为常规名称。

提示：注意不能重新使用“Revenue”作为名称，而应使用“Revenue ”（带有一个空格）。

虽然不需要指定编号格式，但它能够使得到的数据透视表更加容易理解，为此，只需多加一行代码。

```
' 创建数据字段
With PT.PivotFields("Revenue")
.Orientation = xlDataField
```

```
    .Function = xlSum
    .Position = 1
    .NumberFormat = "#,##0"
    .Name = "Revenue "
    End With
```

至此，在 VBA 中已经进行了生成正确数据透视表所需的所有配置。如果将 ManualUpdate 设置为 False，Excel 将计算并绘制数据透视表。可以在其后立即将之修改为 True：

```
    ' 计算数据透视表
    PT.ManualUpdate = False
    PT.ManualUpdate = True
```

创建的数据透视表继承运行代码的计算机中的默认数据透视表样式设置。如果想控制最终的格式，可以明确地选择一种数据透视表样式。下面的代码应用了镶边行和“中等深浅”样式：

```
    ' 设置数据透视表的格式
    PT.ShowTableStyleRowStripes = True
    PT.TableStyle2 = "PivotStyleMedium10"
```

如果想重新使用数据透视表中的数据，可关闭“总计”和“分类总计”，并沿着左列填充标签。关于该代码能够关闭“分类总计”的原因，详见本章末尾的“禁用多行字段的分类汇总”小节。

```
    With PT
    .ColumnGrand = False
    .RowGrand = False
    .RepeatAllLabels xlRepeatLabels
    End With
    PT.PivotFields("Region").Subtotals(1) = True
    PT.PivotFields("Region").Subtotals(1) = False
```

至此，我们得到一个图 12-8 所示的完整数据透视表。

Revenue		Product				
Region	Customer	A292	B722	C409	D625	E438
⊟Central	Enhanced Toothpick Corporation	293,017	403,764	364,357	602,380	635,402
Central	Inventive Clipboard Corporation	410,968	440,937	422,647	292,109	346,605
Central	Matchless Yardstick Inc.	476,223	352,550	260,833	392,890	578,970
Central	Mouthwatering Jewelry Company	374,000	446,290	471,812	291,793	522,434
Central	Persuasive Kettle Inc.	1,565,368	1,385,296	1,443,434	1,584,759	2,030,578
Central	Remarkable Umbrella Company	362,851	425,325	469,054	653,531	645,140
Central	Tremendous Bobsled Corporation	560,759	711,826	877,247	802,303	1,095,329
⊟East	Excellent Glass Traders	447,771	386,804	723,888	522,227	454,540
East	Magnificent Patio Traders	395,186	483,856	484,067	430,971	539,616
East	Mouthwatering Tripod Corporation	337,100	310,841	422,036	511,184	519,701
East	Safe Saddle Corporation	646,559	857,573	730,463	1,038,371	1,053,369
East	Unique Marble Company	1,600,347	1,581,665	1,765,305	1,707,140	2,179,242
East	Unique Saddle Inc.	408,114	311,970	543,737	458,428	460,826
East	Vibrant Tripod Corporation	317,953	368,601	313,807	499,055	519,112
⊟West	Agile Glass Supply	628,204	652,845	905,059	712,285	978,745
West	Functional Shingle Corporation	504,818	289,670	408,567	505,071	484,777
West	Guarded Kettle Corporation	1,450,110	1,404,742	1,889,149	1,842,751	2,302,023
West	Innovative Oven Corporation	452,320	364,200	420,624	539,300	582,773
West	Persuasive Yardstick Corporation	268,394	426,882	441,914	257,998	402,987
West	Tremendous Flagpole Traders	446,799	557,376	237,439	554,595	564,562
West	Trouble-Free Eggbeater Inc.	390,917	520,048	506,324	370,819	515,235

图 12-8　只用不到 50 行代码就能在 1 秒钟之内创建出该数据透视表

程序清单 12.1 给出了生成该数据透视表所需的完整代码。

程序清单 12.1　生成数据透视表的代码

```
Sub CreatePivot()
Dim WSD As Worksheet
Dim PTCache As PivotCache
Dim PT As PivotTable
Dim PRange As Range
Dim FinalRow As Long
Set WSD = Worksheets("PivotTable")
' 删除所有之前存在的数据透视表
For Each PT In WSD.PivotTables
PT.TableRange2.Clear
Next PT
' 定义输入区域，并创建数据透视表缓存
FinalRow = WSD.Cells(Application.Rows.Count, 1).End(xlUp).Row
FinalCol = WSD.Cells(1, Application.Columns.Count). _
End(xlToLeft).Column
Set PRange = WSD.Cells(1, 1).Resize(FinalRow, FinalCol)
Set PTCache = ActiveWorkbook.PivotCaches.Add(SourceType:= _
xlDatabase, SourceData:=PRange.Address)
' 基于数据透视表缓存创建数据透视表
Set PT = PTCache.CreatePivotTable(TableDestination:=WSD. _
Cells(2, FinalCol + 2), TableName:= "PivotTable1")
' 在创建数据透视表时关闭更新
PT.ManualUpdate = True
' 创建行字段和列字段
PT.AddFields RowFields:=Array("Region", "Customer"), _
ColumnFields:= "Product"
' 创建数据字段
With PT.PivotFields("Revenue")
.Orientation = xlDataField
.Function = xlSum
.Position = 1
.NumberFormat = "#,##0"
.Name = "Revenue "
End With
' 计算数据透视表
PT.ManualUpdate = False
PT.ManualUpdate = True
'设置数据透视表的格式
PT.ShowTableStyleRowStripes = True
PT.TableStyle2 = "PivotStyleMedium10"
With PT
.ColumnGrand = False
```

```
        .RowGrand = False
        .RepeatAllLabels xlRepeatLabels
    End With
    PT.PivotFields("Region").Subtotals(1) = True
    PT.PivotFields("Region").Subtotals(1) = False
    WSD.Activate
    Range("J2").Select
    End Sub
```

12.4.4　无法移动或修改部分数据透视表的原因

尽管数据透视表的功能惊人，但也存在一些恼人的局限性。例如，不能只对部分数据透视表进行移动或修改。如果试图运行一个宏删除第 2 行，宏将立即中断，并提示 1004 错误，如图 12-9 所示。为了避开这些限制，可以复制数据透视表并将其作为值粘贴。

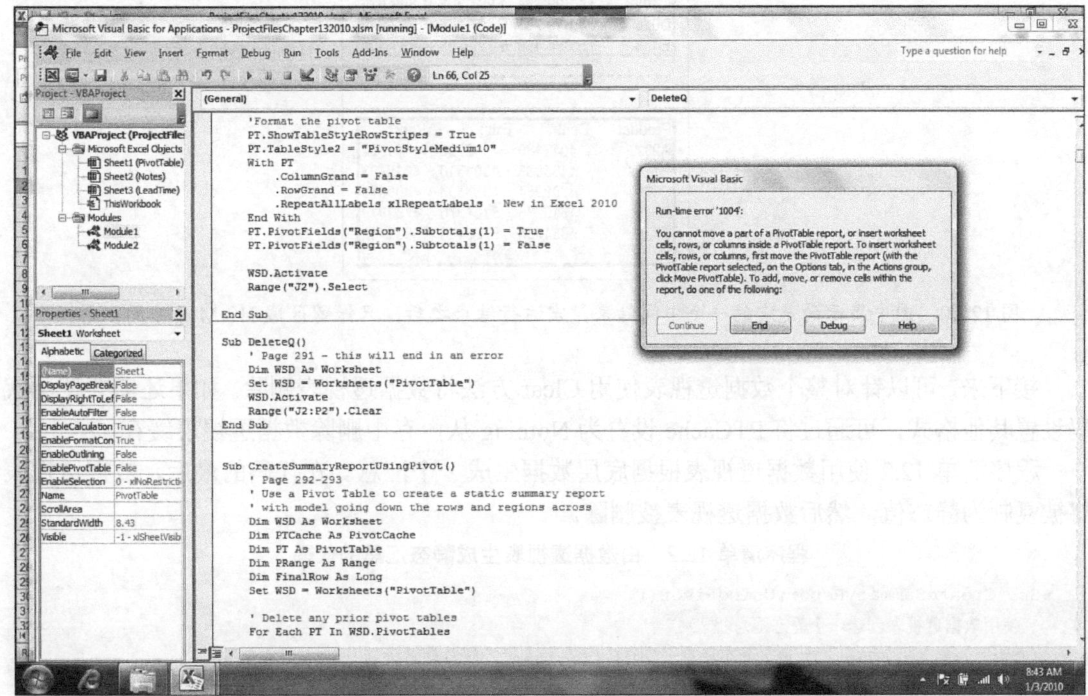

图 12-9　无法删除部分数据透视表

12.4.5　确定数据透视表的最终大小以便将其转化为值

通常在数据透视表创建完毕之前难以确定其大小。例如，在运行某天的交易数据报表时，可能包含也可能不包含西部地区的销售数据，这导致数据透视表的宽度可能是 6 列也可能是 7 列。因此，应该使用特殊属性 TableRange2 来引用整个最终的数据透视表。

PT.TableRange2 引用整个数据透视表。在图 12-10 所示的工作表中，TableRange2 还包含最上面的行，该行包含按钮“Sum of Revenue”。为了删除这一行，在复制 PT.TableRange2 时使用.Offset(1, 0)将选定区域减少一行。根据数据透视表的具体情况，可能需要偏移 2 行甚至更多行，以避免复制数据透视表顶部的多余信息。

代码复制 PT.TableRange2，并对当前数据透视表下方 5 行处的一个单元格调用 PasteSpecial。代码运行至此，工作表将如图 12-10 所示。J2 中是一个实时数据透视表，J12 中的数据透视表是复制之后得到的结果。

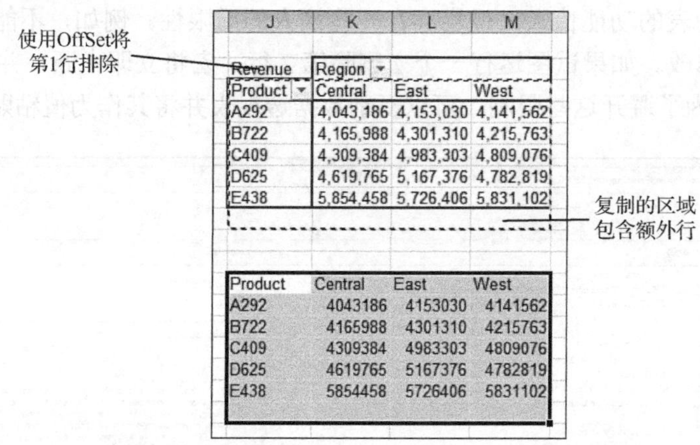

图 12-10　图中显示的是宏的一个中间结果，宏运行结束之后，只保留区域 J12:M17 中的汇总

接下来，可以针对整个数据透视表使用 Clear 方法将数据透视表删除。如果还需要使用代码设置其他格式，可通过将 PTCache 设置为 Nothing 从内存中删除数据透视表缓存。

程序清单 12.2 使用数据透视表根据底层数据生成一个汇总。在代码的最后，数据透视表将被复制为静态值，然后数据透视表被删除。

程序清单 12.2　由数据透视表生成静态汇总的代码

```
Sub CreateSummaryReportUsingPivot()
' 使用数据透视表创建一个静态汇总报表
'其中“产品（product ）”自上而下排列，“地区（regions）”从左到右排列
Dim WSD As Worksheet
Dim PTCache As PivotCache
Dim PT As PivotTable
Dim PRange As Range
Dim FinalRow As Long
Set WSD = Worksheets("PivotTable")
' 删除所有之前存在的数据透视表
```

```
For Each PT In WSD.PivotTables
PT.TableRange2.Clear
Next PT
WSD.Range("J1:Z1").EntireColumn.Clear
' 定义输入区域，并创建一个数据透视表缓存
FinalRow = WSD.Cells(Application.Rows.Count, 1).End(xlUp).Row
FinalCol = WSD.Cells(1, Application.Columns.Count). _
End(xlToLeft).Column
Set PRange = WSD.Cells(1, 1).Resize(FinalRow, FinalCol)
Set PTCache = ActiveWorkbook.PivotCaches.Add(SourceType:= _
xlDatabase, SourceData:=PRange.Address)
' 基于数据透视表缓存创建一个数据透视表
Set PT = PTCache.CreatePivotTable(TableDestination:=WSD. _
Cells(2, FinalCol + 2), TableName:= "PivotTable1")
' 创建数据透视表时关闭更新
PT.ManualUpdate = True
' 创建行字段
PT.AddFields RowFields:= "Product", ColumnFields:= "Region"
' 创建数据字段
With PT.PivotFields("Revenue")
.Orientation = xlDataField
.Function = xlSum
.Position = 1
.NumberFormat = "#,##0"
.Name = "Revenue "
End With
With PT
.ColumnGrand = False
.RowGrand = False
.NullString = "0"
End With
' 对数据透视表进行计算
PT.ManualUpdate = False
PT.ManualUpdate = True
' PT.TableRange2 中包含有结果. 将其移动到 J12 中
' 只是作为值，而不是真实的数据透视表
PT.TableRange2.Offset(1, 0).Copy
WSD.Cells(5 + PT.TableRange2.Rows.Count, FinalCol + 2). _
PasteSpecial xlPasteValues
' 至此，工作表将如图 12-10 所示
' 停止
' 删除原来的数据透视表和数据透视表缓存
PT.TableRange2.Clear
Set PTCache = Nothing
WSD.Activate
```

```
    Range("J12").Select
    End Sub
```

程序清单 12.2 中的代码创建一个数据透视表。然后将其复制并作为值粘贴到区域 J12:M13 中。在前面的图 12-10 所示的表中，包含一个在源数据透视表被删除之前的中间结果。

至此，本章已经为读者演示了如何创建一个最简单的数据透视表。和之前介绍的内容相比，数据透视表更具灵活性。接下来，本章将向读者介绍一些更加复杂的数据透视表示例。

12.5 使用高级数据透视表功能

在本部分内容中，将为您提供一份详细的交易数据，并为每个生产线经理创建一系列报表。在创建这些报表时需要用到以下高级数据透视表功能。

- 按年份进行分组。
- 向值区域中添加多个字段。
- 指定排列顺序，将最重要的顾客排在首位。
- 使用“显示页”功能为每个生产线经理复制一份报表。
- 创建完数据透视表之后，将其转化为值，并做一些基本的格式设置。

图 12-11 所示为某位生产线经理创建的报表，通过它读者能够了解到所创建报表的最终形式。

	A	B	C	D	E	F
1	**Product report for A292**					
2						
3						
4		2011			2012	
5	Customer	# of Orders	Revenue	% of Total	# of Orders	Revenue
6	Unique Marble Company	59	716,631	12.4%	70	883,716
7	Persuasive Kettle Inc.	64	860,540	14.9%	54	704,828
8	Guarded Kettle Corporation	63	710,732	12.3%	56	739,378
9	Safe Saddle Corporation	15	184,144	3.2%	37	462,415
10	Agile Glass Supply	31	353,678	6.1%	24	274,526
11	Tremendous Bobsled Corporation	28	304,831	5.3%	23	255,928
12	Functional Shingle Corporation	0	0	0.0%	40	504,818

图 12-11 使用数据透视表简化创建报表的过程

12.5.1 使用多个值字段

该报表的值区域中有 3 个字段，分别为“订单数”(Orders)、“收入”(Revenue) 和“占总收入的百分比”(% of Total Revenue)。任何时候值区域中都存在两个或多个字段，而在我们将要创建的数据透视表中又新多了一个名为“日期”(Date) 的虚拟字段。

在 Excel 2010 中，该字段在“数据透视表字段列表”拖放区域中显示为一个 σ 值。在创建数据透视表时，可以将“日期”（Date）指定为行字段或列字段。

“日期”（Date）字段所处的位置非常重要，一般来说，当其位于最里面的列字段时效果最好。

在 VBA 中定义数据透视表时，将用到两个字段，分别为“日期”（Date）字段和“数据”（Data）字段。要在 AddFields 方法中指定两个或多个字段，可将这些字段置于数组函数中。

使用以下代码定义数据透视表：

```
' 创建行字段
PT.AddFields RowFields:= "Customer", _
ColumnFields:=Array("Date", "Data"), _
PageFields:= "Product"
```

读者在本章第一次见到 PageFields 参数。如果创建供他人使用的数据透视表，则参数 PageFields 中的字段能够使报表更加便于分析。在本例中，参数 PageFields 中的值使得为每位生产线经理进行的复制报表操作变得更加容易。

12.5.2　统计记录的数量

到目前为止，数据字段的.Function 属性一直保持为.xlSum。对于该属性，总共有 11 种可用函数：xlSum、xlCount、xlAverage、xlStdDev、xlMin 和 xlMax 等。

Count 是唯一能够应用于文本字段的函数。为了统计记录的数量，也就是订单的数量，可以向数据区域添加一个文本字段，并选择函数.xlCount。

```
With PT.PivotFields("Region")
.Orientation = xlDataField
.Function = xlCount
.Position = 1
.NumberFormat = "#,##0"
.Name = "# of Orders "
End With
```

警告：该函数只统计记录的数量，而无法统计不同记录的数量。目前，这一点在数据透视表中很难做到，但使用 PowerPivot 很容易就能实现。不幸的是，无法使用 VBA 创建 PowerPivot 数据透视表。

12.5.3　将日期按月份、季度或年进行分组

数据透视表有一种神奇的能力，它能将日期按“月份”“季度”和（或）“年”进行分组。

在 VBA 中，使用这一功能有些不便，因为在执行命令之前，必须首先选择日期单元格。正如图 12-10 所显示的，直到宏运行到最后，数据透视表中还只包含 4 个空白单元格，因此没有日期字段可供选择。

然而，如果需要对日期字段进行分组，则必须重新生成数据透视表，为此，可使用以下代码：

```
'代码运行至此暂停，以将日期按“年”进行分组
' 需要重新生成数据透视表，以便能够选择日期标题
PT.ManualUpdate = False
PT.ManualUpdate = True
```

提示：笔者曾经找遍各个位置查找第一个日期字段的位置，事实上，只需简单地引用 PT.PivotFields ("Date").LabelRange 就能够指向日期标题。

可以通过 7 种方式对时间或日期进行分组：“秒”“分钟”“小时”“天”“月”“季度”和“年”。注意，可以同时根据多个选项对字段进行分组，分别对应“秒”“分钟”“小时”等选项为其指定 7 个 True/False 值。

例如，要想按月、季度和年进行分组，可使用以下代码：

```
PT.PivotFields("Date").LabelRange.Group , Periods:= _
Array(False, False, False, False, True, True, True)
```

警告：不要在未指定年份的情况下按月份进行分组。如果这样做，Excel 将把今年的一月和去年的一月混为一谈，尽管这对于季度分析很有用，但却不是在汇总中想要的结果。因此，在“分组”对话框中，务必同时选择“年”和“月”。

如果想按“星期”进行分组，只需选择按“天”分组，并将 By 参数的值指定为 7：

```
PT.PivotFields("Date").LabelRange.Group _
Start:=True, End:=True, By:=7, _
Periods:=Array(False, False, False, True, False, False, False)
```

将 Start 和 End 分别指定为 True 将从数据中最早的日期开始分组。如果只想显示 2011 年 1 月 3 日（星期一）到 2012 年 1 月 1 日（星期日）之间的星期，可使用以下代码：

```
With PT.PivotFields("Date")
.LabelRange.Group _
Start:=DateSerial(2011, 1, 3), _
End:=DateSerial(2012, 1, 1), _
By:=7, _
Periods:=Array(False, False, False, True, False, False, False)
On Error Resume Next
.PivotItems("<1/3/2011").Visible = False
.PivotItems(">1/1/2012").Visible = False
On Error Goto 0
End With
```

警告: 按“星期”分组有一个限制。选择按“星期”分组之后，就无法选择按其他方式分组了。例如，同时选择按星期和季度进行分组是无法实现的。

对于该报表，只需按“年”进行分组，因此代码如下：

```
' 将日期按“年”进行分组
PT.PivotFields("Date").LabelRange.Group , Periods:= _
Array(False, False, False, False, False, False, True)
```

警告: 在对日期按“年”进行分组之前，该报表中大约有 500 列日期数据。分组之后，只有两个日期列外加一个汇总。笔者喜欢在宏中尽早对这些日期进行分组。如果在分组之前又向报表中添加了两个数据字段，报表的宽度将变成 1 500 列。虽然从 Excel 2007 开始，列数限制已从 256 增加到 16 384，这一点已不成问题，但相对于最终所需的几列，Excel 却创建了一个异常大的报表。

图 12-12 所示为按“年”进行分组之前的报表，图 12-13 所示为按“年”进行分组之后的报表。

Product	(All)			
# of Orders	Date			
Customer	1/4/2011	1/5/2011	1/6/2011	1/7/2011
Agile Glass Supply	3	1		
Enhanced Toothpick Corporation	1			1
Excellent Glass Traders				
Functional Shingle Corporation				
Guarded Kettle Corporation	2	1		1
Innovative Oven Corporation				
Inventive Clipboard Corporation	1	1		

图 12-12　500 列日期数据横贯报表

Product	(All)		
# of Orders	Date		
Customer	2011	2012	Grand Total
Agile Glass Supply	148	130	278
Enhanced Toothpick Corporation	85	71	156
Excellent Glass Traders	87	80	167
Functional Shingle Corporation		157	157
Guarded Kettle Corporation	316	290	606

图 12-13　执行完一行代码之后，日期上升为年

注意: 执行完该命令之后，“年”字段仍然显示为“日期”。但也不总是如此，如果将日期先变为“月份”再变为“年”，日期字段中将包含月份，字段列表中将新增一个“年”字段，用于存储年份。

12.5.4 修改计算方法显示百分比

Excel 2010 数据透视表工具的“选项”选项卡中提供了一个“值显示方式”下拉列表，但其中大多数选项在“值字段设置”对话框中都是隐藏的。

通过这些计算方法可以修改字段在报表中的显示方式。可以在报表中不显示销售额，代之以显示销售额占总销售额的百分比、显示销售额的累加值或者显示每天的销售额占前一天销售额的百分比。

所有这些设置都是通过数据透视表字段的.Calculation 属性来实现的。每种计算都有自己唯一的规则组。其中一些计算无需做进一步设置就能使用，如“按列进行汇总”，有些需要为其指定基本字段，如“当前累计值”，而有些则必须同时指定基本字段和基本项，如“累计值”。

为了获得总计的百分比，必须在页字段中将.Calculation 属性指定为 xlPercentOfTotal：

```
.Calculation = xlPercentOfTotal
```

要创建一个累计值，必须指定一个 BaseField。现需要为“日期（Date）”列创建一个累计值：

```
' 创建累计值
.Calculation = xlRunningTotal
.BaseField = "Date"
```

随着月份列的不断增长，您可能会想知道每月收入增长的百分比。这可以通过设置 xlPercentDifferenceFrom 来实现。在本例中，必须将 BaseField 设置为“Date”，将 BaseItem 设置为“(previous)”：

```
' 创建相对于上月变化的百分比
With PT.PivotFields("Revenue")
.Orientation = xlDataField
.Function = xlSum
.Caption = "%Change"
.Calculation = xlPercentDifferenceFrom
.BaseField = "Date"
.BaseItem = " (previous) "
.NumberFormat = "#0.0%"
End With
```

注意要进行定位计算，不能使用 AutoShow 或 AutoSort 方法。这一点非常糟糕。如果能够将顾客从高到低进行排列，并相互比较，则是一件非常有趣的事。

可以使用 xlPercentDifferenceFrom 将收入表示成占西部地区销售额的百分比：

```
' 将收入显示为占加利福尼亚销售额的百分比
With PT.PivotFields("Revenue")
.Orientation = xlDataField
.Function = xlSum
.Caption = "% of West"
```

```
    .Calculation = xlPercentDifferenceFrom
    .BaseField = "State"
    .BaseItem = "California"
    .Position = 3
    .NumberFormat = "#0.0%"
End With
```

表 12-4 给出了.Calculation 选项的完整列表。其中，第 2 列指出了计算是否与以前的 Excel 版本兼容。第 3 列指出了是否需要设置基本字段和基本项。

表 12-4　.Calculation 选项的完整列表

计算	适用版本	BaseField/BaseItem
xlDifferenceFrom	所有 Excel 版本	同时需要指定
xlIndex	所有 Excel 版本	都不需要指定
xlNoAdditionalCalculation	所有 Excel 版本	都不需要指定
xlPercentDifferenceFrom	所有 Excel 版本	同时需要指定
xlPercentOf	所有 Excel 版本	同时需要指定
xlPercentOfColumn	所有 Excel 版本	都不需要指定
xlPercentOfParent	只适用于 Excel 2010 及以后版本	只需指定 BaseField
xlPercentOfParentColumn	只适用于 Excel 2010 及以后版本	同时需要指定
xlPercentOfParentRow	只适用于 Excel 2010 及以后版本	同时需要指定
xlPercentOfRow	所有 Excel 版本	都不需要指定
xlPercentOfTotal	所有 Excel 版本	都不需要指定
xlPercentRunningTotal	只适用于 Excel 2010 及以后版本	只需指定 BaseField
xlRankAscending	只适用于 Excel 2010 及以后版本	只需指定 BaseField
xlRankDescending	只适用于 Excel 2010 及以后版本	只需指定 BaseField
xlRunningTotal	所有 Excel 版本	只需指定 BaseField

通过以上对.Calculation 属性的介绍，读者完全能够在生产线报表中创建另外两个数据透视表。

在报表中两次添加字段 Revenue。第一次选择“无计算”，第二次选择“计算总计的百分比”：

```
'创建数据字段"Revenue"
With PT.PivotFields("Revenue")
```

```
    .Orientation = xlDataField
    .Function = xlSum
    .Position = 2
    .NumberFormat = "#,##0"
    .Name = "Revenue "
    End With
    ' 创建数据字段“总收入的百分比（% of total Revenue）”
    With PT.PivotFields("Revenue")
    .Orientation = xlDataField
    .Function = xlSum
    .Position = 3
    .NumberFormat = "0.0%"
    .Name = "% of Total "
    .Calculation = xlPercentOfColumn
    End With
```

提示：请特别注意上面代码中第一个字段的名称。在默认情况下，Excel 将使用名称“Sum of Revenue”，如果读者和笔者一样认为这个名称十分愚蠢，那么可以对其进行修改。但是，不能将其修改为 Revenue，因为在数据透视表中已经存在该名称的字段。

在前面的代码中，笔者使用了名称“Revenue ”（后面带有一个空格）。这样能够正常工作，而且不会有人注意到后面的空格。但是，在后面的宏中引用该字段时，不要忘记将名称写成“Revenue ”（后面带有空格）。

12.5.5 删除值区域中的空单元格

如果在第二年新增了一个顾客，那么该顾客第一年的销售额将为 0。任何 Excel 97 或更高版本的用户都会将空单元格使用 0 代替。在 Excel 用户界面中，该项设置可以在“数据透视表选项”对话框的“布局和格式”选项卡中找到。选择其中的“对于空单元格，显示”复选框，并在其旁边的文本框中输入数字 0。

在 VBA 中，等效的操作是将数据透视表的 NullString 属性设置为“0”：

```
    PT.NullString = "0"
```

注意：虽然正确的做法是将其设置为文本 0，但 Excel 将在每个空单元格中输入数值 0。

12.5.6 使用“自动排序”控制排列顺序

Excel 用户界面中提供了一个“自动排序”选项，用于按收入对顾客进行降序排序。在 VBA 中，使用 AutoSort 方法进行排序，对产品按收入进行降序排序的代码如下：

```
PT.PivotFields("Customer").AutoSort Order:=xlDescending, _
Field:= "Revenue "
```

在宏中设置一些格式之后，将得到一个对所有产品进行汇总的报表，如图 12-14 所示。

Product	(All)								
	Date / Data								
	2011			2012			Total # of Orders	Total Revenue	Total % of Total
Customer	# of Orders	Revenue	% of Total	# of Orders	Revenue	% of Total			
Guarded Kettle Corporation	316	4,501,310	13.2%	290	4,387,465	11.9%	606	8,888,775	12.5%
Unique Marble Company	307	4,418,324	13.0%	316	4,415,375	11.9%	623	8,833,699	12.4%
Persuasive Kettle Inc.	268	3,870,414	11.4%	295	4,139,021	11.2%	563	8,009,435	11.3%
Safe Saddle Corporation	135	1,979,144	5.8%	160	2,347,191	6.3%	295	4,326,335	6.1%
Tremendous Bobsled Corporation	146	1,991,712	5.8%	148	2,055,752	5.6%	294	4,047,464	5.7%
Agile Glass Supply	148	2,128,660	6.2%	130	1,748,478	4.7%	278	3,877,138	5.5%
Remarkable Umbrella Company	98	1,445,685	4.2%	79	1,110,216	3.0%	177	2,555,901	3.6%
Excellent Glass Traders	87	1,304,899	3.8%	80	1,230,331	3.3%	167	2,535,230	3.6%
Tremendous Flagpole Traders	72	960,387	2.8%	95	1,400,384	3.8%	167	2,360,771	3.3%
Innovative Oven Corporation	84	1,106,089	3.2%	83	1,253,128	3.4%	167	2,359,217	3.3%
Magnificent Patio Traders	80	1,134,692	3.3%	84	1,199,004	3.2%	164	2,333,696	3.3%
Trouble-Free Eggbeater Inc.	84	1,173,096	3.4%	78	1,130,247	3.1%	162	2,303,343	3.2%
Enhanced Toothpick Corporation	85	1,210,506	3.6%	71	1,088,414	2.9%	156	2,298,920	3.2%
Functional Shingle Corporation	0	0	0.0%	157	2,192,903	5.9%	157	2,192,903	3.1%
Unique Saddle Inc.	76	1,093,908	3.2%	73	1,089,167	2.9%	149	2,183,075	3.1%
Mouthwatering Jewelry Company	79	1,104,468	3.2%	72	1,001,861	2.7%	151	2,106,329	3.0%
Mouthwatering Tripod Corporation	67	952,918	2.8%	85	1,147,944	3.1%	152	2,100,862	3.0%
Matchless Yardstick Inc.	71	944,109	2.8%	74	1,117,357	3.0%	145	2,061,466	2.9%
Vibrant Tripod Corporation	63	903,394	2.6%	83	1,115,134	3.0%	146	2,018,528	2.8%
Inventive Clipboard Corporation	72	1,005,355	2.9%	67	907,911	2.5%	139	1,913,266	2.7%
Persuasive Yardstick Corporation	68	862,022	2.5%	62	936,153	2.5%	130	1,798,175	2.5%
Grand Total	**2,406**	**34,091,092**	**100.0%**	**2,582**	**37,013,436**	**100.0%**	**4,988**	**71,104,528**	**100.0%**

图 12-14　为每种产品复制该报表

12.5.7　为每种产品复制报表

只要您的数据透视表不是基于 OLAP 数据源创建的，那么，都能在数据透视表中使用一种功能非常强大，但很少有人知晓的功能。这项功能就是“显示报表筛选页”命令，使用它可以为筛选区域中某个字段中的每一项复制该数据透视表。

由于所创建的报表中筛选字段为“产品”（Product），一次只需一行代码就可以为每种产品复制该数据透视表：

```
'为每种产品复制数据透视表
PT.ShowPages PageField:= "Product"
```

运行完此行代码之后，将得到关于数据集中每种产品的新工作表。

至此，读者已经对一些简单的格式和计算有所了解。习惯上，在此应该对运用这些技巧的宏的运行结果进行验证。

程序清单 12.3 给出了完整的宏代码。

程序清单 12.3　完整的宏代码

```
Sub CustomerByProductReport()
' 使用数据透视表为每种产品创建一个报表
' 其中，行为“顾客”、列为“年份”
Dim WSD As Worksheet
```

```
Dim PTCache As PivotCache
Dim PT As PivotTable
Dim PT2 As PivotTable
Dim WS As Worksheet
Dim WSF As Worksheet
Dim PRange As Range
Dim FinalRow As Long
Set WSD = Worksheets("PivotTable")
' 删除之前存在的所有数据透视表
For Each PT In WSD.PivotTables
PT.TableRange2.Clear
Next PT
WSD.Range("J1:Z1").EntireColumn.Clear
' 定义输入区域并创建一个数据透视表缓存
FinalRow = WSD.Cells(Application.Rows.Count, 1).End(xlUp).Row
FinalCol = WSD.Cells(1, Application.Columns.Count). _
End(xlToLeft).Column
Set PRange = WSD.Cells(1, 1).Resize(FinalRow, FinalCol)
Set PTCache = ActiveWorkbook.PivotCaches.Add(SourceType:= _
xlDatabase, SourceData:=PRange.Address)
' 基于数据透视表缓存创建数据透视表
Set PT = PTCache.CreatePivotTable(TableDestination:=WSD. _
Cells(2, FinalCol + 2), TableName:= "PivotTable1")
' 创建数据透视表时关闭更新
PT.ManualUpdate = True
' 创建行区域
PT.AddFields RowFields:= "Customer", _
ColumnFields:=Array("Date", "Data"), _
PageFields:= "Product"
' 创建数据区域“订单数量”
With PT.PivotFields("Region")
.Orientation = xlDataField
.Function = xlCount
.Position = 1
.NumberFormat = "#,##0"
.Name = "# of Orders "
End With
' 到此程序暂停，将日期按年分组
 ' 需要重画数据透视表，以便选择日期标题
PT.ManualUpdate = False
PT.ManualUpdate = True
' 将日期按年分组
PT.PivotFields("Date").LabelRange.Group , Periods:= _
Array(False, False, False, False, False, False, True)
```

```
'创建数据区域“收入（Revenue）”
With PT.PivotFields("Revenue")
.Orientation = xlDataField
.Function = xlSum
.Position = 2
.NumberFormat = "#,##0"
.Name = "Revenue "
End With
' 创建数据区域“总收入的百分比（% of total Revenue）”
With PT.PivotFields("Revenue")
.Orientation = xlDataField
.Function = xlSum
.Position = 3
.NumberFormat = "0.0%"
.Name = "% of Total "
.Calculation = xlPercentOfColumn
End With
' 对顾客进行排序，使得最大的顾客排在最前面
PT.PivotFields("Customer").AutoSort Order:=xlDescending, _
Field:= "Revenue "
With PT
.ShowTableStyleColumnStripes = True
.ShowTableStyleRowStripes = True
.TableStyle2 = "PivotStyleMedium10"
.NullString = "0"
End With
' 计算数据透视表
PT.ManualUpdate = False
PT.ManualUpdate = True
'为每个产品复制数据透视表
PT.ShowPages PageField:= "Product"
Ctr = 0
For Each WS In ActiveWorkbook.Worksheets
If WS.PivotTables.Count > 0 Then
If WS.Cells(1, 1).Value = "Product" Then
' 对一些信息进行保存
WS.Select
ThisProduct = Cells(1, 2).Value
Ctr = Ctr + 1
If Ctr = 1 Then
Set WSF = ActiveSheet
End If
Set PT2 = WS.PivotTables(1)
CalcRows = PT2.TableRange1.Rows.Count - 3
```

```
PT2.TableRange2.Copy
PT2.TableRange2.PasteSpecial xlPasteValues
Range("A1:C3").ClearContents
Range("A1:B2").Clear
Range("A1").Value = "Product report for " & ThisProduct
Range("A1").Style = "Title"
' 对一些标题进行调整
Range("b5:d5").Copy Destination:=Range("H5:J5")
Range("H4").Value = "Total"
Range("I4:J4").Clear
' 复制格式
Range("J1").Resize(CalcRows + 5, 1).Copy
Range("K1").Resize(CalcRows + 5, 1).PasteSpecial xlPasteFormats
Range("K5").Value = "% Rev Growth"
Range("K6").Resize(CalcRows, 1).FormulaR1C1 = _
"=IFERROR(RC6/RC3-1,1) "
Range("A2:K5").Style = "Heading 4"
Range("A1").Resize(CalcRows + 2, 11).Columns.AutoFit
End If
End If
Next WS
WSD.Select
PT.TableRange2.Clear
Set PTCache = Nothing
WSF.Select
MsgBox Ctr & " product reports created. "
End Sub
```

12.6 筛选数据集

12.6.1 手工筛选数据透视表字段中的多个记录

当您打开一个字段标题下拉列表，并从中选择或清除记录时，正在进行手动筛选操作，如图 12-15 所示。

例如，您有一个销售鞋子的客户。报表中显示的是凉鞋的销售额，该客户只想查看天气温暖的州的商店。实现将特定商店隐藏的代码如下：

```
PT.PivotFields("Store").PivotItems("Minneapolis").Visible = False
```

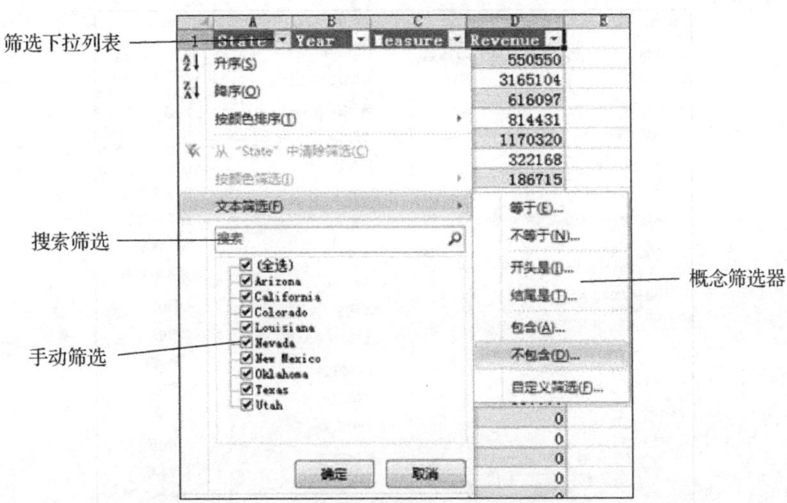

图 12-15 通过该筛选下拉列表能够进行手工筛选，其中包括一个搜索框和一个概念筛选器

在 VBA 中处理该过程非常简单。使用页字段中的“产品”（Product）创建完报表之后，遍历报表修改 Visible 属性只显示特定产品的汇总：

```
' 确保所有数据透视表记录都是可见的
For Each PivItem In _
PT.PivotFields("Product").PivotItems
PivItem.Visible = True
Next PivItem
' 现在，遍历报表只显示特定的记录
For Each PivItem In _
PT.PivotFields("Product").PivotItems
Select Case PivItem.Name
Case "Landscaping/Grounds Care", _
"Green Plants and Foliage Care"
PivItem.Visible = True
Case Else
PivItem.Visible = False
End Select
Next PivItem
```

12.6.2 使用概念筛选

打开数据透视表中任意字段标签的下拉列表，在下拉列表中可以选择“标签筛选”“日期筛选”和“值筛选”。通过“日期筛选”能够筛选概念上的日期，如上个月或下一年（如图 12-16 所示）。

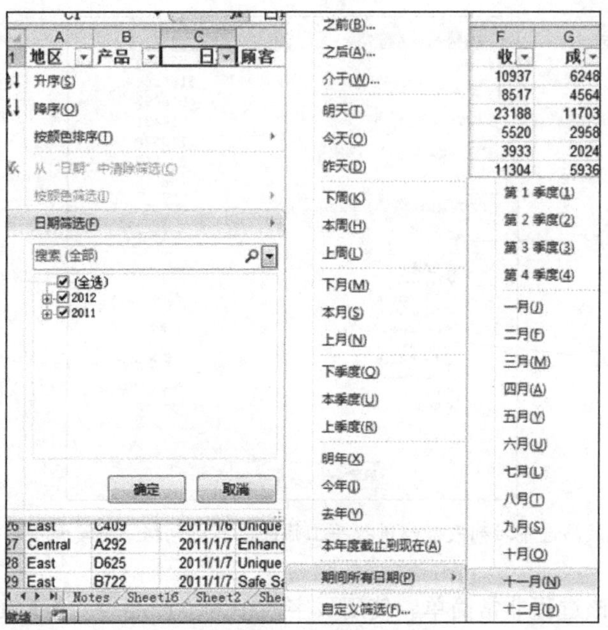

图 12-16　按时间筛选

要在 VBA 中应用标签筛选，可以使用 PivotFilters.Add 方法。下面的代码筛选出以字母 E 开头的顾客：

```
PT.PivotFields("Customer").PivotFilters.Add _
Type:=xlCaptionBeginsWith, Value1:= "E"
```

为了从“顾客（Customer）”字段中清除筛选，可以使用 ClearAllFilters 方法：

```
PT.PivotFields("Customer").ClearAllFilters
```

要对日期字段应用日期筛选来查找本周的记录，可以使用以下代码：

```
PT.PivotFields("Date").PivotFilters.Add Type:=xlThisWeek
```

使用值筛选可以基于另一个字段的值对一个字段进行筛选。例如，要查找所有收入超过 100 000 美元的市场，可以使用以下代码：

```
PT.PivotFields("Market").PivotFilters.Add _
Type:=xlValueIsGreaterThan, _
DataField:=PT.PivotFields("Sum of Revenue"), _
Value1:=100000
```

通过另外一些值筛选可以查找出收入在 50 000 到 100 000 美元之间的分支机构。在这种情况下，可以将第一个限制参数指定为 Value1，第二个限制参数指定为 Value2：

```
PT.PivotFields("Market").PivotFilters.Add _
Type:=xlValueIsBetween, _
DataField:=PT.PivotFields("Sum of Revenue"), _
Value1:=50000, Value2:=100000
```

表 12-5 中列出了所有可能的筛选类型。

表 12-5　筛选类型

筛选类型	描述
xlBefore	筛选出指定日期之前的所有日期
xlBeforeOrEqualTo	筛选出指定日期之前（包括指定日期）的所有日期
xlAfter	筛选出指定日期之后的所有日期
xlAfterOrEqualTo	筛选出指定日期之后（包括指定日期）的所有日期
xlAllDatesInPeriodJanuary	筛选出 1 月份的所有日期
xlAllDatesInPeriodFebruary	筛选出 2 月份的所有日期
xlAllDatesInPeriodMarch	筛选出 3 月份的所有日期
xlAllDatesInPeriodApril	筛选出 4 月份的所有日期
xlAllDatesInPeriodMay	筛选出 5 月份的所有日期
xlAllDatesInPeriodJune	筛选出 6 月份的所有日期
xlAllDatesInPeriodJuly	筛选出 7 月份的所有日期
xlAllDatesInPeriodAugust	筛选出 8 月份的所有日期
xlAllDatesInPeriodSeptember	筛选出 9 月份的所有日期
xlAllDatesInPeriodOctober	筛选出 10 月份的所有日期
xlAllDatesInPeriodNovember	筛选出 11 月份的所有日期
xlAllDatesInPeriodDecember	筛选出 12 月份的所有日期
xlAllDatesInPeriodQuarter1	筛选出第 1 季度的所有日期
xlAllDatesInPeriodQuarter2	筛选出第 2 季度的所有日期
xlAllDatesInPeriodQuarter3	筛选出第 3 季度的所有日期
xlAllDatesInPeriodQuarter4	筛选出第 4 季度的所有日期
xlBottomCount	从列表底部开始筛选指定的数值
xlBottomPercent	从列表底部开始筛选指定的百分比值
xlBottomSum	从列表底部开始统计数值的和
xlCaptionBeginsWith	筛选出以指定字符串开头的所有标题
xlCaptionContains	筛选出包含指定字符串的标题
xlCaptionDoesNotBeginWith	筛选出不是以指定字符串开头的所有标题
xlCaptionDoesNotContain	筛选出不包含指定字符串的标题
xlCaptionDoesNotEndWith	筛选出不是以指定字符串结尾的所有标题

续表

筛选类型	描述
xlCaptionDoesNotEqual	筛选出所有与指定字符串不匹配的标题
xlCaptionEndsWith	筛选出以指定字符串结尾的所有标题
xlCaptionEquals	筛选出所有与指定字符串相匹配的标题
xlCaptionIsBetween	筛选出所有介于指定值之间的标题
xlCaptionIsGreaterThan	筛选出所有比指定值大的标题
xlCaptionIsGreaterThanOrEqualTo	筛选出所有大于或等于指定值的标题
xlCaptionIsLessThan	筛选出所有比指定值小的标题
xlCaptionIsLessThanOrEqualTo	筛选出所有小于或等于指定值的标题
xlCaptionIsNotBetween	筛选出所有在指定值之外的标题
xlDateBetween	筛选出所有介于指定值之间的日期
xlDateLastMonth	筛选出所有处于上个月的日期
xlDateLastQuarter	筛选出所有处于上个季度的日期
xlDateLastWeek	筛选出所有处于上个星期的日期
xlDateLastYear	筛选出所有处于上一年的日期
xlDateNextMonth	筛选出所有处于下个月的日期
xlDateNextQuarter	筛选出所有处于下个季度的日期
xlDateNextWeek	筛选出所有处于下个星期的日期
xlDateNextYear	筛选出所有处于下一年的日期
xlDateThisMonth	筛选出所有处于本月的日期
xlDateThisQuarter	筛选出所有处于本季度的日期
xlDateThisWeek	筛选出所有处于本星期的日期
xlDateThisYear	筛选出所有处于今年的日期
xlDateToday	筛选出所有处于当天的日期
xlDateTomorrow	筛选出所有处于明天的日期
xlDateYesterday	筛选出所有处于昨天的日期
xlNotSpecificDate	筛选出所有与指定日期不相同的日期
xlSpecificDate	筛选出所有指定日期
xlTopCount	从列表开头开始筛选出所有指定数值

续表

筛选类型	描述
xlTopPercent	从列表中筛选出指定百分比数值
xlTopSum	从列表开头求所有值的和
xlValueDoesNotEqual	筛选出所有与指定值不匹配的值
xlValueEquals	筛选出所有与指定值相匹配的值
xlValueIsBetween	筛选出所有介于指定值之间的值
xlValueIsGreaterThan	筛选出所有大于指定值的值
xlValueIsGreaterThanOrEqualTo	筛选出所有大于或等于指定值的值
xlValueIsLessThan	筛选出所有小于指定值的值
xlValueIsLessThanOrEqualTo	筛选出所有小于或等于指定值的值
xlValueIsNotBetween	筛选出所有处于指定值之外的值
xlYearToDate	筛选出所有与指定日期相差一年以内的值

12.6.3　使用搜索筛选器

Excel 在筛选器下拉列表中添加了一个“搜索”框。虽然这只是 Excel 用户界面中的一项普通功能，但在 VBA 中却没有等效的代码。然而，在下拉列表中有一个“选择全部搜索结果”复选框，其在 VBA 中等效的代码只是罗列出所有满足条件的记录。

要在 VBA 中实现模拟搜索框的功能，可以使用前面介绍的 xlCaptionContains 筛选类型。

■　案例分析：使用筛选器筛选出前 5 或前 10 名记录

如果您正在设计一个使用的管理展示板，可能希望突出显示前 5 名顾客。和“自动排序”选项一样，您可能是一个数据透视表发烧友，并且从未注意到 Excel 中“自动显示前十名”功能。使用该功能，可以基于报表中的任意数据字段选择前 *n* 名或后 *n* 名记录。

在 VBA 中通过.AutoShow 方法调用“自动显示”功能：

```
' 只显示前 5 名顾客
PT.PivotFields("Customer").AutoShow Top:=xlAutomatic, Range:=xlTop, _
Count:=5, Field:= "Sum of Revenue"
```

使用.AutoShow 方法创建报表时，将数据复制并返回源数据透视表获取所有商场的汇总，这样做非常有用。在代码中，这通过从数据透视表中清除“顾客”（Customer）字段并将总计复制到报表中来实现。生成的报表如图 12-17 所示。

	A	B	C	D	E	F	G
1	Top 5 Customers						
2							
3	**Customer**	**A292**	**B722**	**C409**	**D625**	**E438**	**Grand Total**
4	Guarded Kettle Corporation	1,450,110	1,404,742	1,889,149	1,842,751	2,302,023	8,888,775
5	Unique Marble Company	1,600,347	1,581,665	1,765,305	1,707,140	2,179,242	8,833,699
6	Persuasive Kettle Inc.	1,565,368	1,385,296	1,443,434	1,584,759	2,030,578	8,009,435
7	Safe Saddle Corporation	646,559	857,573	730,463	1,038,371	1,053,369	4,326,335
8	Tremendous Bobsled Corporation	560,759	711,826	877,247	802,303	1,095,329	4,047,464
9	Top 5 Total	5,823,143	5,941,102	6,705,598	6,975,324	8,660,541	34,105,708
10							
11	Total Company	12,337,778	12,683,061	14,101,763	14,569,960	17,411,966	71,104,528

图 12-17 “前 5 名顾客”报表中包含两个数据透视表

```
Sub Top5Customers()
' 程序清单 13.4
' 创建一个前 5 名顾客的报表
Dim WSD As Worksheet
Dim WSR As Worksheet
Dim WBN As Workbook
Dim PTCache As PivotCache
Dim PT As PivotTable
Dim PRange As Range
Dim FinalRow As Long
Set WSD = Worksheets("PivotTable")
' 删除所有之前存在的数据透视表
For Each PT In WSD.PivotTables
PT.TableRange2.Clear
Next PT
WSD.Range("J1:Z1").EntireColumn.Clear
' 定义输入区域，并创建一个数据透视表缓存
FinalRow = WSD.Cells(Application.Rows.Count, 1).End(xlUp).Row
FinalCol = WSD.Cells(1, Application.Columns.Count). _
End(xlToLeft).Column
Set PRange = WSD.Cells(1, 1).Resize(FinalRow, FinalCol)
Set PTCache = ActiveWorkbook.PivotCaches.Add(SourceType:= _
xlDatabase, SourceData:=PRange.Address)
' 基于数据透视表缓存创建数据透视表
Set PT = PTCache.CreatePivotTable(TableDestination:=WSD. _
Cells(2, FinalCol + 2), TableName:= "PivotTable1")
' 在创建数据透视表时关闭更新
PT.ManualUpdate = True
'创建行字段
PT.AddFields RowFields:= "Customer", ColumnFields:= "Product"
' 创建数据字段
With PT.PivotFields("Revenue")
.Orientation = xlDataField
.Function = xlSum
```

```
.Position = 1
.NumberFormat = "#,##0"
.Name = "Total Revenue"
End With
' 确保在数据区域中显示的是 0，而不是空单元格
PT.NullString = "0"
' 根据收入总和对顾客进行降序排序
PT.PivotFields("Customer").AutoSort Order:=xlDescending, _
Field:= "Total Revenue"
' 只显示前 5 名顾客
PT.PivotFields("Customer").AutoShow Type:=xlAutomatic, Range:=xlTop, _
Count:=5, Field:= "Total Revenue"
' 计算数据透视表，允许绘制日期标签
PT.ManualUpdate = False
PT.ManualUpdate = True
' 创建一个新的空白工作簿，其中包含一个工作表
Set WBN = Workbooks.Add(xlWBATWorksheet)
Set WSR = WBN.Worksheets(1)
WSR.Name = "Report"
' 为报表创建标题
With WSR.[A1]
.Value = "Top 5 Customers"
.Font.Size = 14
End With
' 将数据透视表的数据复制到工作表中的第 3 行
'使用 offset 清除数据透视表的标题行
PT.TableRange2.Offset(1, 0).Copy
WSR.[A3].PasteSpecial Paste:=xlPasteValuesAndNumberFormats
LastRow = WSR.Cells(Rows.Count, 1).End(xlUp).Row
WSR.Cells(LastRow, 1).Value = "Top 5 Total"
' 返回数据透视表获取汇总，而不使用“自动显示”功能
PT.PivotFields("Customer").Orientation = xlHidden
PT.ManualUpdate = False
PT.ManualUpdate = True
PT.TableRange2.Offset(2, 0).Copy
WSR.Cells(LastRow + 2, 1).PasteSpecial Paste:= _
xlPasteValuesAndNumberFormats
WSR.Cells(LastRow + 2, 1).Value = "Total Company"
' 清除数据透视表
PT.TableRange2.Clear
Set PTCache = Nothing
' 进行一些基本的格式设置 Do some basic formatting
'调整列宽， 为标题设置粗体，右对齐
WSR.Range(WSR.Range("A3"), WSR.Cells(LastRow + 2, 6)).Columns.AutoFit
Range("A3").EntireRow.Font.Bold = True
```

```
Range("A3").EntireRow.HorizontalAlignment = xlRight
Range("A3").HorizontalAlignment = xlLeft
Range("A2").Select
MsgBox "CEO Report has been Created"
End Sub
```

12.6.4 创建切片器来筛选数据透视表

自 2010 版开始，Excel 引入了切片器的概念用以筛选数据透视表。切片器（slicer）是一种可视化的筛选器，其大小或位置可以调整。可以对切片器的颜色以及切片器中列的编号进行控制。还可以使用 VBA 选择或取消切片器中的记录。

图 12-18 所示为一个包含有 5 个切片器的数据透视表。其中，“日期”（Date）切片器被分成了 3 个。

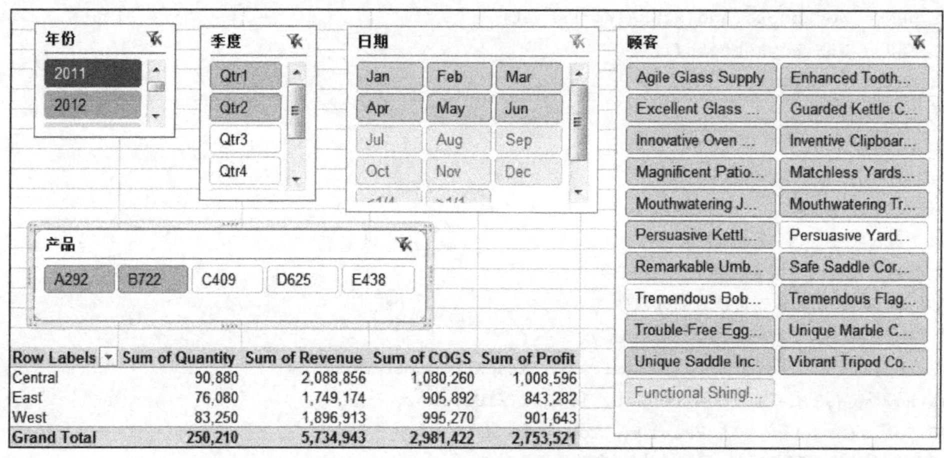

Row Labels	Sum of Quantity	Sum of Revenue	Sum of COGS	Sum of Profit
Central	90,880	2,088,856	1,080,260	1,008,596
East	76,080	1,749,174	905,892	843,282
West	83,250	1,896,913	995,270	901,643
Grand Total	250,210	5,734,943	2,981,422	2,753,521

图 12-18 切片器中提供了一个可视化的筛选器和几个日期字段

切片器由一个切片器缓存和一个切片器组成。要定义一个切片器缓存，需要指定一个数据透视表作为源和一个字段名作为 SourceField。切片器缓存是定义在工作簿等级的。这样可以使切片器工作于不同的工作表而不是实际的数据透视表：

```
Dim SCP as SlicerCache
Dim SCR as SlicerCache
Set SCP = ActiveWorkbook.SlicerCaches.Add(Source:=PT, SourceField:= "Product")
Set SCR = ActiveWorkbook.SlicerCaches.Add(Source:=PT, SourceField:= "Region")
```

定义了切片器缓存之后，可以为其添加一个切片器。切片器定义为切片器缓存的一个对象。指定一个工作表作为目标。参数 name 定义切片器的内部名称，Caption 定义切片器中显示的标题。如果希望将名称显示为 Region，这很有用，但 IT 部门将字段定义为 IDKRegn。使用 height 和 width 以点为单位指定切片器的大小，使用 top 和 left 指定切片器的位置。

在下面的代码中，top、left、height 和 width 的值被设置为与特定单元格区域的大小和位置相同：

```
Dim SLP as Slicer
Set SLP = SCP.Slicers.Add(SlicerDestination:=WSD, Name:= "Product", _
Caption:= "Product", _
Top:=WSD.Range("A12").Top, _
Left:=WSD.Range("A12").Left + 10, _
Width:=WSR.Range("A12:C12").Width, _
Height:=WSD.Range("A12:A16").Height)
```

所有切片器的起始位置都从同一列开始。可以使用以下代码设置列的样式和编号：

```
' 设置列的颜色和编号
With SLS
.Style = "SlicerStyleLight6"
.NumberOfColumns = 5
End With
```

笔者发现在 Excel 用户界面中创建切片器时，需要经常单击鼠标对切片器进行调整。添加了两三个切片器之后，它们平铺排列并发生了重叠，需要不断对它们的位置、大小和列的编号等进行调整。在研讨会上，笔者经常自夸只需 6 次鼠标单击操作就能创建一个复杂的数据透视表。毋庸置疑，切片器的功能十分强大，但貌似需要 20 次鼠标单击操作才能创建好。而使用宏进行这些调整能够节省大量时间。

一旦切片器定义好之后，就可以使用 VBA 实际选择切片器中的活动记录了。虽然看起来有些不直观，但要选择切片器中的记录，必须修改 SlicerItem，它是 SlicerCache 中的成员，而非 Slicer 的成员：

```
With SCP
.SlicerItems("A292").Selected = True
.SlicerItems("B722").Selected = True
.SlicerItems("C409").Selected = False
.SlicerItems("D625").Selected = False
.SlicerItems("E438").Selected = False
End With
```

有时需要对现有的切片器进行处理。如果切片器是针对“产品”（Product）字段创建的，则 SlicerCache 的名字为“Slicer_Product”。可以使用下面的代码设置现有切片器的格式：

```
Sub MoveAndFormatSlicer()
Dim SCP As SlicerCache
Dim SLP as Slicer
Dim WSD As Worksheet
Set WSD = ActiveSheet
Set SCP = ActiveWorkbook.SlicerCaches("Slicer_Product")
Set SLS = SCS.Slicers("Product")
With SLS
```

```
    .Style = "SlicerStyleLight6"
    .NumberOfColumns = 5
    .Top = WSD.Range("A1").Top + 5
    .Left = WSD.Range("A1").Left + 5
    .Width = WSD.Range("A1:B14").Width - 60
    .Height = WSD.Range("A1:B14").Height
    End With
    End Sub
```

12.6.5 使用命名集筛选 OLAP 数据透视表

1. 命名集

在 Excel 2010 数据透视表中有一种神奇的功能——命名集。使用该功能可以创建一种之前无法实现的筛选。例如，在图 12-19 中，数据透视表中显示了 FY2009（2009 财年）和 FY2010（2010 财年）的支出（Actuals）和预算（Budget）。过去，只包含 FY2009 支出和 FY2010 预算的不对称报表是无法显示的：如果关闭 FY2009 的支出，则所有的年份都将关闭。而使用命名集可以克服这一障碍。

2009财年支出

2010财年预算

收入总和	列标签						
	⊟FY2009		FY2009 汇总	⊟FY2010		FY2010 汇总	总计
行标签	支出	预算		支出	预算		
Arizona	550550	600000	1150550	0	633000	633000	1783550
California	3165104	3500000	6665104	0	3666000	3666000	10331104
Colorado	616097	600000	1216097	0	669000	669000	1885097
Louisiana	814431	825000	1639431	0	902000	902000	2541431
Nevada	1170320	1000000	2170320	0	1194000	1194000	3364320
New Mexico	322168	350000	672168	0	370000	370000	1042168
Oklahoma	186715	200000	386715	0	213000	213000	599715
Texas	2559021	2750000	5309021	0	2920000	2920000	8229021
Utah	632897	650000	1282897	0	706000	706000	1988897
总计	10017303	1E+07	20492303	0	1.1E+07	11273000	31765303

图 12-19　想要显示 2009 财年的支出和 2010 财年的预算

2. 命名集的限制

命名集只适用于来自 OLAP 数据透视表的数据。如果您所处理的是基于通常 Excel 数据创建的数据透视表，需要等待 Excel 在未来进一步挖掘命名集的功能时才能使用。

3. 变通方案

使用 PowerPivot 加载项创建的数据透视表实质上是一个 OLAP 数据透视表。要创建如图 12-19 所示的数据透视表，可以将 Excel 数据复制，并作为新图表粘贴到 PowerPivot 加载项中，最后返回 Excel 创建数据透视表。

注意： PowerPivot 是微软的 SQL Server 分析服务（SQL Server Analysis Services）团队在 Excel 2010 中新加的一个加载项。由于无法通过 VBA 控制 PowerPivot，因此本书并没有对之进行深入讲解。但 PowerPivot 是一个非常棒的加载项。可以使用它将一个包含数百万行数据的数据集揉合成一个数据集。还可以使用它定义在普通 Excel 数据透视表中无法实现的计算。笔者曾专门围绕 PowerPivot 主题写过一本书 *PowerPivot for the Excel Data Analyst*。

这只是这项强大功能的一个初级应用。PowerPivot 加载项的设计初衷是将多个数据源揉合成一个上百万行的记录集。只是简单地将一个平面图表粘贴到这个强大工具中显然没有充分发挥其功能。然而，对于创建不对称的数据透视表来说，使用 PowerPivot 加载项是不错的选择。

使用命名集创建不对称数据透视表

通常需要在两个列字段中显示不对称的选项。例如在图 12-19 中，想要显示的是 2009 年的支出和 2010 年的预算。

要定义一个命名集，必须使用 MDX（多维表达式语言）语言创建一个公式。网上有许多关于 MDX 的教程。幸运的是，通过 Excel 2010 用户界面定义命名集时，可以使用宏录制器编写所需的 MDX 公式。

在定义命名集的同时，需要定义一个 CalculatedMember，并添加一个 CubeField 集合。这些位于宏开头的声明语句将初始化两个计算成员：

```
Dim CM1 As CalculatedMember
```

MDX 公式是命名集的关键。在本例的代码中，公式中包含 2009 年的支出和 2010 年的预算。公式置于花括号中表明公式中包含一组数值。每一行代码都向数组中添加一个新列：

```
' 创建一个公式来获取 2009 年的支出和 2010 年的预算
FText = "{([Financials].[Year].&[FY2009],[Financials].[Measure].&[Actuals]), "
FText = FText & _
" ([Financials].[Year].&[FY2010],[Financials].[Measure].&[Budget])} "
```

定义完公式之后，使用以下代码向数据集中添加计算成员：

```
' 定义一个计算成员来代替 Year 和 Measure
Set CM1 = ActiveWorkbook.Connections("PowerPivot Data"). _
OLEDBConnection.CalculatedMembers.Add( _
Name:= " [ActVBud] ", _
Formula:=FText, _
Type:=xlCalculatedSet, _
Dynamic:=False, _
HierarchizeDistinct:=False)
CM1.FlattenHierarchies = False
PT.CubeFields.AddSet Name:= " [ActVBud] ", Caption:= "ActVBud"
```

这段代码将向数据透视表字段列表中添加一个名为“集合”的新文件夹。在该文件夹中，一个名为 ActVBud 的选项可用作字段，就和名为 Year 或 Measure 的字段一样。在您所编写的代码中，希望将数据透视表中的 Year 和 Measure 字段替换为 ActVBud：

```
' 清除 Measure 和 Year 字段,将之替换为“集合（Set）”
PT.CubeFields(" [Financials].[Measure] ").Orientation = xlHidden
PT.CubeFields(" [Financials].[Year] ").Orientation = xlHidden
PT.CubeFields(" [ActVBud] ").Orientation = xlColumnField
```

图 12-20 所示为创建的不对称报表。

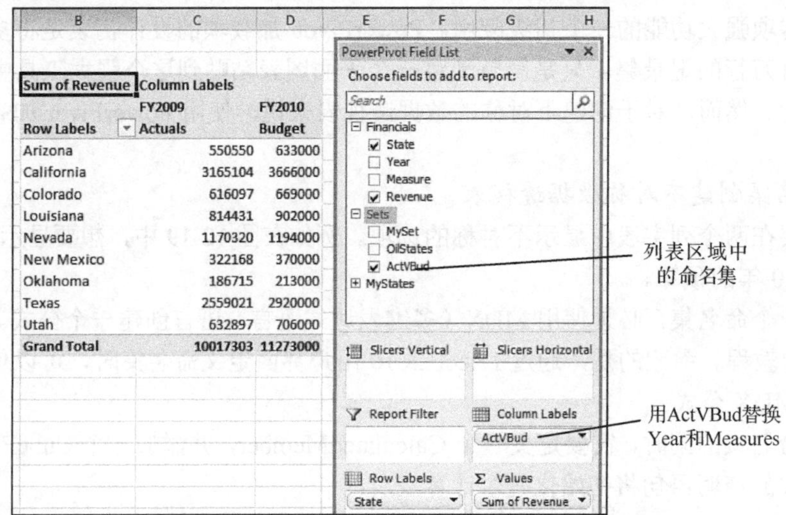

图 12-20　使用命名集能够创建一个不对称报表

12.7　使用其他数据透视表功能

本节将介绍一些数据透视表附加功能，它们可能需要使用 VBA 编写。

12.7.1　计算数据字段

数据透视表中提供了两种类型的公式。其中用途最广的类型是为计算字段定义的公式。该类型的公式向数据透视表中添加一个新字段。计算字段总是根据汇总数据计算得到，如果将一个表示平均价格的计算字段定义为收入除以销量，Excel 将首先计算收入汇总和销量汇总，然后将它们相除以得到结果。在很多情况下，这正是您所希望的。如果公式没有遵守数学结合律，则可能得到意外的结果。

要创建计算字段，可调用 CalculatedFields 对象的 Add 方法。同时必须指定一个字段名称和公式。

注意： 如果您所创建的字段名称为 Profit Percent，数据透视表将默认生成一个名为 Sum of Profit Percent 的字段。这个标题不仅误导人，而且看起来很傻。解决方法是在定义数据字段时，使用 Name 属性将 Sum of Profit Percent 修改为 GP Pct 等名称。但需要注意的是，该名称与计算字段的名称不能相同。

```
' 定义计算字段
PT.CalculatedFields.Add Name:= "ProfitPercent", Formula:= "=Profit/Revenue"
With PT.PivotFields("ProfitPercent")
.Orientation = xlDataField
.Function = xlSum
.Position = 3
.NumberFormat = "#0.0%"
.Name = "GP Pct"
End With
```

12.7.2　计算项

假设在“度量（Measure）”字段中有两项内容，“支出”和“预算”。现在想添加一个新项用于计算“支出-预算”的差。可以使用计算项通过以下代码实现：

```
' Define calculated item along the product dimension
PT.PivotFields("Measure").CalculatedItems _
.Add "Variance", "='Actual'-'Budget' "
```

12.7.3　使用 ShowDetail 筛选数据集

在 Excel 用户界面中，双击任意数据透视表中的任意数字时，Excel 将在工作簿中插入一个新的工作表，并将用于汇总得到该数字的所有源记录复制到工作表中。在 Excel 用户界面中，这是深化查询数据集的一种不错方式。

在 VBA 中，等效的属性是 ShowDetail。通过将数据透视表中任意单元格的 ShowDetail 属性设置为 True，就会生成一个新的工作表，其中包含用于汇总得到该单元格的所有记录：

```
PT.TableRange2.Offset(2, 1).Resize(1, 1).ShowDetail = True
```

12.7.4　通过“设计”选项卡修改布局

“设计”选项卡的“布局”组中包含 4 个下拉列表，用于控制以下几项内容。

- 分类汇总的位置（顶部或底部）

- 是否显示总计
- 报表布局，包括是否重复外行标签
- 是否包含空行

分类汇总可以显示在透视项目组的顶部或底部。SubtotalLocation 属性可应用于整个数据透视表，其有效值为 xlAtBottom 或 xlAtTop:

```
PT.SubtotalLocation:=xlAtTop
```

行或列的总计既可以显示也可以隐藏。由于这两项设置容易混淆，因此务必牢记在报表的底部，有一个被称为“总计行”的总计线。可以使用以下代码隐藏该行：

```
PT.ColumnGrand = False
```

要想隐藏总计行，必须关闭 ColumnGrand，因为微软将该行称为“列的总计”。不知读者对这句话是否能够理解。换句话说，微软规定最底部的行包含了其上方列的总计。最后，当笔者决定关闭行（列）时，就实际关闭列（行），这样就能够得到想要的结果。

要想关闭报表最右侧被您称为“列的总计”的列，必须使用以下代码关闭被微软称为“行的总计”的行：

```
PT.RowGrand = False
```

设置报表布局

报表布局包含 3 项设置。

- 表格布局：类似于 Excel 2003 中的默认布局
- 大纲布局：Excel 2003 中的可选项
- 压缩布局：在 Excel 2007 中引入的布局

在 Excel 用户界面中创建数据透视表时，得到的是压缩布局。在 VBA 中创建数据透视表时，得到的是表格布局。可以使用以下代码修改成其他布局：

```
PT.RowAxisLayout xlTabularRow
PT.RowAxisLayout xlOutlineRow
PT.RowAxisLayout = xlCompactRow
```

从 Excel 2007 开始，可以在每个项目组的后面添加空行。虽然“设计”选项卡中只提供了一项影响整个数据透视表的设置，但该设置实际上分别应用于数据透视表的每个字段。如果数据透视表包含 12 个字段，使用宏录制器录制该操作时，将生成 12 行代码。可以添加一行代码来设置最外行的字段：

```
PT.PivotFields("Region").LayoutBlankLine = True
```

12.7.5 禁用多行字段的分类汇总

当行字段多于 1 行时，Excel 将自动为每个行字段添加分类汇总，但最里面的行字段除外。如果想将数据透视表的结果作为新的数据集用作它用时，多余的行字段将成为很大的阻碍。虽然手工完成该任务相对来说比较简单，但使用 VBA 代码禁用分类汇总却非常复杂。

很多人没有意识到能够显示多种类型的分类汇总。例如，可以在同一个数据透视表中显示汇总、平均值、最小值和最大值等。

要禁用某个字段的分类汇总，必须将 Subtotals 属性设置成与一个包含 12 个 False 值的数组相等。第 1 个 False 禁用自动分类汇总，第 2 个 False 禁用 Sum 分类汇总，第 3 个 False 禁用 Cout 分类汇总，等等。下面这行代码禁用 Region 分类汇总：

```
PT.PivotFields("Region").Subtotals = Array(False, False, False, False, _
False, False, False, False, False, False, False, False)
```

还有一种只启用第一个分类汇总的技术。该方法自动禁用其他 11 项分类汇总。通过关闭第一项分类汇总就能禁用所有分类汇总：

```
PT.PivotFields("Region").Subtotals(1) = True
PT.PivotFields("Region").Subtotals(1) = False
```

■ 案例分析：应用数据可视化

从 Excel 2007 开始，出现了许多奇特的可视化功能，如图标集、色阶和数据条等。对数据透视表应用可视化时，应将汇总行排除在外。

假设有 20 位顾客，平均收入为 3 000 000 美元，总收入为 6 000 万美元。如果在应用数据可视化时包含了总计，总计的数据条将最大，而其他数据条则非常小。

在 Excel 用户界面中，必须使用“新建规则”或“编辑规则”选择“所有为‘Customer’显示‘求和项：Revenue’值的单元格”。

为 Revenue 字段添加数据条的代码如下：

```
' 应用数据条
PT.TableRange2.Cells(3, 2).Select
Selection.FormatConditions.AddDatabar
Selection.FormatConditions(1).ShowValue = True
Selection.FormatConditions(1).SetFirstPriority
With Selection.FormatConditions(1)
.MinPoint.Modify newtype:=xlConditionValueLowestValue
.MaxPoint.Modify newtype:=xlConditionValueHighestValue
End With
With Selection.FormatConditions(1).BarColor
.ThemeColor = xlThemeColorAccent3
.TintAndShade = -0.5
End With
Selection.FormatConditions(1).ScopeType = xlFieldsScope
```

第 13 章　Excel 的力量

成功程序员的一个主要秘诀是从不浪费时间两次编写相同的代码。他们编写的代码中有一部分（甚至很大一部分）能够重复使用。另外一个重要的秘诀是，能够花 10 分钟完成的任务绝不花 8 小时去完成，这也是本书的目标。

本章包含了几位 Excel 高手提供的程序。这些都是他们认为十分有用的程序，并且希望对您也有帮助。使用这些程序不仅能够节省时间，而且能够教会您解决复杂问题的方法。

每个程序员都有自己特有的编程风格，笔者对源程序没有做任何更改。读者阅读这些代码时将会发现完成相同任务（如引用区域）时的不同方式。

13.1　文件操作

下面的实用程序能够处理文件夹中的文件。遍历文件夹中的文件列表是一项很有用的工作。

13.1.1　列出文件夹中的文件

下面这个程序是由明尼苏达州明尼阿波利斯的 Nathan P. Oliver 开发的，Nathan 是一位金融顾问，也是一位应用程序开发人员。

该程序返回所有指定文件夹及其子文件夹的文件名、大小和修改日期：

```
Sub ExcelFileSearch()
Dim srchExt As Variant, srchDir As Variant,
i As
Long, j As Long
Dim strName As String, varArr(1 To
1048576, 1 To
3) As Variant
Dim strFileFullName As String
Dim ws As Worksheet
Dim fso As Object
```

```
Let srchExt = Application.InputBox("Please Enter File Extension", "Info Request")
If srchExt = False And Not TypeName(srchExt) = "String" Then
Exit Sub
End If
Let srchDir = BrowseForFolderShell
If srchDir = False And Not TypeName(srchDir) = "String" Then
Exit Sub
End If
Application.ScreenUpdating = False
Set ws = ThisWorkbook.Worksheets.Add(Sheets(1))
On Error Resume Next
Application.DisplayAlerts = False
ThisWorkbook.Worksheets("FileSearch Results").Delete
Application.DisplayAlerts = True
On Error GoTo 0
ws.Name = "FileSearch Results"
Let strName = Dir$(srchDir & "\*" & srchExt)
Do While strName <> vbNullString
Let i = i + 1
Let strFileFullName = srchDir & strName
Let varArr(i, 1) = strFileFullName
Let varArr(i, 2) = FileLen(strFileFullName) \ 1024
Let varArr(i, 3) = FileDateTime(strFileFullName)
Let strName = Dir$()
Loop
Set fso = CreateObject("Scripting.FileSystemObject")
Call recurseSubFolders(fso.GetFolder(srchDir), varArr(), i, CStr(srchExt))
Set fso = Nothing
ThisWorkbook.Windows(1).DisplayHeadings = False
With ws
If i > 0 Then
.Range("A2").Resize(i, UBound(varArr, 2)).Value = varArr
For j = 1 To i
.Hyperlinks.Add anchor:=.Cells(j + 1, 1), Address:=varArr(j, 1)
Next
End If
.Range(.Cells(1, 4), .Cells(1, .Columns.Count)).EntireColumn.Hidden = True
.Range(.Cells(.Rows.Count, 1).End(xlUp)(2), _
.Cells(.Rows.Count, 1)).EntireRow.Hidden = True
With .Range("A1:C1")
.Value = Array("Full Name", "Kilobytes", "Last Modified")
.Font.Underline = xlUnderlineStyleSingle
.EntireColumn.AutoFit
```

```
.HorizontalAlignment = xlCenter
End With
End With
Application.ScreenUpdating = True
End Sub
Private Sub recurseSubFolders(ByRef Folder As Object, _
ByRef varArr() As Variant, _
ByRef i As Long, _
ByRef srchExt As String)
Dim SubFolder As Object
Dim strName As String, strFileFullName As String
For Each SubFolder In Folder.SubFolders
Let strName = Dir$(SubFolder.Path & "\*" & srchExt)
Do While strName <> vbNullString
Let i = i + 1
Let strFileFullName = SubFolder.Path & "\" & strName
Let varArr(i, 1) = strFileFullName
Let varArr(i, 2) = FileLen(strFileFullName) \ 1024
Let varArr(i, 3) = FileDateTime(strFileFullName)
Let strName = Dir$()
Loop
If i > 1048576 Then Exit Sub
Call recurseSubFolders(SubFolder, varArr(), i, srchExt)
Next
End Sub
Private Function BrowseForFolderShell() As Variant
Dim objShell As Object, objFolder As Object
Set objShell = CreateObject("Shell.Application")
Set objFolder = objShell.BrowseForFolder(0, "Please select a folder", 0,
"C:\ ")
If Not objFolder Is Nothing Then
On Error Resume Next
If IsError(objFolder.Items.Item.Path) Then
BrowseForFolderShell = CStr(objFolder)
Else
On Error GoTo 0
If Len(objFolder.Items.Item.Path) > 3 Then
BrowseForFolderShell = objFolder.Items.Item.Path & _
Application.PathSeparator
Else
BrowseForFolderShell = objFolder.Items.Item.Path
End If
End If
Else
```

```
BrowseForFolderShell = False
End If
Set objFolder = Nothing: Set objShell = Nothing
End Function
```

13.1.2　导入 CSV

下面这个程序由日本神户的 Masaru Kaji 提供。Masaru 通过 Colo's Excel Junk Room 提供咨询服务。

如果读者发现自己需要导入大量以逗号分隔的变量（CSV）文件，然后再返回将这些文件删除，则可以使用下面的程序。它能快速打开 Excel 中的一个 CSV 文件，并将源文件永久删除：

```
Option Base 1
Sub OpenLargeCSVFast()
Dim buf(1 To 16384) As Variant
Dim i As Long
'在此修改文件的位置和名称
Const strFilePath As String = "C:\temp\Test.CSV"
Dim strRenamedPath As String
strRenamedPath = Split(strFilePath, ".")(0) & "txt"
With Application
.ScreenUpdating = False
.DisplayAlerts = False
End With
'Setting an array for FieldInfo to open CSV
For i = 1 To 16384
buf(i) = Array(i, 2)
Next
Name strFilePath As strRenamedPath
Workbooks.OpenText Filename:=strRenamedPath, DataType:=xlDelimited, _
Comma:=True, FieldInfo:=buf
Erase buf
ActiveSheet.UsedRange.Copy ThisWorkbook.Sheets(1).Range("A1")
ActiveWorkbook.Close False
Kill strRenamedPath
With Application
.ScreenUpdating = True
.DisplayAlerts = True
End With
End Sub
```

13.1.3 将整个 TXT 文件读入内存并进行分析

下面这个程序由土耳其的 Suat Mehmet Ozgur 提供。Suat 的工作是开发 Excel、Access 和 Visual Basic 应用程序。

该程序使用另一种方式读取文本文件。宏只使用一个字符串变量将整个文本文件载入内存，而不是一次读取一个记录。然后对字符串进行分析，将其分解为记录。这种方法的优点是只需访问一次磁盘中的文件，接下来的所有过程都在内存中进行，速度非常快：

```
Sub ReadTxtLines()
'由于使用了后期绑定，无需安装脚本运行时间库
Dim sht As Worksheet
Dim fso As Object
Dim fil As Object
Dim txt As Object
Dim strtxt As String
Dim tmpLoc As Long
'在活动工作表中进行操作
Set sht = ActiveSheet
'清除工作表中的数据
sht.UsedRange.ClearContents
'需要对其进行操作文件的文件系统对象
Set fso = CreateObject("Scripting.FileSystemObject")
'想要打开并读取的文件
Set fil = fso.GetFile("c:\test.txt")
'打开文件作为 TextStream
Set txt = fil.OpenAsTextStream(1)
'使用一个字符串变量一次性读取文件
strtxt = txt.ReadAll
'关闭 textstream 并释放文件. 我们已经不再需要该文件.
txt.Close
'查找第一个新行字符的位置
tmpLoc = InStr(1, strtxt, vbCrLf)
'对行进行遍历直到没有新行为止
Do Until tmpLoc = 0
'使用 A 列和相邻的空单元格编写文本文件行
sht.Cells(sht.Rows.Count, 1).End(xlUp).Offset(1).Value = _
Left(strtxt, tmpLoc - 1)
'从存储文件的变量中删除解析行
strtxt = Right(strtxt, Len(strtxt) - tmpLoc - 1)
'查找新行字符的下一个位置
tmpLoc = InStr(1, strtxt, vbCrLf)
Loop
'最后一个包含数据的行，但没有新行字符
```

```
sht.Cells(sht.Rows.Count, 1).End(xlUp).Offset(1).Value = strtxt
'在过程的结尾变量自动被释放，但为养成好习惯，请将对象设为空
Set fso = Nothing
End Sub
```

13.2　合并、拆分工作簿

下面的 4 个实用程序演示了如何将多个工作表合并为一个工作簿，或者将一个工作簿分解成若干工作表或 Word 文件。

13.2.1　将工作表合并成工作簿

下面这个程序由德克萨斯州休斯顿的 Tommy Miles 提供。

该程序遍历活动工作簿，将其中的每个工作表作为独立的工作簿保存到原始工作簿所在的文件夹中。它使用工作表的名称为工作簿命名，在没有任何提示的情况下覆盖原有文件。此外，您需要选择将文件保存为 XLSM（启用宏）还是 XLSX（删除宏）。在下面的代码中，包含两个保存为代码行——XLSM 和 XLSX，但其中的保存为 XLSX 代码行被注释掉了，使其变成不活跃状态：

```
Sub SplitWorkbook()
Dim ws As Worksheet
Dim DisplayStatusBar As Boolean
DisplayStatusBar = Application.DisplayStatusBar
Application.DisplayStatusBar = True
Application.ScreenUpdating = False
Application.DisplayAlerts = False
For Each ws In ThisWorkbook.Sheets
Dim NewFileName As String
Application.StatusBar = ThisWorkbook.Sheets.Count & " Remaining Sheets"
If ThisWorkbook.Sheets.Count <> 1 Then
NewFileName = ThisWorkbook.Path & "\" & ws.Name & ".xlsm"
'Macro _
-Enabled
' NewFileName = ThisWorkbook.Path & "\" & ws.Name & ".xlsx" _
'Not Macro-Enabled
ws.Copy
ActiveWorkbook.Sheets(1).Name = "Sheet1"
ActiveWorkbook.SaveAs Filename:=NewFileName, _
FileFormat:=xlOpenXMLWorkbookMacroEnabled
```

```
' ActiveWorkbook.SaveAs Filename:=NewFileName, _
FileFormat:=xlOpenXMLWorkbook
ActiveWorkbook.Close SaveChanges:=False
Else
NewFileName = ThisWorkbook.Path & "\" & ws.Name & ".xlsm"
' NewFileName = ThisWorkbook.Path & "\" & ws.Name & ".xlsx"
ws.Name = "Sheet1"
End If
Next
Application.DisplayAlerts = True
Application.StatusBar = False
Application.DisplayStatusBar = DisplayStatusBar
Application.ScreenUpdating = True
End Sub
```

13.2.2 合并工作簿

下面的程序由 Tommy Miles 提供。

该程序遍历指定文件夹中的所有 Excel 文件，并将它们合并为一个工作簿。它使用源工作簿的名称为工作表命名：

```
Sub CombineWorkbooks()
Dim CurFile As String, DirLoc As String
Dim DestWB As Workbook
Dim ws As Object 'allows for different sheet types
DirLoc = ThisWorkbook.Path & "\tst\" 'location of files
CurFile = Dir(DirLoc & "*.xls*")
Application.ScreenUpdating = False
Application.EnableEvents = False
Set DestWB = Workbooks.Add(xlWorksheet)
Do While CurFile <> vbNullString
Dim OrigWB As Workbook
Set OrigWB = Workbooks.Open(Filename:=DirLoc & CurFile,
ReadOnly:=True)
' Limit to valid sheet names and removes .xls*
CurFile = Left(Left(CurFile, Len(CurFile) - 5), 29)
For Each ws In OrigWB.Sheets
ws.Copy After:=DestWB.Sheets(DestWB.Sheets.Count)
If OrigWB.Sheets.Count > 1 Then
DestWB.Sheets(DestWB.Sheets.Count).Name = CurFile & ws.Index
Else
DestWB.Sheets(DestWB.Sheets.Count).Name = CurFile
End If
Next
```

```
OrigWB.Close SaveChanges:=False
CurFile = Dir
Loop
Application.DisplayAlerts = False
DestWB.Sheets(1).Delete
Application.DisplayAlerts = True
Application.ScreenUpdating = True
Application.EnableEvents = True
Set DestWB = Nothing
End Sub
```

13.2.3　筛选数据并将结果复制到新工作表中

下面的程序由来自瑞典厄斯特松德的 Dennis Wallentin 提供。Dennis 通过网站发布 Excel 技巧。

该程序根据指定的列对数据进行筛选，并将结果复制到活动工作簿中的新工作表中：

```
Sub Filter_NewSheet()
Dim wbBook As Workbook
Dim wsSheet As Worksheet
Dim rnStart As Range, rnData As Range
Dim i As Long
Set wbBook = ThisWorkbook
Set wsSheet = wbBook.Worksheets("Sheet1")
With wsSheet
'确保第一行包含标题
Set rnStart = .Range("A2")
Set rnData = .Range(.Range("A2"), .Cells(.Rows.Count, 3).End(xlUp))
End With
Application.ScreenUpdating = True
For i = 1 To 5
'在这里根据第一个条件筛选数据
rnStart.AutoFilter Field:=1, Criteria1:= "AA" & i
'复制筛选列表
rnData.SpecialCells(xlCellTypeVisible).Copy
'向活动工作簿中添加新工作表
Worksheets.Add Before:=wsSheet
'为新添加的工作表命名
ActiveSheet.Name = "AA" & i
'粘贴筛选的列表
Range("A2").PasteSpecial xlPasteValues
Next i
'将列表重置为初始状态
rnStart.AutoFilter Field:=1
```

```
With Application
'清空剪切板
.CutCopyMode = False
.ScreenUpdating = False
End With
End Sub
```

13.2.4 将数据导出为 Word 文件

下面的程序由 Dennis Wallentin 提供。

该程序将 Excel 中的数据导出到 Word 文档的第一个表格中。它使用早期绑定，因此必须在 VB 编辑器中使用菜单“工具>引用”添加引用“Microsoft Word object library”：

```
Sub Export_Data_Word_Table()
Dim wdApp As Word.Application
Dim wdDoc As Word.Document
Dim wdCell As Word.Cell
Dim i As Long
Dim wbBook As Workbook
Dim wsSheet As Worksheet
Dim rnData As Range
Dim vaData As Variant
Set wbBook = ThisWorkbook
Set wsSheet = wbBook.Worksheets("Sheet1")
With wsSheet
Set rnData = .Range("A1:A10")
End With
'将区域中的数值添加到一位变量数组中
vaData = rnData.Value
'下面举例说明一个新对象
Set wdApp = New Word.Application
'现在，目标文件位于和工作簿相同的文件夹中
Set wdDoc = wdApp.Documents.Open(ThisWorkbook.Path & "\Test.docx")
'将数据导入第一个图表，导入一个包含 10 行数据的图表中的第一列
For Each wdCell In wdDoc.Tables(1).Columns(1).Cells
i = i + 1
wdCell.Range.Text = vaData(i, 1)
Next wdCell
'保存并关闭文件
With wdDoc
.Save
.Close
End With
'关闭 Microsoft Word 的隐藏实例
```

```
wdApp.Quit
'从内存中将外部变量释放
Set wdDoc = Nothing
Set wdApp = Nothing
MsgBox "The data has been transfered to Test.docx. ", vbInformation
End Sub
```

13.3　处理单元格批注

单元格批注是 Excel 中经常被忽略的一项功能。下面的 4 个实用程序将帮助读者充分利用单元格批注功能。

13.3.1　列表批注

下面的程序由 Tommy Miles 提供。

Excel 允许用户打印工作簿中的批注，但在打印结果中，没有指明批注所属的工作簿或工作表，而只指明了其所属的单元格，如图 13-1 所示。

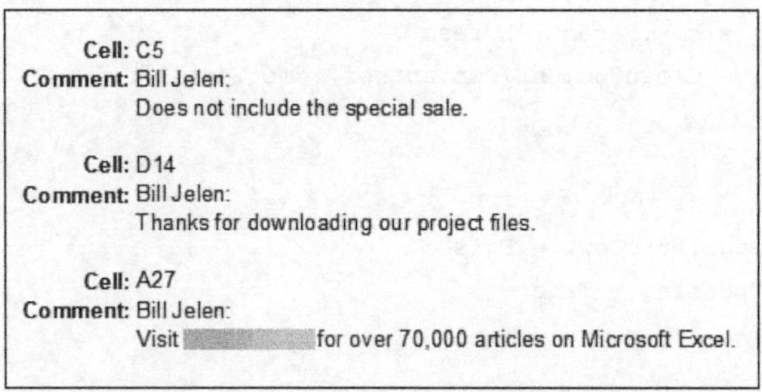

图 13-1　Excel 只打印初始单元格地址及其批注

下面的程序将批注、作者和批注的位置放在一个新工作表中，以方便查看、保存或打印。图 13-2 为一个示例结果。

	A	B	C	D	E
1	作者	书名	表	区域	批注
2	Bill Jelen	ProjectFiles	ListComment	$C$5	Does not include the special sale.
3	Bill Jelen	ProjectFiles	ListComment	$D$14	Thanks for downloading our project files.
4	Bill Jelen	ProjectFiles	ListComment	$A$27	Visit for over 70,000 articles on Microsoft Excel.

图 13-2　很容易就列出了所有与批注相关的信息

```
Sub ListComments()
Dim wb As Workbook
Dim ws As Worksheet
Dim cmt As Comment
Dim cmtCount As Long
cmtCount = 2
On Error Resume Next
Set ws = ActiveSheet
If ws Is Nothing Then Exit Sub
On Error GoTo 0
Application.ScreenUpdating = False
Set wb = Workbooks.Add(xlWorksheet)
With wb.Sheets(1)
.Range("$A$1") = "Author"
.Range("$B$1") = "Book"
.Range("$C$1") = "Sheet"
.Range("$D$1") = "Range"
.Range("$E$1") = "Comment"
End With
For Each cmt In ws.Comments
With wb.Sheets(1)
.Cells(cmtCount, 1) = cmt.author
.Cells(cmtCount, 2) = cmt.Parent.Parent.Parent.Name
.Cells(cmtCount, 3) = cmt.Parent.Parent.Name
.Cells(cmtCount, 4) = cmt.Parent.Address
.Cells(cmtCount, 5) = CleanComment(cmt.author, cmt.Text)
End With
cmtCount = cmtCount + 1
Next
wb.Sheets(1).UsedRange.WrapText = False
Application.ScreenUpdating = True
Set ws = Nothing
Set wb = Nothing
End Sub
Private Function CleanComment(author As String, cmt As String) As String
Dim tmp As String
tmp = Application.WorksheetFunction.Substitute(cmt, author & ":", "")
tmp = Application.WorksheetFunction.Substitute(tmp, Chr(10), "")
CleanComment = tmp
End Function
```

13.3.2 调整批注框的大小

下面的程序由加利福尼亚州旧金山的 Tom Urtis 提供。Tom 是 Atlas Programming Management

的主要负责人，Atlas Programming Management 是位于旧金山的一家 Excel 咨询公司。

Excel 不能自动调整单元格批注的大小。此外，如果工作表中有几个批注，如图 13-3 所示，同时调整它们的大小将十分困难。下面的示例代码能够对工作表中的所有批注框同时进行调整，以便批注被选中时，用户能够看到完整的批注，如图 13-4 所示。

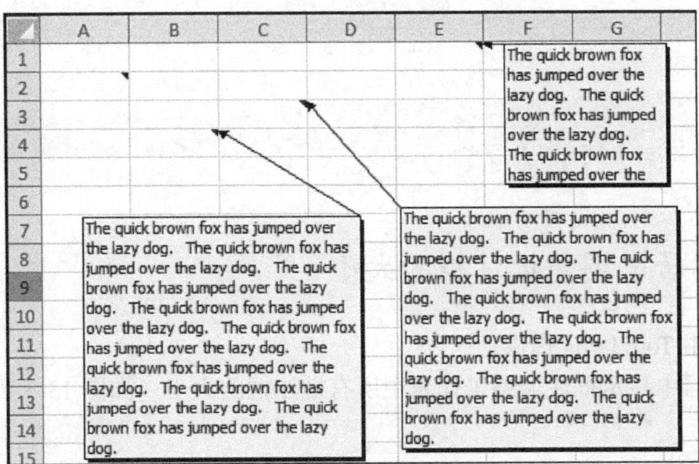

图 13-3 在默认情况下，Excel 无法自动调整批注框的大小以显示所有输入的文本

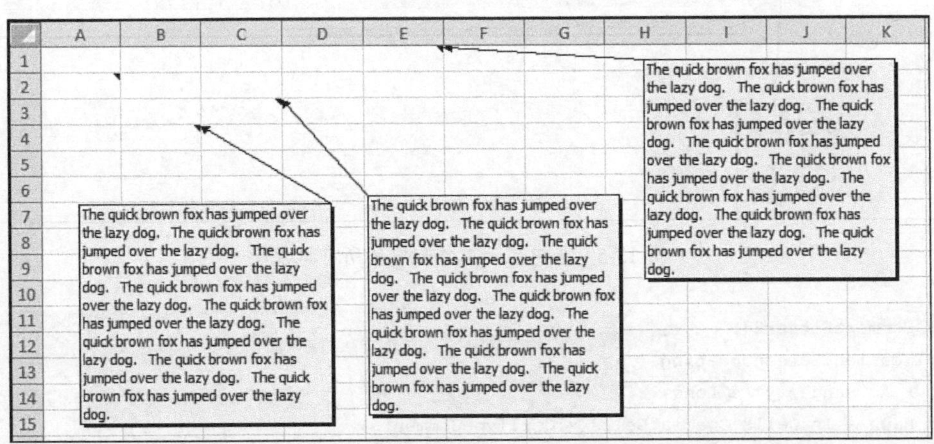

图 13-4 调整批注框的大小以显示所有文本

```
Sub CommentFitter1()
Application.ScreenUpdating = False
Dim x As Range, y As Long
For Each x In Cells.SpecialCells(xlCellTypeComments)
Select Case True
Case Len(x.NoteText) <> 0
```

```
With x.Comment
.Shape.TextFrame.AutoSize = True
If .Shape.Width > 250 Then
y = .Shape.Width * .Shape.Height
.Shape.Width = 150
.Shape.Height = (y / 200) * 1.3
End If
End With
End Select
Next x
Application.ScreenUpdating = True
End Sub
```

13.3.3 使用居中调整批注框的大小

下面的程序由 Tom Urtis 提供。

该程序通过居中显示批注调整工作表中所有批注框的大小（如图 13-5 所示）。

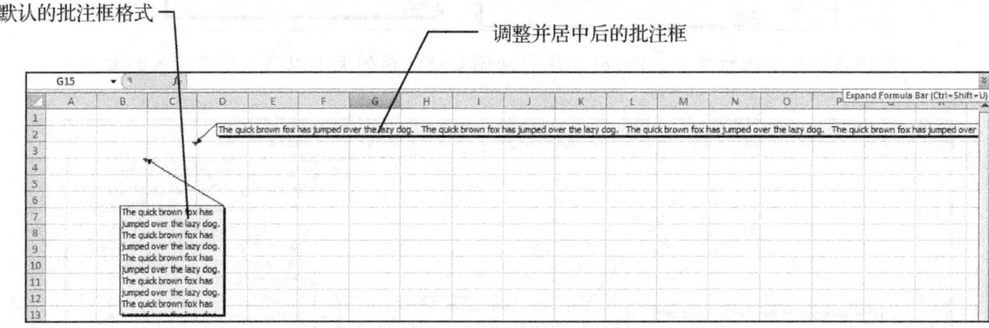

图 13-5 居中显示工作表中的所有批注

```
Sub CommentFitter2()
Application.ScreenUpdating = False
Dim x As Range, y As Long
For Each x In Cells.SpecialCells(xlCellTypeComments)
Select Case True
Case Len(x.NoteText) <> 0
With x.Comment
.Shape.TextFrame.AutoSize = True
If .Shape.Width > 250 Then
y = .Shape.Width * .Shape.Height
.Shape.ScaleHeight 0.9, msoFalse, msoScaleFromTopLeft
.Shape.ScaleWidth 1#, msoFalse, msoScaleFromTopLeft
End If
```

```
End With
End Select
Next x
Application.ScreenUpdating = True
End Sub
```

13.3.4　将图表加入批注框

下面的程序由 Tom Urtis 提供。

实时图表不能存放于形状中，但可以将其导出为图形，并将其载入批注形状中，如图 13-6 所示。

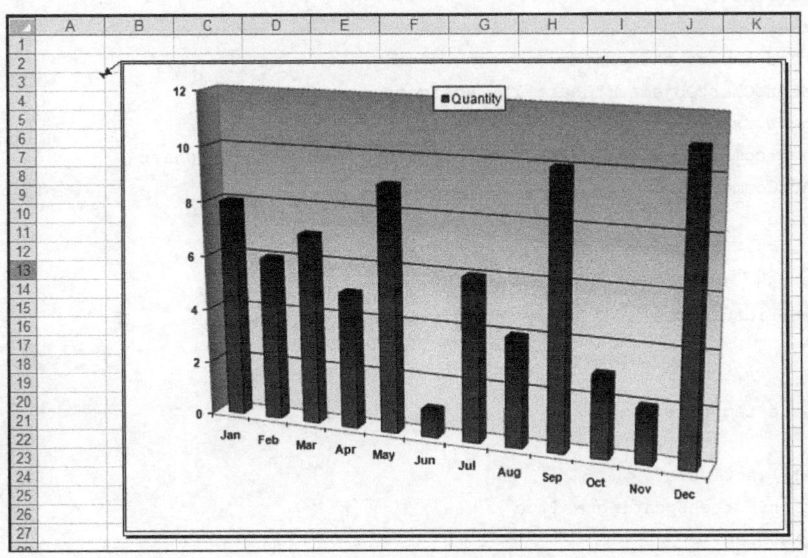

图 13-6　将图表置于单元格批注中

手工完成该任务的步骤如下。

1. 创建并保存想要在批注显示的图片。
2. 创建批注（如果还没有创建），并选择批注显示位置的单元格。
3. 在“审阅”选项卡中“编辑批注”命令，或者右击单元格并选择“编辑批注”命令。
4. 右击批注边框并选择“设置批注格式”命令。
5. 在“颜色与线条”选项卡中，单击“填充”部分中的“颜色”下拉箭头。
6. 选择“填充效果”，然后单击“图片”选项卡，并单击“选择图片”按钮。
7. 将光标移向所需的图片，并选中该图片，然后单击“确定”按钮两次。

要在批注中实现“实时图表”效果，可将代码放在 SheetChange 事件对应的过程中，该事件将在图表的源数据发生变化时触发。此外，由于商业图表经常发生变化，因此您可能希望使用一个宏及时更新批注，从而避免重复执行相同的操作。下面的宏可以实现以下目标：根据图表的大小修改文件路径名、图表名、目标工作表、单元格和批注框的大小。

```
Sub PlaceGraph()
Dim x As String, z As Range
Application.ScreenUpdating = False
'assign a temporary location to hold the image
x = "C:\XWMJGraph.gif"
'assign the cell to hold the comment
Set z = Worksheets("ChartInComment").Range("A3")
'delete any existing comment in the cell
On Error Resume Next
z.Comment.Delete
On Error GoTo 0
'select and export the chart
ActiveSheet.ChartObjects("Chart 1").Activate
ActiveChart.Export x
'add a new comment to the cell, set the size and insert the chart
With z.AddComment
With .Shape
.Height = 322
.Width = 465
.Fill.UserPicture x
End With
End With
'delete the temporary image
Kill x
Range("A1").Activate
Application.ScreenUpdating = True
Set z = Nothing
End Sub
```

13.4　让客户叫绝的程序

下面 4 个实用的程序能够让您的客户大吃一惊并留下深刻印象。

13.4.1　使用条件格式突出显示单元格

下面的程序由新西兰奥克兰的 Ivan F. Moala 提供。Ivan 是 The XcelFiles 网站的创始人，在该网站中用户可以找到许多您认为使用 Excel 完成不了的东西。

使用条件格式能够突出显示活动单元格所在的行和列，从而帮助用户迅速定位它，如图 13-7 所示。

警告： 如果已经在工作表中设置了条件格式，那么就不要再使用该方法，否则将覆盖原来的条件格式。此外，该程序会清空剪贴板。因此，在进行剪切、复制和粘贴操作时不能使用该方法。

	A	B	C	D	
1	姓名	地区	季度	项目	颜
2	Name	Region	Quarter	Item	Co
3	Bill	South	Q1	Jackets	Re
4	Bob	North	Q1	Jackets	Bl
5	Tom	East	Q2	Jackets	Bl
6	Mike	West	Q2	Jackets	Ye
7	Jim	South	Q3	Hats	Ye
8	Nancy	North	Q3	Hats	Bl
9	Zelda	East	Q4	Hats	Bl
10	William	West	Q4	Shoes	Re
11	Mary	South	Q4	Shoes	Re
12	Bill	North	Q1	Shoes	Bl
13	Bob	East	Q1	Hats	Bl
14	Tom	West	Q2	Shoes	Ye
15	Mike	South	Q2	Shoes	Ye
16	Jim	North	Q3	Shoes	Bl

图 13-7　使用条件格式突出显示图表中选中的单元格

```
Const iInternational As Integer = Not (0)
Private Sub Worksheet_SelectionChange(ByVal Target As Range)
Dim iColor As Integer
'// On error resume in case
'// user selects a range of cells
On Error Resume Next
iColor = Target.Interior.ColorIndex
'// Leave On Error ON for Row offset errors
If iColor < 0 Then
iColor = 36
Else
iColor = iColor + 1
End If
'// Need this test in case font color is the same
If iColor = Target.Font.ColorIndex Then iColor = iColor + 1
Cells.FormatConditions.Delete
'// Horizontal color banding
With Range("A" & Target.Row, Target.Address) 'Rows(Target.Row)
.FormatConditions.Add Type:=2, Formula1:=iInternational 'Or just 1 '"TRUE"
.FormatConditions(1).Interior.ColorIndex = iColor
End With
'// Vertical color banding
With Range(Target.Offset(1 - Target.Row, 0).Address & ":" & _
```

```
Target.Offset(-1, 0).Address)
.FormatConditions.Add Type:=2, Formula1:=iInternational 'Or just 1 '"TRUE"
.FormatConditions(1).Interior.ColorIndex = iColor
End With
End Sub
```

13.4.2 在不使用条件格式的情况下突出显示单元格

下面的程序由 Ivan F. Moala 提供。

当在工作表中移动键盘箭头时，应用本例的程序可以在不使用条件格式的情况下突出显示单元格。

将下面的代码放在一个标准模块中：

```
Dim strCol As String
Dim iCol As Integer
Dim dblRow As Double
Sub HighlightRight()
HighLight 0, 1
End Sub
Sub HighlightLeft()
HighLight 0, -1
End Sub
Sub HighlightUp()
HighLight -1, 0, -1
End Sub
Sub HighlightDown()
HighLight 1, 0, 1
End Sub
Sub HighLight(dblxRow As Double, iyCol As Integer, Optional dblZ As _
Double = 0)
On Error GoTo NoGo
strCol = Mid(ActiveCell.Offset(dblxRow, iyCol).Address, _
InStr(ActiveCell.Offset(dblxRow, iyCol).Address, "$") + 1, _
InStr(2, ActiveCell.Offset(dblxRow, iyCol).Address, "$") - 2)
iCol = ActiveCell.Column
dblRow = ActiveCell.Row
Application.ScreenUpdating = False
With Range(strCol & ":" & strCol & "," & dblRow + dblZ & ":" & dblRow + dblZ)
.Select
Application.ScreenUpdating = True
.Item(dblRow + dblxRow).Activate
End With
NoGo:
End Sub
```

```
Sub ReSet()'manual reset
Application.OnKey "{RIGHT}"
Application.OnKey "{LEFT}"
Application.OnKey "{UP}"
Application.OnKey "{DOWN}"
End Sub
```

将下列代码放在工作簿模块中：

```
Private Sub Workbook_Open()
Application.OnKey "{RIGHT}", "HighlightRight"
Application.OnKey "{LEFT}", "HighlightLeft"
Application.OnKey "{UP}", "HighlightUp"
Application.OnKey "{DOWN}", "HighlightDown"
Application.OnKey "{DEL}", "DisableDelete"
End Sub
Private Sub Workbook_BeforeClose(Cancel As Boolean)
Application.OnKey "{RIGHT}"
Application.OnKey "{LEFT}"
Application.OnKey "{UP}"
Application.OnKey "{DOWN}"
Application.OnKey "{DEL}"
End Sub
```

13.4.3　自定义转置数据

下面的程序由 Masaru Kaji 提供。

现有一个报表，其中的数据是按行排列的（如图 13-8 所示）。但是，您希望将每天（date）的每个批号（batch）在同一行显示，并在右边列出 Value 和 Finish Position（图 13-9 中没有显示 Finish Position）。下面的程序根据指定的列生成一个自定义数据转置，如图 13-9 所示。

	A	B	C	D	E
1	项目名称	项目日期	批次	完成地址	值
2	Thermal	2009/10/23	1	8	2.15
3	Thermal	2009/10/23	1	3	3.2
4	Thermal	2009/10/23	1	2	4.9
5	Thermal	2009/10/23	1	1	6.1
6	Thermal	2009/10/23	1	7	6.2
7	Thermal	2009/10/23	1	4	12.9
8	Thermal	2009/10/23	1	9	23
9	Thermal	2009/10/23	1	5	36
10	Thermal	2009/10/23	1	6	36.25
11	Thermal	2009/10/23	2	2	1.05
12	Thermal	2009/10/23	2	1	2.5
13	Thermal	2009/10/23	2	8	7.3
14	Thermal	2009/10/23	2	3	10.9
15	Thermal	2009/10/23	2	4	12.1
16	Thermal	2009/10/23	2	9	21.7
17	Thermal	2009/10/23	2	6	33.25
18	Thermal	2009/10/23	2	7	43

图 13-8　在源数据中，相似的数据位于不同的行中

	A	B	C	D	E	F	G	H	I	J	K	L	M	N	O
1	项目名称	项目日期	批次	V1	V2	V3	V4	V5	V6	V7	V8	V9	V10	V11	V12
2	Thermal	2009/10/23	1	2.15	3.2	4.9	6.1	6.2	12.9	23	36	36.25			
3	Thermal	2009/10/23	2	1.05	2.5	7.3	10.9	12.1	21.7	33.25	43	43.25			
4	Thermal	2009/10/23	3	1.65	3.1	3.1	3.75	7.1	7.1	7.7	18.7	34	55.5		
5	Thermal	2009/10/23	4	1.1	2.75	4	9.5	14.3	25	37.75					
6	Thermal	2009/10/23	5	0.9	3.75	7.1	9	16	18.1	19.5	22.5	74.75			
7	Thermal	2009/10/23	6	1.6	3.4	5.2	7.8	8.2	9.4	11.5					
8	Thermal	2009/10/23	7	0.8	4.2	4.9	9.6	15	21.2	24.75	63.25				
9	Thermal	2009/10/23	8	0.7	6.2	8.4	10.3	10.6	12.3	28.75	31.75	52	76.75		
10	Thermal	2009/10/23	9	2.9	3.9	4.4	5.9	7	11.4	13.5	18.4	26.25	66.25		
11	Thermal	2009/10/24	1	1.4	3.85	6.2	8.1	10	12.3	17.2	27.5	37.5	55.5		
12	Thermal	2009/10/24	2	1.75	2.95	6	6.5	7.8	8.3	16.8					
13	Thermal	2009/10/24	3	1.15	5.4	8.7	9.9	10.9	11.8	13.3	17.1	24	37		
14	Thermal	2009/10/24	4	1.05	1.9	5.2	6.8	19.9							
15	Thermal	2009/10/24	5	2.5	3.15	3.15	4.2	6	12.2	12.3	19.9	23.2	25.25	42.25	150
16	Thermal	2009/10/24	6	2.4	2.95	4.4	6.5	8.7	14.2	22.9	22.9	25.75	51	58.25	59.5
17	Thermal	2009/10/24	7	1.2	3.35	6.3	9.5	11.3	12	14.4	36.25				

图 13-9　对数据进行转置之后，将日期和批号都相同的数据合并到一行

```
Sub TransposeData()
Dim shOrg As Worksheet, shRes As Worksheet
Dim rngStart As Range, rngPaste As Range
Dim lngData As Long
Application.ScreenUpdating = False
On Error Resume Next
Application.DisplayAlerts = False
Sheets("TransposeResult").Delete
Application.DisplayAlerts = True
On Error GoTo 0
On Error GoTo terminate
Set shOrg = Sheets("TransposeData")
Set shRes = Sheets.Add(After:=shOrg)
shRes.Name = "TransposeResult"
With shOrg
'--Sort
.Cells.CurrentRegion.Sort Key1:=.[B2], Order1:=1, Key2:=.[C2], _
Order2:=1, Key3:=.[E2], Order3:=1, Header:=xlYes
'--Copy title
.Rows(1).Copy shRes.Rows(1)
'--Set start range
Set rngStart = .[C2]
Do Until IsEmpty(rngStart)
Set rngPaste = shRes.Cells(shRes.Rows.Count, 1).End(xlUp).Offset(1)
lngData = GetNextRange(rngStart)
rngStart.Offset(, -2).Resize(, 5).Copy rngPaste
'Copy to V1 toV14
rngStart.Offset(, 2).Resize(lngData).Copy
rngPaste.Offset(, 5).PasteSpecial Paste:=xlAll, Operation:=xlNone, _
SkipBlanks:=False, Transpose:=True
```

```
'Copy to V1FP to V14FP
rngStart.Offset(, 1).Resize(lngData).Copy
rngPaste.Offset(, 19).PasteSpecial Paste:=xlAll, Operation:=xlNone, _
SkipBlanks:=False, Transpose:=True
Set rngStart = rngStart.Offset(lngData)
Loop
End With
Application.Goto shRes.[A1]
With shRes
.Cells.Columns.AutoFit
.Columns("D:E").Delete shift:=xlToLeft
End With
Application.ScreenUpdating = True
Application.CutCopyMode = False
If MsgBox("Do you want to delete the original worksheet? ", 36) = 6 Then
Application.DisplayAlerts = False
Sheets("TransposeData").Delete
Application.DisplayAlerts = True
End If
Set rngPaste = Nothing
Set rngStart = Nothing
Set shRes = Nothing
Exit Sub
terminate:
End Sub
Function GetNextRange(ByVal rngSt As Range) As Long
Dim i As Long
i = 0
Do Until rngSt.Value <> rngSt.Offset(i).Value
i = i + 1
Loop
GetNextRange = i
End Function
```

13.4.4　选中/取消选中非连续单元格

下面的程序由 Tom Urtis 提供。

通常情况下，要取消选中工作表中的一个单元格或区域，必须通过单击某个未选中的单元格来取消对所有单元格的选中，然后重新选择所需的单元格。但如果需要选择的单元格不连续，则很不方便。

该程序在上下文菜单中添加两个选项："取消选中活动单元格（Deselect ActiveCell）"和"取消选中活动区域（Deselect ActiveArea）"。在选中非连续单元格后，按住 Ctrl 键并单击要取消选中的单元格，该单元格将处于活动状态，然后松开 Ctrl 键并右击要取消选中的单元格。此时将出现如图 13-10 所示的上下文菜单。可以通过单击新增的两个菜单项来取消选中该活动单元格或取消选中该单元格所属的连续区域。

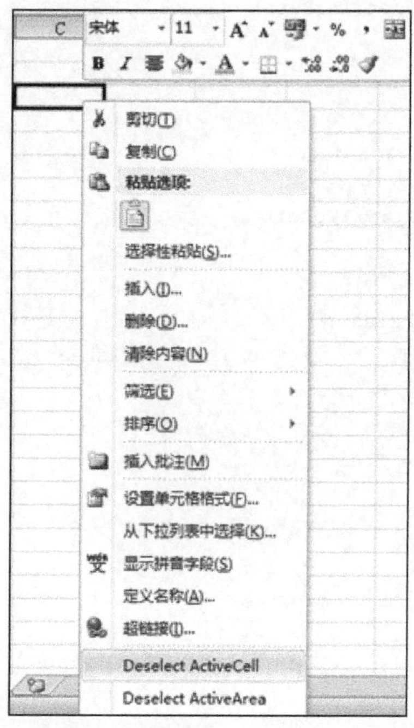

图 13-10　ModifyRightClick 过程提供一个自定义上下文菜单，用于取消选中非连续单元格

在标准模块中输入下面的过程：

```
Sub ModifyRightClick()
'向右击菜单中添加新选项
Dim O1 As Object, O2 As Object
'如果选项已经存在，则将其删除
On Error Resume Next
With CommandBars("Cell")
.Controls("Deselect ActiveCell").Delete
.Controls("Deselect ActiveArea").Delete
End With
On Error GoTo 0
'添加新选项
Set O1 = CommandBars("Cell").Controls.Add
With O1
.Caption = "Deselect ActiveCell"
.OnAction = "DeselectActiveCell"
End With
```

```
Set O2 = CommandBars("Cell").Controls.Add
With O2
.Caption = "Deselect ActiveArea"
.OnAction = "DeselectActiveArea"
End With
End Sub
Sub DeselectActiveCell()
Dim x As Range, y As Range
If Selection.Cells.Count > 1 Then
For Each y In Selection.Cells
If y.Address <> ActiveCell.Address Then
If x Is Nothing Then
Set x = y
Else
Set x = Application.Union(x, y)
End If
End If
Next y
If x.Cells.Count > 0 Then
x.Select
End If
End If
End Sub
Sub DeselectActiveArea()
Dim x As Range, y As Range
If Selection.Areas.Count > 1 Then
For Each y In Selection.Areas
If Application.Intersect(ActiveCell, y) Is Nothing Then
If x Is Nothing Then
Set x = y
Else
Set x = Application.Union(x, y)
End If
End If
Next y
x.Select
End If
End Sub
```

向 ThisWorkbook 模块中添加下面的过程：

```
Private Sub Workbook_Activate()
ModifyRightClick
End Sub
Private Sub Workbook_Deactivate()
Application.CommandBars("Cell").Reset
End Sub
```

13.5 VBA 专业技术

下面的 9 个实用程序令笔者感到震惊。在网上的各种社区论坛中，VBA 程序员能够不断提出更快更好的解决问题的全新方法。如果有人在论坛中粘贴的代码明显比以往最优的代码更好，则很多人都会从中受益。

13.5.1 数据透视表深化

下面的程序由 Tom Urtis 提供。

当用户双击数据部分时，数据透视表的默认操作是插入一个新工作表，并在新工作表中显示深化信息。下面的例子作为一个为用户提供方便的可选项，能够在数据透视表所在的工作表中显示深化记录集（如图 13-11 所示），并在需要时能够将其删除。

26	⊟Zelda	Q4	86	1803	5037	
27	Zelda Total		86	1803	5037	
28	Grand Total		48780	20396	38672	11738
29						
30	Name	Region	Quarter	Item	Color	Sales
31	Jim	South	Q3	Hats	Yellow	1941
32	Jim	South	Q3	Hats	Yellow	7400
33						

图 13-11　在数据透视表所在的工作表中显示深化记录集

要使用这个宏，可以双击数据部分或总计部分，这将在当前工作表的下一个可用行中创建一个深化记录集。要删除所创建的任何深化记录集，可双击当前区域的任意位置。

```
Private Sub Worksheet_BeforeDoubleClick(ByVal Target As Range, Cancel As _
Boolean)
Application.ScreenUpdating = False
Dim LPTR&
With ActiveSheet.PivotTables(1).DataBodyRange
LPTR = .Rows.Count + .Row - 1
End With
Dim PTT As Integer
On Error Resume Next
PTT = Target.PivotCell.PivotCellType
If Err.Number = 1004 Then
Err.Clear
If Not IsEmpty(Target) Then
If Target.Row > Range("A1").CurrentRegion.Rows.Count + 1 Then
Cancel = True
```

```
With Target.CurrentRegion
.Resize(.Rows.Count + 1).EntireRow.Delete
End With
End If
Else
Cancel = True
End If
Else
CS = ActiveSheet.Name
End If
Application.ScreenUpdating = True
End Sub
```

13.5.2 加速页面设置

下面的程序由哥伦比亚波哥大的 Juan Pablo Gonzalez Ruiz 提供。Juan Pablo 是一位 Excel 咨询师，并通过网站经营摄影业务。

当在“页面设置”中将默认页边距修改为 1.5 英寸，将页眉/页脚修改为 1 英寸时，可以使用下面的示例比较其运行时间的变化。Macro1 是宏录制器录制的，Macros 2、3 和 4 演示了如何减少录制代码的运行时间。图 13-12 所示为每次修改之后的运行速度测试结果。

	A	B	C	D
1	**Macro1**	**Macro1_Version2**	**Macro1_Version3**	**Macro1_Version4**
2	0.5663	0.1234	0.1161	0.0212
3	0.4886	0.1063	0.1373	0.0219
4	0.4943	0.1131	0.1277	0.0204
5	0.4624	0.1189	0.1057	0.0216
6	0.4837	0.1154	0.113	0.0203
7	0.5063	0.1408	0.1141	0.0203
8	0.4819	0.1093	0.1318	0.0215
9	0.469	0.1188	0.1311	0.0138
10	0.481	0.1176	0.1233	0.02
11	0.4833	0.119	0.1068	0.019
12	0.4835	0.1472	0.1162	0.0199
13	0.5423	0.1208	0.1369	0.0191
14	0.5502	0.1206	0.1255	0.0199
15	0.4623	0.1372	0.094	0.0197
16	0.4602	0.1112	0.131	0.0193
17	0.455	0.1172	0.1236	0.02
18	0.4569	0.1189	0.1299	0.0191
19	0.4805	0.1168	0.1248	0.0168
20	0.4706	0.1148	0.0996	0.0193
21	0.4516	0.1182	0.1391	0.0197
22	**0.49**	**0.12**	**0.12**	**0.02**
23	**4**	**2**	**3**	**1**
24	On my system, Version4 runs in 4% of the time of the recorded version.			

图 13-12　页面设置速度测试

```
Sub Macro1()
'
' Macro1 Macro
```

```
'
With ActiveSheet.PageSetup
.PrintTitleRows = ""
.PrintTitleColumns = ""
End With
ActiveSheet.PageSetup.PrintArea = ""
With ActiveSheet.PageSetup
.LeftHeader = ""
.CenterHeader = ""
.RightHeader = ""
.LeftFooter = ""
.CenterFooter = ""
.RightFooter = ""
.LeftMargin = Application.InchesToPoints(1.5)
.RightMargin = Application.InchesToPoints(1.5)
.TopMargin = Application.InchesToPoints(1.5)
.BottomMargin = Application.InchesToPoints(1.5)
.HeaderMargin = Application.InchesToPoints(1)
.FooterMargin = Application.InchesToPoints(1)
.PrintHeadings = False
.PrintGridlines = False
.PrintComments = xlPrintNoComments
.PrintQuality = -3
.CenterHorizontally = False
.CenterVertically = False
.Orientation = xlPortrait
.Draft = False
.PaperSize = xlPaperLetter
.FirstPageNumber = 1
.Order = xlDownThenOver
.BlackAndWhite = False
.Zoom = False
.FitToPagesWide = 1
.FitToPagesTall = 1
.PrintErrors = xlPrintErrorsDisplayed
.OddAndEvenPagesHeaderFooter = False
.DifferentFirstPageHeaderFooter = False
.ScaleWithDocHeaderFooter = True
.AlignMarginsHeaderFooter = False
.EvenPage.LeftHeader.Text = ""
.EvenPage.CenterHeader.Text = ""
.EvenPage.RightHeader.Text = ""
.EvenPage.LeftFooter.Text = ""
.EvenPage.CenterFooter.Text = ""
.EvenPage.RightFooter.Text = ""
```

```
.FirstPage.LeftHeader.Text = ""
.FirstPage.CenterHeader.Text = ""
.FirstPage.RightHeader.Text = ""
.FirstPage.LeftFooter.Text = ""
.FirstPage.CenterFooter.Text = ""
.FirstPage.RightFooter.Text = ""
End With
Application.PrintCommunication = True
End Sub
```

宏录制器执行了一些多余的操作，因而需要一些额外的运行时间。考虑到这一点，加上 PageSetup 是更新速度最慢的对象之一，您将得到一个非常混乱的结果。下面是一个更加清晰的版本，它只是简单地使用 Delete 键清除了一些多余的代码行：

```
Sub Macro1_Version2()
With ActiveSheet.PageSetup
.LeftMargin = Application.InchesToPoints(1.5)
.RightMargin = Application.InchesToPoints(1.5)
.TopMargin = Application.InchesToPoints(1.5)
.BottomMargin = Application.InchesToPoints(1.5)
.HeaderMargin = Application.InchesToPoints(1)
.FooterMargin = Application.InchesToPoints(1)
End With
End Sub
```

该程序的运行速度比 Macro1 快。在一些简单的测试中，运行时间平均缩短了 70%。然而，通过改进还可以变得更快。

正如前面所提到的，PageSetup 对象的处理时间十分漫长。因此，如果减少 VBA 所执行的操作数量，并添加一些 If 函数只对需要修改的属性进行更新，则得到的结果将更加理想。

在下面的例子中，Application.InchesToPoints 函数被硬编码为 inches 值。Macro1 的第 3 种版本如下：

```
Sub Macro1_Version3()
With ActiveSheet.PageSetup
If .LeftMargin <> 108 Then .LeftMargin = 108
If .RightMargin <> 108 Then .RightMargin = 108
If .TopMargin <> 108 Then .TopMargin = 108
If .BottomMargin <> 108 Then .BottomMargin = 108
If .HeaderMargin <> 72 Then .HeaderMargin = 72
If .FooterMargin <> 72 Then .FooterMargin = 72
End With
End Sub
```

在没有修改任何页边距的情况下，您将发现第 3 种版本的运行速度更快。

还有一种方法能够减少 95%的运行时间，这就是使用 PAGE.SETUP XLM 方法。必须指定的参数包括 left、right、top、bot、head_margin 和 foot_margin。这些参数以单位英寸来衡量，而不是以点来衡量。因此，使用前面修改的页边距时，Macro1 的第 4 个版本如下：

```
Sub Macro1_Version4()
Dim St As String
St = "PAGE.SETUP(, , " & _
"1.5, 1.5, 1.5, 1.5" & _
", 0, False, False, False, 1, 1, True, 1, 1,False, , _
" & "1, 1" & _
", False) "
Application.ExecuteExcel4Macro St
End Sub
```

警告：St 的第 2 行和第 4 行对应于这些参数。但需要注意以下几点，首先，这个宏依赖于 XLM 语言，Excel 之所以仍然包含该语言旨在向后兼容。但我们不知道微软什么时候摒弃它。其次，在设置参数 PAGE.SETUP 时应多加小心，因为如果其中一个参数不正确，PAGE.SETUP 将无法执行，也不会产生错误，结果可能导致错误的页面设置。

13.5.3 计算代码的执行时间

读者可能想知道如何计算毫秒级的代码运行时间，如前面的图 13-12 所示。

下面的代码用于计算本节中宏的运行时间：

```
Public Declare Function QueryPerformanceFrequency _
Lib "kernel32" (lpFrequency As Currency) As Long
Public Declare Function QueryPerformanceCounter _
Lib "kernel32.dll" (lpPerformanceCount As Currency) As Long
Sub CalculateTime()
Dim Ar(1 To 20, 1 To 4) As Currency, WS As Worksheet
Dim n As Currency, str As Currency, fin As Currency
Dim y As Currency
Dim i As Long, j As Long
Application.ScreenUpdating = False
For i = 1 To 4
For j = 1 To 20
Set WS = ThisWorkbook.Sheets.Add
WS.Range("A1").Value = 1
QueryPerformanceFrequency y
QueryPerformanceCounter str
Select Case i
Case 1: Macro1
Case 2: Macro1_Version2
Case 3: Macro1_Version3
Case 4: Macro1_Version4
End Select
```

```
QueryPerformanceCounter fin
Application.DisplayAlerts = False
WS.Delete
Application.DisplayAlerts = True
n = (fin - str)
Ar(j, i) = CCur(Format(n, "##########.############") / y)
Next j
Next i
With Range("A1").Resize(1, 4)
.Value = Array("Macro1", "Macro2", "Macro3", " Macro4")
.Font.Bold = True
End With
Range("A2").Resize(20, 4).Value = Ar
With Range("A22").Resize(1, 4)
.FormulaR1C1 = "=AVERAGE(R2C:R21C) "
.Offset(1).FormulaR1C1 = "=RANK(R22C,R22C1:R22C4,1) "
.Resize(2).Font.Bold = True
End With
Application.ScreenUpdating = True
End Sub
```

13.5.4 自定义排列顺序

下面的程序由中国武汉的姜伟提供，他是 MrExcel 网站的顾问。

默认情况下，在 Excel 中能够按数字或字母顺序进行排序，但只有这两种排序方式还不够，有时还需要按照其他方式进行排序。例如，客户可能需要将每天的销售数据按皮带、手提包、手表、钱包和其他商品的顺序排列。本例使用自定义排序列表将某个区域中的数据按默认的分类方式进行排序，然后将排序删除。图 13-13 显示了排序结果。

	A	B	C	D	E	F	G	H	I
1	日期	种类	销量						Belts
2	2009/1/1	Belts	15						Handbags
3	2009/1/1	Handbags	23						Watches
4	2009/1/1	Watches	42						Wallets
5	2009/1/1	Wallets	17						Everything Else
6	2009/1/1	Everything Els	36						
7	2009/1/2	Belts	17						
8	2009/1/2	Handbags	21						
9	2009/1/2	Watches	43						
10	2009/1/2	Wallets	18						
11	2009/1/2	Everything Els	42						
12	2009/1/3	Belts	21						
13	2009/1/3	Handbags	20						
14	2009/1/3	Watches	35						
15	2009/1/3	Wallets	19						
16	2009/1/3	Everything Els	45						

图 13-13 使用这个宏之后，A:C 列的数据首先按日期排序，然后按 I 列的自定义排序列表进行排序

```
Sub CustomSort()
' 向 Custom Lists 中添加自定义列表
Application.AddCustomList ListArray:=Range("I1:I5")
' 获取列表编号
nIndex = Application.GetCustomListNum(Range("I1:I5").Value)
' 现在，使用自定义列表对区域进行排序
' 注意，在此我们使用 nIndex + 1 作为自定义列表的编号
' 第一列为正常顺序
Range("A2:C16").Sort Key1:=Range("B2"), Order1:=xlAscending, _
Header:=xlNo, Orientation:=xlSortColumns, _
OrderCustom:=nIndex + 1
Range("A2:C16").Sort Key1:=Range("A2"), Order1:=xlAscending, _
Header:=xlNo, Orientation:=xlSortColumns
' 最后，应该将自定义列表删除
Application.DeleteCustomList nIndex
End Sub
```

13.5.5 单元格进度指示器

下面的程序由 Tom Urtis 提供。

不得不承认，Excel 中新增的条件格式选项（如数据条）的确很神奇。然而，它仍然无法实现图 13-14 所示的可视化效果。下面的示例将根据 A 列和 B 列中的值在 C 列中创建进度指示器。

	A	B	C
1	已完成	所有	已完成进度和所需进度的可视化表示
2	11	15	■■■■■■■■■■■□□□□
3	14	20	■■■■■■■■■■■■■■□□□□□□
4	1	5	■□□□□
5	4	10	■■■■□□□□□□
6	4	10	■■■■□□□□□□
7	10	10	■■■■■■■■■■
8	8	15	■■■■■■■■□□□□□□□
9		10	□□□□□□□□□□
10		10	□□□□□□□□□□
11		10	□□□□□□□□□□

图 13-14　使用单元格中的进度指示器显示进程

```
Private Sub Worksheet_Change(ByVal Target As Range)
If Target.Column > 2 Or Target.Cells.Count > 1 Then Exit Sub
If Application.IsNumber(Target.Value) = False Then
Application.EnableEvents = False
Application.Undo
Application.EnableEvents = True
MsgBox "Numbers only please. "
```

```
Exit Sub
End If
Select Case Target.Column
Case 1
If Target.Value > Target.Offset(0, 1).Value Then
Application.EnableEvents = False
Application.Undo
Application.EnableEvents = True
MsgBox "Value in column A may not be larger than value in column _
B. "
Exit Sub
End If
Case 2
If Target.Value < Target.Offset(0, -1).Value Then
Application.EnableEvents = False
Application.Undo
Application.EnableEvents = True
MsgBox "Value in column B may not be smaller " & _
"than value in column A. "
Exit Sub
End If
End Select
Dim x As Long
x = Target.Row
Dim z As String
z = Range("B" & x).Value - Range("A" & x).Value
With Range("C" & x)
.Formula = "=IF(RC[-1]<=RC[-2],REPT(""n"",RC[-1]) _
&REPT(""n"",RC[-2]-RC[-1]),REPT(""n"",RC[-2]) _
&REPT(""o"",RC[-1]-RC[-2])) "
.Value = .Value
.Font.Name = "Wingdings"
.Font.ColorIndex = 1
.Font.Size = 10
If Len(Range("A" & x)) <> 0 Then
.Characters(1, (.Characters.Count - z)).Font.ColorIndex = 3
.Characters(1, (.Characters.Count - z)).Font.Size = 12
End If
End With
End Sub
```

13.5.6　密码保护框

下面的程序由澳大利亚悉尼的 Daniel Klann 提供。Daniel 的工作涉及各种语言，但以在

Excel 和 Access 中使用 VBA 为主。

使用输入框来获取密码存在一个严重的安全漏洞：输入的字符很容易就能被看到。下面的程序能够使输入的字符显示为星号，和真正的密码框一样（如图 13-15 所示）。

图 13-15　使用输入框作为安全密码框

```
Private Declare Function CallNextHookEx Lib "user32" (ByVal hHook As Long, _
ByVal ncode As Long, ByVal wParam As Long, lParam As Any) As Long
Private Declare Function GetModuleHandle Lib "kernel32" _
Alias "GetModuleHandleA" (ByVal lpModuleName As String) As Long
Private Declare Function SetWindowsHookEx Lib "user32" _
Alias "SetWindowsHookExA" _
(ByVal idHook As Long, ByVal lpfn As Long, _
ByVal hmod As Long,ByVal dwThreadId As Long) As Long
Private Declare Function UnhookWindowsHookEx Lib "user32" _
(ByVal hHook As Long) As Long
Private Declare Function SendDlgItemMessage Lib "user32" _
Alias "SendDlgItemMessageA" _
(ByVal hDlg As Long, _
ByVal nIDDlgItem As Long, ByVal wMsg As Long, _
ByVal wParam As Long, ByVal lParam As Long) As Long
Private Declare Function GetClassName Lib "user32" _
Alias "GetClassNameA" (ByVal hwnd As Long, _
ByVal lpClassName As String, _
ByVal nMaxCount As Long) As Long
Private Declare Function GetCurrentThreadId _
Lib "kernel32" () As Long
'将在 API 函数中使用的常量
Private Const EM_SETPASSWORDCHAR = &HCC
Private Const WH_CBT = 5
Private Const HCBT_ACTIVATE = 5
Private Const HC_ACTION = 0
Private hHook As Long
Public Function NewProc(ByVal lngCode As Long, _
ByVal wParam As Long, ByVal lParam As Long) As Long
Dim RetVal
Dim strClassName As String, lngBuffer As Long
If lngCode < HC_ACTION Then
```

```
NewProc = CallNextHookEx(hHook, lngCode, wParam, lParam)
Exit Function
End If
strClassName = String$(256, " ")
lngBuffer = 255
If lngCode = HCBT_ACTIVATE Then 'A window has been activated
RetVal = GetClassName(wParam, strClassName, lngBuffer)
'核查输入框（Inputbox）的类名
If Left$(strClassName, RetVal) = "#32770" Then
'修改编辑框用星号显示密码字符
'可随意修改 Asc("*")
SendDlgItemMessage wParam, &H1324, EM_SETPASSWORDCHAR, _
Asc("*"), &H0
End If
End If
'该行代码能够确保其他可能合适的 hooks 被正确地调用
CallNextHookEx hHook, lngCode, wParam, lParam
End Function
Public Function InputBoxDK(Prompt, Optional Title, _
Optional Default, Optional XPos, _
Optional YPos, Optional HelpFile, Optional Context) As String
Dim lngModHwnd As Long, lngThreadID As Long
lngThreadID = GetCurrentThreadId
lngModHwnd = GetModuleHandle(vbNullString)
hHook = SetWindowsHookEx(WH_CBT, AddressOf NewProc, lngModHwnd, _
lngThreadID)
On Error Resume Next
InputBoxDK = InputBox(Prompt, Title, Default, XPos, YPos, HelpFile, _
Context)
UnhookWindowsHookEx hHook
End Function
Sub PasswordBox()
If InputBoxDK("Please enter password", "Password Required") <> "password" Then
MsgBox "Sorry, that was not a correct password. "
Else
MsgBox "Correct Password! Come on in. "
End If
End Sub
```

13.5.7　更改大小写

下面的程序由 Ivan F. Moala 提供。

在 Word 中，可以更改选定文本的大小写，但 Excel 中没有这项功能。使用下面的程序 Excel 用户能够修改任意选定区域中文本的大小写，如图 13-16 所示。

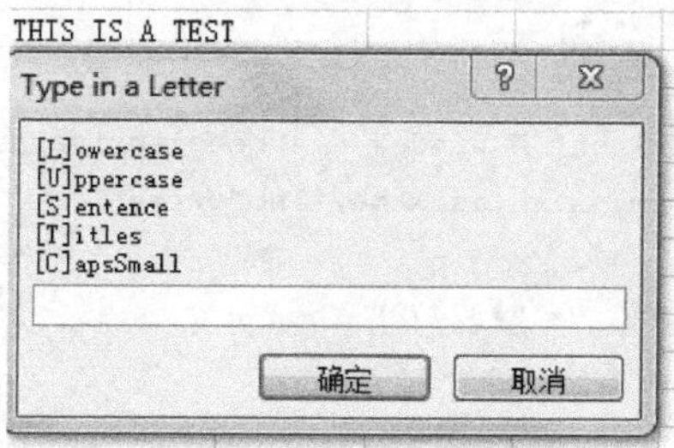

图 13-16　现在，可以像在 Word 中一样修改字母的大小写

```
Sub TextCaseChange()
Dim RgText As Range
Dim oCell As Range
Dim Ans As String
Dim strTest As String
Dim sCap As Integer, _
lCap As Integer, _
i As Integer
'// 你需要先选择一个区域进行修改
Again:
Ans = Application.InputBox(" [L]owercase" & vbCr & " [U]ppercase" & vbCr & _
" [S]entence" & vbCr & " [T]itles" & vbCr & " [C]apsSmall", _
"Type in a Letter", Type:=2)
If Ans = "False" Then Exit Sub
If InStr(1, "LUSTC", UCase(Ans), vbTextCompare) = 0 _
Or Len(Ans) > 1 Then GoTo Again
On Error GoTo NoText
If Selection.Count = 1 Then
Set RgText = Selection
Else
Set RgText = Selection.SpecialCells(xlCellTypeConstants, 2)
End If
On Error GoTo 0
For Each oCell In RgText
Select Case UCase(Ans)
Case "L": oCell = LCase(oCell.Text)
Case "U": oCell = UCase(oCell.Text)
Case "S": oCell = UCase(Left(oCell.Text, 1)) & _
LCase(Right(oCell.Text, Len(oCell.Text) - 1))
Case "T": oCell = Application.WorksheetFunction.Proper(oCell.Text)
```

```
Case "C"
lCap = oCell.Characters(1, 1).Font.Size
sCap = Int(lCap * 0.85)
' 所有都改成小写
oCell.Font.Size = sCap
oCell.Value = UCase(oCell.Text)
strTest = oCell.Value
' 将第一个字母改为大写
strTest = Application.Proper(strTest)
For i = 1 To Len(strTest)
If Mid(strTest, i, 1) = UCase(Mid(strTest, i, 1)) Then
oCell.Characters(i, 1).Font.Size = lCap
End If
Next i
End Select
Next
Exit Sub
NoText:
MsgBox "No text in your selection @ " & Selection.Address
End Sub
```

13.5.8　使用 SpecialCells 进行选择

下面的程序由 Ivan F. Moala 提供。

通常情况下，要在某一区域中查找特定的值、文本或公式时，必须选中该区域并对区域中的每个单元格进行检查。下面的示例演示了如何使用 SpecialCells 选中所需的单元格。当所需检查的单元格数量减少时，代码的运行速度将大大提高。

下面的代码在计算机中瞬间就能执行完毕。然而，对于之前的情况，对区域（A1:Z20000）中每个单元格进行检查都要花费 14 秒的时间，在自动化世界中，这简直是永恒！

```
Sub SpecialRange()
Dim TheRange As Range
Dim oCell As Range
Set TheRange = Range("A1:Z20000").SpecialCells(__
xlCellTypeConstants, xlTextValues)
For Each oCell In TheRange
If oCell.Text = "Your Text" Then
MsgBox oCell.Address
MsgBox TheRange.Cells.Count
End If
Next oCell
End Sub
```

13.5.9 ActiveX 右键菜单

下面的程序由 Tom Urtis 提供。

对于工作表中 ActiveX 对象的右击事件，Excel 中没有内置的菜单。下面的程序能够提供该菜单，它使用图 13-17 所示的命令按钮演示了这一点。将该命令按钮的 Take Focus on Click 属性设置为 False。

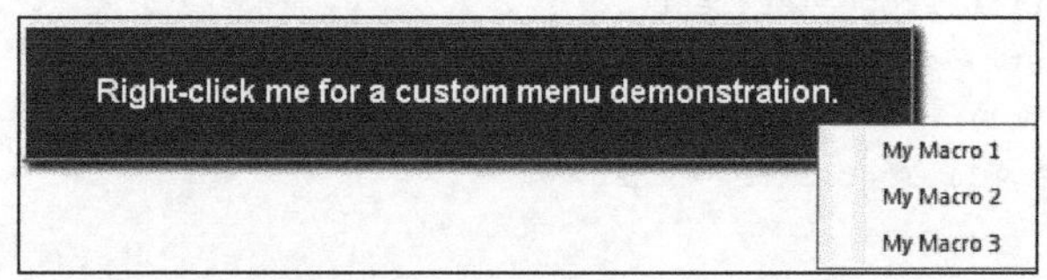

图 13-17　自定义 ActiveX 控件的上下文（右击）菜单

将以下代码置于 ThisWorkbook 模块中：

```
Private Sub Workbook_Open()
With Application
.CommandBars("Cell").Reset
.WindowState = xlMaximized
.Goto Sheet1.Range("A1"), True
End With
End Sub
Private Sub Workbook_Activate()
Application.CommandBars("Cell").Reset
End Sub
Private Sub Workbook_SheetBeforeRightClick(ByVal Sh As Object, _
ByVal Target As Range, Cancel As Boolean)
Application.CommandBars("Cell").Reset
End Sub
Private Sub Workbook_Deactivate()
Application.CommandBars("Cell").Reset
End Sub
Private Sub Workbook_BeforeClose(Cancel As Boolean)
With Application
.CommandBars("Cell").Reset
.WindowState = xlMaximized
.Goto Sheet1.Range("A1"), True
End With
ThisWorkbook.Save
End Sub
```

将以下代码置于标准模块中：

```
Sub MyRightClickMenu()
```

```
Application.CommandBars("Cell").Reset
Dim cbc As CommandBarControl
For Each cbc In Application.CommandBars("cell").Controls
cbc.Visible = False
Next cbc
With Application.CommandBars("Cell").Controls.Add(temporary:=True)
.Caption = "My Macro 1"
.OnAction = "Test1"
End With
With Application.CommandBars("Cell").Controls.Add(temporary:=True)
.Caption = "My Macro 2"
.OnAction = "Test2"
End With
With Application.CommandBars("Cell").Controls.Add(temporary:=True)
.Caption = "My Macro 3"
.OnAction = "Test3"
End With
Application.CommandBars("Cell").ShowPopup
End Sub
Sub Test1()
MsgBox "This is the Test1 macro from the ActiveX object's custom " & _
"right-click event menu. ", , "''My Macro 1'' menu item. "
End Sub
Sub Test2()
MsgBox "This is the Test2 macro from the ActiveX object's custom " & _
"right-click event menu. ", , "''My Macro 2'' menu item. "
End Sub
Sub Test3()
MsgBox "This is the Test3 macro from the ActiveX object's custom " & _
"right-click event menu. ", , "''My Macro 3'' menu item. "
End Sub
```

13.6　一个出色的应用程序

最后这个应用程序示例十分有趣，读者可以将其嵌入到自己的工程中。

现有一个宏能够将数据移动到供地区经理查看的新工作簿中，但如果需要将宏也复制到新工作簿中时该怎么办呢？这时，可以使用“Visual Basic for Application Extensibility”将模块导入到新工作簿中，或直接将代码写入到工作簿中。

要使用这个示例，首先必须打开 VB 编辑器，在“工具”菜单中选择“引用”命令，然后选择引用“Microsoft Visual Basic for Applications Extensibility 5.3”。此外，还需要信任对

VBA 工程的访问，为此，可在“开发工具”选项卡中单击“宏安全性”图标，然后选择复选框“信任对 VBA 工程对象模型的访问”。

VBA 扩展性的最简单应用是从当前工程中导出整个模块或用户窗体，以及将整个模块或用户窗体导入到新工作簿中。您的应用程序中可能包含上千行代码，现想为地区经理创建一个包含数据的新工作簿，并为其提供 3 个宏以便定制格式和打印。将这些宏置于名为 modToRegion 的模块中，该模块中的宏还调用 frmRegion。下面的代码能够将当前工作簿中的代码复制到新工作簿中。

```
Sub MoveDataAndMacro()
Dim WSD as worksheet
Set WSD = Worksheets("Report")
' 将报表复制到新工作簿中
WSD.Copy
' 现在，新工作簿成为活动工作簿
 ' 将所有老版本模块从 C 盘中删除
On Error Resume Next
'将所有杂散版本从硬盘中删除
Kill ("C:\ModToRegion.bas")
Kill ("C:\frmRegion.frm")
On Error GoTo 0
' 从该工作簿中导出模块和窗体
ThisWorkbook.VBProject.VBComponents("ModToRegion").Export _
("C:\ModToRegion.bas")
ThisWorkbook.VBProject.VBComponents("frmRegion").Export _
("C:\frmRegion.frm")
' 导入到新工作簿中
ActiveWorkbook.VBProject.VBComponents.Import ("C:\ModToRegion.bas")
ActiveWorkbook.VBProject.VBComponents.Import ("C:\frmRegion.frm")
On Error Resume Next
Kill ("C:\ModToRegion.bas")
Kill ("C:\frmRegion.bas")
On Error GoTo 0
End Sub
```

当需要将模块或用户窗体移动到新工作簿中时，上述方法管用。然而，如果需要编写代码来复制 ThisWorkbook 模块中的 Workbook_Open 宏时该怎么办呢？有两种工具可供使用，Lines 方法从指定模块中返回一组代码行，InsertLines 方法能够向新模块中插入代码行。

警告： 每次调用 InsertLines 方法时，必须插入一个完整的宏。每次调用 InsertLines 方法之后，Excel 会尝试编译插入的代码行。如果插入的代码行无法完全编译，Excel 可能会因通用保护错误（GPF）而崩溃。

```
Sub MoveDataAndMacro()
```

```
Dim WSD as worksheet
Dim WBN as Workbook
Dim WBCodeMod1 As Object, WBCodeMod2 As Object
Set WSD = Worksheets("Report")
' 将报表复制到新工作簿中
WSD.Copy
' 现在，新工作簿成为活动工作簿
Set WBN = ActiveWorkbook
' 复制工作簿级事件处理程序
Set WBCodeMod1 = ThisWorkbook.VBProject.VBComponents("ThisWorkbook") _
.CodeModule
Set WBCodeMod2 = WBN.VBProject.VBComponents("ThisWorkbook").CodeModule
WBCodeMod2.insertlines 1, WBCodeMod1.Lines(1, WBCodeMod1.countoflines)
End Sub
```

第 14 章　数据可视化与条件格式

14.1　数据可视化简介

数据可视化显示在绘图层，用于存储图标集、数据条、色阶以及迷你图。和 SmartArt 图形不同，微软公司提供了对应于数据可视化工具的所有对象模型，因此用户可以使用 VBA 向报表中添加数据可视化。

Excel 提供了多种数据可视化选项。下面给出了对每种数据可视化选项的描述，并在图 14-1 中给出一个实例。

■ **数据条**：数据条用于向区域中的每个单元格中添加一个条形图。最大的数字对应的条形图最长，最小的数字对应的条形图最短。和调整条形图长短一样，可以通过数值来调整条形图的颜色。条形图颜色可以是固定的也可以是渐变的，此外，负向条形图也能够在 Excel 中显示。

■ **色阶**：Excel 能够在每个单元格中应用双色渐变或三色渐变。双色渐变非常适用于以单色方式显示的报表。三色渐变需要对颜色进行描述，它能够以传统的交通灯颜色组合（红-黄-绿）显示报表。可以控制每种颜色起始位置的连续点数，但只能够控制两种或三种颜色。

■ **图标集**：Excel 为每个数值分配一种图标。图标集中可以包含的图标数为 3 个（如红、黄、绿交通灯）、4 个或 5 个（如手机电量条）。使用图标集，用户可以指定每个图标对应的数值范围、颠倒图标的顺序或只显示图标。

■ **高于/低于平均值**：这些规则位于动态菜单“项目选取规则”中，使用这些规则很容易能够突出显示所有高于平均值的单元格。同时还可以选择单元格的设置格式。在图 14-1 所示的 G 列中，只有 30%的单元格高于平均值。

■ **最大值/最小值规则**：Excel 能够突出显示最大或最小 *n*%的单元格，或突出显示区域中最大或最小的 *n* 个单元格。

■ **重复值**：Excel 能够突出显示数据集中的所有重复值。在“数据”选项卡中，包含一个“删除重复项”命令，但此命令极具破坏性，因此用户可能想要突出显示重复项，并决定手工删除哪些数据。

■ **突出显示单元格**：对于之前版本中存在的条件格式规则，如高于、低于、介于以及文本包含等仍然存在。此外，功能强大的 Formula 格式也同样可用，但由于新增了平均和最大值/最小值规则，这些功能的使用频率大大降低。

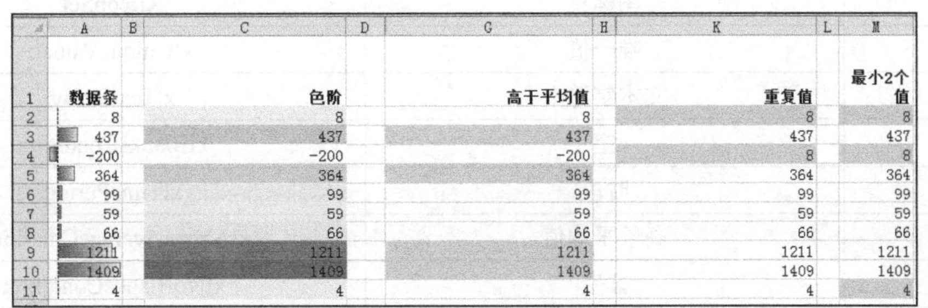

图 14-1　在 Excel 用户界面的功能区中，通过"开始"选项卡下的"条件格式"下拉列表可以控制数据可视化，如数据条、色阶、图标集以及最大值/最小值规则

14.2　VBA 中的数据可视化方法和属性

在 VBA 中，所有数据可视化设置都是通过 FormatConditions 集合实现的。自 Excel 97 中引入了条件格式的概念。从 Excel 2010 开始，微软对 FormatConditions 对象进行了扩展，以处理可视化，如使用 AddDataBar、AddIconSetCondition、AddColorScale、AddTop10、AddAboveAverage 以及 AddUniqueValues 等方法。

可以对同一区域应用几种不同的条件格式。例如，可以在同一区域中应用双色色阶、图标集和数据条。Excel 中包含一个 Priority 属性，用于指定最先计算的条件。而 SetFirstPriority 和 SetLastPriority 方法能够确保新的格式条件在所有其他条件之前或之后执行。

StopIfTrue 属性应同 Priority 属性一起使用。在本章后面的"使用可视化技巧"小节中，读者将会看到如何针对虚拟条件使用 StopIfTrue 属性只对区域中特定的子集应用其他格式。

表 14-1 中列出了 Type 属性的可用值。

表 14-1　条件格式的可用类型

值	描述	VBA 常量
1	单元格值	xlCellValue
2	表达式	xlExpression
3	色阶	xlColorScale
4	数据条	xlDatabar
5	值最大的 10 项	xlTop10

续表

值	描述	VBA 常量
6	图标集	XlIconSet
8	唯一值	xlUniqueValues
9	文本字符串	xlTextString
10	空	xlBlanksCondition
11	时段	xlTimePeriod
12	高于平均值	xlAboveAverageCondition
13	非空	xlNoBlanksCondition
16	错误条件	xlErrorsCondition
17	无错误	xlNoErrorsCondition

14.3 向区域中添加数据条

“数据条”命令用于向区域中的每个单元格内添加一个条形图。

在图 14-2 中，单元格 C37 的格式是从 Excel 2010 版本开始出现的。此单元格中的值为 0，而且根本没有数据条。而在 Excel 2007 中，数据条的最小值为 4 像素，即便在单元格中的值为 0 时也是如此。此外，从 Excel 2010 开始，数据条的最大宽度通常为整个单元格的宽度。

在 Excel 2007 中，数据条以渐变结尾，通常很难区分渐变结尾处的具体位置。从 2010 版开始，Excel 为数据条新增了边框。用户可以对边框的颜色进行修改，也可以删除边框，如图中所示的列 K。

Excel 还能够显值示负数据条，如图中的 G 列所示，在图 14-2 所示的单元格 C43:C45 中，数据条从右向左延伸。这样能够使用比较柱状图。

要添加数据条，可针对包含数值的区域应用.FormatConditions.AddDataBar 方法。此方法无需指定参数，且返回一个 DataBar 类型的变量。

添加完数据条之后，通常需要对其属性进行修改。一种引用数据条的方法是，认为条件格式集合中最后一项就是最新添加的数据条。下面的代码首先添加一个数据条，然后通过计算条件确定新添加的数据条，最后修改其颜色：

```
Range("A2:A11").FormatConditions.AddDatabar
ThisCond = Range("A2:A11").FormatConditions.Count
With Range("A2:A11").FormatConditions(ThisCond).BarColor
.Color = RGB(255, 0, 0) '指定颜色为红色
.TintAndShade = -0.5 '设置为比正常稍暗的颜色
End With
```

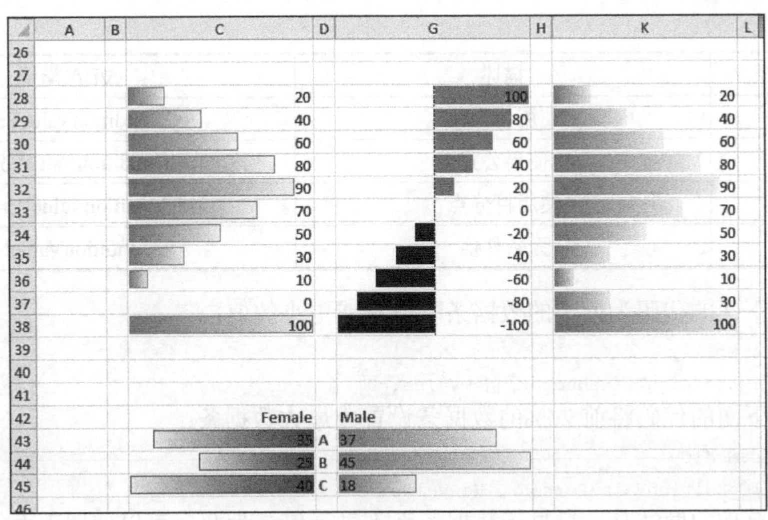

图 14-2　Excel 2010 对数据条做了很大改进

另一种更加可靠的方法是，定义一个 DataBar 类型的对象变量。然后将最新添加的数据条赋给该变量：

```
Dim DB As Databar
' 添加数据条
Set DB = Range("A2:A11").FormatConditions.AddDatabar()
' 设置为深度为 25%的红色
With DB.BarColor
.Color = RGB(255, 0, 0)
.TintAndShade = -0.25
End With
```

在为数据条或其边框设置颜色时，应该使用 RGB 函数来分配颜色。可以使用 TintAndShade 属性改变颜色的深浅，其有效值为-1～1。当值为 0 时表明没有对颜色做任何更改。值为正时颜色变浅，值为负时颜色加深。

在默认情况下，Excel 将最短的数据条分配给最小的值，将最长的数据条分配给最大的值。如果要覆盖这种默认设置，可以调用 MinPoint 或 MaxPoint 属性的 Modify 方法。再为其指定表 14-2 中的一个类型。其中类型 0、3、4 和 5 需要指定一个值。有效类型如表 14-2 所示。

表 14-2　MinPoint 和 MaxPoint 的类型

值	描述	VBA 常量
0	使用数字	xlConditionNumber
1	使用列表中的最小值	xlConditionValueLowestValue
2	使用列表中的最大值	xlConditionValueHighestValue

续表

值	描述	VBA 常量
3	使用百分比	xlConditionValuePercent
4	使用公式	xlConditionValueFormula
5	使用百分点	xlConditionValuePercentile
-1	无条件值	xlConditionValueNone

可以使用下面的代码为最小的数据条赋值 0 或更小的值：

```
DB.MinPoint.Modify _
Newtype:=xlConditionValueNumber, NewValue:=0
```

可以使用下面的代码将前 20%的数据条设置成最大数据条：

```
DB.MaxPoint.Modify _
Newtype:=xlConditionValuePercent, NewValue:=80
```

还有一种有趣的做法是，只显示数据条而不显示值。为此，可以使用下面的代码：

```
DB.ShowValue = False
```

要在 Excel 2010 中显示负数据条，可以使用下面的代码：

```
DB.AxisPosition = xlDataBarAxisAutomatic
```

设置允许显示负数据条之后，就能够对坐标颜色、负数据条颜色以及负数据条边框颜色进行设置了。下面的代码在图 14-3 所示的 C 列中创建一个数据条，并演示了如何对不同的颜色进行修改：

```
Sub DataBar2()
'添加一个数据条
' 包含负数据条
' 控制最大点数和最小点数
'
Dim DB As Databar
With Range("C2:C11")
.FormatConditions.Delete
' 添加数据条
Set DB = .FormatConditions.AddDatabar()
End With
' 设定最小值
DB.MinPoint.Modify newtype:=xlConditionFormula, NewValue:= "-600"
DB.MaxPoint.Modify newtype:=xlConditionValueFormula, NewValue:= "600"
' 将数据条的颜色修改为绿色
With DB.BarColor
.Color = RGB(0, 255, 0)
.TintAndShade = -0.15
End With
' 所有这些内容都是从 Excel 2010 开始新增的
With DB
```

```
' 使用渐变效果
.BarFillType = xlDataBarFillGradient
'数据条的方向从左向至右
.Direction = xlLTR
' 为复数据条分配不同的颜色
.NegativeBarFormat.ColorType = xlDataBarColor
' 在数据条周围应用边框
.BarBorder.Type = xlDataBarBorderSolid
' 为复数分配不同的边框颜色
.NegativeBarFormat.BorderColorType = xlDataBarSameAsPositive
' 所有边框都被设置为黑色
With .BarBorder.Color
.Color = RGB(0, 0, 0)
End With
.AxisPosition = xlDataBarAxisAutomatic
With .AxisColor
.Color = 0
.TintAndShade = 0
End With
' 将复数据条的颜色设置为红色
With .NegativeBarFormat.Color
.Color = 255
.TintAndShade = 0
End With
' 将负数据框的颜色设置为红色
End With
End Sub
```

在 Excel 中，可以将数据条设置为渐变效果或实心效果。要显示实心数据条时，可以使用下面的代码：

```
DB.BarFillType = xlDataBarFillSolid
```

下面的代码示例能够生成实心数据条，如图 14-3 中的 E 列所示：

```
Sub DataBar3()
' 添加一个数据条
' 显示实心数据条
' 允许显示复数据条
'将数值隐藏，只显示数据条
Dim DB As Databar
With Range("E2:E11")
.FormatConditions.Delete
' 添加数据条
Set DB = .FormatConditions.AddDatabar()
End With
With DB.BarColor
.Color = RGB(0, 0, 255)
```

```
.TintAndShade = 0.1
End With
' 将数值隐藏
DB.ShowValue = False
DB.BarFillType = xlDataBarFillSolid
DB.NegativeBarFormat.ColorType = xlDataBarColor
With DB.NegativeBarFormat.Color
.Color = 255
.TintAndShade = 0
End With
' 允许显示负数据条
DB.AxisPosition = xlDataBarAxisAutomatic
' 将负数据条边框的颜色设置成不同颜色
DB.NegativeBarFormat.BorderColorType = xlDataBarColor
With DB.NegativeBarFormat.BorderColor
.Color = RGB(127, 127, 0)
.TintAndShade = 0
End With
End Sub
```

要将数据条的方向设置为从右到左，可以使用下面的代码：

```
DB.Direction = xlRTL ' 数据条的方向从右到左
```

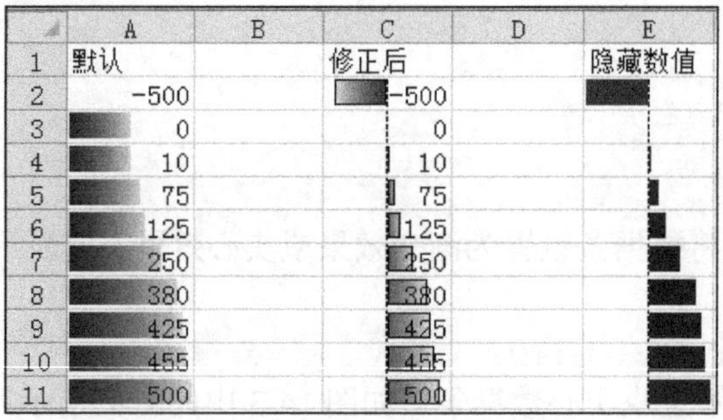

	A	B	C	D	E
1	默认		修正后		隐藏数值
2	-500		-500		
3	0		0		
4	10		10		
5	75		75		
6	125		125		
7	250		250		
8	380		380		
9	425		425		
10	455		455		
11	500		500		

图 14-3 使用本节中的宏创建的数据条

14.4 在区域中添加色阶

添加色阶时，可以使用双色刻度或三色刻度。图 14-4 所示为使用三色刻度设置色阶时，Excel 用户界面中的可用设置。

和数据条类似，可以使用 AddColorScale 方法在区域对象中应用色阶。ColorScaleType 作为 AddColorScale 方法的唯一参数，其值可以取 2 或 3。

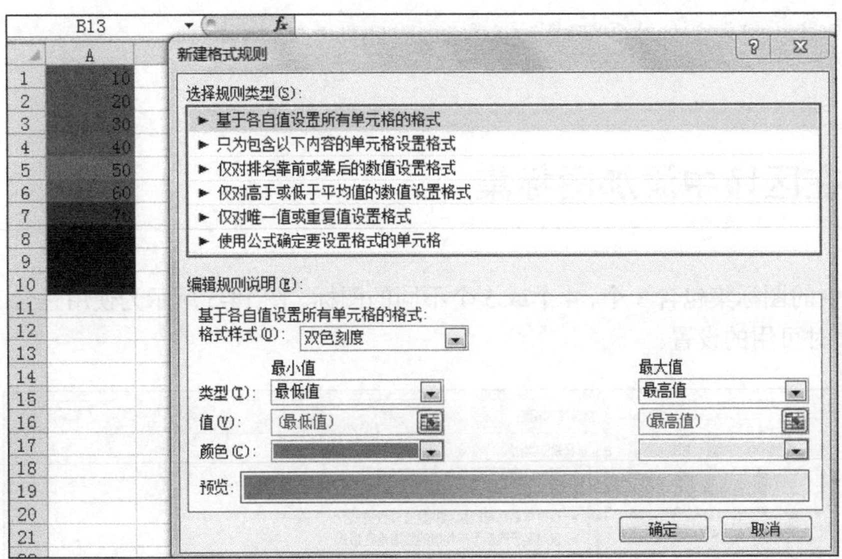

图 14-4　使用色阶能够显示数据集中的热点

接下来，需要为两个或全部三个色阶条件指定颜色和亮度。还需要使用前面表 14-2 中的值指定该颜色应用于最小值、最大值、特定值、百分比还是百分点。

下面的代码在区域 A1:A10 中生成一个三色色阶：

```
Sub Add3ColorScale()
Dim CS As ColorScale
With Range("A1:A10")
.FormatConditions.Delete
'添加一个三色色阶
Set CS = .FormatConditions.AddColorScale(ColorScaleType:=3)
End With
' 将第 1 种颜色设置为浅红色
CS.ColorScaleCriteria(1).Type = xlConditionValuePercent
CS.ColorScaleCriteria(1).Value = 30
CS.ColorScaleCriteria(1).FormatColor.Color = RGB(255, 0, 0)
CS.ColorScaleCriteria(1).FormatColor.TintAndShade = 0.25
' 将第 2 中颜色设置为深度为 50%的绿色
CS.ColorScaleCriteria(2).Type = xlConditionValuePercent
CS.ColorScaleCriteria(2).Value = 50
CS.ColorScaleCriteria(2).FormatColor.Color = RGB(0, 255, 0)
CS.ColorScaleCriteria(2).FormatColor.TintAndShade = 0
' 将第 3 中颜色设置为深蓝色
CS.ColorScaleCriteria(3).Type = xlConditionValuePercent
CS.ColorScaleCriteria(3).Value = 80
CS.ColorScaleCriteria(3).FormatColor.Color = RGB(0, 0, 255)
```

```
CS.ColorScaleCriteria(3).FormatColor.TintAndShade = -0.25
End Sub
```

14.5 在区域中添加图标集

Excel 中的图标集包含 3 个、4 个或 5 个不同的图标。图 14-5 所示为使用包含 5 种不同图标的图标集时可用的设置。

图 14-5　图标越多，代码越复杂

要在区域中添加图标集，可以使用 AddIconSet 方法。该方法不需要指定参数。接下来可对图标集的 3 个属性进行调整，再使用代码指定使用的图标集以及每个图标对应的数值范围。

14.5.1 指定图标集

添加完图标集之后，可以选择是否颠倒图标的顺序、是否只显示图标，然后指定 20 种内置图标集中的一种：

```
Dim ICS As IconSetCondition
With Range("A1:C10")
.FormatConditions.Delete
Set ICS = .FormatConditions.AddIconSetCondition()
End With
```

```
'图标集的全局设置
With ICS
.ReverseOrder = False
.ShowIconOnly = False
.IconSet = ActiveWorkbook.IconSets(xl5CRV)
End With
```

注意：令人不解的是，IconSets 集合竟然是活动工作簿的一个属性。这表明，在未来的 Excel 版本中可能增加新的图标集。

表 14-3 给出了图标集的完整列表。

表 14-3　可用图标集及其 VBA 常量

图标	值	描述	常量
	1	三向箭头（彩色）	xl3Arrows
	2	三向箭头（灰色）	xl3ArrowsGray
	3	三色旗	xl3Flags
	4	三色交通灯 1	xl3TrafficLights1
	5	三色交通灯 2	xl3TrafficLights2
	6	三标志	xl3Signs
	7	三个符号	xl3Symbols
	8	三个符号 2	xl3Symbols2
	9	四向箭头（彩色）	xl4Arrows
	10	四向箭头（灰色）	xl4ArrowsGray
	11	红-黑渐变	xl4RedToBlack

续表

图标	值	描述	常量
	12	四等级	xl4CRV
	13	四等交通灯	xl4TrafficLights
	14	五向箭头（彩色）	xl5Arrows
	15	五向箭头（灰色）	xl5ArrowsGray
	16	五等级	xl5CRV
	17	五象限图	xl5Quarters
	18		xl3Stars
	19	三个三角形	xl3Triangles
	20		xl5Boxes

14.5.2 为每个图标指定范围

指定图标集的类型之后，就可以为图标集中的每个图标指定范围了。在默认情况下，第一个图标从最低值开始，用户可调整图标集中其他每个图标的设置：

```
' 第一个图标通常以 0 为起始
' 设置第二个图标——从正中间开始
With ICS.IconCriteria(2)
.Type = xlConditionValuePercent
.Value = 50
.Operator = xlGreaterEqual
End With
With ICS.IconCriteria(3)
.Type = xlConditionValuePercent
.Value = 60
.Operator = xlGreaterEqual
```

```
End With
With ICS.IconCriteria(4)
.Type = xlConditionValuePercent
.Value = 80
.Operator = xlGreaterEqual
End With
With ICS.IconCriteria(5)
.Type = xlConditionValuePercent
.Value = 90
.Operator = xlGreaterEqual
End With
```

其中，Operator 属性的有效值为 XlGreater 或 xlGreaterEqual。

警告：使用 VBA 很容易能够创建出相互重叠的范围，如图标 1 对应于 0～50，而图标 2 对应于 30～90。虽然在“编辑格式规则”对话框中，用户无法指定重叠的范围，但在 VBA 中能够实现。但需要注意的是，如果使用重叠的范围，图标集的显示结果将无法预测。

14.6　使用可视化技巧

当用户使用图标集或色阶时，Excel 默认将颜色应用于区域中的所有单元格。本节将介绍两种技巧，能够让用户只将图标集应用于区域中的部分单元格或将两种不同颜色的数据条应用于同一区域。第一个技巧能够在 Excel 用户界面中使用，而第二个技巧只能在 VBA 中使用。

14.6.1　为部分区域创建图标集

有时，用户可能希望在区域中的特定单元格中显示一个红色的 X，这一技巧可以通过 Excel 用户界面实现。

在 Excel 用户界面中，可以按照以下步骤在值大于 80 的单元格中显示红色的 X。

1．在区域中添加图标集“三个符号”。

2．指定将图标顺序颠倒。

3．指定在值大于 80 的单元格中显示第三个图标。当前，显示了全部 3 个图标，如图 14-6 所示。

4．添加一个新的条件格式来突出显示值小于等于 80 的单元格。由于并不希望对这些值应用任何图标，因此不应为符合该条件的单元格指定任何特殊格式。

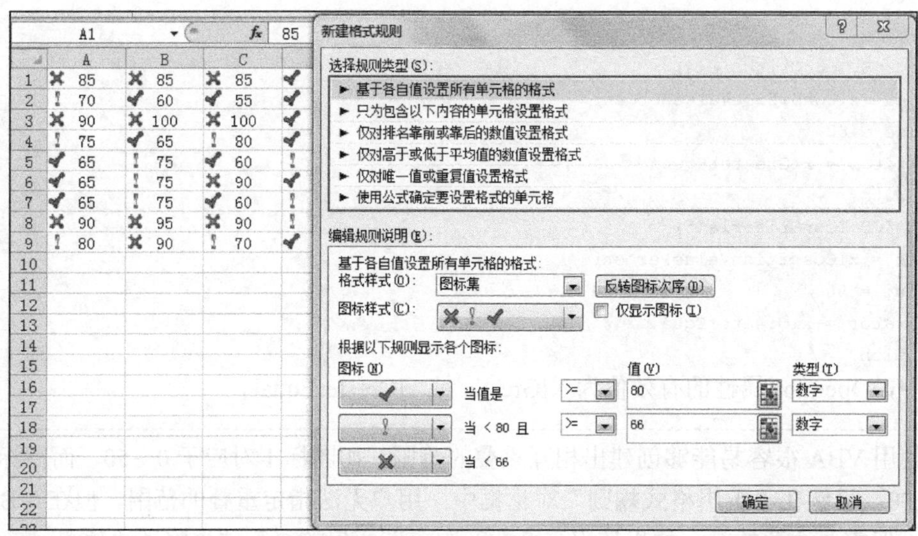

图 14-6　首先添加一个包含三个图标的图标集，对于显示红 X 的单元格的值应特别注意

5．在“条件格式规则管理器”中，指定当新条件的值为 True 时，Excel 将停止判断其他条件。这样，Excel 将不会对值小于或等于 80 的单元格应用图标集规则。其结果是，只有值大于 80 的单元格中才会显示红 X，如图 14-7 所示。

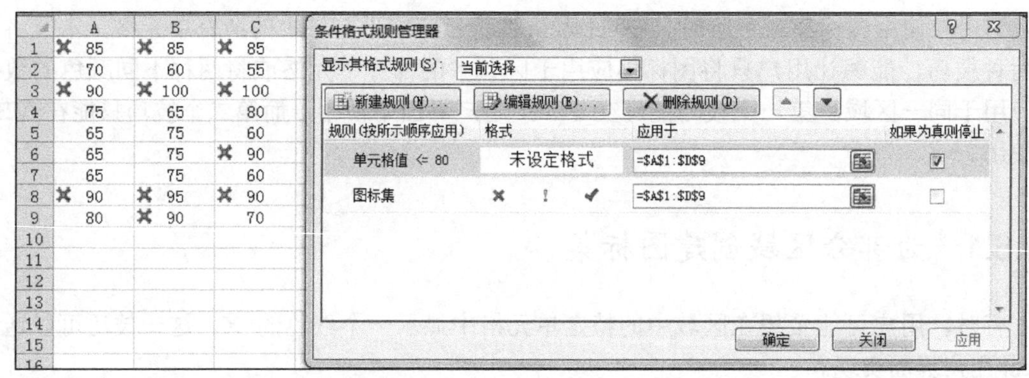

图 14-7　告知 Excel 在“<=80”规则为真时停止判断规则之后，将不会在其他单元格中添加勾号或惊叹号

使用 VBA 实现这种效果的代码非常简单。

需要使用 FormatConditions.Add 方法来添加第二个条件，但必须确保该条件首先执行。为此，需要使用 SetFirstPriority 方法将新条件移至列表的顶部。最后一个步骤启用 StopIfTrue 属性。

使用红色 X 突出显示值大于 80 的单元格的代码如下：

```
Sub TrickyFormatting()
```

```
' 将特定单元格做出标记
Dim ICS As IconSetCondition
Dim FC As FormatCondition
With Range("A1:D9")
.FormatConditions.Delete
Set ICS = .FormatConditions.AddIconSetCondition()
End With
With ICS
.ReverseOrder = True
.ShowIconOnly = False
.IconSet = ActiveWorkbook.IconSets(xl3Symbols2)
End With
' 该图标的们限值为多少其实并没有什么关系,
'但必须确保它与红色图标不发生重叠
With ICS.IconCriteria(2)
.Type = xlConditionValue
.Value = 66
.Operator = xlGreater
End With
' 确保在值大于 80 的单元格中显示红 X
With ICS.IconCriteria(3)
.Type = xlConditionValue
.Value = 80
.Operator = xlGreater
End With
' 接下来，添加一个条件来捕获值小于等于 80 的单元格
Set FC = Range("A1:D9").FormatConditions.Add(Type:=xlCellValue, _
Operator:=xlLessEqual, Formula1:= "=80")
'将这个新条件从位置 2 移至位置 1
FC.SetFirstPriority
' 当值为 True 时，停止
FC.StopIfTrue = True
End Sub
```

14.6.2　在同一区域中应用两种颜色的数据条

这个技巧非常酷，因为它只能使用 VBA 来实现。假设当值大于 90 时可以接受，而值小于 90 时无法通过。您可能希望对可接受的值使用绿色数据条，对其他值使用红色数据条。

在 VBA 中，首先应添加一个绿色数据条，然后，在不删除格式条件的情况下，再添加一个红色数据条。

在 VBA 中，每个格式条件都有一个 Formula 属性，用于定义是否在单元格中显示条件格式。因此，这里的技巧是创建一个公式，用于指定何时显示绿色数据条。如果公式的结果不

为 True，将显示红色数据条。

在图 14-8 中，这种效果将应用于区域 A1:D10。需要按 A1 的样式来编写公式，就像要将其应用于区域的左上角一样。公式的结果为 True 或 False。Excel 自动将公式复制到区域中的所有单元格。该条件的公式为=IF(A1>90,True,False)。

	A	B	C	D
1	92	96	81	88
2	88	84	82	99
3	99	85	92	88
4	84	84	82	84
5	90	90	82	99
6	90	80	98	88
7	81	97	81	85
8	89	89	91	93
9	81	94	88	83
10	87	82	86	85

图 14-8　深色数据条呈现为红色，浅色数据条呈现为绿色。使用 VBA 创建了两个重叠数据条，然后再使用 Formula 属性将单元格值小于 90 的顶部数据条隐藏

提示：计算该公式时，将基于当前单元格指针。虽然通常在添加 FormatCondition 之前不需要指定单元格，但在此种情况下，必须首先选定区域以确保公式能够正常进行计算。

可以使用下面的代码创建双色数据条：

```
Sub AddTwoDataBars()
Dim DB As Databar
Dim DB2 As Databar
With Range("A1:D10")
.FormatConditions.Delete
' 添加一个亮绿色数据条
Set DB = .FormatConditions.AddDatabar()
DB.BarColor.Color = RGB(0, 255, 0)
DB.BarColor.TintAndShade = 0.25
' 添加一个红色数据条
Set DB2 = .FormatConditions.AddDatabar()
DB2.BarColor.Color = RGB(255, 0, 0)
' 只绘制绿色数据条
.Select
.FormatConditions(1).Formula = "=IF(A1>90,True,False) "
DB.Formula = "=IF(A1>90,True,False) "
DB.MinPoint.Modify newtype:=xlConditionFormula, NewValue:= "60"
DB.MaxPoint.Modify newtype:=xlConditionValueFormula, NewValue:= "100"
DB2.MinPoint.Modify newtype:=xlConditionFormula, NewValue:= "60"
DB2.MaxPoint.Modify newtype:=xlConditionValueFormula, NewValue:= "100"
End With
```

```
End Sub
```

Formula 属性适用于所有条件格式，这意味着用户可以创建一些十分怪异的数据可视化组合。在图 14-9 中，同一区域中同时使用了 5 种不同的图标集。当然，没有人知道红旗是否比灰色下箭头更差。但由于对不同图标集进行组合略带创造性，因此十分有趣。

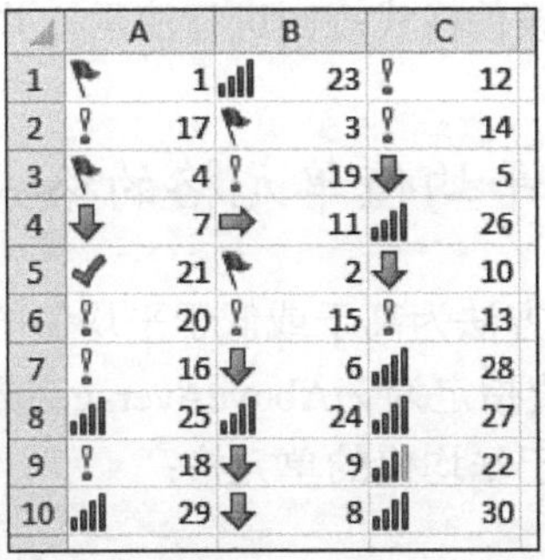

	A	B	C
1	1	23	12
2	17	3	14
3	4	19	5
4	7	11	26
5	21	2	10
6	20	15	13
7	16	6	28
8	25	24	27
9	18	9	22
10	29	8	30

图 14-9 使用 VBA 在同一区域中创建了由 5 种不同图标集组成的混合图标集。Formula 属性是创建此种混合图标集的关键

```
Sub AddCrazyIcons()
With Range("A1:C10")
.Select ' .Formula 下面的行需要在这里声明.Select
.FormatConditions.Delete
' 第一个图标集
.FormatConditions.AddIconSetCondition
.FormatConditions(1).IconSet = ActiveWorkbook.IconSets(xl3Flags)
.FormatConditions(1).Formula = "=IF(A1<5,TRUE,FALSE) "
' 下一个图标集
.FormatConditions.AddIconSetCondition
.FormatConditions(2).IconSet = ActiveWorkbook.IconSets(xl3ArrowsGray)
.FormatConditions(2).Formula = "=IF(A1<12,TRUE,FALSE) "
' 下一个图标集
.FormatConditions.AddIconSetCondition
.FormatConditions(3).IconSet = ActiveWorkbook.IconSets(xl3Symbols2)
.FormatConditions(3).Formula = "=IF(A1<22,TRUE,FALSE) "
'下一个图标集
.FormatConditions.AddIconSetCondition
.FormatConditions(4).IconSet = ActiveWorkbook.IconSets(xl4CRV)
.FormatConditions(4).Formula = "=IF(A1<27,TRUE,FALSE) "
'下一个图标集
.FormatConditions.AddIconSetCondition
.FormatConditions(5).IconSet = ActiveWorkbook.IconSets(xl5CRV)
End With
End Sub
```

14.7 使用其他条件格式方法

虽然图标集、数据条和色阶的功能十分引人注目，但条件格式还有许多其他用途。本章的其余示例将对前面的条件格式规则进行演示，并给出一些其他可用方法。

14.7.1 设置高于或低于平均值单元格的格式

可以使用 AddAboveAverage 方法为高于或低于平均值的单元格设置格式。添加完条件格式之后，将属性 AboveBelow 的值指定为 xlAboveAverage 或 xlBelowAverage。

下面的代码能够突出显示高于平均值的单元格：

```
Sub FormatAboveAverage()
With Selection
.FormatConditions.Delete
.FormatConditions.AddAboveAverage
.FormatConditions(1).AboveBelow = xlAboveAverage
.FormatConditions(1).Interior.Color = RGB(255, 0, 0)
End With
End Sub
Sub FormatBelowAverage()
With Selection
.FormatConditions.Delete
.FormatConditions.AddAboveAverage
.FormatConditions(1).AboveBelow = xlBelowAverage
.FormatConditions(1).Interior.Color = RGB(255, 0, 0)
End With
End Sub
```

14.7.2 设置值为前 5 名或后 10 名单元格的格式

在“项目选取规则”动态菜单中，有 4 个选项是通过 AddTop10 方法控制的。添加完条件格式之后，需要对 3 个属性进行设置以控制条件的计算方法。

- TopBottom：将其设置为 xlTop10Top 或 xlTop10Bottom。
- Value：将其设置为 5 时将选择前 5 名，设置为 6 时将选择前 6 名，等等。
- Percent：将其设置为 False 将选择前 10 名，设置为 True 将选择前 10%。

下面的代码能够突出显示顶部或底部的单元格：

```
Sub FormatTop10Items()
With Selection
```

```
.FormatConditions.Delete
.FormatConditions.AddTop10
.FormatConditions(1).TopBottom = xlTop10Top
.FormatConditions(1).Value = 10
.FormatConditions(1).Percent = False
.FormatConditions(1).Interior.Color = RGB(255, 0, 0)
End With
End Sub
Sub FormatBottom5Items()
With Selection
.FormatConditions.Delete
.FormatConditions.AddTop10
.FormatConditions(1).TopBottom = xlTop10Bottom
.FormatConditions(1).Value = 5
.FormatConditions(1).Percent = False
.FormatConditions(1).Interior.Color = RGB(255, 0, 0)
End With
End Sub
Sub FormatTop12Percent()
With Selection
.FormatConditions.Delete
.FormatConditions.AddTop10
.FormatConditions(1).TopBottom = xlTop10Top
.FormatConditions(1).Value = 12
.FormatConditions(1).Percent = True
.FormatConditions(1).Interior.Color = RGB(255, 0, 0)
End With
End Sub
```

14.7.3　设置非重复或重复单元格的格式

在“数据”选项卡中，“删除重复项”是一个极具破坏性的命令。您可能希望在不删除重复项的情况下对其进行标记。在这种情况下，可以使用 AddUniqueValues 方法将重复或非重复单元格做出标记。

调用该方法之后，将 DupeUnique 属性设置为 xlUnique 或 xlDuplicate。

笔者曾在 *Excel 2010 In Depth* 一书中声明过，笔者并不喜欢这两项设置。由图 14-10 的 A 列可知，如果选择突出显示重复值，所有包含重复值的单元格都将被标出。例如，在只有单元格 A8 中存在重复值的情况下，单元格 A2 和 A8 却同时被标记出来。

如果选择突出显示非重复值，将只对值只出现一次的单元格进行标记，如图 14-10 中的 B 列所示。这样，将存在几个没有被标记的单元格。例如，只对单元格 E2 中的 17 做了标记，而其余包含 17 的单元格没有标记。

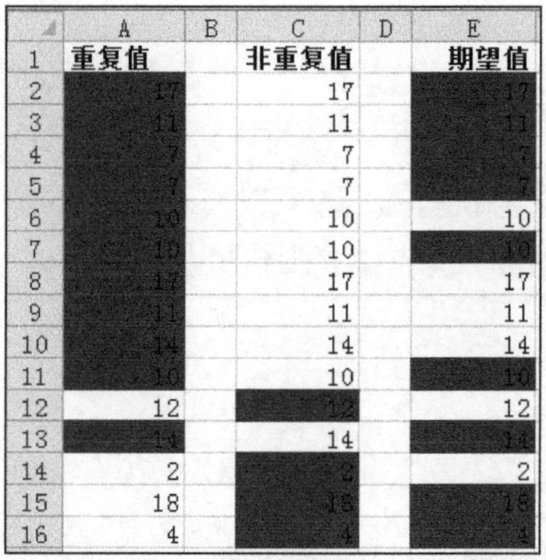

	A	B	C	D	E
1	重复值		非重复值		期望值
2	17		17		17
3	11		11		11
4	7		7		7
5	7		7		7
6	10		10		10
7	10		10		10
8	17		17		17
9	11		11		11
10	14		14		14
11	10		10		10
12	12		12		12
13	14		14		14
14	2		2		2
15	18		18		18
16	4		4		4

图 14-10　使用 AddUniqueValues 方法能够对单元格进行标记，如列 A 至列 C。但不幸的是，对于 E 列，无法标记出有用的格式

所有数据分析人员都知道，真正有用的是只对第一个非重复值进行标记。在这种期望状态下，Excel 将标记出所有非重复单元格。在本例中，单元格 E2 中的值 17 将被标记，但接下来所有包含 17 的单元格都不被标记，如单元格 E8。

用于标记重复值或非重复值的代码如下：

```
Sub FormatDuplicate()
With Selection
.FormatConditions.Delete
.FormatConditions.AddUniqueValues
.FormatConditions(1).DupeUnique = xlDuplicate
.FormatConditions(1).Interior.Color = RGB(255, 0, 0)
End With
End Sub
Sub FormatUnique()
With Selection
.FormatConditions.Delete
.FormatConditions.AddUniqueValues
.FormatConditions(1).DupeUnique = xlUnique
.FormatConditions(1).Interior.Color = RGB(255, 0, 0)
End With
End Sub
Sub HighlightFirstUnique()
With Range("E2:E16")
.Select
.FormatConditions.Delete
.FormatConditions.Add Type:=xlExpression, _
Formula1:= "=COUNTIF(E$2:E2,E2)=1"
.FormatConditions(1).Interior.Color = RGB(255, 0, 0)
```

```
End With
End Sub
```

14.7.4　根据单元格的值设置其格式

许多版本的 Excel 都支持基于值设置条件格式。可以使用 Add 方法添加这些条件格式，其参数如下。

- Type：对于本节中的示例，类型为 xlCellValue。
- Operator：其值可以为 xlBetween、xlEqual、xlGreater、xlGreaterEqual、xlLess、xlLessEqual、xlNotBetween 或 xlNotEqual。
- Formula1：该参数用于只需要一个数字值的运算符。
- Formula2：该参数用于运算符 xlBetween 和 xlNotBetween。

下面的代码示例根据单元格中的值突出显示单元格：

```
Sub FormatBetween10And20()
With Selection
.FormatConditions.Delete
.FormatConditions.Add Type:=xlCellValue, Operator:=xlBetween, _
Formula1:= "=10", Formula2:= "=20"
.FormatConditions(1).Interior.Color = RGB(255, 0, 0)
End With
End Sub
Sub FormatLessThan15()
With Selection
.FormatConditions.Delete
.FormatConditions.Add Type:=xlCellValue, Operator:=xlLess, _
Formula1:= "=15"
.FormatConditions(1).Interior.Color = RGB(255, 0, 0)
End With
End Sub
```

14.7.5　设置包含文本的单元格格式

要突出显示包含特定文本的单元格，需要使用 Add 方法、xlTextString 类型以及 xlBeginsWith、xlContains、xlDoesNotContain 或 xlEndsWith 之中的某个运算符。

下面的代码能够突出显示包含大写字母 A 的单元格：

```
Sub FormatContainsA()
With Selection
.FormatConditions.Delete
.FormatConditions.Add Type:=xlTextString, String:= "A", _
TextOperator:=xlContains
```

```
' 其他选择：xlBeginsWith、xlDoesNotContain、xlEndsWith
.FormatConditions(1).Interior.Color = RGB(255, 0, 0)
End With
End Sub
```

14.7.6 设置包含日期的单元格格式

可用的日期运算符列表是数据透视表筛选器中日期操作符的子集。调用 Add 方法时，将类型设置为 xlTimePeriod，并将 DateOperator 值设置为下列值之一：xlYesterday、xlToday、xlTomorrow、xlLastWeek、xlLast7Days、xlThisWeek、xlNextWeek、xlLastMonth、xlThisMonth 和 xlNextMonth。

下面的代码能够突出显示位于上一周的所有日期：

```
Sub FormatDatesLastWeek()
With Selection
.FormatConditions.Delete
' DateOperator 的可取值为 xlYesterday、xlToday、xlTomorrow、
' xlLastWeek、xlThisWeek、xlNextWeek、xlLast7Days
' xlLastMonth、xlThisMonth、xlNextMonth、
.FormatConditions.Add Type:=xlTimePeriod, DateOperator:=xlLastWeek
.FormatConditions(1).Interior.Color = RGB(255, 0, 0)
End With
End Sub
```

14.7.7 设置包含空格或错误的单元格格式

Excel 用户界面中内置了一些选项，用于设置空单元格、包含错误的单元格、非空单元格以及不包含错误的单元格的格式。如果用户使用宏录制器，则 Excel 将使用复杂的 xlExpression 类型的条件格式。例如，在查找空单元格时，Excel 将会核查条件=LEN(TRIM(A1))=0 是否成立。然而，在 VBA 中，用户可以使用以下 4 种意义明确的类型，在使用这些新类型时，无需为其指定其他参数：

```
.FormatConditions.Add Type:=xlBlanksCondition
.FormatConditions.Add Type:=xlErrorsCondition
.FormatConditions.Add Type:=xlNoBlanksCondition
.FormatConditions.Add Type:=xlNoErrorsCondition
```

14.7.8 使用公式确定要设置格式的单元格

xlExpression 类型仍然是功能最为强大的条件格式类型。使用该类型的条件格式时，需要

为活动单元格指定一个公式，其结果为 True 或 False。在创建该公式时，应确保使用相对引用或绝对引用，以确保在 Excel 中将公式复制到选定的其他区域中时能够正确执行。

使用公式能够指定无数种条件，以下是最常用的两种。

突出显示区域中所有非重复值和重复值中的第一个

在图 14-11 的 A 列中，您可能想突出显示所有非重复值和重复值中的第一个。突出显示的单元格中将包含该列中所有非重复值列表。

所编写的宏选择单元格 A1:A15，公式针对单元格 A1，并返回结果 True 或 False。由于 Excel 在逻辑上将该公式复制到所有区域中，因此需要仔细地组合使用相对引用和绝对应用。

该公式可使用 COUNTIF 函数。该函数用于检查从单元格 A$1 到 A1 的区域中，有多少单元格中的值与 A1 中的值相同，如果结果为 1，则条件为真，相应的单元格被突出显示。第一个公式为“=COUNTIF(A$1:A1,A1)=1”，当该公式被向下复制到单元格 A12 时，公式变为“=COUNTIF(A$1:A12,A12)=1”。

使用下面的宏能够创建如图 14-11 中 A 列所示的格式：

```
Sub HighlightFirstUnique()
With Range("A1:A15")
.Select
.FormatConditions.Delete
.FormatConditions.Add Type:=xlExpression, _
Formula1:= "=COUNTIF(A$1:A1,A1)=1"
.FormatConditions(1).Interior.Color = RGB(255, 0, 0)
End With
End Sub
```

D	E	F
地区	发票	销量
West	1001	112
East	1002	321
Central	1003	332
West	1004	596
East	1005	642
West	1006	700
West	1007	253
Central	1008	529
East	1009	122
West	1010	601
Central	1011	460
East	1012	878
West	1013	763
Central	1014	193

图 14-11　基于公式的条件可用于突出显示所有非重复值和重复值中的第一个，或突出显示最大销量所在行

14.7.9 突出显示最大销量所在的行

另一个关于基于公式的条件的例子是，在数据集中，突出显示对应于某列中某个值所在的整个行。对于图 14-11 中单元格 D2:F15 中的数据集，如果想突出显示最大销量所在的行，则可以选择单元格 D2:F15，并编写一个适用于单元格 D2 的公式“=$F2=MAX($F$2:$F$15)”。

可以使用下面的代码设置最大销量所在行的格式：

```
Sub HighlightWholeRow()
With Range("D2:F15")
.Select
.FormatConditions.Delete
.FormatConditions.Add Type:=xlExpression, _
Formula1:= "=$F2=MAX($F$2:$F$15) "
.FormatConditions(1).Interior.Color = RGB(255, 0, 0)
End With
End Sub
```

14.7.10 使用新增的 NumberFormat 属性

在 Excel 中，可以为符合条件格式的单元格设置特殊字体、字体颜色、边框或者填充样式，还可以指定数字格式，这对于选择性修改显示值时使用的数字格式十分有用。

例如，您可能想将值大于 999 的数字以千为单位进行显示，而将值大于 999 999 的数字以 10 万为单位进行显示，值大于 900 万的数字以百万为单位进行显示。

如果使用宏录制器录制设置自定义数字格式的条件格式的操作，Excel 2007 的宏实际录制的将是执行一个 XL4 宏的操作。不应使用宏录制器所录制的代码，而应使用 NumberFormat 属性，如下所示：

```
Sub NumberFormat()
With Range("E1:G26")
.FormatConditions.Delete
.FormatConditions.Add Type:=xlCellValue, Operator:=xlGreater, _
Formula1:= "=9999999"
.FormatConditions(1).NumberFormat = "$#,##0, ""M"""
.FormatConditions.Add Type:=xlCellValue, Operator:=xlGreater,
Formula1:= "=999999"
.FormatConditions(2).NumberFormat = "$#,##0.0, ""M"""
.FormatConditions.Add Type:=xlCellValue, Operator:=xlGreater,
Formula1:= "=999"
.FormatConditions(3).NumberFormat = "$#,##0,K"
End With
End Sub
```

图 14-12 所示为列 A:C 中的原始数字，E:G 列为宏的运行结果，而对话框显示了得到的条件格式规则。

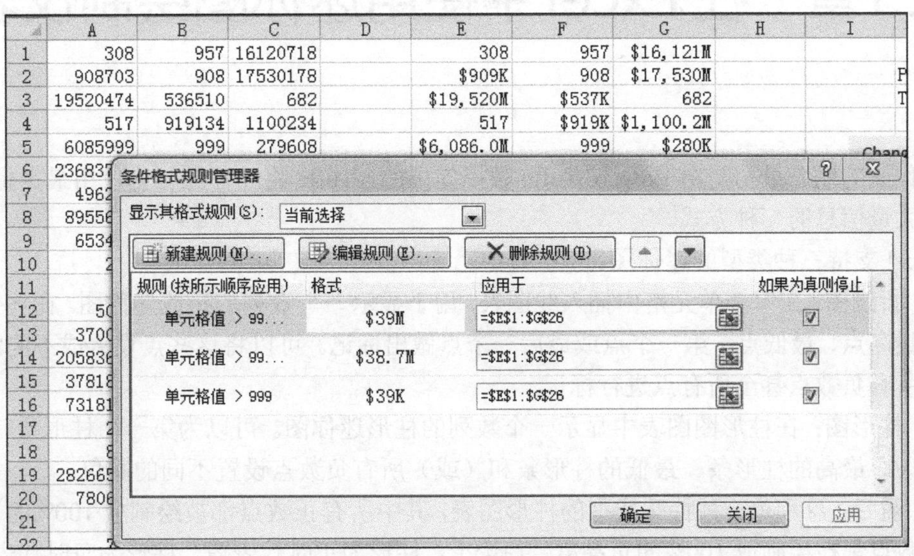

图 14-12　自 Excel 2007 开始，可以在条件格式中指定数字格式

第15章　在Excel中使用迷你图绘制仪表板

迷你图的概念最初是由Edward Tufte教授提出的，Tufte将迷你图称为使用最少量的笔墨显示最大量信息的一种方式。

Excel支持三种类型的迷你图。

■ **折线图**：在单个单元格中插入线图表，用于显示一个数列的折线迷你图。在迷你图中，可以为最高点、最低点、第一个点或最后一个点做出标记。可以将这些点设置成不同的颜色，可以对所有负数点甚至所有点进行标记。

■ **柱形图**：在柱形图图表中显示一个数列的柱形迷你图。可以为第一个柱形条、最后一个柱形条、最高的柱形条、最低的柱形条和（或）所有负数点设置不同的颜色。

■ **盈亏**：盈亏是一种特殊类型的柱形图表，其中所有正数点都被绘制成100%的正高度，所有负数点都被绘制成100%的负高度。理论上，柱形为正时代表盈，柱形为负时代表亏。使用这些图表时，您经常需要修改负柱形图的颜色。可以根据后台数据突出显示最高/最低点。

15.1　创建迷你图

微软公司认为用户经常需要创建一组迷你图。迷你图的主要VBA对象是SparklineGroup。要创建迷你图，可在要显示迷你图的区域中应用SparklineGroups.Add方法。

在Add方法中，需要指定迷你图的类型和源数据的存储位置。

假设需要针对包含三个单元格的区域B2:D2应用Add方法，其源必定是一个三列宽或三行高的区域。

对于折线图，其参数可以取xlSparkLine；对于柱形图，参数为xlSparkColumn；对于盈亏图，参数为xlSparkColumn100。

如果参数SourceData引用的是当前工作表中的区域，则可以简单地写成“D3:F100”。如果指向的是其他工作表，则应写成“Data!D3:F100”或“'MyData'!D3:F100”。如果已经定义了一个命名区域，则可以将该区域的名称用作数据源。

图15-1所示为NASDAQ近3年的收盘价图表。注意，迷你图的实际数据存储于3个连续的列D、E和F中。

D	E	F
2596.03	1589.89	2180.05
2601.01	1579.31	2211.69
2640.86	1552.37	2237.66
2691.99	1564.32	2252.67
2713.5	1532.35	2269.64
2724.41	1521.54	2285.69

图 15-1　将迷你图中的数据置于连续区域中

由于每列中都可能包含一个或两个多余点，因此用于查找最后一行的代码和通常的做法稍有不同。

```
FinalRow = WSD.[A1].CurrentRegion.Rows.Count
```

.CurrentRegion 属性从单元格 A1 开始向各个方向扩展，直到触及工作表或数据的边缘为止。

在本例中，CurrentRegion 属性将得出第 253 行是最后一行，虽然单元格 A253 和 D253 都为空（如图 15-2 所示）。

	A	B	C	D	E	F
244	12/18/2007	12/16/2008	12/17/2009	2596.03	1589.89	2180.05
245	12/19/2007	12/17/2008	12/18/2009	2601.01	1579.31	2211.69
246	12/20/2007	12/18/2008	12/21/2009	2640.86	1552.37	2237.66
247	12/21/2007	12/19/2008	12/22/2009	2691.99	1564.32	2252.67
248	12/24/2007	12/22/2008	12/23/2009	2713.5	1532.35	2269.64
249	12/26/2007	12/23/2008	12/24/2009	2724.41	1521.54	2285.69
250	12/27/2007	12/24/2008	12/28/2009	2676.79	1524.9	2291.08
251	12/28/2007	12/26/2008	12/29/2009	2674.46	1530.24	2288.4
252	12/31/2007	12/29/2008	12/30/2009	2652.28	1510.32	2291.28
253		12/30/2008	12/31/2009		1550.7	2269.15

图 15-2　迷你图的源应该扩展到第 253 行

在本例中，将在同一行的 3 个单元格中创建迷你图。由于每个单元格都显示 250 点，因此得到的迷你图相对较大。迷你图将适合单元格的大小，因此该代码使得单元格变得更高更宽：

```
With WSL.Range("B1:D1")
.Value = array(2007,2008,2009)
.HorizontalAlignment = xlCenter
.Style = "Title"
.ColumnWidth = 39
.Offset(1, 0).RowHeight = 100
End With
```

下面的代码能够创建 3 个默认的迷你图。它们并不完美，但接下来的小节将介绍如何为其设置格式。

```
Dim SG as SparklineGroup
Set SG = WSL.Range("B2:D2").SparklineGroups.Add( _
Type:=xlSparkLine, _
SourceData:= "Data!D2:F" & FinalRow
```

图 15-3 所示为创建的 3 个迷你图。在默认情况下创建的迷你图存在很多问题，比如迷你图的纵坐标轴，其数值范围总是自动选择的。由于无法知道其真实范围，因此永远无法获悉其数据变化区域。

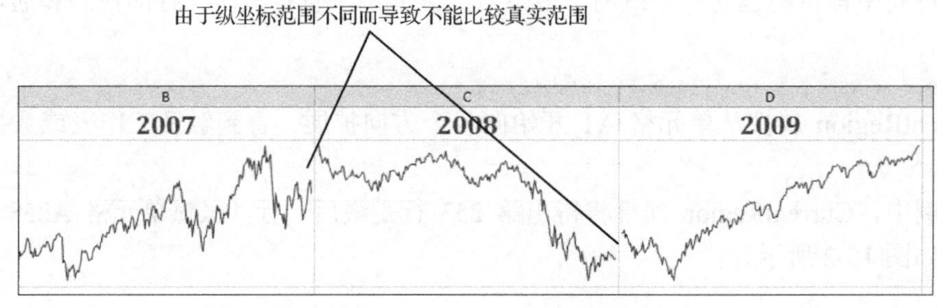

图 15-3　3 个默认的迷你图

图 15-4 显示了每一年的最小值和最大值。由该数据猜测，2007 年迷你图的数据范围可能从 2 300 到 2 900，2008 年的迷你图数据范围可能从 1 300 到 2 650，2009 年的迷你图数据范围可能从 1 250 到 2 300。

fx =MIN(D2:D253)

C	D	E	F	G
Date 09	Close 07	Close 08	Close 09	
Min	2,341	1,316	1,269	1,269
Max	2,859	2,610	2,291	2,859

图 15-4　每个迷你图都根据最大值和最小值设定数据范围

15.2　设置迷你图的范围

在默认情况下，不同迷你图纵坐标轴的最大值和最小值是不同的。

此外，还有其他两种可用的选择。

一种选择是将所有迷你图都归为一组，但继续允许 Excel 选择最大比例和最小范围，因此仍然无法精确知道所选择的最大值和最小值。在图 15-5 所示的迷你图中，最大值和最小值看起来大致为 1 200 到 2 900，但具体范围却完全无法确定。

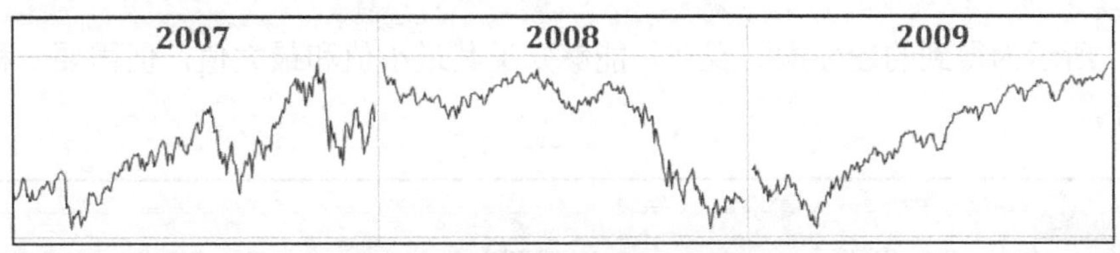

图 15-5　很难精确知道具体范围

为了强制迷你图自动使用相同的范围，可以使用以下代码：

```
' 允许自动设置纵轴范围，但 3 个迷你图的范围都是相同的
With SG.Axes.Vertical
.MinScaleType = xlSparkScaleGroup
.MaxScaleType = xlSparkScaleGroup
End With
```

注意，.Axes 属于迷你图组，而非单个的迷你图。事实上，几乎所有良好的属性都是应用在 SparklineGroup 级的。但也有一些有意思的分歧。例如，在创建迷你图时，如果希望其中一个迷你图自动设置范围，而其他迷你图范围固定，则应分别创建这些迷你图，至少不能将其分为一组。

在图 15-6 所示的迷你图中，其最大值和最小值范围都是作为一组进行设置的。三个折线几乎是相交的，这是很好的标志。可以猜测其范围大致为 1 250 到 1 300，但具体范围仍然无法确定。

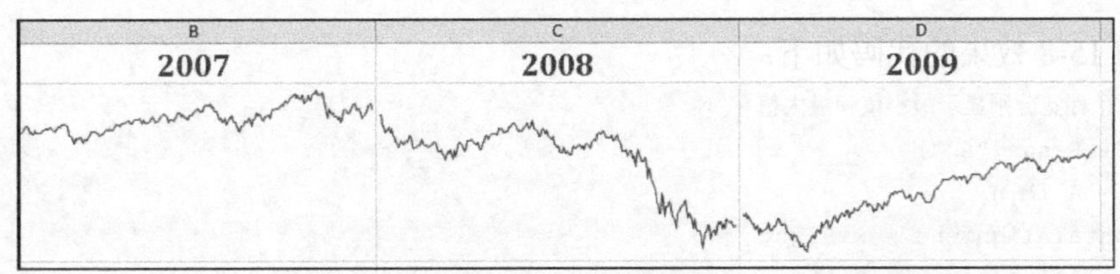

图 15-6　3 个迷你图的最大值和最小值范围相同，但却无法确定具体数值

另一种选择是进行绝对控制，为纵坐标轴的范围设定最大值和最小值。下面的代码强制将迷你图的最小值设置为 0，最大值设置为接下来的 100 个值中的最大值：

```
Set AF = Application.WorksheetFunction
AllMax = AF.Max(WSD.Range("D2:F" & FinalRow))
AllMax = Int(AllMax / 100) * 100 + 100
' 允许自动设置纵轴范围，但 3 个迷你图的纵轴范围都相同
With SG.Axes.Vertical
.MinScaleType = xlSparkScaleCustom
```

```
.MaxScaleType = xlSparkScaleCustom
.CustomMinScaleValue = 0
.CustomMaxScaleValue = AllMax
End With
```

图 15-7 所示为得到的迷你图。现在，能够知道其最小值和最大值，但需要一种方式将其传递给读者。

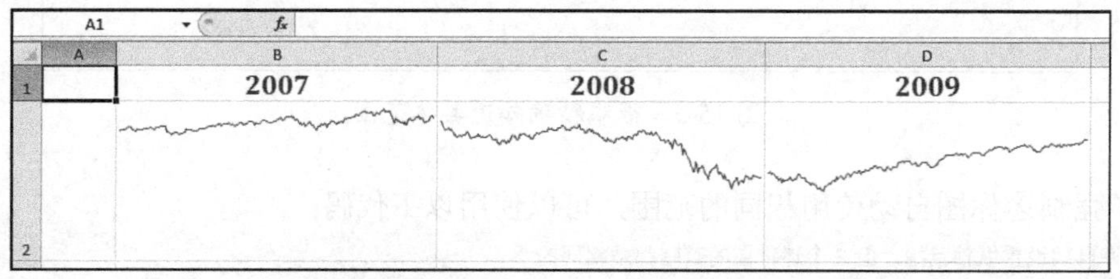

图 15-7　手动分配了最小值和最大值范围，但却没有在图表上显示

一种方法是将最小刻度置于左下角，将最大刻度置于右上角，如图 15-8 所示。

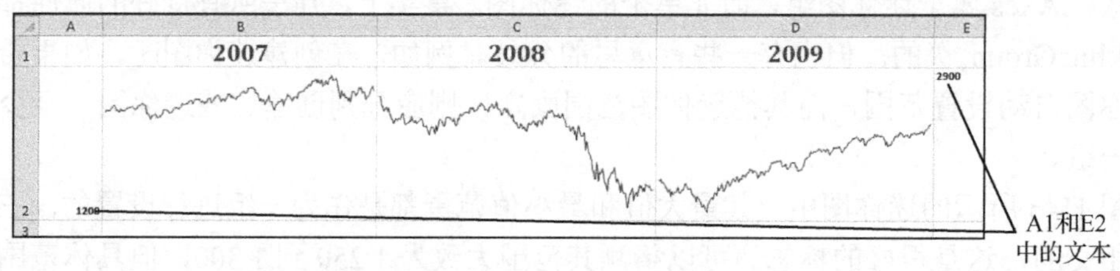

图 15-8　单元格 A2 和 E2 中的标签显示了上、下限

实现图 15-8 效果的代码如下：

```
' 添加两个标签分别显示最小值和最大值
With WSL.Range("A2")
.Value = AllMin
.HorizontalAlignment = xlRight
.VerticalAlignment = xlBottom
.Font.Size = 8
.Font.Bold = True
.WrapText = True
End With
With WSL.Range("E2")
.Value = AllMax
.HorizontalAlignment = xlLeft
.VerticalAlignment = xlTop
.Font.Size = 8
.Font.Bold = True
End With
```

或者，还可以将最小值和最大值放在单元格 A2 中。使用 8 点黑体 Calibri，一个高 113 点的行能够在单元格中输入 10 行隐藏文本。因此，可首先输入最大值，然后 vbLF 8 次，再输入最小值（在单元格中输入值时，vbLF 和按 Alt+Enter 组合键等效）。

在迷你图的最右侧，可以输入最后一点的值，并尽量调整其在单元格中的显示位置，使其与最后一点基本保持在同一高度。

图 15-9 所示为该方法的效果。

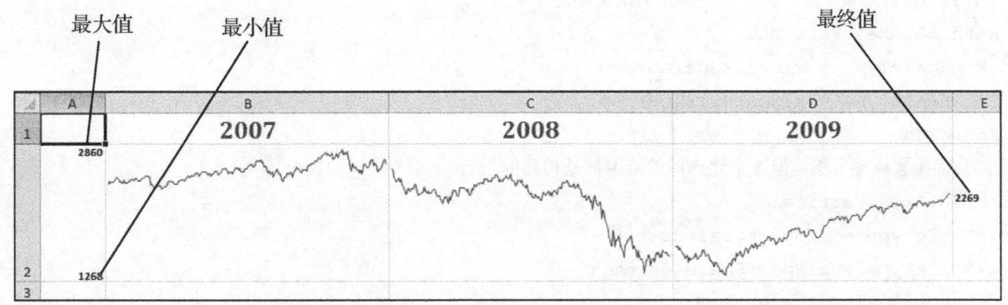

图 15-9　左侧的标签显示最小值和最大值，最右侧的标签显示了最后一点的值

处理图 15-9 所示的迷你图的代码如下：

```
Sub NASDAQMacro()
Dim SG As SparklineGroup
Dim SL As Sparkline
Dim WSD As Worksheet ' Data worksheet
Dim WSL As Worksheet ' Dashboard
On Error Resume Next
Application.DisplayAlerts = False
Worksheets("Dashboard").Delete
On Error GoTo 0
Set WSD = Worksheets("Data")
Set WSL = ActiveWorkbook.Worksheets.Add
WSL.Name = "Dashboard"
FinalRow = WSD.Cells(1, 1).CurrentRegion.Rows.Count
WSD.Cells(2, 4).Resize(FinalRow - 1, 3).Name = "MyData"
WSL.Select
' 设置标题
With WSL.Range("B1:D1")
.Value = Array(2007, 2008, 2009)
.HorizontalAlignment = xlCenter
.Style = "Title"
.ColumnWidth = 39
.Offset(1, 0).RowHeight = 100
End With
Set SG = WSL.Range("B2:D2").SparklineGroups.Add( _
```

```
Type:=xlSparkLine, _
SourceData:= "Data!D2:F250")
Set SL = SG.Item(1)
Set AF = Application.WorksheetFunction
AllMin = AF.Min(WSD.Range("D2:F" & FinalRow))
AllMax = AF.Max(WSD.Range("D2:F" & FinalRow))
AllMin = Int(AllMin)
AllMax = Int(AllMax + 0.9)
' 允许自动设置纵轴范围，但 3 个迷你图的范围都是相同的
' With SG.Axes.Vertical
' .MinScaleType = xlSparkScaleGroup
' .MaxScaleType = xlSparkScaleGroup
' End With
'允许自动设置纵轴范围，但 3 个迷你图的范围都是相同的
With SG.Axes.Vertical
.MinScaleType = xlSparkScaleCustom
.MaxScaleType = xlSparkScaleCustom
.CustomMinScaleValue = AllMin
.CustomMaxScaleValue = AllMax
End With
' 添加两个标签显示最大值和最小值
With WSL.Range("A2")
.Value = AllMax & vbLf & vbLf & vbLf & vbLf _
& vbLf & vbLf & vbLf & vbLf & AllMin
.HorizontalAlignment = xlRight
.VerticalAlignment = xlTop
.Font.Size = 8
.Font.Bold = True
.WrapText = True
End With
' 将最后一点的值置于最右侧
FinalVal = Round(WSD.Cells(Rows.Count, 6).End(xlUp).Value, 0)
Rg = AllMax - AllMin
RgTenth = Rg / 10
FromTop = AllMax - FinalVal
FromTop = Round(FromTop / RgTenth, 0) - 1
If FromTop < 0 Then FromTop = 0
Select Case FromTop
Case 0
RtLabel = FinalVal
Case 1
RtLabel = vbLf & FinalVal
Case 2
RtLabel = vbLf & vbLf & FinalVal
Case 3
```

```
RtLabel = vbLf & vbLf & vbLf & FinalVal
Case 4
RtLabel = vbLf & vbLf & _
vbLf & vbLf & FinalVal
Case 5
RtLabel = vbLf & vbLf & _
vbLf & vbLf & vbLf & FinalVal
Case 6
RtLabel = vbLf & vbLf & _
vbLf & vbLf & vbLf & vbLf & FinalVal
Case 7
RtLabel = vbLf & vbLf & vbLf & vbLf _
& vbLf & vbLf & vbLf & FinalVal
Case 8
RtLabel = vbLf & vbLf & vbLf & vbLf _
& vbLf & vbLf & vbLf & vbLf & FinalVal
Case 9
RtLabel = vbLf & vbLf & vbLf & _
vbLf & vbLf & vbLf & vbLf & _
vbLf & vbLf & FinalVal
End Select
With WSL.Range("E2")
.Value = RtLabel
.HorizontalAlignment = xlLeft
.VerticalAlignment = xlTop
.Font.Size = 8
.Font.Bold = True
End With
End Sub
```

15.3　设置迷你图格式

迷你图的多数可用格式都与设置不同迷你图元素的颜色有关。

在 Excel 中有几种设置颜色的方法。在深入学习迷你图属性之前，读者可首先了解一下在 Excel VBA 中设置颜色的两种方法。

15.3.1　应用主题颜色

在 Excel 中，主题由正文字体、标题字体、一系列效果以及一系列颜色组成。

前 4 种颜色用于文字和背景，接下来的 6 种颜色为强调颜色。内置的 20 个主题包括能够协调工作的颜色。此外，还有两种用于超链接和已访问过的超链接的颜色。现在，先来看一下强调颜色。

在菜单“页面布局”中单击“主题”选项卡，并从中选择一个主题。在“主题”下拉列表的旁边有一个“颜色”下拉列表，打开该下拉列表并选择列表底部的“新建主题颜色”命令。Excel 中将弹出图 15-10 所示的“新建主题颜色”对话框，对话框中给出与主题相关的 12 种不同颜色的图片。

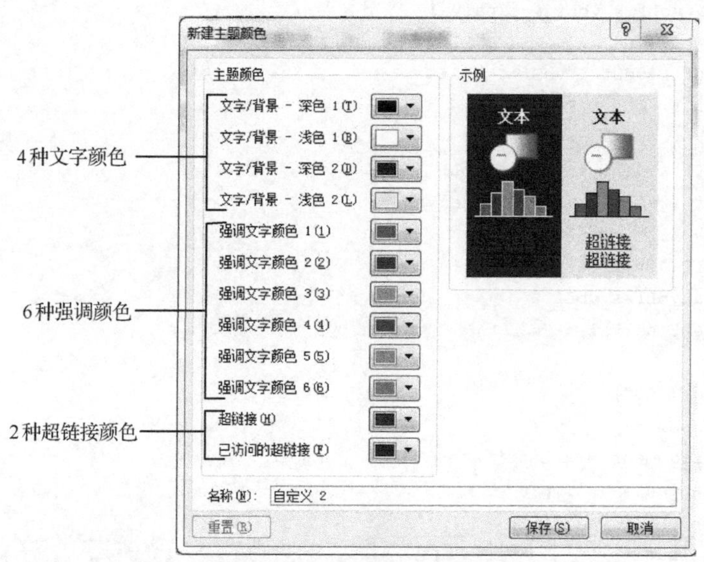

图 15-10　当前主题包含 12 种颜色

贯穿整个 Excel，有许多可供选择的颜色下拉列表（如图 15-11 所示）。其中，有一个名为“主题颜色”的下拉列表。该下拉列表的第一行中显示了 4 种文字颜色和 6 种强调颜色。

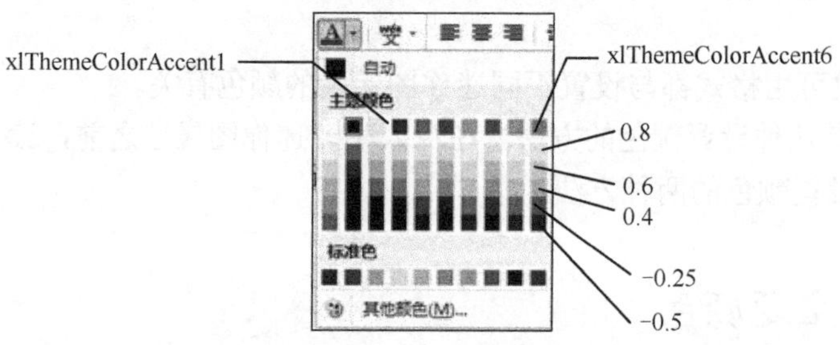

图 15-11　第一行中显示了除超链接颜色之外的所有主题颜色

如果想选择第一行的最后一种颜色，可使用以下代码：

```
ActiveCell.Font.ThemeColor = xlThemeColorAccent6
```

图 15-11 所示的下拉菜单中第一行的 10 种颜色分别为：

```
xlThemeColorDark1
xlThemeColorLight1
xlThemeColorDark2
xlThemeColorLight2
xlThemeColorAccent1
xlThemeColorAccent2
xlThemeColorAccent3
xlThemeColorAccent4
xlThemeColorAccent5
xlThemeColorAccent6
```

在您的计算机上，打开“填充”下拉列表并观察其颜色。如果使用的是 Office 主题，则最后一列显示为各种各样的橙色阴影，第一行显示为主题中的橙色。

接下来的 5 行从浅橙色渐变为深橙色。

在 Excel 中，可以改变主题颜色的深浅。其取值范围为-1～1，值为-1 时颜色最深，值为 1 时颜色最浅。如果您注意到第 2 行中很浅的橙色，它的阴影值为 0.8，接近于最浅的橙色。下一行也是浅色，其阴影值为 0.6。再下面一行还是浅色，其阴影值为 0.4。以上给出了比主题颜色浅的三个选择。

再下面两行的颜色比主题颜色深。由于只有两个深颜色的行，其值分别为-0.25 和-0.5。

如果打开宏录制器并选择其中的一种颜色，则得到的代码将令人十分困惑。

```
.Pattern = xlSolid
.PatternColorIndex = xlAutomatic
.ThemeColor = xlThemeColorAccent6
.TintAndShade = 0.799981688894314
.PatternTintAndShade = 0
```

如果使用的是纯色填充，则可以忽略第 1、2、5 行代码。.TintAndShade 看起来令人困惑是因为计算机不能很好地处理十进制数。计算机以二进制存储数值。在二进制中，一个简单的数字如 0.1 就是一个循环小数。当宏录制器试图将 0.8 从二进制转换为十进制时，它“丢掉”一个比特位，并给出一个非常接近的数值：0.799 816 889 431 4，而实际上其颜色应该比基值对应的颜色浅 1.8 倍。

如果是手工编写代码，则使用主题颜色时只需设置两个值。将.ThemeColor 属性设置为从 xlThemeColorAccent1 到 xlThemeColorAccent6 六个值中的一种。如果想使用下拉列表第一行中的主题颜色，则应将.TintAndShade 设置为 0，并且可以省略。如果想将颜色设置得更浅，则将.TintAndShade 设置为正小数。如果想将颜色设置得更深，则将其设置为负小数。

> **提示：**完整的颜色变体集合不只是颜色调色板下拉列表中的 5 种。在 VBA 中，可以将其设置为-1～1 的任意小数值。图 15-12 所示为使用 VBA 中.TintAndShade 属性创建的一种主题颜色的 200 种不同变体。

Darker (Negative Tint & Shade)									
0	-1	-2	-3	-4	-5	-6	-7	-8	-9
-10	-11	-12	-13	-14	-15	-16	-17	-18	-19
-20	-21	-22	-23	-24	-25	-26	-27	-28	-29
-30	-31	-32	-33	-34	-35	-36	-37	-38	-39
-40	-41	-42	-43	-44	-45	-46	-47	-48	-49
-50	-51	-52	-53	-54	-55	-56	-57	-58	-59
-60	-61	-62	-63	-64	-65	-66	-67	-68	-69
-70	-71	-72	-73	-74	-75	-76	-77	-78	-79
-80	-81	-82	-83	-84	-85	-86	-87	-88	-89
-90	-91	-92	-93	-94	-95	-96	-97	-98	-99

Lighter (Positive Tint & Shade)									
0	1	2	3	4	5	6	7	8	9
10	11	12	13	14	15	16	17	18	19
20	21	22	23	24	25	26	27	28	29
30	31	32	33	34	35	36	37	38	39
40	41	42	43	44	45	46	47	48	49
50	51	52	53	54	55	56	57	58	59
60	61	62	63	64	65	66	67	68	69
70	71	72	73	74	75	76	77	78	79
80	81	82	83	84	85	86	87	88	89
90	91	92	93	94	95	96	97	98	99

图 15-12　200 种橙色阴影

总之，如果想使用主题颜色，通常需要修改两个属性：一个是主题颜色，以便选择 6 种强调颜色中的一种，另一个是浅色和阴影，用于淡化或加深基值颜色。

```
.ThemeColor = xlThemeColorAccent6
.TintAndShade = 0.4
```

> **注意：**使用主题颜色的一个优点是，所创建的迷你图能够根据主题变换颜色。如果日后决定将 Office 主题更改为市镇主题，则颜色将自动发生改变以适应新主题。

15.3.2　应用 RGB 颜色

计算机提供了一个包含 1 600 万种颜色的调色板。这些颜色源于在单元格中对红光、绿光和蓝光的调配。

还记得在中学美术课上学习的内容吗？您可能了解红、黄、蓝是三原色。将一些黄色和蓝色的颜料混合能够得到绿色，将一些红色和蓝色颜料混合能够得到紫色，将一些红色和黄色颜料混合能够得到橙色。不久之后，我和我周围的男同学又发现将所有颜色混合起来能够得到黑色。这些规则对于画板中的颜料都是正确的，但却不适用于光。

计算机屏幕上的像素是由光呈现出来的。在光谱中，三原色为红、绿、蓝。通过将不同量的红、绿、蓝光相混合，能够得到一个包含 1 600 万种颜色的 RGB 调色板。每种颜色的强度取值为 0（无光）到 255（全光）。

您经常会发现使用 RGB 函数描述的颜色。在此函数中，第一个参数值是红光的量，接下来是绿光，然后是蓝光。

- 要呈现红色，应使用=RGB(255,0,0)。
- 要呈现绿色，应使用=RGB(0,255,0)。
- 要呈现蓝色，应使用=RGB(0,0,255)。
- 如果将 100%强度的三种光混合起来将得到什么颜色呢？答案为白色。
- 要呈现白色，应使用=RGB(255,255,255)。
- 如果没有任何光呢？您将得到黑色=RGB(0,0,0)。
- 要呈现紫色，则需要一些红光、一点绿光、一些蓝光：RGB(139,65,123)。
- 要呈现黄色，应使用全红光、全绿光而无蓝光：=RGB(255,255,0)。
- 要呈现橙色，则使用的绿光比黄色少些：=RGB(255,153,0)。

在 VBA 中，可以使用这里给出的 RGB 函数。宏录制器并不十分喜欢使用 RGB 函数，代之以显示 RGB 函数的结果。

可以使用三个 RGB 值使用下面的公式为 16 777 216 种颜色中的每一种设置一个值：

- 将红光值乘以 1。
- 添加绿光乘以 256。
- 添加蓝光乘以 65 536。

注意：65 536 为 256 的二次幂。

如果为迷你图选择了红色，则经常会看到宏录制器设置.Color = 255，这是因为=RGB(255,0,0)是 255。

如果宏录制器设置的值为 5 287 936，则很难计算出该颜色，以下是笔者采取的步骤：

在 Excel 中，输入=Dec2Hex(5 287 936)，将得到结果 50B000，这是被设计者称为#50B000 的颜色。

读者可以在自己最喜欢的搜索引擎中搜索“颜色选择”，结果将得到许多实用程序，在其中可以输入十六进制的颜色代码并查看其颜色。

图 15-13 所示的工具显示#50B000 为 RGB(80,176,0)，这是一种略显深绿色的颜色。

在网页中，可以单击其他颜色的阴影并查看其 RGB 值。

总之，要想跳过主题颜色使用 RGB 颜色，必须将.Color 属性设置为 RGB 函数的结果。

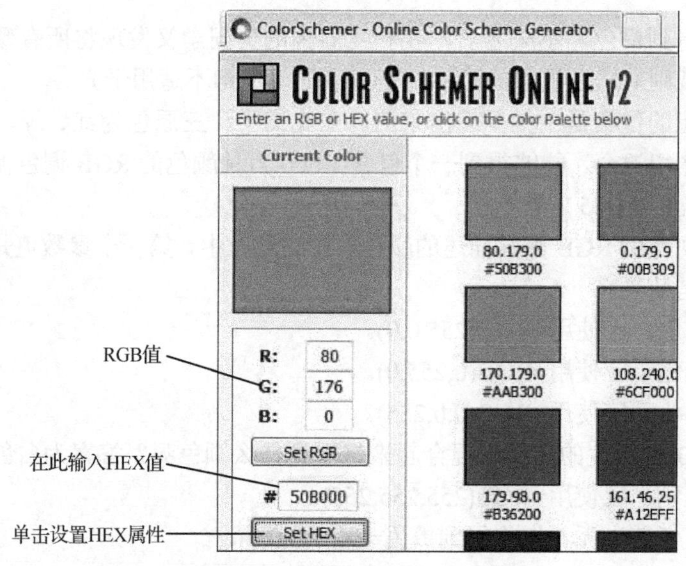

图 15-13　将十六进制转化为 RGB

15.3.3　设置迷你图元素的格式

图 15-14 所示为一个平面迷你图。由 12 个点创建的数据显示了绩效与预算的关系。从该迷你图中，我们无法知道其数据范围。

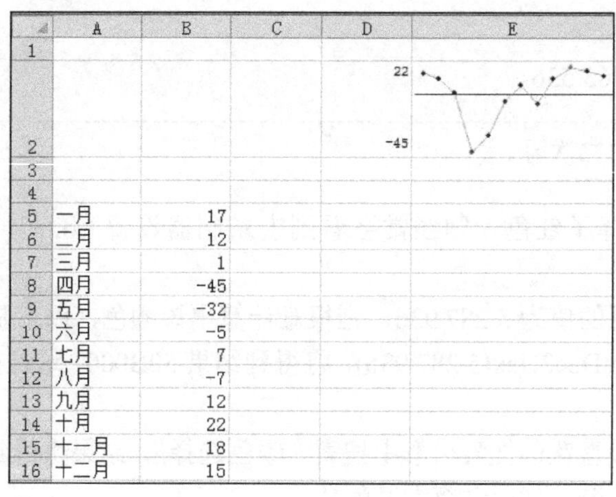

	A	B	C	D	E
1					
2					22 -45
3					
4					
5	一月	17			
6	二月	12			
7	三月	1			
8	四月	-45			
9	五月	-32			
10	六月	-5			
11	七月	7			
12	八月	-7			
13	九月	12			
14	十月	22			
15	十一月	18			
16	十二月	15			

图 15-14　默认迷你图

如果迷你图中同时包含正数和负数，则将显示横坐标轴。这能够帮助读者了解哪些点高于预算，哪些点低于预算。

要在迷你图中显示坐标轴，可使用以下代码：

```
SG.Axes.Horizontal.Axis.Visible = True
```

图 15-15 中显示了水平坐标轴，这能够更好地显示出哪些月份高于预算，哪些月份低于预算。

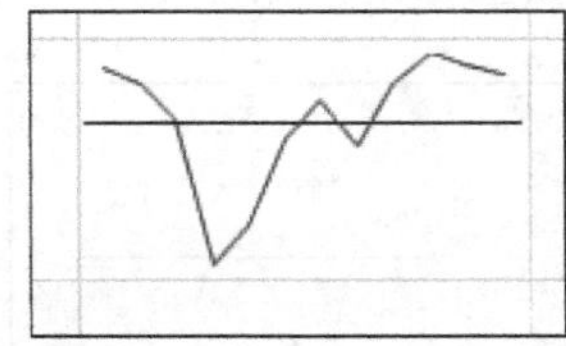

图 15-15　在迷你图中添加横坐标轴以显示高于或低于预算的月份

使用“设置迷你图的范围”一节中的代码，可以在迷你图所在单元格的左侧添加高、低标签：

```
Set AF = Application.WorksheetFunction
MyMax = AF.Max(Range("B5:B16"))
MyMin = AF.Min(Range("B5:B16"))
LabelStr = MyMax & vbLf & vbLf & vbLf & vbLf & MyMin
With SG.Axes.Vertical
.MinScaleType = xlSparkScaleCustom
.MaxScaleType = xlSparkScaleCustom
.CustomMinScaleValue = MyMin
.CustomMaxScaleValue = MyMax
End With
With Range("D2")
.WrapText = True
.Font.Size = 8
.HorizontalAlignment = xlRight
.VerticalAlignment = xlTop
.Value = LabelStr
.RowHeight = 56.25
End With
```

该宏的运行结果如图 15-16 所示。

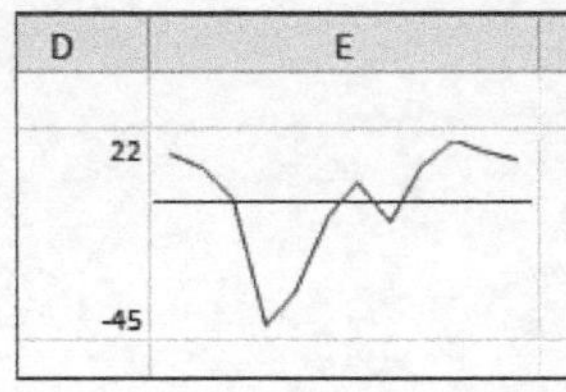

图 15-16　使用一个非迷你图功能为纵坐标轴添加标签

要修改迷你图的颜色，可使用以下代码：

```
SG.SeriesColor.Color = RGB(255, 191, 0)
```

“迷你图工具设计”选项卡的“显示”组中提供了 6 个选项，可以使用“标记颜色”下拉列表进一步修改这些元素的颜色。

可以为数据集中的每一点开启颜色标记，如图 15-17 所示。

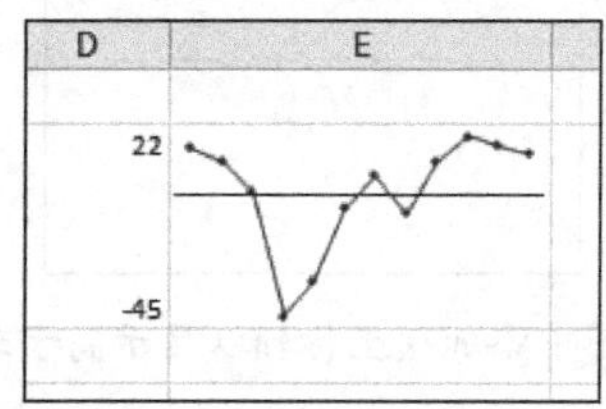

图 15-17　显示所有标记

为每一点显示黑色标记的代码如下：

```
With SG.Points
.Markers.Color.Color = RGB(0, 0, 0) ' 设置为黑色
.Markers.Visible = True
End With
```

为每一点显示黑色标记的代码为：

```
With SG.Points
.Markers.Color = RGB(0, 0, 0) ' 设置为黑色
.Markers.Visible = True
End With
```

此外，还可以使用标记只显示最大点、最小点、第一个点和最后一个点。下面的代码将最小点显示为红色，最大点显示为绿色，第一个和最后一个点显示为黑色：

```
With SG.Points
.Lowpoint.Color.Color = RGB(255, 0, 0) ' 设置为红色
.Highpoint.Color.Color = RGB(51, 204, 77) ' 设置为绿色
.Firstpoint.Color.Color = RGB(0, 0, 255) ' 设置为蓝色
.Lastpoint.Color.Color = RGB(0, 0, 255) ' 设置为蓝色
.Negative.Color.Color = RGB(127, 0, 0) ' 设置为粉色
.Markers.Color.Color = RGB(0, 0, 0) ' 设置为黑色
' 选择要显示的点
.Highpoint.Visible = True
.Lowpoint.Visible = True
.Firstpoint.Visible = True
.Lowpoint.Visible = True
.Negative.Visible = False
.Markers.Visible = False
End With
```

图 15-18 所示的迷你图中只显示最大点、最小点、第一个点和最后一个点。

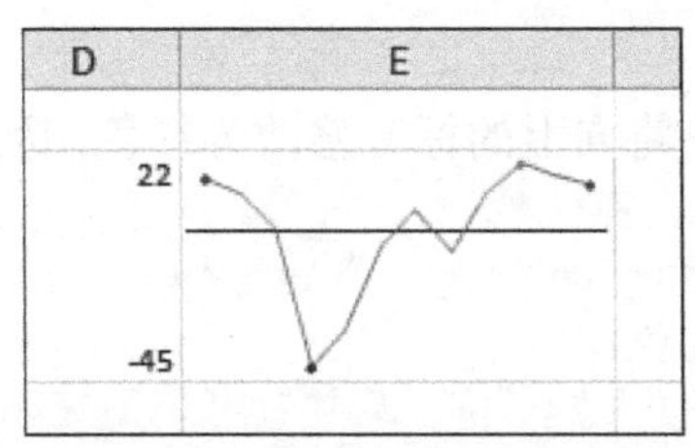

图 15-18　只对关键点进行标记

还有一个选项是“负点”标记，这在设置赢/亏图表的格式时十分常用。

15.3.4 设置盈/亏图表的格式

盈/亏图表是一种用于追踪二元事件的特殊迷你图。值为正时，盈/亏迷你图显示一个向上的标记；值为负时，盈/亏迷你图显示一个向下的标记；值为零时，不显示标记。

可以使用这些图表对给出的盈亏情况进行追踪。图 15-19 所示的盈/亏图表显示了 1951 年棒球职业锦标赛布鲁克林道奇队与纽约巨人队之间的最后 25 场常规赛。该图表显示了巨人队如何以 7 连胜结束了常规赛季。在常规赛期间，道奇队与巨人队之间的比分为 3:4，最终和巨人队打成平手，被迫进入最后三个球的淘汰赛。在淘汰赛中，巨人队赢了第一个球，输了第二个球，最后赢得第三个球成功晋级世界棒球锦标赛。接下来，巨人队开场以 2:1 领先洋基队，但最后连输三个球。

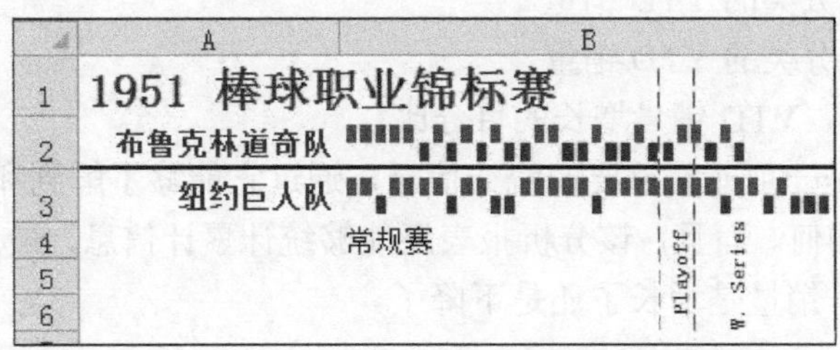

图 15-19　使用赢/亏图表记录了历史上著名的一次棒球职业锦标赛

注意：图中的文字 Regular Season、Playoff、W.Series 以及两条虚线都不是迷你图的组成部分。这些线条是使用“插入>形状”命令手动添加的对象。

要创建该图表，需要使用 SparklineGroups.Add 方法，其类型为 xlSparkColumnStacked100：

```
Set SG = Range("B2:B3").SparklineGroups.Add( _
Type:=xlSparkColumnStacked100, _
SourceData:= "C2:AD3")
```

通常，使用不同的颜色显示盈亏情况。一个非常醒目的颜色方案是使用红色表示赢，绿色表示亏。

由于没有特殊的方法能够只将向上的标签修改为绿色，因此应将所有标签都设置为绿色：

```
' 将所有点都设置成绿色
SG.SeriesColor.Color = 5287936
```

然后，再将负标签修改为红色：

```
'将负标签修改为红色
With SG.Points.Negative
.Visible = True
.Color.Color = 255
End With
```

创建盈/亏图表相对来说比较简单，无需考虑线条颜色的设置，而且纵坐标轴是固定不变的。

15.4 创建仪表板

迷你图的优点是能够在微小的空间内传达丰富的信息。在本节，读者将看到如何将 130 多个图表置于一个页面中。

图 15-20 所示为一个对 180 万行数据进行总结的数据集。笔者使用 Excel 中全新的 PowerPivot 加载项导入这些记录，并以三种方式进行了计算：

- 按月份、商店分类的 YTD 销量。
- 按上一年月份分类的 YTD 销量。
- 相对于上一年，YTD 销量增长的百分比。

对于零售商，这是一项非常重要的统计信息，通过它能够了解到和前一年的同一时期相比，今年的销售业绩如何。而且，该分析报表还能够统计累计信息，最后 12 月的统计数字能够表明和前一年相比，销量是增长了还是下降了。

	A	B	C	D	E	F	G	H	I	J	K	L	M
1	YTD Sales - % Change from Previous Year												
2													
3	商店	一月	二月	三月	四月	五月	六月	七月	八月	九月	十月	十一月	十二月
4	Sherman C	1.9%	-1.3%	-0.8%	-0.2%	-0.1%	-0.1%	0.2%	-0.1%	0.0%	0.7%	0.4%	1.1%
5	Brea Mall	6.3%	-0.5%	-0.2%	0.1%	0.1%	-0.8%	-0.1%	-0.7%	-0.5%	-0.3%	-0.5%	0.1%
6	Park Plac	4.4%	-0.8%	-0.4%	-0.5%	-0.4%	-0.4%	-0.3%	-0.8%	-0.9%	-0.6%	-1.1%	-1.5%
7	Galleria	-0.3%	-3.5%	-3.2%	-1.8%	-1.0%	-0.8%	-0.5%	-0.4%	-0.5%	-0.2%	-0.8%	-1.4%
8	Mission V	7.3%	-0.1%	-1.2%	-0.8%	-0.2%	-0.3%	0.0%	0.0%	-0.2%	-0.3%	0.1%	0.1%
9	Corona De	5.2%	-0.2%	-1.0%	-0.1%	0.4%	0.6%	0.4%	0.1%	0.5%	0.8%	0.4%	0.4%
10	San Franc	0.6%	-1.8%	-2.0%	-0.9%	-0.6%	-0.9%	-0.5%	-1.1%	-0.7%	-0.6%	-0.4%	-0.5%
11	Kierland	5.9%	0.1%	0.1%	-0.9%	0.0%	0.0%	0.0%	-0.6%	-0.7%	0.0%	-0.8%	-0.1%
12	Scottsdal	4.1%	0.8%	1.3%	1.1%	0.6%	0.4%	0.1%	-0.5%	-0.3%	-0.2%	-0.4%	-1.2%
13	Valley Fa	2.9%	0.4%	-0.7%	-0.7%	-0.9%	-0.7%	-0.3%	-0.7%	-0.9%	-0.6%	-0.7%	-0.5%
14	Bellevue	6.9%	0.8%	-0.6%	-0.2%	-0.3%	-0.4%	0.3%	-0.3%	-0.3%	-0.3%	-0.7%	-0.3%
15	Perimeter	4.1%	0.3%	-0.6%	-0.9%	-1.1%	-1.0%	-0.2%	-0.4%	-0.1%	0.1%	0.4%	0.3%
16	Paseo Nue	6.3%	0.8%	1.3%	1.2%	1.0%	0.7%	0.8%	0.5%	0.6%	0.6%	0.9%	0.6%

图 15-20 180 万条记录的总结包含了海量的数值

15.4.1　观察迷你图得到的结果

使用过一段时间迷你图之后，能够得到以下一些观察结果。

■　迷你图是透明的，可以看到其下面的单元格。这表明下面单元格的填充颜色和文本都能显示出来。

■　如果将字体设置得足够小，并且沿着单元格的边缘排成一排，则文本看起来就像标题或图例。

■　如果启用隐藏文本功能，并将单元格设置成 5 或 10 行文本那么高，则可以使用 VBA 中的 vbLf 字符控制文本在单元格中的位置。

■　当单元格比普通单元格大时，迷你图的显示效果更佳。本章中的所有实例都将列设置得更宽或将行设置得更高，或者二者同时设置。

■　将同时创建的迷你图归为一组，修改一个迷你图的同时修改该组中所有迷你图。

■　可以在一个单独的工作表中创建迷你图。

■　当单元格周围有一些白色区域时迷你图的效果看起来会更好。手动实现这一点相当困难，因为必须同时创建好每一个迷你图，但使用 VBA 实现这一点非常容易。

15.4.2　在仪表板中创建 130 多个独立的迷你图

在创建该仪表板时，需要同时考虑上述问题。我们的目的是分别为每个商店创建一个迷你图，这需要在每个迷你图之间显示一个空行和一个空列。

为绘制仪表板插入一个新工作表之后，可以使用以下代码设置单元格的格式：

```
' 将仪表板设置成交错单元格格式，一个迷你图之后是一个空行
For c = 1 To 11 Step 2
WSL.Cells(1, c).ColumnWidth = 15
WSL.Cells(1, c + 1).ColumnWidth = 0.6
Next c
For r = 1 To 45 Step 2
WSL.Cells(r, 1).RowHeight = 38
WSL.Cells(r + 1, 1).RowHeight = 3
Next r
```

使用两个变量追踪包含下一个迷你图的单元格：

```
NextRow = 1
NextCol = 1
```

计算出 Data 工作表中总共有多少行数据。从第 4 行开始遍历至最后一行，对于每一行，都要创建一个迷你图。

使用下面的代码创建一个文本字符串重新指向数据工作表中正确的行，在定义迷你图时使用该数据源：

```
ThisSource = "Data!B" & i & ":M" & i
Set SG = WSL.Cells(NextRow, NextCol).SparklineGroups.Add( _
Type:=xlSparkColumn, _
SourceData:=ThisSource)
```

我们希望在坐标原点位置显示一个横坐标轴。所有商店的取值范围为-5%～10%，并将最大范围值设为 0.15，从而为单元格标题留出额外空间：

```
SG.Axes.Horizontal.Axis.Visible = True
With SG.Axes.Vertical
.MinScaleType = xlSparkScaleCustom
.MaxScaleType = xlSparkScaleCustom
.CustomMinScaleValue = -0.05
.CustomMaxScaleValue = 0.15
End With
```

和前面的盈/亏图表实例一样，希望将值为正的柱形设置为绿色，值为负的柱形设置为红色：

```
' 将所有柱形都设置为绿色
SG.SeriesColor.Color = RGB(0, 176, 80)
' 将值为负的柱形设置为红色
SG.Points.Negative.Visible = True
SG.Points.Negative.Color.Color = RGB(255, 0, 0)
```

注意，迷你图的背景是透明的，因此，可以在单元格中输入一个非常小的文本，使其看起来就像图表的标签。

下面的代码能够将商店名称和最终的销量年变化率连接起来作为图表的标题。程序将把该标题写入单元格，并将其缩小、居中、垂直对齐。

```
ThisStore = WSD.Cells(i, 1).Value & " " & _
Format(WSD.Cells(i, 13), "+0.0%;-0.0%;0%")
' 添加一个标签
With WSL.Cells(NextRow, NextCol)
.Value = ThisStore
.HorizontalAlignment = xlCenter
.VerticalAlignment = xlTop
.Font.Size = 8
.WrapText = True
End With
```

最后一步是根据最终的百分比修改单元格的背景颜色。如果柱形是向上的，则其背景颜色为浅绿色；如果柱形向下，则其背景颜色为浅红色：

```
FinalVal = WSD.Cells(i, 13)
' 值为负时将单元格设置为浅红色，值为正时，将其设置为浅绿色
With WSL.Cells(NextRow, NextCol).Interior
If FinalVal <= 0 Then
.Color = 255
.TintAndShade = 0.9
```

```
Else
.Color = 14743493
.TintAndShade = 0.7
End If
End With
```

创建完一个迷你图之后，行和（或）列位置将自动增加，为创建下一个图表做准备：

```
NextCol = NextCol + 2
If NextCol > 11 Then
NextCol = 1
NextRow = NextRow + 2
End If
```

接下来，循环继续遍历下一个商店。

完整的代码如下：

```
Sub StoreDashboard()
Dim SG As SparklineGroup
Dim SL As Sparkline
Dim WSD As Worksheet ' Data worksheet
Dim WSL As Worksheet ' Dashboard
On Error Resume Next
Application.DisplayAlerts = False
Worksheets("Dashboard").Delete
On Error GoTo 0
Set WSD = Worksheets("Data")
Set WSL = ActiveWorkbook.Worksheets.Add
WSL.Name = "Dashboard"
' 将仪表板设置成单元格交错格式， 迷你图之后为一个空行
For c = 1 To 11 Step 2
WSL.Cells(1, c).ColumnWidth = 15
WSL.Cells(1, c + 1).ColumnWidth = 0.6
Next c
For r = 1 To 45 Step 2
WSL.Cells(r, 1).RowHeight = 38
WSL.Cells(r + 1, 1).RowHeight = 3
Next r
NextRow = 1
NextCol = 1
FinalRow = WSD.Cells(Rows.Count, 1).End(xlUp).Row
For i = 4 To FinalRow
ThisStore = WSD.Cells(i, 1).Value & " " & _
Format(WSD.Cells(i, 13), "+0.0%;-0.0%;0%")
ThisSource = "Data!B" & i & ":M" & i
FinalVal = WSD.Cells(i, 13)
Set SG = WSL.Cells(NextRow, NextCol).SparklineGroups.Add( _
```

```
Type:=xlSparkColumn, _
SourceData:=ThisSource)
SG.Axes.Horizontal.Axis.Visible = True
With SG.Axes.Vertical
.MinScaleType = xlSparkScaleCustom
.MaxScaleType = xlSparkScaleCustom
.CustomMinScaleValue = -0.05
.CustomMaxScaleValue = 0.15
End With
' 将所有柱形设置为绿色
SG.SeriesColor.Color = RGB(0, 176, 80)
'将值为负的列设置为红色
SG.Points.Negative.Visible = True
SG.Points.Negative.Color.Color = RGB(255, 0, 0)
' 添加一个标签
With WSL.Cells(NextRow, NextCol)
.Value = ThisStore
.HorizontalAlignment = xlCenter
.VerticalAlignment = xlTop
.Font.Size = 8
.WrapText = True
End With
'值为负时，将单元格设置为浅红色；值为正时将其设置为浅绿色
With WSL.Cells(NextRow, NextCol).Interior
If FinalVal <= 0 Then
.Color = 255
.TintAndShade = 0.9
Else
.Color = 14743493
.TintAndShade = 0.7
End If
End With
NextCol = NextCol + 2
If NextCol > 11 Then
NextCol = 1
NextRow = NextRow + 2
End If
Next i
End Sub
```

图 15-21 给出了最终的仪表板。它汇总了 180 万行数据并在同一个页面中打印出来。

如果您仔细观察将发现，每个单元格都讲述了一个故事。据图 15-22 所示的数据，Park Meadows 商店 1 月份的销售业绩非常棒，并且全年的销售量都高于上一年，最终其增长率为

0.8%。Lakeside 商店 1 月份的销售业绩也不错，但 2 月份很糟，3 月份更糟，在接下来的月份里，他们挣扎着将销售量扳回和去年持平，但最终其增长量为-0.7%。

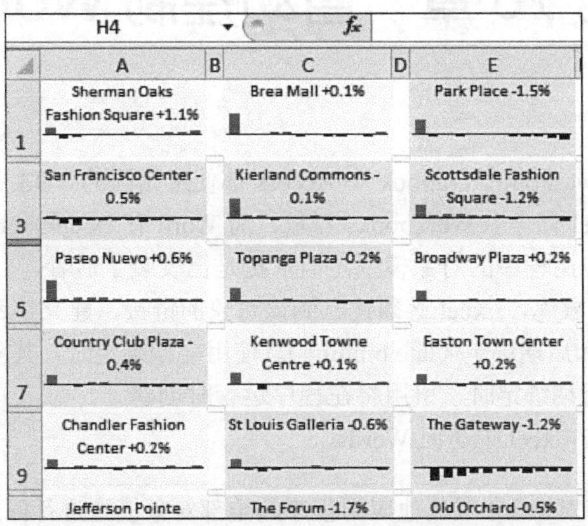

图 15-21　在一个页面中汇总了 130 多家商店的销量数据

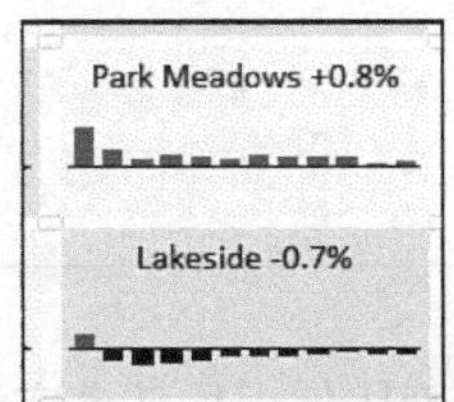

图 15-22　两个迷你图的详细信息

第 16 章　自动控制 Word

Word、Excel、PowerPoint、Outlook 和 Access 都使用相同的 VBA 语言，唯一不同的是其对象模型。例如，Excel 有一个 Workbooks 对象，而 Word 有 Documents 对象。任何一种应用程序都能够访问其他应用程序的对象模型，但前提是已安装了后者。

要访问 Word 的对象库，Excel 必须建立到该对象的链接，建立该链接有两种方法：前期绑定（early binding）和后期绑定（late binding）。使用前期绑定时，其应用程序的引用将在程序编译时创建；使用后期绑定时，引用将在程序运行时创建。

本章将介绍如何在 Excel 中访问 Word。

注意：由于本章并没有对 Word 或其他应用程序的全部对象模型进行回顾，因此，如果读者想要了解这些对象模型，可参阅相应应用程序的“VBA 对象浏览器”。

16.1　前期绑定

使用前期绑定编写的代码运行速度比使用后期绑定编写的代码快。在编写代码之前，需要建立对 Word 对象库的引用，以便在“对象浏览器”中查看 Word 的对象、属性和方法。此外，还将出现提示（如对象的成员列表），如图 16-1 所示。

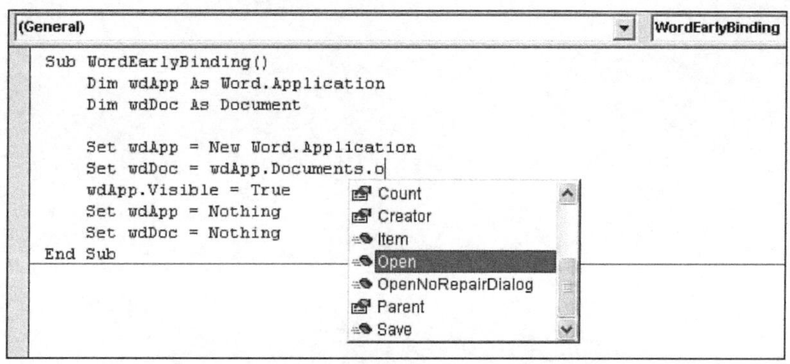

图 16-1　前期绑定能够访问 Word 对象的语法

前期绑定的缺点是，引用的对象库必须存在于系统中。例如，假如您编写了一个引用 Word 2010 对象库的宏，某些使用 Word 2003 的用户试图运行该宏，则程序将运行失败，因为无法找到 Word 2010 的对象库。

可以通过 VB 编辑器添加对象库，步骤如下。

1．选择“工具>引用”。

2．在“可使用的引用”列表中选择 Microsoft Word 14.0 Object Library，如图 16-2 所示。

3．单击“确定”按钮返回。

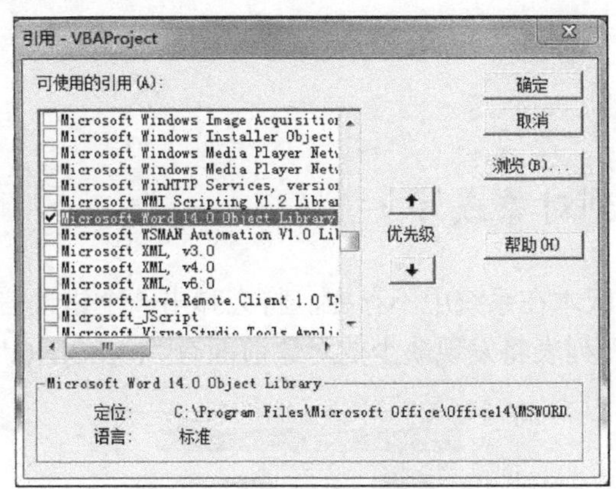

图 16-2　从“引用”列表中选择对象库

注意：如果找不到想要的对象库，则表明没有安装 Word；如果在列表中找到其他版本的对象库（如 10.0），则表明安装了其他版本的 Word。

设置引用后，可以使用正确的 Word 变量类型来定义 Word 变量。但是，如果将对象变量定义为 As Object，将强制程序使用后期绑定：

```
Sub WordEarlyBinding()
Dim wdApp As Word.Application
Dim wdDoc As Document
Set wdApp = New Word.Application
Set wdDoc = wdApp.Documents.Open(ThisWorkbook.Path & _
"\Chapter 18 - Automating Word.docx")
wdApp.Visible = True
Set wdApp = Nothing
Set wdDoc = Nothing
End Sub
```

提示：Excel 将在选定的库中搜索对象类型的引用。如果在多个库中搜索到了该类型，则选择第一个引用。可以通过修改列表中引用的优先级来决定选择哪个库。

该示例创建一个新 Word 示例，并在 Excel 中打开一个现有的 Word 文件。所声明的两个变量 wdApp 和 wdDoc 都是 Word 对象类型。wdApp 用于创建对 Word 应用程序的引用，其方式与 Excel 中的 Application 对象相同。New Word.Application 用于创建一个新的 Word 实例。

提示：如果在新的 Word 示例中打开一个文件，则 Word 是不可见的。要显示该应用程序，必须取消隐藏（wdApp.Visible = True）。

对象变量使用完之后，最好将其设置为 Nothing，以释放应用程序所占用的内存，如下所示：

```
Set wdApp = Nothing
Set wdDoc = Nothing
```

编译错误：无法找到对象或库

如果所引用的 Word 版本在系统中不存在，将会弹出一个错误信息，如图 16-3 所示。这时，查看“可使用的引用”列表将发现缺少的对象前面有“MISSING”字样（如图 16-4 所示）。

图 16-3　试图对丢失引用库的程序进行编译时将弹出错误信息

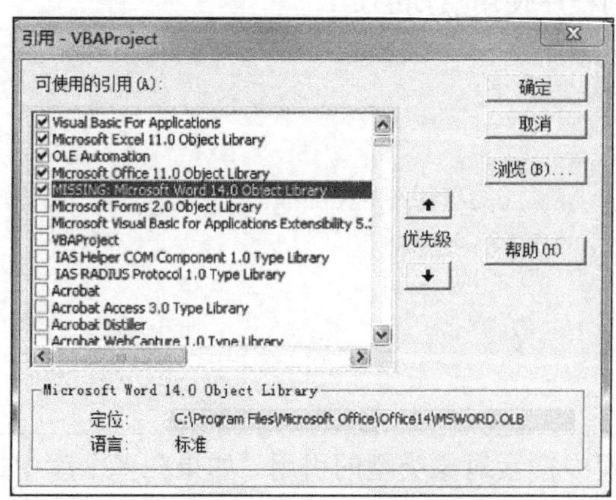

图 16-4　Excel 将列出丢失的引用库

如果安装有以前版本的 Word，则可以引用该版本运行程序。在不同的版本之间，许多对象是相同的。

16.2　后期绑定

使用后期绑定时，引用 Word 应用程序的对象在链接到 Word 库之前创建。由于没有事先建立引用，因此，对于 Word 版本的唯一约束是，使用的对象、属性和方法必须存在。对于存在差别的版本，可对其进行检查并使用正确的对象。

使用后期绑定的缺点是，由于 Excel 不了解将要发生的情况，因此不知道您引用了 Word。从而，在引用 Word 对象时，不会弹出提示信息。此外，内置的常量无法使用，这意味着在编译阶段，Excel 无法检验对 Word 的引用是否正确。程序开始执行之后，开始建立到 Word 的链接，此时，任何存在的编码错误都能被检测到。

下面的例子创建一个新的 Word 示例，然后打开并显示一个现有的 Word 文档：

```
Sub WordLateBinding()
Dim wdApp As Object, wdDoc As Object
Set wdApp = CreateObject("Word.Application")
Set wdDoc = wdApp.Documents.Open(ThisWorkbook.Path & _
"\Chapter 18 - Automating Word.docx")
wdApp.Visible = True
Set wdApp = Nothing
Set wdDoc = Nothing
End Sub
```

首先，声明一个对象变量（wdApp），并使其引用应用程序（CreateObject("Word.Application")）。然后，声明其他所需的变量（wdDoc），并使用应用程序对象将这些变量引用至 Word 对象模型。

警告：将 wdApp 和 wdDoc 声明为对象将强制使用后期绑定。只有在执行 CreateObject 函数时，程序才会创建对 Word 对象模型的链接。

16.3　创建和引用对象

下面的小节将介绍如何创建新对象，以及如何引用当前打开的对象。

16.3.1 关键字 New

在前期绑定的示例中，关键字 New 用于引用 Word 应用程序。New 关键字只能用于前期绑定中，在后期绑定中不起作用。本例中也可以使用 CreateObject 或 GetObject，但效果没有 New 关键字好。如果应用程序的一个实例正在运行，而您想使用它，则可代之以使用 GetObject 函数。

警告： 如果打开 Word 的代码运行正常，但却没有看到 Word 应用程序（应该显示 Word 应用程序，因为代码是可见的），则可以打开“任务管理器”，并查找进程 WinWord.exe，如果该进程存在，则在 Excel VB 编辑器的立即窗口中输入以下代码（使用前期绑定）：

```
Word.Application.Visible = True
```

如果发现多个 WinWord.exe 应用程序，则应将每个应用程序设为可见，并关闭多余的 WinWord.exe 应用程序。

16.3.2 CreateObject 函数

在后期绑定的示例中使用了 CreateObject 函数，但该函数还可以用于前期绑定中。CreateObject 有一个 Class 参数，用于指定要创建对象的名称和类型（Name.Type）。例如，本章示例中给出的 Word.Application，其中，Word 是 Name，Application 是 Type。

CreateObject 函数能够创建一个新的对象实例。在本例中，所创建的是 Word 应用程序。

16.3.3 GetObject 函数

GetObject 函数用于引用一个已经运行的 Word 实例。如果未能查找到任何实例，程序将抛出错误。

GetObject 函数有两个可选的参数。第一个参数用于指定将要打开文件的完整路径和名称，第二个参数用于指定应用程序。下面的例子省略了应用程序参数，使用默认的应用程序 Word 来打开文档：

```
Sub UseGetObject()
Dim wdDoc As Object
Set wdDoc = GetObject(ThisWorkbook.Path & "\Chapter 18 - Automating _
Word.docx")
wdDoc.Application.Visible = True
Set wdDoc = Nothing
```

```
End Sub
```

本例在现有的 Word 实例中打开一个文档，并将 Word 应用程序的 Visible 属性设置为 True。注意，为了使文档可见，必须引用应用程序对象（wdDoc.Application.Visible），因为 wdDoc 指向的是文档，而非应用程序。

注意：虽然将 Word 应用程序的 Visible 属性设置成了 True，但上述代码并没有使 Word 应用程序成为活动应用程序。在大多数情况下，Word 应用程序图表出现在任务栏中，而 Excel 仍然是用户屏幕中的活动应用程序。

下面的例子在将图表粘贴到文档末尾之前，通过检查错误来检查 Word 是否已经打开。如果 Word 没有打开，则将打开 Word 并创建一个新的文档：

```
Sub IsWordOpen()
Dim wdApp As Word.Application
ActiveChart.ChartArea.Copy
On Error Resume Next
Set wdApp = GetObject(,"Word.Application")
If wdApp Is Nothing Then
Set wdApp = GetObject("","Word.Application")
With wdApp
.Documents.Add
.Visible = True
End With
End If
On Error GoTo 0
With wdApp.Selection
.EndKey Unit:=wdStory
.TypeParagraph
.PasteSpecial Link:=False, DataType:=wdPasteOLEObject, _
Placement:=wdInLine, DisplayAsIcon:=False
End With
Set wdApp = Nothing
End Sub
```

当程序抛出错误时，可以使用 On Error Resume Next 强制其继续执行。在本例中，当 wdApp 所链接的对象不存在时将抛出错误，wdApp 的值将为空。下一行代码 If wdApp Is Nothing then 据此打开一个 Word 实例，新建一个空白文档并使应用程序可见。

提示：注意 GetObject("","Word.Application")中第一个参数所使用的空引号，这就是使用 GetObject 函数打开一个 Word 实例的方法。使用 On Error Goto 0 返回到通常的 VBA 处理行为。

16.4 使用常量

前面的例子中使用的都是 Word 中特有的常量，如 wdPasteOLEObject 和 wdInLine。在使用前期绑定编程时，Excel 将通过提示窗口显示这些常量来提供帮助。

使用后期绑定时，将不会出现这些提示。那么应该怎么办呢？您可能会使用前期绑定来编写程序，在对程序进行编译并测试完之后再改为后期绑定。这种方法的问题是，程序压根就无法被编译，因为 Excel 无法识别 Word 常量。

设定常量 wdPasteOLEObject 和 wdInLine 旨在为用户提供方便，这些文本常量中存储着 VBA 能够理解的真实值。因此，解决方法是检索出这些真实值，并在程序的后期绑定时使用它们。

16.4.1 使用监视窗口检索常量的真实值

检索常量真实值的一种方法是为常量添加一个监视。然后，以步进方式执行代码，并在监视窗口中查看常量的值，如图 16-5 所示。

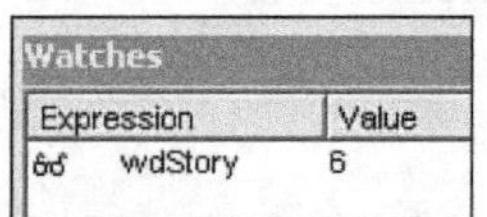

图 16-5 使用监视窗口获取 Word 常量的真实值

16.4.2 使用对象浏览器检索常量的真实值

检索常量真实值的另一种方法是在对象浏览器（Object Browser）中查找常量，但需要建立到 Word 对象库的引用。要创建 Word 对象库，可右击常量并选择“定义”命令，这将打开对象浏览器，在对象浏览器中选择该常量，其值在窗口的底部显示，如图 16-6 所示。

提示：可以创建通过对象浏览器访问的 Word 引用库，而无需将代码设置为使用前期绑定。这样，可以随时访问对象库，而代码仍然采用后期绑定。要隐藏该引用库，只需单击几下鼠标。

在之前代码示例中，使用常量的真实值替代常量的代码如下：

```
With wdApp.Selection
.EndKey Unit:=6
.TypeParagraph
.PasteSpecial Link:=False, DataType:=0, _
Placement:=0, DisplayAsIcon:=False
End With
```

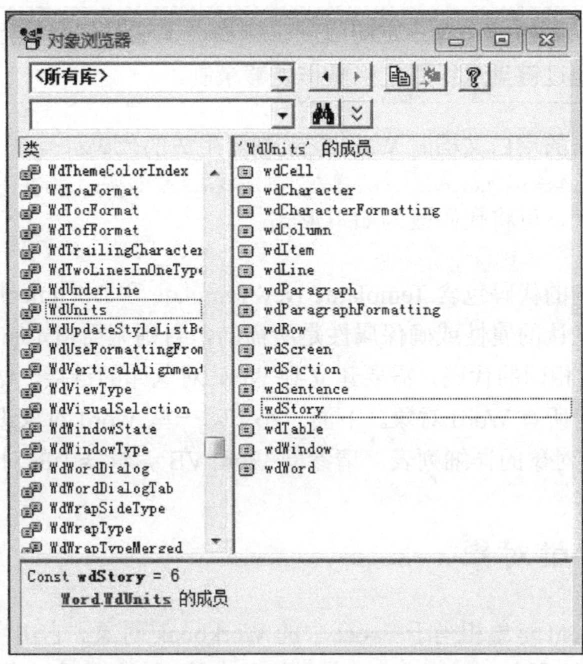

图 16-6　使用对象浏览器获得 Word 常量的真实值

然而，如果在一个月后回过头来查看这些代码时，还能记得其中的数字表示什么意思吗？采用什么方法解决此问题取决于自己，有的程序员为引用 Word 常量的代码添加注释，有的程序员创建自己的常量来存储这些值，然后使用这些变量来代替常量，如下所示：

```
Const xwdStory As Long = 6
Const xwdPasteOLEObject As Long = 0
Const xwdInLine As Long = 0
With wdApp.Selection
.EndKey Unit:=xwdStory
.TypeParagraph
.PasteSpecial Link:=False, DataType:=xwdPasteOLEObject, _
Placement:=xwdInLine, DisplayAsIcon:=False
End With
```

16.5　Word 对象简介

可以使用 Word 宏录制器初步理解 Word 对象模型。然而，和 Excel 宏录制器一样，其结果也是十分冗长的。需要记住的是，可以使用录制器来了解 Word 对象、属性和方法。

警告：宏录制器所能录制的操作有一定的限制，例如，无法对使用鼠标移动光标和选择对象的操作进行录制，但通过键盘进行的这些操作能够录制。

以下是打开一个新的空白文档时 Word 宏录制器生成的代码：

```
Documents.Add Template:= "Normal", NewTemplate:=False, DocumentType:=0
```

为提高其执行效率，可将代码改为如下形式：

```
Documents.Add
```

使用宏录制器录制的代码包含 Template、NewTemplate 和 DocumentType 这三种可选的属性，但除非需要修改默认的属性或确保属性是所需的，否则无需指定它们。

要在 Excel 中使用相同的代码，需要建立到 Word 对象库的链接，做法如前所述。建立完链接之后，就可以使用所有 Word 对象。下面一小节对一些 Word 对象进行了回顾，足以帮助读者起步。关于 Word 对象的详细列表，请参阅 Word VB 编辑器中的对象模型。

16.5.1 Document 对象

Word 中的 Document 对象相当于 Excel 中的 Workbook 对象。它由字符、单词、段落、节和页眉/页脚组成。只有通过 Document 对象，打印、关闭、搜索和审阅等方法和属性才能影响整个文档。

1. 新建空白文档

要在现有 Word 实例中创建一个新的空白文档，可以使用 Add 方法。我们已经学习了如何在 Word 关闭时创建一个新文档，即使用 GetObject 和 CreateObject：

```
Sub NewDocument()
Dim wdApp As Word.Application
Set wdApp = GetObject(,"Word.Application")
wdApp.Documents.Add
Set wdApp = Nothing
End Sub
```

本例在使用默认模板的情况下打开一个新的空白文档。要使用特殊的模板打开文档，可使用以下代码：

```
wdApp.Documents.Add Template:= "Contemporary Memo.dotx"
```

上述代码使用模板 Contemporary Memo 创建一个新文档。Template 既可以是模板的名称（可以在默认模板位置找到），也可以是文件路径和名称。

2. 打开现有文档

要打开一个现有的文档，可以使用 Open 方法。该方法有多个参数，包括 Read Only 和 AddtoRecentFiles。下面的例子以只读方式打开一个现有文档，但禁止将该文档添加到“文件”菜单的“最近使用的文档”列表中：

```
wdApp.Documents.Open _
```

```
Filename:= "C:\Excel VBA 2007 by Jelen & Syrstad\Chapter 19 - _
Arrays.docx", ReadOnly:=True, AddtoRecentFiles:=False
```

3. 保存对文档所做的更改

对文档做了修改之后，多数情况下都需要对其进行保存。要使用现有名称保存文档，可使用以下代码：

```
wdApp.Documents.Save
```

如果针对未命名的新文档使用 Save 命令，则将弹出“另存为”对话框。要使用新名称保存文档，则可使用 SaveAs 方法：

```
wdApp.ActiveDocument.SaveAs "C:\Excel VBA 2007 by Jelen & _
Syrstad\MemoTest.docx"
```

需要通过 Document 对象的成员调用 SaveAs 方法，如 ActiveDocument。

4. 关闭文档

可以使用 Close 方法关闭一个特定的文档或所有打开的文档。在默认情况下，如果要关闭的文档包含有为保存的更改，则将弹出“保存”对话框。可以使用 SaveChanges 参数改变这种行为，要关闭所有文档而不做更改，可使用以下代码：

```
wdApp.Documents.Close SaveChanges:=wdDoNotSaveChanges
```

要关闭指定的文档，可关闭活动文档或指定文档名：

```
wdApp.ActiveDocument.Close
```

或

```
wdApp.Documents("Chapter 19 - Arrays.docx").Close
```

5. 打印文档

可以使用 PrintOut 方法打印部分文档或全部文档。要使用默认的打印设置打印文档，可使用以下代码：

```
wdApp.ActiveDocument.PrintOut
```

在默认情况下，打印区域是整个文档，但可通过 PrintOut 方法的 Range 和 Pages 参数对之进行修改：

```
wdApp.ActiveDocument.PrintOut Range:=wdPrintRangeOfPages, Pages:= "2"
```

16.5.2　Selection 对象

Selection 对象代表在文档中所选择的内容，如单词、句子或插入点。此外，它还有一个 Type 属性，用于返回所选内容的类型，如 wdSelectionIP、wdSelectionColumn 和 wdSelectionShape。

1. HomeKey/EndKey

HomeKey 和 EndKey 方法用于修改所选择的内容，在键盘上，它们分别对应于 Home 键和 End 键。它们有两个参数：Unit 和 Extend。Unit 指定所移动的范围，可以是行（wdLine）、文档（wdStory）、列（wdColumn）或行（wdRow）的开头（Home）或结尾（End）。Extend 是移动类型：wdMove 移动所选择的内容，而 wdExtend 将所选范围从原来的插入点扩大到新的插入点。

要将光标移动到文档的首部，可使用以下代码：

```
wdApp.Selection.HomeKey Unit:=wdStory, Extend:=wdMove
```

要选择从插入点开始到文档尾部之间的内容，可使用以下代码：

```
wdApp.Selection.EndKey Unit:=wdStory, Extend:=wdExtend
```

2. TypeText

TypeText 方法用于在 Word 文档中插入文本。用户设置（如 Overtype 设置）将影响向文档中插入文本时所发生的情况：

```
Sub InsertText()
Dim wdApp As Word.Application
Dim wdDoc As Document
Dim wdSln As Selection
Set wdApp = GetObject(,"Word.Application")
Set wdDoc = wdApp.ActiveDocument
Set wdSln = wdApp.Selection
wdDoc.Application.Options.Overtype = False
With wdSln
If .Type = wdSelectionIP Then
.TypeText ("Inserting at insertion point. ")
ElseIf .Type = wdSelectionNormal Then
If wdApp.Options.ReplaceSelection Then
.Collapse Direction:=wdCollapseStart
End If
.TypeText ("Inserting before a text block. ")
End If
End With
Set wdApp = Nothing
Set wdDoc = Nothing
End Sub
```

16.5.3 Range 对象

Range 对象的语法如下：

```
Range(StartPosition, EndPosition)
```

Range 对象表示文档中的一个连续区域或多个区域。它有一个起始字符位置和一个结束字符位置。对象可以是插入点、文本区域或包含非打印字符（如空格或段落标志）的整篇文档。

Range 对象与 Selection 对象类似，但要优于 Selection 对象。例如，实现同样一项功能，Range 对象所需的代码比 Selection 对象少，而且功能更加完善。此外，使用 Range 对象更节省时间和内存，因为 Range 对象不需要在 Word 中移动光标或选定对象就能操作它们。

1. 定义区域

要定义一个区域，首先需要输入起始位置和结束位置，如下所示：

```
Sub RangeText()
Dim wdApp As Word.Application
Dim wdDoc As Document
Dim wdRng As Word.Range
Set wdApp = GetObject(,"Word.Application")
Set wdDoc = wdApp.ActiveDocument
Set wdRng = wdDoc.Range(0, 22)
wdRng.Select
Set wdApp = Nothing
Set wdDoc = Nothing
Set wdRng = Nothing
End Sub
```

图 16-7 所示为该代码的运行结果，选定了前 22 个字符，包括非打印字符，如段落标记。

注意：为便于查看，选定了区域（wdRng.Select），该区域不是必须的，如要删除该区域，可使用以下代码：

```
wdRng.Delete
```

12

Data Mining with Advanced Filter

(c)Advanced Filter Is Easier in VBA Than in Excel

The arcane Advanced Filter command is so hard in the Excel user interface that it is pretty rare to find someone who enjoys using it regularly. In prior editions of Excel, the AutoFilter command was probably used by most people instead of the Advanced Filter. In Excel 2007, Microsoft renamed the AutoFilter as a Filter and made advances in the types of filters possible, making the Advanced Filter a less likely choice in the user interface.

图 16-7 Range 对象包含了其包含的所有内容

文档中第一个字符位置固定为 0，最后一个字符的位置等于文档中包含的字符数。

使用 Range 对象还可以选择段落。下面的示例复制活动文档中的第 3 段，并将其粘贴到 Excel 中。文本既可以被粘贴到文本框中（如图 16-8 所示）也可以粘贴到单元格中（如图 16-9 所示），这取决于粘贴的方式：

```
Sub SelectSentence()
Dim wdApp As Word.Application
Dim wdRng As Word.Range
Set wdApp = GetObject(,"Word.Application")
```

```
With wdApp.ActiveDocument
If .Paragraphs.Count >= 3 Then
Set wdRng = .Paragraphs(3).Range
wdRng.Copy
End If
End With
' 这行代码将文本粘贴到文本框中
Worksheets("Sheet2").PasteSpecial
' 这行代码将复制的内容粘贴到 A1 单元格
Worksheets("Sheet2").Paste Destination:=Worksheets("Sheet2").Range("A1")
Set wdApp = Nothing
Set wdRng = Nothing
End Sub
```

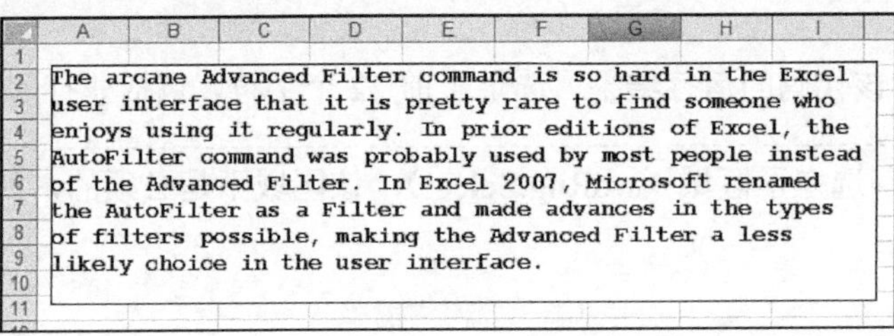

图 16-8　将 Word 文本粘贴到 Excel 文本框中

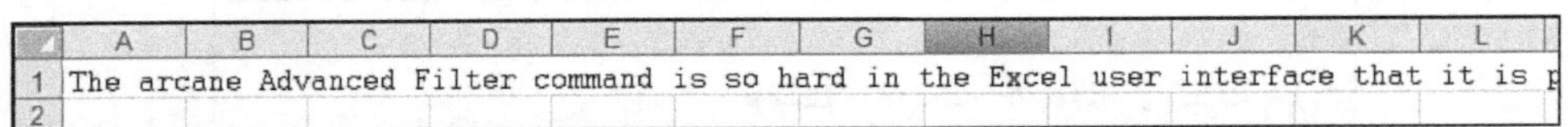

图 16-9　将 Word 文本粘贴到 Excel 单元格中

2. 设置区域格式

选中区域之后，可以设置其格式（如图 16-10 所示）。下面的程序遍历活动文档中的所有段落，并将每段的第一个字设置为粗体：

```
Sub ChangeFormat()
Dim wdApp As Word.Application
Dim wdRng As Word.Range
Dim count As Integer
Set wdApp = GetObject(,"Word.Application")
With wdApp.ActiveDocument
For count = 1 To .Paragraphs.count
Set wdRng = .Paragraphs(count).Range
With wdRng
.Words(1).Font.Bold = True
.Collapse
End With
Next count
```

```
End With
Set wdApp = Nothing
Set wdRng = Nothing
End Sub
```

The arcane Advanced Filter command is so hard in the Excel user interface that it is pretty rare to find someone who enjoys using it regularly. In prior editions of Excel, the AutoFilter command was probably used by most people instead of the Advanced Filter. In Excel 2007, Microsoft renamed the AutoFilter as a Filter and made advances in the types of filters possible, making the Advanced Filter a less likely choice in the user interface.

However, in VBA, advanced filters are a joy to use. With a single line of code, you can rapidly extract a subset of records from a database or quickly get a unique list of values in any column. This is critical when you want to run reports for a specific region or customer.

Because not many people use the Advanced Filter feature, I will walk you through examples, using the user interface to build an advanced filter, and then show you the analogous code. You will be amazed at how complex the user interface seems and yet how easy it is to program a powerful advanced filter to extract records.

图 16-10　设置文档中每段第一个字的格式

修改整个段落格式的一种快捷方法是修改样式（如图 16-11 和图 16-12 所示）。下面的程序用于查找样式为 NO 的段落并将其修改为 HA：

```
Sub ChangeStyle()
Dim wdApp As Word.Application
Dim wdRng As Word.Range
Dim count As Integer
Set wdApp = GetObject(,"Word.Application")
With wdApp.ActiveDocument
For count = 1 To .Paragraphs.count
Set wdRng = .Paragraphs(count).Range
With wdRng
If .Style = "NO" Then
.Style = "HA"
End If
End With
Next count
End With
Set wdApp = Nothing
Set wdRng = Nothing
End Sub
```

```
Using advanced filters to get a unique set of
values is usually the only case where you will
perform an advanced filter without using
criteria cells.
```

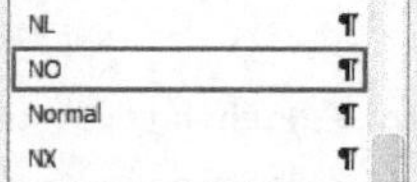

图 16-11　修改前：需要将样式为 NO 的段落修改为 HA

```
Using advanced filters to get a unique set of values is
usually the only case where you will perform an advanced
filter without using criteria cells.
```

FTN
HA
HB
HC

图 16-12　修改后：通过修改代码的样式快速修改段落的格式

16.5.4　书签

书签是 Document、Selection 和 Range 对象的成员。它们使浏览 Word 更加方便。可以使用书签快速操作文档中的章节，而无需选择单词、句子或段落。

注意：用户不限于只能使用现有书签，可以使用代码创建书签。

在 Word 文档中，书签显示为灰色的 I。在 Word 中，要显示书签，可单击“文件”按钮，并选择“Word 选项”，然后在弹出的“Word 选项”对话框中选择“高级”类别中的复选框“显示书签”，如图 16-13 所示。

图 16-13　显示书签以便在文档中找到它们

在文档中创建完书签之后，可以使用书签快速移动到一个范围。下面的代码在 4 个书签（之前在文档中已创建好）后插入文本，图 16-14 为其运行结果。

```
Sub UseBookmarks()
Dim myArray()
Dim wdBkmk As String
Dim wdApp As Word.Application
Dim wdRng As Word.Range
myArray = Array("To", "CC", "From", "Subject")
Set wdApp = GetObject(,"Word.Application")
Set wdRng = wdApp.ActiveDocument.Bookmarks(myArray(0)).Range
wdRng.InsertBefore ("Bill Jelen")
Set wdRng = wdApp.ActiveDocument.Bookmarks(myArray(1)).Range
wdRng.InsertBefore ("Tracy Syrstad")
Set wdRng = wdApp.ActiveDocument.Bookmarks(myArray(2)).Range
wdRng.InsertBefore ("MrExcel")
Set wdRng = wdApp.ActiveDocument.Bookmarks(myArray(3)).Range
wdRng.InsertBefore ("Fruit & Vegetable Sales")
Set wdApp = Nothing
Set wdRng = Nothing
End Sub
```

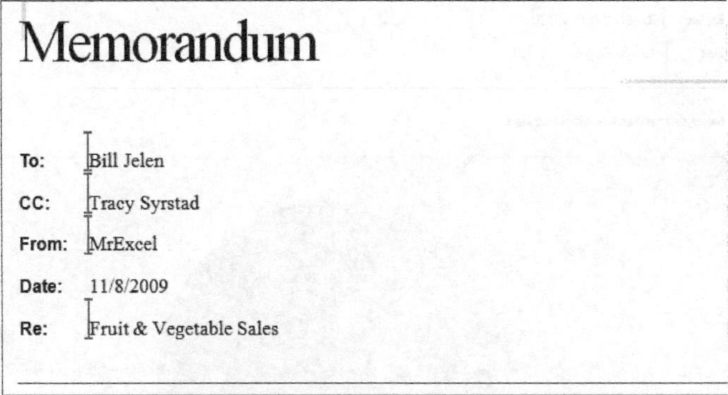

图 16-14　使用书签快速在 Word 中输入文本

书签还可用于指定 Excel 中所创建图表的插入位置，下面的代码将 Excel 图表（如图 16-15 所示）插入到备注中：

```
Sub CreateMemo()
Dim myArray()
Dim wdBkmk As String
Dim wdApp As Word.Application
Dim wdRng As Word.Range
myArray = Array("To", "CC", "From", "Subject", "Chart")
Set wdApp = GetObject(,"Word.Application")
```

```
Set wdRng = wdApp.ActiveDocument.Bookmarks(myArray(0)).Range
wdRng.InsertBefore ("Bill Jelen")
Set wdRng = wdApp.ActiveDocument.Bookmarks(myArray(1)).Range
wdRng.InsertBefore ("Tracy Syrstad")
Set wdRng = wdApp.ActiveDocument.Bookmarks(myArray(2)).Range
wdRng.InsertBefore ("MrExcel")
Set wdRng = wdApp.ActiveDocument.Bookmarks(myArray(3)).Range
wdRng.InsertBefore ("Fruit & Vegetable Sales")
Set wdRng = wdApp.ActiveDocument.Bookmarks(myArray(4)).Range
ActiveSheet.ChartObjects("Chart 1").Copy
wdRng.PasteAndFormat Type:=wdPasteOLEObject
wdApp.Activate
Set wdApp = Nothing
Set wdRng = Nothing
End Sub
```

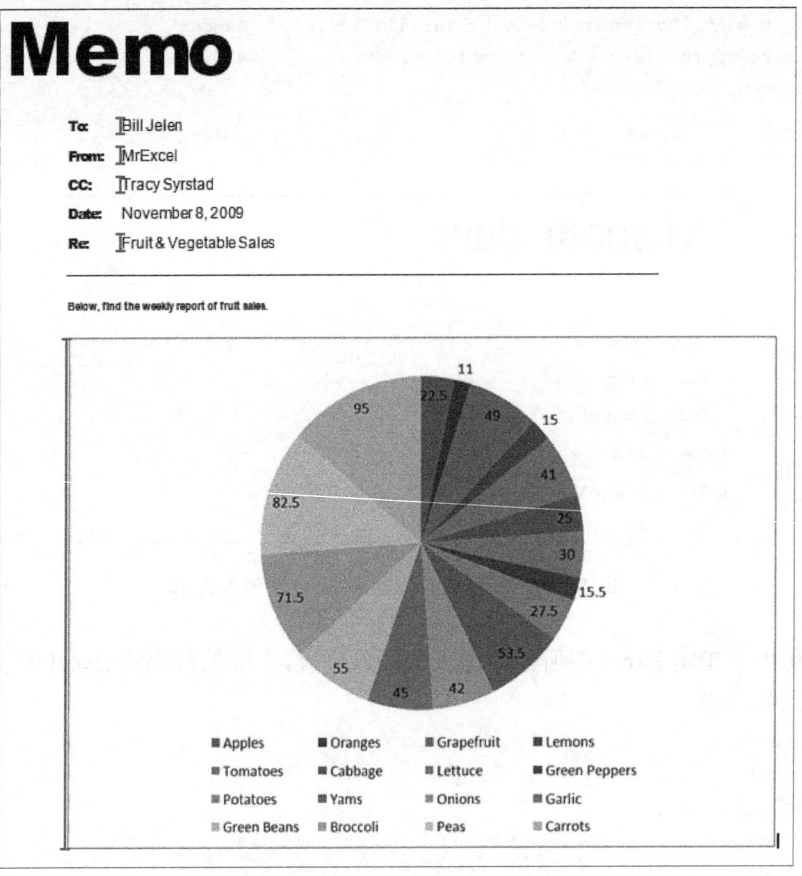

图 16-15 使用书签向 Word 中粘贴图表

16.6　控制 Word 窗体控件

读者已经了解如何通过插入字符和文本、修改格式以及删除文本来修改文档。然而，文档中还可能包含其他内容，如可供修改的控件。

在下面的示例中，创建了一个包含文本、书签和窗体控件复选框的模板（关于 Word 中窗体控件的位置，请参阅本段后面的“注意”）。书签位于 Name 和 Date 字段的后面，注意这里对复选框都进行了重命名，从而使其意义变得更加明显。例如，将一个名为 Checkbox5 的书签重命名为 chk401k。最后，保存该模板。

注意：窗体控件可在“开发工具”选项卡的“控件”组中的“插入>表单控件”中找到，如图 16-16 所示。

提示：要重命名书签，可右键单击复选框，选择“属性”命令，并在书签字段中输入新名称。

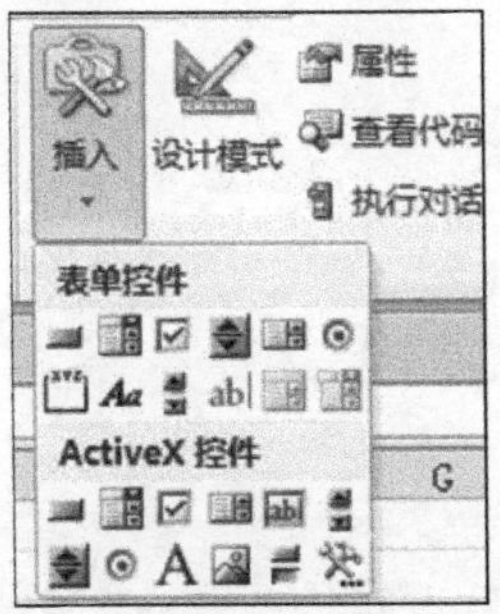

图 16-16　可以通过“表单控件”下的窗体控件向文档中添加复选框

在 Excel 中创建一个调查问卷，用户可以在单元格 B1 和 B2 中输入任何文本，但在单元格 B3 以及 B5:B8 中指定了数据有效性规则，如图 16-17 所示。

	A	B
1	Name	Mary Beth Jacobson
2	Date	11/8/2009
3	Are you a new customer?	Yes
4	Are you interested in the following options:	
5	401K	Yes
6	Roth	No
7	Stocks	Yes
8	Bonds	Yes
9		Yes
10		No

图 16-17　创建一个 Excel 表格来收集数据

在一个标准模块中添加下面的代码。这些代码将名称和日期直接输入到文档中。复选框通过逻辑判断用户选择的是 Yes 还是 No，并选择相应的复选框。图 16-18 所示为生成的一个示例文档：

```
Sub FillOutWordForm()
Dim TemplatePath As String
Dim wdApp As Object
Dim wdDoc As Object
' 在一个新 Word 窗口中打开模板
TemplatePath = ThisWorkbook.Path & "\New Client.dotx"
Set wdApp = CreateObject("Word.Application")
Set wdDoc = wdApp.documents.Add(Template:=TemplatePath)
' 在文档中替换文本值
With wdApp.ActiveDocument
.Bookmarks("Name").Range.InsertBefore Range("B1").Text
.Bookmarks("Date").Range.InsertBefore Range("B2").Text
End With
' 利用是非逻辑选择正确的项
If Range("B3").Value = "Yes" Then
wdDoc.formfields("chkCustYes").CheckBox.Value = True
Else
wdDoc.formfields("chkCustNo").CheckBox.Value = True
End If
With wdDoc
If Range("B5").Value = "Yes" Then .Formfields("chk401k").CheckBox.Value = _
True
If Range("B6").Value = "Yes" Then .Formfields("chkRoth").CheckBox.Value _
= True
If Range("B7").Value = "Yes" Then .Formfields("chkStocks"). _
CheckBox.Value = True
If Range("B7").Value = "Yes" Then .Formfields("chkBonds"). _
CheckBox.Value = True
End With
wdApp.Visible = True
ExitSub:
Set wdDoc = Nothing
Set wdApp = Nothing
End Sub
```

Name: Mary Beth Jacobson

Date: 11/8/2009

New Customer: ☒Yes ☐No

Interested in the following:

☒ 401k	☐ Roth	☒ Stocks	☒ Bonds

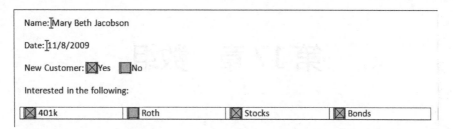

图 16-18　在 Excel 中可控制 Word 窗体控件

警告： 由于新的安全机制，如果位置在文件的父应用程序中不是受信任位置，则在打开包含该宏或控件的模板时代码将出现错误。例如，在网上打开模板时，上述代码将出现错误。因此，用户必须将 Word 配置成信任网络位置或者在运行程序之前将文件存储在本地驱动器上。另一种方法是使用文档代替模板，并在打开文件时设置 ReadOnly:=True。

第 17 章　数组

数组（array）是一种变量，用于存储多项数据。例如，如果需要处理一个客户的名称和地址，您可能首先会想到分别为名称和地址分配一个变量。现在，考虑使用数组的情况，它可以存储两项信息，而且不止能够存储一个客户的信息，而是数百位客户的信息。

17.1　声明数组

可以通过在数组名称后面添加括号来声明数组，括号中包含了数组中包含元素的个数：

```
Dim myArray (2)
```

上述代码创建一个名为 myArray 的数组，它包含 3 个元素。之所以包含 3 个元素是因为，在默认情况下，数组元素的索引从 0 开始：

```
myArray(0) = 10
myArray(1) = 20
myArray(2) = 30
```

如果需要将索引设置为从 1 开始，可使用 Option Base 1，这将强制使计数从 1 开始。要实现这一点，可将 Option Base 语句置于模块中的声明部分：

```
Option Base 1
Dim myArray(2)
```

现在，数组中将只包含两个元素。

也可以不使用 Option Base 语句，通过声明其下限来创建数组：

```
Dim myArray (1 to 10)
Dim BigArray (100 to 200)
```

每个数组都有一个下限（Lbound）和一个上限（Ubound）。当声明语句 Dim myArray(2) 时，就指定了数组的上限并允许使用 option base 声明其下限。当声明语句 Dim myArray (1 to 10) 时，就指定了数组的下限为 1，上限为 10。

多维数组

前面所讨论的数组被称为一维数组（one-dimensional arrays），因为只需一个数字就能指定元素在数组中所处的位置。该数组就像一个单行数据，由于数据只有一行，因此不必考虑其行号，而只需考虑其列号即可。例如，要检索第 2 个元素（Option Base 0），可使用 myArray (1)。

在某些情况下，只有一维是不够的。这就是为什么引入多维数组的原因。一维数组只包含一行数据，而多维数组包含多行、多列数据。

注意：数组也被称为矩阵，电子表格就是矩阵。Cell 对象相当于电子表格的元素——单元格由一行和一列组成。其实您一直在使用数组！

要定义数组的另一个维度，需要添加另外一个参数。下面的代码创建一个包含 10 行、20 列的数组：

```
Dim myArray (1 to 10, 1 to 20)
```

下面的代码为第 1 行的前两列填充值，如图 17-1 所示。

```
myArray (1,1) = 10
myArray (1,2) = 20
```

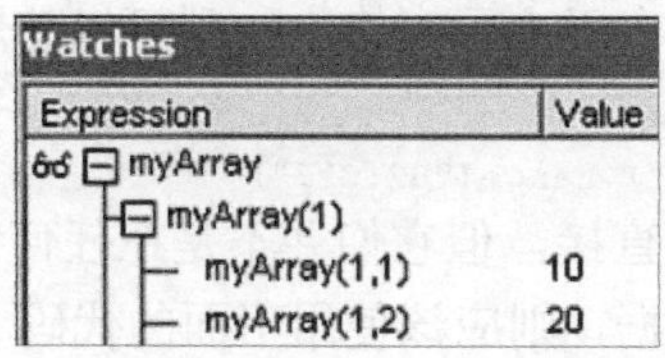

图 17-1　VB 编辑器的监视窗口显示，上述代码填充了数组的第一行

下面的代码为第 2 行的前两列填充值：

```
myArray (2,1) = 20
myArray (2,2) = 40
```

以此类推，当然，这很耗费时间且需要很多行代码。下一节将讨论填充数组的另一种方式。

17.2　填充数组

声明数组之后，还需要填充数组。前面讨论的方法是分别为数组中的每个元素输入一个值。然而，还有更加快捷的方式，如下面的示例代码和图 17-2 所示。

```
Option Base 1
Sub ColumnHeaders()
Dim myArray As Variant ' 变量可保存任何数据类型
Dim myCount As Integer
' 使用数组数据填充变量
```

```
myArray = Array("Name", "Address", "Phone", "E-mail")
' 清空数组
With Worksheets("Sheet2")
For myCount = 1 To UBound(myArray)
.Cells(1, myCount).Value = myArray(myCount)
Next myCount
End With
End Sub
```

	A	B	C	D
1	Name	Address	Phone	E-mail
2				

图 17-2　使用数组快速创建列标题

变量 Variant 可用于存储任何类型的信息。创建的 Variant 类型的变量可以被视作一个数组。使用 Array 函数可以将数据强行赋给变量，从而使变量具有数组的特性。

如果数组中所需的信息已存在于电子表格中，则可以使用以下代码迅速填充数组：

```
Dim myArray As Variant
myArray = Worksheets("Sheet1").Range("B2:C17")
```

虽然以上这两种方法迅速而直接，但它们并不是在任何情况下都适用。例如，如果需要在工作表中每隔一行选取一行数据，则应该使用下面的代码（运行后的效果如图 17-3 所示）：

```
Sub EveryOtherRow()
'总共有 16 行数据，但我们只选取每个一行数据进行填充
'数组容量只有表格的一半，因此数组只包含 8 行数据
Dim myArray(1 To 8, 1 To 2)
Dim i As Integer, j As Integer, myCount As Integer
'每隔一行进行填充
For i = 1 To 8
For j = 1 To 2
'i*2 命令程序每隔一行进行检索
myArray(i, j) = Worksheets("Sheet1").Cells(i * 2, j + 1).Value
Next j
Next i
'清空数组
For myCount = LBound(myArray) To UBound(myArray)
Worksheets("Sheet1").Cells(myCount * 2, 4) = _
WorksheetFunction.Sum(myArray(myCount, 1), myArray(myCount, 2))
Next myCount
End Sub
```

LBound 查找数组 myArray 的起始位置，即下限；UBound 查找数组的结束位置，即上限。然后，程序遍历数组并在将信息写入电子表格时对其进行总结。下一节将介绍如何清空数组。

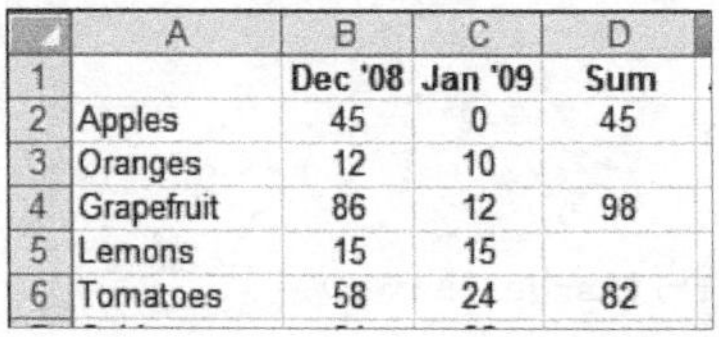

	A	B	C	D
1		Dec '08	Jan '09	Sum
2	Apples	45	0	45
3	Oranges	12	10	
4	Grapefruit	86	12	98
5	Lemons	15	15	
6	Tomatoes	58	24	82

图 17-3　仅使用所需的数据填充数组

17.3　清空数组

填充完数组之后，需要检索数据。然而，在此之前，可以先操作数组或返回有关数组的信息（如最大的整数），如下述代码和图 17-4 所示。

```
Sub QuickFillMax()
Dim myArray As Variant
myArray = Worksheets("Sheet1").Range("B2:C17")
MsgBox "Maximum Integer is: " & WorksheetFunction.Max(myArray)
End Sub
```

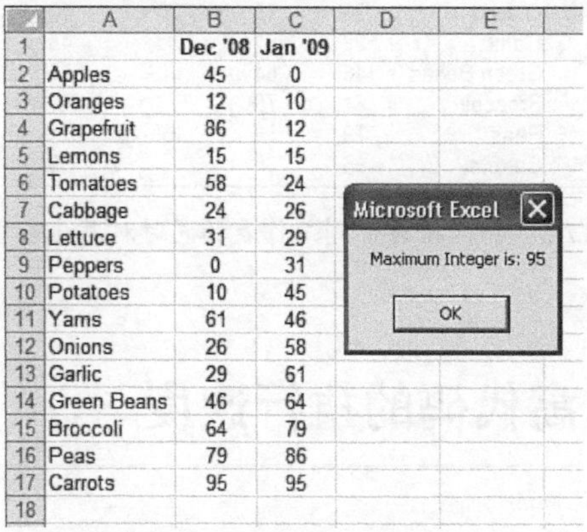

	A	B	C	D	E
1		Dec '08	Jan '09		
2	Apples	45	0		
3	Oranges	12	10		
4	Grapefruit	86	12		
5	Lemons	15	15		
6	Tomatoes	58	24		
7	Cabbage	24	26		
8	Lettuce	31	29		
9	Peppers	0	31		
10	Potatoes	10	45		
11	Yams	61	46		
12	Onions	26	58		
13	Garlic	29	61		
14	Green Beans	46	64		
15	Broccoli	64	79		
16	Peas	79	86		
17	Carrots	95	95		
18					

图 17-4　返回数组中的最大变量

可以在将数据存储到工作表中的同时对其进行计算。在下面的例子中，在一个 For 循环中使用 Lbound 和 Ubound 来遍历数组中的所有元素，并计算每组元素中的平均值。结果存储于工作表中的一个新列中，如图 17-5 所示。

注意：使用 MyCount + 1 将结果存储到工作表中，由于 Lbound 为 1，因此将从第 2 行开始存储数据。

```
Sub QuickFillAverage()
Dim myArray As Variant
Dim myCount As Integer
'填充数组
myArray = Worksheets("Sheet1").Range("B2:C17")
'将数据平均分布在数组中，就像在工作表中一样
For myCount = LBound(myArray) To UBound(myArray)
'计算平均值并将结果放在列 E 中
Worksheets("Sheet1").Cells(myCount + 1, 5).Value = _
WorksheetFunction.Average(myArray(myCount, 1), myArray(myCount, 2))
Next myCount
End Sub
```

	A	B	C	D	E
1		Dec '08	Jan '09	Sum	Average
2	Apples	45	0	45	22.5
3	Oranges	12	10		11
4	Grapefruit	86	12	98	49
5	Lemons	15	15		15
6	Tomatoes	58	24	82	41
7	Cabbage	24	26		25
8	Lettuce	31	29	60	30
9	Peppers	0	31		15.5
10	Potatoes	10	45	55	27.5
11	Yams	61	46		53.5
12	Onions	26	58	84	42
13	Garlic	29	61		45
14	Green Beans	46	64	110	55
15	Broccoli	64	79		71.5
16	Peas	79	86	165	82.5
17	Carrots	95	95		95

图 17-5　将数据存储到工作表的同时对其进行计算

17.4　使用数组提高代码的执行速度

至此，读者已经了解到数组能够使操作数据和获取信息变得更加容易，那么，数组的好处仅此而已吗？不！数组的功能如此强大是因为它能够显著提高代码的运行速度。

通常，如果需要计算多列数据的平均值（和前面例子中一样），您可能首先想到这样做：

```
Sub SlowAverage()
Dim myCount As Integer, LastRow As Integer
LastRow = Worksheets("Sheet1").Cells(Worksheets("Sheet1").Rows.Count, 1). _
End(xlUp).Row
For myCount = 2 To LastRow
With Worksheets("Sheet1")
.Cells(myCount, 6).Value = _
```

```
    WorksheetFunction.Average(Cells(myCount, 2), Cells(myCount, 3))
    End With
    Next myCount
    End Sub
```

虽然这种方法可行，但该程序必须分别查看工作表中的每一行，获取数据、执行计算、然后将其置于正确的列中。如果能够一次性获取所有数据，然后执行计算并将其放到正确的工作表中，是不是会更容易呢？此外，使用上述代码除运行速度更慢外，还需要知道所操作的是工作表中的哪列数据（本例中为第 2 列和第 3 列）。使用数组，只需知道所操作的是数组中的哪个元素。

为了使数组更有用，可使用命名区域而不是地址区域来填充数组。在数组中使用命名区域时，区域位于工作表中的位置无关紧要。

例如，不使用

```
myArray = Range("B2:C17")
```

而使用

```
myArray = Range("myData")
```

使用运行速度较慢的方法时，需要知道 myData 的位置，以便返回正确的列。然而，使用数组时，只需知道所需的是第 1 列还是第 2 列。

提示：还可以使数组的运行速度变得更快。从技术上说，将一列数据存储到数组中时，将得到一个二维数组，如果需要对其进行处理，必须指定行和列。

然而，如果只有一行，且其列数不超过 16 384，则列的处理速度将会更快。为实现这一点，可以使用 Transpose 函数将一列数据转换为一行，如图 17-6 所示。

```
Sub TransposeArray()
Dim myArray As Variant
myArray = WorksheetFunction.Transpose(Range("myTran"))
'返回数组的第 5 个元素
MsgBox "The 5th element of the Array is: " & myArray(5)
End Sub
```

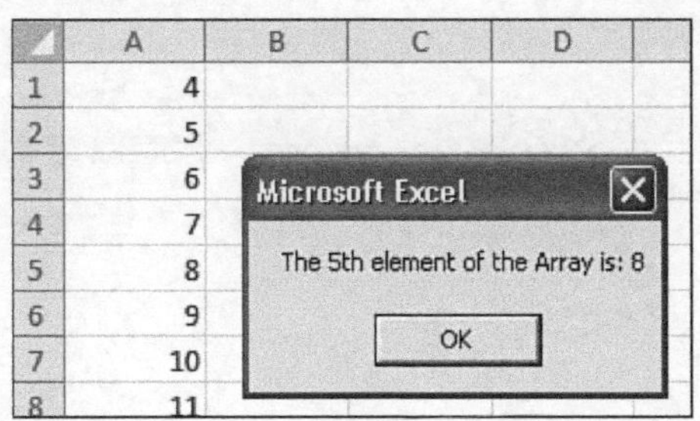

图 17-6　使用 Transpose 函数将二维数组转化为一维数组

17.5 动态数组

不是在所有情况下都能够具体知道所需数组的大小。可以根据最高需求来创建数组，但这不仅浪费内存，而且当需要更大的数组时就无法处理了。要避免这一问题，可以使用动态数组（dynamic array）。

动态数组是没有指定大小的数组，在声明数组时，省略了括号内的数字：

```
Dim myArray()
```

日后，当程序中需要使用数组时，使用 ReDim 来设定数组的大小。下面的程序返回工作簿中所有工作表的名称，它首先创建一个无边界数组，当其获悉工作簿中工作表的数量之后再设定上限：

```
Option Base 1
Sub MySheets()
Dim myArray() As String
Dim myCount As Integer, NumShts As Integer
NumShts = ActiveWorkbook.Worksheets.Count
'设定数组的大小
ReDim myArray(1 To NumShts)
For myCount = 1 To NumShts
myArray(myCount) = ActiveWorkbook.Sheets(myCount).Name
Next myCount
End Sub
```

使用 Redim 将重新初始化数组。因此如果多次使用它（如在循环中使用）将丢失其所存储的所有数据。可以使用 Preserve 避免这一情况发生。关键字 Preserve 能够修改最后一个数组维度的大小，但无法修改维数。

下面的例子遍历目录中的所有 Excel 文件，并将结果存放在数组中。由于事先不知道 Excel 文件的数量，因此在程序运行之前无法设置数组的大小：

```
Sub XLFiles()
Dim FName As String
Dim arNames() As String
Dim myCount As Integer
FName = Dir("C:\Contracting Files\Excel VBA 2007 by Jelen & Syrstad\*.xls*")
Do Until FName = ""
myCount = myCount + 1
ReDim Preserve arNames(1 To myCount)
arNames(myCount) = FName
FName = Dir
Loop
End Sub
```

警告：如果数组非常大，在循环中使用 Preserve 将降低数组的速度。因此，应该尽量使用代码来确定数组的最大尺寸。

17.6　传递数组

和字符串、正数和其他变量一样，数组可以被传递到其他过程中，这有助于提高代码的效率和可读性。下面的子程序（PassAnArray）将数组 myArray 传递给函数 RegionSales，后者将根据该数组计算指定地区的总销售额，并返回结果：

```
Sub PassAnArray()
Dim myArray() As Variant
Dim myRegion As String
myArray = Range("mySalesData")
myRegion = InputBox("Enter Region - Central, East, West")
MsgBox myRegion & " Sales are: " & Format(RegionSales(myArray, _
myRegion), "$#,#00.00")
End Sub
Function RegionSales(ByRef BigArray As Variant, sRegion As String) As Long
Dim myCount As Integer
RegionSales = 0
For myCount = LBound(BigArray) To UBound(BigArray)
'区域处于数据中的第一列，因此是数组的第一列
If BigArray(myCount, 1) = sRegion Then
'对第 6 列数据进行求和
RegionSales = BigArray(myCount, 6) + RegionSales
End If
Next myCount
End Function
```

第 18 章　处理文本文件

使用 VBA 读写文本文件非常容易，本章将介绍如何导入和写入文本文件。当需要导出数据供其他系统读取或者需要生成 HTML 文件时，能够写入文本文件很有用。

18.1　导入文本文件

在读取文本文件时，有两种基本情形。如果文件所包含的记录少于 1 048 576 条，则通过 Workbooks.OpenText 方法导入文件不是很难。如果文件所包含的记录多于 1 048 576 条，则每次只能从文件中读取一条记录。

18.1.1　导入不超过 1 048 576 行的文本文件

通常，文本文件有两种格式。一种格式是，每个记录的字段之间用分隔符分隔，如逗号、管道字符或制表符。另一种格式是，每个字段都占据特定的字符空间，这被称为固定宽度文件（fixed-width file），这在 COBOL 时代非常流行。

在 Excel 中，可以导入这两种类型的文件，还可以使用 OpenText 方法打开它。对于这两种情况，最好都要记录下打开文件的过程，并使用录制的代码片段。

1．打开固定宽度文件

在图 18-1 所示的文本文件中，记录中每个字段所占的空间都是固定的。通过编写代码来打开这种类型的文件有些困难，因为需要分别为每个字段指定长度。过去，COBOL 程序员使用金属标尺测量绿条打印机打印出的字符数。在理论上，可以将这种文件的字体设置为等宽字体，并使用这种方法来计算字符数，然而，更新的方法是使用宏录制器。

通过在“开发工具”选项卡中选择“宏录制器”来打开宏录制器。在菜单“文件”中选择“打开”命令，在“文件类型”下拉列表中选择“所有文件”并选择所需的文本文件。

在“文本导入向导-步骤 1”中，将原始数据类型指定为“固定宽度”，然后单击“下一步”按钮。

```
sales - 记事本
文件(F) 编辑(E) 格式(O) 查看(V) 帮助(H)
Region  Product Date      CustomerQuantityRevenue COGS     Profit
East    XYZ     7/24/200QRS INC.    1000   22810   10220    12590
Central DEF     7/25/200JKL, CO     100     2257     984     1273
East    ABC     7/25/200JKL, CO     500    10245    4235     6010
Central XYZ     7/26/200WXY, CO     500    11240    5110     6130
East    XYZ     7/27/200FGH, CO     400     9152    4088     5064
Central XYZ     7/27/200WXY, CO     400     9204    4088     5116
East    DEF     7/27/200RST INC.    800    18552    7872    10680
Central ABC     7/28/200EFG S.A.    400     6860    3388     3472
```

图 18-1　该文件的宽度是固定的，由于必须指定文件中每个字段的提取宽度，因此打开该文件有些困难

Excel 将检查文件中的数据，并试图确定每个字段的起始位置和结束位置。图 18-2 所示为 Excel 对该文件所做的猜测，由于字段 Date 和字段 Customer 靠得太近，Excel 没有在这两个字段之间建立分列线。

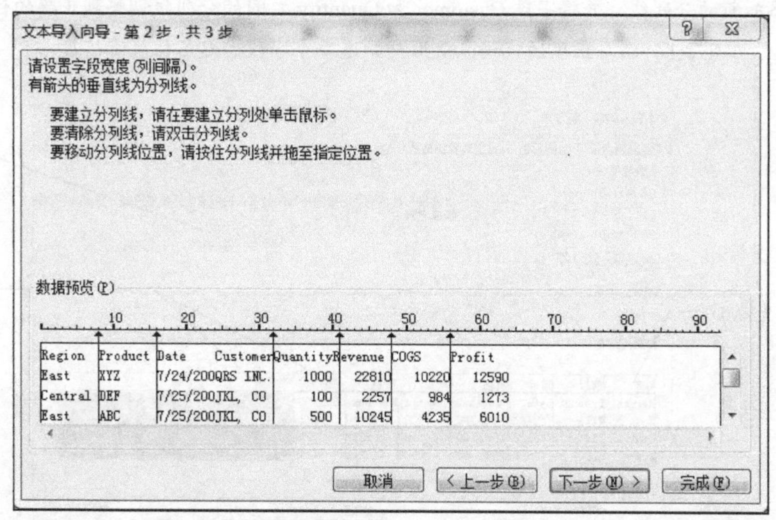

图 18-2　Excel 猜测每个字段的起始位置，在本例中，它没有将两个字段分开，且没有为较长的产品名留有足够空间

要在“文本导入向导-步骤 2”中添加新的字段指示符，需要单击“数据预览”中的合适位置。如果单击的位置不正确，可单击分列线将其拖放到正确位置。如果由于疏忽，Excel 添加了多余的分列线，可通过双击将其删除。图 18-3 所示为经过适当修改之后的数据预览。请注意数据上方的标尺，用户通过单击添加分列线时，Excel 将进行一项繁琐的工作——确定字段 Customer 从位置 27 开始，长度为 27。

在“文本导入向导-步骤 3”中，Excel 将假定每个字段的格式都为“常规”。

对于所有需要特殊处理的字段，修改其格式。单击第 3 列，并从对话框的“列数据格式”中选择适当的格式，图 18-4 所示为该文本文件所选择的格式。

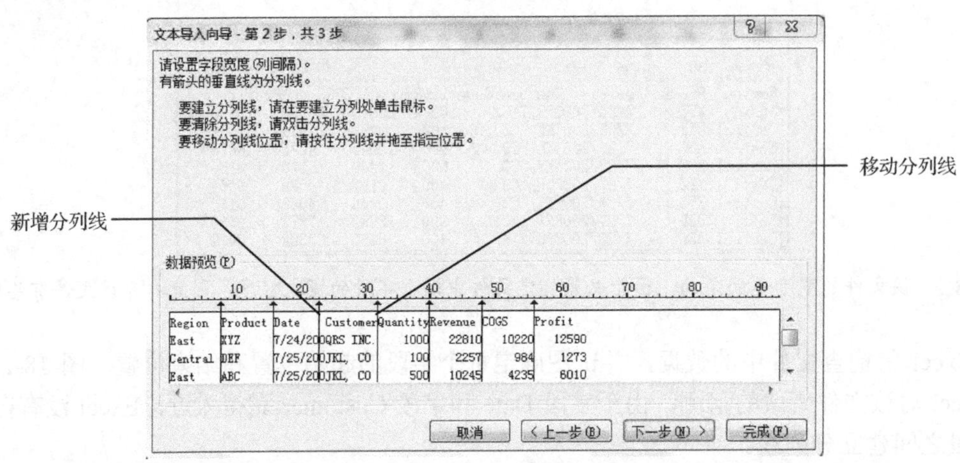

图 18-3　添加新的分列线，并将字段 Customer 和 Quantity 之间的分列线调整到正确的位置之后，Excel 将编写正确的代码，使用户知道每个字段的起始位置和长度

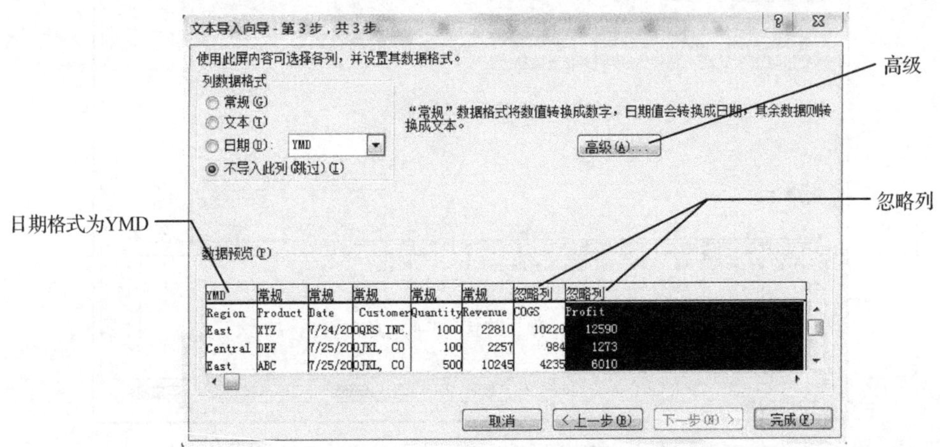

图 18-4　第 3 列为 Date，并不想将 GOGS 和 Profit 列导入

如果有 Date 字段，可单击该列顶部的标题，将其数据格式改为日期。如果文件中日期的格式为“年-月-日”或“日-月-年”，则应从“日期”旁边的下拉列表中选择合适的排列顺序。

如果想跳过一些列，可单击这些列，然后在“列数据格式”部分中选择单选按钮“不导入此列（跳过）”。这在两种情况下很有用。如果文件中包含不想让用户知道的敏感数据，可不导入它。例如，可能要将报表提供给顾客，但不希望显示其中的成本和利润，在这种情况下，导入时可跳过这些字段。另外，偶尔会遇到这样的文本文件：它的宽度是固定的，并使用管道字符等分隔符分隔。在这种情况下，要删除管道字符，一种不错的方式是将宽度为 1 的管道字符列设置为“不导入”，如图 18-5 所示。

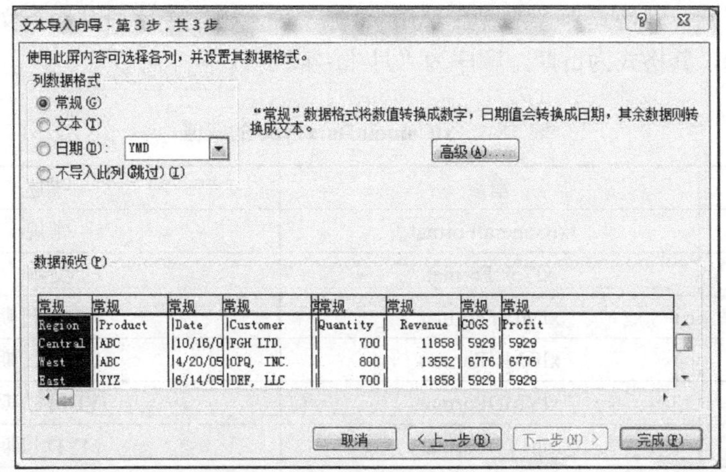

图 18-5　该文件是固定宽度的，同时使用管道字符进行分隔。要删除管道字符，可将每个管道字符列设置为“不导入此列”

如果文本字段中包含字母字符，可将其设置为“常规”格式。只有当需要将数字字段导入为文本时，才选择“文本”格式。例如，以 0 开头的账号或编码列。在这种情况下，为确保编码 01234 开头的 0 不丢失，需要将字段的格式设置为“文本”。

警告：当导入文本文件，并将一个字段指定为文本之后，该字段的行为将变得有些奇怪。如果插入一个新行，并试图在导入为文本的列中输入公式，Excel 将公式作为文本输入，而不显示该公式的结果。解决方法是，先删除公式，将整个列的格式设置为常规，然后再输入公式。

打开文件之后，关闭宏录制器并检查所录制的代码：

```
Workbooks.OpenText Filename:= "C:\sales.prn", Origin:=437, StartRow:=1, _
DataType:=xlFixedWidth, FieldInfo:=Array(Array(0, 1), Array(8, 1), _
Array(17, 3), Array(27, 1), Array(54, 1), Array(62, 1), Array(71, 9), _
Array(79, 9)), TrailingMinusNumbers:=True
```

上述代码中最令人困惑的部分是参数 FieldInfo。这里将该参数设置成一个数组，而该数组中的元素为包含两个元素的数组。对于文件中的每个字段，都使用一个包含两个元素的数组来指定字段的起始位置和类型。

字段的起始位置从 0 开始。由于字段 Region 处于第一个字符位置，因此其起始位置为 0。

字段类型是通过数字指定的。手工编写代码时，通常使用常量名 xlColumnDataType，但不知出于什么原因，宏录制器使用了更加难以理解的数字。

根据表 18-1，读者能够理解数组 FieldInfo 中各个数组的含义。Array(0, 1)表示字段从文件最左侧的位置 0 开始，其格式为“常规”；Array(8, 1)表示下一个字段从距离文件最左侧 8

个字符的位置开始，其格式为“常规”；Array(17, 3)表示下一个字段从距离文件最左侧 17 个字符的位置开始，其格式为日期，顺序为“月-日-年”。

表 18-1 xlColumnDataType 的取值

值	常量	描述
1	xlGeneralFormat	常规
2	xlTextFormat	文本
3	xlMDYFormat	MDY 日期
4	xlDMYFormat	DMY 日期
5	xlYMDFormat	YDM 日期
6	xlMYDFormat	MYD 日期
7	xlDYMFormat	DYM 日期
8	xlYDMFormat	YDM 日期
9	xlSkipColumn	不导入
10	xlEMDFormat	EMD 日期

由此可见，对于固定列宽的文件，FieldInfo 参数编写起来比较困难，而且不容易理解。在这种情况下，录制宏并复制代码将更加容易。

2. 打开使用分隔符分隔的文件

在图 18-6 所示的文本文件中，每个字段都是以逗号分隔的。打开这种文件时，主要任务是告知 Excel 所使用的分隔符是逗号，然后指定将要对字段进行的特殊处理。就本例而言，很显然，需要将第 3 列的格式设置为“月-日-年”格式的日期。

警告： 如果试图录制这一过程，即打开以逗号分隔的、扩展名为.csv 的文件，Excel 将使用 Workbooks.Open 方法录制，而非 Workbooks.OpenText 方法。如果要控制某些列的格式设置，应在录制宏之前将其重命名为扩展名为.txt 的文件。

```
Region,Product,Date,Customer,Quantity,Revenue,COGS,Profit
East,XYZ,07/24/2011,Magnificent Jewelry Company,1000,22810,102
Central,DEF,07/25/2011,Modular Ink Inc.,100,2257,984,1273
East,ABC,07/25/2011,Modular Ink Inc.,500,10245,4235,6010
Central,XYZ,07/26/2011,Innovative Ink Supply,500,11240,5110,61
East,XYZ,07/27/2011,User-Friendly Juicer Inc.,400,9152,4088,50
Central,XYZ,07/27/2011,Innovative Ink Supply,400,9204,4088,511
East,DEF,07/27/2011,Unique Doorbell Company,800,18552,7872,106
```

图 18-6 该文件以逗号分隔。打开该文件时，需要告知 Excel 将逗号视为分隔符，并指定特殊处理，如果将第 3 列视为日期，将比处理固定宽度文件容易得多

打开宏录制器，录制打开文本文件的过程。在“文本导入向导-步骤 1”中，将文本类型指定为“分隔符号”。

在“文本导入向导-步骤 2”中，数据预览最初可能令人生厌。这是因为在默认情况下，Excel 认为每个字段都是以制表符分隔的，如图 18-7 所示。

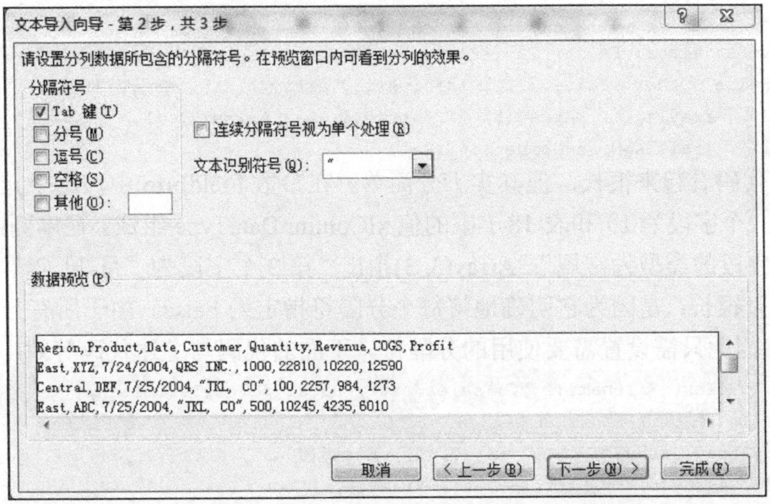

图 18-7　在导入使用逗号分隔的文本文件之前，最初的数据预览看起来很乱，因为 Excel 假定字段是以制表符分隔的，而在该文件中，分隔符实际上是逗号

取消选中复选框“Tab 键”，并选择合适的分隔符选项（这里为“逗号”），步骤 2 中的数据预览看起来将十分完美，如图 18-8 所示。

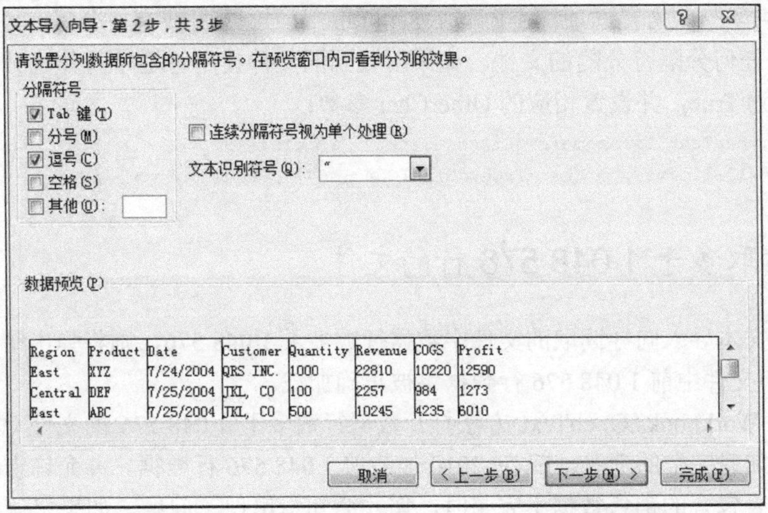

图 18-8　将字段分隔符从 Tab 键修改为逗号之后，数据预览看起来相当完美。和导入固定宽度文件的第 2 步中复杂的处理相比，这要简单得多

文本导入向导-步骤 3 与打开固定宽度文件的步骤 3 相同。在这个例子中，将第 3 列的格式设置为日期，然后单击“完成”按钮。宏录制器录制的代码如下：

```
Workbooks.OpenText Filename:= "C:\sales.txt", Origin:=437, _
StartRow:=1, DataType:=xlDelimited, TextQualifier:=xlDoubleQuote, _
ConsecutiveDelimiter:=False, Tab:=False, Semicolon:=False, Comma:=True _
, Space:=False, Other:=False, FieldInfo:=Array(Array(1, 1), Array(2, 1), _
Array(3, 3), Array(4, 1), Array(5, 1), Array(6, 1), Array(7, 1), _
Array(8, 1)), TrailingMinusNumbers:=True
```

虽然上述代码看起来很长，但其实十分简单。在参数 FieldInfo 中，两个元素的数组由一个顺序号（第一个字段为 1）和表 18-1 中的值 xlColumnDataType 组成。在本例中，Array(2, 1)指出“第 2 个字段的类型为常规”；Array(3, 3)指出“第 3 个字段为‘月-日-年’格式的日期”。这段代码之所以很长，是因为它明确地将每个分隔符指定为 False。由于所有分隔符的默认设置都是 False，因此只需设置需要使用的分隔符。下面的代码与上述代码等效：

```
Workbooks.OpenText Filename:= "C:\sales.txt", DataType:=xlDelimited,
Comma:=True, _
FieldInfo:=Array(Array(1, 1), Array(2, 1), Array(3, 3), Array(4, 1), _
Array(5, 1), Array(6, 1), Array(7, 1), Array(8, 1))
```

最后，为了使代码更具可读性，可以使用常量名代替代码中的数字：

```
Workbooks.OpenText Filename:= "C:\sales.txt", DataType:=xlDelimited, _
Comma:=True, _
FieldInfo:=Array(Array(1, xlGeneralFormat), Array(2, xlGeneralFormat), _
Array(3, xlMDYFormat), Array(4, xlGeneralFormat), Array(5, xlGeneralFormat), _
Array(6, xlGeneralFormat), Array(7, xlGeneralFormat), Array(8, _
xlGeneralFormat))
```

Excel 提供了一些内置选项，用于读取使用 Tab、分号、逗号或空格分隔字段的文件。Excel 能够处理使用任何分隔符分隔的文件。如果所收到的文件使用管道字符作为分隔符，可将参数 Other 设置为 True，并设置相应的 OtherChar 参数：

```
Workbooks.OpenText Filename:= "C:\sales.txt", Origin:=437, _
DataType:=xlDelimited, Other:=True, OtherChar:= "|", FieldInfo:=...
```

18.1.2 读取多于 1 048 576 行的文件

如果使用文本导入向导读取的文件中数据行数多于 1 048 576，则将弹出错误消息“没有加载文件”，但文件中前 1 048 576 行数据将被正确加载。

如果使用 Workbooks.OpenText 方法打开数据行数多于 1 048 576 的文件，将不会出现提示该文件没有加载完全的消息。Excel 2010 加载前 1 048 576 行数据，并允许宏继续执行。仅当有人发现报表包含的销售数据不完整时，您才会知道出现了问题。如果您认为自己的文件包含的数据量经常会这么大，最好在导入后检查单元格 A1048576 是否为空。如果不为空，则很可能没有加载所有文件。

1. 每次读取一行文本文件

读者可能遇到过超过 1 048 576 行的文本文件。在这种情况下，可以每次只读取一行文本文件。其代码与读者在高中第一次学习的 BASIC 代码相同。

在打开文件时需要指定 INPUT as #1，然后可以使用 Line Input #1 语句将文件中一行数据读入变量。下面的代码打开文件 sales.txt，将文件中的 10 行数据读入工作表中的前 10 个单元格中，然后将文件关闭：

```
Sub Import10()
ThisFile = "C\sales.txt"
Open ThisFile For Input As #1
For i = 1 To 10
Line Input #1, Data
Cells(i, 1).Value = Data
Next i
Close #1
End Sub
```

您可能需要一直读取数据直到文件的末尾，而非只读取 10 行记录。在 Excel 中，变量 EOF 能够自动更新，如果在打开文件时指定 input as #1，则通过检查 EOF(1)能够获悉是否读取了最后一条记录。

在到达文件末尾之前，可使用 Do...While 循环不断读取记录：

```
Sub ImportAll()
ThisFile = "C:\sales.txt"
Open ThisFile For Input As #1
Ctr = 0
Do
Line Input #1, Data
Ctr = Ctr + 1
Cells(Ctr, 1).Value = Data
Loop While EOF(1) = False
Close #1
End Sub
```

使用类似这样的代码读取完记录之后，您将发现图 18-9 中所示的数据没有分配到列中，文件中的所有字段都被分配到 A 列中。

A列中包含6列数据

A1　fx　Region Product Date Customer Quantity Revenue COGS Profit

	A	B	C	D	E	F	G	H	I	J	K
1	Region Product Date Customer Quantity Revenue COGS Profit										
2	East XYZ 07/24/2011Magnificent Jewelry Company 1000 22810 10220 12590										
3	Central DEF 07/25/2011Modular Ink Inc. 100 2257 984 1273										
4	East ABC 07/25/2011Modular Ink Inc. 500 10245 4235 6010										
5	Central XYZ 07/26/2011Innovative Ink Supply 500 11240 5110 6130										
6	East XYZ 07/27/2011User-Friendly Juicer Inc. 400 9152 4088 5064										
7	Central XYZ 07/27/2011Innovative Ink Supply 400 9204 4088 5116										

图 18-9　当每次只读取文件中的一行数据时，所有数据字段都被存储在 A 列中

可以使用 TextToColumns 方法将记录解析为列，TextToColumns 方法的参数与 OpenText 方法的参数几乎相同：

```
Cells(1, 1).Resize(Ctr, 1).TextToColumns Destination:=Range("A1"), _
DataType:=xlDelimited, Comma:=True, FieldInfo:=Array(Array(1, _
xlGeneralFormat), Array(2, xlMDYFormat), Array(3, xlGeneralFormat), _
Array(4, xlGeneralFormat), Array(5, xlGeneralFormat), Array(6, _
xlGeneralFormat), Array(7,xlGeneralFormat), Array(8, xlGeneralFormat), _
Array(9, xlGeneralFormat), Array(10,xlGeneralFormat), Array(11, _
xlGeneralFormat))
```

警告：在同一次 Excel 会话期间，Excel 能够记住分隔符设置。在 Excel 中有一个令人讨厌的 bug，当 Excel 记住用户使用逗号或 Tab 作为分隔符之后，任何时候想要从剪贴板中向 Excel 中粘贴数据时，粘贴的数据将自动使用 OpenText 方法中指定的分隔符分隔。因此，当您需要粘贴一些包含顾客“ABC, Inc.”的文本，文本将自动被分为两列，第一列中包含文本 ABC，第二列中包含文本 Inc。

为安全起见，在打开文本文件时，可以不以硬编码的方式将#1 用作指示器，而使用 FreeFile 函数。该函数返回一个整数，它是可供 Open 语句使用的下一个文件号。读取少于 1 048 576 行数据的文本文件的完整代码如下：

```
Sub ImportAll()
ThisFile = "C:\sales.txt"
FileNumber = FreeFile
Open ThisFile For Input As #FileNumber
Ctr = 0
Do
Line Input #FileNumber, Data
Ctr = Ctr + 1
Cells(Ctr, 1).Value = Data
Loop While EOF(FileNumber) = False
Close #FileNumber
Cells(1, 1).Resize(Ctr, 1).TextToColumns Destination:=Range("A1"), _
DataType:=xlDelimited, Comma:=True, _
FieldInfo:=Array(Array(1, xlGeneralFormat), _
Array(2, xlMDYFormat), Array(3, xlGeneralFormat), _
Array(4, xlGeneralFormat), Array(5, xlGeneralFormat), _
Array(5, xlGeneralFormat), Array(6, xlGeneralFormat), _
Array(7, xlGeneralFormat), Array(8, xlGeneralFormat), _
Array(9, xlGeneralFormat), Array(10, xlGeneralFormat), _
Array(10, xlGeneralFormat), Array(11, xlGeneralFormat))
End Sub
```

2. 读取多于 1 048 576 行的文本文件

可以使用 Line Input 方法读取较大的文本文件。一种不错的方法是，首先将数据行读取到单元格 A1:A1048575 中，然后再将更多的行读入单元格 AA2 中。对于第二个数据集，从第 2 行开始存储，以便复制第一个数据集中第一行的标题。如果文件非常大，填满了第一列，则继续读取到 BA2、CA2 列，以此类推。

此外，当到达第 1 048 574 行时应停止写入，在最下面留出两个空行，以便代码 Cells(Rows.Count, 1) """.End(xlup).Row 能够查找到最后一行。下面的代码将一个较大的数据集读取到多个数据集中：

```
Sub ReadLargeFile()
ThisFile = "C:\sales.txt"
FileNumber = FreeFile
Open ThisFile For Input As #FileNumber
NextRow = 1
NextCol = 1
Do While Not EOF(1)
Line Input #FileNumber, Data
Cells(NextRow, NextCol).Value = Data
NextRow = NextRow + 1
If NextRow = (Rows.Count -2) Then
' 对这些记录进行解析
Range(Cells(1, NextCol), Cells(Rows.Count, NextCol)).TextToColumns _
Destination:=Cells(1, NextCol), DataType:=xlDelimited, _
Comma:=True, FieldInfo:=Array(Array(1, xlGeneralFormat), _
Array(2, xlMDYFormat), Array(3, xlGeneralFormat), _
Array(4, xlGeneralFormat), Array(5, xlGeneralFormat), _
Array(6, xlGeneralFormat), Array(7, xlGeneralFormat), _
Array(8, xlGeneralFormat), Array(9, xlGeneralFormat), _
Array(10, xlGeneralFormat), Array(11, xlGeneralFormat))
' 复制第一部分的标题
If NextCol > 1 Then
Range("A1:K1").Copy Destination:=Cells(1, NextCol)
End If
' 创建下一部分
NextCol = NextCol + 26
NextRow = 2
End If
Loop
Close #FileNumber
' 解析记录中最后一部分
FinalRow = NextRow - 1
If FinalRow = 1 Then
```

```
' 处理巧合包含 1084574 行的文件
NextCol = NextCol - 26
Else
Range(Cells(2, NextCol), Cells(FinalRow, NextCol)).TextToColumns _
Destination:=Cells(1, NextCol), DataType:=xlDelimited, _
Comma:=True, FieldInfo:=Array(Array(1, xlGeneralFormat), _
Array(2, xlMDYFormat), Array(3, xlGeneralFormat), _
Array(4, xlGeneralFormat), Array(5, xlGeneralFormat), _
Array(6, xlGeneralFormat), Array(7, xlGeneralFormat), _
Array(8, xlGeneralFormat), Array(9, xlGeneralFormat), _
Array(10, xlGeneralFormat), Array(11, xlGeneralFormat))
If NextCol > 1 Then
Range("A1:K1").Copy Destination:=Cells(1, NextCol)
End If
End If
DataSets = (NextCol - 1) / 26 + 1
End Sub
```

通常，需要将变量 DataSets 的值存储到工作簿中的一个单元格中，以便日后了解工作表中数据集的数量。

可以想见，使用这种方法可将 660 601 620 行数据读取到一个工作表中。之前用于筛选和报告数据的代码将变得十分复杂。可能需要根据每个数据集创建一个数据透视表以汇总每个数据集，然后再使用一个数据透视表汇总所有数据集。有时，需要考虑是否使用 Access 来实现这个应用程序，以及是否需要将数据存储到 Access 数据库中并将 Excel 作为前端（将在第 19 章“将 Access 用作后端以改善多用户数据访问”中介绍）。

18.2 写入文本文件

写入文本文件的代码与读取文本文件的代码相似。在打开文件时需要指定 output as #1，然后，在循环进入不同记录时，使用 Print #1 语句写入文件。

在打开想要输出的文件之前，应确保之前存在的文件实例都已被清除。可以使用 Kill 语句删除文件，如果找不到指定的文件，Kill 语句将返回错误。在这种情况下，可使用 On Error Resume Next 方法跳过错误。

下面的例子输出一个文本文件供其他应用程序使用：

```
Sub WriteFile()
ThisFile = "C:\Results.txt"
' 删除以前的文件副本
On Error Resume Next
```

```
Kill ThisFile
On Error GoTo 0
' 打开文件
Open ThisFile For Output As #1
FinalRow = Cells(Rows.Count, 1).End(xlUp).Row
' 写出文件
For j = 1 To FinalRow
Print #1, Cells(j, 1).Value
Next j
End Sub
```

这个例子十分简单。可以使用这种方法将数据写入任何基于文本的文件中。

第 19 章　将 Access 用作后端以改善多用户数据访问

在上一章末尾的例子中，提出了一种在 Excel 工作表中存储 6.83 亿条记录的方法。虽然 Excel 是世界上最优秀的产品，但在某些时候也依赖 Access 并利用 Access 多维数据库（MDB）文件。

即使对于数据不超过一亿行的情况，也存在另一个使用 MDB 数据文件的充分理由，这就是它支持多用户的访问，而不会引起与共享工作簿相关的麻烦。

Microsoft Excel 提供一种共享工作簿的方式，但当共享工作簿时，Excel 中的许多功能将无法使用。共享某一工作簿时，将无法使用自动分类汇总、数据透视表、分组和大纲模式、方案、保护、自动套用样式、样式、图片、添加图表和插入工作表等功能。

通过使用 Excel VBA 前端并将数据存储到 MDB 数据库中，就实现了将二者的优点相结合。既可以利用 Excel 的强大功能和灵活性，又可以利用 Access 的多用户访问功能。

注意：MDB 是 Microsoft Access 和 Microsoft Visual Basic 的官方文件格式。这意味着可以将读写 MDB 的 Excel 解决方案提供给没有安装 Microsoft Access 的用户。当然，对于开发人员来说，安装 Access 很有必要，通过 Access 前端可以创建图表和查询。

警告：本章中的示例中使用 jet 引擎读写 Access 数据库，jet 引擎在 Access 97 至 2010 版本中有效。如果您确定宏的所有用户都使用 Excel 2007 以后的版本，则可代之以使用 ACE 引擎。

问题是在本书原版书出版之后，微软公司并没有推出 jet 或 ACE ADO 接口的 64 位版本。这令人十分不解，因为这导致了成千上万的 Access 应用程序在 64 位 Office 中无法使用。结果或将阻止用户升级到 64 位 Office，或将强制用户使用 SQL Server。

要在 64 位版本的 Office 中使用本章的代码，可在搜索引擎中输入 Microsoft.Jet.OLEDB 和 64 位，看看微软是否提供了 64 位版本。

如果使用的是 64 位的 Excel，可能需要切换到 SQL Server Express 以存储数据。读者可查看本章末尾关于将该代码应用于 SQL Server 的示例。

19.1　ADO 与 DAO

在早些年间，微软公司一直推荐使用 data access objects（DAO）来访问外部数据库的数据。因此，DAO 曾一度非常流行，有大量针对它编写的代码。但是，在 Excel 2000 发布之后，微软公司开始推出 ActiveX data objects（ADO），其概念与 DAO 相似，语法差别也不大。在本章，笔者将使用 ADO。需要注意的是，如果您所浏览的是 2010 年之前编写的代码，那么可能使用的是 DAO。除了少量语法变动，使用 DAO 和 ADO 的代码看起来十分相似。

如果读者需要调试使用 DAO 的代码，请参考微软知识库（Microsoft Knowledge Base）文章，它们讨论了 ADO 与 DAO 之间的差别。

要使用本章中的代码，首先打开 VB 编辑器，选择菜单“工具>引用”，然后在“可使用的引用”列表中选择 Microsoft ActiveX Data Objects Library，如图 19-1 所示。

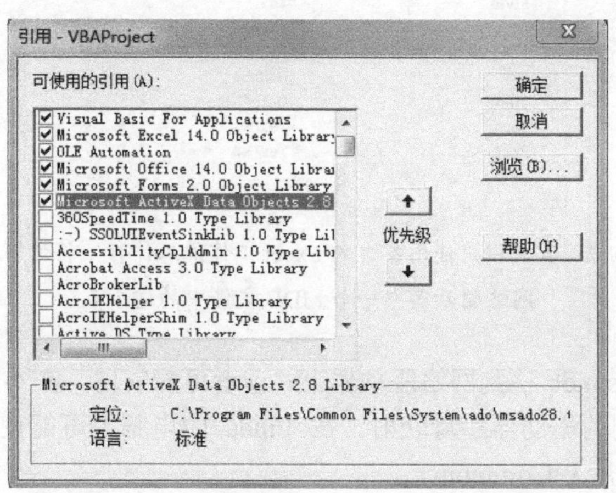

图 19-1　要读写 Access MDB 文件，必须添加对 Microsoft ActiveX Data Objects Library（或更高版本）的引用

提示：如果您使用的是 Vista 或更高级版本的操作系统，则应选择 6.0 版本库。如果将应用程序提供给仍然使用 Windows XP 操作系统的用户，则应选择 2.8 版本。

■ 案例分析：创建共享的 Access 数据库

Linda 和 Janine 是一家连锁零售店的采购员。每天早晨，他们都从收款机中导入数据，以获取 2 000 种商品的最新销售信息和库存信息。他们当中每位采购员都可能输入从一家商店到另一家商店的库存调动信息，如果他们能看到对方即将输入的库存调动信息就好了。

每位采购员的电脑桌面上都运行一个 Excel VBA 应用程序，他们导入收款机中的数据，并使用 VBA 过程创建数据透视表以帮助做出采购决定。

如果将库存调动数据存储在通常的 Excel 文件中将导致错误。当一位采购员向 Excel 文件中写入数据时，对于另一位采购员来说，该文件的属性将变为只读。对于共享工作簿，Excel 禁止创建数据透视表，而采购员的应用程序需要使用这一功能。

Linda 和 Janine 两人都没有专业版 Office，因此他们的台式计算机中均没有运行 Access。

解决方案是创建一个 Access 数据库，并将其存储到 Linda 和 Janine 都能访问的网络驱动器中。

1．在另一台计算机中使用 Access 创建一个名为 transfers.mdb 的数据库，并新建一个名为 tblTransfer 的表，如图 19-2 所示。

tblTransfer

Field Name	Data Type
ID	AutoNumber
Style	Text
FromStore	Number
ToStore	Number
Qty	Number
TDate	Date/Time
Sent	Yes/No
Receive	Yes/No

图 19-2　多个用户使用各自的 Excel 工作簿工作时，将读写位于网络驱动器中一个 MDB 文件中的这个表

2．将文件 transfers.mdb 移到网络驱动器上。读者可能发现，在不同的计算机中，这个共享文件夹可能使用不同的驱动器字母映射。在 Linda 的电脑中可能使用 H:\Common\，而在 Janine 的电脑中可能使用 I:\Common\。

3．在两台计算机中，打开 VB 编辑器，并在菜单“工具>引用”下添加到 ActiveX Data Objects Library 的引用。

4．在他们的应用程序中，分别找到一个空闲单元格，在其中存储 transfers.mdb 的路径，并将单元格命名为 TPath。

该应用程序为两位导购员提供了几乎天衣无缝的多用户访问。Linda 和 Janine 可以同时对表进行读写。唯一的冲突可能发生在当他们试图同时更新某一记录时。

除包含 transfers.mdb 的路径的空闲单元格外，两位导购员都不会发现他们的数据存储在共享 Access 表中，他们的计算机也无需安装 Access。

接下来，本章将给出一些必要的代码，使用它们能够使得前述案例分析中的应用程序读写 tblTransfer 表中的数据。

19.2　ADO 工具

使用 ADO 链接外部数据源时，将遇到以下一些术语。

■ **记录集：**链接 Access 数据库时，数据集是数据库中的一个表或一个查询。大多数 ADO 方法都将引用记录集。您可能想要动态地创建自己的查询，在这种情况下，需要使用 SQL 语句从表中读取部分记录集。

■ **连接：**定义数据库的路径和类型。对于 Access 数据库，将指定连接使用 Microsoft Jet Engine。

■ **游标：**可以将游标视为指针，使用它能够跟踪在数据库中所使用的记录。有多种游标类型，还有两种游标位置（将在下面介绍）。

■ **游标类型：**动态游标是最灵活的游标。如果定义了一个记录集，且在动态游标处于活动状态时更新了该表中的某一行，动态游标将知道更新后的记录集。虽然动态游标是最为灵活的，但其开销也最高。如果数据库中包含的事务不多，可使用静态游标，这种游标返回其创建时的数据快照。

■ **游标位置：**游标既可以位于客户端也可以位于服务器端。对于位于硬盘中的 Access 数据库，服务器游标意味着游标将由计算机中的 Access Jet Engine 控制。如果将游标设置为客户端游标，游标将由 Excel 控制。对于超大型外部数据集，通常使用服务器控制游标；对于小型数据库，客户端游标的速度更快。

■ **锁定类型：**本章的核心内容是允许多个用户同时访问数据集。锁定类型能够避免当两个用户同时更新同一记录时所导致的崩溃。使用乐观锁时，仅当用户需要更新记录时才锁定它。如果应用程序在 90%的时间内都在读取数据，只偶尔更新数据，则非常适合使用乐观锁。但如果在每次读取记录后马上对其进行更新，则应使用悲观锁。使用悲观锁时，读取记录时就将其立即锁定。如果确定不会将数据写入数据库，则可以使用只读锁，这样既可以读取记录，又不会阻止其他用户更新该记录。

在访问 MDB 文件中的记录时，使用的主要对象是 ADO 连接和 ADO 数据集。

ADO 连接定义数据库的路径，并指定基于 Microsoft Jet Engine 进行连接。

建立好与数据库的连接之后，通常需要使用该连接定义记录集。记录集可以是 Access 数据库中的一个表或预定义的一个查询。要打开记录集，需要指定连接和参数 CursorType、CursorLocation、LockType 以及 Options 的值。

假设每次只有两个用户同时访问表，通常会使用动态游标和乐观锁类型。对于大型数据集，在数据库服务器处理记录时，通过将属性 CursorLocation 的值设置为 adUseServer 能够不使用客户端的 RAM。而对于小型数据集，将属性 CursorLocation 的值设置为 adUseClient 也许更快。在打开记录集时，所有记录都被传送到客户端的存储器中，这样能够更快地在各个记录之间进行导航。

从 Access 数据库中读取数据十分简单。可以使用 CopyFromRecordset 方法复制记录集到工作表的空白区域之间所有选中的记录。

要向 Access 数据库中添加记录，可针对记录集使用 AddNew 方法。然后指定表中每个字段的值，并使用 Update 方法执行对数据库所做的修改。

要删除表中的记录，可以使用传递查询来删除数据库中满足特定条件的记录。

注意：如果您感到使用 ADO 十分困难，并认为“如果只通过打开 Access 数据库，便可以通过一条 SQL 语句精确地执行所有需要的操作”，则可以使用传递查询。传递查询向数据库发送请求，要求其运行应用程序中创建的 SQL 语句，而非使用 ADO 来检索数据。这样，就能够有效地处理一些数据库可能支持，但使用 ADO 无法处理的一些任务。传递查询所处理的 SQL 语句类型取决于连接的数据库类型。

还有一些工具，用于确定是否存在特定的表或表中是否存在特定的字段。此外，还可以使用 VBA 动态地向表中添加字段。

19.3 向数据库中添加记录

回顾本章之前给出的案例分析中所创建的应用程序，其中有一个供导购员输入库存调动信息的用户窗体。为了尽可能简化对 Access 数据库的调用，使用一系列实用模块负责处理到数据库的 ADO 连接。这样，用户窗体代码只需调用 AddTransfer(Style, FromStore, ToStore, Qty)。

定义 ADO 连接之后，可按照以下步骤添加记录。

1. 打开一个指向表的记录集。请参阅下面代码中的注释“打开连接”、“定义记录集”和“打开表”。
2. 使用 AddNew 方法添加一个新记录。
3. 对新记录中的每个字段进行更新。
4. 使用 Update 方法更新记录集。
5. 关闭记录集，最后关闭连接。

下面的代码在 tblTransfer 表中添加一个新记录：

```
Sub AddTransfer(Style As Variant, FromStore As Variant, _
ToStore As Variant, Qty As Integer)
Dim cnn As ADODB.Connection
Dim rst As ADODB.Recordset
```

```
MyConn = "J:\transfers.mdb"
' 打开连接
Set cnn = New ADODB.Connection
With cnn
.Provider = "Microsoft.Jet.OLEDB.4.0"
.Open MyConn
End With
' 定义记录集
Set rst = New ADODB.Recordset
rst.CursorLocation = adUseServer
' 打开表
rst.Open Source:= "tblTransfer", _
ActiveConnection:=cnn, _
CursorType:=adOpenDynamic, _
LockType:=adLockOptimistic, _
Options:=adCmdTable
' 添加记录
rst.AddNew
' 设置字段的值. 前 4 个字段
'从调用的用户窗体中输入. Date 字段
'使用当前日期填充
rst("Style") = Style
rst("FromStore") = FromStore
rst("ToStore") = ToStore
rst("Qty") = Qty
rst("tDate") = Date
rst("Sent") = False
rst("Receive") = False
'为该记录赋值
rst.Update
' 关闭
rst.Close
cnn.Close
End Sub
```

19.4　在数据库中检索记录

在 Access 数据库中读取记录十分简单。在定义记录集时，可输入一个 SQL 字符串来返回感兴趣的记录。

提示：一种不错的生成 SQL 的方式是，在 Access 中设计一个检索记录的查询。在查询处于打开状态的情况下，在“查询工具”下的“设计”选项卡中，从“视图”下拉列表中选择“SQL 视图”，Access 将显示执行该查询所需的 SQL 语句。在 VBA 代码中，可以根据该 SQL 语句来构建 SQL 字符串。

定义完记录集之后，可以使用 CopyFromRecordSet 方法将所有符合条件的记录从 Access 中复制到工作表的特定区域中。

下面的程序对 Transfer 表进行查询，查找其中 Sent 标志没有设置为 True 的所有记录。结果显示在一个空白工作表中。最后几行代码在一个用户窗体中显示结果，以方便在下一节中演示如何更新记录：

```
Sub GetUnsentTransfers()
Dim cnn As ADODB.Connection
Dim rst As ADODB.Recordset
Dim WSOrig As Worksheet
Dim WSTemp As Worksheet
Dim sSQL as String
Dim FinalRow as Long
Set WSOrig = ActiveSheet
sSQL = "SELECT ID, Style, FromStore, ToStore, Qty, tDate FROM tblTransfer"
sSQL = sSQL & " WHERE Sent=FALSE"
MyConn = "J:\transfers.mdb"
Set cnn = New ADODB.Connection
With cnn
.Provider = "Microsoft.Jet.OLEDB.4.0"
.Open MyConn
End With
Set rst = New ADODB.Recordset
rst.CursorLocation = adUseServer
rst.Open Source:=sSQL, ActiveConnection:=cnn, _
CursorType:=AdForwardOnly, LockType:=adLockOptimistic, _
Options:=adCmdText
' 在新工作簿中创建报表
Set WSTemp = Worksheets.Add
' 添加表头
Range("A1:F1").Value = Array("ID", "Style", "From", "To", "Qty", "Date")
' 从记录集中复制到第 2 行
Range("A2").CopyFromRecordset rst
' 关闭连接
rst.Close
cnn.Close
' 设置报表
FinalRow = Range("A65536").End(xlUp).Row
```

```
' 如果没有记录则停止
If FinalRow = 1 Then
Application.DisplayAlerts = False
WSTemp.Delete
Application.DisplayAlerts = True
WSOrig.Activate
MsgBox "There are no transfers to confirm"
Exit Sub
End If
' 将 F 列设置为日期格式
Range("F2:F"& FinalRow).NumberFormat = "m/d/y"
frmTransConf.Show
' 删除临时表
Application.DisplayAlerts = False
WSTemp.Delete
Application.DisplayAlerts = True
End Sub
```

CopyFromRecordSet 方法将符号 SQL 查询条件的记录复制到工作表中的一个区域。注意，得到的将只是数据行，并没有自动返回标题。必须使用代码将标题写入第一行，结果如图 19-3 所示。

	A	B	C	D	E
1	ID	Style	From	To	Qty
2	1935	B11275	340000	340000	8
3	1936	B10133	340000	340000	4
4	1937	B15422	340000	340000	5
5	1938	B10894	340000	340000	9
6	1939	B10049	340000	340000	3
7	1941	B18722	340000	340000	10
8	1944	B12886	340000	340000	10
9	1947	B17947	340000	340000	7
10	1950	B16431	340000	340000	9
11	1953	B19857	340000	340000	7
12	1954	B11562	340000	340000	1

图 19-3　使用 Range("A2").CopyFromRecordSet 方法将符合条件的记录从 Access 数据库复制到工作表中

19.5 更新记录

要更新记录，需要创建一个只包含一条记录的记录集。这要求用户在指定记录时选择某种唯一键。打开记录集后，使用 Fields 属性修改字段，然后使用 Update 方法将修改提交给数据库。

之前的例子中将数据集返回到一个空白工作表中，然后调用用户窗体 frmTransConf。该窗体使用简单的 Userform_Initialize 在一个大型列表框中显示该区域的内容。该列表框的 MultiSelect 属性设置为 True：

```
Private Sub UserForm_Initialize()
FinalRow = Cells(Rows.Count, 1).End(xlUp).Row
If FinalRow > 1 Then
Me.lbXlt.RowSource = "A2:F"& FinalRow
End If
End Sub
```

初始化程序运行完之后，列表框中将显示未确认的记录。物流计划员可选择实际上已发货的所有记录，如图 19-4 所示。

Confirm Transfers Sent

ID	Style	From	To	Qty
1935	B11275	340000	340000	8
1936	B10133	340000	340000	4
1937	B15422	340000	340000	5
1938	B10894	340000	340000	9
1939	B10049	340000	340000	3
1941	B18722	340000	340000	10
1944	B12886	340000	340000	10
1947	B17947	340000	340000	7
1950	B16431	340000	340000	9
1953	B19857	340000	340000	7
1954	B11562	340000	340000	1
1955	B19413	340000	340000	2
1957	B17370	340000	340000	1
1958	B14304	340000	340000	5
1959	B19881	340000	340000	5
1960	B13722	340000	340000	1
1961	B16873	340000	340000	6
1962	B14620	340000	340000	7
1963	B12306	340000	340000	1
1964	B18110	340000	340000	9
1965	B15963	340000	340000	4
1966	B12256	340000	340000	6
1967	B15878	340000	340000	10
1968	B14135	340000	340000	1
1969	B11275	340000	340000	8

Confirm　Exit

图 19-4　该窗体显示 Access 记录集中的特定记录，采购员选择一些记录并单击 Confirm 按钮时，将使用 ADO 的 Update 方法更新选定记录的 Sent 字段

与 Confirm 按钮相关联的代码如下。如果将范围缩小到单条记录，应包含前面示例中所返回的 ID 字段值：

```
Private Sub cbConfirm_Click()
Dim cnn As ADODB.Connection
Dim rst As ADODB.Recordset
'如果选择内容为空，则给出警告
CountSelect = 0
For x = 0 To Me.lbXlt.ListCount - 1
```

```
If Me.lbXlt.Selected(x) Then
CountSelect = CountSelect + 1
End If
Next x
If CountSelect = 0 Then
MsgBox "There were no transfers selected. " & _
"To exit without confirming any tranfers, use Cancel. "
Exit Sub
End If
' 建立连接 transfers.mdb
' Path to Transfers.mdb is on Menu
MyConn = "J:\transfers.mdb"
Set cnn = New ADODB.Connection
With cnn
.Provider = "Microsoft.Jet.OLEDB.4.0"
.Open MyConn
End With
' 标记为完成
For x = 0 To Me.lbXlt.ListCount - 1
If Me.lbXlt.Selected(x) Then
ThisID = Cells(2 + x, 1).Value
' 标记 ThisID 为完成
'创建 SQL 字符串
sSQL = "SELECT * FROM tblTransfer Where ID=" & ThisID
Set rst = New ADODB.Recordset
With rst
.Open Source:=sSQL, ActiveConnection:=cnn, _
CursorType:=adOpenKeyset, LockType:=adLockOptimistic
'更新字段
.Fields("Sent").Value = True
.Update
.Close
End With
End If
Next x
' 关闭连接
cnn.Close
Set rst = Nothing
Set cnn = Nothing
' 关闭用户窗体
Unload Me
End Sub
```

19.6 使用 ADO 删除记录

和更新记录一样，删除记录的关键是编写 SQL 代码来唯一地指定要删除的记录。下面的代码使用 Execute 方法将 Delete 命令传送给 Access：

```
Public Sub ADOWipeOutAttribute(RecID)
' 与 transfers.mdb 建立连接
MyConn = "J:\transfers.mdb"
With New ADODB.Connection
.Provider = "Microsoft.Jet.OLEDB.4.0"
.Open MyConn
.Execute "Delete From tblTransfer Where ID = " & RecID
.Close
End With
End Sub
```

19.7 通过 ADO 汇总记录

Access 的一个强项是运行根据特定字段进行分组的汇总查询。如果在 Access 中创建一个汇总查询，并查看“SQL 视图”，将发现可以编写复杂的查询。可以在 Excel VBA 中创建类似的 SQL 代码，并通过 ADO 将其传送给 Access。

下面的代码使用相对复杂的查询获得各个商店的净库存：

```
Sub NetTransfers(Style As Variant)
Dim cnn As ADODB.Connection
Dim rst As ADODB.Recordset
' 创建 SQL 查询
sSQL = "Select Store, Sum(Quantity), Min(mDate) From " & _
" (SELECT ToStore AS Store, Sum(Qty) AS Quantity, " & _
"Min(TDate) AS mDate FROM tblTransfer where Style=' " & Style " & _
"& "' AND Receive=FALSE GROUP BY ToStore "
sSQL = sSQL & " Union All SELECT FromStore AS Store, " & _
"Sum(-1*Qty) AS Quantity, Min(TDate) AS mDate " & _
"FROM tblTransfer where Style=' " & Style & "' AND " & _
"Sent=FALSE GROUP BY FromStore) "
sSQL = sSQL & " Group by Store"
MyConn = "J:\transfers.mdb"
' 打开连接
```

```
Set cnn = New ADODB.Connection
With cnn
.Provider = "Microsoft.Jet.OLEDB.4.0"
.Open MyConn
End With
Set rst = New ADODB.Recordset
rst.CursorLocation = adUseServer
' 打开第一个查询
rst.Open Source:=sSQL, _
ActiveConnection:=cnn, _
CursorType:=AdForwardOnly, _
LockType:=adLockOptimistic, _
Options:=adCmdText
Range("A1:C1").Value = Array("Store", "Qty", "Date")
' 返回查询结果
Range("A2").CopyFromRecordset rst
rst.Close
cnn.Close
End Sub
```

19.8　ADO 的其他实用程序

考虑前面案例分析中所创建的应用程序：采购员有一个存储在网络中的 Access 数据库，但本地计算机可能没有安装 Access。如果能在应用程序打开时，动态地将修改提交给 Access 数据库就好了。

提示：如果无法说服该应用程序的用户运行这些查询，可考虑在客户端应用程序的 Workbook_Open 过程中执行更新查询。该过程可能首先检查字段是否存在，如果不存在，则添加它。

19.8.1　检查表是否存在

如果应用程序需要在数据库中创建一个新表，可以使用下一小节中的代码。然而，由于应用程序有多个用户，因此只有第一个打开应用程序的用户需要动态添加表。其他用户打开应用程序时，表已经添加了。

下面的代码使用 OpenSchema 方法查询数据库架构：

```
Function TableExists(WhichTable)
```

```
Dim cnn As ADODB.Connection
Dim rst As ADODB.Recordset
Dim fld As ADODB.Field
TableExists = False
MyConn = "J:\transfers.mdb"
Set cnn = New ADODB.Connection
With cnn
.Provider = "Microsoft.Jet.OLEDB.4.0"
.Open MyConn
End With
Set rst = cnn.OpenSchema(adSchemaTables)
Do Until rst.EOF
If LCase(rst!Table_Name) = LCase(WhichTable) Then
TableExists = True
GoTo ExitMe
End If
rst.MoveNext
Loop
ExitMe:
rst.Close
Set rst = Nothing
' 关闭连接
cnn.Close
End Function
```

19.8.2 检验字段是否存在

有时需要向现有的表中添加字段。下面的代码中使用的还是 OpenSchema 方法，但检查的是表中的列：

```
Function ColumnExists(WhichColumn, WhichTable)
Dim cnn As ADODB.Connection
Dim rst As ADODB.Recordset
Dim WSOrig As Worksheet
Dim WSTemp As Worksheet
Dim fld As ADODB.Field
ColumnExists = False
MyConn = ActiveWorkbook.Worksheets("Menu").Range("TPath").Value
If Right(MyConn, 1) = "\" Then
MyConn = MyConn & "transfers.mdb"
Else
MyConn = MyConn & "\transfers.mdb"
End If
```

```
Set cnn = New ADODB.Connection
With cnn
.Provider = "Microsoft.Jet.OLEDB.4.0"
.Open MyConn
End With
Set rst = cnn.OpenSchema(adSchemaColumns)
Do Until rst.EOF
If LCase(rst!Column_Name) = LCase(WhichColumn) And _
LCase(rst!Table_Name) = LCase(WhichTable) Then
ColumnExists = True
GoTo ExitMe
End If
rst.MoveNext
Loop
ExitMe:
rst.Close
Set rst = Nothing
' 关闭连接
cnn.Close
End Function
```

19.8.3　动态添加表

下面的代码使用一个传递查询命令告诉 Access 运行 Create Table 命令：

```
Sub ADOCreateReplenish()
' 创建 tblReplenish
' There are five fields:
' Style
' A = Auto replenishment for A
' B = Auto replenishment level for B stores
' C = Auto replenishment level for C stores
' RecActive = Yes/No field
Dim cnn As ADODB.Connection
Dim cmd As ADODB.Command
' 定义连接
MyConn = "J:\transfers.mdb"
' 打开连接
Set cnn = New ADODB.Connection
With cnn
.Provider = "Microsoft.Jet.OLEDB.4.0"
.Open MyConn
End With
```

```
Set cmd = New ADODB.Command
Set cmd.ActiveConnection = cnn
' 创建报表
cmd.CommandText = "CREATE TABLE tblReplenish " & _
" (Style Char(10) Primary Key, " & _
"A int, B int, C Int, RecActive YesNo) "
cmd.Execute , , adCmdText
Set cmd = Nothing
Set cnn = Nothing
Exit Sub
End Sub
```

19.8.4 动态添加字段

确定字段在表中不存在之后，可使用传递查询将其添加到表中：

```
Sub ADOAddField()
Dim cnn As ADODB.Connection
Dim cmd As ADODB.Command
MyConn = "J:\transfers.mdb"
Set cnn = New ADODB.Connection
With cnn
.Provider = "Microsoft.Jet.OLEDB.4.0"
.Open MyConn
End With
Set cmd = New ADODB.Command
Set cmd.ActiveConnection = cnn
cmd.CommandText = "ALTER TABLE tblReplenish Add Column Grp Char(25) "
cmd.Execute , , adCmdText
Set cmd = Nothing
Set cnn = Nothing
End Sub
```

19.9 SQL Server 示例

如果您所使用的是 64 位版本的 Office，并且微软公司没有提供 64 位 Microsoft.Jet.OLEDB.4.0 驱动器，那么就不得不使用 SQL Server 或其他数据库技术：

```
Sub DataExtract()
Application.DisplayAlerts = False
```

```
' 清除所有以前的数据
Sheet1.Cells.Clear
' 创建对象连接
Dim cnPubs As ADODB.Connection
Set cnPubs = New ADODB.Connection
' 提供连接字符串
Dim strConn As String
' 使用 SQL Server OLE DB Provider.
strConn = "PROVIDER=SQLOLEDB; "
' 连接到本地的 Pubs 数据库
strConn = strConn & "DATA SOURCE=a_sql_server;INITIAL CATALOG=a_database; "
' 启用集成登录
strConn = strConn & " INTEGRATED SECURITY=sspi; "
' 打开连接
cnPubs.Open strConn
Dim rsPubs As ADODB.Recordset
Set rsPubs = New ADODB.Recordset
With rsPubs
.ActiveConnection = cnPubs
' 提取需要的记录
.Open "exec a_database..a_stored_procedure"
' 复制记录到 Sheet1 的 A1 单元格
Sheet1.Range("A2").CopyFromRecordset rsPubs
Dim myColumn As Range
' 将 title_string 定义为字符串
Dim K As Integer
For K = 0 To rsPubs.Fields.Count - 1
Sheet1.Cells(1, K + 1) = rsPubs.Fields(K).Name
Sheet1.Cells(1, K + 1).Font.Bold = "TRUE"
Next K
'Sheet1.Range("A1").Value = title_string
' 进行整理
.Close
End With
cnPubs.Close
Set rsPubs = Nothing
Set cnPubs = Nothing
' 清除错误
Dim cellval As Range
Dim myRng As Range
Set myRng = ActiveSheet.UsedRange
For Each cellval In myRng
```

```
cellval.Value = cellval.Value
'cellval.NumberFormat = "@"
'HorizontalAlignment
cellval.HorizontalAlignment = xlRight
Next
End Sub
```

第 20 章　创建类、记录和集合

Excel 自身已有许多可用的对象，但是对于一些工作使用自定义对象将更加方便。用户可以创建一些自定义对象，其使用方式与 Excel 的内置对象相似。这些特定的对象是在类模块（class modules）中创建的。

类模块用于创建拥有自己的属性和方法的对象。它们能够捕获应用程序事件、嵌入图表事件以及 ActiveX 控件事件等。

20.1　插入类模块

在 VB 编辑器中，选择菜单"插入>类模块"，在 VBAProject 工作簿中添加一个类模块（"类 1"），这可以在工程资源浏览器中看到，如图 20-1 所示。对于类模块，有以下需要注意的两点内容：

- 每个自定义对象都必须有自己的模块（事件捕获可共享模块）。
- 必须对类模块进行重命名，以反应自定义对象的用途。

图 20-1　在类模块中创建自定义对象

20.2　捕获应用程序事件和插入图表事件

在第 8 章"事件编程"中介绍了如何捕获工作簿、工作表和非嵌入图表事件以及如何使用它们来触发代码，简要地介绍了如何通过创建类模块来捕获应用程序和图表事件。下面将对该章的内容进行深入讨论。

在打印工作簿时将触发 Workbook_BeforePrint 事件。如果想要在每个可用的工作簿中运行相同的代码，则需要将代码复制到每个工作簿中。或者，也可以使用应用程序事件 Workbook_BeforePrint，它在打印工作簿时被触发。

应用程序已经存在，但必须首先创建类模块以显示这些应用程序。可按照以下步骤创建类模块。

1．在工程中插入一个类模块，将其命名为有实际意义的名称，如 clsAppEvents。选择菜单“视图>属性窗口”打开属性窗口，然后通过该窗口重命名模块。

2．在类模块中输入以下代码：

```
Public WithEvents xlApp As Application
```

可以使用任何名称为变量 xlApp 命名，关键字 WithEvents 揭示与 Application 对象相关的事件。

3．现在，xlApp 出现在类模块的“对象”下拉列表中。从该下拉列表中选择它，单击右侧的“过程”下拉列表，以查看 xlApp 对象类型（应用程序）的事件列表，如图 20-2 所示。

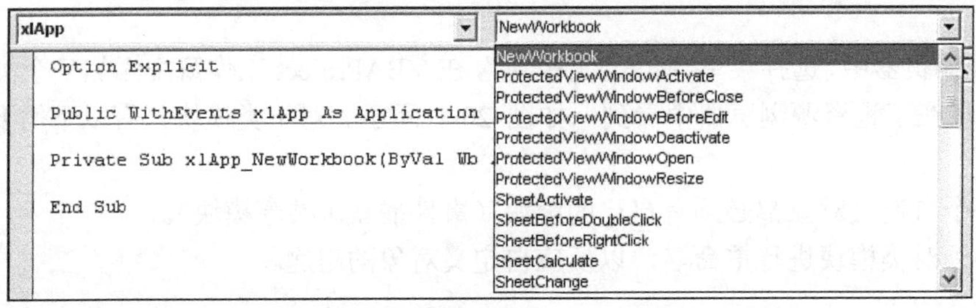

图 20-2　创建完对象之后可用的事件

➔关于应用程序事件，详见第 8 章“事件编程”小节。

同前述章节中的工作簿和工作表事件一样，列表中的所有事件都可以被捕获。下面的代码使用 NewWorkbook 事件自动创建页脚信息。该代码位于类模块中刚刚添加的 xlApp 声明行下面：

```
Private Sub xlApp_NewWorkbook(ByVal Wb As Workbook)
Dim wks As Worksheet
With Wb
For Each wks In .Worksheets
wks.PageSetup.LeftFooter = "Created by: " & .Application.UserName
wks.PageSetup.RightFooter = Now
Next wks
End With
End Sub
```

和工作簿或工作表模块中的事件不同，位于类模块中的过程无法自动运行。必须创建一个类模块的实例，并将 Application 对象赋给 xlApp 属性。完成了这些步骤后，需要运行 TrapAppEvent 过程。只要运行此过程，新建工作簿时都将为每个工作表创建页脚。将下面的代码置于一个标准模块中：

```
Public myAppEvent As New clsAppEvents
Sub TrapAppEvent()
Set myAppEvent.xlApp = Application
End Sub
```

警告：任何重置模块级变量或全局变量的操作都将导致应用程序事件捕获终止，包括在 VB 编辑器中所编写的代码。要重新进行捕获，可运行创建对象的过程（TrapAppEvent）。

在本例中，public myAppEvent 声明语句和 TrapAppEvent 过程都被置于标准模块中。为了自动运行所有捕获，应将所有模块移到 Personal.xlsb 中，并将 TrapAppEvent 过程移到 Workbook_Open 事件中。在任何情况下，都必须在标准模块中声明 public myAppEvent，以便在模块之间共享它。

嵌入图表事件

捕获嵌入图表事件的准备工作与捕获应用程序事件的准备工作相同：首先创建一个类模块，为图表类型插入一个公共声明，为要捕获的事件创建一个过程，然后在标准模块中添加一个过程来启动捕获。用于应用程序事件的类模块也可以用于嵌入图表事件。

将下面这行代码置于类模块的声明部分中，将显示出可用图表事件，如图 20-3 所示。

```
Public WithEvents xlChart As Chart
```

➔*关于各种图表事件，详见第 8 章中的“图表事件”小节。*

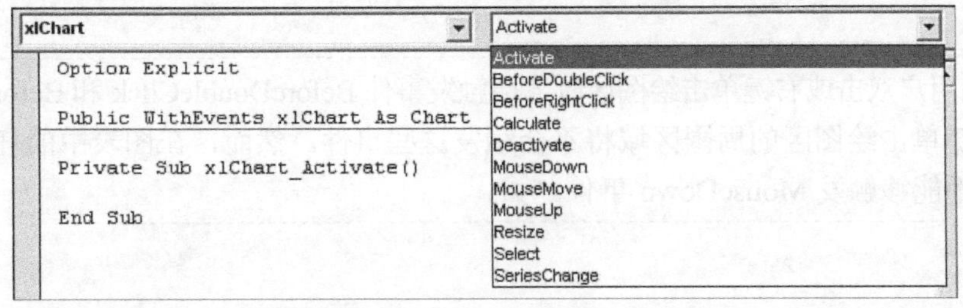

图 20-3　声明完图表类型变量之后，图表事件成为可用事件

下面我们创建一个用于修改图表比例的程序。为此，创建了三个事件。其中，主事件 MouseDown 使用户通过右键单击或双击来修改图表的比例。由于这两种操作都有与其关联的默认行为，因此还需要附加另外两个事件：BeforeRightClick 和 BeforeDoubleClick，通过它们

来阻止默认行为的发生。

下面的 BeforeDoubleClick 事件能够阻止双击事件的默认结果发生：

```
Private Sub xlChart_BeforeDoubleClick(ByVal ElementID As Long, _
ByVal Arg1 As Long, ByVal Arg2 As Long, Cancel As Boolean)
Cancel = True
End Sub
```

下面的 BeforeRightClick 事件能够阻止右键单击事件的默认结果发生：

```
Private Sub xlChart_BeforeRightClick(Cancel As Boolean)
Cancel = True
End Sub
```

禁止了双击和右键单击操作的默认行为之后，使用 ChartMouseDown 事件重新定义双击和右击操作的行为：

```
Private Sub xlChart_MouseDown(ByVal Button As Long, ByVal Shift As Long, _
ByVal x As Long, ByVal y As Long)
If Button = 1 Then ' 鼠标左键
xlChart.Axes(xlValue).MaximumScale = _
xlChart.Axes(xlValue).MaximumScale - 50
End If
If Button = 2 Then 'right mouse button
xlChart.Axes(xlValue).MaximumScale = _
xlChart.Axes(xlValue).MaximumScale + 50
End If
End Sub
```

在类模块中创建完这些事件之后，只剩下在标准模块中声明变量这一项任务了，如下所示：

```
Public myChartEvent As New clsEvents
```

接下来，创建一个过程来捕获嵌入图表事件：

```
Sub TrapChartEvent()
Set myChartEvent.xlChart = Worksheets("EmbedChart"). _
ChartObjects("Chart 2").Chart
End Sub
```

注意：只有当用户双击或右键单击绘图区时才会触发事件 BeforeDoubleClick 和 BeforeRightClick，而双击或右键单击绘图区的周围区域将不会触发这些事件。然而，在图表中的任何地方双击或右键单击都能够触发 MouseDown 事件。

20.3 创建自定义对象

类模块对于捕获事件十分有用，但还可以用于创建自定义对象。在创建自定义对象时，类模块可用作对象属性和方法的模板。为了更好地理解这一点，下面创建一个 employee 对象来跟踪员工的姓名、ID、小时工资率和工作时间。

插入一个类模块并将其命名为 clsEmployee，clsEmployee 对象有 4 个属性。

- EmpName：员工姓名。
- EmpID：员工 ID。
- EmpRate：小时工资率。
- EmpWeeklyHrs：工作时间。

属性是变量，可将其声明为 Private 或 Public。如果将属性声明为 Private，则其只能够在所声明的模块中访问。如果要在标准模块中访问某一属性，则需要将其声明为 Public。将下面的代码置于类模块的顶部：

```
Public EmpName As String
Public EmpID As String
Public EmpRate As Double
Public EmpWeeklyHrs As Double
```

方法是对象可执行的操作。在类模块中，这些操作用过程和函数表示。下面的代码创建一个名为 EmpWeeklyPay()的方法，用于计算周薪：

```
Public Function EmpWeeklyPay() As Double
EmpWeeklyPay = EmpRate * EmpWeeklyHrs
End Function
```

至此，自定义对象就创建好了。它有 4 个属性和 1 个方法。接下来将在实际程序中使用该对象。

20.4　使用自定义对象

在类模块中正确配置完自定义对象之后，便可以在另一个模块中引用它。可以在声明部分声明一个自定义对象类型的变量：

```
Dim Employee As clsEmployee
```

在过程中，将变量设置为一个 New 对象：

```
Set Employee = New clsEmployee
```

继续输入该过程的其余内容。引用自定义对象的属性和方法时，将出现一个提示窗口，就像使用 Excel 标准对象一样，如图 20-4 所示。

```
Option Explicit
Dim Employee As clsEmployee
Sub EmpPay()
Set Employee = New clsEmployee
With Employee
```

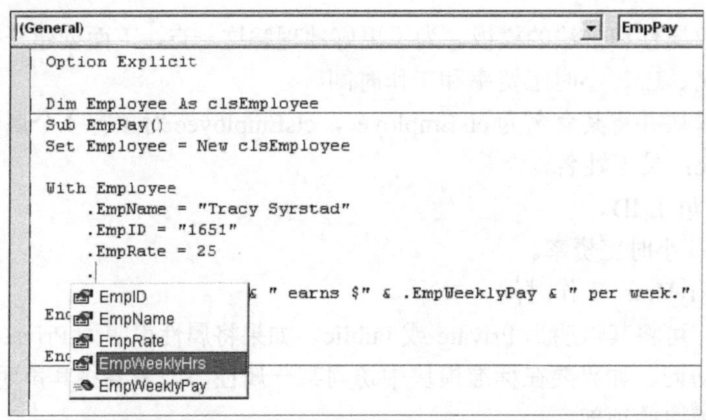

图 20-4 自定义对象的属性和方法与标准对象的属性和方法一样容易访问

```
.EmpName = "Tracy Syrstad"
.EmpID = "1651"
.EmpRate = 25
.EmpWeeklyHrs = 40
MsgBox .EmpName & " earns $" & .EmpWeeklyPay & " per week. "
End With
End Sub
```

在该过程中，声明了一个 Employee 对象，作为 clsEmployee 的一个实例，然后为对象的 4 个属性赋值并生成一个显示员工姓名和周薪的对话框（如图 20-5 所示）。对象的方法 EmpWeeklyPay 用于计算要显示的周薪。

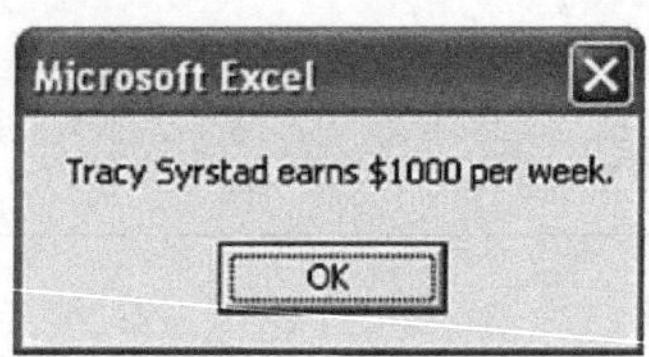

图 20-5 创建自定义对象以提高代码的效率

20.5 使用 Property Let 和 Property Get 控制用户使用自定义对象的方式

和上面例子中所声明的变量一样，全局变量是可读写的。在程序中使用这些变量时，可以对其值进行检索和修改。要限制读/写方式，可以使用 Property Let 和 Property Get 过程。

使用 Property Let 过程能够控制如何为属性赋值。使用 Property Get 过程能够控制访问属性的方式。在上面的自定义对象示例中，有一个表示每周工作时间的变量。该变量在一个方法中用来计算周薪，但没有考虑加班费。因此需要定义一个包含正常工作时间和加班时间的变量，但该变量是只读的。

要定义该变量，必须重新创建类模块，它需要两个新属性：EmpNormalHrs 和 EmpOverTimeHrs。但由于这两个属性都是只读的，因此不能将其声明为变量。可以使用 Property Get 过程来创建它们。

如果将 EmpNormalHrs 和 EmpOverTimeHrs 设为只读，必须以某种方式为它们赋值。它们的值是通过 EmpWeeklyHrs 赋予的。由于 EmpWeeklyHrs 用于设置这两个对象属性的值，因此它不再是全局变量。有两个局部变量：NormalHrs 和 OverHrs，它们只能在类模块中使用。

```
Public EmpName As String
Public EmpID As String
Public EmpRate As Double
Private NormalHrs As Double
Private OverHrs As Double
```

为 EmpWeeklyHrs 创建 Property Let 过程，以便将时间分为正常工作时间和加班时间：

```
Property Let EmpWeeklyHrs(Hrs As Double)
NormalHrs = WorksheetFunction.Min(40, Hrs)
OverHrs = WorksheetFunction.Max(0, Hrs - 40)
End Property
```

Property Get EmpWeeklyHrs 将这两个时间相加，并将返回值赋给该属性。如果没有它，将无法读取 EmpWeeklyHrs 的值：

```
Property Get EmpWeeklyHrs() As Double
EmpWeeklyHrs = NormalHrs + OverHrs
End Property
```

Property Get 过程是为 EmpNormalHrs 和 EmpOverTimeHrs 创建的，用于为它们赋值。如果只使用 Property Get 过程，则这两个属性的值是只读的。只有通过 EmpWeeklyHrs 属性才能为它们赋值：

```
Property Get EmpNormalHrs() As Double
EmpNormalHrs = NormalHrs
End Property
Property Get EmpOverTimeHrs() As Double
EmpOverTimeHrs = OverHrs
End Property
```

最后，更新 EmpWeeklyPay 方法，以反映对属性所做的修改以及计算周薪的方式：

```
Public Function EmpWeeklyPay() As Double
EmpWeeklyPay = (EmpNormalHrs * EmpRate) + (EmpOverTimeHrs * EmpRate * 1.5)
End Function
```

更新标准模块中的过程，以应用对类模块所做的修改。图 20-6 所示为这个更新后的过程所生成的对话框：

```
Sub EmpPayOverTime()
Dim Employee As New clsEmployee
With Employee
.EmpName = "Tracy Syrstad"
.EmpID = "1651"
.EmpRate = 25
.EmpWeeklyHrs = 45
MsgBox .EmpName & Chr(10) & Chr(9) & _
"Normal Hours: " & .EmpNormalHrs & Chr(10) & Chr(9) & _
"OverTime Hours: " & .EmpOverTimeHrs & Chr(10) & Chr(9) & _
"Weekly Pay : $" & .EmpWeeklyPay
End With
End Sub
```

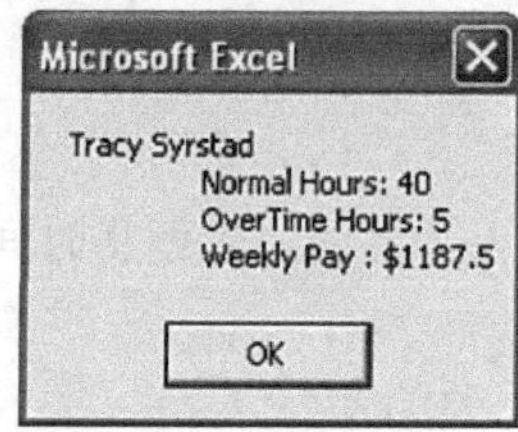

图 20-6 使用 Property Let 和 Property Get 过程进一步控制自定义对象的属性

20.6 集合

到目前为止，每个自定义对象变量中只能存储一条记录。要存储多条记录，需要创建集合（collection），在集合中可以存储多条记录。例如，Worksheet 是 Worksheets 集合中的一个成员。可以添加、删除、计数和引用工作簿中的工作表，自定义对象也可以实现这一功能。

20.6.1 在标准模块中创建集合

创建集合的最简便方法是使用内置的 collection 方法。在标准模块中创建集合时，可以使用 4 种默认的集合方法：Add、Remove、Count 和 Item。

下面的示例将工作表中的员工列表读取到一个数组中，然后对该数组进行处理。将数组中的值赋给对象的属性，并将对象添加到集合中：

```
Sub EmpPayCollection()
Dim colEmployees As New Collection
```

```
Dim recEmployee As New clsEmployee
Dim LastRow As Integer, myCount As Integer
Dim EmpArray As Variant
LastRow = ActiveSheet.Cells(ActiveSheet.Rows.Count, 1).End(xlUp).Row
EmpArray = ActiveSheet.Range(Cells(1, 1), Cells(LastRow, 4))
For myCount = 1 To UBound(EmpArray)
Set recEmployee = New clsEmployee
With recEmployee
.EmpName = EmpArray(myCount, 1)
.EmpID = EmpArray(myCount, 2)
.EmpRate = EmpArray(myCount, 3)
.EmpWeeklyHrs = EmpArray(myCount, 4)
colEmployees.Add recEmployee, .EmpID
End With
Next myCount
MsgBox "Number of Employees: " & colEmployees.Count & Chr(10) & _
"Employee(2) Name: " & colEmployees(2).EmpName
MsgBox "Tracy's Weekly Pay: $" & colEmployees("1651").EmpWeeklyPay
Set recEmployee = Nothing
End Sub
```

colEmployees 被声明为一个集合，recEmployee 被声明为自定义对象类型的一个变量。

为对象的属性赋值之后，将记录 recEmployee 添加到集合中。Add 方法的第 2 个参数为唯一键，这里为员工 ID。这使得访问记录的速度变得更快，如第二个消息框（colEmployees("1651").EmpWeeklyPay），如图 20-7 所示。

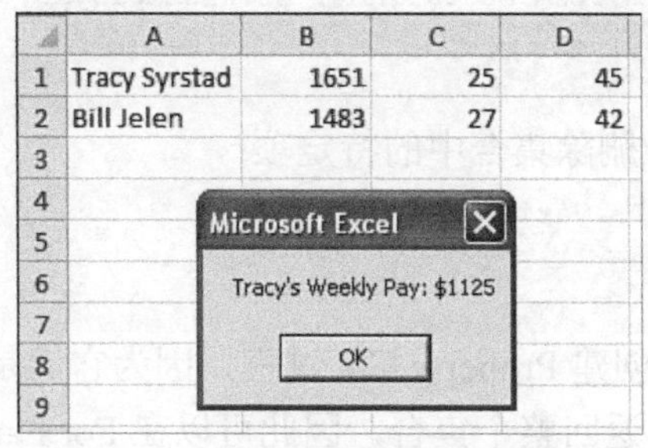

图 20-7　很容易访问集合中的记录

注意：唯一键参数是可选的。如果输入了重复键，将弹出错误提示。

20.6.2　在类模块中创建集合

可以在类模块中创建集合。在本例中，集合的自带方法（Add、Remove、Count 和 Item）不可用，需要在类模块中重新创建它们。在类模块中创建集合的优点如下。

- 所有代码都置于同一模块中。
- 可以更好地控制对集合所执行的操作。
- 可以禁止访问集合。

为集合插入一个类模块，并将其命名为 clsEmployees。声明一个在类模块中使用的私有集合：

```
Option Explicit
Private AllEmployees As New Collection
```

为集合添加所需的属性和方法。在类模块中，集合的自带方法是可用的，且可用于创建自定义的属性和方法：

添加一个 Add 方法，为了在集合中添加新项：

```
Public Sub Add(recEmployee As clsEmployee)
AllEmployees.Add recEmployee, recEmployee.EmpID
End Sub
```

插入一个 Count 属性，用于返回集合中的项数：

```
Public Property Get Count() As Long
Count = AllEmployees.Count
End Property
```

插入 Items 属性，用于返回整个集合：

```
Public Property Get Items() As Collection
Set Items = AllEmployees
End Property
```

插入 Item 属性，用于返回集合中的特定项：

```
Public Property Get Item(myItem As Variant) As clsEmployee
Set Item = AllEmployees(myItem)
End Property
```

插入 Remove 属性，用于删除集合中的特定项：

```
Public Sub Remove(myItem As Variant)
AllEmployees.Remove (myItem)
End Sub
```

为 Count、Item 和 Items 创建 Property Get 过程，因为它们是只读属性。Item 返回指向一个集合成员的引用，而 Items 返回整个集合，因此可以在 For Each…Next 循环中使用它。

在类模块中配置完集合之后，可以在标准模块中创建过程来使用它：

```
Sub EmpAddCollection()
Dim colEmployees As New clsEmployees
Dim recEmployee As New clsEmployee
Dim LastRow As Integer, myCount As Integer
Dim EmpArray As Variant
LastRow = ActiveSheet.Cells(ActiveSheet.Rows.Count, 1).End(xlUp).Row
EmpArray = ActiveSheet.Range(Cells(1, 1), Cells(LastRow, 4))
For myCount = 1 To UBound(EmpArray)
Set recEmployee = New clsEmployee
```

```
    With recEmployee
    .EmpName = EmpArray(myCount, 1)
    .EmpID = EmpArray(myCount, 2)
    .EmpRate = EmpArray(myCount, 3)
    .EmpWeeklyHrs = EmpArray(myCount, 4)
    colEmployees.Add recEmployee
    End With
    Next myCount
    MsgBox "Number of Employees: " & colEmployees.Count & Chr(10) & _
    "Employee(2) Name: " & colEmployees.Item(2).EmpName
    MsgBox "Tracy's Weekly Pay: $" & colEmployees.Item("1651").EmpWeeklyPay
    For Each recEmployee In colEmployees.Items
    recEmployee.EmpRate = recEmployee.EmpRate * 1.5
    Next recEmployee
    MsgBox "Tracy's Weekly Pay (after Bonus): $" & colEmployees.Item("1651"). _
    EmpWeeklyPay
    Set recEmployee = Nothing
    End Sub
```

该程序与使用标准集合的程序大致相同，但存在几个关键的不同点。

- 将 colEmployees 的类型声明为 clsEmployees（新的类模块集合），而非 Collection。
- 虽然数组和集合的填充方式相同，但集合中记录的引用方式是不同的。引用集合的成员时（如员工记录 2），必须使用 Item 属性。

将该程序中的消息对话框与之前的程序进行对比。For Each Next 循环遍历集合中的所有记录，并将 EmpRate 乘以 1.5。这种“奖励”的结果显示在类似于前面的图 20-7 中。

■ 案例分析：帮助按钮

现有一个十分复杂的工作表，需要通过一种方式为用户提供帮助。可以将帮助信息置于注释框中，但其效果不太明显，特别是对于 Excel 初学者来说更为如此。另一种方式是创建帮助按钮。

为此，可以在工作表中创建一些带有问号的小标签。为了将标签的外形设置成图 20-8 所示的按钮形式，可以将标签的 SpecialEffect 属性设置成 Raised，并将 BackColor 属性设置成较深的颜色。在每行放置一个标签，在标签的右边第 2 列中，输入用户单击标签时所显示的文本，然后隐藏帮助文本列。

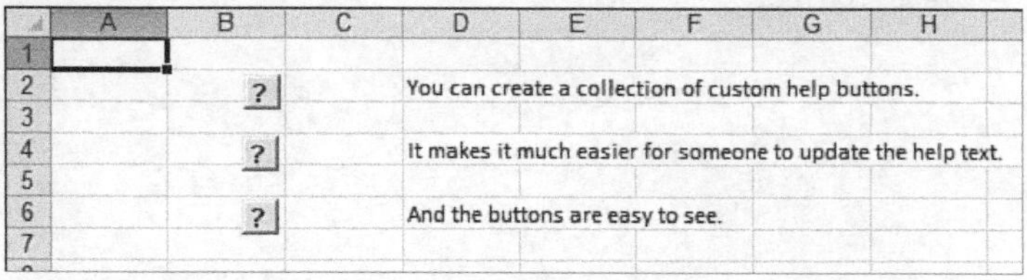

	A	B	C	D	E	F	G	H
1								
2		?		You can create a collection of custom help buttons.				
3								
4		?		It makes it much easier for someone to update the help text.				
5								
6		?		And the buttons are easy to see.				
7								

图 20-8　在工作表中设置帮助按钮并输入帮助文本

创建一个带有标签和关闭按钮的简单用户窗体。将窗体命名为 HelpForm，按钮命名为 CloseHelp，标签命名为 HelpText。调整标签的大小使其能够容纳所有文本。在窗体后台添加一个宏以便在单击按钮时将其隐藏。在此，可以分别为每个按钮进行编程。如果有多个按钮，这将十分繁琐。如果需要再添加一些按钮，还需要再更新代码。或者，您还可以创建一个类模块或集合将所有按钮包含进来，包括现有的和以后需要添加的。

```
Private Sub CloseHelp_Click()
Unload Me
End Sub
```

插入一个类模块，并将其命名为 clsLabel。还需要一个变量 Lbl 来捕获控制事件：

```
Public WithEvents Lbl As MSForms.Label
```

此外，还需要一个方法来查找并显示所需的帮助文本：

```
Private Sub Lbl_Click()
Dim Rng As Range
Set Rng = Lbl.TopLeftCell
If Lbl.Caption = "?" Then
HelpForm.Caption = "Label in cell " & Rng.Address(0, 0)
HelpForm.HelpText.Caption = Rng.Offset(, 2).Value
HelpForm.Show
End If
End Sub
```

在 ThisWorkbook 模块中，编写一个 Workbook_Open 过程以在工作簿中创建标签的集合：

```
Option Explicit
Option Base 1
Dim col As Collection
Sub Workbook_Open()
Dim WS As Worksheet
Dim cLbl As clsLabel
Dim OleObj As OLEObject
Set col = New Collection
For Each WS In ThisWorkbook.Worksheets
For Each OleObj In WS.OLEObjects
If OleObj.OLEType = xlOLEControl Then
' 如果工作表中还有其他控件，则只需要包含标签
If TypeName(OleObj.Object) = "Label" Then
Set cLbl = New clsLabel
Set cLbl.Lbl = OleObj.Object
col.Add cLbl
End If
End If
Next OleObj
Next WS
End Sub
```

运行 Workbook_Open 创建集合。单击工作表中的帮助按钮，则相应的帮助文本将显示在帮助窗体中，如图 20-9 所示。

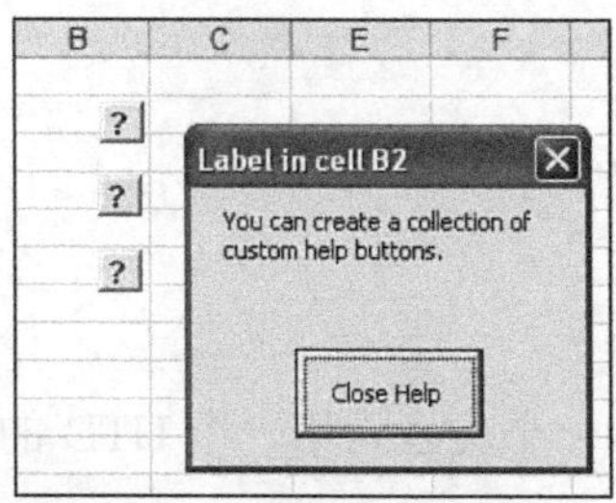

图 20-9　只需单击便可获取帮助

20.7　用户自定义类型

用户自定义类型（UDTs）具备自定义对象的部分功能，但无需使用类模块。类模块允许创建自定义属性和方法，但用户自定义类型只允许创建自定义属性，但有时需要的只是创建自定义属性。

使用 Type…End Type 语句声明 UDT，它可以是 Public 或 Private。为 UTD 定义的名称可以像对象一样使用。在 Type 中所声明的变量被称为 UTD 的属性。

在实际的过程中，将一个变量声明为自定义类型。使用该变量时，将显示相应的 UTD 的属性，就像自定义对象一样，如图 20-10 所示。

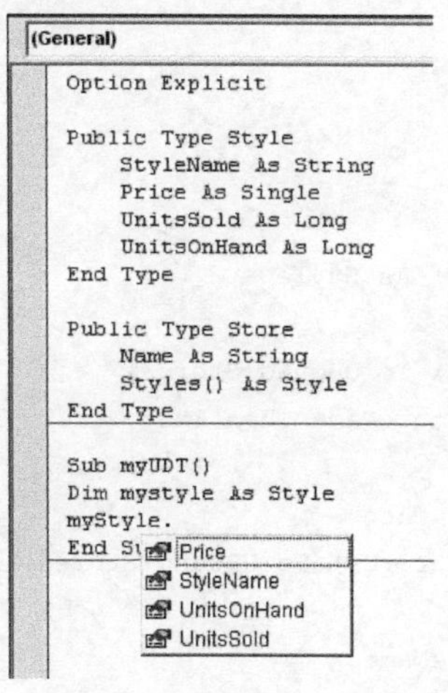

图 20-10　和自定义对象一样，显示出 UTD 属性

下面的例子使用两个 UTD 汇总各个商店的商品款式，其中，第一个 UTD 包含每个商品类型的属性：

```
Option Explicit
Public Type Style
StyleName As String
Price As Single
UnitsSold As Long
UnitsOnHand As Long
End Type
```

第 2 个 UDT 包含商店名称和一个类型为第一个 UTD 的数组：

```
Public Type Store
Name As String
Styles() As Style
End Type
```

创建完 UTD 之后，需要编写主程序。只需使用类型为第二种 UTD（Store）的变量，因为该 UTD 包含第一种类型 UTD（Style），如图 20-11 所示。但这两种 UTD 的属性都可用。通过 UTD，很容易获悉各个变量，只需输入“.”便可显示它们。

```
Sub Main()
Dim FinalRow As Integer, ThisRow As Integer, ThisStore As Integer
Dim CurrRow As Integer, TotalDollarsSold As Integer, TotalUnitsSold As Integer
Dim TotalDollarsOnHand As Integer, TotalUnitsOnHand As Integer
Dim ThisStyle As Integer
Dim StoreName As String
ReDim Stores(0 To 0) As Store ' 声明 UDT
FinalRow = Cells(Rows.Count, 1).End(xlUp).Row
For ThisRow = 2 To FinalRow
StoreName = Range("A" & ThisRow).Value
' 检查这是否是外部数组的第一个入口
If LBound(Stores) = 0 Then
ThisStore = 1
ReDim Stores(1 To 1) As Store
Stores(1).Name = StoreName
ReDim Stores(1).Styles(0 To 0) As Style
Else
For ThisStore = LBound(Stores) To UBound(Stores)
If Stores(ThisStore).Name = StoreName Then Exit For
Next ThisStore
If ThisStore > UBound(Stores) Then
ReDim Preserve Stores(LBound(Stores) To UBound(Stores) + 1) As _
Store
Stores(ThisStore).Name = StoreName
ReDim Stores(ThisStore).Styles(0 To 0) As Style
```

```
End If
End If
With Stores(ThisStore)
If LBound(.Styles) = 0 Then
ReDim .Styles(1 To 1) As Style
Else
ReDim Preserve .Styles(LBound(.Styles) To _
UBound(.Styles) + 1) As Style
End If
With .Styles(UBound(.Styles))
.StyleName = Range("B" & ThisRow).Value
.Price = Range("C" & ThisRow).Value
.UnitsSold = Range("D" & ThisRow).Value
.UnitsOnHand = Range("E" & ThisRow).Value
End With
End With
Next ThisRow
' 在新工作簿中创建报表
Sheets.Add
Range("A1:E1").Value = Array("Store Name", "Units Sold", _
"Dollars Sold", "Units On Hand", "Dollars On Hand")
CurrRow = 2
For ThisStore = LBound(Stores) To UBound(Stores)
With Stores(ThisStore)
TotalDollarsSold = 0
TotalUnitsSold = 0
TotalDollarsOnHand = 0
TotalUnitsOnHand = 0
For ThisStyle = LBound(.Styles) To UBound(.Styles)
With .Styles(ThisStyle)
TotalDollarsSold = TotalDollarsSold + .UnitsSold * .Price
TotalUnitsSold = TotalUnitsSold + .UnitsSold
TotalDollarsOnHand = TotalDollarsOnHand + .UnitsOnHand *
.Price
TotalUnitsOnHand = TotalUnitsOnHand + .UnitsOnHand
End With
Next ThisStyle
Range("A" & CurrRow & ":E" & CurrRow).Value = _
Array(.Name, TotalUnitsSold, TotalDollarsSold, _
TotalUnitsOnHand, TotalDollarsOnHand)
End With
CurrRow = CurrRow + 1
Next ThisStore
End Sub
```

	A	B	C	D	E
1	Store	Style	Price	Units Sold	Units On Hand
2	Store A	Style C	96.87	16	45
3	Store A	Style A	38.43	7	94
4	Store A	Style B	91.24	5	18
5	Store A	Style E	19.89	0	96
6	Store A	Style D	2.45	20	66
7	Store B	Style B	92.59	4	83
8	Store B	Style A	15.75	9	66
9	Store B	Style F	13.12	2	35
10	Store B	Style G	30.86	22	37
11	Store B	Style H	37.38	21	77
12					
13					
14					
15					
16					
17	Store Name	Units Sold	Dollars Sold	Units On Hand	Dollars On Hand
18	Store A	48	$ 2,324	319	$ 11,684
19	Store B	58	$ 2,002	298	$ 13,203

图 20-11　使用 UTD，原本可能导致混乱的多变量程序变得很容易

注意：为方便起见，此程序的结果将同原始数据合并在一起。

第 21 章　高级用户窗体技术

在第 9 章“用户窗体简介”中简要介绍了向用户窗体中添加控件的基础知识。本章将继续讲述这个主题，进一步介绍高级控件和方法，以便充分利用用户窗体。

21.1　使用“用户窗体”工具栏设计用户窗体控件

在 VB 编辑器中，菜单“视图＞工具栏”有几个在默认情况下不显示的工具栏。其中，有一个是“用户窗体”工具栏，如图 21-1 所示。它在调整向用户窗体中添加的控件方面十分有用，例如，它能够将用户所选择的所有控件大小设为相等。

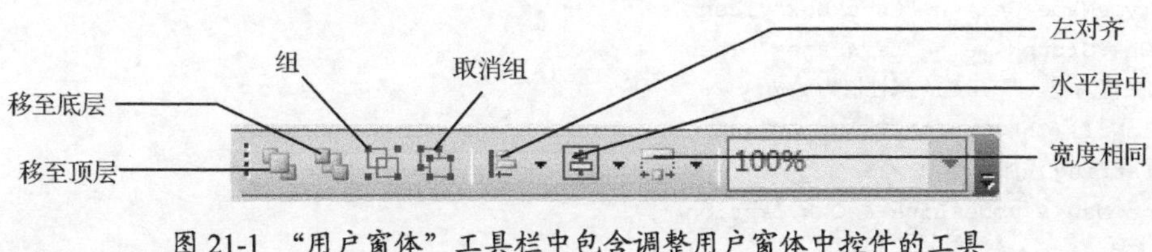

图 21-1　“用户窗体”工具栏中包含调整用户窗体中控件的工具

21.2　其他用户窗体控件

21.2.1　复选框

通过复选框，用户能够在用户窗体中选择一个或多个选项。和第 9 章中所讨论的选项按钮不同，用户每次可以选择一个或多个复选框。

复选框被选中时，其值为 True；未被选中时，其值为 False。如果清除复选框的值(Checkbox1.value = "")，当用户窗体运行时，复选框中将有一个呈现为灰色的勾号，如图 21-2 所示。这对于检查用户是否选择了每个复选框很有帮助。

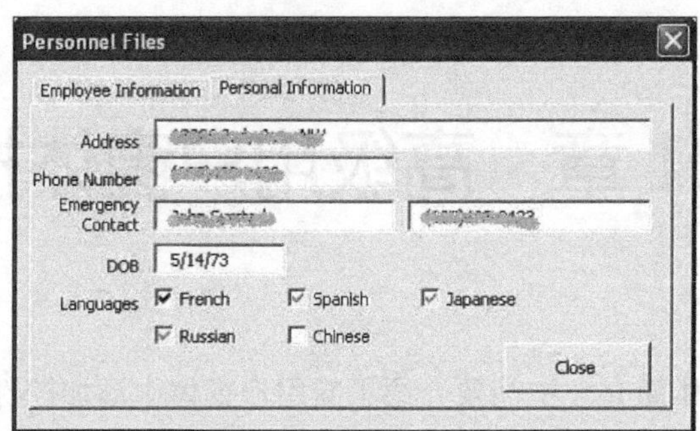

图 21-2　将复选框的值设置为空，以便检查用户是否选择了所有复选框

下面的代码遍历 language 组中的所有复选框，如果复选框的值为空，则将提示用户做出选择：

```
Private Sub btnClose_Click()
Dim Msg As String
Dim Chk As Control
Set Chk = Nothing
For Each Chk In frm_Multipage.MultiPage1.Pages(1).Controls
' 只需要验证 CheckBox 控件
If TypeName(Chk) = "CheckBox" Then
If Chk.GroupName = "Languages" Then
' 如果值为空（即 value 属性值为 empty）
If IsNull(Chk.Object.Value) Then
' 为 string 添加标题
Msg = Msg & vbNewLine & Chk.Caption
End If
End If
End If
Next Chk
If Msg <> "" Then
Msg = "The following check boxes were not verified: " & vbNewLine & Msg
MsgBox Msg, vbInformation, "Additional Information Required"
End If
Unload Me
End Sub
```

表 21-1 中列出了 CheckBox 控件的所有事件。

表 21-1　CheckBox 控件的事件

事件	描述
AfterUpdate	在复选框被选中/取消选中之后发生
BeforeDragOver	在用户将数据拖放到复选框时发生

续表

事件	描述
BeforeDropOrPaste	在用户要将数据拖放或粘贴到复选框中之前发生
BeforeUpdate	在复选框被选中/取消选择之前发生
Change	在复选框的值发生变化时发生
Click	在用户单击复选框时发生
DblClick	在用户双击复选框时发生
Enter	在焦点从同一用户窗体中的其他控件移到复选框前发生
Error	复选框发生错误且无法返回错误信息时发生
Exit	焦点从复选框移到同一用户窗体中的其他控件后发生
KeyDown	用户按下键盘键时发生
KeyPress	用户按 ANSI 键时发生，ANSI 键是可输入的字符，如字母 A
KeyUp	用户松开键盘键时发生
MouseDown	用户在复选框边界内按下鼠标按钮时发生
MouseMove	用户在复选框边界内移动鼠标按钮时发生
MouseUp	用户在复选框边界内松开鼠标按钮时发生

21.2.2　Tab Strips

多页控件（MultiPage）能够使得用户窗体包含多个页面。窗体中每一页都包含自身的控件集，与窗体中的其他控件没有关系。TabStrip 控件也能够使得用户窗体中包含多个页面，但 TabStrip 中的控件完全相同，它们只需绘制一次。另外，在窗体运行时，其信息将随着活动 tab strip 而改变，如图 21-3 所示。

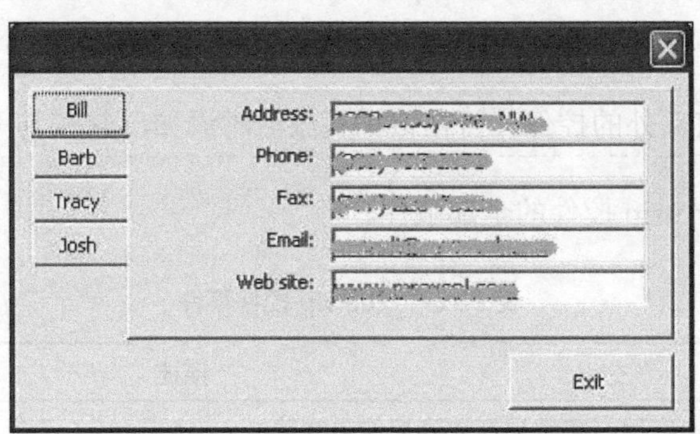

图 21-3　tab strip 允许包含多个页面的用户窗体共享控件而非信息

➔*关于多页控件，详见第 9 章中的 9.6.6 “使用多页控件组合窗体”小节。*

在默认情况下，tab strip 很小，顶部有两个标签。右击标签可以对其进行添加、删除、重命名和移动操作。还应调整 tab strip 的大小，以容纳所有控件。在 tab strip 区域外，还需要绘制一个用于关闭窗体的按钮。

通过修改 TabOrientation 属性，可以调整标签在 tab strip 中的位置。标签可以位于用户窗体的顶部、底部、左侧或右侧。

下面的代码能够创建如图 12-3 所示的 tab strip 窗体。子程序 Initialize 调用子程序 SetValuestoTabStrip，后者能够设置第一个标签的值：

```
Private Sub UserForm_Initialize()
SetValuesToTabStrip 1
End Sub
```

下面的代码能够处理用户选择新标签时所发生的情况：

```
Private Sub TabStrip1_Change()
Dim lngRow As Long
lngRow = TabStrip1.Value + 1
SetValuesToTabStrip lngRow
End Sub
```

下面的子程序在每个标签上显示数据，程序中创建了一个工作表，其每行对应一个标签：

```
Private Sub SetValuesToTabStrip(ByVal lngRow As Long)
With frm_Staff
.lbl_Name.Caption = Cells(lngRow, 2).Value
.lbl_Phone.Caption = Cells(lngRow, 3).Value
.lbl_Fax.Caption = Cells(lngRow, 4).Value
.lbl_Email.Caption = Cells(lngRow, 5).Value
.lbl_Website.Caption = Cells(lngRow, 6).Value
.Show
End With
End Sub
```

tab strip 的值是自动填充的，它们与 strip 中标签的位置相对应，移动标签将改变其值。tab strip 中第一个标签的值为 0，这就是为什么在前面的代码中，当窗体初始化时为 tab strip 值加一。

提示：如果希望标签有额外的控件，可在该标签激活时添加，并在其不再激活时删除。

表 21-2 列出了 TabStrip 控件的全部事件。

表 21-2　TabStrip 控件事件

事件	描述
BeforeDragOver	在用户将数据拖放到控件中时发生
BeforeDropOrPaste	在用户要将数据拖放或粘贴到控件之前发生

续表

事件	描述
Change	在控件的值发生改变时发生
Click	用户使用鼠标单击控件时发生
DblClick	用户使用鼠标双击控件时发生
Enter	焦点从同一个用户窗体的其他控件移到当前控件前发生
Error	控件发生错误且无法返回错误信息时发生
Exit	焦点从该控件移到同一个用户窗体中的其他控件后发生
KeyDown	用户按键盘键时发生
KeyPress	用户按 ANSI 键时发生，ANSI 键是可输入的字符，如字母 A
KeyUp	用户松开键盘键时发生
MouseDown	用户在控件边界内按下鼠标按钮时发生
MouseMove	用户在控件边界内移动鼠标时发生
MouseUp	用户在控件边界内移动鼠标时发生

21.2.3　RefEdit

RefEdit 控件允许用户在工作表中选择一个区域，区域作为控件的值返回。该控件可以添加到任何窗体中。通过单击右边的按钮激活该控件后，用户窗体将消失，取而代之的是一个区域选择窗体，Excel 的很多向导工具都使用这种窗体来选择区域。单击右边的按钮，将再次显示用户窗体。

通过图 21-4 的窗体和下面的代码，用户能够选择一个区域，该区域将被设置为粗体。

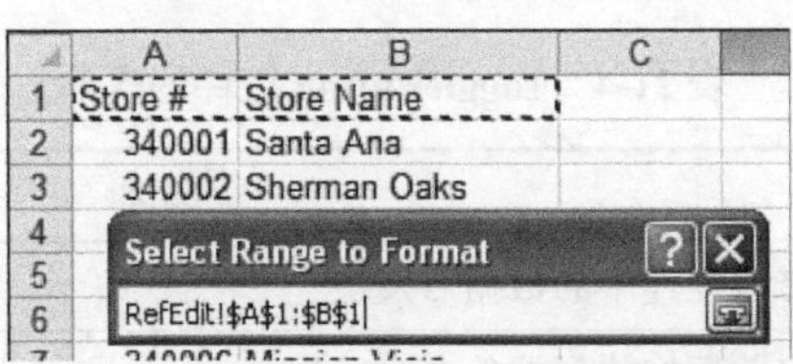

图 21-4　使用 RefEdit 能够在工作表中选择一个区域

```
Private Sub cbl_Click()
Range(RefEdit1.Value).Font.Bold = True
End Sub
```

表 21-3 列出了 RefEdit 控件的全部事件。

表 21-3　RefEdit 控件的事件

事件	描述
BeforeDragOver	在用户向控件中拖放数据时发生
BeforeDropOrPaste	在用户将要向控件中拖放或粘贴数据之前发生
Change	在控件中的数据被修改时发生
Click	在用户使用鼠标单击控件时发生
DblClick	在用户使用鼠标双击控件时发生
Enter	焦点从同一个用户窗体中的其他控件移到控件前发生
Error	当控件发生错误且无法返回错误信息时发生
Exit	焦点从控件移到同一用户窗体的其他控件后发生
KeyDown	用户按键盘键时发生
KeyPress	用户按 ANSI 键时发生，ANSI 是可输入的字符，如字母 A
KeyUp	用户松开键盘键时发生
MouseDown	用户在控件边界内按下鼠标按钮时发生
MouseMove	用户在控件边界内移动鼠标时发生
MouseUp	用户在控件边界内松开鼠标按钮时发生

21.2.4　切换按钮

切换按钮看起来和普通的命令按钮一样，但当用户单击该按钮之后，它将一直保持被按下状态，直到用户再次单击才弹起。这样能够根据按钮的状态返回 True 或 False。表 21-4 列出了切换按钮（ToggleButton）控件的事件。

表 21-4　ToggleButton 控件的事件

事件	描述
AfterUpdate	在用户修改控件中的数据后发生
BeforeDragOver	在用户将数据拖放到控件中时发生
BeforeDropOrPaste	在用户要将数据拖放或粘贴到控件中前发生
BeforeUpdate	在控件中的数据发生变化前发生
Change	在控件的值发生变化时发生
Click	用户使用鼠标单击控件时发生

续表

事件	描述
DblClick	用户使用鼠标双击控件时发生
Enter	焦点从同一个用户窗体的其他控件移到控件前发生
Error	控件发生错误且无法返回错误信息时发生
Exit	焦点从控件移到同一用户窗体中的其他控件后发生
KeyDown	用户按键盘键时发生
KeyPress	用户按 ANSI 键时发生，ANSI 是可输入字符，如字母 A
KeyUp	用户松开键盘键时发生
MouseDown	用户在控件边界内按下鼠标按钮时发生
MouseMove	用户在控件边界内移动鼠标时发生
MouseUp	用户在控件边界内松开鼠标按钮时发生

21.2.5　将滚动条用作滑块来选择值

第 9 章介绍了使用微调按钮（SpinButton）控件能够选择日期。微调按钮很有用，但用户每次只能向上或向下调整一个单位。另一种方法是在用户窗体中间放置一个水平的或垂直的滚动条，并将其用作滑块。用户可以像使用旋转按钮箭头一样使用滚动条边缘的箭头，也可以用鼠标抓取滚动条并将其拖曳至指定位置。

图 21-5 所示的用户窗体中包含一个名为 Label1 的标签以及一个名为 ScrollBar1 的滚动条。

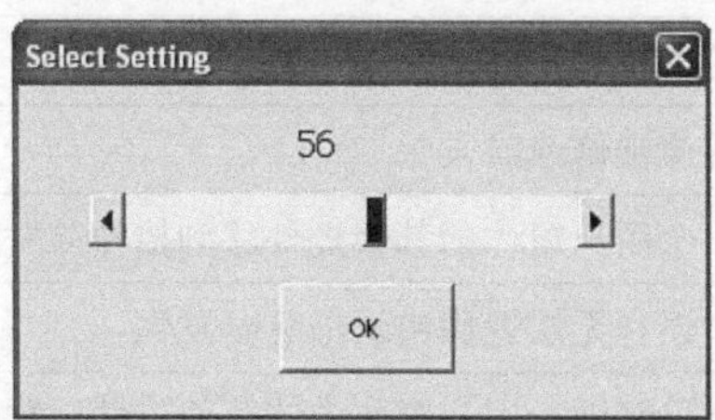

图 21-5　使用滚动条控件使用户能够拖曳快速指定特定的数字或日期

用户窗体的 Initialize 代码设置了滚动条的 Min 和 Max 属性，它将滚动条的值设置为单元格 A1 的值，并相应地更新 Label1.Caption：

```
Private Sub UserForm_Initialize()
Me.ScrollBar1.Min = 0
Me.ScrollBar1.Max = 100
```

```
Me.ScrollBar1.Value = Range("A1").Value
Me.Label1.Caption = Me.ScrollBar1.Value
End Sub
```

需要为滚动条创建两个事件处理程序。事件 Change 处理用户是否单击了滚动条尾部的箭头；事件 Scroll 处理用户是否将滚动条拖曳到了新位置：

```
Private Sub ScrollBar1_Change()
' 该事件处理用户是否单击了滚动条
' 尾部的箭头
Me.Label1.Caption = Me.ScrollBar1.Value
End Sub
Private Sub ScrollBar1_Scroll()
' 该事件处理用户是否拖拽了滚动条
Me.Label1.Caption = Me.ScrollBar1.Value
End Sub
```

最后，按钮的 Click 事件将滚动条的值输出到工作表中：

```
Private Sub btnClose_Click()
Range("A1").Value = Me.ScrollBar1.Value
Unload Me
End Sub
```

表 21-5 列出了 Scrollbar 控件的事件。

表 21-5　Scrollbar 控件的事件

事件	描述
AfterUpdate	在用户修改了控件中的数据时发生
BeforeDragOver	在用户将数据拖放到控件中时发生
BeforeDropOrPaste	在用户要将数据拖放或粘贴到控件中前发生
BeforeUpdate	在控件中的值被修改前发生
Change	在控件中的值被修改时发生
Enter	焦点从同一个用户窗体的其他控件移到控件前发生
Error	控件发生错误且无法返回错误信息时发生
Exit	焦点从控件移到同一用户窗体中的其他控件后发生
KeyDown	用户在控件边界内按下鼠标按钮时发生
KeyPress	用户按 ANSI 键时发生，ANSI 是可输入字符，如字母 A
KeyUp	用户松开键盘键时发生
Scroll	在滚动条被移动时发生

21.3　控件和集合

在第 20 章“创建类、记录和集合”中，将工作表中的多个标签组成一个集合，只需再编一些代码，就可以将这些标签转换为供用户使用的帮助屏幕。同样，用户窗体中的控件也可以组成一个集合，以利用类模块的优点。下面的例子根据用户所选择的标签来选中或清除用户窗体中的所有复选框。

将下面的代码置于类模块 clsFormEvents 中，它包含一个属性 chb，两个方法：SelectAll 和 UnselectAll。

SelectAll 方法通过将复选框的值设置为 True 来选择该复选框：

```
Option Explicit
Public WithEvents chb As MSForms.CheckBox
Public Sub SelectAll()
chb.Value = True
End Sub
```

UnselectAll 方法取消选中复选框：

```
Public Sub UnselectAll()
chb.Value = False
End Sub
```

至此，类模块就创建好了。接下来，需要将控件放到集合中。下面的代码是针对窗体 frm_Movies 的，它将所有复选框都添加到一个集合中。复选框放置在框架 f_Selection 中，这样，创建集合将更加容易，因为这只需遍历该框架中的控件，而非用户窗体中的所有控件：

```
Option Explicit
Dim col_Selection As New Collection
Private Sub UserForm_Initialize()
Dim ctl As MSForms.CheckBox
Dim chb_ctl As clsFormEvents
For Each ctl In f_Selection.Controls
Set chb_ctl = New clsFormEvents
Set chb_ctl.chb = ctl
col_Selection.Add chb_ctl
Next ctl
End Sub
```

窗体打开后，控件已加入集合中。现在余下的工作是添加针对标签的代码，以选中或不选中所有复选框：

```
Private Sub lbl_SelectAll_Click()
Dim ctl As clsFormEvents
For Each ctl In col_Selection
ctl.SelectAll
```

```
Next ctl
End Sub
```

下面的代码清除集合中的所有复选框：

```
Private Sub lbl_unSelectAll_Click()
Dim ctl As clsFormEvents
For Each ctl In col_Selection
ctl.Unselectall
Next ctl
End Sub
```

只需单击一下鼠标就可以选中或取消选中复选框，如图 21-6 所示。

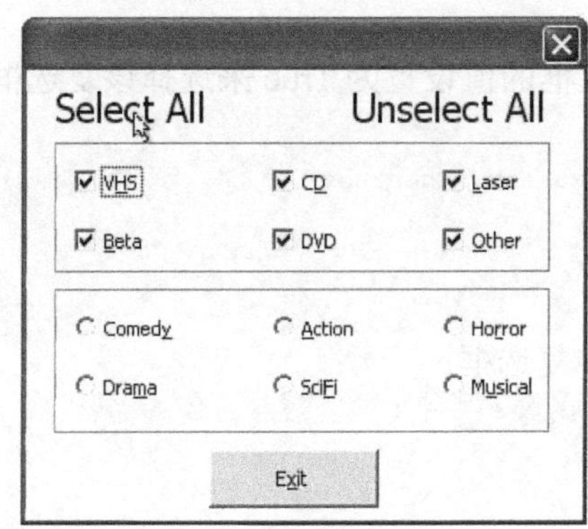

图 21-6　将框架、集合和类模块组合起来使用能够更加快捷高效地创建用户窗体

提示：如果控件无法添加到框架中，可使用 Tag 属性来临时编组。Tag 属性用于存储有关控件的额外信息，其数据类型为 String，可存储任何类型的信息。例如，通过使用它，可以将不同组中的控件进行非正式编组。

21.4　非模态用户窗体

读者是否需要在用户窗体打开的情况下查看工作表？以前，用户必须先将窗体关闭才能在 Excel 中执行其他操作，但现在不是这样。可以将窗体设置为非模态（modeless），这样它将不再干扰 Excel 的功能。用户可以在单元格中输入信息，切换到其他工作表，复制/粘贴数据，使用菜单和工具栏——就像用户窗体不存在一样。

在默认情况下，用户窗体是模态的，这意味着用户只能与用户窗体进行交互。要将用户窗体设置为非模态，可将 ShowModal 属性设置为 False。设置为非模态之后，用户能够在用户窗体处于活动状态时选择工作表中的单元格，如图 21-7 所示。

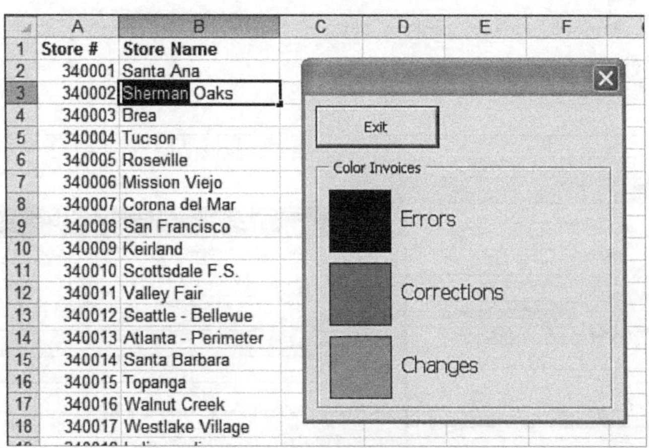

图 21-7　非模态用户窗体使得用户能够在窗体处于活动状态时选中单元格

21.5　在用户窗体中使用超链接

在图 21-3 所示的用户窗体中，有一个输入电子邮箱和网站地址的文本框。如果在单击这些文本框时，能够自动打开一封空白电子邮件或相应的网页就好了。这可以通过以下程序来实现，用户单击电子邮件地址或网址时创建一封新邮件或打开 Web 浏览器。

提示：在代码的顶部添加下面的应用程序编程接口（API）声明以及所有其他常量。

```
Private Declare Function ShellExecute Lib "shell32.dll" Alias _
"ShellExecuteA" (ByVal hWnd As Long, ByVal lpOperation As String, _
ByVal lpFile As String, ByVal lpParameters As String, _
ByVal lpDirectory As String, ByVal nShowCmd As Long) As Long
Const SWNormal = 1
```

下面的子过程控制用户单击电子邮件标签时所发生的情况，如图 21-8 所示。

```
Private Sub lbl_Email_Click()
Dim lngRow As Long
lngRow = TabStrip1.Value + 1
ShellExecute 0&, "open", "mailto: " & Cells(lngRow, 5).Value, _
vbNullString, vbNullString, SWNormal
End Sub
```

下面的子过程控制用户单击网站标签时所发生的情况：

```
Private Sub lbl_Website_Click()
Dim lngRow As Long
lngRow = TabStrip1.Value + 1
```

```
    ShellExecute 0&, "open", Cells(lngRow, 6).Value, vbNullString, _
    vbNullString, SWNormal
    End Sub
```

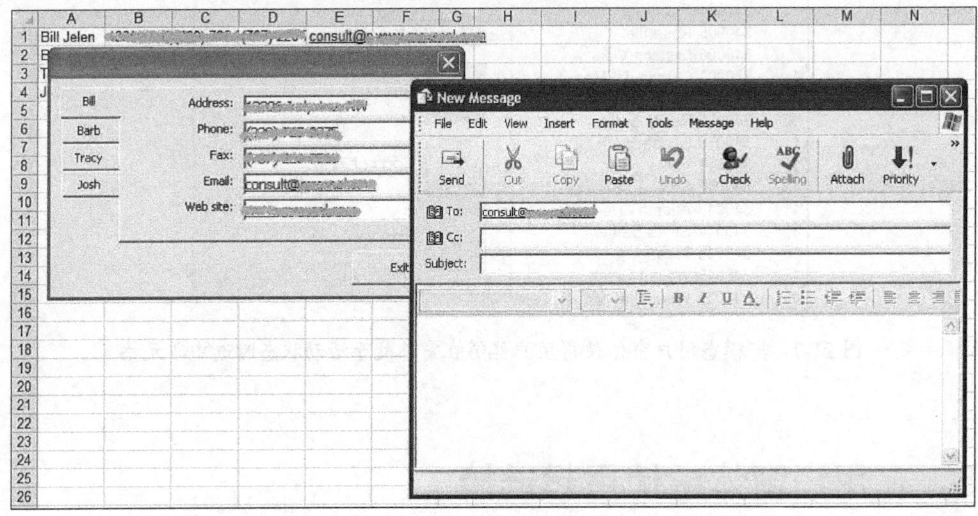

图 21-8　将电子邮件地址和网站地址转换为可单击的链接

21.6　在运行阶段添加控件

可以在运行阶段向用户窗体中添加控件。这在向用户窗体中添加的项目数量不确定的情况下很方便。

图 21-9 所示为一个简单的用户窗体，它只包含一个按钮。该窗体用于显示产品目录中数量不确定的图片，图片和相应的标签将在运行阶段显示该窗体时添加。

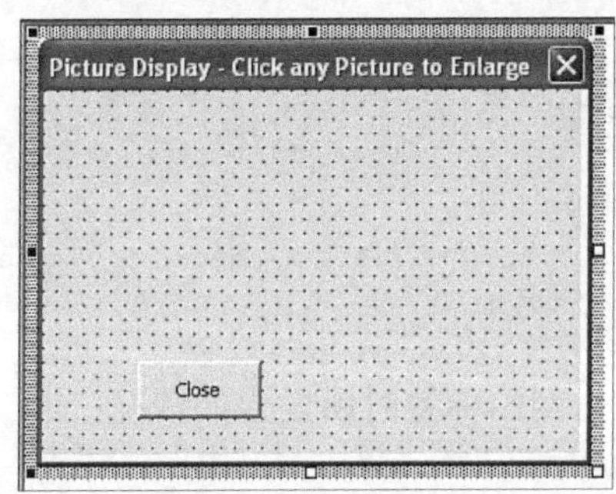

图 21-9　如果需要在运行阶段添加大部分控件，则可以创建灵活的用户窗体

销售代码在推销商品时使用该窗体显示产品的目录。它可以在 Excel 工作表中选择任意数量的 SKU，然后按快捷键显示该窗体。如果在工作表中选择了 18 种商品，则该窗体中显示的每张图片都将很小，如图 21-10 所示。

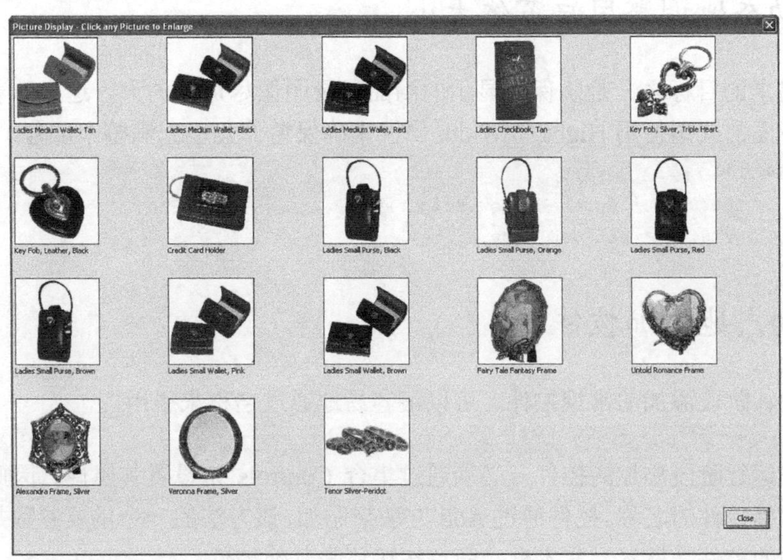

图 21-10　销售代表选择 18 项商品的照片，UserForm_Initialize 过程将动态地添加图片和标签

如果销售代表选择的商品很少，则窗体中显示的每张图片将很大，如图 21-11 所示。

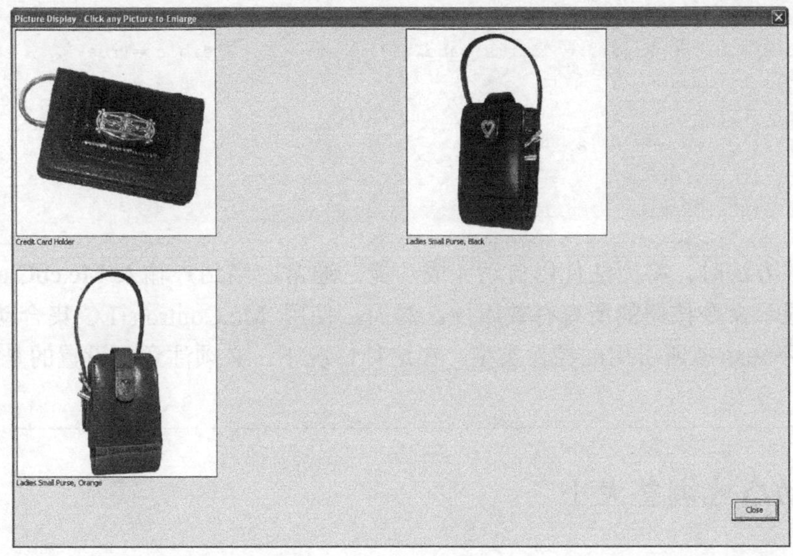

图 21-11　UserForm_Initialize 过程用来确定要显示图片的数量，并据此添加大小合适的控件

动态创建这个窗体涉及很多技巧。最初的窗体只有一个名为 cbClose 的按钮，其他内容都是动态添加的。

21.6.1 动态地调整用户窗体大小

我们所追求的目标之一是确保所显示的商品目录图像尽可能的大，这意味着要让窗体尽可能的大。下面的代码使用 Hight 和 Width 属性来确保窗体几乎充满整个屏幕：

```
'调整用户窗体大小
Me.Height = Int(0.98 * ActiveWindow.Height)
Me.Width = Int(0.98 * ActiveWindow.Width)
```

21.6.2 动态地添加控件

对于在设计阶段添加的常规控件，可以很容易地通过名称来引用：

```
Me.cbSave.Left = 100
```

但对于在运行阶段添加的控件，必须通过集合 Controls 来设置其属性。因此，需要创建一个变量来存储控件的名称。控件通过 Add 方法来添加，该方法的一个重要参数是 bstrProgId，它指出要添加的控件是标签、文本框、命令按钮还是其他控件。

下面的代码在窗体中添加一个标签，PicCount 是一个计数器变量，用于确保每个名称都有新名称。添加控件后，设置其属性 Top 和 Left 以指定其位置。当然，除此之外，还有设置控件的 Height 和 Width 属性：

```
LC = "LabelA" & PicCount
Me.Controls.Add bstrProgId:= "forms.label.1", Name:=LC, Visible:=True
Me.Controls(LC).Top = 25
Me.Controls(LC).Left = 50
Me.Controls(LC).Height = 18
Me.Controls(LC).Width = 60
Me.Controls(LC).Caption = cell.value
```

警告： 使用该方法时，将无法使用自动完成功能。通常，当用户输入 Me.cbClose 时，自动完成功能将显示命令按钮的所有有效属性。然而，使用 Me.Controls(LC)集合动态地添加控件时，VBA 不知道您所引用的控件类型。在这种情况下，必须注意要设置的是 Caption，而非 Value。

21.6.3 动态地调整大小

事实上，用户需要动态地计算属性 Top、Left、Height 和 Width 的值，这是根据窗体的实际高度和宽度以及要添加的控件数量得到的。

21.6.4　添加其他控件

要添加其他类型的控件，可修改在 Add 方法中指定的 ProgId，表 21-6 列出了各种控件的 ProgId。

表 21-6　用户窗体控件及相应的 ProgId

控件	ProgId
CheckBox	Forms.CheckBox.1
ComboBox	Forms.ComboBox.1
CommandButton	Forms.CommandButton.1
Frame	Forms.Frame.1
Image	Forms.Image.1
Label	Forms.Label.1
ListBox	Forms.ListBox.1
MultiPage	Forms.MultiPage.1
OptionButton	Forms.OptionButton.1
ScrollBar	Forms.ScrollBar.1
SpinButton	Forms.SpinButton.1
TabStrip	Forms.TabStrip.1
TextBox	Forms.TextBox.1
ToggleButton	Forms.ToggleButton.1

21.6.5　动态地添加图像

在添加图像时，常常有一些无法预料的情况。图像可能是横向的，也可能是纵向的，可能很小，也可能很大。您可能想采取以下措施，即在加载图像前，将参数.AutoSize 设置为 True，以原始尺寸显示它：

```
TC = "Image" & PicCount
Me.Controls.Add bstrProgId:= "forms.image.1", Name:=TC, Visible:=True
Me.Controls(TC).Top = LastTop
Me.Controls(TC).Left = LastLeft
```

```
Me.Controls(TC).AutoSize = True
On Error Resume Next
Me.Controls(TC).Picture = LoadPicture(fname)
On Error GoTo 0
```

加载图像后，读取控件的 Height 和 Width 属性，以确定图像是横向还是纵向的，以及图像的宽度和高度是否被扭曲：

```
' 确定图片的尺寸
Wid = Me.Controls(TC).Width
Ht = Me.Controls(TC).Height
WidRedux = CellWid / Wid
HtRedux = CellHt / Ht
If WidRedux < HtRedux Then
Redux = WidRedux
Else
Redux = HtRedux
End If
NewHt = Int(Ht * Redux)
NewWid = Int(Wid * Redux)
```

确定完图像的合适大小，以确保它不会失真之后，将它的 AutoSize 属性设置为 False，并设置正确的高度和宽度：

```
' 重新确定控件尺寸
Me.Controls(TC).AutoSize = False
Me.Controls(TC).Height = NewHt
Me.Controls(TC).Width = NewWid
Me.Controls(TC).PictureSizeMode = fmPictureSizeModeStretch
```

21.7 完整代码

以下是用户窗体 Picture Catalog 的完整代码：

```
Private Sub UserForm_Initialize()
' 在工作簿中显示选择的每一个 SKU 图片
PicPath = "C:\qimage\qi"
Dim Pics ()
' 确定窗体尺寸
Me.Height = Int(0.98 * ActiveWindow.Height)
Me.Width = Int(0.98 * ActiveWindow.Width)
' 检测有多少个单元格被选中
CellCount = Selection.Cells.Count
ReDim Preserve Pics(1 To CellCount)
TempHt = Me.Height
```

```
TempWid = Me.Width
NumCol = Int(0.99 + Sqr(CellCount))
NumRow = Int(0.99 + CellCount / NumCol)
CellWid = Application.WorksheetFunction.Max(Int(TempWid / NumCol) - 4, 1)
CellHt = Application.WorksheetFunction.Max(Int(TempHt / NumRow) - 33, 1)
PicCount = 0
LastTop = 2
MaxBottom = 1
' 在窗体中创建行
For x = 1 To NumRow
LastLeft = 3
' 在每一行创建相应的列
For Y = 1 To NumCol
PicCount = PicCount + 1
If PicCount > CellCount Then
Me.Height = MaxBottom + 100
Me.cbClose.Top = MaxBottom + 25
Me.cbClose.Left = Me.Width - 70
Repaint
Exit Sub
End If
ThisStyle = Selection.Cells(PicCount).Value
ThisDesc = Selection.Cells(PicCount).Offset(0, 1).Value
fname = PicPath & ThisStyle & ".jpg"
TC = "Image" & PicCount
Me.Controls.Add bstrProgId:= "forms.image.1", Name:=TC, _
Visible:=True
Me.Controls(TC).Top = LastTop
Me.Controls(TC).Left = LastLeft
Me.Controls(TC).AutoSize = True
On Error Resume Next
Me.Controls(TC).Picture = LoadPicture(fname)
On Error GoTo 0
' 确定图片大小以填满窗体
Wid = Me.Controls(TC).Width
Ht = Me.Controls(TC).Height
WidRedux = CellWid / Wid
HtRedux = CellHt / Ht
If WidRedux < HtRedux Then
Redux = WidRedux
Else
Redux = HtRedux
End If
NewHt = Int(Ht * Redux)
NewWid = Int(Wid * Redux)
```

```
' 确定控件尺寸
Me.Controls(TC).AutoSize = False
Me.Controls(TC).Height = NewHt
Me.Controls(TC).Width = NewWid
Me.Controls(TC).PictureSizeMode = fmPictureSizeModeStretch
Me.Controls(TC).ControlTipText = "Style " & _
ThisStyle & " " & ThisDesc
ThisRight = Me.Controls(TC).Left + Me.Controls(TC).Width
ThisBottom = Me.Controls(TC).Top + Me.Controls(TC).Height
If ThisBottom > MaxBottom Then MaxBottom = ThisBottom
' 在图片下方添加标签
LC = "LabelA" & PicCount
Me.Controls.Add bstrProgId:= "forms.label.1", Name:=LC, _
Visible:=True
Me.Controls(LC).Top = ThisBottom + 1
Me.Controls(LC).Left = LastLeft
Me.Controls(LC).Height = 18
Me.Controls(LC).Width = CellWid
Me.Controls(LC).Caption = "Style " & ThisStyle & " " & ThisDesc
LastLeft = LastLeft + CellWid + 4
Next Y
LastTop = MaxBottom + 21 + 16
Next x
Me.Height = MaxBottom + 100
Me.cbClose.Top = MaxBottom + 25
Me.cbClose.Left = Me.Width - 70
Repaint
End Sub
```

21.7.1 向用户窗体中添加帮助

以上设计了一个不错的用户窗体，但还缺少一项内容，这就是用户使用指南。下面几小节将介绍 4 种帮助用户正确填写窗体的方式。

21.7.2 显示快捷键

通常，内置窗体都有快捷键，使得用户能够通过按键触发操作或选定选项。通常在按钮或标签中使用带下划线的字母来指出这些快捷键。

也可以通过设置控件的 Accelerator 属性，在自定义用户窗体中添加这种功能。同时按住 Alt 键和指定的快捷键将选择相应的控件。例如，在图 21-12 所示的对话框中，按下 Alt+H 组合键将选中复选框 VHS，重复该操作将取消对该复选框的选中。

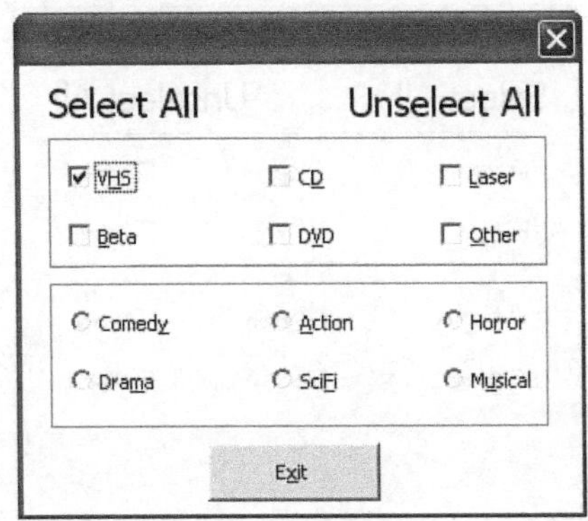

图 21-12　通过设置 Accelerator 属性让用户能够使用快捷键

21.7.3　添加控件提示文本

当鼠标指向工具栏时，将出现提示文本，指出该控件的功能。也可以通过设置控件的 ControlTipText 属性为用户窗体添加提示文本。在图 21-13 所示的对话框中，为类别复选框所在的框架添加了提示文本。

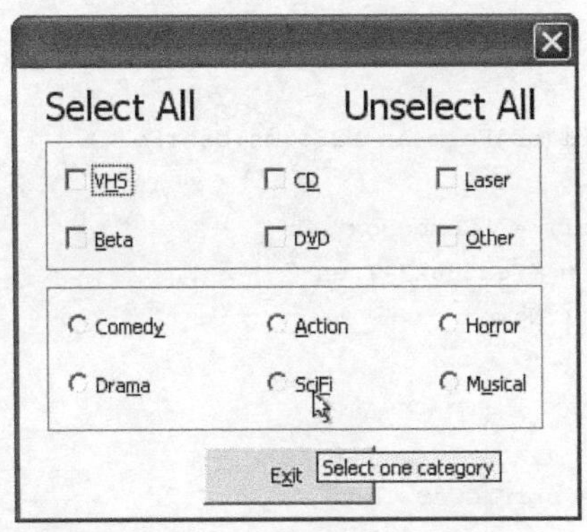

图 21-13　为控件添加提示以帮助用户

21.7.4　指定 Tab 顺序

用户可以通过按 Tab 键从一个选项跳到另一个选项，这是窗体自带的一项功能。要对按 Tab 键时所跳到的选项进行控制，可以对每个控件的 TabStop 属性进行设置。

将第一个控件的 TabStop 属性设置为 0，最后一个控件的 TabStop 属性设置为组中的控件数。需要注意的是，可以使用框架进行编组。Excel 不允许将多个 TabStop 属性设置成相同的。设置完 TabStop 属性之后，便可以使用 Tab 键和空格键来选择或取消选择各个选项，如图 21-14 所示。

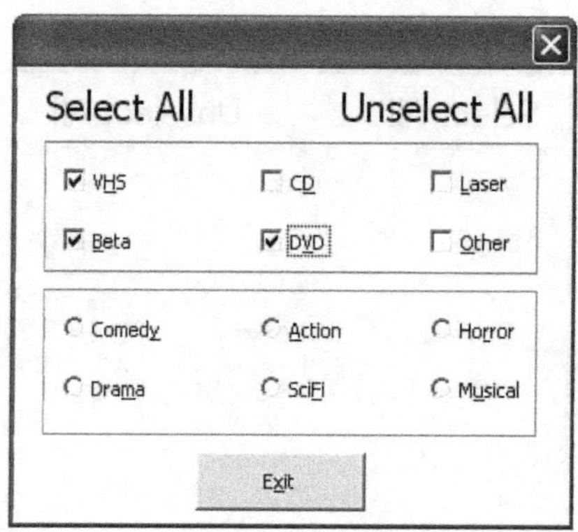

图 21-14　可以使用 Tab 键或空格键来选择该窗体中的选项

21.7.5　为活动控件着色

另一种帮助用户填写窗体的方式是为活动选项着色。下面的实例修改处于活动状态的文本框或组合框的颜色。

将下面的代码置于名为 clsCtlColor 的类模块中：

```
Public Event GetFocus()
Public Event LostFocus(ByVal strCtrl As String)
Private strPreCtr As String
Public Sub CheckActiveCtrl(objForm As MSForms.UserForm)
With objForm
If TypeName(.ActiveControl) = "ComboBox" Or _
TypeName(.ActiveControl) = "TextBox" Then
strPreCtr = .ActiveControl.Name
On Error GoTo Terminate
Do
DoEvents
If .ActiveControl.Name <> strPreCtr Then
If TypeName(.ActiveControl) = "ComboBox" Or _
TypeName(.ActiveControl) = "TextBox" Then
RaiseEvent LostFocus(strPreCtr)
strPreCtr = .ActiveControl.Name
RaiseEvent GetFocus
End If
End If
Loop
End If
End With
Terminate:
Exit Sub
```

```
End Sub
```

将下面的代码置于用户窗体后面：

```
Private WithEvents objForm As clsCtlColor
Private Sub UserForm_Initialize()
Set objForm = New clsCtlColor
End Sub
```

当用户窗体处于活动状态时，下面的子过程修改活动控件的背景颜色：

```
Private Sub UserForm_Activate()
If TypeName(ActiveControl) = "ComboBox" Or _
TypeName(ActiveControl) = "TextBox" Then
ActiveControl.BackColor = &HC0E0FF
End If
objForm.CheckActiveCtrl Me
End Sub
```

下面的子程序在控件获得焦点时修改控件的背景颜色：

```
Private Sub objForm_GetFocus()
ActiveControl.BackColor = &HC0E0FF
End Sub
```

下面的子过程在控件失去焦点时将控件的背景颜色还原为白色：

```
Private Sub objForm_LostFocus(ByVal strCtrl As String)
Me.Controls(strCtrl).BackColor = &HFFFFFF
End Sub
```

下面的子过程在用户关闭窗体时删除 objForm：

```
Private Sub UserForm_QueryClose(Cancel As Integer, CloseMode As Integer)
Set objForm = Nothing
End Sub
```

■ 案例分析：多列列表框

假设您创建了多个包含商店数据的电子表格，在每个数据集中，主键都是商店编号。该工作簿由多个人共享，但并非每个人都以商店编号来记忆商店。因此，需要采取某种方式使用户能够根据名称选择商店，同时返回商店编号以便在代码中使用。在这种情况下，可以使用 VLOOKUP 或 MATCH 函数，但还有另一种方法。

列表框可以包含多列，但无需让用户看到所有列。另外，用户可以从可见列表框中选择列表项，但列表框将返回另一列中相应的值。

创建列表框，并将其 ColumnCount 属性设置为 2。将 RowSource 属性设置为一个名为 Stores 的两列区域，该区域的第一列是商店编号，第二列是商店名称。现在，该列表框将显示两列数据，为修改这种行为，将属性 column width 设置为“0，20”，显示的内容将自动变为“0 磅，20 磅”，这将隐藏第一列。图 21-15 显示了所需的列表框属性。

至此，列表框的外观已设置好了。用户激活该列表时，将只能看到商店名称。要返回第一列的值，可将 BoundColumn 属性设置为 1，这可以通过属性窗口来设置，也可以通过代码来设置。下面使用代码来实现返回商店编号的功能（运行结果如图 21-16 所示）：

```
Private Sub UserForm_Initialize()
lb_StoreName.BoundColumn = 1
End Sub
Private Sub lb_StoreName_Click()
lbl_StoreNum.Caption = lb_StoreName.Value
End Sub
```

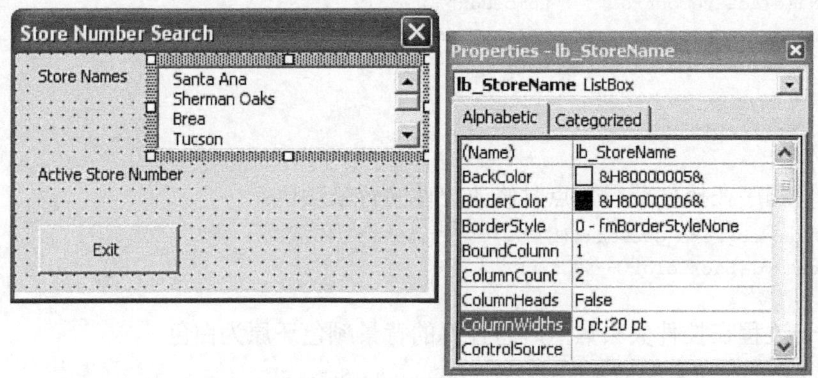

图 21-15　创建只显示一列数据的双列列表框时使用的列表框属性

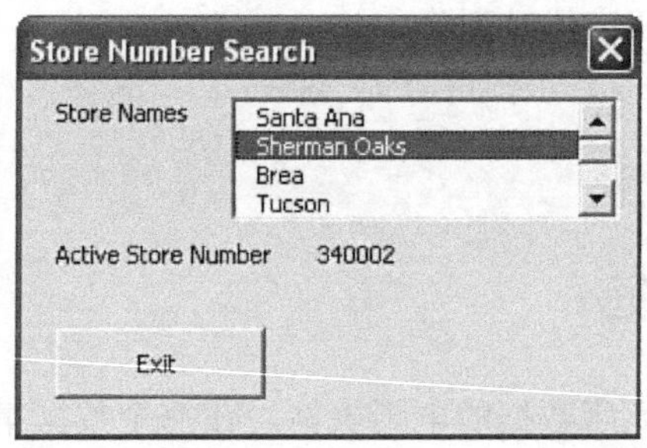

图 21-16　使用双列列表框使得用户能够选择商店名称，但返回商店编号

21.8　透明窗体

有时在查看窗体后面的数据时，需要不断地移动窗体。下面的代码将用户窗体的透明度设置为 50%（如图 21-17 所示），这样，无需移动用户窗体（遮住其他数据）就能看到其背后的数据。

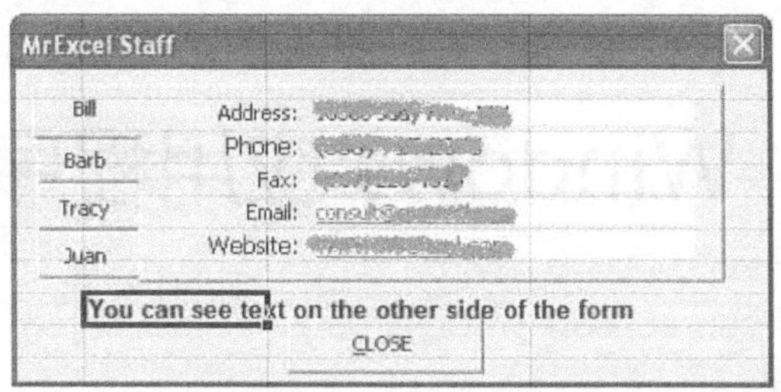

图 21-17　创建一个透明度为 50%的用户窗体以便看到其背后的数据

将下述代码置于用户窗体中的声明部分：

```
Private Declare Function GetActiveWindow Lib "USER32" () As Long
Private Declare Function SetWindowLong Lib "USER32" Alias _
"SetWindowLongA" (ByVal hWnd As Long, ByVal nIndex As Long, _
ByVal dwNewLong As Long) As Long
Private Declare Function GetWindowLong Lib "USER32" Alias _
"GetWindowLongA" (ByVal hWnd As Long, ByVal nIndex As Long) As Long
Private Declare Function SetLayeredWindowAttributes Lib "USER32" _
(ByVal hWnd As Long, ByVal crKey As Integer, _
ByVal bAlpha As Integer, ByVal dwFlags As Long) As Long
Private Const WS_EX_LAYERED = &H80000
Private Const LWA_COLORKEY = &H1
Private Const LWA_ALPHA = &H2
Private Const GWL_EXSTYLE = &HFFEC
Dim hWnd As Long
```

将下述代码置于用户窗体后面，这样，在窗体被激活时就能设置其透明度：

```
Private Sub UserForm_Activate()
Dim nIndex As Long
hWnd = GetActiveWindow
nIndex = GetWindowLong(hWnd, GWL_EXSTYLE)
SetWindowLong hWnd, GWL_EXSTYLE, nIndex Or WS_EX_LAYERED
' 设置 50%的透明度
SetLayeredWindowAttributes hWnd, 0, (255 * 50) / 100, LWA_ALPHA
End Sub
```

第 22 章　Windows 应用程序编程接口

22.1　什么是 Windows API

使用 VBA 能够实现一些神奇的功能，但有些功能使用 VBA 却无法或难以实现，如确定用户显示器的分辨率。这时，应用程序编程接口（API）就能派上用场了。

如果查看文件夹\Winnt\System32（Windows NT 系统），将能看到许多扩展名为.dll 的文件。这些文件是动态链接库（dll），包含许多其他程序（包括 VBA）能够访问的函数和过程。它们使用户能够访问 Windows 操作系统和其他程序所使用的功能。

注意： Windows API 声明只能在使用 Microsoft Windows 操作系统的计算机里访问。

本章并不介绍如何编写 API 声明，只是介绍一些解释和使用 API 的基础知识。此外，还包含一些有用的示例，并阐述如何查找更多的 API 声明。

22.2　理解 API 声明

以下代码是一个 API 函数示例：

```
Private Declare Function GetUserName _
Lib "advapi32.dll" Alias "GetUserNameA" _
(ByVal lpBuffer As String, nSize As Long) _
As Long
```

API 声明有两种类型。

- 函数：返回信息。
- 过程：对系统执行某种操作。

两种声明的结构相似。

上述声明主要指出了以下几点。

- 若声明为 Private，则其只能在所声明的模块中使用。如果想在几个模块之间共享，则应在标准模块中将其声明为 Public。

警告： 在标准模块中，API 既可以声明为 Private，也可以声明为 Public。在类模块中，API 只能声明为 Private。

- 在程序中将通过 GetUserName 引用它，这是用户所指定的变量名。
- 所使用的函数可以在 advapi32.dll 中找到。
- 别名 GetUserNameA 是在 Dll 中使用的函数名，该函数名区分大小写，而且无法修改，是 Dll 特有的一种函数。通常，每个 API 函数都有两种版本：一种版本使用 ANSI 字符集，其别名以字母 A 结尾；另一种版本使用 Unicode 字符集，其别名以字符 W 结尾。在指定别名时，就告知了 Excel 您所使用的函数版本。
- 该函数有两个形参：lpBuffer 和 nSize，这是 Dll 函数能够接受的两个实参。

警告： 使用 API 的缺点是，在代码编译或运行阶段可能没有错误，这意味着配置不正确的 API 调用将导致电脑崩溃或锁定，因此，应该经常存盘。

22.3 使用 API 声明

使用 API 与调用使用 VBA 创建的函数或过程相同。下面的代码使用函数中的声明 GetUserName 返回 UserName：

```
Public Function UserName() As String
Dim sName As String * 256
Dim cChars As Long
cChars = 256
If GetUserName(sName, cChars) Then
UserName = Left$(sName, cChars - 1)
End If
End Function
Sub ProgramRights()
Dim NameofUser As String
NameofUser = UserName
Select Case NameofUser
Case Is = "Administrator"
MsgBox "You have full rights to this computer"
Case Else
MsgBox "You have limited rights to this computer"
End Select
End Sub
```

运行宏 ProgramRights 之后，您就能知道自己是否成功注册为管理员，如图 22-1 所示的结果显示您已成功注册为管理员。

图 22-1　API 函数 GetUserName 可以用于获取用户的 Windows 登录名，它比 Excel 的用户名更难编辑

22.4　API 示例

下面的几小节将提供更多有用的 API 声明示例，读者可以在 Excel 程序中使用它们。每个例子之前都有一个关于该示例的简短描述，接下来是实际的声明和使用的实例。

警告：本书中的示例都是 32 位的 API 声明，在 64 位的 Excel 中可能无法使用。例如，对于 32 位版本，声明如下：

```
Private Declare Function GetWindowLongptr Lib "USER32" Alias _
"GetWindowLongA" (ByVal hWnd As Long, ByVal nIndex As _
Long) As Long
```

为了能够在 64 位 Excel 上工作，需做如下修改：

```
Private Declare PtrSafe Function GetWindowLongptr Lib _
"USER32" Alias _
"GetWindowLongA" (ByVal hWnd As LongPtr, ByVal nIndex As _
Long) As LongPtr
```

但是，我们如何才能知道应该将 Long 修改为 LongPtr 还是 Long,Long 呢？或者压根就不需要修改！由于这些随之而来的困惑，JKP 应用程序开发服务部的 Jan Karel Pieterse 针对 64 位声明还专门创建了一个前所未有的网站。

22.4.1　检索计算机名

下面的 API 函数返回计算机名，该名称可在“系统属性>计算机名”中找到：

```
Private Declare Function GetComputerName Lib "kernel32" Alias _
"GetComputerNameA" (ByVal lpBuffer As String, ByRef nSize As Long) As Long
```

```
Private Function ComputerName() As String
Dim stBuff As String * 255, lAPIResult As Long
Dim lBuffLen As Long
lBuffLen = 255
lAPIResult = GetComputerName(stBuff, lBuffLen)
If lBuffLen > 0 Then ComputerName = Left(stBuff, lBuffLen)
End Function
Sub ComputerCheck()
Dim CompName As String
CompName = ComputerName
If CompName <> "BillJelenPC" Then
MsgBox _
"This application does not have the right to run on this computer. "
ActiveWorkbook.Close SaveChanges:=False
End If
End Sub
```

宏 ComputerCheck 使用一个 API 调用来获取计算机名。在图 22-2 中，除非在程序所有者的计算机（该计算机名是以硬编码的方式指定的）中，否则该程序将拒绝运行。

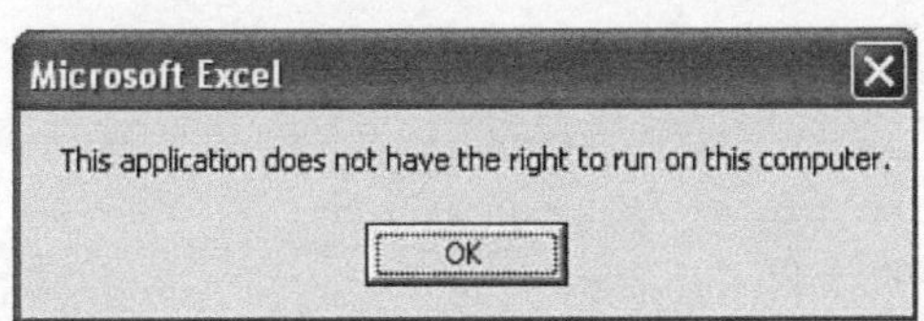

图 22-2　使用计算机名核实应用程序是否有权在当前计算机中运行

22.4.2　确定 Excel 文件是否已在网络上打开

可以通过将工作簿赋给一个对象来检查是否有文件在 Excel 中打开。如果对象为空（Nothing），则表明没有在 Excel 中打开的文件。然而，如果想知道是否有其他人在网络上打开该文件时该怎么办呢？下面的 API 函数能够返回该信息：

```
Private Declare Function lOpen Lib "kernel32" Alias "_lopen" _
(ByVal lpPathName As String, ByVal iReadWrite As Long) As Long
Private Declare Function lClose Lib "kernel32" _
Alias "_lclose" (ByVal hFile As Long) As Long
Private Const OF_SHARE_EXCLUSIVE = &H10
Private Function FileIsOpen(strFullPath_FileName As String) As Boolean
Dim hdlFile As Long
Dim lastErr As Long
hdlFile = -1
hdlFile = lOpen(strFullPath_FileName, OF_SHARE_EXCLUSIVE)
If hdlFile = -1 Then
```

```
lastErr = Err.LastDllError
Else
lClose (hdlFile)
End If
FileIsOpen = (hdlFile = -1) And (lastErr = 32)
End Function
Sub CheckFileOpen()
If FileIsOpen("C:\XYZ Corp.xlsx") Then
MsgBox "File is open"
Else
MsgBox "File is not open"
End If
End Sub
```

调用函数 FileIsOpen，并将特定的路径和文件名作为参数，就能够获悉是否有人打开该文件。

22.4.3 获取显示器分辨率信息

下面的 API 函数能够获取计算机显示器的分辨率信息：

```
Declare Function DisplaySize Lib "user32" Alias _
"GetSystemMetrics" (ByVal nIndex As Long) As Long
Public Const SM_CXSCREEN = 0
Public Const SM_CYSCREEN = 1
Function VideoRes() As String
Dim vidWidth
Dim vidHeight
vidWidth = DisplaySize(SM_CXSCREEN)
vidHeight = DisplaySize(SM_CYSCREEN)
Select Case (vidWidth * vidHeight)
Case 307200
VideoRes = "640 × 480"
Case 480000
VideoRes = "800 × 600"
Case 786432
VideoRes = "1024 × 768"
Case Else
VideoRes = "Something else"
End Select
End Function
Sub CheckDisplayRes()
Dim VideoInfo As String
Dim Msg1 As String, Msg2 As String, Msg3 As String
VideoInfo = VideoRes
```

```
Msg1 = "Current resolution is set at " & VideoInfo & Chr(10)
Msg2 = "Optimal resolution for this application is 1024 × 768" & Chr(10)
Msg3 = "Please adjust resolution"
Select Case VideoInfo
Case Is = "640 × 480"
MsgBox Msg1 & Msg2 & Msg3
Case Is = "800 × 600"
MsgBox Msg1 & Msg2
Case Is = "1024 × 768"
MsgBox Msg1
Case Else
MsgBox Msg2 & Msg3
End Select
End Sub
```

宏 CheckDisplayRes 会警告用户，当前的显示器分辨率设置对于应用程序来说不是最佳的。

22.4.4　自定义“关于”对话框

在 Windows 资源管理器中，如果选择菜单“帮助>关于 Windows”将显示一个十分美观的“关于”对话框，其中包含一些关于 Windows 资源管理器的信息以及一些系统详细说明。使用下面的代码，用户可以实现在自己的程序中弹出该窗口，并自定义一些选项，如图 22-3 所示。

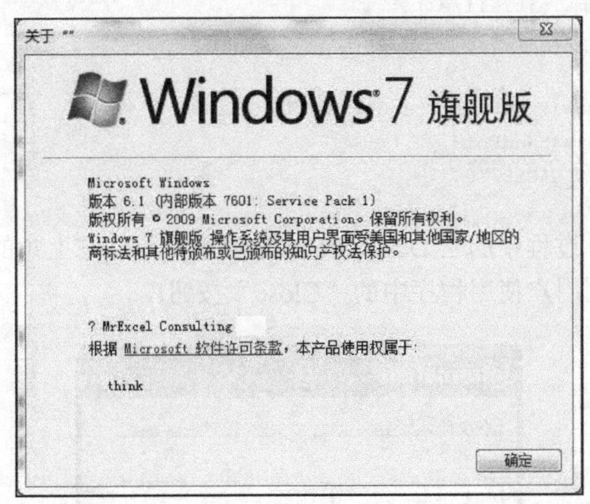

图 22-3　可以为自己的程序自定义 Windows 中所使用的“关于”对话框

```
Declare Function ShellAbout Lib "shell32.dll" Alias "ShellAboutA" _
(ByVal hwnd As Long, ByVal szApp As String, ByVal szOtherStuff As _
```

```
String, ByVal hIcon As Long) As Long
Declare Function GetActiveWindow Lib "user32" () As Long
Sub AboutMrExcel()
Dim hwnd As Integer
On Error Resume Next
hwnd = GetActiveWindow()
ShellAbout hwnd, Nm, vbCrLf + Chr(169) + "" & " MrExcel Consulting" _
+ vbCrLf, 0
On Error GoTo 0
End Sub
```

22.4.5 禁用用于关闭用户窗体的“X”按钮

位于用户窗体右上角的“X”按钮可以用于关闭应用程序。下面的 API 声明协同工作，禁用“X”按钮，强制用户只能通过单击“Close”来关闭应用程序。当窗体初始化时禁用“X”按钮，窗体关闭之后，“X”按钮回复正常：

```
Private Declare Function FindWindow Lib "user32" Alias "FindWindowA" _
(ByVal lpClassName As String, ByVal lpWindowName As String) As Long
Private Declare Function GetSystemMenu Lib "user32" (ByVal hWnd As Long, _
ByVal bRevert As Long) As Long
Private Declare Function DeleteMenu Lib "user32" _
(ByVal hMenu As Long, ByVal nPosition As Long, _
ByVal wFlags As Long) As Long
Private Const SC_CLOSE As Long = &HF060
Private Sub UserForm_Initialize()
Dim hWndForm As Long
Dim hMenu As Long
hWndForm = FindWindow("ThunderDFrame", Me.Caption)
hMenu = GetSystemMenu(hWndForm, 0)
DeleteMenu hMenu, SC_CLOSE, 0&
End Sub
```

UserForm_Initialize 过程中的宏 DeleteMenu 导致用户窗体右上角的“X”按钮呈灰色，如图 22-4 所示。这将强制用户使用程序中的“Close”按钮。

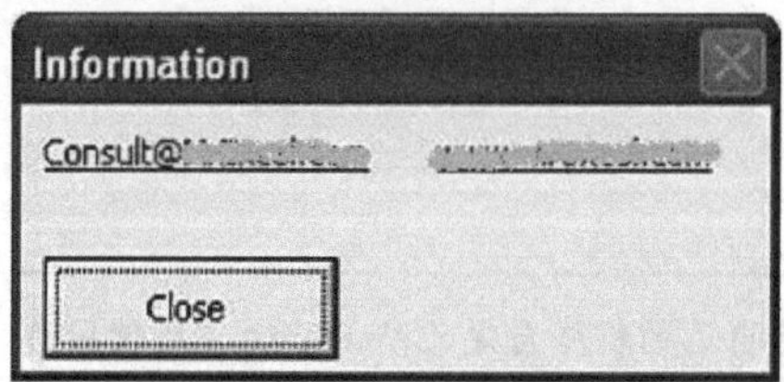

图 22-4　禁用用户窗体中的“X”按钮，强制用户使用 Close 按钮关闭窗体，让用户无法避开与 Close 按钮相关联的代码

22.4.6　连续时钟

可以使用 NOW 函数来获取当前系统时间，但如果需要连续的时钟，使其不断地显示精确到秒的时间该怎么办呢？下面的 API 声明能够提供这项功能，将时钟置于工作表 Sheet1 的单元格 A1 中：

```
Public Declare Function SetTimer Lib "user32" _
(ByVal hWnd As Long, ByVal nIDEvent As Long, _
ByVal uElapse As Long, ByVal lpTimerFunc As Long) As Long
Public Declare Function KillTimer Lib "user32" _
(ByVal hWnd As Long, ByVal nIDEvent As Long) As Long
Public Declare Function FindWindow Lib "user32" _
Alias "FindWindowA" (ByVal lpClassName As String, _
ByVal lpWindowName As String) As Long
Private lngTimerID As Long
Public datStartingTime As Date
Public Sub StartTimer()
lngTimerID = SetTimer(0, 1, 10, AddressOf RunTimer)
End Sub
Public Sub StopTimer()
Dim lRet As Long
lRet = KillTimer(0, lngTimerID)
End Sub
Private Sub RunTimer(ByVal hWnd As Long, _
ByVal uint1 As Long, ByVal nEventId As Long, _
ByVal dwParam As Long)
On Error Resume Next
Sheet1.Range("A1").Value = Now - datStartingTime
End Sub
```

运行宏 StartTimer，将在单元格 A1 中不断更新当前日期和时间。

22.4.7　播放声音

读者是否遇到过想要播放声音来警告用户或恭喜用户的情况？可以向工作表中添加声音对象并在需要时调用它。然而，使用下面的 API 声明并指定正确的音频文件路径将更加简单：

```
Public Declare Function PlayWavSound Lib "winmm.dll" _
Alias "sndPlaySoundA" (ByVal LpszSoundName As String, _
ByVal uFlags As Long) As Long
Public Sub PlaySound()
Dim SoundName As String
SoundName = "C:\WinNT\Media\Chimes.wav"
```

```
PlayWavSound SoundName, 0
End Sub
```

22.4.8 检索文件路径

使用下面的 API 能够创建一个自定义文件浏览器。该程序示例使用这个 API 自定义函数调用，以创建一个满足特定需求的浏览器——这里是返回用户选定的文件路径：

```
Type tagOPENFILENAME
lStructSize As Long
hwndOwner As Long
hInstance As Long
strFilter As String
strCustomFilter As String
nMaxCustFilter As Long
nFilterIndex As Long
strFile As String
nMaxFile As Long
strFileTitle As String
nMaxFileTitle As Long
strInitialDir As String
strTitle As String
Flags As Long
nFileOffset As Integer
nFileExtension As Integer
strDefExt As String
lCustData As Long
lpfnHook As Long
lpTemplateName As String
End Type
Declare Function aht_apiGetOpenFileName Lib "comdlg32.dll" _
Alias "GetOpenFileNameA" (OFN As tagOPENFILENAME) As Boolean
Declare Function aht_apiGetSaveFileName Lib "comdlg32.dll" _
Alias "GetSaveFileNameA" (OFN As tagOPENFILENAME) As Boolean
Declare Function CommDlgExtendedError Lib "comdlg32.dll" () As Long
Global Const ahtOFN_READONLY = &H1
Global Const ahtOFN_OVERWRITEPROMPT = &H2
Global Const ahtOFN_HIDEREADONLY = &H4
Global Const ahtOFN_NOCHANGEDIR = &H8
Global Const ahtOFN_SHOWHELP = &H10
Global Const ahtOFN_NOVALIDATE = &H100
Global Const ahtOFN_ALLOWMULTISELECT = &H200
Global Const ahtOFN_EXTENSIONDIFFERENT = &H400
Global Const ahtOFN_PATHMUSTEXIST = &H800
```

```
Global Const ahtOFN_FILEMUSTEXIST = &H1000
Global Const ahtOFN_CREATEPROMPT = &H2000
Global Const ahtOFN_SHAREAWARE = &H4000
Global Const ahtOFN_NOREADONLYRETURN = &H8000
Global Const ahtOFN_NOTESTFILECREATE = &H10000
Global Const ahtOFN_NONETWORKBUTTON = &H20000
Global Const ahtOFN_NOLONGNAMES = &H40000
Global Const ahtOFN_EXPLORER = &H80000
Global Const ahtOFN_NODEREFERENCELINKS = &H100000
Global Const ahtOFN_LONGNAMES = &H200000
Function ahtCommonFileOpenSave( _
Optional ByRef Flags As Variant, _
Optional ByVal InitialDir As Variant, _
Optional ByVal Filter As Variant, _
Optional ByVal FilterIndex As Variant, _
Optional ByVal DefaultExt As Variant, _
Optional ByVal FileName As Variant, _
Optional ByVal DialogTitle As Variant, _
Optional ByVal hwnd As Variant, _
Optional ByVal OpenFile As Variant) As Variant
Dim OFN As tagOPENFILENAME
Dim strFileName As String
Dim strFileTitle As String
Dim fResult As Boolean
' 设置对话框标题
If IsMissing(InitialDir) Then InitialDir = CurDir
If IsMissing(Filter) Then Filter = ""
If IsMissing(FilterIndex) Then FilterIndex = 1
If IsMissing(Flags) Then Flags = 0&
If IsMissing(DefaultExt) Then DefaultExt = ""
If IsMissing(FileName) Then FileName = ""
If IsMissing(DialogTitle) Then DialogTitle = ""
If IsMissing(OpenFile) Then OpenFile = True
strFileName = Left(FileName & String(256, 0), 256)
strFileTitle = String(256, 0)
' 调用函数前加载数结构
With OFN
.lStructSize = Len(OFN)
.strFilter = Filter
.nFilterIndex = FilterIndex
.strFile = strFileName
.nMaxFile = Len(strFileName)
.strFileTitle = strFileTitle
.nMaxFileTitle = Len(strFileTitle)
.strTitle = DialogTitle
```

```
.Flags = Flags
.strDefExt = DefaultExt
.strInitialDir = InitialDir
.hInstance = 0
.lpfnHook = 0
.strCustomFilter = String(255, 0)
.nMaxCustFilter = 255
End With
If OpenFile Then
fResult = aht_apiGetOpenFileName(OFN)
Else
fResult = aht_apiGetSaveFileName(OFN)
End If
If fResult Then
If Not IsMissing(Flags) Then Flags = OFN.Flags
ahtCommonFileOpenSave = TrimNull(OFN.strFile)
Else
ahtCommonFileOpenSave = vbNullString
End If
End Function
Function ahtAddFilterItem(strFilter As String, _
strDescription As String, Optional varItem As Variant) As String
If IsMissing(varItem) Then varItem = "*.*"
ahtAddFilterItem = strFilter & strDescription & _
vbNullChar & varItem & vbNullChar
End Function
Private Function TrimNull(ByVal strItem As String) As String
Dim intPos As Integer
intPos = InStr(strItem, vbNullChar)
If intPos > 0 Then
TrimNull = Left(strItem, intPos - 1)
Else
TrimNull = strItem
End If
End Function
```

下面是创建的使用该信息的实用程序：

```
Function GetFileName(strPath As String)
Dim strFilter As String
Dim lngFlags As Long
strFilter = ahtAddFilterItem(strFilter, "Excel Files (*.xls) ")
GetFileName = ahtCommonFileOpenSave(InitialDir:=strPath, _
Filter:=strFilter, FilterIndex:=3, Flags:=lngFlags, _
DialogTitle:= "Please select file to import")
End Function
```

接下来，需要创建用户窗体。下面的代码与图 22-5 所示的 Browse 按钮相关联，请注意此函数指定了默认目录：

```
Private Sub cmdBrowse_Click()
txtFile = GetFileName("C:\ ")
End Sub
```

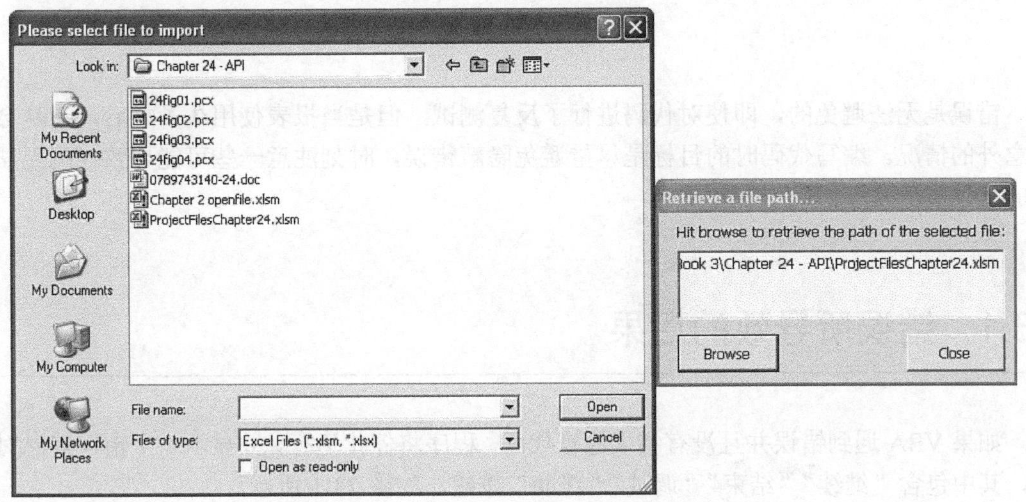

图 22-5　创建一个自定义浏览器来返回用户选定文件的路径，这样能够避免用户错误地选择要导入的文件

22.5　查找更多 API 声明

API 声明远比本章所讨论的多。事实上，本章只是简要地介绍了可用过程和函数的一些皮毛。微软提供了许多工具帮助用户创建自己的 API（请参阅 Platform SDK）。许多程序员开发了大量声明与大家共享，如 Ivan F. Moala，他创建的网站上包含了大量实例和使用说明。

第 23 章　错误处理

错误是无法避免的，即使对代码进行了反复测试，但是当报表使用久了之后，还是会出现意外的情况。编写代码时的目标是尽量避免隐蔽错误，时刻注意一些可能导致代码无法运行的意外情况。

23.1　错误所导致的后果

如果 VBA 遇到错误并且没有错误检查代码，程序将停止运行，并显示一个错误消息对话框，其中包含“继续”“结束”“调试”“帮助”按钮，如图 23-1 所示。

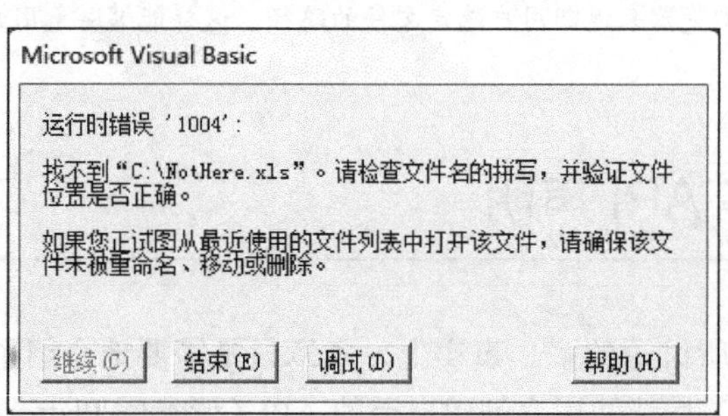

图 23-1　在未保护模块中，没有处理的错误将让用户选择“结束”或“调试”按钮

在弹出的对话框中，单击“调试”按钮，VB 编辑器将以黄色突出显示导致错误的代码行。用户可以通过将鼠标指向任何变量来查看其当前值，这样能够提供大量信息，从而了解导致错误的原因，如图 23-2 所示。

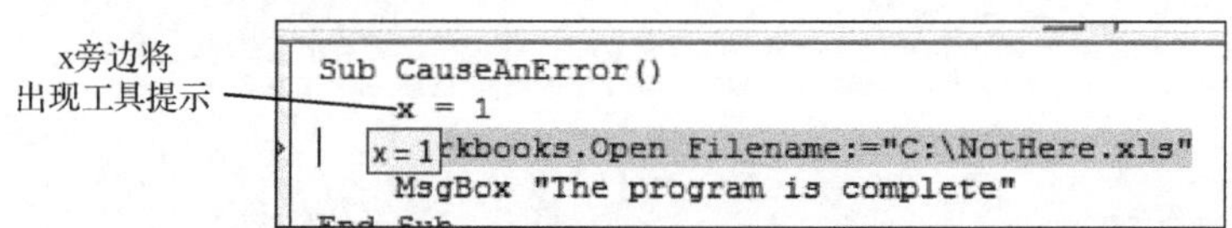

图 23-2　单击“调试”按钮后，宏将处于中断模式。可将鼠标指向变量，几秒后将看到其当前值

Excel 以返回含义不明确的错误而著称，例如很多情况都会导致 1004 错误。通过查看以黄色突出显示的问题代码行并查看变量的当前值，有助于找出导致错误的真正原因。

查看导致错误的代码行后，单击“重新设置”按钮停止执行宏。“重新设置”是一个方形按钮，位于主菜单“格式”的下方，如图 23-3 所示。

图 23-3　“重新设置”按钮类似于 VCR 控制面板中的“停止”按钮

警告：如果没有单击“重新设置”按钮结束当前宏，并试图运行其他宏，将弹出如图 23-4 所示的错误消息。这令人生厌，因为用户在 Excel 用户界面中运行宏，当该窗口出现时将自动切换到 VB 编辑器，但单击“确定”按钮后，将立刻切换到 Excel 用户界面，而不是停留在 VB 编辑器中。由于这种消息框出现的频率非常高，如果在单击“确定”按钮之后仍然能够停留在 VB 编辑器中，将方便得多。

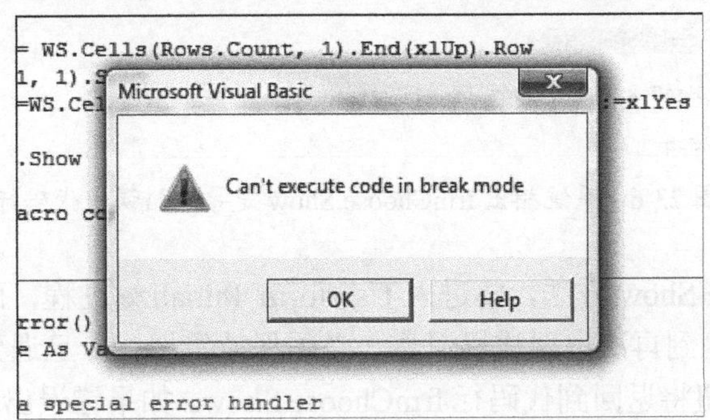

图 23-4　如果没有单击“重新设置”按钮结束调试，则试图运行其他宏时将出现该消息框

令人费解的用户窗体代码错误调试

当用户单击“调试”按钮之后，将突出显示导致错误的代码行，但这在有些情况下令人十分费解。假设您调用一个宏，它显示一个用户窗体，而该用户窗体的代码导致了错误。当您单击“调试”按钮后，Excel 将突出显示该宏中显示用户窗体的代码行，而不是用户窗体中导致错误的代码行。要找出真正的错误，可采取如下步骤。

1. 出现如图 23-5 所示的错误消息后，单击“调试”按钮。

VB 编辑器认为错误是显示用户窗体的代码行所导致的，如图 23-6 所示。根据本书前面所介绍的内容，读者知道真正的错误并非该代码行所导致。

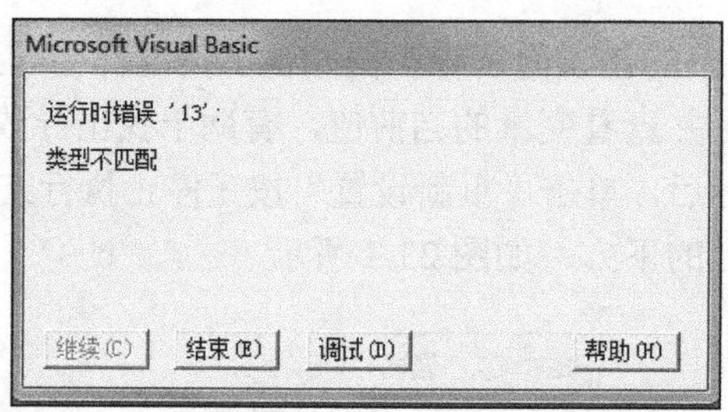

图 23-5　出现错误 13 后单击"调试"按钮

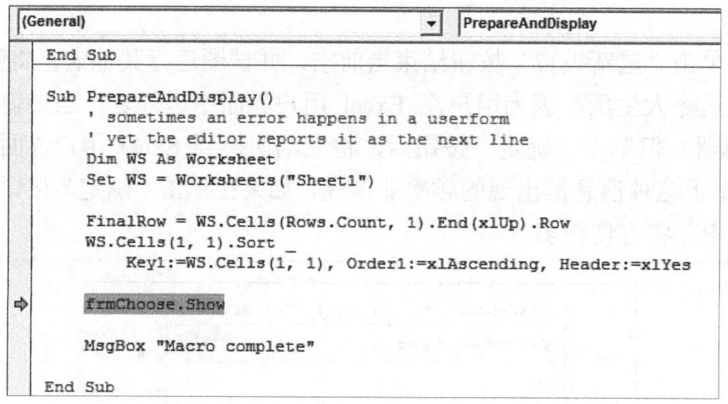

图 23-6　系统指出 frmChoose.Show 是导致错误的代码行

2．按 F8 键执行该 Show 方法，将进入 Userform_Initialize 过程，而不会出现错误消息。

3．不断按 F8 键直到再次出现错误消息。必须保持警惕，一旦遇到错误，将显示错误消息框。单击"调试"按钮将返回到代码行 frmChoose.Show。如果错误出现在长循环的后面（如图 23-7 所示），则需要单步执行很久才能找到错误。

假设要单步执行如图 23-7 所示的过程。您小心翼翼地按 F8 键 5 次完成第一次循环迭代，却没有出现任何问题。由于问题可能出现在之后的循环迭代中，因此继续按 F8 键。如果有 25 个列表项需要添加到列表框中，则还需要按 F8 键 48 次才能结束该循环。每次按 F8 键前，您都将提高警惕，注意接下来将运行哪行代码。

在图 23-7 所示的位置再次按 F8 键时，将出现错误消息框，并在单击"调试"按钮后返回到模块 1 中的 frmChoose.Show 代码行。这种情况令人生厌。

单击"调试"按钮之后，将看到显示用户窗体的代码行，然后需要按 F8 键单步执行该用户窗体的代码，直至发生错误。笔者在按无数次 F8 键后总会感到厌倦，还是未能发现到底是哪行代码导致了错误。错误发生后，单击"调试"按钮后又回到了代码行 frmChoose.Show，此时必须再次开始按 F8 键。如果知道调试错误发生的大概位置，可在该位置的前面单击，然后按 Ctrl+F8 组合键运行到光标所处的行。

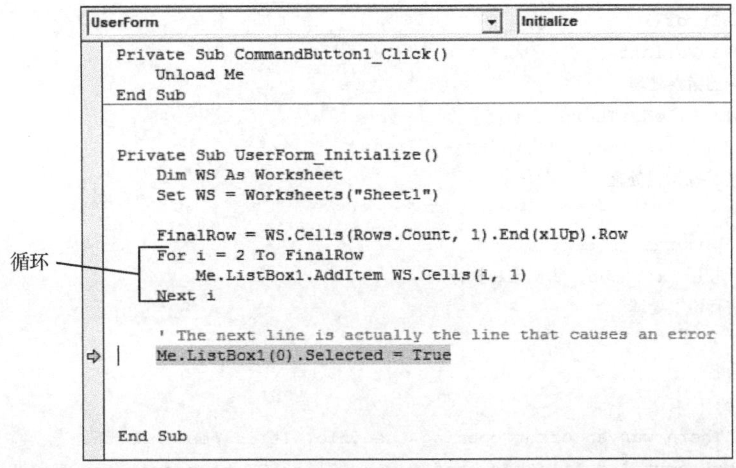
```
Private Sub CommandButton1_Click()
    Unload Me
End Sub

Private Sub UserForm_Initialize()
    Dim WS As Worksheet
    Set WS = Worksheets("Sheet1")

    FinalRow = WS.Cells(Rows.Count, 1).End(xlUp).Row
    For i = 2 To FinalRow
        Me.ListBox1.AddItem WS.Cells(i, 1)
    Next i

    ' The next line is actually the line that causes an error
    Me.ListBox1(0).Selected = True

End Sub
```


图 23-7　如果有 25 个列表项需要添加到列表框中，将需要按 F8 键 51 次才能执行完这个包含 3 行代码的循环

23.2　使用 On Error GoTo 进行基本错误处理

一种基本的错误处理方法是，命令 VBA 在遇到错误时跳转到特定的位置，在这个位置可提供特殊代码，告诉用户出现了问题并让用户采取措施。

通常将错误处理程序置于宏的末尾。要创建错误处理程序，可按如下步骤进行。

1．在宏的末尾插入代码行 Exit Sub，这将避免在正常情况下执行错误处理程序。

2．在代码行 Exit Sub 的后面添加一个标签。标签由名称和冒号组成，例如，可创建标签“MyErrorHandler:”。

3．编写处理错误的代码。如果要回到导致错误的代码行后面的代码行，可使用语句 Resume Next。

在宏中可能导致错误的代码行前面，添加代码行 On Error GoTo MyErrorHandler。注意，在这里标签后面不能添加冒号。

在可能导致错误的代码行后面，添加取消任何特殊错误处理的代码。这很不直观，容易令人迷惑。取消特定错误处理的代码是 On Error GoTo 0，但并没有名称为 0 的标签。这是一个虚拟代码行，它命令 Excel 恢复到正常状态，在遇到错误时显示包含按钮“结束”和“调试”的消息框。这就是取消特殊错误处理之所以十分重要的原因。

注意：在下面的代码中，有一个特殊的错误处理程序，用于处理文件被移走或不存在的情况。显然，我们不希望在宏的后面发生其他错误（如被零除）时调用该错误处理程序。

```
Sub HandleAnError()
Dim MyFile as Variant
' 创建一个特殊的错误处理
On Error GoTo FileNotThere
Workbooks.Open Filename:= "C:\NotHere.xls"
' 在这里，取消特殊错误处理
On Error GoTo 0
MsgBox "The program is complete"
' 宏运行结束. 使用 Exit sub, 否则宏将执行
' WILL 继续进行错误处理
Exit Sub
' 为错误处理命名
FileNotThere:
MyPrompt = "There was an error opening the file. It is possible the "
MyPrompt = MyPrompt & " file has been moved. Click OK to browse for the "
MyPrompt = MyPrompt & "file, or click Cancel to end the program"
Ans = MsgBox(Prompt:=MyPrompt, VbMsgBoxStyle:=vbOKCancel)
If Ans = vbCancel Then Exit Sub
' 若用户单击 OK，则让用户浏览文件
MyFile = Application.GetOpenFilename
If MyFile = False Then Exit Sub
' 如果第 2 个文件损坏了该怎么办呢？我们不希望让用户再次返回
'到该错误处理，因此只需暂停程序。
On Error GoTo 0
Workbooks.Open MyFile
'运行至此，则返回至宏的初始位置继续执行，
' 直至导致错误代码的最后一行位置。
Resume Next
End Sub
```

提示：在宏的末尾可能不只存在一个错误处理程序，应该确保每个错误处理程序都以 Resume Next 或 Exit Sub 结束，这样能够避免宏由于偶然因素而运行至下一个错误处理程序。

23.3 通用的错误处理程序

有些开发人员喜欢使用一个通用的错误处理程序来处理所有的错误，所使用的是 Err 对象，该对象有表示错误号和描述的属性，可将这些信息而非调试消息提供给用户：

```
On Error GoTo HandleAny
Sheets(9).Select
Exit Sub
```

```
HandleAny:
Msg = "We encountered " & Err.Number & " - " & Err.Description
MsgBox Msg
Exit Sub
```

23.3.1 忽略错误

有些错误是完全可以忽略的。例如，用来生成 HTML 的宏，它在导出下一个文件之前要删除文件夹中现有的文件 index.html。

如果 FileName 不存在，则 Kill(FileName)将导致错误。这种情况我们好像无需考虑。毕竟，我们想要删除该文件，因此不必考虑在宏运行之前是否有人已经将其删除，在这种情况下，应让 Excel 忽略该错误，并跳到下一行继续执行。为此，可使用代码 On Error Resume Next：

```
Sub WriteHTML()
    MyFile = "C:\index.html"
    On Error Resume Next
    Kill MyFile
    On Error Goto 0
    Open MyFile for Output as #1
End Sub
```

警告：要慎用 On Error Resume Next，仅当错误可以忽略时才能使用它。另外，应立刻使用 Error GoTo 0 将错误检查恢复到正常状态。

如果使用 On Error Resume Next 忽略不能忽略的错误，将立刻结束执行当前宏。如果 MacroA 调用 MacroB，而 MacroB 发生了不能忽略的错误，将退出 MacroB 并继续执行 MacroA 中的下一行代码。通常情况下这是不利的。

■ 案例分析：页面设置问题通常可以忽略

使用宏录制执行页面设置的操作时，即使在“页面设置”对话框中只修改了一项设置，宏录制器也将生成设置 20 多项的代码。众所周知，这些设置因打印机而异。例如，如果在连接了彩色打印机的计算机中录制执行页面设置的操作，则可能生成代码.BlackAndWhite=True，但如果计算机所连接的打印机不支持该选项时，则这个宏将失败。如果您的打印机能提供设置.PrintQuality = 600，但用户的打印机只支持分辨率 300，则这行代码也将导致错误。为确保大部分设置能够执行，同时在无关紧要的设置无法完成时不会导致运行错误，可将页面设置代码放在 On Error Resume Next 和 On Error GoTo 0 之间：

```
On Error Resume Next
Application.PrintCommunication = False
```

```
With ActiveSheet.PageSetup
.PrintTitleRows = ""
.PrintTitleColumns = ""
End With
ActiveSheet.PageSetup.PrintArea = "$A$1:$L$27"
With ActiveSheet.PageSetup
.LeftHeader = ""
.CenterHeader = ""
.RightHeader = ""
.LeftFooter = ""
.CenterFooter = ""
.RightFooter = ""
.LeftMargin = Application.InchesToPoints(0.25)
.RightMargin = Application.InchesToPoints(0.25)
.TopMargin = Application.InchesToPoints(0.75)
.BottomMargin = Application.InchesToPoints(0.5)
.HeaderMargin = Application.InchesToPoints(0.5)
.FooterMargin = Application.InchesToPoints(0.5)
.PrintHeadings = False
.PrintGridlines = False
.PrintComments = xlPrintNoComments
.PrintQuality = 300
.CenterHorizontally = False
.CenterVertically = False
.Orientation = xlLandscape
.Draft = False
.PaperSize = xlPaperLetter
.FirstPageNumber = xlAutomatic
.Order = xlDownThenOver
.BlackAndWhite = False
.Zoom = False
.FitToPagesWide = 1
.FitToPagesTall = False
.PrintErrors = xlPrintErrorsDisplayed
End With
Application.PrintCommunication = True
On Error GoTo 0
```

23.3.2 禁止显示 Excel 警告

即使已经让 Excel 忽略错误，有些消息也将出现。例如，使用代码删除工作表时，将出现消息“要删除的工作表中可能存在数据。如果要永久删除这些数据，请单击‘删除’按钮”。这很麻烦，我们不想让用户必须对这种警告做出响应。因为这并非错误，只是警告。

要禁止显示所有警告，并让 Excel 采取默认措施，可使用 Application.DisplayAlerts = False，如下所示：

```
Sub DeleteSheet()
Application.DisplayAlerts = False
Worksheets("Sheet2").Delete
Application.DisplayAlerts = True
End Sub
```

23.3.3 利用错误

由于程序员都讨厌错误，因此利用错误这种概念看起来似乎有悖常理，但错误并非总是有害的，有时通过利用错误可以提高代码的运行速度。

假设要确定活动工作簿是否包含一个名为 Data 的工作表。要在不出现错误的情况下完成这项任务，可这样编写代码：

```
DataFound = False
For each ws in ActiveWorkbook.Worksheets
If ws.Name = "Data" then
DataFound = True
Exit For
End if
Next ws
If not DataFound then Sheets.Add.Name = "Data"
```

这需要 8 行代码。如果工作簿包含 128 个工作表，将需要迭代循环 128 次后才知道没有工作表 Data。

另一种方法直接引用工作表 Data，如果已将错误检查设置为 Resume Next，则该代码运行后，Err 对象的 Number 属性将不为 0：

```
On Error Resume Next
X = Worksheets("Data").Name
If Err.Number <> 0 then Sheets.Add.Name = "Data"
On Error GoTo 0
```

这段代码的运行速度快得多。错误通常令人害怕，但在这里它们都是完全可以接受的。

23.4 培训用户

您可能为地球另一端的用户或行政助理编写代码，而他们运行这些代码时，您可能在休假。在这些情况下，可能需要通过电话对代码进行远程调试。

应对用户进行培训，使其知道错误和消息框之间的区别，这十分重要。消息框显示的是计划好的消息，但显示时也伴随蜂鸣。要告诉用户，错误消息不好，但并非弹出的都是错误消息。曾有位用户不停地向上司报告说程序出错，而实际上她看到的是消息框。调试错误和消息框出现时都伴随蜂鸣声。

对用户进行培训，让其在调试错误消息框还在屏幕上时打电话给您，这样您能够知道错误号和描述，再让他们单击“调试”按钮，并告知当前所在的模块、过程和以黄色显示的代码行。有了这些信息后，通常能够确定到底是哪里出现了问题。如果没有这些信息，通常无法确定导致错误的原因。获取发生 1004 错误的帮助意义不大，因为 1004 是一种包罗万象的错误，很多原因都可能导致这种错误。

23.5 开发阶段错误和运行阶段错误

编写好代码并首次运行它时，通常会出现错误。事实上，首次运行时，您可能想单步执行，以查看代码的运行过程。

在生产环境中运行很长时间后，如果程序突然因错误而停止工作，则是另一回事。这看起来令人困惑，程序正常运行了好几个月，为什么今天突然出现了问题呢？

您很容易将责任归咎于用户，但经过彻底分析之后，将发现实际上是开发人员没有将所有情况考虑周全所导致的。

接下来的几小节介绍应用程序运行几个月之后可能出现的两种常见问题。

23.5.1 运行错误 9：下标越界

假设您创建了一个应用程序，并提供了一个 Menu 工作表用于存储设置；但有一天用户报告出现图 23-8 所示的错误信息。

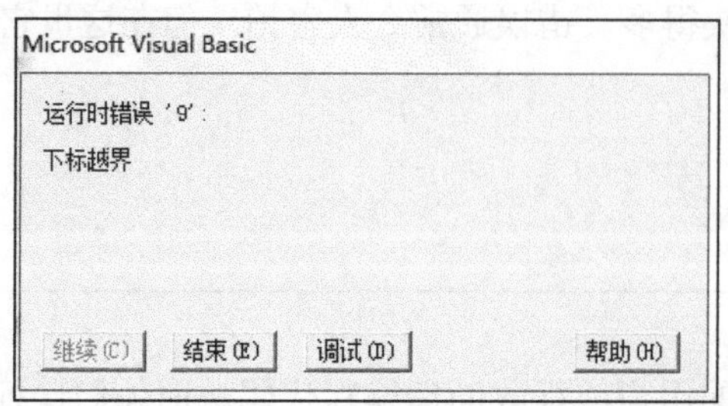

图 23-8 运行错误 9 通常是在所需的工作表被用户删除或重命名导致的

代码期望有一个名为 Menu 的工作表，但由于某种原因，用户不小心删除或重命名了该工作表，因此代码图选择该工作表时将导致错误：

```
Sub GetSettings()
    ThisWorkbook.Worksheets("Menu").Select
     x = Range("A1").Value
  End Sub
```

这是一种典型情形，您无法想到用户会这样做。几次遇到这种情况后，您可能编写下面的代码避免出现未处理的调试错误：

```
Sub GetSettings()
On Error Resume Next
x = ThisWorkbook.Worksheets("Menu").Name
If Not Err.Number = 0 Then
MsgBox "Expected to find a Menu worksheet, but it is missing"
Exit Sub
End If
On Error GoTo 0
ThisWorkbook.Worksheets("Menu").Select
x = Range("A1").Value
End Sub
```

23.5.2 运行错误 1004：Global 对象的 Range 方法失败

假设您编写了一段每天用于导入文本文件的代码。这些文本文件以汇总行结尾，导入文本后，还要将所有明细数据的字体设置为斜体。

下面的代码在几个月内都能正常运行：

```
Sub SetReportInItalics()
TotalRow = Cells(Rows.Count,1).End(xlUp).Row
FinalRow = TotalRow - 1
Range("A1:A" & FinalRow).Font.Italic = True
End Sub
```

但有一天，用户打电话给您，告诉您出现了图 23-9 所示的错误消息。

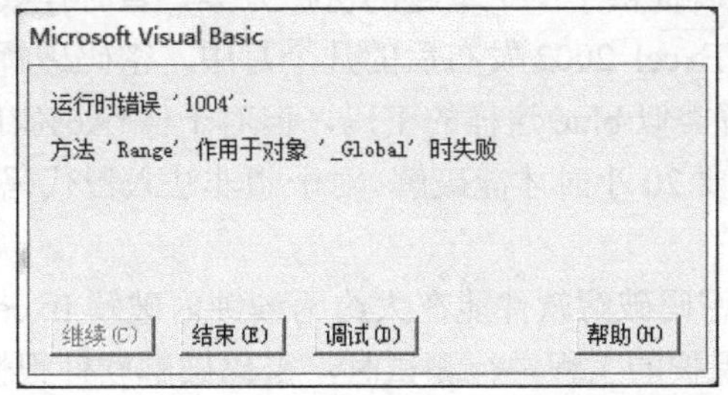

图 23-9 很多原因都可能导致运行错误 1004

您检查代码后发现，那天通过 FTP 将文本文件发送给用户时发生了怪异的错误，导致用户所收到的文本文件为空。导入文本文件后工作表是空的，这使得计算得到的 TotalRow 为 1，而上述代码假定最后一个明细数据行为 TotalRow – 1，这导致代码试图设置第 0 行的格式，而这样的行根本不存在。

经历这次事故后，可编写下面的代码来应对这种情况：

```
Sub SetReportInItalics()
TotalRow = Cells(Rows.Count,1).End(xlUp).Row
FinalRow = TotalRow - 1
If FinalRow > 0 Then
Range("A1:A" & FinalRow).Font.Italic = True
Else
MsgBox "It appears the file is empty today. Check the FTP process"
End If
End Sub
```

23.6 保护代码的缺点

可锁定 VBA 工程，不让他人查看，但笔者不推荐这样做。被保护的代码发生错误时，用户将看到错误消息，但不能进行调试。错误消息框中仍有“调试”按钮，但是灰色的，这对查找导致错误的原因没有帮助。

另外，ExcelVBA 保护方案很容易破解。有程序员提供了售价 40 美元的软件，可用于解除对任何工程的锁定，因此 VBA 代码并不安全。

■ 案例分析：破解密码

在 Excel 97 和 Excel 2000 中，密码破解方案非常简单，密码破解软件很容易确定 VBA 工程的密码，并将其告知用户。

在 Excel 2002 中，微软提供了一个卓越的保护方案，暂时挫败了密码破解工具。密码得到了严密的加密保护，在 Excel 2002 发布后的几个月中，密码破解程序不得不采用蛮力破解法，这可在 10 分钟内破解类似 blue 这样的密码，但对于像*A6%kJJ542(9$GgU44#2drt8 这样包含 24 个字符的密码，需要 20 小时才能破解。对于想非法入侵代码的其他 VBA 程序员来说，这带来了一些麻烦。

然而，下一个版本的密码破解软件能在大约两秒钟内破解 Excel 2002 中的 24 字符密码。笔者使用受 24 字符密码保护的工程进行测试时，密码破解软件很快便指出密码为 XVII，这显然是错误的，但经过测试后笔者发现，该工程的新密码确实是 XVII。该软件的最新版本采取了另一种方法，它不再使用蛮力破解法来破解密码，而将一个随机的 4 字符密码写入工程，然后保存该文件。

这给破解密码的人带来了一个令人尴尬的问题。开发人员记下了密码*A6%kJJ542(9$GgU44#2drt8，但在破解文件版本中，密码为 XVII。如果破解的文件出现了问题并把它发送回开发人员，它将无法打开该文件。唯一能够从此获得好处的是编写该破解软件的程序员。

全球的 Excel VBA 开发人员还不够多，工程数量远比程序员数量多。在笔者的开发人员圈子中，由于大家都忙于应付其他客户，商业机会因破解而失去。

新开发人员面临的形式也没什么不同。他给客户编写足够的代码，然后锁定 VBA 工程。

客户需要修改时，将由原来的开发人员完成；几周后，客户又需要修改，还是由该开发人员完成。一个月后，客户又需要修改，但此时该开发人员可能正忙于其他工程或因对这些维护工作不满而另谋高就。客户多次联系程序员后认识到需要请其他开发人员修改。

第二个开发人员拿到代码后发现它是受保护的。他破解密码后获悉了最初编写代码的人，因此跟他联系，但联系不到。他并无意挖走客户，而想做完这项工作后将客户归还给原来的开发人员。然而，由于破解了密码，导致两位开发人员使用的密码不同。这时，唯一的选择就是彻底删除密码。

23.7　密码保护的其他问题

从 Excel 2002 开始，所有 Excel 版本的密码方案都与 Excel 97 不兼容。如果在 Excel 2002 中对代码设置了保护，则将无法在 Excel 97 中对工程进行锁定，而当前很多用户还在使用 Excel 97。将应用程序交付给有大量员工的公司时，总能发现还有员工在使用 Excel 97。当然，该用户将遇到运行错误，但如果在 Excel 2002 或更新的版本中锁定了该工程，将无法在 Excel 97 中继续对工程的锁定，因此无法在 Excel 97 中进行调试。

这里要说明的是，锁定代码将得不偿失。

注意：如果同时使用 Excel 2003 和 Excel 2007，则可以在它们之间传输代码，哪怕文件被存储为 XLSM 格式，并使用文件转换器在 Excel 2003 中打开它。可以在 Excel 2003 中修改代码，保存文件，然后在 Excel 2007 中打开文件，文件将不受任何影响。

23.8　不同版本导致的错误

微软确实在每个新发布的 Excel 版本中都对 VBA 进行了改进。相比于 Excel 97，Excel

2000 的数据透视表创建功能得到了极大的改善，而 Excel 2007 新增了数据透视表功能。另外，Excel 2000 还改进了 Excel 97 的图标功能，而 Excel 2007 完全重写了图标引擎。Excel 2003 新增了对 XML 的支持，而 Excel 2007 在保存的网页中不再支持交互性。

TrailingMinusNumbers 是 Excel 2002 新增加的一个参数。如果在 Excel 2007 中编写代码，然后将其发送给使用 Excel 2000 的用户，则每当用户运行有问题的代码所属模块中的代码时，都将导致编译错误。

假设应用程序有两个模块。模块 1 包含宏 ProcA、ProcB 和 ProcC，模块 2 包含宏 ProcD 和 ProcE，而 ProcE 有一个使用 TrailingMinusNumbers 作为参数的 ImportText 方法。

用户在 Excel 2000 中运行 ProcA 和 ProcB 时不会出现任何问题，但只要他试图运行 ProcD，就将导致编译错误，因为它试图运行模块 2 中的代码，Excel 将编译模块 2。这可能令人迷惑：用户运行 ProcD 时出现错误，而这种错误实际上是由 ProE 所导致的。

一种解决方案是，在所有版本（包括 Excel 97）中测试代码。Excel 97 SR-2 要比最初的 Excel 97 版本稳定得多。很多用户还在使用 Excel 97，但遗憾的是，他们使用的并非都是 Excel 97 SR-2。

Macintosh 用户认为其 Excel 版本与 Windows Excel 版本完全相同。Microsoft 也承诺这两种版本将兼容，但这仅限于 Excel 用户界面，VBA 代码在 Windows 和 Mac 之间并不兼容，它们很接近，但并不相同。毫无疑问，使用 Windows API 编写的代码肯定不能在 Max 计算机中运行。

第 24 章　创建自定义选项卡以方便运行宏

24.1　辞旧迎新

如果读者使用过老版本的 Excel，那么在启动 Excel 2010 时，首先注意到的一个变化可能是从 Excel 2007 开始引入的功能区工具栏，原来的菜单和工具栏都消失了。这种变化不仅限于视觉方面，修改自定义菜单的方法发生的变化也非常大。这种新方法的一个最大好处是，在工作簿关闭之后，不必担心自定义工具栏还留在 Excel 窗口中，因为现在自定义工具栏已经是工作簿的组成部分。

原来的 CommandBars 对象仍然可用，但“加载项”选项卡中新增了自定义菜单和工具栏。如果有自定义的菜单命令，它们将出现在“菜单命令”组中，如图 24-1 所示。在图 24-2 中，来自两个工作簿的自定义工具栏出现在“自定义工具栏”组中。

图 24-1　以前版本的自定义菜单被置于“菜单命令”组中

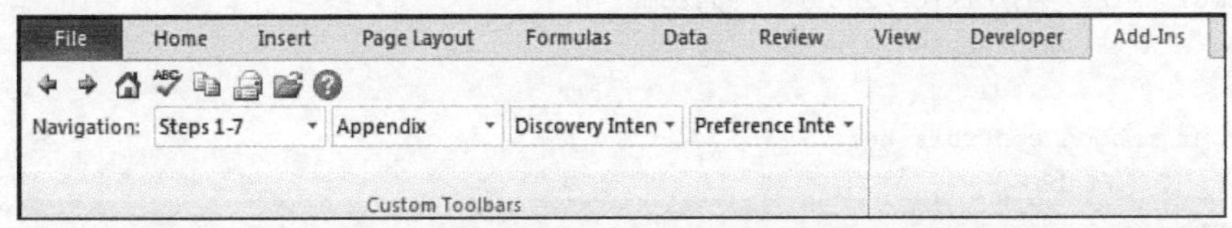

图 24-2　以前的 Excel 版本中的自定义工具栏被置于“自定义工具栏”组中

如果要修改功能区，在其中添加自定义选项卡，则需要修改 Excel 文件，但这并没听起来那样难。新的 Excel 文件实际上是压缩文件，其中包含各种文件和文件夹。您只需将其解压缩，并做相应的修改。当然，这一切并没有那么简单，还需要执行其他步骤，但并非不可能。

定制功能区之前，首先单击“文件”按钮并选择“Excel 选项”命令，接下来选择“高级”选项卡，然后选中“常规”部分的复选框“显示加载项用户接口错误”。这将显示错误消息，让用户能够排除自定义工具栏中的错误。

➔*更多内容，详见本章 24.9“排除错误”小节。*

警告：和在 VB 编辑器中编程不同，功能区代码 XML 是非常特殊的，它不会提供任何自动修改字母功能。例如，对于 XML 专门词语 id，如果将其写为 ID 将导致错误。

24.2 将代码加入到文件夹 Customui 中

创建一个名为 customui 的文件夹，该文件夹将包含自定义选项卡中的元素。在该文件夹中创建一个名为 custoumui.xml 的文本文件，如图 24-3 所示。在文本编辑器中打开该 XML 文件，使用“记事本”和“写字板”皆可。

图 24-3 在文件夹 Customui 中创建一个名为 custoumui.xml 的文件

在该 XML 文件中插入如下基本框架，在运行前须将第一行中“xmlns”后的“MS”替换成微软公司官方网站的 schemas 子域名网址（下同）。对于每个起始标记组（如<ribbon>），必须有相应的结束标记（如</ribbon>）。

```
<customUI xmlns="MS/office/2009/07/customui">
<ribbon startFromScratch="false">
<tabs>
<!-- your ribbon controls here -->
          </tabs>
</ribbon>
</customUI>
```

属性 startfromScratch 是可选的，其默认值为 False。该属性用于指定除自定义选项卡外，是否显示原有的选项卡。如果将其设置为 True，则将只显示自定义的选项卡；如果将其设置为 False，则除显示自定义的选项卡外，还将显示其他所有选项卡。

警告：请注意 startfromScratch 中的字母大小写，首先是小写字母 s，然后是 From 和 Scratch 中的大写字母 F 和 S，务必确保字母的大小写与此相同。

上述代码中的<!--your ribbon controls here --> 是注释文本。要添加注释，可将其放在<!—和-->之间，程序将忽略它们。

24.3　创建选项卡和组

在选项卡中添加控件之前，需要指定选项卡和组。选项卡中包含很多不同的控件，可将它们编组，就像“开始”选项卡中的“字体”组那样，如图 24-4 所示。

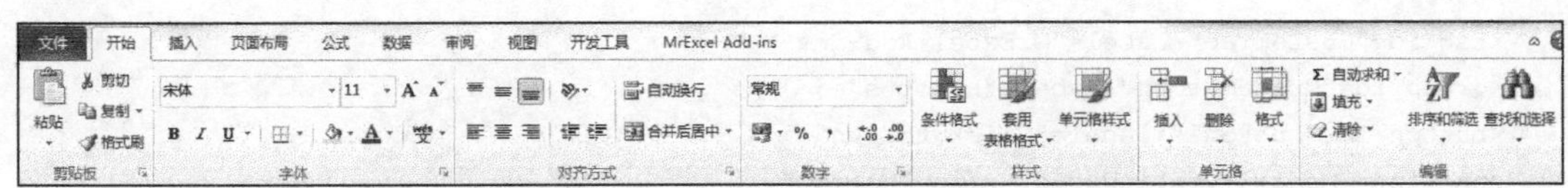

图 24-4　选项卡中的控件被编组，选项卡可能包含多个组

这里将选项卡命名为 MrExcel Add-ins，并在其中添加一个名为 Reports 的组，如图 24-5 所示。

```
<customUI xmlns="MS/office/2009/07/customui">
<ribbon startFromScratch="false">
<tabs>
<tab id="CustomTab" label="MrExcel Add-ins">
<group id="CustomGroup" label="Reports">
<!-- your ribbon controls here -->
</group>
</tab>
</tabs>
</ribbon>
</customUI>
```

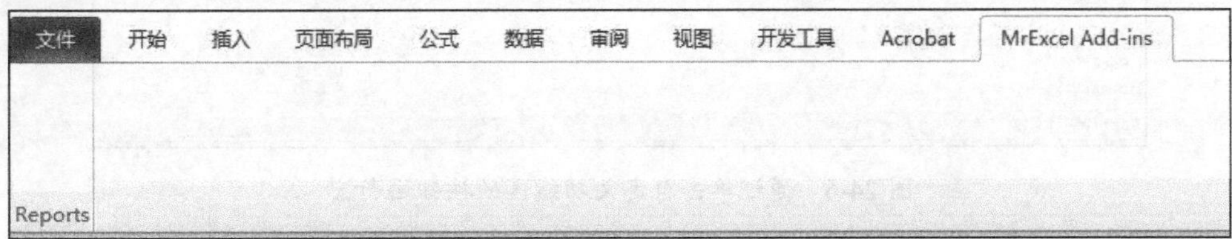

图 24-5　在代码中添加 Tab 和 Group 标记，以创建自定义选项卡和组

id 是控件（这里为选项卡和组）的唯一标识符，label 是控件出现在功能区中时它上面显示的文本。

24.4 在组中添加控件

创建选项卡和组后，可添加控件。根据控件的类型，可在 XML 代码中指定不同的属性。有关各种控件及其属性的更详细的信息，请参阅表 24-1。

下面的代码在 Reports 组中添加一个普通（normal）大小的按钮，并将其设置为在其被单击时运行子程序 HelloWorld，如图 24-6 所示。

```
<customUI xmlns="MS/office/2009/07/customui">
<ribbon startFromScratch="false">
<tabs>
<tab id="CustomTab" label="MrExcel Add-ins">
<group id="CustomGroup" label="Reports">
<button id="button1" label="Click to run"
onAction="Module1.HelloWorld" size="normal" />
</group>
</tab>
</tabs>
</ribbon>
</customUI>
```

其中 id 是控件的唯一标识符，label 是要显示在按钮上的文本，size 是按钮的大小，其默认值为 Normal，另一个取值是 Large；onAction 指定按钮被单击时调用的子程序，这里为 HelloWorld。该子程序如下所示，请将其放在标准模块“模块 1”中：

```
Sub HelloWorld(control As IRibbonControl)
MsgBox "Hello World"
End Sub
```

请注意参数 control As IribbonControl，这是按钮控件使用 onAction 属性调用的子程序的标准参数。有关使用其他属性和控件组合调用的子程序所需的参数，请参阅表 24-2。

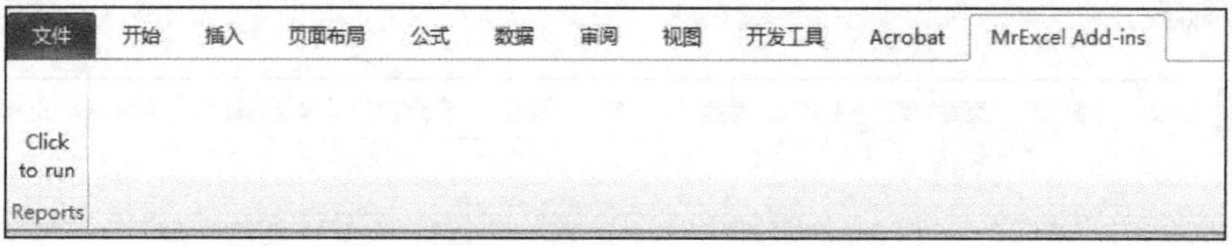

文件 开始 插入 页面布局 公式 数据 审阅 视图 开发工具 Acrobat MrExcel Add-ins

Click to run

Reports

图 24-6 通过单击自定义功能区的按钮运行宏

表 24-1 功能区控件属性

属性	类型或值	描述
description	字符串	当 itemSize 属性为 Large 时显示在菜单中的描述文本
enabled	True 或 False	指定控件是否被启用

续表

属性	类型或值	描述
getContent	回调	获取描述动态菜单的 XML 内容
getDescription	回调	获取控件的描述
getEnabled	回调	获取控件的启用状态
getImage	回调	获取用于控件的图像
getImageMso	回调	使用控件 ID 获取内置控件的图像
getItemCount	回调	获取显示在组合框、列表框或库（gallery）中的项目数
getItemID	回调	获取组合框、列表框或库中特定项的 ID
getItemImage	回调	获取组合框、列表框或库中特定项的图像
getItemLabel	回调	获取组合框、列表框或库中特定项的标签
getItemScreentip	回调	获取组合框、列表框或库中特定项的屏幕提示
getItemSupertip	回调	获取组合框、列表框或库中特定项的增强屏幕提示
getKeytip	回调	获取控件的快捷键提示
getLabel	回调	获取控件的标签
getPressed	回调	获取一个值，它指出切换按钮是否被按下 获取一个值，它指出复选框是否被选中
getScreentip	回调	获取控件的屏幕提示
getSelectedItemID	回调	获取下拉列表或库中被选中项目的 ID
getSelectedItemIndex	回调	获取下拉列表或库中被选中项目的索引
getShowImage	回调	获取一个值，它指出是否显示控件图像
getShowLabel	回调	获取一个值，它指出是否显示控件标签
getSize	回调	获取一个值（normal 或 Large），它指定了控件的大小
getSupertip	回调	获取一个值，它指定了控件的增强屏幕提示
getText	回调	获取将显示在文本框或编辑框中可编辑部分的文本
getTitle	回调	获取用作菜单分隔条的文本（不使用水平线）
getVisible	回调	获取一个值，它指定控件是否可见
id	字符串	用户为控件定义的唯一标识符(同 idMso 和 idQ 互斥，这三者指定其中一个）
idMso	控件 iD	内置的控件 ID（同 id 和 idQ 互斥，这三者指定其中一个）
idQ	全限定 iD	全限定 ID，将命名控件 ID 用作前缀（同 idMso 和 id 互斥，这三者指定其中一个）
image	字符串	指定控件的图像

续表

属性	类型或值	描述
imageMso	控件 iD	指定一个内置图像 ID
insertAfterMso	控件 iD	指定一个内置控件 ID，当前控件将放在该控件后面
insertAfterQ	全限定 iD	指定一个控件的 idQ，当前控件将放在该控件后面
insertBeforeMso	控件 iD	指定一个内置控件 ID，当前控件将放在该控件前面
insertBeforeQ	全限定 iD	指定一个控件的 idQ，当前控件将放在该控件前面
itemSize	Large 或 normal	指定菜单项的大小
keytip	字符串	指定控件的快捷键提示
label	字符串	指定控件的标签
onAction	回调	在用户单击控件时调用
onChange	回调	在用户编辑框或组合框中输入或选择文本时调用
screentip	字符串	指定控件的屏幕提示
showImage	True 或 False	指定是否显示控件的图像
showItemImage	True 或 False	指定是否在组合框、列表框或库中显示图像
showItemLabel	True 或 False	指定是否在组合框、列表框或库中显示标签
showLabel	True 或 False	指定是否显示控件的标签
size	Large 或 normal	指定控件的大小
sizeString	字符串	通过指定一个字符串来指定控件的大小
supertip	字符串	指定控件的增强屏幕提示
tag	字符串	指定用户定义的文本
title	字符串	指定用作菜单分隔符的文本（而不使用水平线）
visible	True 或 False	指定控件是否可见

表 24-2　控件参数

控件	回调参数	特征标
各种控件	getDescription	Sub GetDescription(control as IRibbonControl, ByRef description)
	getEnabled	Sub GetEnabled(control As IRibbonControl, ByRef enabled)
	getImage	Sub GetImage(control As IRibbonControl, ByRef image)
	getImageMso	Sub GetImageMso(control As IRibbonControl, ByRef imageMso)

续表

控件	回调参数	特征标
各种控件	getLabel	Sub GetLabel(control As IRibbonControl, ByRef label)
	getKeytip	Sub GetKeytip (control As IRibbonControl, ByRef label)
	getSize	sub GetSize(control As IRibbonControl, ByRef size)
	getScreentip	Sub GetScreentip(control As IRibbonControl, ByRef screentip)
	getSupertip	Sub GetSupertip(control As IRibbonControl, ByRef screentip)
	getVisible	Sub GetVisible(control As IRibbonControl, ByRef visible)
按钮	getShowImage	Sub GetShowImage (control As IRibbonControl, ByRef showImage)
	getShowLabel	Sub GetShowLabel (control As IRibbonControl, ByRef showLabel)
	onAction	Sub OnAction(control As IRibbonControl)
复选框	getPressed	Sub GetPressed(control As IRibbonControl, ByRef returnValue)
	onAction	Sub OnAction(control As IRibbonControl, pressed As Boolean)
组合框	getItemCount	Sub GetItemCount(control As IRibbonControl, ByRef count)
	getItemID	Sub GetItemID(control As IRibbonControl, index As Integer, ByRef id)
	getItemImage	Sub GetItemImage(control As IRibbonControl, index As Integer, ByRef image)
	getItemLabel	Sub GetItemLabel(control As IRibbonControl, index As Integer, ByRef label)
	getItemScreenTip	Sub GetItemScreenTip(control As IRibbonControl, index As Integer, ByRef screentip)

续表

控件	回调参数	特征标
组合框	getItemSuperTip	Sub GetItemSuperTip (control As IRibbonControl, index As Integer, ByRef supertip)
	getText	Sub GetText(control As IRibbonControl, ByRef text)
	onChange	Sub OnChange(control As IRibbonControl, text As String)
customUI	loadImage	Sub LoadImage(imageId As string, ByRef image)
	onLoad	Sub OnLoad(ribbon As IRibbonUI)
下拉列表	getItemCount	Sub GetItemCount(control As IRibbonControl, ByRef count)
	getItemID	Sub GetItemID(control As IRibbonControl, index As Integer, ByRef id)
	getItemImage	Sub GetItemImage(control As IRibbonControl, index As Integer, ByRef image)
	getItemLabel	Sub GetItemLabel(control As IRibbonControl, index As Integer, ByRef label)
	getItemScreenTip	Sub GetItemScreenTip(control As IRibbonControl, index As Integer, ByRef screenTip)
	getItemSuperTip	Sub GetItemSuperTip (control As IRibbonControl, index As Integer, ByRef superTip)
	getSelectedItemID	Sub GetSelectedItemID(control As IRibbonControl, ByRef index)
	getSelectedItemIndex	Sub GetSelectedItemIndex(control As IRibbonControl, ByRef index)
	onAction	Sub OnAction(control As IRibbonControl, selectedId As String, selectedIndex As Integer)
动态菜单	getContent	Sub GetContent(control As IRibbonControl, ByRef content)
编辑框	getText	Sub GetText(control As IRibbonControl, ByRef text)
	onChange	Sub OnChange(control As IRibbonControl, text As String)

续表

控件	回调参数	特征标
库	getItemCount	Sub GetItemCount(control As IRibbonControl, ByRef count)
	getItemHeight	Sub getItemHeight(control As IRibbonControl, ByRef height)
	getItemID	Sub GetItemID(control As IRibbonControl, index As Integer, ByRef id)
	getItemImage	Sub GetItemImage(control As IRibbonControl, index As Integer, ByRef image)
	getItemLabel	Sub GetItemLabel(control As IRibbonControl, index As Integer, ByRef label)
	getItemScreenTip	Sub GetItemScreenTip(control As IRibbonControl, index as Integer, ByRef screen)
	getItemSuperTip	Sub GetItemSuperTip (control As IRibbonControl, index as Integer, ByRef screen)
	getItemWidth	Sub getItemWidth(control As IRibbonControl, ByRef width)
	getSelectedItemID	Sub GetSelectedItemID(control As IRibbonControl, ByRef index)
	getSelectedItemIndex	Sub GetSelectedItemIndex(control As IRibbonControl, ByRef index)
	onAction	Sub OnAction(control As IRibbonControl, selectedId As String, selectedIndex As Integer)
菜单项分隔条	getTitle	Sub GetTitle (control As IRibbonControl, ByRef title)
切换按钮	getPressed	Sub GetPressed(control As IRibbonControl, ByRef returnValue)
	onAction	Sub OnAction(control As IRibbonControl, pressed As Boolean)

24.5　Excel 文件的结构

新的 Excel 文件实际上是压缩文件，其中包含各种文件和文件夹，用于创建工作簿及其中的工作表。要查看这种结构，可重命名 Excel 文件，在文件名末尾添加扩展名.zip。例如，如果文件名为 Chapter 26—Simple Ribbon.xlsm，则将其重命名为 Chapter 26—Simple Ribbon.xlsm.zip，然后使用压缩工具来访问其中的文件夹和文件。

将前面的 customui 文件夹及其中的文件复制到该 zip 文件中，如图 24-7 所示。接下来需要让 Excel 文件的其他部分知道 customui 文件夹及其中的文件以及它们的用途。为此，需要修改 RELS 文件。

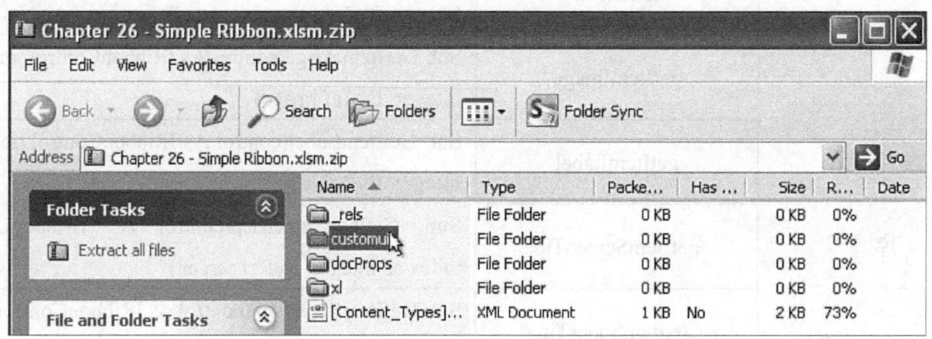

图 24-7 使用压缩工具打开 XLSM 文件，并将 customui 文件夹及其中的文件复制到其中

24.6 理解 RELS 文件

RELS 文件位于文件夹_rels 中，其中包含 Excel 文件中的各种关系。从 zip 文件中提取该文件，并使用文本编辑器打开它。

该文件已包含一些关系，我们不想修改它们，相反将为 customui 文件夹添加一个关系。移到<Relationship 行的最右边，并将光标放在标记</Relationship>的前面，如图 24-8 所示。插入下面的代码：

```
<Relationship Id="rAB67989" _
Type="MS/office/2007/relationships/ui/_
extensibility"Target="customui/customUI14.xml"/>
```

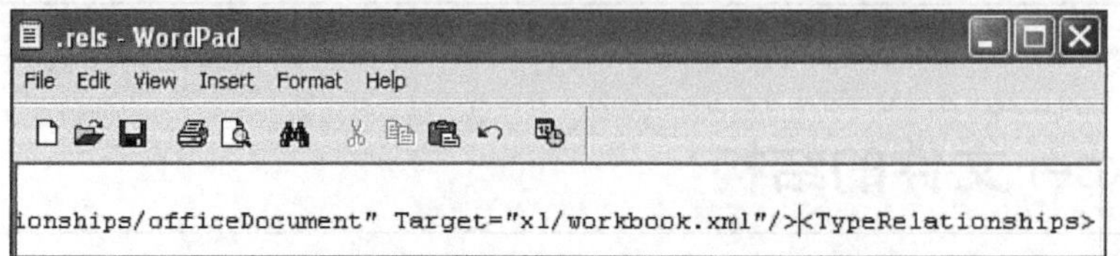

图 24-8 将光标放在正确的位置，以输入自定义选项卡关系

警告： 虽然上述代码放在三行中，但在 RELS 文件中它们将是 1 行。如果要将其作为 3 行输入，请不要在用引号括起字符串中间分行，上述分行方式是正确的，下面是一种错误的分行方式：

```
Target = "customui/
customUI14.xml"
```

打开工作簿时，Excel 将把上述 3 行合并成 1 行。

id 用于标识关系，可以是任何唯一的字符串。如果 Excel 在处理输入的字符串时遇到问题，则可能在打开文件时修改它，Target 为 customui 文件夹中的文件。保存所做的修改，并将 RELS 文件添加到压缩文件中。

➔*更详细的信息请参阅本章后面的“Excel 发现不可读取的内容”一节。*

24.7 重命名 Excel 文件并将其打开

将 Excel 文件恢复到原来的名称，方法是删除扩展名.zip。打开该文件。

➔*如果在重命名 Excel 文件时出现任何错误消息，请参阅本章后面的“排除错误”一节。*

自定义用户界面编辑器工具

执行添加自定义选项卡所需的全部步骤有点费时，尤其是犯了小错时。在这种情况下，必须重命名工作簿、打开压缩文件、提取并修改文件、将其加入压缩文件中、重命名并进行测试。为帮助完成这项任务，OpenXMLDeveloper 网站提供了自定义用户界面编辑器工具 CustomUI，此外，它还更新 RELS 文件，便于使用自定义图像，在自定义功能区时还有很大用途。

24.8 为按钮指定图像

按钮上的图像可以是 Microsoft Office 图标库中的图像，也可以是自定义图像，这种图像存储在工作簿的 customui 文件夹中。通过使用漂亮的图标图像，可隐藏按钮标签，但仍然能够保证选项卡的含义是不言自明的。

Microsoft Office 图标

在以前的 Excel 版本中，要重复用 Excel 按钮上的图标，必须指定 faceid。手工完成这种工作是个噩梦，但有很多工具可用于获取这种信息。Microsoft 肯定听到了用户的抱怨，从而使得重用的图标更容易。不仅如此，他们不再使用无意义的数字来标识图标，而使用了易于理解的文本。

单击 Office 按钮，然后依次选择“Excel 选项”和“自定义”。将鼠标指向列表中的任何菜单命令时，将出现屏幕提示，它提供了更多有关该命令的信息，其中包含位于最后的用括号括起的图像名，如图 24-9 所示。

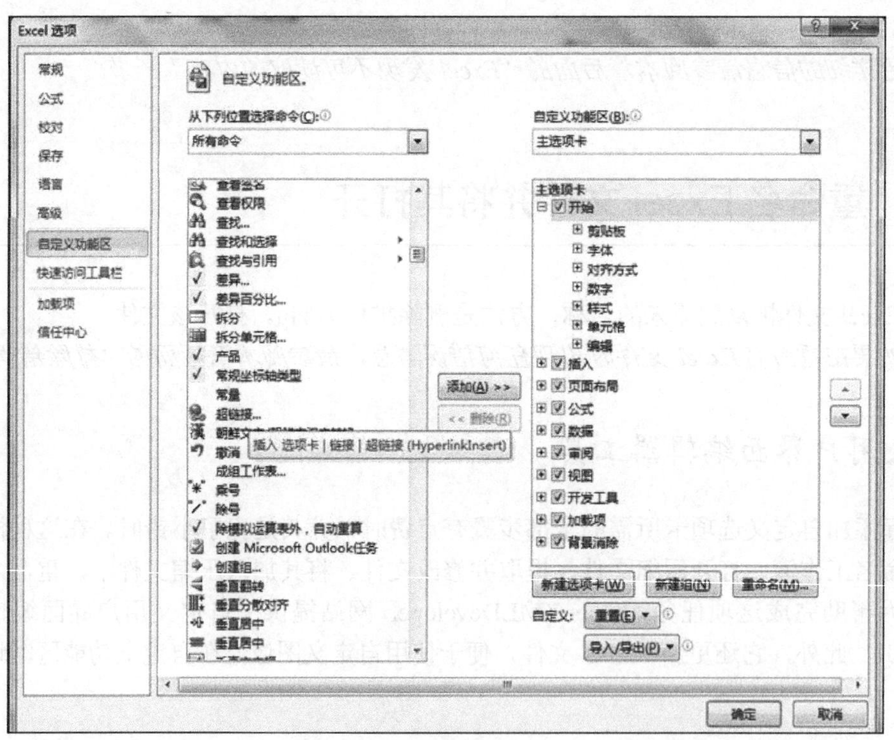

图 24-9　将鼠标指向一个命令（如“超链接”），将显示其图标名 HyperlinkInsert

要在自定义按钮上放置图像，需要在文件 customui.xml 中指定。下面的代码将图标 HyperlinkInsert 用于按钮 Click to run，并隐藏标签，结果如图 24-10 所示。注意，图标是区分大小写的：

```
<customUI xmlns="MS/office/2009/07/customui">
<ribbon startFromScratch="false">
<tabs>
```

```
<tab id="CustomTab" label="MrExcel Add-ins">
<group id="CustomGroup" label="Reports">
<button id="button1" label="Click to run"
onAction="Module1.HelloWorld" imageMso="HyperlinkInsert"
showLabel = "false" />
</group>
</tab>
</tabs>
</ribbon>
</customUI>
```

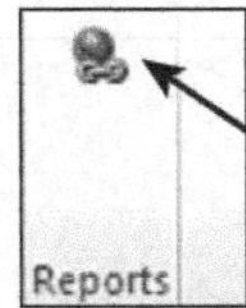

图 24-10　可将任何 Microsoft Office 图标用于自定义按钮

提示：不仅可使用 Excel 中的图标，还可使用已安装的任何 Microsoft Office 应用程序中的图标。可从 Microsoft 网站下载一个工作簿，其中包含多个库，它们列出了可用图标（及其名称）。

■ 案例分析：将 Excel 2003 自定义工具栏转换为 Excel 2010 自定义选项卡

如果您在 Excel 2003 中创建了一个工作簿，它有一个包含多个按钮的自定义工具栏，则可将其转换为 Excel 2010 自定义选项卡。在 Excel 2010 中打开该工作簿时，自定义工具栏不会出现在“加载项”选项卡中，因为它不是使用 VBA 设计的，而是手工创建的。

将该工作簿保存为 XLSM 文件后，创建如下所示的 customui.xml 文件。该选项卡名为 My Quick Macros，它包含两个组——Viewing Options 和 Shortcuts。

```
 <customUI xmlns="MS/office/2009/07/customui">
<ribbon startFromScratch="false">
<tabs>
<tab id="customMacros" label="My Quick Macros">
<group id="customview" label="Viewing Options">
<button id="btn_r1c1" label="Toggle R1c1"
onAction="mod_2010.myButtons" />
<button id="btn_Headings" label="Show Headings. "
onAction="mod_2010.myButtons" imageMso = "TableStyleClear"/>
<button id="btn_gridlines" label="Show Gridlines"
onAction="mod_2010.myButtons" imageMso = "BordersAll"/>
<button id="btn_tabs" label="Show Tabs"
onAction="mod_2010.myButtons" imageMso = "Connections"/>
</group>
```

```
<group id="customshortcuts" label="Shortcuts">
<button id="btn_formulas" label="Highlight Formulas"
onAction="mod_2010.myButtons" imageMso = "FunctionWizard"/>
</group>
</tab>
</tabs>
</ribbon>
</customUI>
```

更新 RELS 文件（更详细的信息请参阅本章前面的“理解 RELS 文件”一节）后打开该工作簿将看到新的选项卡，如图 24-11 所示。

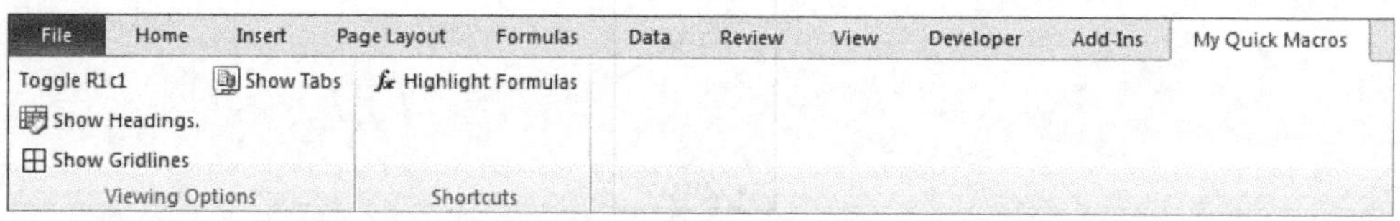

图 24-11　将 Excel 2003 工具栏转换为 Excel 2010 选项卡

➔*可以参考本章 24.6“理解 RELS 文件”小节回顾如何更新 RELS 文件。*

现在需要更新工作簿中的代码。在文件 customui.xml 中，所有 onAction 属性都指向同一个子程序——mod_2010.myButtons，而不是各自指向不同的过程。由于所有控件的类型都相同（都是按钮），且参数类型也相同（iRibbonControl），因此可以利用这一点，在模块 mod_2010 中创建一个子程序（myButtons）来处理所有按钮。在该子程序中，使用 Select Case 语句根据按钮 ID 执行相应的操作：

```
Sub myButtons(control As IRibbonControl)
Select Case control.ID
Case Is = "btn_r1c1"
SwitchR1C1
Case Is = "btn_Headings"
ShowHeaders
Case Is = "btn_gridlines"
ShowGridlines
Case Is = "btn_tabs"
ShowTabs
Case Is = "btn_formulas"
GoToFormulas
End Select
End Sub
```

Control.ID 是在文件 customui.xml 中给每个按钮指定的 ID，在每条 Case 语句中调用相应的子程序。下面是其中一个被调用的子程序——ShowHeaders，这是 Excel 2003 工作簿中的一个子程序：

```
Sub ShowHeaders()
```

```
If ActiveWindow.DisplayHeadings = False Then
ActiveWindow.DisplayHeadings = True
Else
ActiveWindow.DisplayHeadings = False
End If
End Sub
```

24.9 排除错误

要看到自定义选项卡导致的错误消息，应单击 Office 按钮，然后依次选择“Excel 选项”和“高级”，再选择“常规”部分的复选框“显示加载项用户接口错误”，如图 24-12 所示。

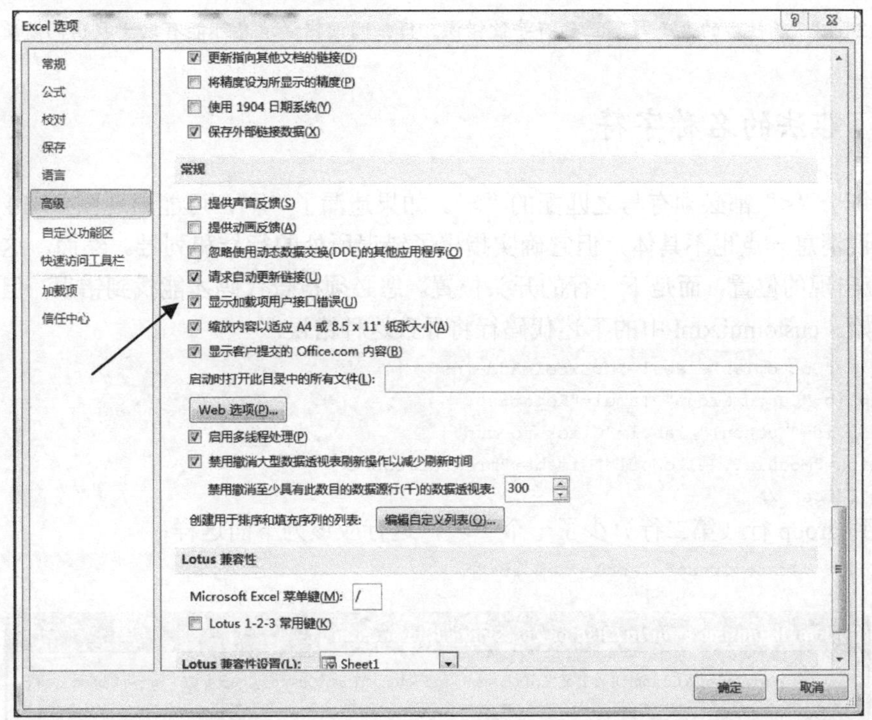

图 24-12　选中复选框“显示加载项用户接口错误”将显示自定义选项卡错误消息，以帮助您排除错误

24.9.1 在 DTD/架构中没有找到指定属性

正如本章前面的“将代码加入到文件夹 Customui 中”一节中指出的，属性名是区分大小

写的。如果属性名的大小写不正确，可能会出现图 24-13 所示的错误。文件 customui.xml 中的下述代码行将导致这种错误：

```
<ribbon startfromscratch="false">
```

上述代码使用的是 startfromscratch（全部小写）而不是 startFromScratch。该错误消息指出了有问题的属性，让您能够缩小查找问题的范围。

图 24-13　属性名的大小写不正确将导致错误。仔细阅读错误消息可能有助于找出问题所在

24.9.2　非法的名称字符

对于每个“<”都必须有与之匹配的“>”。如果遗漏了“>”，可能出现图 24-14 所示的错误。该错误消息一点也不具体，但它确实指出了错误所处的行号和列号。然而，这并非遗漏的“>”应出现的位置，而是下一行的开头位置。您必须检查代码才能找到错误，但您知道应从哪里开始。customui.xml 中的下述代码行将导致这种错误：

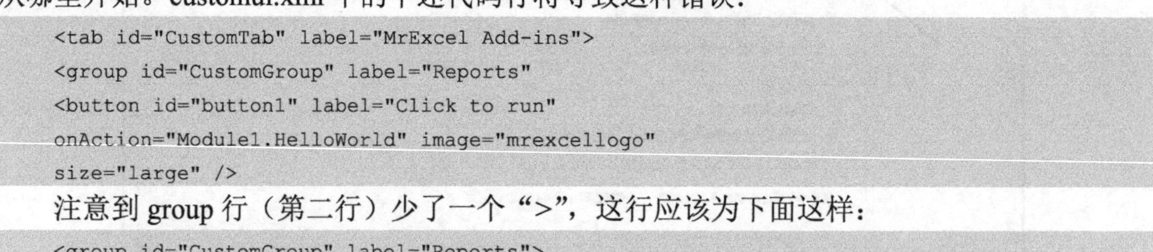

```
<tab id="CustomTab" label="MrExcel Add-ins">
<group id="CustomGroup" label="Reports"
<button id="button1" label="Click to run"
onAction="Module1.HelloWorld" image="mrexcellogo"
size="large" />
```

注意到 group 行（第二行）少了一个“>”，这行应该为下面这样：

```
<group id="CustomGroup" label="Reports">
```

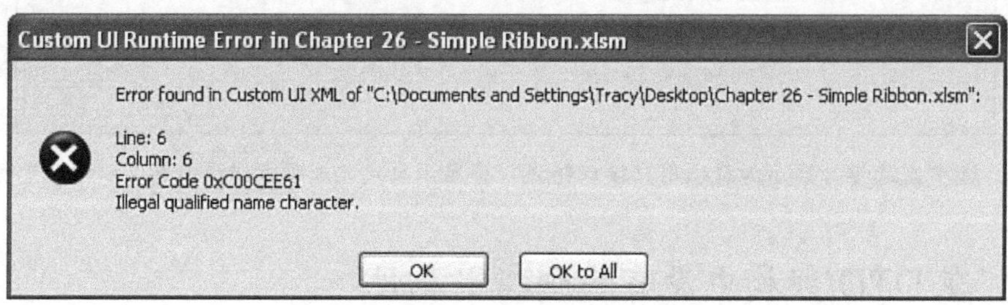

图 24-14　每个“<”都必须有与之相匹配的“>”

24.9.3　元素之间的父子关系不正确

如果结构的顺序不正确，如下面这样将标记 group 放在标记 tab 的前面，将出现一连串错误，其中的第一个如图 24-15 所示。

```
<group id="CustomGroup" label="Reports">
<tab id="CustomTab" label="MrExcel Add-ins">
```

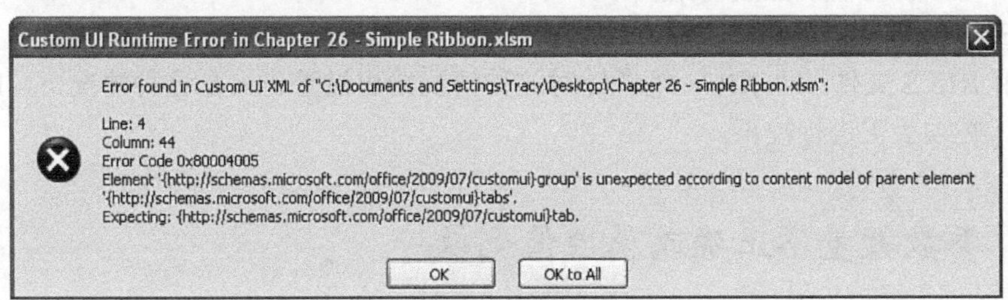

图 24-15　一行中的错误可能导致一连串的错误消息，因为这导致其他行的顺序也不正确

24.9.4　Excel 发现不可读取的内容

图 24-16 所示是一种通用的错误消息，它对应于 Excel 发现的各种问题。如果单击"是"，将出现图 24-17 所示的消息；如果单击"否"，将不会打开工作簿。创建自定义选项卡时，Excel 经常不喜欢您在.RELS 文件中给 customui 关系指定的关系 id。所幸的是，如果您单击"是"，Excel 将指定新的 id，这样下次再打开该文件时，将不会出现错误消息。

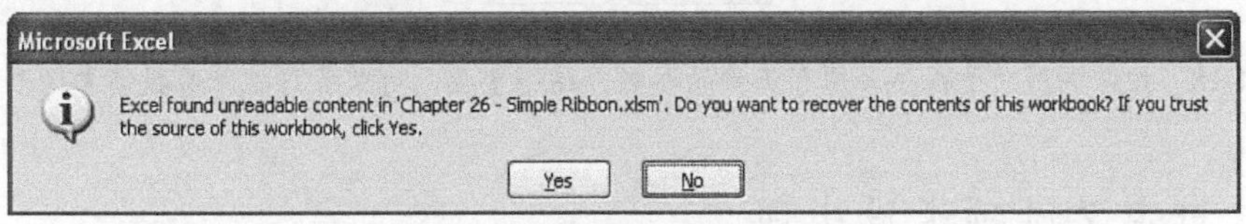

图 24-16　很多原因都可能导致这种通用错误消息。单击"是"尝试修复文件

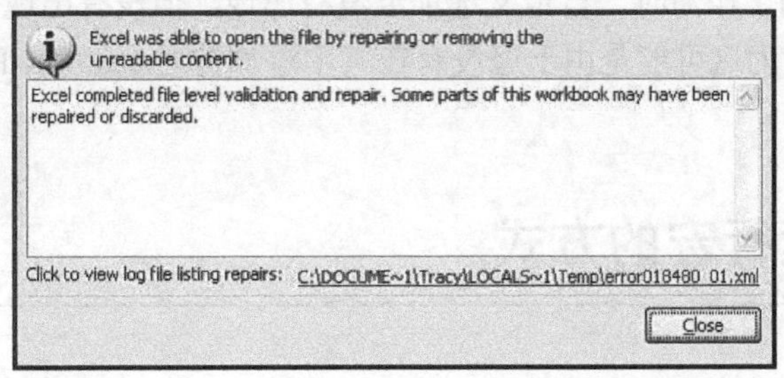

图 24-17　Excel 将指出它是否成功地修复了文件

原来的关系如下：

```
<Relationship Id="rId3"
Type=MS/office/2007/relationships/ui/extensibility
Target="customui/customUI14.xml"/>
```

Excel 将其关系修改成下面这样：

```
<Relationship Id="rE1FA1CF0-6CA9-499E-9217-90BF2D86492F"
Type="MS/office/2007/relationships/ui/extensibility"
Target="customui/customuUI14.xml"/>
```

在 RELS 文件中，如果在用引号括起的字符串中间分行，也会出现这种错误。在本章之前的“理解 RELS 文件”小节中，笔者针对这种情况给出过警告。在这种情况下，Excel 不会修复文件，必须手工进行校正。

24.9.5 参数数量不正确或属性值无效

如果控件调用的子程序有问题，当使用控件时可能出现图 24-18 所示的错误。例如，按钮的 onAction 要求使用一个类型为 IribbonControl 的参数，如下所示：

```
Sub HelloWorld(control As IRibbonControl)
```

如果像下面这样省略该参数将是错误的：

```
Sub HelloWorld()
```

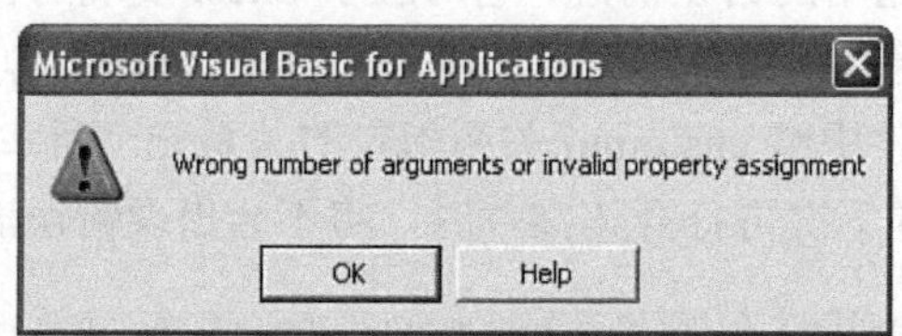

图 24-18 控件调用的子程序必须有正确的参数，这很重要。有关各种控件参数请参阅表 24-2

24.9.6 自定义选项卡没出现

如果打开修改后的工作簿时，自定义选项卡没有出现，但没有出现任何错误消息，则应再次检查 RELS 文件，因为这可能是由于您没有在其中添加针对 custumUI14.xml 的更新的关系。

24.10 其他运行宏的方式

自定义选项卡是运行宏的最佳方式，但如果只有两三个宏要运行，修改文件涉及的工作量将显得太多。可让用户依次选择“视图>宏>查看宏”命令，然后在“宏”对话框中选择所需的宏并单击“执行”按钮来执行宏，但这显得很不专业，而且有些麻烦。接下来将讨论运行宏的一些其他方式。

24.10.1　快捷键

运行宏最容易的方式是为其指定快捷键。为此，可以在“宏”对话框（通过单击“开发工具”或“视图”选项卡中的“宏”命令或按 Alt+F8 组合键可打开它）中，选择宏并单击“选项”按钮，然后给宏指定一个快捷键。在图 24-19 所示的对话框中，给宏 Clean1stCol 指定了快捷键 Ctrl+Shift+C。现在可以在工作表中的显著位置张贴便条，告知用户通过按 Ctrl+Shift+C 组合键可清除第一列。

图 24-19　让用户能够运行宏的最简单的方式是给宏指定快捷键。现在，按 Ctrl+Shift+C 组合键将运行 Clean1stCol 宏

警告：指定快捷键时要小心，很多键都已用做重要的 Windows 快捷键，如果给宏指定快捷键 Ctrl+C，则用户将无法使用该快捷键将选定内容复制到剪贴板中，而您的应用程序对该常用的快捷键做出不同的响应，字母键 E、J、M 和 Q 通常都是不错的选择，因为在 Excel 2010 中，没有将它们与 Ctrl 键组合作为快捷键指定给 Excel 菜单，以前，Ctrl+L 组合键和 Ctrl+T 组合键也可用，但从 2010 版开始，Excel 已将其用于创建表。

24.10.2 将宏关联到命令按钮

在工作表中可嵌入两种按钮：位于“表单控件”中的传统按钮和位于“Active 控件”中的 ActiveX 命令按钮，它们都位于“开发工具”选项卡的“插入”下拉列表中。

要在工作表中添加一个表单控件按钮，并将一个宏同其关联起来，可采取如下步骤。

1．在“开发工具”选项卡中单击“插入”，然后选择“表单控件”部分的按钮，如图 24-20 所示。

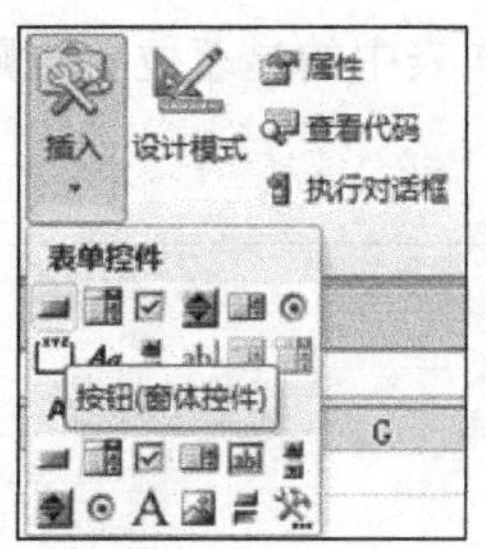

图 24-20 “表单控件”位于“开发工具”选项卡的“插入”下拉列表中

2．将鼠标指向工作表中要插入按钮的地方，然后单击并拖曳创建一个新按钮。

3．松开鼠标后，将出现“指定宏”对话框。选择要将其同按钮关联起来的宏，然后单击“确定”按钮。

4．选中按钮上的文本，并输入有意义的文本。

5．要修改颜色、字体及按钮外观的其他方面，可右击按钮，并从上下文菜单中选择“设置控件格式”。

6．要重新指定与按钮相关联的宏，可右击它并从上下文菜单中选择“指定宏”。

24.10.3 将宏关联到形状

这种方法将宏同一个看起来像按钮的对象关联起来，也可将宏同工作表中的任何绘图对象关联起来。要将宏同形状关联起来，可右击该形状并“指定宏”，如图 24-21 所示。

笔者喜欢使用这种方法，因为可轻松地添加绘图对象和代码，然后使用 onAction 属性将宏同绘图对象关联起来。然而，这种方法有个很大的缺点，即如果指定宏位于其他工作簿中，则该工作簿保存并关闭后，Excel 将修改对象的 onAction 属性，并使用硬编码来指定文件夹。

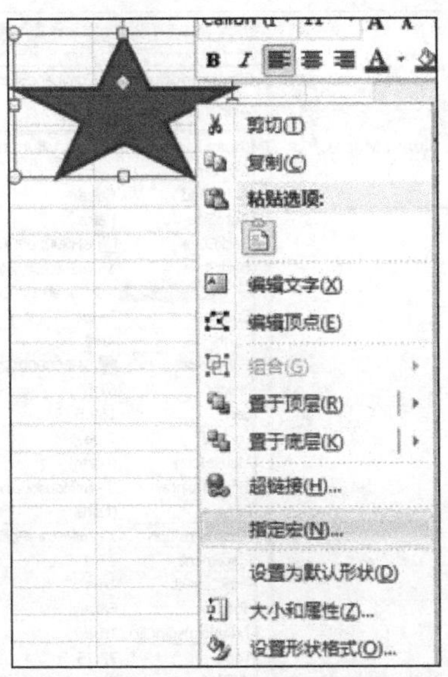

图 24-21　可将宏同工作表中的任何绘图对象关联起来

24.10.4　将宏同 ActiveX 控件关联起来

ActiveX 控件比表单控件新，设置起来也要复杂些。不能给按钮直接指定宏，而必须创建一个 button_click 过程，并在其中调用另一个宏或将宏代码嵌入到其中，具体步骤如下。

1．在“开发工具”选项卡中单击“插入”按钮，并从下拉列表的“ActiveX 控件”部分选择“命令按钮”。

2．像创建表单控件按钮那样在工作表中创建一个 ActiveX 按钮。

3．要设置按钮的格式，可右击按钮并选择“属性”或在“开发工具”选项卡中单击“属性”。现在，可以在“属性”窗口中调整按钮的标签（caption）和颜色，如图 24-22 所示。如果右击按钮时没有出现菜单，请单击“开发工具”选项卡中的“设计模式”以切换到设计模式。

注意：该“属性”窗口有个令人讨厌的地方，这就是它非常大，覆盖了工作表的很大一部分。如果要是用工作表，将不得不关闭“属性”窗口，而关闭该“属性”窗口时，也将隐藏 Visual Basic 编辑器中的“属性”窗口。“属性”窗口也关闭了，如果关闭该“属性”窗口不会影响 Visual Basic 编辑器环境就好了。

4．要给按钮指定宏，单击“开发工具”选项卡的“控件”组中的“查看代码”，这将在当前工作表对应的模块中新建一个过程，在其中输入要执行的代码或指定要运行的宏。图 24-23 显示了该按钮的代码，这些代码位于当前对应的模块中。

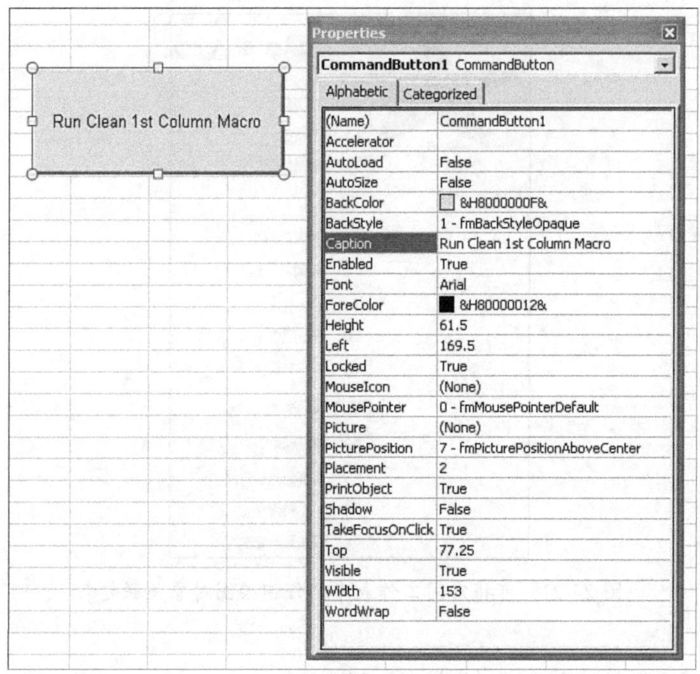

图 24-22　单击“属性”图标可打开“属性”窗口，在其中可调整 ActiveX 按钮的众多方面

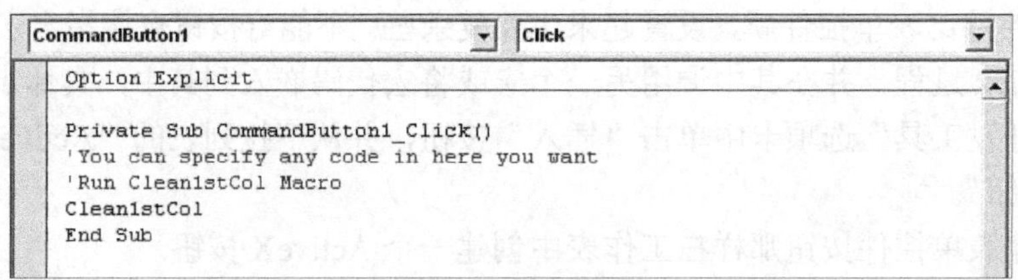

图 24-23　单击“开发工具”选项卡中的“查看代码”为 ActiveX 按钮指定宏

24.10.5　通过超链接运行宏

有一点技巧，可通过超链接运行宏。由于很多用户习惯于通过单击超链接来执行操作，这种方法可能对用户来说更直观。

这里的技巧是，创建一个链接到自己的占位符超链接。选中一个单元格，然后单击“插入”选项卡中的“超链接”按钮或按快捷键 Ctrl+K。在“插入超链接”对话框中，单击“本文档中的位置”。在图 24-24 所示的工作表中，一个工作表包含 4 个超链接，每个超链接都指向自己所在的单元格。

用户单击超链接时，您可使用 FollowHyperlink 事件拦截这种操作并运行任何宏。为此，可在该工作表的代码模块中输入如下代码：

```
Private Sub Worksheet_FollowHyperlink(ByVal Target As Hyperlink)
Select Case Target.TextToDisplay
Case "Widgets"
RunWidgetReport
Case "Gadgets"
RunGadgetReport
Case "Gizmos"
RunGizmoReport
Case "Doodads"
RunDooDadReport
End Select
End Sub
```

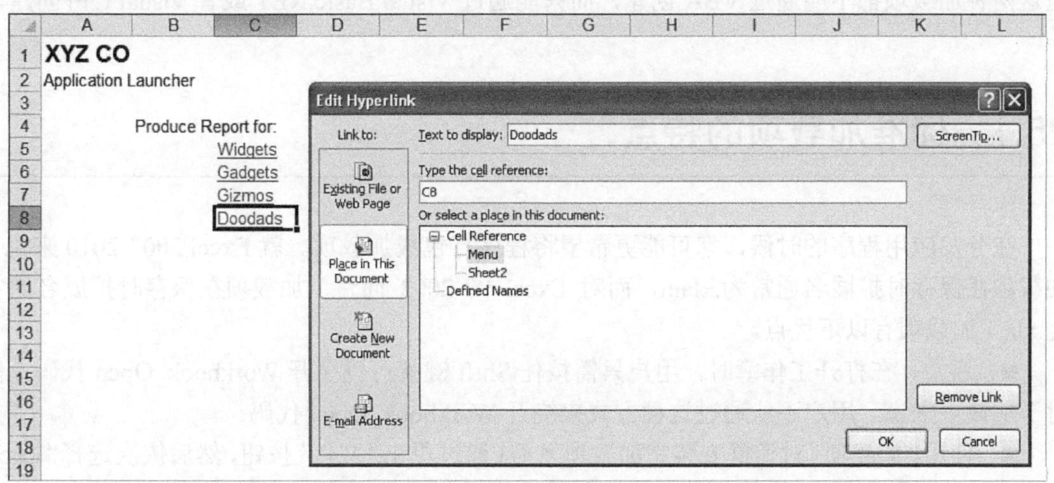

图 24-24　要通过超链接运行宏，必须创建链接到自己所在单元格的占位符超链接，然后在工作表的代码模块中使用一个事件过程拦截用户单击超链接的操作并运行任何宏。

第 25 章　创建加载项

使用 VBA 可以创建供用户使用的标准加载项文件。用户在自己的计算机中安装完加载项之后，就可以在 Excel 使用它，并且在每次打开 Excel 时能够自动加载。

本章将讨论标准加载项。

需要注意的是，除标准加载项之外，还有其他两种加载项：COM 加载项和 DLL 加载项。但这两种加载项都不能通过 VBA 创建，而只能通过 Visual Basic.NET 或者 Visual C++创建。

25.1　标准加载项的特点

在分发应用程序的时候，您可能更希望将程序打包成加载项。就 Excel 2007-2010 来说，加载项在保存时扩展名通常为.xlam，而对 Excel 97-2003 而言，加载项在保存时扩展名通常为.xla。加载项有以下优点。

■　通常，在打开工作簿时，用户只需按住 Shift 键就可以绕开 Workbook_Open 代码，但对于加载项来说，用户不能通过这种方式来绕开 Workbook_Open 代码。

■　使用“加载项”对话框安装完加载项之后（通过单击“文件”按钮，然后依次选择“Excel 选项”“加载项”“管理 Excel 加载项”“转到”命令即可打开此对话框），它不会自动卸载，可以一直使用。

■　即使将宏的安全级别设置为“禁用所有宏”，已安装的加载项中的程序仍然可以运行。

■　一般情况下，自定义函数仅能在定义它的工作簿中使用，但加载项中的自定义函数可用于所有打开的工作簿。

■　加载项并不显示在“窗口”菜单的下拉列表中，用户也无法通过在“视图”选项卡中单击“取消隐藏”命令显示该工作簿。

警告：需要注意的是，加载项是一个隐藏的工作簿。由于加载项无法显示，因此在加载项工作簿中的任何单元格都不能通过代码来选择和激活。可以保存加载项文件中的数据，但却无法选择这种文件。同样，如果将数据写入加载项文件，以便日后使用，则必须编写代码来保存加载项。由于用户不会意识到加载项的存在，因此不会提醒或要求他们保存加载项。程序员可在加载项的 Work_BeforeClose 事件过程中添加代码 ThisWorkbook.Save。

25.2　将 Excel 工作簿转换为加载项

通常通过“加载项”对话框对加载项进行管理，该对话框显示加载项的名称和描述。将工作簿文件转换为加载项之前，可通过指定两个属性来控制这些信息。

注意：为了显示这些属性，至少应对文件进行过一次保存。

要修改“加载项”对话框中的标题和描述，可采取如下步骤。

1. 单击“文件”按钮，Excel 将在窗口的右侧显示文件属性面板。
2. 在“属性”下拉列表中，选择“显示所有属性”命令。
3. 在文本框“标题”中输入加载项的名称。
4. 在“备注”文本框中输入简短的描述，如图 25-1 所示。
5. 单击其他选项卡（如“开始”选项卡），返回工作簿。

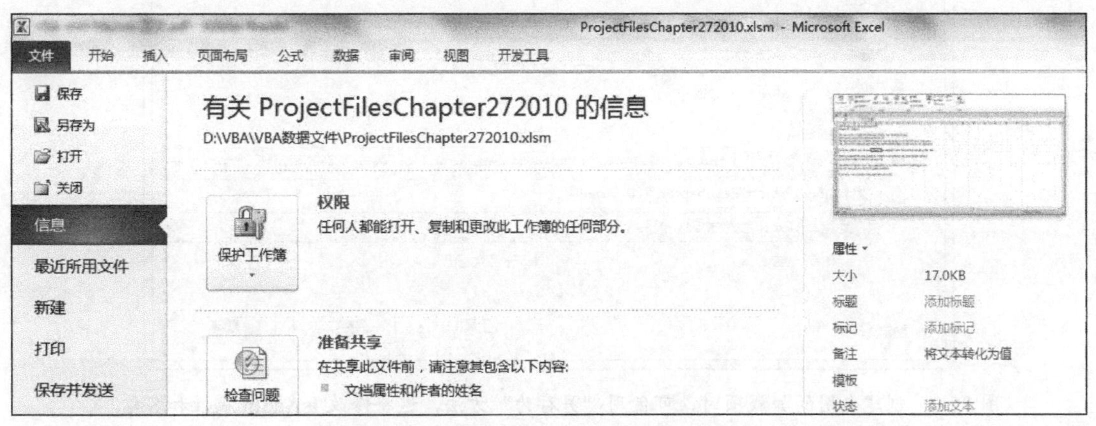

图 25-1　将工作簿转换为加载项前填写文本框“标题”和“备注”

将工作簿文件转换为加载项有两种方法。第一种方法是使用“另存为”命令，这种方法非常容易，但有令人讨厌的副作用；第二种方法是使用 VB 编辑器，该方法需要两步，但提供了额外的控制权。接下来的几小节将介绍这两种方法的具体实施步骤。

25.2.1　使用“另存为”将文件转换为加载项

单击“文件”按钮并选择“另存为”命令，从“保存类型”下拉列表中选择“Excel 加载宏”。

注意：如果加载项有可能在 Excel 97 到 Excel 2010 的各种版本中使用，则应选择“Excel 97-2003 加载宏”。

如图 25-2 所示，“文件名”下拉列表中的文件扩展名将从.xlsm 变成.xlam；此外，保存位置也将自动切换到文件夹 AddIns。该文件夹的位置随操作系统而异，但通常为 C:\Documents and Settings\Customer\Application Data\Microsoft\AddIns。令人迷惑的是，将 XLSM 文件另存为 XLAM 类型后，尚未保存的 XLSM 文件仍保持打开状态。没有必要保留 XLSM 类型的文件，因为将 XLAM 转换为 XLSM 非常容易。

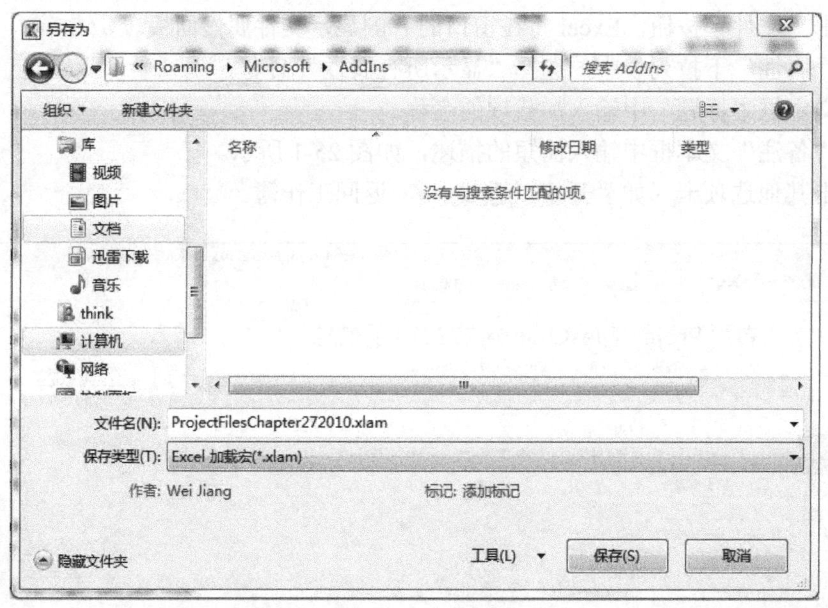

图 25-2 创建自用的加载项时，可使用“另存为”方法，这将修改 IsAddIn 属性和名称，并自动将其保存到 AddIns 文件夹

警告：当前处于活动状态的必须是工作表，如果处于活动状态的是图表，则文件类型“加载宏”将不可用。

25.2.2 使用 VB 编辑器将文件转换为加载项

创建供自己使用的加载项时，前面的方法将非常好。然而，如果要为客户创建加载项，可能想将该客户的所有其他应用程序文件存储在一个文件夹中。在这种情况下，不能使用前面介绍的方法，而需要使用 VB 编辑器来创建加载项，但这种方法也非常容易。

1．打开要转换为加载项的工作簿。

2．切换到 VB 编辑器。

3．在工程资源管理器中双击 ThisWorkbook。

4．在属性窗口中，找到属性 IsAddIn 并将其值改为 True，如图 25-3 所示。

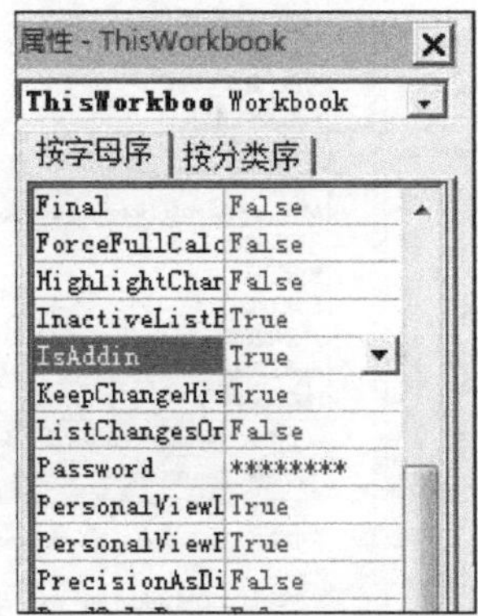

图 25-3　只要修改 ThisWorkbook 的 IsAddIn 属性便可创建加载项

5．按 Ctrl+G 组合键打开立即窗口，在该窗口中执行如下代码，从而使用扩展名.xlam 保存该文件：

```
ThisWorkbook.SaveAs FileName:= "C:\ClientFiles\Chap27.xlam", FileFormat:= xlOpenXMLAddIn
```

注意：如果加载项可能在 Excel 97 到 Excel 2003 的各种版本中使用，则应将最后一个参数从 xlOpenXMLAddIn 改为 xlAddIn。

在专门为客户创建的文件夹中创建完加载项之后，可轻松地找到它并通过电子邮件将其发送给客户。

25.3　让用户安装加载项

通过电子邮件将加载项发送给用户后，让用户将其保存到桌面或其他易于找到的文件夹中。接下来，用户需要执行如下步骤。

1．启动 Excel 2010，单击“文件”菜单并选择“Excel 选项”命令。

2．在左边的导航栏中选择“加载项”。

3．在窗口的底部，从“管理”下拉列表中选择“Excel 加载项”，如图 25-4 所示。

图 25-4　在 Excel 2010 中，“Excel 选项”对话框的“加载项”选项卡比在 Excel 2003 中复杂得多。从“管理”下拉列表中选择“Excel 加载项”并单击“转到”按钮。

4．单击“转到”按钮，这将打开“加载宏”对话框。

5．在“加载项”对话框中单击“浏览”按钮，如图 25-5 所示。

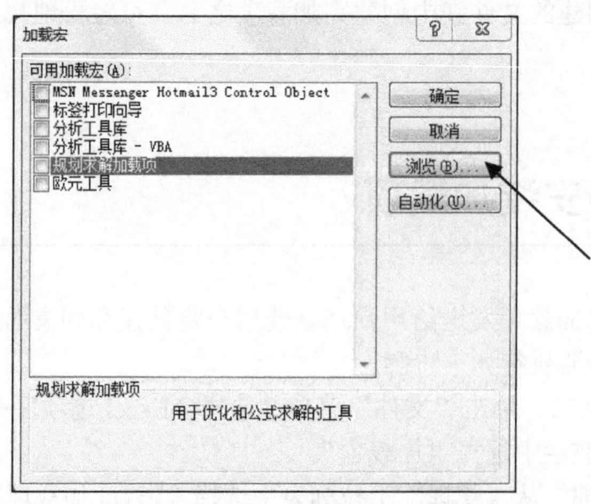

图 25-5　在“加载宏”对话框中单击“浏览”按钮

6．浏览加载项所在的文件夹，然后选择加载项并单击“确定”按钮。

至此，加载项便安装好了。Excel 实际上将加载项文件从原来位置复制到 AddIns 文件夹的合适位置。在“加载宏”对话框中，将看到在“文档属性”窗格中指定的加载项标题和备注，如图 25-6 所示。

图 25-6　现在，加载项变为可用

25.3.1　标准加载项并不安全

需要注意的是，任何人都可以在 VB 编辑器中选择加载项，并将其 IsAddIn 属性修改为 False，从而取消隐藏该工作薄。为禁止这种行为，可在 VB 编辑器中锁定 XLAM 工程，从而禁止其他人查看。然而，有很多厂商以低于 40 美元的价格销售密码破解工具。要使用密码保护加载项，可采取如下步骤。

1．进入 VB 编辑器。

2．选择菜单“工具>VBAProject 属性”。

3．切换到“保护”选项卡。

4．选中复选框“查看时锁定工程”。

5．输入密码两次。

25.3.2　关闭加载项

关闭加载项的方法有 3 种。

1. 在“加载宏”对话框中，取消选择加载项对应的复选框，这样，在此之后加载项将不会再打开。

2. 使用 VB 编辑器关闭加载项。在 VB 编辑器的立即窗口中，执行下面的代码关闭加载项：

```
Workbook("YourAddinName.xlam").Close
```

3. 关闭 Excel。关闭 Excel 后，所有加载项都将关闭。

25.3.3 删除加载项

有时可能想将加载项从“加载项”对话框的“可用加载项”列表中删除。在 Excel 中无法完成这样的工作，但可按如下步骤将其删除。

1. 关闭所有在运行的 Excel 实例。

2. 在 Windows 资源管理器中找到要删除的加载项文件，这种文件可能位于文件夹%ApplicationData%\Microsoft\AddIns\中。

3. 在 Windows 资源管理器中重命名该文件夹或将其移到其他文件夹。

4. 打开 Excel 时将出现有关找不到加载项的警告。单击“确定”按钮关闭该对话框。

5. 单击“文件”按钮，然后依次选择“加载项”和“管理 Excel 加载项”，再单击“转到”按钮；在“加载项”对话框中，取消选中要删除的加载项对应的复选框。Excel 将提示找不到该文件并询问是否要将其从列表中删除，单击“是”按钮。

25.3.4 使用隐藏工作簿代替加载项

加载项的一个优点是能够将相应的工作簿隐藏，这样可以避免 Excel 新手因不小心而修改公式。然而，无需创建加载项也可隐藏工作簿。

隐藏工作簿很容易，只需在“视图”选项卡中单击“隐藏”命令。接下来的技巧是，在工作簿处于隐藏状态的情况下保存它。由于工作簿被隐藏，因此无法通过单击“文件”按钮并选择“保存”来完成这项工作，但可在 VB 编辑器中完成。在 VB 编辑器中，确保在工程资源管理器中选择了要保存的工作簿，然后在立即窗口中执行如下代码：

```
ThisWorkbook.Save
```

■ 案例分析：使用隐藏工作簿存储所有宏和窗体

Access 开发人员经常使用辅助数据来存储宏和窗体，他们将所有窗体和程序放在一个数据库中，而将所有数据放在另一个数据库中。这些数据库文件通过 Access 的“连接表”功能链接起来。

对于大型的 Excel 工程，建议也采用这种方法。可在数据工作簿中使用少量的 VBA 代码来打开代码工作簿。

这种方法的优点是，在需要改进应用程序时，只需将新代码文件发送给客户，而不会影响客户的数据文件。

笔者曾见过一个单文件应用程序，客户将其分发给了 50 位销售代表，而每个销售代表又将该应用程序复制给 10 位最大的客户。在一周之内，就有该文件的 500 个拷贝被传播到各地。后来，他们发现该程序存在一个重大缺陷，修复这 500 个文件成了噩梦。

笔者设计了一个替代应用程序，它使用两个工作簿，其中的数据工作簿只有大约 20 行代码，这些代码打开代码工作簿，并将控制权交给它。数据工作簿被关闭时，它将自动关闭代码工作簿。

这种方法有很多优点。首先，客户的数据文件非常小。现在，每位销售代表有一个包含程序代码的工作簿，还有 10 多个分别针对每位客户的数据文件。将程序进行改进后，只需分发新的程序代码工作簿。销售代表打开其客户数据工作簿后，将自动打开新的代码工作簿。

鉴于前一位开发人员被迫修复 500 个工作簿，因此笔者极为小心，在客户数据工作簿中包含尽可能少的代码行。该工作簿只包含大约 10 行代码，并在分发前进行了极其详尽的测试。相反，代码工作簿包含 3 000 多行代码，因此，如果该程序出现问题，存在问题的代码位于代码工作簿中的可能性将高达 99%，而代码工作簿很容易替换。

在客户数据工作簿中，Workbook_Open 过程的代码如下：

```
Private Sub Workbook_Open()
On Error Resume Next
X = Workbooks("Code.xlsm").Name
If Not Err = 0 then
On Error Goto 0
Workbooks.Open Filename:= _
ThisWorkbook.Path & Application.PathSeparator & "Code.xlsm"
End If
On Error Goto 0
Application.Run "Code.xlsm!CustFileOpen"
End Sub
```

代码工作簿中 CustFileOpen 过程负责为应用程序添加自定义菜单，它还调用了一个名为 DeliverUpdates 的宏。如果需要修改 500 个客户数据文件，DeliverUpdates 宏将通过代码处理这项工作。

这种双工作簿解决方案的效果非常好，可无缝地将更新版本交付给用户，而不影响 500 个客户的数据文件。

结束语

如果我们所做的工作还算有成效，那么，读者现在已经完全掌握了在 Excel 中开发 VBA 应用程序的思路与方法。您理解了宏录制器存在的缺点，但知道如何在学习时对之加以利用。学会了如何使用 Excel VBA 这一强大的工具生成主干程序，从而节省时间。此外，还可以使自己的应用程序与其他用户交互，因此可以创建出供组织内部或其他组织使用的应用程序。

无论您的目标是实现让 Excel 自动执行某些工作任务还是成为高薪的 Excel 咨询师，我们都希望本书能够给予您帮助。两个目标都是非常有意义的。Excel 有着规模庞大的用户，Excel 咨询师是一个十分不错的职业。如果掌握了本书中的主要内容，您就能够胜任 Excel 咨询师的工作了。